中国科学院教材建设专家委员会教材建设立项项目

全国普通高等院校土木工程类**实用创新型**系列规划教材

钢 结 构 设 计

黄呈伟　主　编

郝进锋　李海旺　副主编

科学出版社

北　京

内 容 简 介

　　本书是高等院校土木工程专业的专业课教材,属于建筑工程方向钢结构课程的设计部分,按新的钢结构设计规范(GB 50017-2003)编写。其内容包括单层厂房结构与普通钢屋盖设计,轻钢结构设计,多、高层钢结构设计,平板网架结构设计,钢结构设计软件介绍与应用,钢结构的制作、安装与防护。在每一章中,都给出了设计例题,便于学生掌握钢结构设计方法和设计步骤。在书末的附录中,列出了钢结构设计所需的各种设计参数、各种型钢的截面特性、连接计算公式等,供设计时查用。

　　本书内容较全面,实用性强,可供高等院校土木工程专业本科学生使用,也可供从事钢结构设计、施工的工程技术人员参考。

图书在版编目(CIP)数据

钢结构设计/黄呈伟主编. —北京:科学出版社,2005
(全国普通高等院校土木工程类实用创新型系列规划教材)
ISBN 978-7-03-015572-6

Ⅰ.钢… Ⅱ.黄… Ⅲ.钢结构-结构设计-高等学校-教材 Ⅳ.TU391.04

中国版本图书馆CIP数据核字(2005)第050830号

责任编辑:童安齐　何舒民　/　责任校对:刘彦妮
责任印制:吕春珉　/　封面设计:耕者设计工作室

科学出版社 出版
北京东黄城根北街16号
邮政编码:100717
http://www.sciencep.com
百善印刷厂 印刷
科学出版社发行　各地新华书店经销
*
2005年8月第 一 版　开本:787×1092 1/16
2017年3月第七次印刷　印张:32 1/2 插页:1
字数:750 000
定价:46.00元
(如有印装质量问题,我社负责调换〈百善〉)
销售部电话 010-62136131　编辑部电话 010-62137026 (HA03)

全国普通高等院校土木工程类实用创新型
系列规划教材

编 委 会

前　　言

　　按新的教学计划安排,土木工程专业的钢结构课程已分为"钢结构基本原理"和"钢结构设计"两部分。原理部分是土木工程专业各方向(建筑工程、岩土工程、桥梁工程、道路工程、水工结构等)的技术基础课,主要学习钢结构基本构件的设计原理和方法。设计部分是根据各方向的工程技术特点及行业规范要求,应用钢结构设计理论,结合工程地质、荷载情况及施工特点,进一步学习掌握各类钢结构设计(包括绘制工程施工图)的全部内容。由于土木工程的涵盖面很宽,目前各方向的工程结构设计规范尚未统一,因此钢结构设计课程的内容并未真正涵盖全部土木工程专业。

　　本书是为土木工程专业建筑工程方向编写的建筑钢结构设计教材,共分为七章。书中分别介绍了建筑钢结构设计的特点,单层厂房结构、吊车梁系统、墙架体系,钢管屋架、门式刚架、金属拱形波纹屋盖等轻钢结构,多、高层钢结构及组合结构设计等基本内容;本书还编写了目前应用广泛的网架结构设计方法,介绍了国内常用的钢结构设计软件以及钢结构的制作、安装与防护等内容,具有较强的实用性。另外,根据土木工程专业实践性较强的特点,本书在编写中注意教学与工程运用相结合,在每章中都编写了相应的工程设计实例,书末附有钢结构设计常用的计算表格,便于学生学习和应用。

　　参加本书编写的有黄呈伟(第一章、第二章、附录),郝进锋(第三章、第七章),赵赤云(第四章、部分附录),李海旺(第五章、第六章、部分附录)。在编写过程中,我们参考和引用了书中所列的文献资料,在此谨向有关单位和作者表示衷心的感谢!

　　由于时间仓促,书中难免存在不足之处,敬请读者批评指正。

目　录

第一章 绪 论

1.1 钢结构的应用范围

随着我国经济、技术的迅速发展和进步,钢结构已逐步成为各类工程结构中被广泛应用的建筑结构,如工业建筑、文化体育建筑、城市现代化建筑及城乡住宅建设等。从钢材的力学特性和环境保护方面来看,钢材是目前最理想的建筑材料;从经济性方面考虑,虽然我国的钢产量在逐年提高,钢材市场的供应有所改善,但由于国民经济各部门都需要用钢材,因此,钢材在我国仍是一种比较贵重的建筑材料,必须合理应用。

在房屋建筑中,以下情况宜采用钢结构。

1. 工业厂房钢结构

包括各类工业厂房,特别是重型厂房。重型厂房是指设有起重量很大(100t 以上)或运行非常频繁(重级工作制)的吊车的厂房,以及直接承受很大振动荷载或受振动荷载影响很大的厂房。例如,冶炼厂的平炉车间、热轧车间、混铁炉车间;重型机械厂的铸钢车间、锻压车间、水压机车间;造船厂的船体车间;飞机制造厂的装配车间等。

2. 大跨度房屋钢结构

随着结构跨度增大,结构自重对结构设计的影响迅速增加。由于钢结构具有强度高、自重轻的优点,用于大跨度结构时具有明显的经济效果。属于大跨度结构的有体育馆、展览馆、影剧院、大型交易市场、飞机库、火车站等。其结构体系主要有网架结构、悬索结构、拱式结构、预应力钢结构等。

3. 高层及多层建筑

钢结构由于结构自重轻、构件体积小、装配化程度高,对高层建筑特别有利。因此,在高层建筑,特别是超高层建筑中,宜采用钢结构或钢结构框架与钢筋混凝土筒体相结合的组合结构。

近年来,在12～16层的小高层和6～8层的多层建筑中也采用钢结构,钢结构还可用于多层工业厂房,如炼油工业中采用的多层多跨钢框架等。

4. 轻型钢结构

轻型钢结构是由弯曲薄壁型钢、薄壁钢管或小角钢、圆钢等组成的结构。屋面和墙体常用压型钢板等轻质材料。由于轻型钢结构具有建造速度快,用钢量省、综合经济效益好等优点,适用于吊车吨位不大于20t 的中、小跨度厂房、仓库及中、小型体育馆等大空间民用建筑。此外,由于轻型钢结构装拆方便,宜用于需要拆迁的临时结构。

5. 塔桅结构

塔桅结构包括电视塔、微波塔、无线电桅杆、高压输电塔、石油钻井塔、化工排气塔、导航塔及火箭发射塔(见图 1.1)等,一般均宜采用钢结构。

图 1.1 发射塔

6. 板壳结构

板壳结构包括大型储气柜、储液库等要求密闭的容器及大直径高压输油管、输气管等。另外,还有高炉的炉壳、轮船的船体等均应采用钢结构。

7. 桥梁结构

钢结构一般用于跨度大于 40m 的各种形式的大、中跨度桥梁。

8. 移动式结构

移动式结构包括桥式起重机、塔式起重机、龙门式起重机、缆式起重机、装卸桥等起重运输机械及水工闸门、升船机等金属结构。

1.2　钢结构的发展与研究

改革开放以来,我国以经济建设为中心,国民经济得到了空前的发展,1996年我国钢产量首次突破一亿吨,跃居世界第一位,为我国钢结构的发展奠定了物质基础。近20年时间里,我国钢结构事业与其他行业一样,得到了前所未有的繁荣和发展,具体表现在下列几个方面。

1) 在设计方法方面,以概率论为基础的一次二阶矩极限状态设计法[《钢结构设计规范》(GBJ 17-88)]的设计法代替了半经验、半概率的极限状态设计法[《钢结构设计规范》(TJ 17-74)]。现行的新规范[《钢结构设计规范》(GB 50017-2003)]仍然采用一次二阶矩极限状态设计法,该方法虽然是一种近似概率设计法,但比以前已前进了一大步。完整的全概率法还有待今后的深入和完善。

2) 高强度低合金钢的产量和品种有较大的发展,在钢结构中的应用有明显提高。

3) 在高层建筑,特别是在超高层建筑中,钢结构得到了较多的应用。最近几年在上海、北京、广州、深圳、香港等大城市建造了不少钢结构超高层建筑,如高420.5m的上海浦东金茂大厦(见图1.2),地下3层、地上88层,为目前我国第一、世界第三高楼,主楼采用了混凝土芯筒与钢框架结构。

图1.2　上海浦东金茂大厦

4) 平板网架结构在工业与民用建筑中得到了广泛采用,技术已非常成熟。与此同时,网壳等其他空间钢结构也取得了迅速发展,如上海体育场屋盖结构,采用马鞍形大悬挑钢管空间结构,长轴为288.4m,短轴为274.4m,中间敞开椭圆孔的长轴为213m,短轴为150m,屋盖面积为36100m²。64榀悬挑主桁架的一端分别固定在32根钢筋混凝土柱上,最大悬挑跨度达73.5m,为世界同类型建筑中悬挑跨度最大的屋盖结构。

5) 冷弯薄壁型钢构件在工业与民用建筑中的应用(如檩条、墙梁、屋面板、墙板等)日益普遍。门式刚架轻型房屋钢结构在吊车起重量较小($Q \leqslant 20t$)和无吊车的厂房、仓库及需要大空间的民用建筑中的应用迅速推广,并在继续发展。

6) 钢与混凝土组合梁-板结构、钢管混凝土结构及预应力钢结构等,都得到了不同程度的应用和发展。

7) 高强度螺栓在钢结构连接中得到了广泛的应用。

8) 在桥梁结构、煤气柜、储液库等板壳结构及起重运输机械金属结构等非房屋类钢结构方面,也取得了非常大的成就。如我国的斜拉桥技术在世界处于领先水平,现在全国各地建成了不少大跨度斜拉桥和悬索桥。

虽然我国钢结构的工程应用和技术水平都有很大的提高,但和发达国家相比,我们在许多方面还存在较大的差距。因此,在今后一段时间内,我们应该对以下几方面的问题进行研究,不断提高我国钢结构的技术水平。

(1) 低合金钢等优质高强钢材的研制和应用

目前,除了 Q235 钢、Q345 钢、Q390 钢以外,在新规范[《钢结构设计规范》(GB 50017-2003)]中又增加了 Q420 钢,但后者应用于钢结构还需进一步研究。为了更好地满足我国钢结构发展的需要,今后在钢材的研制和应用方面还需要加强以下几个方面:

1) 研制强度更高、综合性能更好的低合金新钢种。

2) 提高低合金钢的产量和在钢结构中应用的比率。

3) 改善和提高低合金钢的质量。

(2) 结构设计理论与方法的研究

在保证结构安全的前提下,为了充分发挥钢材的作用,更合理的使用钢材,还应该深入研究结构设计理论与方法,使结构和构件的计算方法更能反映实际工作情况。有待研究的问题有:压弯构件的弯扭屈曲问题、薄板屈曲后强度的利用问题、钢结构的塑性设计问题、残余应力对结构强度和稳定性影响问题及门式刚架轻型钢结构体系的整体稳定和结构的空间工作问题等。

(3) 轻型钢结构的研究和应用

轻型钢结构主要指薄壁型钢结构及由圆钢和小角钢组成的轻型结构。我国自 20 世纪 60 年代开始有组织地研究薄壁型钢结构,并批量地用于屋架和檩条等承重结构。1975 年制订了我国第一部《冷弯薄壁型钢结构技术规范》(TJB 18-75),总结和推动了我国轻型钢结构的发展。

(4) 钢与混凝土组合构件的研究和应用

钢与混凝土组合构件充分利用了钢材抗拉和混凝土耐压的特性,且使一个构件多种用途,因此是一种非常合理和经济的结构,目前在桥梁和房屋楼盖中已有应用。例如,房屋楼盖中应用的钢梁与钢筋混凝土板组合结构;用压型钢板作为底模,再用抗剪键(常用电焊钉)与混凝土板相连而使压型钢板与混凝土板成为整体工作的组合板;用于地下建筑结构中的钢管混凝土结构等。组合构件是一种很有发展前途的构件形式,有待进一步研究开发。

(5) 高层钢结构的研究

近十几年来,我国沿海各大城市建造了大批高层建筑,其中有些采用了钢结构体系或钢结构框架与钢筋混凝土筒体相结合的混合结构体系。但这些建筑物基本上都是引进外资建造的,由国外承担设计,在国内加工制作和安装,完全由国内承包设计的高层钢结构工程很少。因此,我国至今尚缺少高层钢结构的实际设计经验,在理论研究方面与发达国家相比也有一定差距,今后必须加强这方面的研究工作。

(6)空间结构的研究和应用

网架结构、网壳结构、张拉结构体系等均属于空间结构,这些新技术的应用,在减轻结构自重、提高结构的承载力、节约钢材等方面效果十分明显,见图 1.3。

图 1.3　上部网架、下部钢框架

平板网架结构和网壳结构具有空间刚度大,受力均匀,经济效果好等优点,在我国发展非常迅速。经过 30 多年的工程实践,在设计、制造、安装各个方面,技术上已非常成熟,并广泛应用于工业与民用建筑中。在全国已建成许多大跨度网架和网壳,其中某些已达到世界先进水平。

张拉结构包括悬索屋盖、斜拉桥、索穹顶结构、索膜结构等,是一种结构效率更高、更为省钢的大跨结构形式。在桥梁工程中,我国建成了不少大跨度斜拉桥,在某些技术上达到了世界领先水平。索穹顶结构采用高强度钢索作为主要受力构件,配合使用轴心受力杆件,通过施加预应力,巧妙地张拉成穹顶结构,在穹顶上覆盖高强轻质膜材或轻型屋面材料,构成大跨穹形屋盖,其平面形状可建成圆形、椭圆形或其他形状(见图 1.4 和图 1.5)。目前在国外已建成多项索穹顶结构工程,其最大跨度达 210m。张拉结构在我国大跨建筑中具有广阔的应用前景。

另外,在普通钢结构中施加预应力后形成的预应力钢结构,能增强结构的刚度,提高承载能力,从而节省钢材。预应力钢结构可应用于桁架、梁及框架等结构或构件,但目前应用较少,有待研究和发展。

(7)钢结构的防腐和防火

钢结构的防腐和防火,一直是钢结构设计中需要认真处理的问题,至今仍没有十分有效的措施。因此,在钢结构的维护和防火处理上还需要花费较大的资金投入,加大了钢结构的造价和维护费用。

图 1.4　体育场看台球状钢结构

图 1.5　体育场大跨屋盖(张拉结构)

（8）钢结构设计软件的开发与应用

计算机技术在土木工程中已得到了广泛应用,计算机辅助设计(Computer Aided Design,简称 CAD)对结构设计优化和提高设计效率起到了巨大的作用。目前,我国已自主研制和开发了许多比较成熟的结构设计软件,其中也有钢结构设计软件,但随着钢结构的不断发展,钢结构设计软件也需要不断地改进和完善。

1.3　钢结构设计的特点和要求

钢结构设计除了要执行相关的技术规范,确保质量以外,还要注意国家的技术经济政

策,做到技术先进、经济合理、安全适用。与其他结构形式相比,在钢结构的设计中,应注意下列基本要求:

1) 设计时,从工程实际出发,选用合理的结构体系、钢材品种、连接形式以及节点的构造措施。

2) 除了满足结构在使用荷载状态下强度、稳定性及刚度条件以外,还要根据工程的具体条件,考虑结构在运输、安装过程中的强度、稳定性及刚度条件。

3) 优先采用定型的和标准化的结构和构件,减少制作、安装工作量。

4) 特别注意要符合钢结构的防火要求和抗腐蚀性能。

5) 对于新型结构体系,要充分发挥钢结构灵活多变的特点,但需注意结构与建筑的协调统一。

另外,钢结构设计应该重视和研究节约钢材、降低造价的各种措施,主要有:

1) 采用空间结构、预应力钢结构等新结构体系。

2) 运用新的计算分析理论和设计方法。

3) 采用高强度优质钢材和其他轻金属材料。

4) 采用薄壁型钢、薄钢板结构。

5) 采用钢与混凝土组合结构、钢管混凝土结构。

总而言之,我国的钢结构正处在一个迅速发展时期,钢结构设计要注意钢材价格较高对工程造价所产生的不利影响,注意充分发挥钢材强度高、塑性好的特点,根据工程实际情况,选择适当的结构方案和施工方案,进行多方面的技术经济比较。同时,还应该不断总结经验,推广先进的结构形式、构件制作工艺和施工安装技术。

思 考 题

1.1 改革开放 20 多年来,我国在钢结构方面取得了哪些成就?

1.2 钢结构有哪些主要的特点?目前我国钢结构主要应用在哪些方面?为什么应用范围日益广泛?

1.3 钢结构设计有哪些基本要求?

1.4 我国在钢结构设计中采用过哪些设计方法?我国现行《钢结构设计规范》(GB 50017-2003)采用的是什么方法?其与以前的方法比较有什么优点?

1.5 目前我国钢结构在哪些方面有待研究和发展?

第二章　单层厂房结构与普通钢屋盖

2.1　单层厂房钢结构的组成

钢结构单层工业厂房是工业与民用建筑中应用钢结构较多的建筑物。厂房结构是由屋盖(屋面板、檩条、天窗、屋架或梁、托架)、柱、吊车梁(包括制动梁或制动桁架)、墙架、各种支撑和基础等构件组合而成的空间刚性骨架(见图 2.1),承受作用在厂房结构上的各种荷载和作用,是整个建筑物的承重骨架。

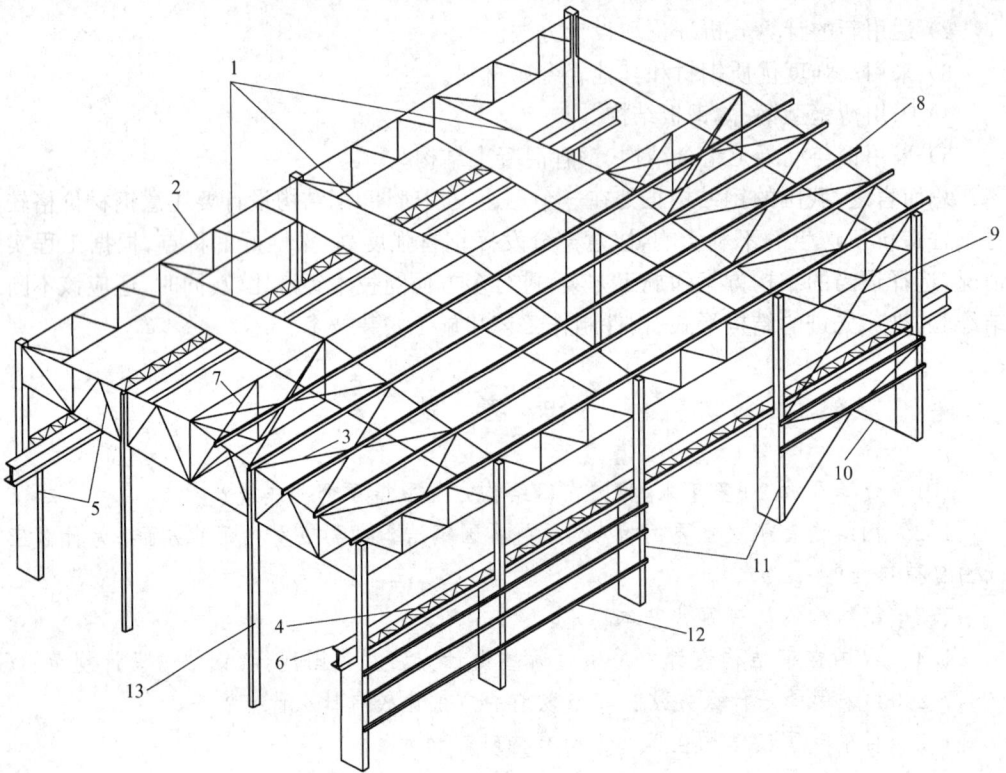

图 2.1　单层厂房结构的组成示例

1.屋架;2.托架;3.上弦横向支撑;4.制动桁架;5.横向平面框架;6.吊车梁;7.竖向支撑;
8.檩条;9、10.柱间支撑;11.框架柱;12.墙架梁;13.山墙墙架柱

这些构件按其所起作用可组成下列体系:

1. 横向框架

横向平面框架由柱和横梁组成,横向平面框架基本上承受厂房结构的全部竖向荷载和横向水平荷载,包括全部建筑物重量(屋盖、墙、结构自重等)、屋面雪荷载和其他活荷

载、吊车竖向荷载和横向水平制动力、横向风荷载、横向地震作用等,并将这些荷载传到基础上。横梁通常是桁架式的(即屋架),轻屋面和跨度较小时也可采用实腹式的。

2. 屋盖结构

屋盖结构由檩条、天窗架、屋架、托架和屋盖支撑所构成,承受屋面荷载。

3. 支撑体系

支撑体系包括屋盖支撑和柱间支撑,其作用是将单独的平面框架连成空间体系,从而保证了结构的刚度和稳定,同时也承受纵向风力和吊车的纵向制动力。

4. 吊车梁和制动梁(制动桁架)

厂房中常设置桥式吊车,其竖向和水平荷载由吊车梁承受。吊车梁两端支撑于柱的变截面平台或牛腿上。在吊车梁上翼缘平面内,通常沿水平方向设置制动梁或制动桁架,以便有效地将吊车的横向水平制动力传递到相邻的柱上。

5. 墙架

墙架一般由墙架梁和墙架柱(也称抗风柱)等组成,用以承受墙重和墙面风荷载。当墙为自承重砖墙时只承受墙面风荷载,而全部墙重则传到底部搁置在相邻柱基础的钢筋混凝土基础梁上或专设的墙基础上。对纵向柱距较小的侧墙,只设墙架梁;对山墙和纵向柱距较大的侧墙则需加设墙架柱作为墙架梁的支承。墙架柱下端设基础,上端连于屋盖上弦或下弦水平支撑的节点上。

厂房钢结构的钢材用量指标和各类构件所占比重大致如表2.1所示。其中厂房单位面积钢材用量指标是评定设计经济合理性的一项重要指标。

表 2.1　单层厂房钢结构的钢材用量指标

车间类型(吊车工作级别)	轻　型($A_1\sim A_3$)		中　型(A_4、A_5)		重　型($A_6\sim A_8$)	
吊车起重量/t	0～5	10～20	30～50	75～100	125～175	200～350
吊车轨顶标高/m	6～10	8～16	10～16	10～20	10～20	16～26
厂房单位面积钢材用量/(kg/m²)	35～50	50～80	70～120	90～200	170～300	300～400
各类构件所占钢材用量比重	屋盖及其支撑	20%～60%				
	吊车梁	10%～40%				
	柱	15%～35%				
	墙架及柱间支撑	5%～15%				

为了改善厂房结构设计的技术经济指标,应该对整个厂房建筑和结构进行合理规划。规划时首先应使厂房满足工艺和使用要求,并能适应今后可能生产过程的变动和发展。规划的主要内容是确定车间的平面和高度方向的主要尺寸和控制标高,布置柱网,确定变形缝的位置和做法,并选择主要承重结构(横向平面框架、纵向平面框架、屋盖结构、吊车梁结构等)体系、布置和形式等。

规划时应充分考虑设计标准化、生产工厂化、施工机械化的要求,以提高建筑工业化的水平。这些要求主要通过建筑和结构的模数化、定型化和统一化来逐步实现。模数化是使结构布置主要符合相应的模数尺寸;定型化是同类构件和结构及其连接构造尽量采用相同的典型形式;统一化则进一步使构件和连接的某些主要尺寸也统一起来。这样,可以在厂房中更多地利用标准构配件,甚至对同类型厂房做出广泛适用的标准设计。目前,我国已有梯形钢屋架、钢天窗架、钢托架、钢吊车梁(包括制动梁或桁架)等构件和相应支撑体系和连接构造的标准设计图集。

2.2 单层厂房结构的布置

2.2.1 柱网布置

厂房柱的纵向和横向定位轴线在平面上构成规则的网格,称为柱网。柱网应根据工艺、结构和经济等要求布置。

按工艺要求,厂房的横向柱距(即跨度)和纵向柱距应满足生产工艺、使用和发展的要求;柱的位置应和厂房的地上设备、起重和运输通道、地下设备和设备基础、地下管道的地坑等协调。

按结构要求,柱网布置应尽量简单,避免在同一区段内设置纵横跨,尽量采用所有柱列的纵向柱距均为相等并符合模数的布置方式。通常情况下,纵向柱距的模数采用 6m,跨度的模数采用 3m($l \leqslant 24m$ 时)或采用 6m($l \geqslant 24$ 时,确实需要时仍可按 3m)。

按经济要求,纵向柱距常对钢材用量和造价有较大的影响。如增加柱距,柱和基础的材料用量减少,而屋盖结构、吊车梁和墙架的材料用量增加,且往往需要增设托架和墙架柱。

过去我国厂房,尤其是用大型屋面板的厂房,纵向柱距大多采用 6m,少数大跨度厂房也采用 9～12m 的。对于某些跨度不大而生产布置需要更灵活的厂房、高度较大而吊车相对较轻的厂房,也常对全部柱或某些列内柱采用 12m 柱距,但屋架间距仍为 6m,中间屋架由托架支承(见图 2.1)。近年来,随着压型钢板等轻型屋面板的采用,屋盖结构重量大大减轻,相应的经济柱距显著增大,一些大型厂房已采用 12～24m 柱距,收到较好的经济效果。

厂房端部为山墙时,为了支承墙重和墙面风荷载,通常应每隔一定间距(常用≤6m)设置抗风柱。为使抗风柱和横向框架横梁(屋架)的位置略为错开和抗风柱顶部连接的方便,常把该处横向框架(柱和屋架)自定位轴线内移 600mm。在此 600mm 范围内,檩条、屋面板、吊车梁、墙架梁等纵向构件从相邻开间伸臂挑出,挑出长度略小于 600mm,以便构成必要的变形缝隙。

2.2.2 变形缝

变形缝包括伸缩缝(温度缝)、防震缝和沉降缝(见图 2.2)。

1. 伸缩缝

如果厂房的长度或宽度较大,在温度变化时,纵向或横向框架的上部结构将发生较大

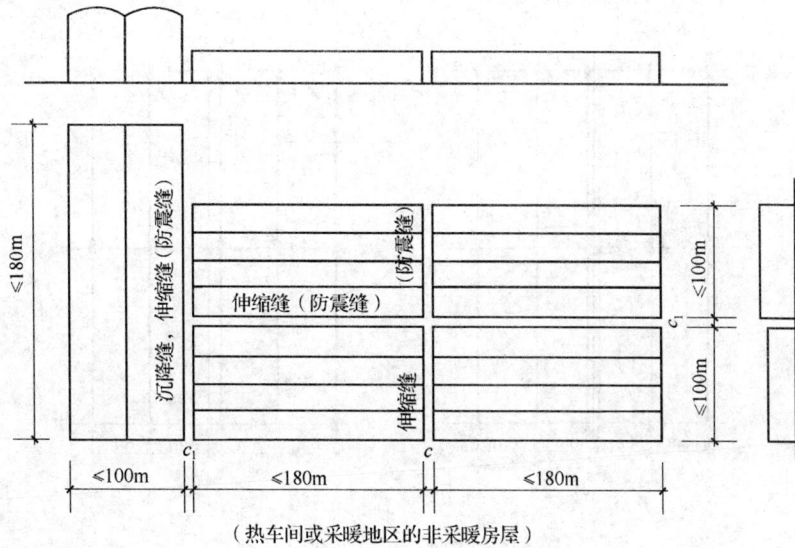

（热车间或采暖地区的非采暖房屋）

图 2.2　变形缝的布置

的伸缩变形,而基础以下仍固定于原来位置。这种变形将使柱、墙等构件内部产生很大的内力,严重的可使其断裂或破坏。因此,需要用伸缩缝将厂房结构分成几个温度区段(见图2.2),以减少每个区段的伸缩量。

根据使用经验和理论分析,钢结构规范规定当温度区段长度不超过表2.2所示的数值时,可不计算温度应力。

表 2.2　钢结构房屋温度区段长度限值(m)

结构性质	纵向温度区段 (垂直于屋架或构架跨度方向)	横向温度区段(沿屋架或构架跨度方向)	
		柱顶为刚接	柱顶为铰接
采暖房屋和非采暖地区的房屋	200	120	150
热车间和采暖地区的非采暖房屋	180	100	125
露天结构	120	—	—

伸缩缝的通常做法是从基础顶面或地面开始,将相邻区段上部结构的构件完全分开(基础可不分开)。根据气温差和结构的具体情况,缝宽净距取≥30~60mm。这种做法是在横向伸缩缝处,设置双榀横向平面框架;在纵向伸缩缝处,设置双榀纵向平面框架。后者的双榀纵列柱和框架费钢较多且接缝很长,故规划时应尽量避免纵向伸缩缝。

横向伸缩缝处相邻两榀平面框架的中距 c(见图 2.3)一般采用 1.2m(可保证该处相邻两框架柱的柱脚间有必要缝隙≥50mm)。对有很大起重量吊车的厂房,有时需放大至1.5~2m,大型平炉车间中甚至需达 3m,在此 $2\times(c/2)$ 范围内,檩条、屋面板、吊车梁、墙架梁等所有纵向构件都从两侧相邻开间伸臂挑出,每侧挑出长度略小于 $c/2$,从而使两侧挑出构件端部间构成必要的伸缩缝隙。一般情况下取横向伸缩缝的中线与厂房的横向定位轴线相重合,而相邻横向框架的中线各向两侧移进 $c/2$[见图 2.3(a)]。少数情况下,由于设备布置确实不容许在伸缩缝处缩小柱距,则可保持横向框架的原有中距,而 c 作为一个额外的插入距[见图 2.3(b)]。

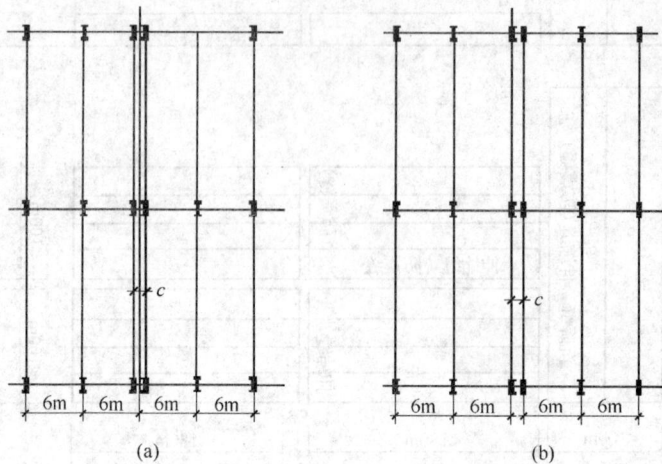

图 2.3　横向伸缩缝处柱的布置

纵向伸缩缝采用双榀纵列柱和框架时,两排纵列柱轴线间应根据伸缩缝的需要,留出必要的插入距 c_1(见图 2.2)。

伸缩缝采用双排柱和两侧构件完全分开的做法时伸缩可靠但耗钢较多,故有些设计中采用单排柱的做法,尤其是轻屋面和吊车起重量不是很大的情况。这时,在横向伸缩缝处,缝一侧的檩条、吊车梁、墙架梁等全部纵向构件与柱都采用长圆螺栓孔或辊轴连接的方法,使缝两侧结构能纵向自由变形,互不约束。在纵向伸缩缝处,缝一侧的屋架与柱采用辊轴、长圆螺栓孔或钢板铰等连接方法,使缝两侧结构能横向变形互不约束。

2. 防震缝

当单层厂房位于地震区时,其伸缩缝尚应符合防震缝的要求。此外,当厂房的平、立面布置复杂,或由高度或刚度相差很大的部分组成时,也应用防震缝将不同刚度部分分开(见图 2.2)。

防震缝的做法和伸缩缝相似,互相兼任,但防震缝必须做成地面以上两侧构件完全分开,缝宽和构造符合防震要求(保证缝两侧构件在地震振动时不会相互碰撞)。防震缝宽度按厂房和地震设计烈度等情况确定,一般单层厂房取 50～90mm,纵横跨交接处取 100～150mm。

3. 沉降缝

沉降缝用于厂房相邻部分的高度、荷载、吊车起重量或基础体系相差很大,或地基条件有严重差异等情况,以防止结构或屋面、墙面等在过大的基础不均匀沉降下发生裂缝或破坏。沉降缝的做法一般是把两侧的结构包括基础全部分开,使各自可以独立地自由沉降。沉降缝的做法也应符合伸缩缝和防震缝的要求,兼起这两种缝的作用。例如图 2.2 所示厂房中,左方横向跨的高度、跨度或吊车起重量常显著较大,则可用沉降缝和右方纵向跨部分分开。

2.2.3 屋盖结构的布置和体系

在确定柱网及框架之后,作为框架横梁的屋架的位置也确定了。在钢屋盖结构中,钢屋架可支承在钢筋混凝土柱上或砖墙(加墙垛上),通常做成简支,构造简单,安装方便。钢屋架支承于钢柱一般只用在有较重(尤其是重级工作制)桥式吊车、有较大振动设备(如锻锤等)或有较高温度的厂房或跨度、高度较大的房屋中,这时钢屋架与钢柱常做成刚接,成为单跨或多跨的刚架结构。

钢屋架的跨度由使用要求确定,普通钢屋架通常用 18～36m,取 3m 的模数。简支屋架的计算跨度应是屋架支座中心间的距离,但通常情况取支座所在处房屋或柱列轴线间的距离作为名义跨度,而屋架端部支座中心线缩进轴线 150mm,以便支座外缘能做在轴线范围以内,而使相邻屋架间互不妨碍。在屋架简支于钢筋混凝土柱的房屋中,规定各柱列轴线一般取:对边柱取柱的外边线,对中列柱取柱的中线(阶形柱时取上段柱的中线)。

屋架的间距由经济条件确定,应使屋架和檩条、屋面板的总造价最低;当屋架上直接铺放屋面板时则还需与屋面板的长度规格相配合。通常间距为 4～6m,常用 0.3m 的模数;最常用的间距是 6m,小跨度轻屋面屋架中可减小到 3m,大跨度屋架中则可增加到 9～12m。

采用钢屋架的屋盖通常可有两种形式的屋盖结构体系:钢屋架上直接铺放屋面板时称为无檩屋盖结构体系;钢屋架上每隔一定间距放置檩条、再在檩条上放置轻型屋面板时称为有檩屋盖体系。现分述如下:

1. 无檩体系

无檩体系[见图 2.4(a)]中屋面板通常采用钢筋混凝土大型屋面板、钢筋加气混凝土板等。屋架间距应与屋面板的长度配合一致。这种屋面板上通常采用卷材防水屋面(例如油毡防水屋面,常用二毡三油上铺小石子的六层作法),一般适用于小屋面坡度,常用 1:8～1:12。当屋面有保温需要时,可在屋面板上先设保温层,通常采用泡沫混凝土、加气混凝土、水泥白灰焦渣、珍珠岩砂浆或沥青珍珠岩等。

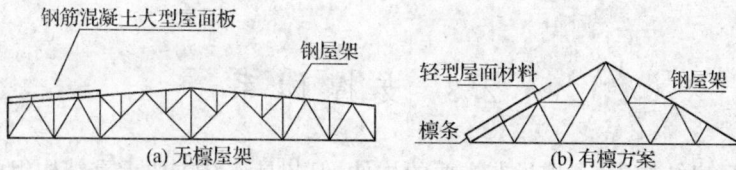

图 2.4 屋盖结构体系

大型屋面板通常是预应力钢筋混凝土大型屋面板(槽形板),其两根边肋起肋梁的作用,将屋面荷载传到屋面板的四个角点,角点处下部预埋钢板以便与屋架焊接。常用大型屋面板的尺寸为 1.5m×6m,少数情况也有用 3m×6m 或 1.5m×9m、1.5m×12m 的。屋架上弦节间长度通常取等于板宽或略大(作为板间留缝),则屋架只受节点荷载;否则屋架上弦将受局部弯曲。

钢筋加气混凝土板兼起承重和保温作用,通常为等厚度平板,常用宽度 0.6m,长度

2.4～6m,厚度125～200mm。板荷载均布于屋架上弦。

此外,也可采用外表为钢筋混凝土或预应力钢筋混凝土、中间为保温填充层的夹心板等。

无檩体系的优点是屋面构件的种类和数量少,构造简单,安装方便,易于铺设保温层和防水层等,同时屋盖的刚度大,整体性好,并较为耐久;其缺点是屋面自重较大,使屋架和下部结构的截面和用料都相应增加,对抗震也不利,并且吊装时构件较笨重。因此,无檩体系常用在刚度要求较高的中型以上厂房和民用、工用建筑中。

2. 有檩体系

有檩体系[见图2.4(b)]中,通常是在檩条上放置轻型屋面板,较多情况为不保温屋面,例如波形石棉瓦、瓦楞铁、预应力钢筋混凝土槽瓦、钢丝网水泥折板瓦等,也可在檩条上铺放木望板,再放置黏土瓦、水泥瓦等。以上屋面一般要求较陡的屋面坡度以便排水,常用1∶2～1∶3,并常采用三角形屋架。

随着生产的发展,有檩体系中也常采用重量更轻的压形钢板(常用彩色涂层压形钢板)屋面,以及重量较轻兼能保温的聚苯乙烯或聚氨酯夹芯保温板,即两块浅波压形钢板(面层常为具有较高强度、防水或抗腐蚀性能好、色彩鲜艳等特点的彩色涂层钢板)中间黏结聚苯乙烯或聚氨酯泡沫塑料而形成的隔热保温板,常用50～250mm。这些新型屋面板既可用于坡度大也可用于坡度较为平坦的屋面,当用压形钢板时最小屋面坡度可达1∶8～1∶20,甚至更小。

檩条间距根据屋面板的强度要求确定,一般可尽量做成屋架上弦每个节点处放一根檩条;但一些较弱屋面板要求较密檩条而屋架上弦节间又不便做得过小时,则一部分檩条将放在上弦节间内而使上弦杆局部受弯。檩条长度等于屋架间距,可根据设计时省钢要求确定,比较灵活,常用4～6m。

有檩体系的优点是可供选用的屋面材料种类较多,屋架间距和屋面布置比较灵活,构件重量轻、用料省、运输和安装较轻便;其缺点是屋面构件的种类和数量较多,构件较复杂,吊装安装次数多,檩条用钢量较多,并且屋盖的整体刚度较差。因此,有檩体系常用在刚度要求不高的中小型厂房和民用建筑中;但是,在采用新型和轻型屋面材料(如压型钢板、夹芯保温板等)和采取适当构造措施后,最近也逐渐用到较大型的工业厂房和民用、公共建筑中。

2.3 支撑体系

在单层厂房结构中,支撑虽非主要的构件,但却是连结主要承重结构组成刚强整体的重要组成部分。适当而有效的布置支撑体系,使厂房具有足够的强度、刚度和稳定性,保证结构的正常使用,是不容忽视的问题。

厂房支撑体系可分为屋盖支撑和柱间支撑两部分。

2.3.1 屋盖支撑

1. 屋盖支撑的作用

屋盖支撑可分为上弦横向水平支撑、下弦横向水平支撑、下弦纵向水平支撑、竖向支

撑和系杆等,它们具有下列作用:

1) 保证屋盖结构的几何稳定性。在屋盖体系中,仅用檩条或大型屋面板连接各榀屋架构成的体系是几何可变体系。其在纵向荷载作用下,各个屋架就会向一侧倾倒[见图2.5(a)]。如果将两榀相邻的屋架用适当的支撑体系联系起来,使其首先构成稳定的空间体系[见图2.5(b)],然后再将其余屋架用檩条或其他构件连接在这个空间稳定体系上,则可形成稳定的屋盖结构体系。

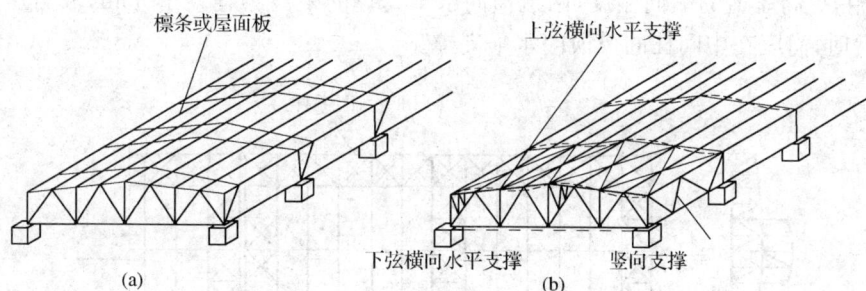

图 2.5　屋盖支撑的作用

2) 保证屋架结构的空间刚度和空间整体性。屋架上弦和下弦的水平支撑与屋架弦杆组成水平桁架,屋架端部和中央的垂直支撑则与屋架竖杆组成桁架,都有一定的侧向抗弯刚度。因而,无论屋架结构承受竖向或纵、横向水平荷载,都能通过一定的桁架体系把力传向支座,只发生较小的弹性变形,即有足够的刚度和整体性。

3) 为弦杆提供适当的侧向支承点。支撑可作为弦杆的侧向支承点(见图2.6),减小弦杆在屋架平面外的计算长度,保证受压上弦的侧向稳定,并使受拉下弦不会在某些动力作用下产生过大的振动。当下弦杆为折线形时,在转折点处布置侧向支撑,是保证下弦杆平面外稳定必不可少的措施。

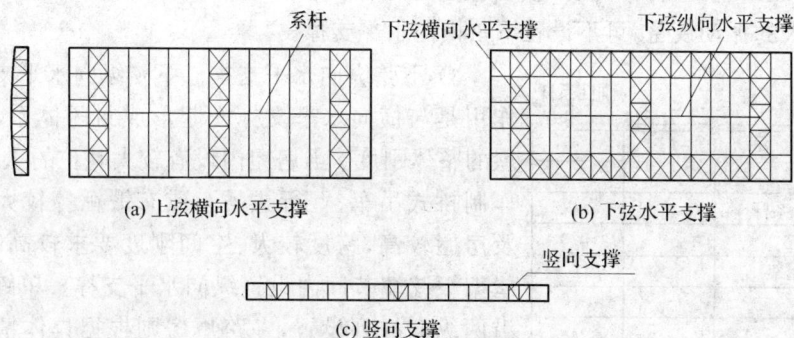

图 2.6　无天窗时屋盖支撑布置

4) 承受和传递屋盖的纵向水平荷载。作用于山墙的风荷载、悬挂吊车的纵向刹车力及纵向地震荷载将通过屋盖的支撑传给厂房的下部支承结构。

5) 保证结构安装时的稳定与方便。

2. 屋盖支撑的布置

1) 上弦横向水平支撑。在有檩体系或采用大型屋面板的无檩体系屋盖中均应设置屋架上弦横向水平支撑。

如果能保证大型屋面板有三个角与屋架焊接牢固,则可考虑大型屋面板起支撑作用,但由于工地施工条件的限制,焊接质量不易保证,故一般仅考虑大型屋面板起系杆作用。

上弦横向水平支撑一般应设置在房屋的两端或横向温度伸缩缝间区段两端的第一个柱间(见图 2.7),也可将支撑布置在第二柱间,但第一柱间必须用刚性系杆与端屋架上弦牢固连接(见图 2.6),以保证端屋架的稳定和传递山墙的风力,为了保证上弦横向支撑的有效作用,提高屋盖的纵向刚度,两道横向水平支撑的距离不宜大于 60m,故当房屋较长(>60m)时,尚应在中间柱间设横向水平支撑。

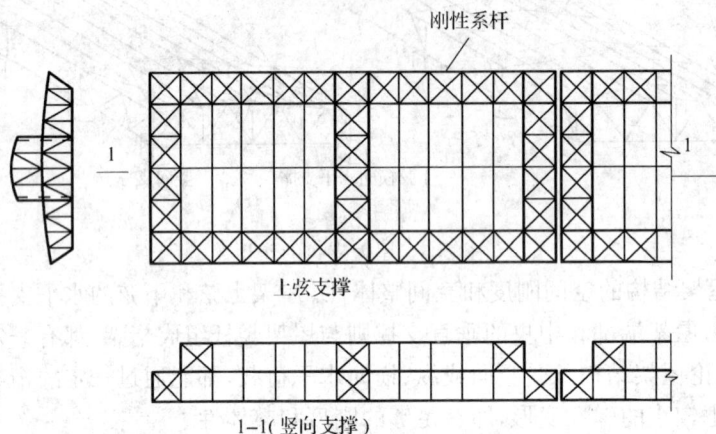

图 2.7 有天窗时支撑的布置

2) 下弦横向水平支撑。下弦横向水平支撑一般和上弦横向水平支撑布置在同一开间,它们和相邻的两个屋架组成一个空间桁架体系。一般情况下,应设置下弦横向水平支撑,但当房屋跨度 $L \leqslant 18$m 且未设悬挂起重运输设备和吊车,或者虽有吊车但吨位不大,也没有较大的振动设备,可不设置下弦横向水平支撑。

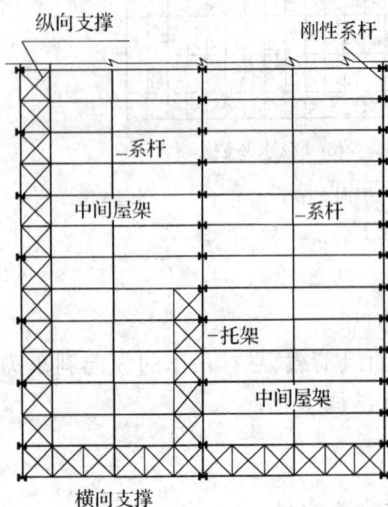

图 2.8 托架处纵向支撑布置

3) 下弦纵向水平支撑。下弦纵向水平支撑的主要作用是与横向水平支撑一起形成封闭体系,以提高房屋的整体刚度。当房屋内设有较大吨位的重级、中级工作制桥式吊车、壁行式吊车或有锻锤等较大振动设备及房屋较高,跨度较大、空间刚度要求较高时,均应在屋架下弦端节间内设置纵向水平支撑。单跨厂房一般沿两纵向柱列设置,多跨厂房则根据具体情况沿全部或部分纵向柱列设置,有托架的房屋(见图 2.8)为了保证托架的侧向稳定,在有托架处也应设置纵向水平支撑。

4) 竖向支撑。所有房屋均应设置竖向支撑。它的主要作用是使相邻屋架和上下弦横向水平支撑所组成的四面体形成空间几何不变体系,以保证屋架在使用和安装时的整体稳定。故在设置横向支撑的开间内,均应设置竖向支撑。梯形屋架,当跨度≤30m 时,一般只需在屋架两端及跨中竖杆平面内布置三道竖向支撑[见图 2.9(a)],当屋架跨度 $L>30m$ 时,应在两端和在跨度 $l/3$ 处或天窗架侧处各布置一道竖向支撑[见图 2.9(b)]。

三角形屋架,当跨度≤18m 时,仅在跨中设置一道竖向支撑[见图 2.9(c)];当跨度>18m 时可根据具体情况设置两道[见图 2.9(d)]。天窗架的竖向支撑,一般在天窗架的两侧布置,当天窗的宽度大于 12m 时,还应在天窗中央设置一道[见图 2.9(b)]。

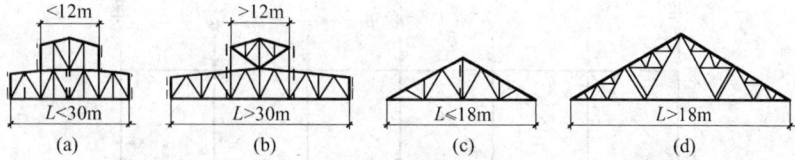

图 2.9　竖向支撑布置

5) 系杆。为了保证未设横向水平支撑屋架的侧向稳定及传递水平荷载,应在横向水平支撑或竖向支撑的节点处,沿房屋纵向通长地设置系杆。系杆有刚性系杆和柔性系杆之分,能承受压力的称刚性系杆,一般由两个角钢组成十字形截面;只能承受拉力的称为柔性系杆,一般采用单角钢。

在屋架上弦平面内,大型屋面板可起系杆作用,所以一般只在屋脊及两端设系杆,当采用檩条时,则檩条可代替系杆;在有天窗时,应沿屋脊设置刚性系杆,在屋架下弦中部一般设一道或两道柔性系杆。

三角形屋架两端及梯形屋架主要支承节点处也应设置刚性系杆。

3. 支撑的形式及杆件截面选择

屋盖的横向和纵向水平支撑均为平行弦桁架。腹杆通常采用交叉斜杆体系,屋架的弦杆兼作横向水平支撑的弦杆,横向水平支撑节点间的距离为屋架上弦节间距离的 2～4 倍;纵向水平支撑的宽度取屋架下弦端节间的长度,一般为 3～6m。

竖向支撑也是一个平行弦桁架。其腹杆形式应根据它的宽度和高度两个方面的尺寸比例来确定。当宽度和高度相近时,宜采用交叉斜杆,当二者相差较大时可采用 V 形或 W 形(见图 2.10)。

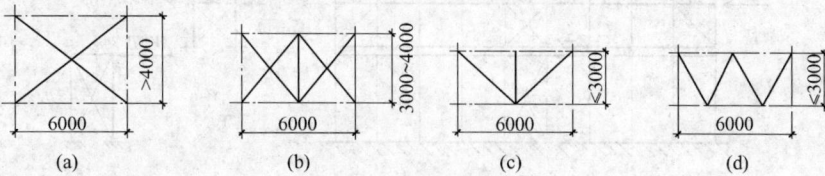

图 2.10　竖向支撑形式

屋盖支撑受力很小,一般不必计算,可按构造要求和容许长细比选择截面。通常,凡是交叉斜杆按拉杆设计,容许长细比取 400,可用单角钢;纵向水平支撑和竖向支撑的弦杆及竖杆,V 形和 W 形的腹杆,均按压杆设计,容许长细比取 200,采取两个角钢组成的 T 形截面。

当支撑桁架受力较大时,支撑桁架杆件除满足长细比限值的要求外,尚应按桁架体系计算内力和选择截面。

交叉斜腹杆体系的支撑桁架属静不定体系。计算时可近似地采用图2.11所示的计算简图,把所有斜腹杆设计成只能受拉不能抗压的柔性杆件。在图示方向的节点荷载作用下,实线斜杆受拉,虚线的斜杆受压而退出工作。在相反方向的荷载作用下,则虚线斜杆受拉,实线斜杆退出工作。

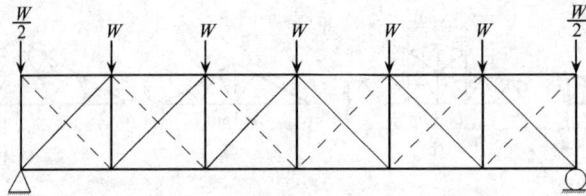

图 2.11　交叉斜腹杆计算简图

2.3.2　柱间支撑

1. 柱间支撑的作用

1) 保证厂房骨架的整体稳定和纵向刚度。厂房柱在框架平面外的刚度远低于在框架平面内的刚度,且柱脚构造接近铰接,吊车和柱的连接也是铰接,如果不设柱间支撑,纵向构架将是一个几何可变体系,因此设置柱间支撑对保证厂房的整体稳定性和纵向刚度是不可缺的。

2) 承受厂房的纵向力。作用于山墙的风力和吊车的纵向制动力均须通过柱间支撑传至基础。

3) 在框架平面外为厂房柱提供可靠的支承点,减少柱在框架平面外的计算长度。

2. 柱间支撑的布置

柱间支撑应布置在温度区段中部,使厂房结构在温度变化时能较自由地从支撑架向两侧伸缩,减少支撑和纵向构件的温度应力。温度区段不大于120m时,可以在温度区段的中央设置一道柱间支撑[见图2.12(a)]。温度区段大于120m时,应在温度区段中间

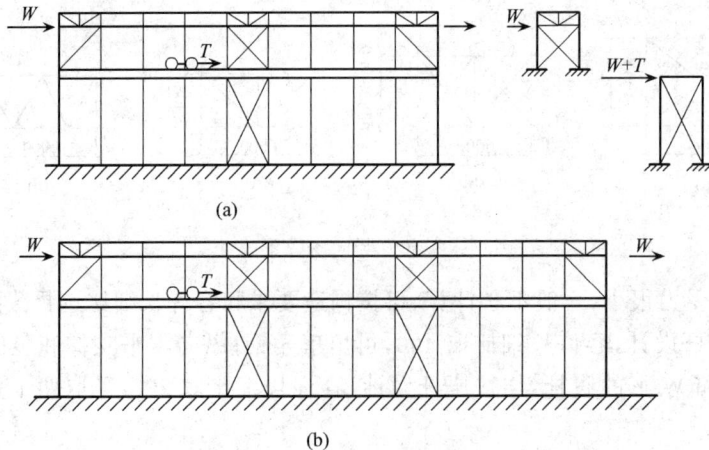

(a)

(b)

图 2.12　柱间支撑布置

$\dfrac{1}{3}$ 范围布置两道下层支撑,以免传力路线太长,纵向刚度不够。但是两道下层支撑之间的距离又不宜大于 60m,以减少温度应力的影响[见图 2.12(b)]。在短而高的厂房中,温度应力不大,下层支撑布置在厂房的两端,可以提高厂房的纵向刚度。

上层支撑应布置在温度区段的两端及有下层支撑的开间中(见图 2.12)。这样,便于传递从屋架横向支撑传来的纵向力。由于上段柱刚度较小,端部设置上层支撑,不会引起很大的温度应力。

上层支撑除了在温度区段两端用单斜杆外,其余上层支撑用交叉腹杆或其他形式。

下层支撑用交叉腹杆最为经济,刚度也大。在某些车间中,当采用交叉斜腹杆的支撑妨碍生产操作或交通时,可采用门架式支撑(见图 2.13)。

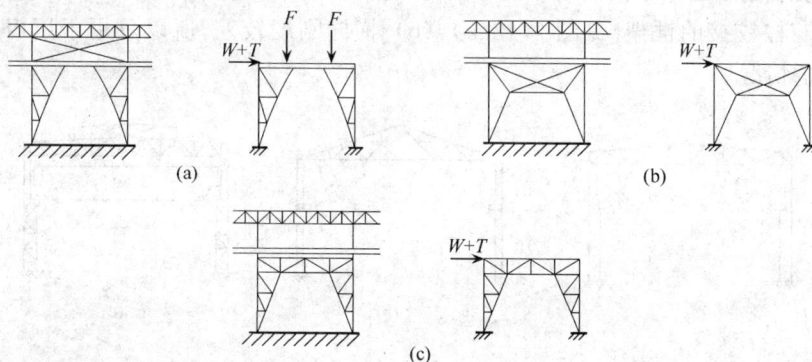

图 2.13　门架式支撑

柱间支撑在柱子截面中的位置如图 2.14 所示。对于等截面柱的上下层柱间支撑和阶形柱的上阶支撑应布置在柱子的轴线上[见图 2.14(a)、(b)、(c)];若有人孔,则移向两侧布置[见图 2.14(d)]。阶形边列柱的下层支撑,若外缘有大型板材或墙梁等构件连牢时,可只沿柱的内缘布置[见图 2.14(a)];其他情况的阶形柱下层支撑,内外两侧均需布置。柱两侧布置支撑时,应在它们之间用缀条或缀板连系起来[见图 2.14(e)]。

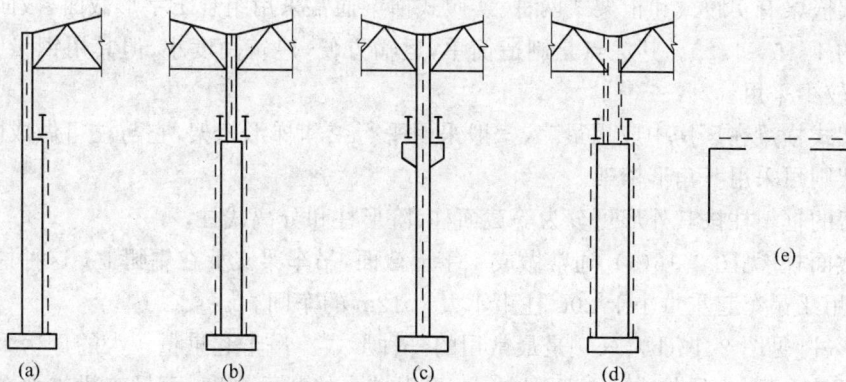

图 2.14　柱间支撑在柱截石中的位置

柱间支撑杆件截面一般由计算确定,交叉腹杆体系可按拉杆计算,门架式柱间支撑计算图见图 2.13。

2.4 厂房横向框架的计算

2.4.1 横向框架形式和主要尺寸

1. 横向框架类型

厂房基本承重结构通常采用框架体系。这种体系能够保证必要的刚度,同时它的净空又能满足使用上的要求。

根据横梁与柱连接的不同,框架有铰接与刚接两类,而柱与基础的连接一般采用刚接。

横梁与柱铰接的框架[见图 2.15(a)、(b)]横向刚度较差,所以只用于厂房横向刚度要求不高的情况。

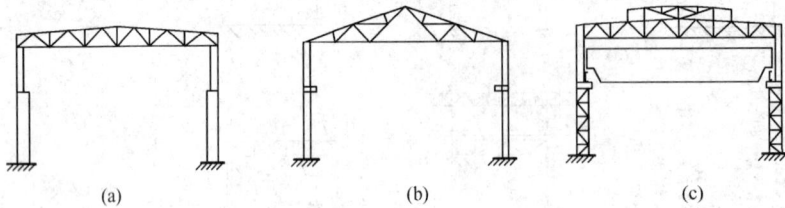

图 2.15　横向框架类型

横梁与柱刚接的框架[见图 2.15(c)]横向刚度较大,内力分布较为均匀,柱的用料较为经济。刚接框架对于支座的不均匀沉降和温度作用比较敏感,因此设计时应采取防止不均匀沉降的措施。在多跨等高厂房中,由于跨数多,中间各柱与横梁做成铰接或半铰接,其横向刚度也足够大,这样可简化中间各柱与横梁的连接构造。

2. 横梁与框架柱的形式

框架横梁有实腹式和桁架式两种。实腹式横梁通常采用组合工字形截面,截面高度约为跨度的 1/15～1/25。其优点是制造简单,运输方便,建筑高度小,但其用钢量大,刚度差,目前较少采用。

桁架式横梁在厂房中应用最广,一般采用平行弦和梯形桁架,它与柱可做成刚接,而铰接框架则可采用三角形桁架。

厂房的框架柱按其外形可分为等截面柱、阶形柱和分离式柱。

等截面柱[见图 2.16(a)]通常做成工字形截面,吊车梁支承在牛腿上。这种柱构造简单,只适用于吊车起重量小于 20t、柱距不大于 12m 的车间。

阶形柱[见图 2.16(b)、(c)]是最常用的一种形式。吊车起重量较大的厂房采用阶形柱比较经济合理,上段柱内力较下段柱小,采用较小的截面高度,而吊车梁支承在柱的截面改变处,构造方便,荷载对柱截面形心的偏心也较小。

分离式柱[见图 2.16(d)]是将吊车支柱和组成横向框架的屋盖支柱分离,其间用水平板连系起来。因为水平板在竖向平面内刚度很小,故认为吊车竖向荷载仅传给吊车支柱

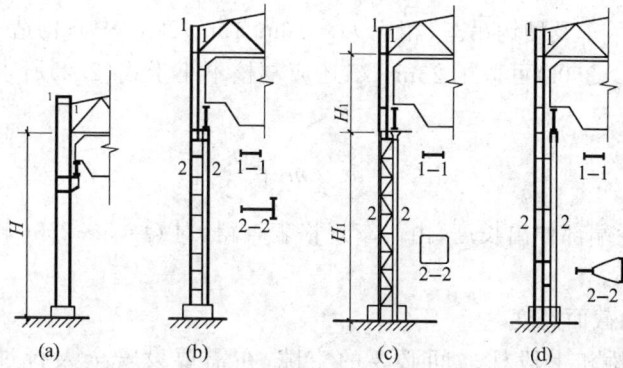

图 2.16 框架柱的形式

而不传给屋盖支柱。分离式柱一般较阶形柱费钢,刚度也小,但在吊车轨顶标高不太高(不大于 10m 左右)的车间中,采用分离式柱可能较经济。

厂房柱按柱身构造可分为实腹柱和格构柱,格构柱在制造上较为费工,但当柱的截面高度 $h>1.0$m 时,一般较实腹柱经济。

3. 横向框架的主要尺寸

图 2.17 表示框架的主要尺寸。

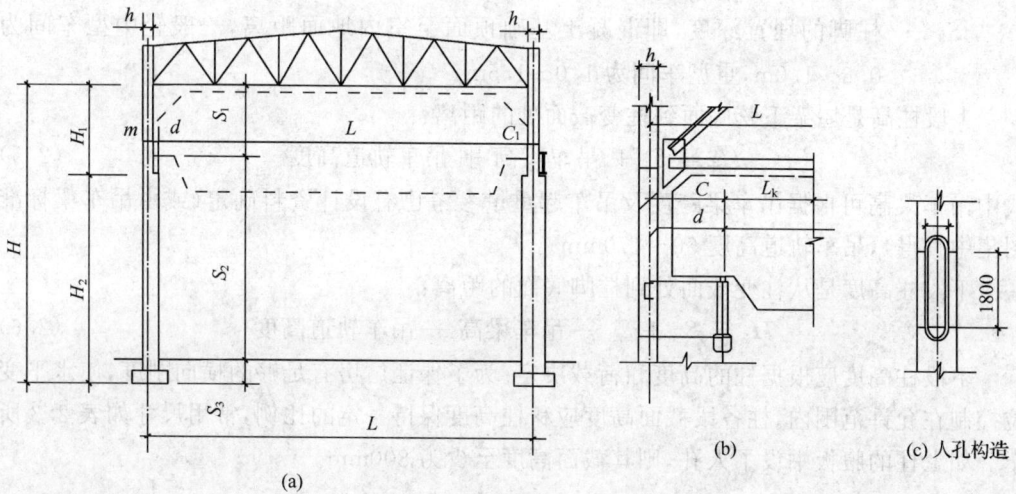

图 2.17 框架的主要尺寸

框架的跨度(或称为标志跨度):

$$L = L_k + C + C' \tag{2.1}$$

式中:L_k——桥式吊车的跨度,可由吊车规格手册中查得;

　　C——边列柱上段柱轴线到吊车轨道中心的距离;

　　C'——中列柱上段柱轴线到吊车轨道中心的距离。

框架的跨度通常采用 6m 的倍数。一般情况取 $C=C'$,C 通常取 0.75m 或 1.0m;0.75m

适用于起重量 $Q \leqslant 75t$ 的软钩吊车(相应 $L_k = 16.5m$、$19.5m$、$22.5m$、$\cdots$),1m 适用于 $Q = 100 \sim 250t$ 的软钩吊车及硬钩吊车(相应 $L_k = 16m$、$19m$、$22m$、$\cdots$);构造需要时,对个别特重型吊车(例如 $Q > 250t$)可取 1.25m。C 还应复核不小于式(2.2)所求尺寸[见图 2.17(b)]:

$$C = d + m + \frac{h}{2} \qquad (2.2)$$

式中:d——吊车桥端部伸出长度,由吊车规格表查得,对 $Q = 5 \sim 250t$ 软钩吊车为 $230 \sim 500mm$。

h——上柱的截面高度。

m——吊车桥和上段柱之间必要的空隙,在需要设安全人行过道时,至少应有 400mm,如不需要人行过道或把人行过道放在柱宽之内[见图 2.17(c)],m 可减少到 $75 \sim 100mm$。

框架柱的高度是柱底面(即混凝土基础顶面)算到桁架下弦底面(见图 2.17)

$$H = S_1 + S_2 + S_3 \qquad (2.3)$$

$$S_1 = A + 100 + (150 \sim 200) \quad (mm) \qquad (2.4)$$

式中:S_1——吊车轨顶至屋架下弦底面的高度,其中 A 是吊车轨顶至起重小车顶的高度,100mm 是为制造、安装可能的误差留出的空隙,$150 \sim 200mm$ 则是考虑屋架的挠度和下弦水平支撑角钢下伸的高度。

S_2——地面到吊车轨顶的高度,由工艺要求决定,通常是以 2m 为倍数。

S_3——柱脚的埋置深度,即混凝土基础顶面至室内地面距离,一般轻中型车间为 $0.6 \sim 1.0m$,重型车间为 $1.0 \sim 1.5m$。

上段柱高是屋架下弦底面到柱变截面处的距离:

$$H_1 = S_1 + 吊车梁高 + 吊车轨道高度 \qquad (2.5)$$

式中吊车梁高可根据吊车梁跨度及吊车起重量参考已有设计资料确定(或由吊车梁标准图集中查得),吊车轨道高度 $50 \sim 170mm$。

下段柱高度是从柱变截面处到柱脚底面的距离:

$$H_2 = S_2 + S_3 - 吊车梁高 - 吊车轨道高度 \qquad (2.6)$$

下段柱高度应根据柱的高度和荷载决定。为了保证厂房有足够的横向刚度,使水平变位控制在允许范围内,柱各段截面高度应和柱高度保持一定的比例,常用尺寸如表 2.3 所示。如上柱的腹板中设了人孔,则其截面高度至少为 800mm。

表 2.3　柱截面高度

柱　段		吊车工作级别	
柱　形　式	柱高或柱段高/m	A1～A5	A6～A8
等　截　面	$8 < H < 20$	$(1/15 \sim 1/20)H$	
	$H > 20$	$(1/20 \sim 1/30)H$	
阶形柱　上段柱	$H_1 > 4$	$(1/10 \sim 1/12)H_1$	$(1/5 \sim 1/10)H_1$
阶形柱　下段柱	$10 < H < 20$	$(1/15 \sim 1/20)H$	$(1/10 \sim 1/15)H$
	$20 < H < 30$	$(1/20 \sim 1/25)H$	$(1/11 \sim 1/14)H$

注:H_1——阶形柱上段柱高;

H——柱的全高。

厂房柱下段截面宽度约为截面高度的 1/3～1/5,或下段柱高度的 1/20～1/30,且不宜小于 0.3～0.4m。

2.4.2 横向框架的计算

1. 框架计算简图

厂房结构实际是一个空间结构。若按实际体系和工作情况进行结构静力计算是很繁杂的。在不影响设计精度的前提下,实际结构设计中,通常采用一近似的计算简图或计算方法以减轻计算的工作量。对于一般厂房均以平面框架作为计算的基本单元。对于由桁架式横梁和阶式柱所组成的横向框架是一个混合式体系[见图 2.18(a)],它的比较精确的计算简图应如图 2.18(b)所示,按此简图计算仍很复杂,为了简化起见,将桁架式横梁化成为相当的实腹梁[见图 2.18(c)],其中横梁的等效惯性矩按式(2.7)计算。

$$I_0 = \eta(A_1 Z_1^2 + A_2 Z_2^2) \qquad (2.7)$$

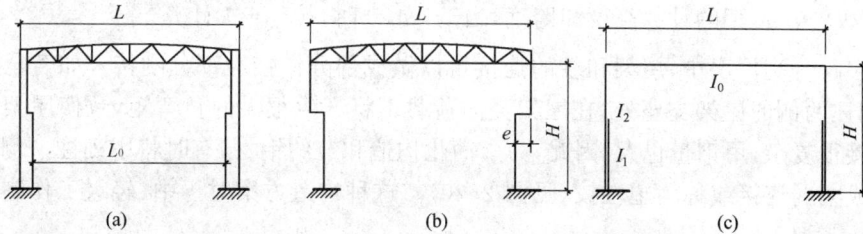

图 2.18 横向框架及其计算简图

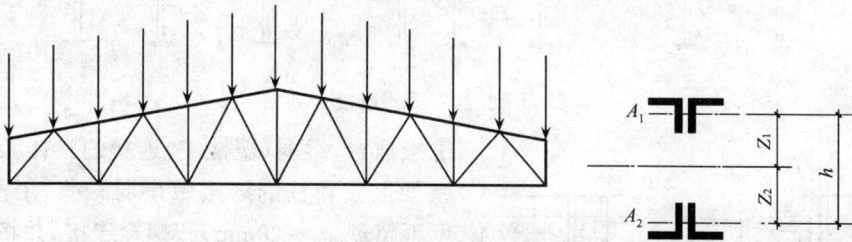

图 2.19 桁架式横梁及其跨中截面的几何尺寸

式中:A_1、A_2——屋架跨中上弦杆和下弦杆的截面积;

Z_1、Z_2——屋架跨中上弦杆和下弦杆的截面形心至屋架中和轴的距离;

η——考虑屋架高度变化和腹杆变形这两个因素对横梁刚度的影响折减系数,按表 2.4 采用。

表 2.4 系数 η 值

上弦坡度	1:10	1:15	0
η	0.7	0.8	0.9

在初步计算中桁架式横梁(屋架)的惯性矩 I_0 可先近似地按简支屋架计算:

$$I_0 = \frac{M_{max} h}{2f} \eta \qquad (2.8)$$

式中:M_{max}——简支屋架跨中的最大弯矩;

h——屋架跨中上下弦杆轴线间的距离(见图 2.19);

η——屋架惯性矩折减系数,按表 2.4 采用;

f——钢材的强度设计值。

格构柱的刚度比截面尺寸相同的实腹柱小,当计算由横梁上的竖向荷载作用下引起的框架内力时,把格构柱当作实腹柱计算惯性矩,误差不会很大,无须进行修正。但是,在一个框架中,若格构柱与实腹柱混用,就应对格构柱的惯性矩进行修正,不然会造成较大的误差。

简化后,框架的跨度等于上柱轴线间的距离,高度等于柱脚底面至屋架下弦轴线的距离(屋架端部斜杆为上升式)[见图 2.18(c)]。

按图 2.18(c)所示的计算简图进行内力分析时,如果横梁的刚度较大,则除直接作用于横梁上的竖向荷载外,在其他荷载作用下,横梁的转角变形很小,因此,当横梁(屋架)与下柱截面惯性矩比值满足式(2.9)式,可以假定横梁是无限刚度,$I_0 = \infty$。

$$\frac{I_0}{I_1} \geqslant 4.3 \sim 3.5 \frac{H}{L} \tag{2.9}$$

式中:I_0、I_1——横梁和下柱的惯性矩;

H、L——框架的计算高度和跨度,当 $\frac{H}{L} > 1.0$ 时,按 $\frac{H}{L} = 1$ 计算。

在多跨等高厂房中,屋架和柱的连接可以做成部分铰接与部分刚接。如若全做成刚接,中列柱两侧的屋架支座处,在屋架竖向荷载下将产生很大的负弯矩,致使屋架和柱的安装连接很复杂,用钢量也大,因此,为了简化构造和节约钢材,有时将中列柱一侧的屋架和柱做成柔弱连接或称为塑性铰(见图 2.20)。这种构造方案对于中、轻级工作制吊车厂

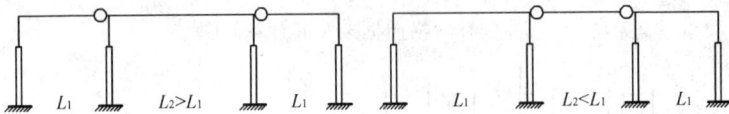

图 2.20 柔弱连接

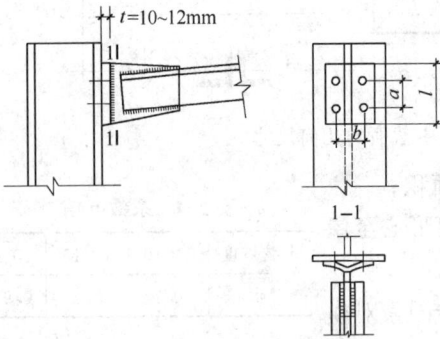

图 2.21 柔弱连接的做法

房很适合,柔弱(塑性铰)连接的具体做法是将屋架上弦和柱的连接做得弱一些,用薄板(厚度不超过 10~20mm)和螺栓连接,并将螺栓的距离 b 加大(见图 2.21),使薄板在屋架端部负弯矩引起的上弦杆拉力作用下,很容易出现变形而形成塑性铰。由于产生塑性铰所需要的负弯矩不大,故可按一般铰接计算。但当外荷载使屋架端部出现正弯矩时,上弦受压,仍能传递压力,于是屋架和柱又可按刚接计算。

在多跨厂房中,当有一部分是重型车间,而另一部分是轻型车间时,通常把重型车间处理成较强的门式框架而把轻型车间处理成与它相连的 Γ 形框架。计算时两部分分开计算,把重型车间当作轻型车间的不动支点,如图 2.22 所示。

横向框架为超静定结构,计算时必须预先估计屋架和柱的惯性矩或其比值,才能进行内力分析。设计时可参考手册或相关资料。根据以往的设计经验,柱段惯性矩(见图

2.23)比值的变化范围大致如表2.5所示。

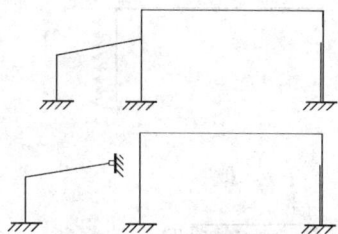

图 2.22　主框架与次框架的约束关系　　　图 2.23　各柱段的惯性矩符号

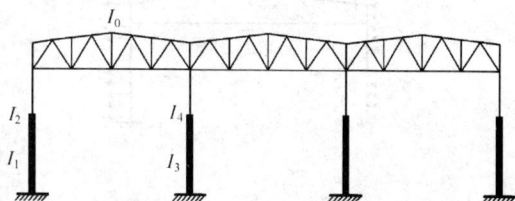

表 2.5　框架柱各柱段惯性矩的相对比值

柱段惯性矩比	范　围	适　用　条　件
$I_1:I_2$	5～12	边列柱：一般情况
$I_3:I_4$	8～15	中列柱：吊车起重量在75t以内
$I_3:I_4$	13～25	中列柱：吊车起重量大于75t
$I_3:I_1$	1.2～4	中列柱和边列柱间距相等
$I_3:I_1$	4～12	中列柱间距等于边列柱间距的二倍
$I_3:I_1$	8～17	边列柱截面沿高度不变

在计算中所采用的惯性矩比值与最后选定截面的惯性矩比值之间相差不应超过30%，否则应重新计算。

2. 作用在横向框架上的荷载

作用在横向框架上的荷载有永久荷载和可变荷载。永久荷载有结构自重、屋盖及墙面等重量；可变荷载有屋面均布活荷载，风、雪、积灰和吊车荷载等，在地震区的厂房还有地震荷载。

屋盖自重包括：屋面、屋架、天窗、檩条、支撑和屋面板等自重，这些构件或材料的重量可从《建筑结构荷载规范》(GB 50009-2001)中查得，分析框架时，把这些荷载转化为均布荷载来计算。

墙重通过墙架横梁集中地传到框架柱上，这些荷载位于柱的外侧，需考虑对柱的偏心作用。如是自承重墙，柱不承受墙的重量。

风荷载在《建筑结构荷载规范》(GB 50009-2001)中有详细规定，作用在屋面和天窗上的风荷载，通常只计算水平分力的作用，并把屋顶范围内的风荷载视为作用在框架横梁(屋架)轴线处的集中荷载 W 来考虑[见图2.24(b)]。纵墙上的风力按《建筑结构荷载规范》(GB 50009-2001)的规定计算。一般作为均布水平荷载作用在横向框架上。当纵墙有墙架柱时，一部分风荷载由墙架柱上端通过屋架纵向支撑传到横向框架上，一部分风荷载由墙架柱下端直接传到基础[见图2.24(c)]。

雪荷载和积灰荷载的计算应考虑其在屋面上的不均匀分布情况。

作用在横向框架上的吊车荷载有吊车的竖向压力和水平制动力，可以利用吊车梁的支座反力影响线求出作用在横向框架上最大及最小竖向压力和水平力。

最大竖向压力：

$$D_{max} = F_{max} \cdot \sum y \qquad (2.10)$$

· 25 ·

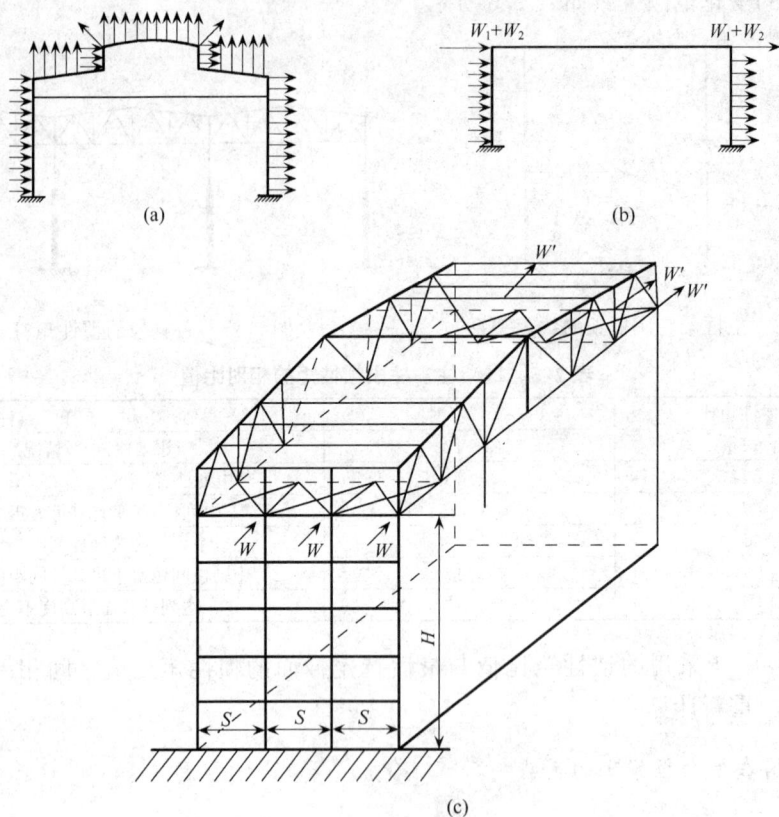

图 2.24 框架上的风荷载

最小竖向压力：

$$D_{\min} = F_{\min} \cdot \sum y \qquad (2.11)$$

水平力：

$$T = T_1 \cdot \sum y \qquad (2.12)$$

上述式中：$F_{\max}$、$F_{\min}$——吊车每个车轮的最大及最小轮压；

T_1——吊车每个车轮所传来的水平横向制动力；

$\sum y$——最不利车轮位置时，各个车轮处的影响线纵坐标之和[见图 2.25 (a)]，即

$$\sum y = y_1 + y_2 + y_3 + y_4$$

设计厂房的吊车梁和排架时，考虑参与组合的吊车台数是根据所计算的结构构件能同时产生效应的吊车台数来确定。一般情况下，在同一跨度内，有 2 台吊车以邻接距离运行的情况比较常见，但 3 台吊车相邻运行却很罕见，即使发生这种情况，由于柱距所限，能产生影响的也只有 2 台。因此，对单跨厂房设计时最多考虑 2 台吊车。

对多跨厂房，在同一柱距内同时出现超过 2 台吊车的机会增加。但考虑隔跨吊车对结构的影响减弱和计算方便，容许在计算吊车竖向荷载时，最多考虑 4 台吊车；而在计算吊车水平荷载时，由于同时制动的机会很小，最多只考虑 2 台吊车。当情况特殊时，可按实际

情况考虑。

上述各种荷载作用在横向框架上的情况见图 2.25(b)、(c)。

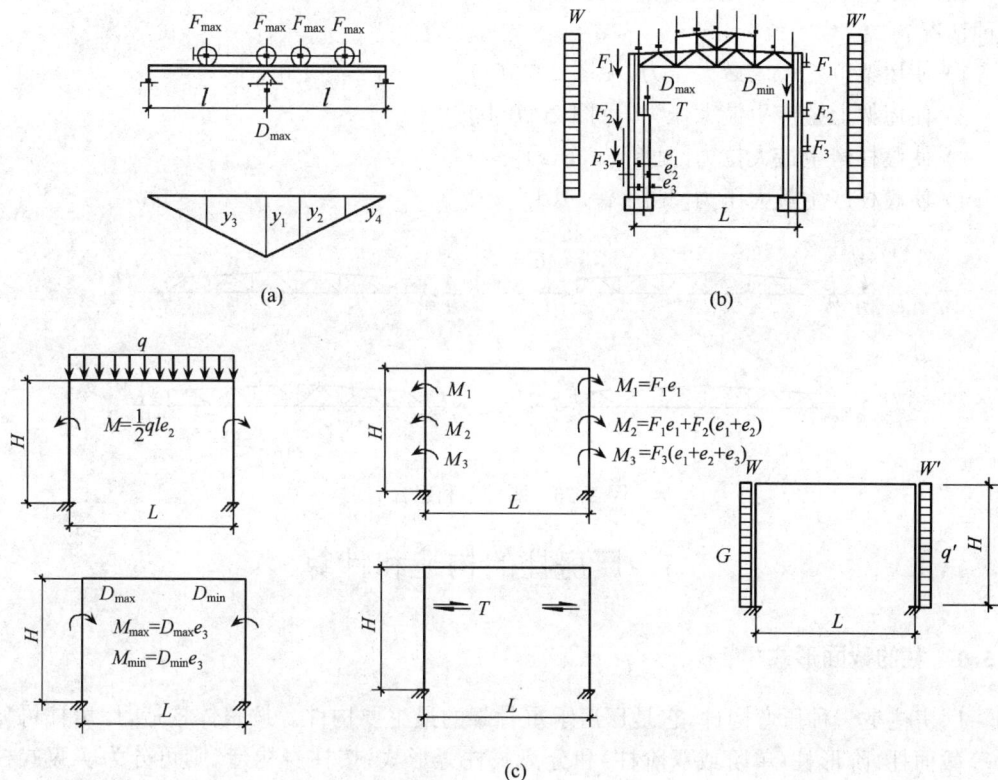

(a)

(b)

(c)

图 2.25　框架上的各种荷载

3. 横向框架的静力计算及内力组合

根据横向框架的计算简图,初选截面后即可用结构力学中的力法、位移法、弯矩分配法或其他方法进行框架的静力计算,也可利用现成公式或图表计算。

在框架静力计算时,应对各种荷载分别进行计算,绘出横梁及柱的内力图,然后求出最不利的内力组合。

框架内力组合,就是要求出屋架和柱中各控制截面上可能的最不利内力,作为截面选择及其连接计算的依据。为方便起见,内力组合常用表格方式进行。

(1) 框架柱的内力组合

柱的内力组合表中要列出柱顶、上段柱下端、下段柱上端及柱脚四个截面中的弯矩 M、轴向力 N 和剪力 V。此外还应组合柱脚锚栓的计算内力。对于柱子,必须组合 $+M_{max}$ 和相应的 N、V,$-M_{max}$ 和相应的 N、V,N_{max} 和相应的 M、V;对于柱脚锚固螺栓,则应组合出可能的最大拉力:即 N_{min} 和相应的 $+M_{max}$、V,N_{min} 和相应的 $-M_{max}$、V。

(2) 屋架内力组合

屋架杆件内力组合与安装程序有关。通常下面两种可能性都是存在的:一是等到屋面结构安装好以后再将屋架与柱的连接完全固定起来;二是先将屋架与柱固定,然后安装屋面结构。因此计算屋架杆件在屋盖自重作用下的内力时,应先把它看成简支桁架来分析,然后把屋架端弯矩(按刚接框架计算求得)的不利作用考虑到杆件中去。至于其他荷载,屋架和柱的连接已形成,自然按刚接计算。屋架端弯矩对屋架杆件的最不利组合一般应考虑四种情况:

1) 使屋架下弦产生最大压力[见图 2.26(a)]。

2) 使屋架上弦产生最大压力[见图 2.26(b)]。

3) 使腹杆产生最大拉力[见图 2.26(c)]。

4) 使腹杆产生最大压力[见图 2.26(d)]。

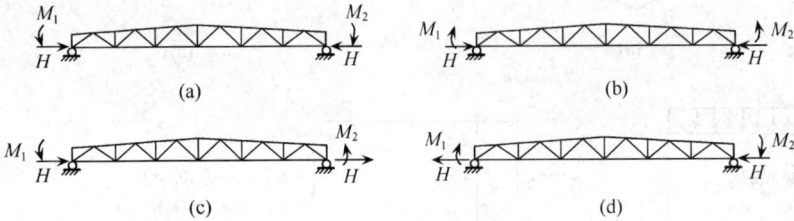

图 2.26 四种不利组合

2.5 厂房柱的构造和计算

2.5.1 柱的截面形式

厂房柱是一种压弯构件,它是厂房承重骨架的最主要构件。按整体构造,厂房柱可分为等截面柱、阶形柱(单阶或双阶柱)和分离式柱等形式;按柱身构造,则可分为实腹式柱和格构式柱。

厂房柱中应用较多的阶形柱,其变截面处的台阶对支承吊车梁比较方便,受力也较合理;等截面柱可用于无吊车或吊车较轻的厂房。实腹式柱常用于截面高度≤1m 的等截面柱、阶形柱的上柱和截面高度较小时的下柱及分离式柱的屋盖肢和吊车肢等;格构式柱常用于截面高度>1m 的柱,主要是阶形柱的下段,以及某些截面高度较大的其他情况。

实腹式柱常用各种型式的工形截面,见图 2.27(a);特殊情况下可用箱形截面,其刚度较好,但制造较复杂。等截面柱和阶形柱的上段常用三块钢板焊成的工形截面;不承受吊车或靠牛腿支承较小吊车一侧的翼缘则常采用钢板、扎制槽钢或焊接槽形截面。因此,

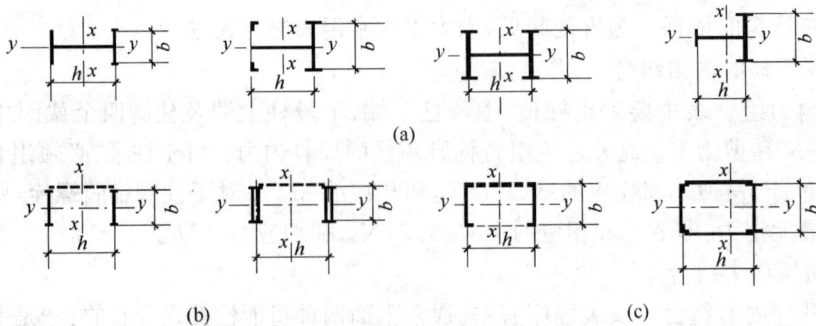

图 2.27 柱的截面形式

对边柱常用图 2.27(a)中的第一和第二种的截面形式,对中柱(两侧都有吊车平台)常用对称的或不对称的两侧均为工形的截面,如图 2.27(a)的第三种截面形式。不对称截面中两个翼缘的宽度一般相同,以便柱脚处贴焊靴梁方便,吊车平台处如需两侧贴焊肩梁板(支承上段柱)也较方便;但当一侧为钢板时,如图 2.27(a)中的第四种截面形式,钢板也可较窄,在柱脚处或吊车平台需要处在其外侧局部加焊与另一翼缘等宽的钢板。

格构式柱的常用截面型式如图 2.27(b)、(c)所示,即与实腹式柱相仿,但用两侧缀件代替腹板。缀件体系通常用角钢缀条式,其刚度较好,适于受压和有一定动力作用的情况;缀条布置常用人字式附加横杆,焊于截面的内侧以使外侧平整,可直接焊于柱肢,必要时也可从柱肢拼焊节点板。

分离式柱中屋盖肢和吊车都用工形截面,但放置方向不同,如图 2.27(c)中的第二种截面型式。屋盖肢较宽时也可用格构式截面。屋盖肢本身兼支承吊车成为阶形柱时,按阶形柱分为上、下柱段。

2.5.2 柱身的构造

实腹柱的腹板一般都用得很薄,需进行局部稳定的验算。当腹板采用纵向加劲肋或当腹板 h_0 高与厚度 t 之比大于 80 时,应设置横向加劲肋,以提高腹板的局部稳定性和增强抗扭刚度,横向加劲肋的间距不得大于 $3h_0$。此外,在柱与其他构件(如屋架、牛腿等)连接处和水平荷载作用处也应设置横向加劲肋。纵向加劲肋的设置使制造很费工,因此,仅在截面高度很大的柱中才可采用。在重型柱中,除设置横向加劲肋外,尚应设置横隔来加强,横隔的间距不得大于柱截面较大宽度的 9 倍或 8m,在受有较大水平力处和运输单元的端部也应设置横隔。

格构柱的缀条布置可采用单斜杆式、有附加横缀条的三角式及交叉式体系。缀条可直接与柱肢焊接[见图 2.28(g)]或用节点板与柱肢连接[见图 2.28(f)]。节点板可与柱肢对接或搭接。缀条的轴线应尽可能交于柱肢的轴线上。为了减少连接偏心,可将斜缀条焊在柱肢外缘,而横缀条焊在柱肢的内缘[见图 2.28(e)]。

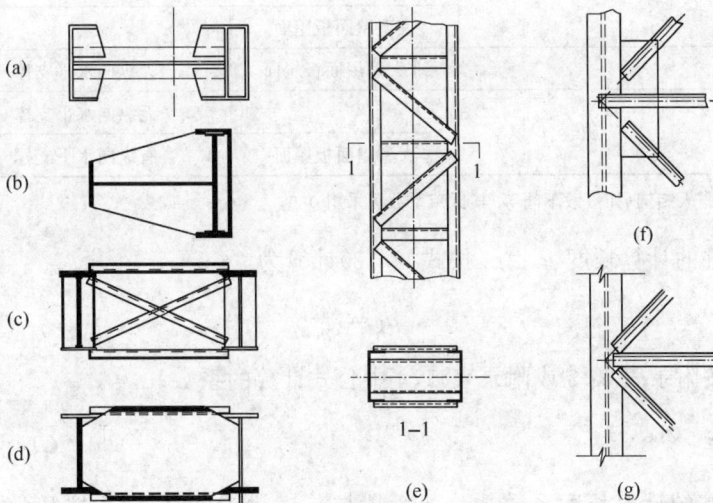

图 2.28 格构柱的横隔及缀条布置

格构柱也必须设横隔加强柱的抗扭刚度[见图 2.28(c)、(d)]，横隔的间距要求同实腹柱一样不得大于柱截面较大宽度的 9 倍或 8m，在受有较大水平力处和运输单元的端部应设置横隔。

2.5.3 柱的截面验算

框架柱承受轴向压力 N、框架平面内的弯矩 M_x 和剪力 V_x，有时还有框架平面外的弯矩 M_y 的作用。框架柱是一种压弯构件，因此，对于等截面柱及阶形柱的上、下段柱应按压弯构件进行强度、稳定和刚度的计算。

柱在框架平面内的计算长度应根据柱的形式及其两端的固定情况而定。

单层或多层框架的等截面柱，在框架平面内的计算长度应等于该层柱的长度乘以计算长度系数 μ。对无侧移框架，μ 值按附录表Ⅶ.1 确定。对有侧移框架，μ 值按附录表Ⅶ.2 确定。

单层厂房框架下端刚性固定的阶形柱，在框架平面内的计算长度应按下列规定确定。

1. 单阶柱

1) 下段柱的计算长度系数 μ_2。当柱上端与横梁铰接时，等于按附录表Ⅶ.3(柱上端为自由的单阶柱)的数值乘以表 2.6 的折减系数；当柱上端与横梁刚接时，等于按附录表Ⅶ.4(柱上端可移动但不转动的单阶柱)的数值乘以表 2.6 的折减系数。

表 2.6　单层厂房阶形柱计算长度的折减系数

	厂　　房　　类　　型			折减系数
单跨或多跨	纵向温度区段内一个柱列的柱子数	屋　面　情　况	厂房两侧是否有通长的屋盖纵向水平支撑	
	等于或少于 6 个		—	0.9
单跨	多于 6 个	非大型屋面板屋面	无纵向水平支撑	
			有纵向水平支撑	
		大型屋面板屋面	—	0.8
		非大型屋面板屋面	无纵向水平支撑	
			无纵向水平支撑	
		大型屋面板屋面	有纵向水平支撑	

注：有横梁的露天结构(如落锻车间等)其折减系数可采用 0.9。

2) 上段柱的计算长度 μ_1。μ_1 按式(2.13)计算为

$$\mu_1 = \frac{\mu_2}{\eta_1} \qquad (2.13)$$

式中：η_1——按附录表Ⅶ.3 或附录表Ⅶ.4 中公式计算的系数。

2. 双阶柱

1) 下段柱的计算长度系数 μ_3。当上段柱与横梁铰接时，等于按《钢结构设计规范》(GB 50017-2003)表 D-5 中的数值乘以表 2.6 的折减系数；当柱上端与横梁刚接时，等于

《钢结构设计规范》(GB50017-2003)表 D-6 中的数值乘以表 2.6 的折减系数。

2)上段柱和中段柱的计算长度系数 μ_1 和 μ_2。按下列公式计算：

$$\mu_1 = \frac{\mu_3}{\eta_1} \tag{2.14}$$

$$\mu_2 = \frac{\mu_3}{\eta_2} \tag{2.15}$$

上述式中：η_1、η_2——按附录表 Ⅶ.5 或附录表 Ⅶ.6 中公式计算系数。

当计算框架的格构式柱和桁架式横梁的线刚度时,应考虑缀件(或腹杆)变形和横梁或柱截面高度变化的影响。

框架柱沿房屋长度方向(在框架平面外)的计算长度应取阻止框架平面外位移的支承点(柱的支座、吊车梁、托架、支撑和纵梁固定节点等)之间的距离。

当吊车梁采用图 2.29 所示的支座构造方式时,由于两侧吊车梁的支座反力不等,将对柱子产生垂直于框架平面方向的弯矩 M_y：

$$M_y = (R_1 - R_2)e \tag{2.16}$$

式中:e——柱轴线至吊车梁支座加劲肋的距离。

由于阶形柱的腹板或缀条、缀板不能有效地传递弯矩 M_y,因此认为 M_y 完全由吊车肢承受。假定吊车肢的下端为刚性固定,上端为铰接,则弯矩 M_y 沿柱高分布如图 2.29(b)所示。框架平面内的 N 及 M_x 分配给吊车肢的轴向力 N',可由式(2.17)计算为

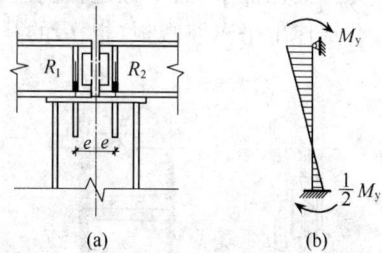

图 2.29 垂直于框架平面方向的弯矩

$$N' = \frac{NZ}{h} + \frac{M_x}{h} \tag{2.17}$$

式中:N 和 M_x——框架柱组合而得的轴向力和弯矩;

Z——柱的截面形心至屋盖肢的距离。

应该注意产生 N 和 M_x 的荷载与产生 M_y 的荷载相一致。这样,吊车肢按承受轴向力 N' 及弯矩 M_y 的压弯杆进行补充验算。对于单层厂房的格构柱,尚需对吊车肢进行补充验算。

由于对缀条体系传递两肢间内力的情况不易确定,为了可靠起见,认为吊车肢的最大压力 D_{max}[见式(2.10)]完全由吊车肢单独承受。此时吊车肢的总压力为

$$N_B = D_{max} + \frac{(N - D_{max})Z}{h} + \frac{M_x - M_d}{h} \tag{2.18}$$

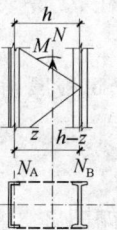

图 2.30 柱肢及其几何尺寸

式中:h、Z——见图(2.30);

N、M_x——框架组合内力;

M_d——吊车荷载在框架中引起的弯矩。

当吊车梁支反力靠端加劲肋的下伸突缘来传递时(突缘传递时,认为吊车肢不产生偏心),吊车肢仅承受 N_B,按轴心受压构件作补充验算。对于其他情况,应考虑 M_y[见式(2.16)]的作用,把吊车肢作为承受 N_B 和 M_y 的压弯构件进行补充验算。

2.5.4 阶形柱变截面处的构造

阶形柱变截面处是上、下段柱连接和支承吊车梁的重要部位,必须具有足够的强度和刚度。

上、下段柱的连接,由于下段柱截面高度比较大,常做成格构式,因此需要设一个刚度比较大的肩梁来实现上、下段柱之间的连接及力的传递。

图 2.31 为边柱上、下段柱的连接构造及上段柱的安装接头。图中板 a 是肩梁的腹板,板 b 是支承吊车梁的平台板,板 c 是加劲肋,板 d 是接头处的下横隔板;板 b、c、d 可视为肩梁的上、下翼缘板。上柱外翼缘以斜对接焊缝与下柱的腹板拼接,上柱腹板与肩梁腹板采用对接焊缝连接。上柱内翼缘板与下柱的连接通过板 e 开槽口插入肩梁板 a,并以角焊缝①连接。板 e 实际上是上柱内翼缘板的一部分,是为了适应上、下柱宽度的改变和安装的需要,又保证了上、下柱连接的刚度。肩梁腹板左端用角焊缝②连于下柱屋盖肢的腹板上,右端伸出吊车肢腹板(板 f)的槽口,并以角焊缝③相连。

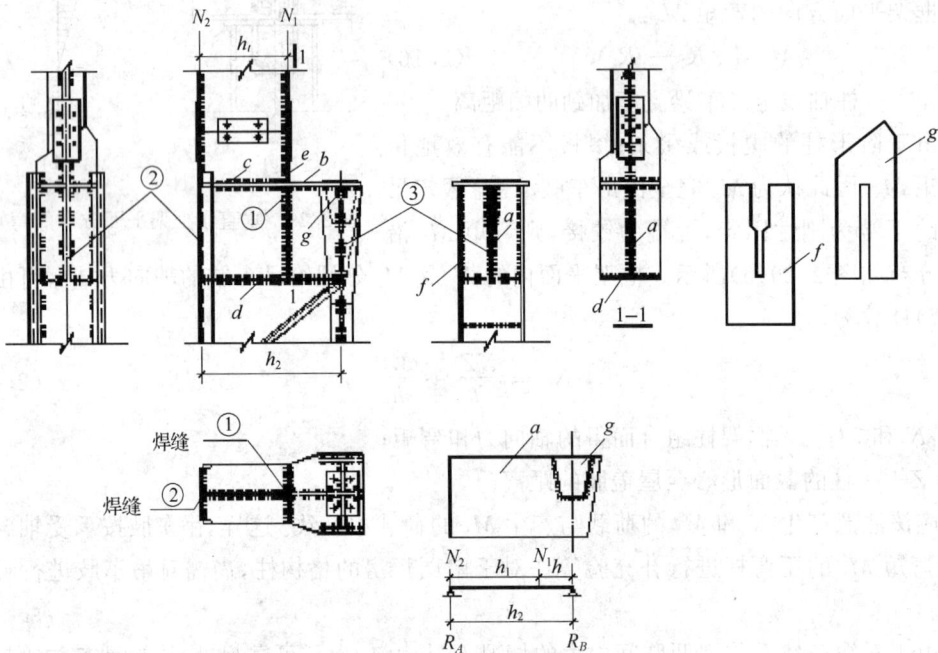

图 2.31 边柱上、下段柱的连接构造

作用于上段柱下端的最不利内力 M、N(可由组合表中查得)假定仅由上柱翼缘承受,则每个翼缘的内力为 N_1 和 N_2(见图 2.31),N_1 经过焊缝①传给肩梁。

肩梁近似地按跨度为 h_2 的简支梁设计。肩梁高可取 $(0.4 \sim 0.7) h_2$,肩梁腹板厚由剪切强度确定,但不宜小于 12mm,肩梁焊缝②按最大支反力 R_A 计算,焊缝③不但承受支反力 R_B,同时还承受吊车梁传来的 D_{max}。

上述连接如在工地进行安装拼接,则必须在上柱下端连接处加定位板(如图 2.31 所示),以保证拼接正确。

图 2.32 为双壁式肩梁的构造作法,主要用于下段柱为格构柱,以及拼接刚度要求较

高的重型柱中。由支承吊车梁的平台板,两侧的肩梁腹板和肩梁的下横隔板形成一个箱形构造。双壁式肩梁接头刚度较大,但用料较多。

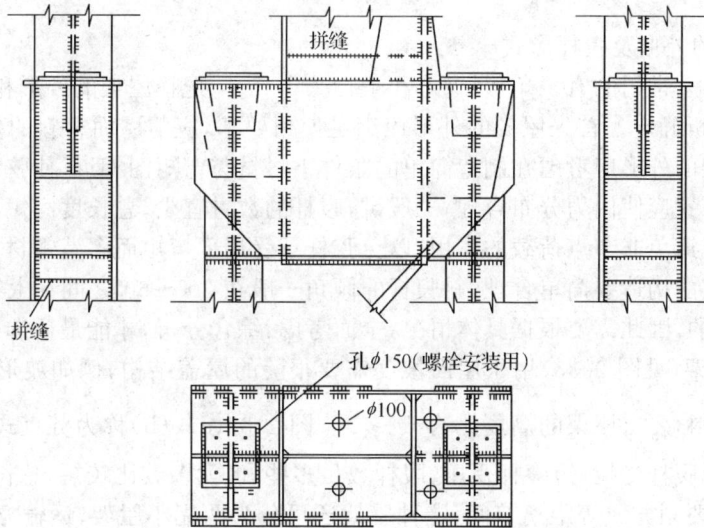

图 2.32　吊车梁突缘支座构造措施

在阶形柱中,吊车肢顶上设置平台板,形成支承吊车梁的平台。平台板要传递较大的吊车荷载,厚度不宜小于 20mm,一般为 20~40mm,平台板的平面尺寸一般应比柱截面尺寸稍大,以便焊接。

图 2.31 和图 2.32 所示的吊车梁平台是为吊车梁采用突缘支座所采取的构造措施:当 D_{max} 较大时,为了节约钢材,减少肩梁腹板厚度,可在吊车梁突缘宽度范围内,在肩梁腹板两侧各焊一块小板 g(见图 2.31),g 板的高度不宜小于 300mm,板厚由承压面积计算确定。顶面与板 a 一起刨平顶紧于平台板。平台板上设置垫板用以调整吊车梁的标高,同时也起到分布 D_{max} 增大承压面积的作用,垫板厚度不宜小于 20mm。

当吊车梁为平板式支座时[见图 2.29(a)],宜在吊车肢腹板上在相对应于吊车梁端支座加劲肋处设短加劲肋,并按吊车梁最大支反力计算端面承压和焊缝强度。这时肩梁腹板不必穿出吊车肢腹板。

2.6　普通钢屋架

2.6.1　普通钢屋架

钢屋架可分为普通钢屋架和轻型钢屋架。

普通钢屋架一般由角钢组成的 T 形截面(也可采用热扎 T 型钢)杆件和节点板焊接而成。这种屋架受力性能好,构造简单,施工方便,过去应用比较广泛,目前主要用于重型工业厂房和跨度较大的民用建筑的屋盖结构中。普通钢屋架所用的等边角钢不小于∟45×4,不等边角钢不小于∟56×36×4。

轻型钢屋架指由小角钢(小于∟45×4 或∟56×36×4)、圆钢组成的屋架以及冷弯薄壁型钢屋架。当跨度及屋面荷载均较小时,采用轻型钢屋架可获得显著的经济效果。但不宜用于高温、高湿及强烈侵蚀性环境或直接承受动力荷载的结构。

1. 屋架的形式和主要尺寸

(1) 屋架的外形及腹杆形式

屋架的外形,常用的有三角形、梯形和平行弦等几种。选择屋架的外形和腹杆形式,应该经过综合分析确定。首先屋架的外形应满足使用要求,应与屋面材料的排水要求相适应。同时,屋架的外形应考虑在制造简单的条件下尽量与弯矩图相近,使弦杆的内力差别较小。腹杆的布置应使内力分布合理,一般讲,腹杆的数目宜少,总长度宜短,长杆受拉,短杆受压,尽可能避免非节点荷载的作用,以免弦杆承受局部弯矩而多费钢材。另外,节点的数目宜少,节点的构造要简单合理,斜腹杆的倾角一般在 $30°\sim60°$ 之间。上述各项要求是难于同时满足的,因此需要根据具体情况,全面考虑,综合分析,才能最后选定。

三角形屋架(见图 2.33)用于屋面坡度需要很陡的屋盖结构,例如波形石棉瓦、瓦楞铁皮等屋面材料,要求屋架的高度比为 $\frac{1}{4}\sim\frac{1}{6}$。图 2.33(a)、(b)称为芬克式屋架,它的腹杆受力合理,长腹杆受拉,短腹杆受压,腹杆数虽多些,但大多数比较短,总长度仍较短。上弦杆可根据需要划分成等距离节间,这种屋架还可分为两榀小屋架,运输方便,因而是三角形屋架中应用最广泛的一种。图 2.33(c)为人字式腹杆屋架,杆件数和节点数均较少,但受压腹杆较长,适应于小跨度的情况。

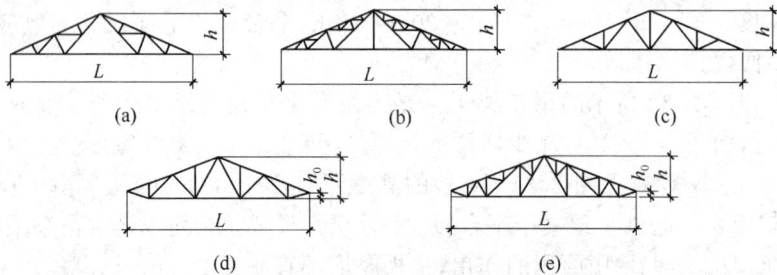

图 2.33 三角形屋架

三角形屋架共同的缺点是:上下弦内力分布很不均匀,支座处内力最大,而跨中却较小;上下弦交角过小,使支座节点的构造复杂。为了改善这种情况可使下弦向上曲折,成为上折式三角形屋架[见图 2.33(d)]或将三角形屋架的两端取较小高度 h_0[见图 2.33(e)]。

梯形屋架(见图 2.34)的上弦较平缓,适合采用大型屋面板,坡度一般在 1/8～1/12。其外形较接近弯矩图,因而弦杆内力沿跨度分布较均匀,用料较经济。梯形屋架可与柱铰接或刚接,刚接可使建筑物横向刚度提高,因而这种屋架已成为工业厂房屋盖结构的基本形式。人字式腹杆体系的腹杆总长短,节点较少。图 2.34(a)所示屋架的上弦节间距可做到 3m,而目前大型屋面板宽多为 1.5m。为避免上弦承受局部弯矩,可采用再分式腹杆,将

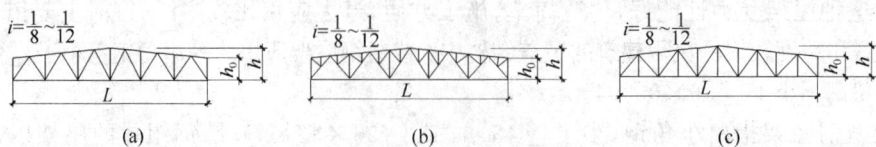

图 2.34 梯形屋架

节间距减少至 1.5m[见图 2.34(b)]。

平行弦屋架的特点是杆件规格化,节点构造统一,因而便于制造,但弦杆内力分布不均匀。这种屋架一般用于托架、吊车制动桁架、栈桥和支撑体系。

(2) 屋架的主要尺寸

屋架的主要尺寸包括屋架的跨度、跨中高度和端部高度(梯形屋架)。

屋架的跨度取决于柱网的布置,柱网纵向轴线的间距就是屋架的标志跨度,一般以 3m 为模数。屋架的计算跨度是两端支承反力的距离。

屋架的高度由经济要求、刚度要求、运输界限和屋面坡度等因素来决定。根据屋架的容许挠度可决定最小高度,最大高度则取决于运输界限,例如铁路运输界限为 3.85m;屋架的经济高度是根据上下弦杆和腹杆的重量最小的条件确定的。三角形屋架的中部高度主要取决于屋面坡度,当 $i = \frac{1}{2} \sim \frac{1}{3}$ 时,$h = \left(\frac{1}{4} \sim \frac{1}{6} \right) l$。梯形和平行弦屋架的中部高度主要取决于经济要求,一般为 $h = \left(\frac{1}{6} \sim \frac{1}{10} \right) l$。至于端部高度 h_0,是与中部高度和屋面坡度相关连的。一般陡坡梯形屋架取 $h_0 = 0.5 \sim 1.0m$;缓坡梯形屋架取 $h_0 = 1.8 \sim 2.1m$。多跨厂房梯形屋架的端部高度应力求统一。

2. 屋架杆件的内力计算

作用在屋架上的荷载有永久荷载和可变荷载两大类:

永久荷载包括屋面构造层的重量、屋架和支撑的重量及天窗等结构自重。屋架和支撑自重可按经验公式 $q = (0.117 + 0.011l)(kN/m^2)$ 估计(l 为屋架的跨度,单位为 m)。可变荷载包括屋面活荷载、屋面积灰荷载、雪荷载、风荷载及悬挂吊车荷载等。

屋架所受的荷载是由檩条或大型屋面板的肋以集中荷载的方式作用于屋架节点上,若有节间荷载,则应把节间荷载分配到相邻的两个节点上,屋架按节点荷载求出各杆件的轴心力,然后再考虑节间荷载引起的局部弯矩。

计算屋架杆件内力时,假定各节点均为铰接点。实际上用焊缝连接的各节点具有一定的刚度,在屋架杆件中引起了次应力,根据理论和实验分析,由角钢组成的普通钢屋架,由于杆件的线刚度较小,次应力对承载力的影响很小,设计时可以不予考虑。

确定计算简图后,即可用图解法或数解法,求出在节点荷载作用下屋架各杆件的内力。计算杆件内力时,应注意到某些屋架(例如梯形屋架)在半跨荷载作用下,跨中少数腹杆的内力可能由全跨满载时的拉力变为压力或使拉力增大,因此,为了求出各杆件的最不利内力,必须对作用在屋架上的荷载根据施工和使用过程可能出现的分布情况进行组合,一般考虑下列三种荷载组合的情况:

1) 跨永久荷载+全跨可变荷载。

2) 跨永久荷载+半跨可变荷载。

3) 屋架和支撑自重+半跨屋面板重+半跨施工荷载(取等于屋面活荷载)。

当屋面与水平面的倾角小于 30°时,风荷载对屋面产生吸力,起着卸载的作用,一般不予考虑,但对于采用轻质屋面材料的三角形屋架和开敞式房屋,在风荷载和永久荷载作用下可能使原来受拉的杆件变为受压,故计算杆件内力时,应根据荷载规范的规定,计算风荷载的作用。

上弦有节间荷载时,除轴心力外还产生局部弯矩。局部弯矩的计算,理论上应按弹性支座上的连续梁进行计算。由于这种计算方法较为复杂，一般可偏于安全地取端部节间正弯矩 $M_1=0.8M_0$，其他节间的正弯矩和节点负弯矩 $M_2=0.6M_0$，这里 M_0 是把弦杆节间视为简支梁求得的最大弯矩。

3. 屋架杆件设计

(1) 屋架杆件的计算长度

在理想的铰接屋架中，杆件在屋架平面内的计算长度应是节点中心的距离；实际上，汇交于节点处的各杆件是通过节点板焊接在一起的，因而并非真正的铰接，节点具有一定的刚度，杆件两端均属弹性嵌固。此外，节点的转动还受到汇交于节点的拉杆的约束。这些拉杆的线刚度愈大，约束作用也愈大。压杆在节点的嵌固程度愈大，其计算长度就愈小。根据这个道理，便可视节点的嵌固程度来确定各杆的计算长度。弦杆、支座斜杆和支座竖杆因本身截面较大，其他杆件在节点处对它的约束作用很小，同时考虑到这些杆件在屋架中是主要杆件，故其计算长度取等于节间的距离，即 $l_{ox}=l$；其他腹杆，与上弦相连的一端，拉杆少，嵌固程度小，与下弦相连的另一端，拉杆多，嵌固程度较大，其计算长度取 $l_{ox}=0.8l$。

弦杆在屋架平面外的计算长度等于侧向支承节点之间的距离，即 $l_{oy}=l_1$。对于上弦，在有檩屋盖中，若檩条与横向水平支撑的交叉点用节点板连牢时（见图 2.35），则 l_1 等于檩条之间的距离，若檩条与支撑的交叉点不连接时，则 l_1 取支撑节点的距离。在无檩屋盖中，大型屋面板在三个角点与屋架上弦焊接，起一定支撑作用，l_1 可取等于两块屋面板的宽度。屋架下弦平面外的计算长度 l_{oy} 等于侧向支承点间的距离，即纵向水平支撑点与系杆或系杆与系杆之间的距离。腹杆在平面外的计算长度等于杆端节点间距，即 $l_{oy}=l$，因为节点板在平面外的刚度很小，只能视作板铰。

单面连接的单角钢杆件或双角钢组成的十字形截面杆件，因截面的主轴均不在屋架平面内，杆件可能向着最小刚度的斜向屈曲，此时杆件两端的节点对其两个方向均有一定嵌固作用，因此，这类腹杆的计算长度 $l_0=0.9l$。

当屋架上弦侧向支承点间的距离 l_1 为节间长度的两倍，且此两节间的轴心压力不相等，一个节间作用着较大的压力 N_1，另一个节间作用着较小压力或拉力 N_1［见图 2.36 (a)］时，压杆的临界力要比两端作用着较大的轴向力（N_1）时要高。计算这种压杆在屋架

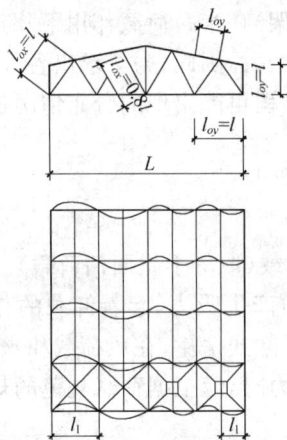

图 2.35　横向水平支撑有节点板　　　图 2.36　考虑 N_1,N_2 不等时求平面外计算长度

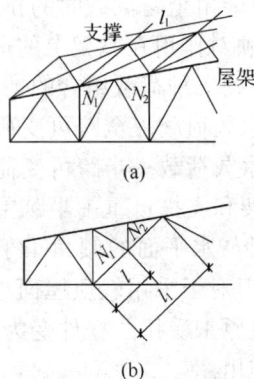

平面外的稳定时,杆件轴力仍取用较大的轴力 N_1,为了考虑上述有利因素,计算长度按式(2.19)计算。

$$l_0 = l_1\left(0.75 + 0.25\frac{N_2}{N_1}\right) \tag{2.19}$$

计算时压力取正号,拉力取负号,当算得的 $l_0 < 0.5l_1$ 时,取 $l_0 = 0.5l_1$。

同理,对于芬克式屋架和再分式腹杆体系中的主斜杆在屋架平面外的计算长度亦按公式(2.19)计算[见图 2.36(b)]。但受拉的主斜杆在桁架平面外的计算长度仍取 l_1。

规范对于屋架杆件的计算长度规定见表 2.7。

表 2.7　屋架弦杆和单系腹杆的计算长度 l_0

项次	弯曲方向	弦杆	腹杆	
			支座斜杆和支座竖杆	其他杆件
1	在屋架平面内	l	l	$0.8l$
2	在屋架平面外	l_1	l	l
3	斜平面	—	l	$0.9l$

注:1) l——构件的几何长度(节点中心间距离);

　　　l_1——屋架弦杆侧向支承点之间的距离。

　　2) 斜平面系指与屋架平面斜交的平面,适用于构件截面两轴均不在屋架平面内的单角钢腹杆和双角钢十字形截面腹杆。

　　3) 无节点板的腹杆计算长度在任意平面内均取其等于几何长度。

表 2.7 中腹杆的计算长度是指单系腹杆。若是交叉腹杆,在屋架平面内的计算长度,无论是拉杆或压杆均取节点中心到交叉点之间的距离,即 $l_{ox}=0.5l$;在屋架平面外的计算长度则按下列规定采用:

1) 对于压杆,当相交的另一杆受拉,且两杆在交叉点处均不中断,$l_{oy}=0.5l$;当相交的另一杆受拉,两杆中有一杆在交叉点中断,并以节点板搭接时,$l_{oy}=0.7l$;其他情况 $l_{oy}=l$。

2) 对于拉杆 $l_{oy}=l$,因为与它相交的压杆不能视作它在平面外的支承。

这里 l 系指节点中心间距离(交叉点不作为节点考虑)。

当两交叉杆都受压时,不宜有一杆中断。当确定交叉腹杆中单角钢压杆在斜平面内的计算长度时,计算长度应取节点中心至交叉点间距离。

(2) 截面形式

普通钢屋架的杆件通常采用两个角钢组成的 T 形截面或十字形截面,对受力较小的次要杆件也可采用单角钢。这些截面具有取材方便,连接简单,能使各杆件在两个主轴方向的长细比相接近等优点。另外,还可用 H 型钢剖开而成的 T 型钢(见图 2.37)。

屋架上弦,在一般支撑布置的情况下,屋架平面外的计算长度等于平面内的计算长度的两倍,为满足 $\lambda_x \approx \lambda_y$,必须使 $i_y \approx 2i_x$,这时宜采用由两个不等肢角钢短肢相并的 T 形截面或 TW 型截面。如果上弦杆有节间荷载作用,为了增强屋架平面外的抗弯刚度,宜采用由两个等肢角钢组成的 T 形截面或两个不等肢角钢长肢相并的 T 形截面或 TM 截面。

屋架的端斜杆,由于它在屋架平面内和平面外的计算长度相等,从等稳定条件出发,要求所选截面的 $i_x=i_y$,故应采用两个不等肢角钢长肢相并的 T 形截面或 TN 截面。

对于其他腹杆,由于 $l_y=1.25l_x$,要求截面 $i_y=1.25i_x$,所以应采用两个等肢角钢组成的 T 形截面,连接竖向支撑的竖腹杆,为了传力时不产生偏心,便于与支撑连接,以及吊

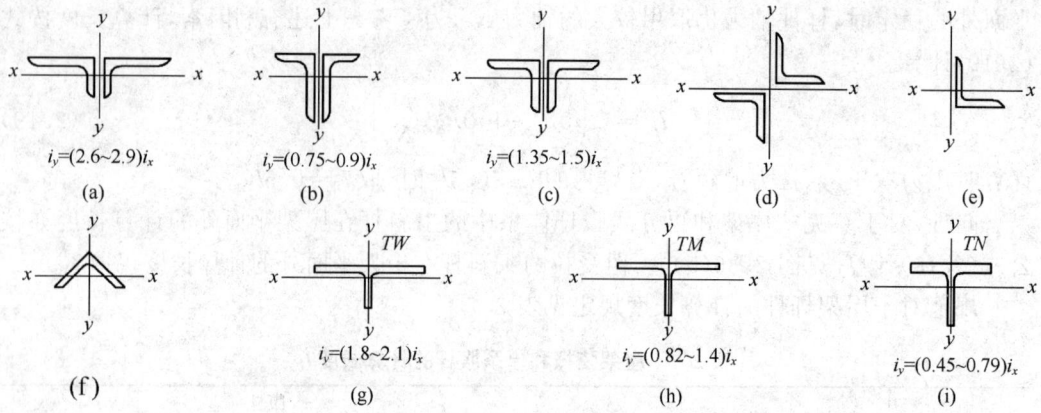

$i_y=(2.6\sim2.9)i_x$ $i_y=(0.75\sim0.9)i_x$ $i_y=(1.35\sim1.5)i_x$

(a)   (b)   (c)   (d)   (e)

$i_y=(1.8\sim2.1)i_x$ $i_y=(0.82\sim1.4)i_x$ $i_y=(0.45\sim0.79)i_x$

(f)   (g)   (h)   (i)

图 2.37 屋架杆件截面形式

装时屋架两端可以互换,宜采用两个等肢角钢组成的十字形截面。对于受力很小的腹杆,也可采用单角钢截面,角钢最小不能小于∟45×4 或∟56×36×4。

屋架下弦受拉,所选截面除满足强度和容许长细比外,应尽可能增大屋架平面外的刚度,以利于运输和吊装。因此下弦杆常采用两个不等肢角钢短肢相并的 T 形截面或 TW 截面。

对桁架弦杆,用 T 型钢代替双角钢 T 形截面,可以省去节点板或减小节点板尺寸,零件数量少,用料、用工都能节省 10%～15%,且易于涂刷油漆,提高杆件的抗腐蚀能力,值得推广。

对于双角钢 T 形截面,为了使两个角钢组成的截面能够整体工作,应在角钢相并肢之间每隔一定间距,焊上一块填板,填板宽度由构造要求决定,一般取 50～80mm,长度:对于 T 形截面应伸出角钢肢边 10～15mm,对于十字形截面则应缩进角钢肢边 10～15mm。填板间距 l_d 在受压杆件中不大于 $40i$,在受拉杆件中不大于 $80i$。对于 T 形截面,i 为一个角钢平行于填板的形心轴的回转半径;对于十字形截面,则取一个角钢的最小回转半径(见图 2.38)。在受拉杆件的两个侧向支承点之间填板数不得少于两个。

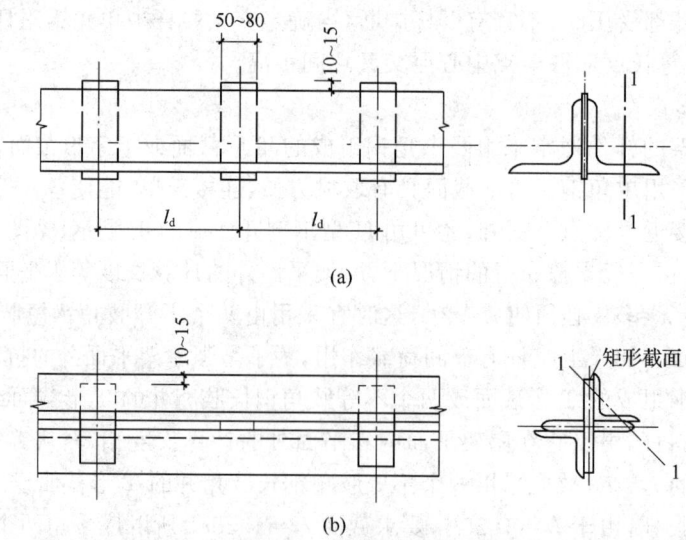

(a)

(b)

图 2.38 填板布置

（3）杆件截面选择

选择截面时应考虑下列原则：

1）选用肢宽而壁薄的角钢，但最薄不能小于 4mm。

2）为了便于订货和制造，相近的角钢应尽量统一，同一屋架所采用的角钢型号不超过 5～6 种。

3）屋架弦杆一般采用等截面，但当跨度大于 30m 时，弦杆可根据内力的变化改变截面，通常厚度不变而缩小肢宽，以利于拼接节点的构造处理。

轴心拉杆：按强度确定杆件所需要的截面面积为

$$A_0 = \frac{N}{f} \tag{2.20}$$

式中：N——杆件的计算轴心力。

　f——钢材的抗拉设计强度，按附录表采用；当用单角钢单面连接应乘以折减系数 0.85。

根据 A_0 从角钢规格表中选合适的角钢。

轴心压杆：按稳定条件计算所需要毛截面面积为

$$A = \frac{N}{\varphi f} \tag{2.21}$$

式中：φ——轴心受压杆件的稳定系数，查附录表。

由于 A、φ 都是未知数，因此不能直接计算所需要的面积，而应采用试算法选择截面，通常先假定长细比 λ（一般弦杆取 80～100，腹杆取 100～120），查出相应的 φ 代入式（2.21）计算截面 A，同时算出回转半径 i_x、i_y。根据 A、i_x 和 i_y 从角钢规格表中选择角钢，再进行验算，这样反复一、二次，即可得到合适的角钢。

压弯杆件：当上弦有节间荷载时，应根据轴心压力和局部弯矩按压弯杆件进行计算。初选截面后按下列公式计算：

在弯矩作用平面内的稳定计算为

$$\sigma = \frac{N}{\varphi_x A} + \frac{\beta_{mx} M_x}{\gamma_x W_{1x}\left(1 - 0.8\dfrac{N}{N_{ex}}\right)} \leqslant f \tag{2.22}$$

$$\sigma = \left|\frac{N}{A} - \frac{\beta_{mx} M_x}{\gamma_x W_{2x}\left(1 - 1.25\dfrac{N}{N_{ex}}\right)}\right| \leqslant f \tag{2.23}$$

在弯矩作用平面外的稳定计算为

$$\frac{N}{\varphi_y A} + \frac{\beta_{tx} M_x}{\varphi_b W_{1x}} \leqslant f \tag{2.24}$$

屋架所有杆件还应满足长细比限值的要求。对于内力很小的腹杆，截面选择往往由长细比限值控制。因为长细比过大的杆件，在动力荷载作用下会产生过大的挠度，在运输和安装过程中因刚度不足而产生变形，在动力荷载作用下会引起颤动，这些对于杆件的工作都很不利。根据长期的实践经验，规范对钢屋架的压杆和拉杆的长细比规定了不同的限值。对于压杆：$[\lambda]=150$。对于承受静荷载或设有轻、中级工作制吊车厂房的间接承受动荷载的拉杆：$[\lambda]=350$；对于设有重级工作制吊车厂房的间接承受动荷载的拉杆及直接承受动荷载作用的拉杆:$[\lambda]=250$。

4. 屋架的节点设计

(1) 节点设计的一般原则

1) 屋架是通过节点板把汇交于各节点的杆件连接在一起,各杆件的内力通过节点板上的角焊缝互相平衡。节点板的应力分布比较复杂,节点板的厚度通常不作计算,而根据经验确定。一般情况下可根据腹杆(梯形屋架)或弦杆(三角形屋架)的最大内力按表 2.8 选用。

表 2.8　Q235 钢单壁式焊接屋架节点板厚度先用表

梯形、人字形屋架腹杆最大内力或 三角形屋架弦杆端节间内力/kN	≤170	171~290	291~510	511~680	681~910	911~1290	1291~1770	1771~3090
点板厚度/mm	6~8	8	10	12	14	16	18	20
支座节点板厚度/mm	8	10	12	14	16	18	20	22

注:1) 节点板钢材为 Q345、Q390、Q420 时节点板厚度可按表中数值适当减小。

2) 无竖腹杆相连且自由边无加劲肋加强的节点板,应将受压腹杆内力乘以 1.25 后再查表。

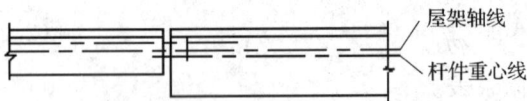

图 2.39　弦杆轴线位置

长度改变的位置应设在节点处。在上弦,为了便于搁置屋面构件,应使肢背齐平,并取两角钢重心线之间的中线作为弦杆轴线(见图 2.39),如轴线变动不超过较大弦杆截面高度的 5% 时,可不考虑其影响。

3) 为了避免焊缝过于密集导致节点板材质变脆,节点板上各杆件端部之间须留 15~20mm 的空隙。节点板一般伸出弦杆角钢肢背 10~15mm(见图 2.40)以便施焊。在屋架上弦,为了支承屋面构件,可将节点板缩进弦杆背 5~10mm,并用槽焊缝连接[见图 2.41(a)]。

2) 为了避免杆件偏心受力,各杆件的重心线应与屋架的轴线重合,但考虑制造上的方便,通常把角钢肢背到屋架轴线的距离调整为 5mm 的倍数,但弦杆沿

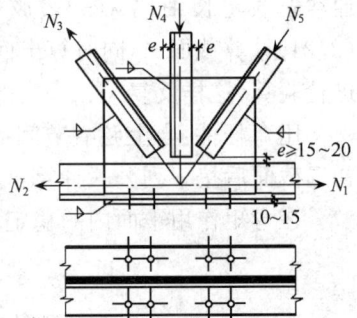

图 2.40　杆端空隙和节点板伸出

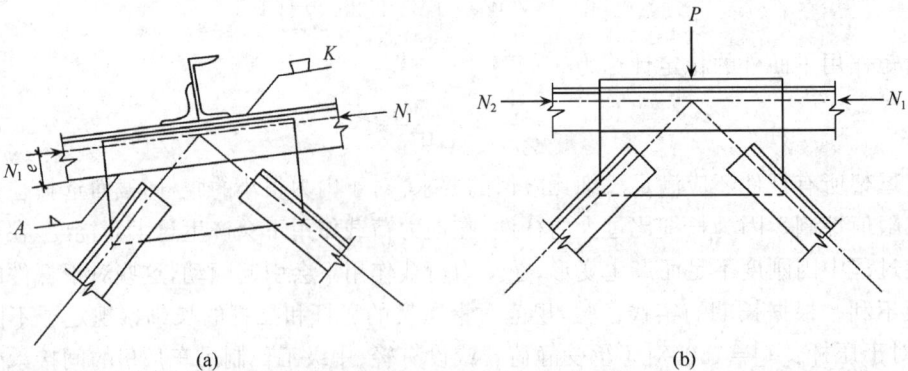

(a)

(b)

图 2.41　上弦节点

4）角钢端部的切割面宜垂直于杆件轴线[见图 2.42(a)]，当角钢较宽，为了减少节点板尺寸，也可采用图 2.42(b) 和(c)形式斜切，但绝不能采用图 2.42(d)的形式斜切，因为机械切割无法做到，且端部焊缝分布不合理。

5）节点板的尺寸，主要取决于所在连接杆件的大小和所设焊缝的长短。板的形状应力求简单而规则，至少有两边平行，如矩形、平行四边形和直角梯形等，以便切割钢板时能充分利用材料和减少切割次数。节点板不应有凹角，以免产生严重的应力集中现象。此外，确定节点板外形时，应注意使其受力情况良好，节点板边缘与杆件轴线的夹角 α 不应小于 15°[见图 2.43(a)]，还应考虑使连接焊缝中心受力。图 2.43(b)所示的节点板使连接杆件的焊缝偏心受力，应尽量避免采用。

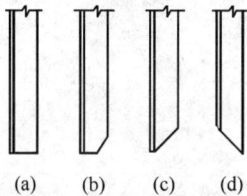

图 2.42　角钢端部切割面　　　　　图 2.43　节点板边缘与杆件轴线的夹角要求

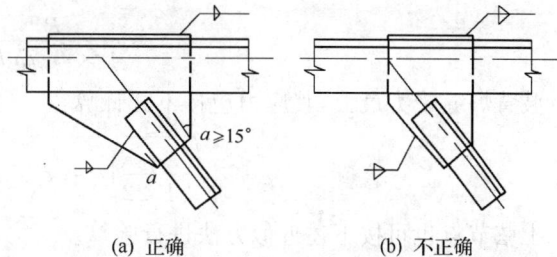

（2）节点的设计和构造

节点设计时，根据腹杆截面和内力确定连接焊缝的焊脚尺寸和长度，然后再根据焊缝的长度和施工的误差确定节点板的形状和尺寸。

1）下弦的一般节点（图 2.40）。弦杆与节点板的连接焊缝，由于弦杆在节点板处是连续的，它仅将下弦两节间的内力差 ΔN 传递给节点板，所需要的焊缝总长为

$$\sum l_w = \frac{\Delta N}{2 \times 0.7 h_f f_f^w} \tag{2.25}$$

肢背：

$$l_w' = k_1 \sum l_w + 2h_f \tag{2.26}$$

肢尖：

$$l_w'' = k_2 \sum l_w + 2h_f \tag{2.27}$$

上述式中：N_1、N_2——相邻节间弦杆的内力；

　　　　　　k_1、k_2——角钢肢背和肢尖焊缝分配系数。

$$\Delta N = N_1 - N_2$$

通常 ΔN 很小，所需要的焊缝很短，一般都按节点板的大小予以满焊。

2）屋架上弦一般节点（见图 2.41）。节点受有屋面传来的集中荷载 P 的作用，所以在计算上弦与节点板的连接焊缝时，应考虑节点荷载 P 与上弦杆相邻节间的内力差 $\Delta N = N_1 - N_2$。

上弦节点因需搁置屋面板或檩条，故常将节点板缩进角钢肢背而采用塞焊缝[见图

2.41(a)]。塞焊缝可近似地按两条焊脚尺寸为 $h_f = \dfrac{\delta}{2}$（δ 为节点板厚）的角焊缝来计算。节点板缩进角钢背的距离不少于 $\dfrac{\delta}{2} + 2\text{mm}$，但不大于 δ。计算时假定集中荷载与上弦杆垂直，略去上弦杆坡度的影响。这样在 ΔN 的作用下，角钢肢背与节点板角焊缝所受剪应力为

$$\tau_{\Delta N} = k_1 \frac{\Delta N}{2} \times 0.7 h_f l_w \tag{2.28}$$

式中：k_1——角钢肢背的分配系数。

在 P 的作用下，上弦杆与节点板连接的四条焊缝平均受力。若焊脚的尺寸相同，则焊缝应力为

$$\sigma_P = \frac{P}{4 \times 0.7 h_f l_w} \tag{2.29}$$

肢背焊缝受力最大，其应力应按下式计算：

$$\sqrt{\left(\frac{\sigma_P}{1.22}\right)^2 + \tau_{\Delta N}^2} \leqslant f_f^w \tag{2.30}$$

上弦节点也可按下述近似方法进行验算。

考虑到塞焊缝质量不易保证，常假设塞焊缝"K"只承受 P 的作用。由于 P 力一般不大，"K"缝可按构造满焊不必计算。角钢肢尖与节点板的连接焊缝"A"承受 ΔN 及其产生的偏心力矩 $M = \Delta N e$（e 为角钢肢尖至弦杆轴线的距离）。于是，"A"焊缝两端的合应力最大[见图 2.43(a)]，按式(2.31)进行验算

$$\sqrt{\tau_{\Delta N}^2 + \left(\frac{\sigma_M}{1.22}\right)^2} \leqslant f_f^w \tag{2.31}$$

式中

$$\tau_{\Delta N} = \frac{\Delta N}{2 \times 0.7 h_f l_w}$$

$$\sigma_M = \frac{6M}{2 \times 0.7 h_f (l_w)^2}$$

3）弦杆拼接节点。弦杆的拼接分为工厂拼接和工地拼接两种，因角钢长度不够而接长的工厂拼接接头，常设于内力较小的节间内；工地拼接是由于运输条件的限制，屋架分成两个或两个以上的运输单元而设的工地安装接头。这里叙述的是工地拼接接头。工地拼接通常设在节点处（见图 2.44）。

弦杆的拼接，应在弦杆之上加一对型号与弦杆相同的拼接角钢，以保证弦杆在拼接处保持原有的强度和刚度。为了使拼接角钢能贴紧被连接的弦杆和便于施焊，应将拼接角钢的棱角削去并将竖肢切去 $\Delta = t + h_f + 5$（mm），这里 t 是拼接角钢的厚度，h_f 是连接角钢焊缝的焊脚尺寸。当角钢肢宽在 130mm 以上时，应将拼接角钢肢斜切，使传力均匀[见图2.44(b)]。在屋脊节点的拼接角钢，一般用热弯成形。当屋面坡度较大，拼接角钢又较宽时，宜将竖肢切口，然后热弯对齐焊接。为了便于工地拼装，拼接节点要设立安装螺栓。

拼接角钢与弦杆的连接焊缝通常按被连接弦杆的最大内力计算，并平均地分配给两个拼接角钢肢的四条焊缝，每条焊缝的计算长度：

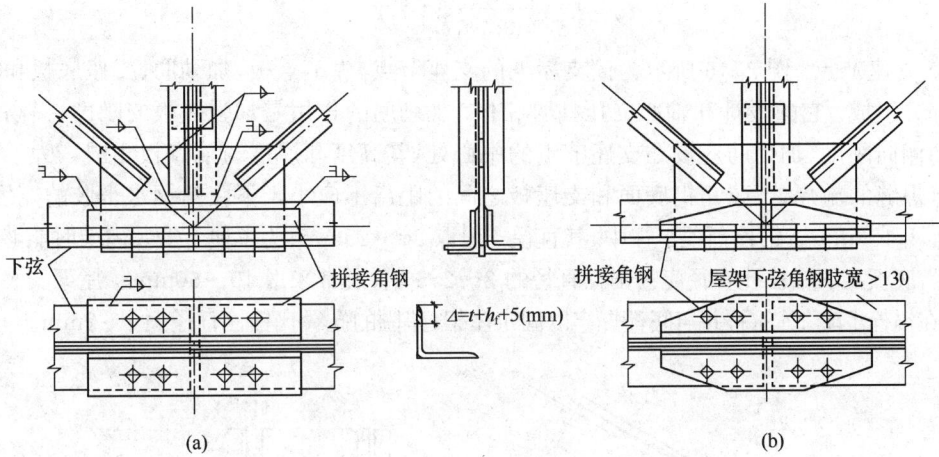

图 2.44　下弦拼接节点

$$l_w = \frac{N}{4 \times 0.7 h_f f_f^w} \tag{2.32}$$

拼接角钢的长度 $L = 2(l_w + 2h_f) + b$，这里 b 是两弦杆端间的空隙，一般取 $b = 10 \sim 20$mm，屋脊拼接节点如屋面坡度较大，可取 $b = 50$mm。

下弦杆与节点板的连接焊缝，除按拼接节点两侧弦杆的内力差进行计算，还应考虑到拼接角钢由于削棱和切肢，截面有一定的削弱，这削弱部分由节点板来补偿，一般拼接角钢削弱的面积不超过 15%。所以下弦与节点板的连接焊缝按下弦较大内力的 15% 和两侧下弦的内力差两者中的较大者进行计算。这样，下弦杆肢背与节点板的连接焊缝长度计算如下：

$$l_w = \frac{k_1(0.15N_{max}) \text{ 或 } \Delta N}{2 \times 0.7 h_f f_f^w} + 2h_f \tag{2.33}$$

对于上弦（见图 2.45）由于截面面积是由稳定性确定的，拼接角钢面积的削弱并不影响承载力。屋脊处弦杆与节点板的连接焊缝承受接头两侧弦杆的竖向分力与节点荷载 P 的合力，两侧连接焊缝共八条，每条焊缝长度按式(2.34)进行计算。

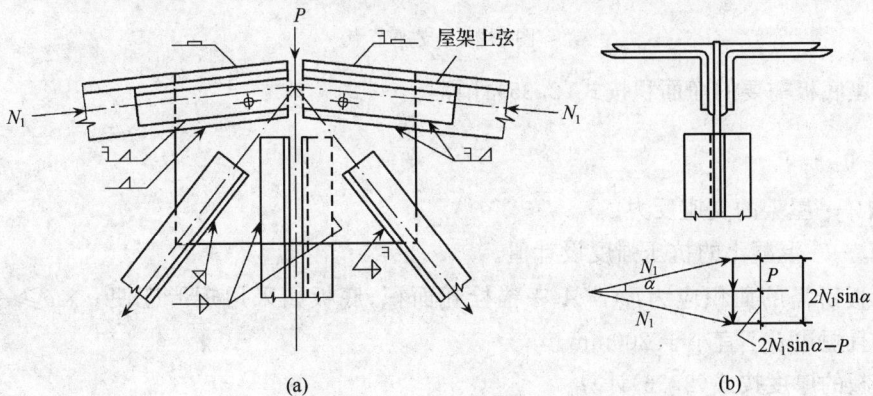

图 2.45　上弦拼接节点

$$l_w = \frac{2N\sin\alpha - P}{8 \times 0.7h_f f_f^w} + 2h_f \tag{2.34}$$

4) 支座节点。图 2.46 所示为简支屋架的支座节点,由节点板、加劲肋、支座底板和锚栓等部分组成。它的设计和轴心受压柱脚相似。加劲肋的作用是加强底板的刚度,提高节点板的侧向刚度,加劲肋应设在支座节点的中心处,其高度和厚度与节点板相同。为了便于节点焊缝的施焊,下弦角钢底面和支座板之间的距离不应小于下弦角钢水平肢的宽度,也不小于 130mm。锚栓预埋于柱中,其直径一般取 20~25mm;为了便于安装屋架时能够调整位置,底板上的锚栓孔直径应为锚栓直径的 2~2.5 倍,通常采用 40~60mm。屋架安装完毕后,在锚栓上套上垫圈,并与底板焊牢以固定屋架,垫圈的孔径比锚栓直径大 1~2mm。

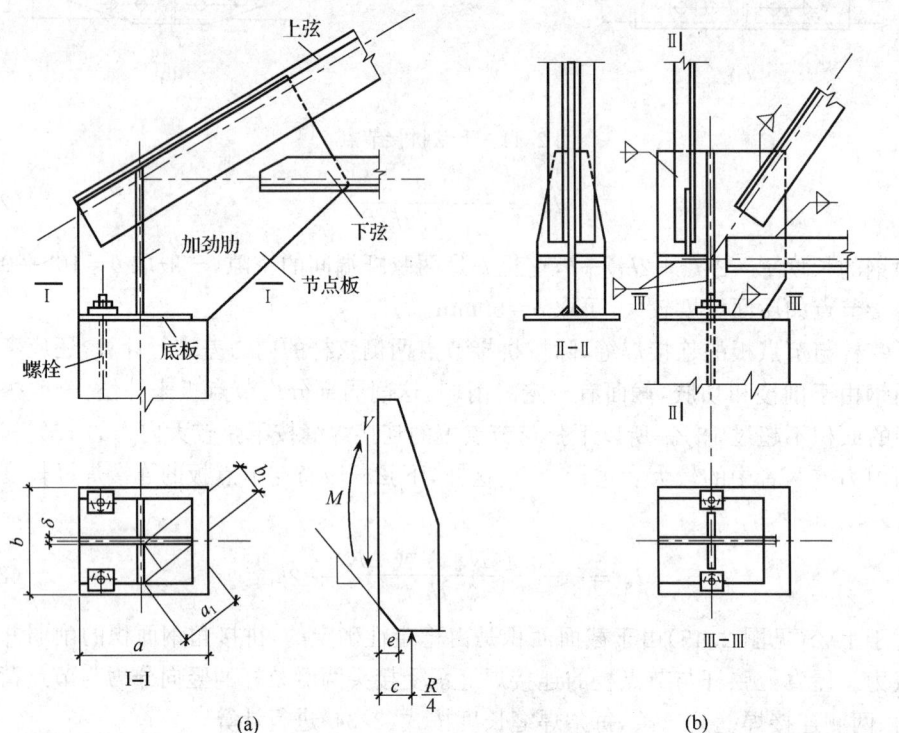

图 2.46 支座节点

支座底板需要的净面积按式(2.35)计算

$$A_n = \frac{R}{f_{cc}} \tag{2.35}$$

式中:R——屋架的支座反力;

f_{cc}——混凝土的抗压强度设计值。

底板所需的面积应为:$A = A_n +$ 锚栓孔面积,底板如采用矩形应使 $a \times b \geqslant A$(见图 2.46),且短边 b 不宜小于 200mm。

底板的厚度按式(2.36)计算:

$$t = \sqrt{\frac{6M}{f}} \tag{2.36}$$

式中：M——是两邻边支承板单位板宽的最大弯矩 $M=\beta qa_1^2$；

q——底板单位面积的压力；

a_1——两相邻支承边的对角线长度；

β——系数按 $\dfrac{b_1}{a_1}$，由表 2.9 给出；

b_1——支承边的交点至对角线的垂直距离。

表 2.9 计算两邻边支承的矩形板受弯曲的系数

	$\dfrac{b_1}{a_1}$	0.3	0.4	0.5	0.6	0.7
	β	0.026	0.042	0.058	0.072	0.085

为了使柱顶压力分布较为均匀，底板厚度不宜太薄，一般 $t \geqslant 16\text{mm}$。

加劲肋的计算，加劲肋与节点板间的连接焊缝可近似地按传递支座反力四分之一计算，并考虑焊缝偏心受力。每块加劲肋的两条焊缝承受的内力为：$V=\dfrac{R}{4}$ 及 $M=Ve$，同时按悬臂板验算加劲肋的强度。

节点板和加劲肋与底板连接的水平焊缝按均匀传递支座反力计算，实际的焊缝计算长度为 $\sum l_\mathrm{w} = 2a + 2(b - \delta - 2c) - 60\text{mm}$，这里 δ 为节点板厚度，c 为加劲肋切角宽度（见图 2.46）。

5. 屋架施工图

屋架施工图是屋架制造的依据，必须清楚详细。屋架施工图按运输单元绘制，其绘制特点和要求如下：

1）通常在图纸左上角用合适的比例画一屋架简图。图中一半标出几何长度（mm），另一半标出杆件的计算内力值。当屋架跨度较大时，在自重及外荷载作用下将产生较大的挠度，影响结构的使用并有损建筑物的外观。因此，当跨度 $\geqslant 24\text{m}$ 的梯形屋架和跨度 $\geqslant 15\text{m}$ 的三角形屋架，在制作时需要起拱，起拱值约为跨度 1/500（见图 2.47）。起拱值应在屋架简图上标出来，而屋架详图上不必表示。

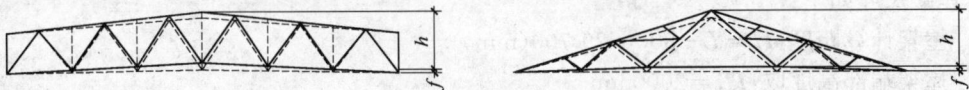

图 2.47 屋架起拱

2）绘制屋架的正面图，通常采用两种比例尺绘制，杆件轴线一般用 1：20～1：30 的比例尺，杆件截面和节点尺寸采用 1：10～1：15 的比例尺，这样可清楚地表示出节点的细部。

3）绘制屋架上下弦杆的平面图、屋架端部和跨中的侧面图及必要的剖面图。

4）标注尺寸。要全部注明各杆件和板件的定位尺寸和孔洞位置等。定位尺寸主要指杆件轴线至角钢背的距离（以 5mm 为模数），节点中心至杆件近端的距离，节点中心至节点板上、下和左、右边缘的距离，板件和角钢的切角、切肢、削棱、栓孔直径和焊缝尺寸等要详细表示。拼接节点的焊缝要分清工厂焊缝和工地焊缝。有支撑连接的屋架和无支撑连接的屋架可用一张施工图表,但在图上应标明哪种编号的屋架有连接支撑的螺栓孔。

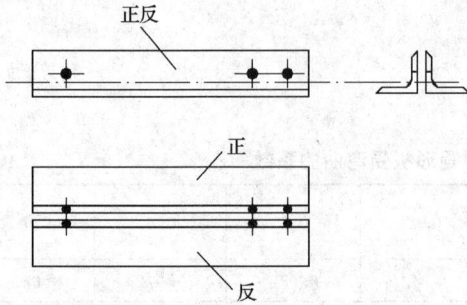

图 2.48 对称杆件表示

5) 编制材料表,对所有零件应进行详细编号,编号应按零件的主次、上下、左右一定顺序逐一进行。完全相同的零件用同一编号,当两个形状、尺寸相同只是栓孔位置成镜面对称时,可编同一号,但在材料表上注明正和反(见图 2.48)。材料表包括各零件的截面、长度、数量(正、反)和重量。材料表的用途是供配料、计算用钢指标、及选用运输和安装器具之用。计算节点板重量时,按它的外接轮廓尺寸进行计算,至于焊缝重量可在结构用钢总量上增加 1.5%。由于在材料表中标明了杆件的规格和板件的厚度,可大大简化图面上的标注。

6) 文字说明包括所用钢材的标号及保证项目;焊条的型号,焊接方法和质量要求;图纸上未注明的焊缝和栓孔尺寸要求;油漆、运输和加工要求以及图中未能表达清楚的一些内容。

2.6.2 设计实例(普通钢屋架)

(1) 设计资料

某厂金工车间,跨度 30m,长度 102m,柱距 6m,车间内设有两台 30/5t 中级工作制桥式吊车。采用 1.5m×6m 预应力钢筋混凝土大型屋面板和卷材屋面,屋面坡度 $i=1/10$,屋架支承在钢筋混凝土柱上,上柱截面 400mm×400mm,混凝土标号为 C20。

(2) 钢材和焊条的选用

根据该地区的计算温度和荷载性质(静荷载),按设计规范要求,屋架钢材选用 Q235,要求补充保证屈服点和含碳量。焊条选用 E43 型,手工焊。

(3) 屋架形式、尺寸及支撑布置

由于采用 1.5m×6m 预应力钢筋混凝土大型屋面板和卷材屋面,故选用平坡梯形屋架,屋架尺寸如下:

屋架计算跨度:$L_0=L-300=29\ 700$(mm)

屋架端部高度取:$H_0=2000$mm

跨中高度:$H=H_0+\dfrac{L_0}{2}\cdot i=2000+29\ 700/2\times0.1=3485\approx3490$(mm)

屋架高跨比:$\dfrac{H}{L_0}=\dfrac{3490}{29\ 700}=\dfrac{1}{8.5}$

为了使屋架节点受荷,配合屋面板 1.5m 宽,腹杆体系大部分采用下弦节间为 3m 的人字形式,仅在跨中考虑腹杆的适宜倾角,采用再分式杆系,屋架跨中起拱 60mm(按 $L_0/500$ 计),几何尺寸如图 2.49 所示。

根据车间长度、跨度及荷载情况,设置三道上、下弦横向水平支撑,因车间两端为山墙,故横向水平支撑设在第二柱间;在第一柱间的上弦平面设置刚性系杆保证安装时上弦的稳定,下弦平面的第一柱间也设置刚性系杆传递山墙的风荷载;在设置横向水平支撑的

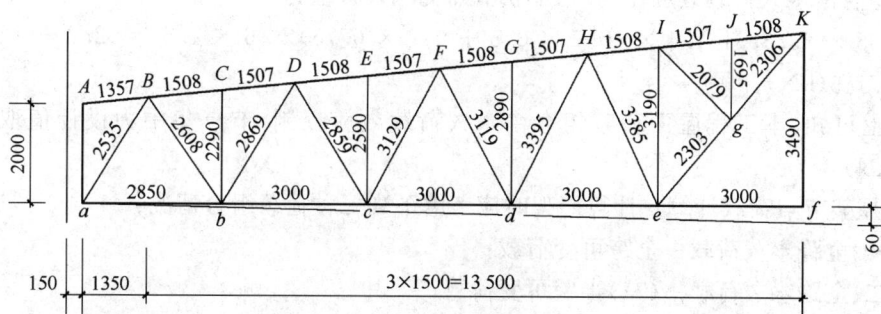

图 2.49　屋架几何尺寸

同一柱间,设置竖向支撑三道,分别设在屋架的两端和跨中,屋脊节点及屋架支座处沿厂房设置通长刚性系杆,屋架下弦跨中设一道通长柔性系杆(详见图 2.50),凡与横向支撑连接的屋架编号为 GWJ-2,不与横向支撑连接的屋架编号为 GWJ-1。

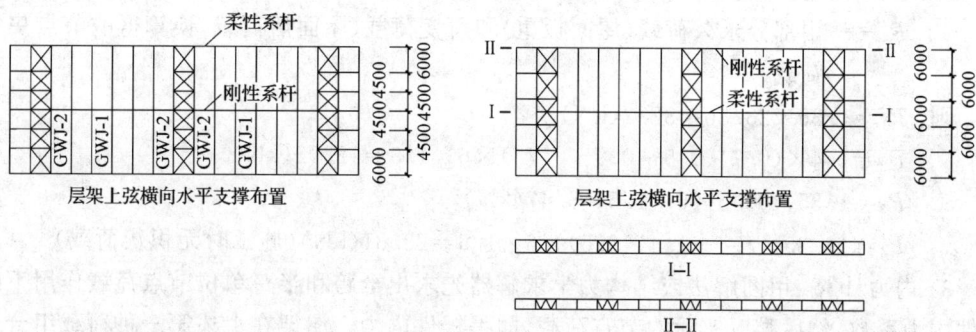

图 2.50　支撑布置

(4) 荷载和内力计算

1) 荷载标准值。永久荷载标准值:

预应力钢筋混凝土大型屋面板(包括灌缝):1.4kN/m²

防水层(三毡四油,上铺小石子):0.4kN/m²

找平层(20mm 厚水泥沙浆):0.4kN/m²

屋架和支撑自重:0.45kN/m²

可变荷载标准值:

屋面活荷载:0.5kN/m²,

屋面积灰荷载:0.75kN/m²

2) 节点荷载计算。

① 全跨屋面永久荷载作用下

$P = (1.4 + 0.4 + 0.4 + 0.45) \times 6 \times 1.5 = 2.65 \times 6 \times 1.5 = 23.85(kN)$

② 全跨可变荷载作用下

$P = 0.5 \times 6 \times 1.5 + 0.75 \times 0.9 \times 6 \times 1.5 = (0.5 + 0.9 \times 0.75) \times 6 \times 1.5 = 10.575(kN)$

③ 当基本组合由可变荷载效应控制时,上弦节点荷载设计值为

$$S_P = 1.2 \times 23.85 + 1.4 \times (0.5 + 0.9 \times 0.75) \times 6 \times 1.5$$

$$= 1.2 \times 23.85 + 1.4 \times 10.575 = 43.425(kN)$$

当基本组合由永久荷载效应控制时,上弦节点荷载设计值为

$S_P = 1.35 \times 23.85 + 1.4 \times (0.7 \times 0.5 + 0.9 \times 0.75) \times 6 \times 1.5 = 32.2 + 12.915$
$= 45.115 \text{(kN)}$

由上可知,本工程屋面荷载组合由永久荷载效应控制,节点集中力设计值取 $P = 45.12 \text{(kN)}$。

④ 屋架节点荷载计算。计算屋架时应考虑下列三种荷载组合情况:

第一、全跨永久荷载+全跨可变荷载;

第二、全跨永久荷载+(左)半跨可变荷载;

第三、屋架和支撑自重+(左)半跨屋面板重+(左)半跨施工荷载(取等于屋面使用荷载)。

设:P_1——由永久荷载换算得的节点集中荷载;

P_2——由可变荷载换算得的节点集中荷载;

P_3——由部分永久荷载(屋架及支撑自重)换算得的节点集中荷载;

P_4——由部分永久荷载(屋面板重)和可变荷载(屋面活荷载)换算得的节点集中荷载。

则:$P_1 = 1.35 \times 23.85 = 32.2 \text{(kN)}$

$P_2 = 1.4 \times (0.7 \times 0.5 + 0.9 \times 0.75) \times 6 \times 1.5 = 12.92 \text{(kN)}$

$P_3 = 1.35 \times 0.45 \times 6 \times 1.5 = 5.47 \text{(kN)}$

$P_4 = (1.35 \times 1.4 + 1.4 \times 0.5) \times 6 \times 1.5 = 23.31 \text{(kN)}$(施工时无积灰荷载)

3) 内力计算。用图解法或结构力学求解器先求出全跨和半跨单位节点荷载作用下的杆件内力系数,然后乘以实际的节点荷载,即得杆件内力。屋架在上述第一种荷载组合作用下,屋架的弦杆,竖杆和靠近两端的斜腹杆,内力均达到最大,在第二种和第三种荷载作用下,靠跨中的斜腹杆的内力可能达到最大或发生变号。因此,在全跨荷载作用下所有杆件的内力均应计算,而在半跨荷载作用下仅需计算靠近跨中的斜腹杆内力。计算结果列于表2.10。

表 2.10 杆力组合表

名称	杆件编号	内力系数 $P=1$			内力/kN			计算杆力 /kN
		①左半跨	②右半跨	③全跨	第一组组合 $(P_1+P_2) \times ③$	第二组组合 $P_1 \times ③ + P_2 \times ①$	第三组组合 $P_3 \times ③ + P_4 \times ①$	
上弦	AB	0	0	0	0	0	0	0
	BD	−8.13	−3.12	−11.25	−507.6	−467.29	−251.05	−507.6
	DF	−12.45	−5.62	−18.07	−815.32	−742.71	−389.05	−815.32
	FH	−13.80	−7.62	−21.42	−966.47	−868.02	−438.85	−966.47
	HI	−13.00	−9.24	−22.24	−1003.47	−884.09	−424.68	−1003.47
	IK	−13.45	−9.24	−22.69	−1023.77	−904.39	−437.63	−1023.77
下弦	ab	+4.45	+1.57	+6.02	271.62	251.34	136.66	271.62
	bc	+10.68	+4.45	+15.13	682.67	625.17	331.71	682.67
	cd	+13.37	+6.64	+20.01	902.85	817.06	421.11	902.85
	de	+13.54	+8.43	+21.97	991.29	882.37	435.79	991.29
	ef	+10.54	+10.54	+21.08	951.13	814.95	361.00	951.13

名称	杆件编号	内力系数			内力/kN			计算杆力/kN
		$P=1$			第一组合	第二组合	第三组合	
		①左半跨	②右半跨	③全跨	$(P_1+P_2)\times③$	$P_1\times③+P_2\times①$	$P_3\times③+P_4\times①$	
斜腹杆	aB	-8.32	-2.93	-11.25	-507.6	-469.74	-255.48	-507.6
	Bb	$+6.31$	$+2.63$	$+8.94$	403.37	369.39	195.99	403.37
	bD	-4.95	-2.54	-7.49	-337.95	-305.13	-156.35	-337.95
	Dc	$+3.27$	$+2.25$	$+5.52$	249.06	219.99	106.42	249.06
	cF	-2.04	-2.19	-4.23	-190.86	-162.56	-70.69	-190.86
	Fd	$+0.74$	$+1.96$	$+2.70$	121.82	96.50	32.02	121.82
	dH	$+0.44$	-1.92	-1.48	-66.78	-41.97	-2.16	-66.78
	He	-1.38	$+1.74$	$+0.36$	16.24	-6.24	-30.20	-30.20
	eg	$+3.65$	-2.05	$+1.60$	72.19	98.68	93.83	98.68
	gK	$+4.37$	-2.05	$+2.32$	104.68	131.16	114.56	131.16
	Ig	$+0.65$	0	$+0.65$	29.33	29.33	18.71	29.33
竖腹杆	Aa	-0.50	0	-0.50	-22.56	-22.56	-14.39	-22.56
	Cb	-1.00	0	-1.00	-45.12	-45.12	-28.78	-45.12
	Ec	-1.00	0	-1.00	-45.12	-45.12	-28.78	-45.12
	Gd	-1.00	0	-1.00	-45.12	-45.12	-28.78	-45.12
	Ie	-1.50	0	-1.50	-67.68	-67.68	-43.17	-67.68
	Jg	-1.00	0	-1.00	-45.12	-45.12	-28.78	-45.12
	Kf	0	0	0	0	0	0	0

（5）杆件截面选择

1）上弦杆。整个上弦不改变截面，按最大内力计算，$N_{IK}=-1023.77\text{kN}$，$l_{ox}=150.8\text{cm}$，$l_{oy}=301.6\text{cm}$（取等于两块屋面板宽），截面宜选用两个不等肢角钢，短肢相并。根据腹杆的最大内力 $N_{aB}=507.6\text{kN}$，查表 2.8 节点板 $t=10\text{mm}$，支座节点板厚 $t=12\text{mm}$。

假定 $\lambda=60$，$\varphi=0.807$。

$$A=N/\varphi f=1\ 023\ 770/(0.807\times215)=5900.52(\text{mm}^2)$$

$$i_x=l_{ox}/\lambda=150.8/60=2.51(\text{cm}),\quad i_y=l_{oy}/\lambda=301.6/60=5.02(\text{cm})$$

选用 2∟$160\times100\times12$ 短肢相并；$A=60.108\text{cm}^2$，$i_x=2.82\text{cm}$，$i_y=7.75\text{cm}$。

验算：

$$\lambda_x=l_{ox}/i_x=150.8/2.82=53.48<[\lambda]=150$$

$$\lambda_y=l_{oy}/i_y=301.6/7.75=38.92<[\lambda]=150$$

因为　$b_1/t=160/12=13.73>0.56l_{oy}/b_1=0.56\times3016/160=10.56$

所以　$l_{yz}=3.7b_1/t(1+\dfrac{l_{oy}^2t^2}{52.7b_1^4})=3.7\times160/12\times(1+\dfrac{3016^2\times12^2}{52.7\times160^4})=51.2<[\lambda]=150$

由 l_x 查 $\varphi_x=0.84$

$\sigma=N/\varphi A=1\ 023\ 770/(0.84\times6010.8)=202.76(\text{N/mm}^2)<f=215\text{N/mm}^2$。

2）下弦杆。整个下弦杆采用等截面，按下弦杆的最大内力 $N_{de}=991.29\text{kN}$ 计算，$l_{ox}=300\text{cm}$，$l_{oy}=1485\text{cm}$。所需要面积 $A_n=46.11\text{cm}^2$，选用 2∟$160\times100\times10$，短肢相并，$A=50.63\text{cm}^2>A_n=46.11\text{cm}^2$，$i_x=2.85\text{cm}$，$i_y=7.70\text{cm}$

验算：

$$\lambda_x=l_{ox}/i_x=300/2.85=105.26<[\lambda]=350$$

$$\lambda_y = l_{oy}/i_y = 1485/7.70 = 192.86 < [\lambda] = 350$$

因为　　$b_1/t = 160/10 = 16 > 0.56\, l_{oy}/b_1 = 0.56 \times 1485/160 = 5.20$

所以　　$l_{yz} = 3.7 b_1/t (1 + \dfrac{l_{oy}^2 t^2}{52.7 b_1^4}) = 3.7 \times 160/10 \times (1 + \dfrac{1485^2 \times 10^2}{52.7 \times 160^4}) = 59.58 < [\lambda] = 350$

$$\sigma = N/A = 991\,290/(5063) = 195.79(\text{N/mm}^2) < f = 215\text{N/mm}^2$$

3）端斜杆 Ba。$N_{Ba} = -507.6\text{kN}$，$l_{ox} = l_{oy} = 253.5\text{cm}$，选用 $2 \llcorner 100 \times 90 \times 8$，长肢相并；$A = 36.076\text{cm}^2$，$i_x = 4.50\text{cm}$，$i_y = 3.63\text{cm}$。

验算：
$$\lambda_x = l_{ox}/i_x = 253.5/4.5 = 56.33 < [\lambda] = 150$$
$$\lambda_y = l_{oy}/i_y = 253.5/3.63 = 69.83 [\lambda] = 150$$

因为　　$b_2/t = 90/8 = 11.25 < 0.48\, l_{oy}/b_2 = 0.48 \times 2535/90 = 13.52$

所以　　$l_{yz} = l_y (1 + \dfrac{1.09 \times 90^4}{2535^2 \times 8^2}) = 81.97$

由 l_{yz} 查 $\varphi_{yz} = 0.675$，

$$\sigma = N/\varphi A = 507\,600/(0.675 \times 3607.6) = 208.45(\text{N/mm}^2) < f = 215\text{N/mm}^2。$$

4）斜腹杆 $Kg\text{-}ge$。此杆是再分式桁架的斜腹杆，在 g 节点处不断开，两段杆件内力不同：

最大拉力：$N_{Kg} = 131.16\text{kN}$，$N_{ge} = 98.68\text{kN}$

在桁架平面内的计算长度：$l_{ox} = 230.6\text{cm}$

在桁架平面外的计算长度按公式（2.19）计算：

$$l_{oy} = l_1 \left(0.75 + 0.25\, \frac{N_2}{N_1} \right) = 461.1 \left(0.75 + 0.25\, \frac{37.8}{41.3} \right) = 415(\text{cm})，选用 2 \llcorner 50 \times 5$$

$A = 9.606\text{cm}^2$，$i_x = 1.53\text{cm}$，$i_y = 2.45\text{cm}$。

验算：
$$\lambda_x = l_{ox}/i_x = 230.6/1.53 = 150.72 < [\lambda] = 350$$
$$\lambda_y = l_{oy}/i_y = 451/2.45 = 169.39 < [\lambda] = 350$$

因为　　$b/t = 50/5 = 10 < 0.58\, l_{oy}/b = 0.58 \times 4150/50 = 48.14$

所以　　$l_{yz} = l_y (1 + \dfrac{0.475 \times 50^4}{4150^2 \times 5^2}) = 170.56 < [\lambda] = 350$

$$\sigma = N/A = 131\,160/(960.6) = 136.54(\text{N/mm}^2) < f = 215\text{N/mm}^2$$

5）竖杆 Ie。$N_{Ie} = -67.68\text{kN}$，$l_{ox} = 0.8 \times 319 = 255.2(\text{cm})$，$l_{oy} = 319\text{cm}$；虽然内力较小，但考虑减少杆件类型，故仍选用 $2 \llcorner 70 \times 5$，$A = 13.75\text{cm}^2$，$i_x = 2.16\text{cm}$，$i_y = 3.24\text{cm}$。

验算：
$$\lambda_x = l_{ox}/i_x = 255.2/2.16 = 118.15 < [\lambda] = 150$$
$$\lambda_y = l_{oy}/i_y = 319/3.24 = 98.46 < [\lambda] = 150$$

因为 $b/t = 70/5 = 14 < 0.58\, l_{oy}/b = 0.58 \times 3190/70 = 26.43$

$$l_{yz} = l_y (1 + \frac{0.475 \times 70^4}{3190^2 \times 5^2}) = 102.87 < [\lambda] = 150，$$

由 λ_x 查得 $\varphi_x = 0.446$，

$$\sigma = N/\varphi A = 67680/(0.446 \times 1375) = 110.36(\text{N/mm}^2) < f = 215\text{N/mm}^2$$

6）竖杆 Gd。$N_{Gd} = -45.12\text{kN}$，$l_{ox} = 231.2\text{cm}$，$l_{oy} = 289\text{cm}$，因内力较小，可按 $[\lambda]$ 选

择,需要回转半径:$i_x=231.2/150=1.54(cm)$,$i_y=289/150=1.93(cm)$,按i_x、i_y查型钢表,选用 2∟50×5,$A=9.606cm^2$,$i_x=1.53cm≈1.54cm$,$i_y=2.45cm>1.93(cm)$。

其余各杆件的截面选择计算结果列于表 2.11。

表 2.11 屋架杆件截面选择(节点板厚 $t=10mm$)

名称	杆件编号	内力/kN	计算长度/cm		截面形式和规格	截面面积/cm²	回转半径		长细比		容许长细比 λ	稳定系数	计算应力/(N/mm²)
			l_{ox}	l_{oy}			i_x	i_y	λ_x	$\lambda_x(\lambda_{yz})$			
上弦	IK	−1023.77	150.8	301.6	160×100×12	60.108	2.82	7.75	53.48	38.92 (51.2)	150	0.84	202.76
下弦	de	991.29	300.0	148.5	160×100×10	50.63	2.85	7.7	105.26	192.86 (59.58)	350		195.79
斜腹杆	aB	−507.6	253.5	253.5	140×90×8	36.076	4.50	3.63	56.33	69.83 (81.97)	150	0.675	208.45
	Bb	403.37	208.6	260.8	100×6	23.864	3.10	4.44	67.29	58.74 (73.56)	350		169.03
	bD	−337.95	229.5	286.9	100×6	23.864	3.10	4.44	74.03	64.62 (74.98)	150	0.72	196.69
	Dc	249.06	228.7	285.9	70×5	13.750	2.16	3.24	105.88	88.24 (93.16)	350		181.13
	cF	−190.86	250.3	312.9	100×6	23.864	3.10	4.44	80.74	70.47 (79.96)	150	0.683	117.10
	Fd	121.82	249.5	311.9	50×5	9.606	1.53	2.45	163.07	127.31 (128.86)	350		126.82
	dH	−66.78	271.6	339.5	70×5	13.75	2.16	3.24	125.74	104.78 (108.93)	150	0.407	119.34
	He	−30.2	270.8	338.5	70×5	13.75	2.16	3.24	125.37	104.48 (108.64)	150	0.409	53.7
	eK	131.16	230.6	451.0	50×5	9.606	1.53	2.45	150.72	169.39 (170.56)	350		136.54
	Ig	29.33	166.3	207.9	50×5	9.606	1.53	2.45	108.69	84.86 (87.19)	350		30.53
竖腹杆	Aa	−22.56	199.0	199.0	50×5	9.606	1.53	2.45	130.07	81.22 (83.66)	150	0.387	60.69
	Cb	−45.12	183.2	229.0	50×5	9.606	1.53	2.45	119.74	93.47 (95.59)	150	0.438	107.24
	Ec	−45.12	207.2	259.0	50×5	9.606	1.53	2.45	135.42	105.71 (107.58)	150	0.363	129.40
	Gd	−45.12	231.2	289.0	50×5	9.606	1.53	2.45	151.11	117.96 (119.64)	150	0.304	154.51
	Ie	−67.68	255.2	319.0	70×5	13.75	2.16	3.24	118.15	98.46 (102.87)	150	0.446	110.36
	Jg	−45.12	127.6	159.5	50×5	9.606	1.53	2.45	83.40	65.10 (68.14)	150	0.665	78.63
	Kf	0	314.1	314.1	70×5	13.75	$i_{min}=2.73$		$\lambda_{max}=115.05$		—	—	—

（6）节点设计

1）下弦节点"b"（图 2.51）。这类节点的设计是先计算腹杆与节点板的连接焊缝尺寸，然后按比例绘出节点板的形状，量出尺寸，然后验算下弦杆与节点板的连接焊缝。计算中用到各杆的内力见表 2.10。角焊缝的强度设计值 $f_f^w = 160 \text{N/mm}^2$。

Bb 杆的肢背和肢尖焊缝分别采用 $h_f = 8\text{mm}$ 和 6mm，则所需焊缝长度为：

$$肢背：l_w' = \frac{k_1 N}{2 \times 0.7 h_f f_f^w} = \frac{0.7 \times 403\,370}{2 \times 0.7 \times 8 \times 160} = 158(\text{mm})，取 170\text{mm}。$$

$$肢尖：l_w'' = \frac{k_2 N}{2 \times 0.7 h_f f_f^w} = \frac{0.3 \times 403\,370}{2 \times 0.7 \times 6 \times 160} = 90(\text{mm})，取 100\text{mm}。$$

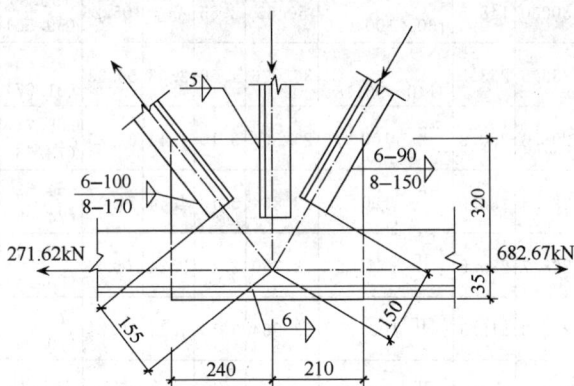

图 2.51　下弦节点"b"

Db 杆的肢背和肢尖焊缝分别采用 $h_f = 8\text{mm}$ 和 6mm，则所需焊缝长度为

$$肢背：l_w' = \frac{k_1 N}{2 \times 0.7 h_f f_f^w} = \frac{0.7 \times 337\,950}{2 \times 0.7 \times 8 \times 160} = 132(\text{mm})，取 150\text{mm}。$$

$$肢尖：l_w'' = \frac{k_2 N}{2 \times 0.7 h_f f_f^w} = \frac{0.3 \times 337\,950}{2 \times 0.7 \times 6 \times 160} = 75(\text{mm})，取 90\text{mm}。$$

Cb 杆的内力很小，焊缝尺寸可按构造确定，$h_f = 5\text{mm}$。根据上面求得的焊缝长度，并按构造要求留出间隙及制作和装配误差，按比例绘出节点大样图，确定节点板尺寸为 335mm×450mm。

下弦杆与节点板连接的焊缝长度为 450mm，$h_f = 6\text{mm}$，焊缝所受的力为左右两个弦杆的内力差 $\Delta N = 682.67 - 271.62 = 411.05$ (kN)，则肢背的应力为

$$\tau_f = \frac{k_1 \cdot \Delta N}{2 \times 0.7 h_f l_w} = \frac{0.75 \times 411050}{2 \times 0.7 \times 6(450 - 10)}$$
$$= 83.79(\text{N/mm}^2) < 160\text{N/mm}^2$$

满足强度要求。

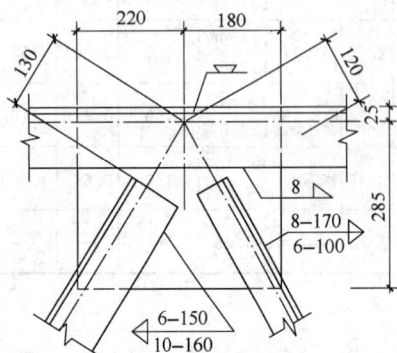

图 2.52　上弦节点"B"

2）上弦节点"B"（见图 2.52）。Bb 杆与节点板的连接焊缝尺寸和 b 节点相同。Ba 杆与节点板的连接焊缝尺寸按同样方法计算，$N_{Ba} = 507.6\text{kN}$，肢背和肢尖焊缝分别采用 $h_f = 10\text{mm}$

和 6mm,则所需焊缝长度为

$$肢背:l'_w = \frac{k_1 N}{2 \times 0.7 h_f f^w_f} = \frac{0.65 \times 507\,600}{2 \times 0.7 \times 10 \times 160} = 147(mm),取\,160mm。$$

$$肢尖:l''_w = \frac{k_2 N}{2 \times 0.7 h_f f^w_f} = \frac{0.35 \times 507\,600}{2 \times 0.7 \times 6 \times 160} = 132(mm),取\,150mm。$$

为了便于在上弦搁置大型屋面板,节点板的上边缘可缩进肢背 8mm,用塞缝连接,这时 $h_f = t/2 = 5mm$,$l'_w = l''_w = 400-10 = 390(mm)$。承受集中力 $P = 45.115kN$,则

$$\tau_f = \frac{P}{2 \times 0.7 h_f l_w} = \frac{45\,115}{2 \times 0.7 \times 5 \times 390} = 16.53(N/mm^2) < f^w_f = 160N/mm^2$$

肢尖焊缝承担弦杆内力差 $\Delta N = 507\,600 - 0 = 507\,600(N)$,偏心距 $e = 10-2.5 = 7.5$(cm),偏心弯矩 $M = \Delta N \cdot e = 507\,600 \times 75 = 38\,070\,000(N \cdot mm)$,$h_f = 8mm$,则

$$\tau_{\Delta N} = \frac{\Delta N}{2 \times 0.7 h_f l_w} = \frac{507\,600}{2 \times 0.7 \times 8 \times 390} = 116.21(N/mm^2) < f^w_f = 160N/mm^2$$

$$\sigma_M = \frac{M}{W_w} = \frac{6 \times 38\,070\,000}{2 \times 0.7 \times 8 \times 390^2} = 134.09(N/mm^2)$$

$$\sqrt{\tau^2_{\Delta N} + \left(\frac{\sigma_M}{1.22}\right)^2} = \sqrt{116.21^2 + \left(\frac{134.09}{1.22}\right)^2} = 159.95(N/mm^2) < f^w_f = 160N/mm^2$$

满足强度要求。

3) 屋脊节点"K"(见图 2.53)。弦杆的拼接,一般都采用同号角钢作为拼接角钢,为了使拼接角钢在拼接处能紧贴被连接的弦杆和便于施焊,需将拼接角钢削棱和切去肢的一部分:$\Delta = (t + h_f + 5)mm$。设焊缝 $h_f = 10mm$,拼接角钢与弦杆的连接焊缝按被连接弦杆的最大内力计算,$N_{IK} = 1023.77kN$,每条焊缝长度按式(2.32)计算:

$$l_w = \frac{N}{4 \times 0.7 h_f f^w_f} + 2h_f = \frac{1\,023\,770}{4 \times 0.7 \times 10 \times 160} + 16 = 245(mm),取\,260mm。$$

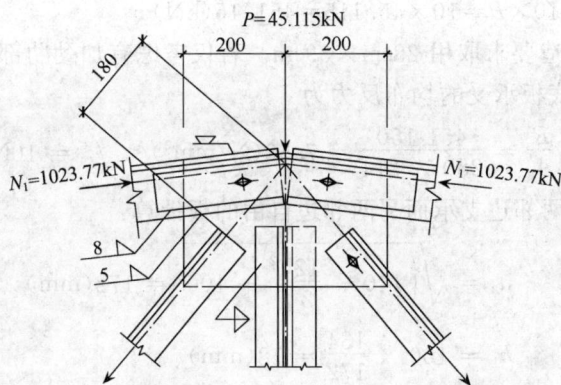

图 2.53　屋脊节点"K"

拼接角钢总长 $L = 2 \times 260 + 20 = 540(mm)$,取 600mm。竖肢需切去 $\Delta = 12 + 10 + 5 = 27(mm)$,取 $\Delta = 30mm$,并按上弦坡度热弯。

计算屋脊处弦杆与节点板的连接焊缝,取 $h_f = 5mm$,需要焊缝长度按公式(2.34)计算:

$$l_w = \frac{2N_{IK}\sin\alpha - P}{8 \times 0.7h_f \cdot f_f^w} = \frac{2 \times 1\,023\,770 \times \sin 5.7° - 45\,115}{8 \times 0.7 \times 5 \times 160} = 35.32\text{(mm)}$$

按构造要求决定节点板的长度。

4) 支座节点"a"(见图 2.54)。

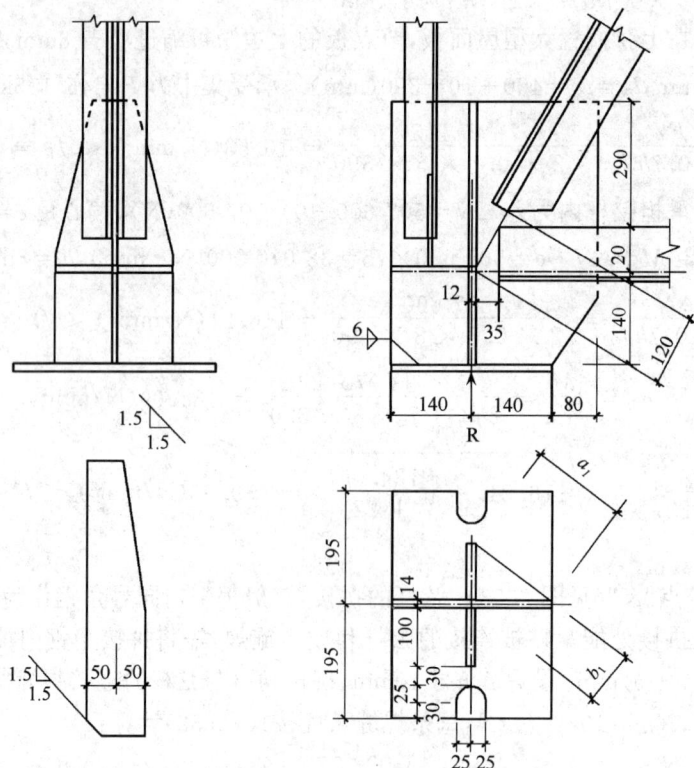

图 2.54　支座节点"a"

支座反力:$R = 10 \times P = 10 \times 45.115 = 451.15\text{(kN)}$

支座底板按构造要求取用 28cm×39cm。若仅考虑有加劲肋部分的底板作为有效面积(见图 2.54),则底板承受的均布反力为

$$q = \frac{R}{A_n} = \frac{451\,150}{280 \times 214} = 7.53\text{(N/mm}^2\text{)} < f_{cc} = 10\text{N/mm}^2$$

底板的厚度按两邻边支承而另两邻边自由的板计算:

$$a_1 = \sqrt{\left(140 - \frac{12}{2}\right)^2 + 100^2} = 172\text{(mm)}$$

$$b_1 = 100 \times \frac{134}{172} = 78\text{(mm)}$$

$$b_1/a_1 = 78/172 = 0.454$$

查表 2.9 得:$\beta = 0.051$,则板的单位宽度的最大弯矩为

$$M = \beta q a_1^2 = 0.051 \times 7.53 \times 172^2 = 11\,361\text{(N·mm)}$$

底板厚度为

$$t = \sqrt{\frac{6M}{f}} = \sqrt{\frac{6 \times 11\,361}{215}} = 17.8(\text{mm}),\text{取 } t = 20\text{mm}$$

底板尺寸为：$-390\text{mm} \times 280\text{mm} \times 20\text{mm}$。

加劲肋与节点板的连接焊缝计算：一个加劲肋的连接焊缝所承受的偏心荷载，偏于安全地取屋架支座反力的四分之一，即

$$V = R/4 = 451\,150/4 = 112\,787.5(\text{N})$$

$$M = V \times 100/2 = 5\,639\,375\text{N} \cdot \text{mm}$$

设焊缝 $h_f = 8\text{mm}$，焊缝计算长度

$$l_w = 450 - 2 \times 8 = 434(\text{mm})$$

则

$$\tau_V = \frac{112\,787.5}{2 \times 0.7 \times 8 \times 434} = 13.2(\text{N/mm}^2)$$

$$\sigma_M = \frac{6 \times 5\,639\,375}{2 \times 0.7 \times 8 \times 434^2} = 16.04(\text{N/mm}^2)$$

$$\sqrt{\tau_V^2 + \left(\frac{\sigma_M}{1.22}\right)^2} = \sqrt{23.2^2 + \left(\frac{16.04}{1.22}\right)^2} = 26.67(\text{N/mm}^2) < 160\text{N/mm}^2$$

节点板、加劲肋与底板的连接焊缝计算：设焊缝传递全部支座反力 $R = 451.15\text{kN}$，初设 $h_f = 8\text{mm}$，实际的焊缝总长度为

$$\sum l_w = 2(280 - 16) + 4(100 - 14 - 16) = 808(\text{mm}),\text{取 } 820\text{mm}$$

所需焊缝尺寸：$h_f \geqslant \dfrac{451\,150}{0.7 \times 820 \times 160} = 4.91(\text{mm})$，采用 $h_f = 6\text{mm}$

其余节点详见钢屋架施工图（书末附图）。

2.7　吊车梁设计

在工业厂房中，直接承受吊车荷载的构件是吊车梁或吊车桁架，一般设计成简支结构。吊车梁与吊车桁架相比，其动力特性好，适用于重级工作制吊车的厂房，应用比较广泛。吊车梁的截面形式有工字型钢、焊接组合工字形、箱形（见图 2.55）。而吊车桁架对动力作用反应敏感，一般用于跨度较大而吊车起重量较小的情况。这里仅介绍焊接组合截面

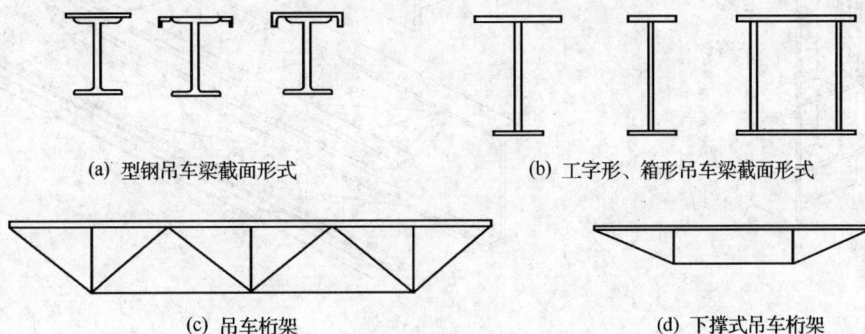

(a) 型钢吊车梁截面形式　　　　　　　　(b) 工字形、箱形吊车梁截面形式

(c) 吊车桁架　　　　　　　　　　　　(d) 下撑式吊车桁架

图 2.55　吊车梁截面和吊车桁架类型简图

吊车梁的设计方法。

与普通梁相比,吊车梁除承受永久荷载以外,主要承受吊车移动产生的动力荷载。因此,对吊车梁的设计比一般受弯构件要求更高。例如,对于重级工作制和吊车起重量≥50t的中级工作制焊接组合梁,除要求具有抗拉强度、延伸率、屈服点、冷弯性能和碳、硫、磷含量的合格保证以外,还要求具有冲击韧性的合格保证;当冬季计算温度≤−20°时,对于Q235钢应具有−20°冲击韧性的合格保证;另外,按照《钢结构设计规范》(GB 50017-2003)要求,对重级工作制吊车梁敏感区要进行疲劳验算,并采用适当的构造措施,防止出现疲劳破坏。因此,在学习中,要结合吊车梁的工作条件、荷载形式,掌握吊车梁的设计特点。

2.7.1 吊车梁系统结构的组成

吊车工作时,无论启动或制动,都会对吊车梁产生横向水平力。因此,必须将吊车梁的上翼缘加强或设置制动系统,以承担横向水平作用。当吊车起重量 $Q \leqslant 3t$,且柱距 $l \leqslant 6m$ 时,可以将吊车梁的上翼缘加强(见图2.55),使梁在水平面内具有足够的抗弯强度和刚度。对于宽度或起重量较大的吊车,应设置制动梁或制动桁架。图2.56(a)是一个边列柱的吊车梁,设置了钢板和槽钢组成的制动梁;吊车梁的上翼缘为制动梁的内翼缘,槽钢则为制动梁的外翼缘。制动梁的宽度不宜小于1.0～1.5m,当所需宽度较大时,常用制动桁架[见图2.56(b)]。制动桁架是用角钢组成的平行弦桁架。吊车梁的上翼缘兼作制动桁架的弦杆。制动梁和制动桁架统称为制动结构。制动结构的作用是承受横向水平力,提高吊车梁的整体稳定性,还可作为检修走道。制动梁腹板(兼作走道板)宜用6～10mm厚的花纹钢板以防滑,走道的活荷载一般按2kN/m² 考虑。

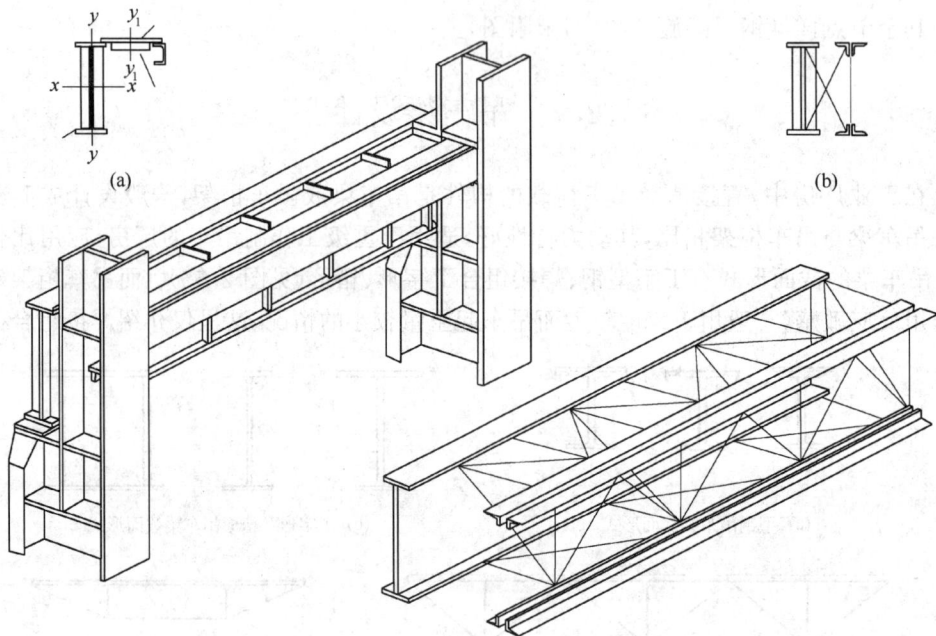

图2.56 吊车梁与制动结构

对于跨度大于12m的重级工作制吊车梁,或跨度大于18m的中级工作制吊车梁,为了增加吊车梁和制动结构的整体刚度和抗扭性能,在边列柱上的吊车梁宜设置与吊车梁平行的垂直辅助桁架,并在辅助桁架与吊车梁之间设置水平支撑和垂直支撑[见图2.56(b)]。垂直支撑可增加整体刚度,但由于受吊车梁竖向变形的影响,容易受力过大而破坏,应避免设置在梁的跨中部。对柱的两侧均有吊车梁的中列柱,应在两吊车梁间设置制动结构、水平支撑和垂直支撑。

2.7.2 吊车梁的荷载

吊车梁承受有吊车产生的竖向荷载、横向水平荷载和纵向水平荷载。竖向荷载有吊车、起吊重物、及吊车梁的自重。当吊车沿轨道运行、起吊、卸载、及吊车越过轨道接缝时,会产生振动和撞击,对梁产生动力效应,使梁受到的吊车轮压值大于静荷轮压值。设计中是用动力系数乘以轮压值的方法来考虑竖向轮压的动力效应。建筑结构荷载规范(GB 50009-2001)规定:对悬挂吊车(包括电动葫芦)及轻、中级工作制软钩吊车,动力系数取1.05;对重级工作制的软钩吊车、硬钩吊车及其他特种吊车,动力系数取1.1;计算疲劳和变形时,动力系数取1.0。

由于吊车轨道不可能绝对平行,吊车轮子和轨道之间有一定的空隙,当吊车刹车,或运行不平稳时都会在轮子与轨道之间产生较大的摩擦力,称为卡轨力。根据建筑结构荷载规范(GB 50009-2001),吊车横向水平荷载标准值应取横向小车重力 g 与额定起重量的重力 Q 之和乘以下列百分数:

软钩吊车:$Q \leqslant 10t$ 时,取 20%;

$\qquad\qquad Q = 15 \sim 50t$ 时,取 10%;

$\qquad\qquad Q \geqslant 75t$ 时,取 8%。

硬钩吊车:取 20%。

对重级工作制吊车,由于吊车梁轨道容易磨损,卡轨力应予加大,建筑结构荷载规范(GB 50009-2001)规定:在计算重级工作制吊车梁(吊车桁架)及其制动结构的强度、稳定和连接强度时,应考虑有吊车摆动引起的横向水平力(但不与荷载规范规定的横向水平荷载同时考虑),作用于每个轮压处的此摇摆力标准值按式(2.37)计算。

$$H_k = \alpha \times F_{kmax} \qquad\qquad\qquad (2.37)$$

式中:F_{kmax}——吊车最大轮压标准值;

$\qquad \alpha$—— 系数,对一般软吊钩吊车取 $\alpha=0.1$;抓斗或磁盘吊车取 $\alpha=0.15$;硬钩吊车取 $\alpha=0.2$。

2.7.3 吊车梁的内力计算

吊车梁上的荷载是移动荷载,应按结构力学中影响线的方法确定吊车荷载的最不利位置,然后计算出吊车梁的最大弯矩及相应剪力、支座剪力和横向水平荷载作用下在水平方向产生的最大弯矩 M_{ymax},采用制动桁架时,还要计算横向水平荷载作用下吊车梁上翼缘的局部弯矩。

计算吊车梁的强度、稳定和变形时,按两台吊车考虑;计算吊车梁的疲劳和变形时,按主要在跨间内起重量最大的一台吊车考虑。注意:进行疲劳和变形计算时,用吊车荷载的标准值。

吊车梁、制动结构、支撑杆自重、轨道等附加零件自重,以及制动结构上的检修荷载等产生的内力,可以近似取吊车最大垂直轮压产生的内力乘以表 2.12 的系数。

表 2.12 自重系数

吊车梁跨度/m	6	12	≥16
自重系数	0.03	0.05	0.07

2.7.4 吊车梁的截面验算

求出吊车梁的最不利内力后,可按设计组合梁选择截面的方法试选吊车梁截面,其所需截面模量可按式(2.38)计算:

$$W_{nx} = \frac{M_{x\max}}{\alpha f} \tag{2.38}$$

式中:a——考虑横向水平荷载作用的系数,取 0.7~0.9(重级工作制吊车取偏小值,轻、中级工作制吊车取偏大值);

$M_{x\max}$——两台吊车竖向荷载产生的最大弯矩设计值。

车梁的最小高度按式(2.39)计算:

$$h_{\min} = \frac{\sigma_k l^2}{5E[\nu_T]} \tag{2.39}$$

式中:σ_k——竖向荷载标准值产生的应力,可用 $\sigma_k = \dfrac{M_{xk1}}{W_{nx}}$ 估算,其中 M_{xk1} 为吊车梁在自重和一台吊车竖向荷载标准值作用下的最大弯矩,W_{nx} 按式(2.38)计算。

制动结构的截面可参考相关资料预设。

根据上述预设的截面和相关参数,对吊车梁进行下列验算:

(1) 强度验算

上翼缘的正应力按下列公式计算:

无制动结构:

$$\sigma = \frac{M_{x\max}}{W_{nx1}} + \frac{M_{y\max}}{W_{ny}} \leqslant f \tag{2.40}$$

有制动梁时:

$$\sigma = \frac{M_{x\max}}{W_{nx1}} + \frac{M_{y\max}}{W_{ny1}} \leqslant f \tag{2.41}$$

有制动桁架时:

$$\sigma = \frac{M_{x\max}}{W_{nx1}} + \frac{M}{W_{ny}} + \frac{N}{A_{ny}} \leqslant f \tag{2.42}$$

下翼缘的正应力按下式计算:

$$\sigma = \frac{M_{x\max}}{W_{nx2}} \leqslant f \tag{2.43}$$

式中:W_{nx1}、W_{nx2}——吊车梁对 x 轴的上部和下部纤维的净截面模量;

W_{ny}——吊车梁上翼缘截面(包含加强板、角钢或槽钢)对 y 轴的净截面模量;

W_{ny1}——制动梁截面对 y_1 轴吊车梁上翼缘外边缘纤维的截面模量;

A_{nf}——吊车梁上翼缘及 $15t_w$ 腹板的净截面面积之和；

M_{xmax}、M_{ymax}——分别是吊车竖向荷载及横向水平力（横向水平荷载或摇摆力）产生的计算弯矩；

N——横向水平荷载或摇摆力在吊车梁上翼缘所产生的轴向压力；

$$N = \frac{M_{ymax}}{b} \tag{2.44}$$

b——吊车梁预辅助桁架或吊车梁与吊车梁轴线间的水平距离；

M——吊车横向水平荷载或摇摆力对制动桁架在吊车梁上翼缘产生的局部弯矩，可近似地按 $M = \left(\frac{1}{3} \sim \frac{1}{4}\right) Ta$ 计算；T 为作用于一个吊车轮上的横向水平荷载或摇摆力，a 为制动桁架节间长度。

剪应力：

$$t = \frac{V_{max} S}{I t_w} \leqslant f \tag{2.45}$$

式中：V_{max}——梁支座处最大剪力；

S——梁中和轴以上毛截面对中和轴的面积矩；

I——梁毛截面惯性矩；

t_w——腹板厚度。

腹板计算高度上边缘的局部承压强度按式(2.46)计算为

$$\sigma_c = \frac{\Psi F}{t_w l_z} \leqslant f \tag{2.46}$$

式中：F——考虑动荷系数的吊车最大轮压的设计值；

y——对重级工作制的吊车梁取 1.35；其他情况取 1.0；

l_z——集中荷载在腹板计算高度上边缘的假定分布长度；

$$l_z = a + 5h_y + 2h_R$$

a——集中荷载沿梁跨度方向的支承长度，对钢轨上的轮压取 50mm；

h_y——从梁顶面到腹板计算高度上边缘的距离（对焊接梁即翼缘板厚度）；

h_R——轨道的高度，对无轨道的梁，$h_R = 0$。

验算吊车梁上翼缘与腹板交接处（腹板计算高度边缘处）的折算应力为

$$\sqrt{\sigma^2 + \sigma_c^2 - \sigma\sigma_c + 3\tau^2} \leqslant \beta_1 f \tag{2.47}$$

式中：β_1——系数，当 σ、σ_c 异号时，取 $\beta_1 = 1.2$；当 σ、σ_c 同号时，取 $\beta_1 = 1.1$。

$$\sigma = \frac{M_{max}}{W_{nx1}} \times \frac{h_w}{h}$$

$$\tau = \frac{QS_2}{I t_w}$$

式中：h——梁的高度；

h_w——腹板高度；

S_2——计算点以上毛截面（吊车梁上翼缘）对中和轴的面积矩。

（2）整体稳定验算

无制动构件时按下式计算梁的整体稳定性：

$$\frac{M_{x\max}}{\varphi_b W_x} + \frac{M_{y\max}}{W_y} \leqslant f \tag{2.48}$$

式中：W_x——按吊车梁受压纤维确定的对 x 轴的毛截面模量；

$\quad\ W_y$——上翼缘对 y 轴的毛截面模量；

$\quad\ f_b$——梁的整体稳定系数，查附录。

当采用制动梁或制动桁架时，梁的整体稳定能够保证，不必验算。

（3）刚度验算

吊车梁在垂直方向内的刚度可直接按式(2.49)近似计算（等截面时）：

$$v = \frac{M_{x\mathrm{k}\max} l^2}{10EI_x} \leqslant [v_{\mathrm{T}}] \tag{2.49}$$

式中：$M_{x\mathrm{k}\max}$——竖向荷载（一台吊车荷载和吊车梁自重）的标准值一起的最大弯矩，不考虑动力系数；

$\quad\ [v_{\mathrm{T}}]$——挠度的容许值。

冶金工厂中设有的工作级别为 A7、A8 级吊车的车间，吊车梁或吊车桁架的制动构件尚应计算由一台最大吊车横向水平荷载的标准值（T_k，按荷载规范计算）产生的水平挠度，不宜超过制动结构跨度的 1/2200。

（4）翼缘与腹板的连接焊缝及腹板的局部稳定性

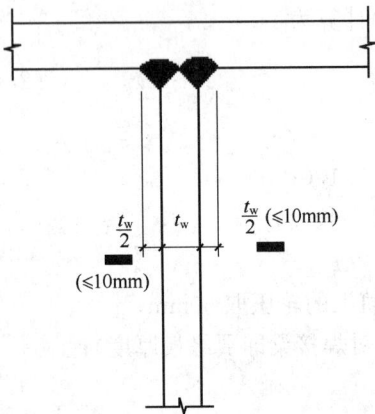

图 2.57 焊透的 T 型连接焊缝

焊缝计算方法及腹板局部稳定计算原理参见《钢结构设计原理》。对吊车梁需注意上翼缘焊缝除了承受水平剪力外，还承受由吊车轮压引起的竖向应力；下翼缘焊缝净承受翼缘和腹板的水平剪力。对于重级工作制吊车梁，上翼缘与腹板的连接应采用图 2.57 所示的 T 型连接焊缝，焊缝质量不低于二级焊缝质量标准，此时可认为焊缝与腹板等强而不再验算起强度。

计算吊车梁腹板局部稳定性时，注意腹板除了承受弯矩承受的正应力和剪应力外，还承受吊车垂直轮压传来的局部压应力。

（5）疲劳验算

吊车梁在动态荷载的反复作用下，可能产生疲劳破坏，故疲劳计算是吊车梁计算中的一项重要内容。在设计吊车梁时，首先应采用塑性、韧性好的钢材；尽量避免截面急剧变化而产生过大的应力集中；避免冷弯、冷压等冷作加工，凡冲成孔应进行扩钻，消除周边的硬化区；对重级工作制吊车梁的受拉翼缘边缘，当采用手工气割或剪切机切割时，应沿全长刨边，消除硬化边缘和表面不平现象。

焊接对钢结构的疲劳性能影响很大，尤其对桁架式构件影响更大，对吊车桁架或制动桁架，应优先采用高强度螺栓连接。对焊接工字形吊车梁，其翼缘和腹板的拼接应采用加引弧板的对接焊缝，割除引弧板后应用砂轮打磨平整。疲劳现象在结构的受拉区特别敏感，故吊车梁的受拉翼缘，除与腹板焊接外，不得焊接其他任何零件，不得在受拉翼缘打火等。对重级工作制吊车梁和重级、中级工作制吊车桁架，除采用上述构造措施以外，还要对焊接吊车梁的受拉翼缘与腹板连接处、受拉区加劲肋的端部和受拉翼缘与支撑的连接处的主体金属及角焊缝连接处进行疲劳验算。

验算公式如下：

$$\alpha_f \Delta\sigma \leqslant [\Delta\sigma]_{2\times10^6} \tag{2.50}$$

式中：α_f——欠载效应的等效系数，与吊车类别有关，按表 2.13 采用。

$[\Delta\sigma]_{2\times10^6}$——循环次数为 2×10^6 的容许应力幅，查表 2.14。

表 2.13 欠载效应的等效系数 α_f

吊 车 类 型	α_f
重级工作制硬钩吊车(如均热炉车间夹钳吊车)	1.0
重级工作制软钩吊车	0.8
中级工作制吊车	0.5

表 2.14 循环次数为二百万次的允许应力幅(N/mm²)

构件和连接类别	1	2	3	4	5	6	7	8
$[\Delta\sigma]_{2\times10^6}$	176	144	118	103	90	78	69	59

2.7.5 吊车梁与柱的连接

吊车梁下翼缘与框架柱的连接，一般采用 M20～M27 的普通螺栓固定。螺栓上的垫板厚度约取 16～18mm。

当吊车梁位于设有柱间支撑的框架柱上时(见图 2.58)下翼缘与吊车平台间应另加连接板用焊缝或高强螺栓连接，按承受吊车纵向水平荷载和山墙传来的风力进行计算。

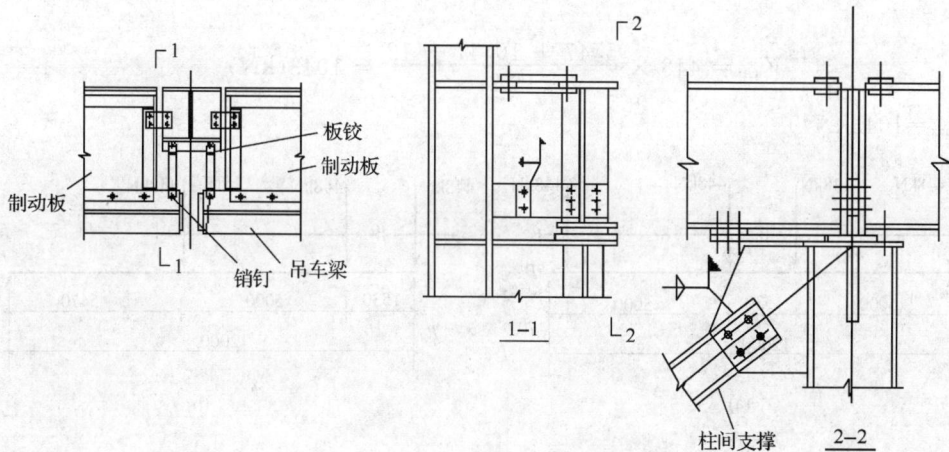

图 2.58 吊车梁与柱的连接

吊车梁上翼缘与柱的连接应能传递全部支座处的水平反力。同时，对重级工作制吊车梁应注意采用适当的构造措施，减少对吊车梁的约束，保证吊车梁在简支状态下工作。上翼缘与柱宜通过连接板用大直径销钉连接(见图 2.58)。吊车梁之间的纵向连接通常在两端高度下部加设调整填板，并用普通螺栓连接。

2.7.6 吊车梁设计例题

(1) 设计资料

简支吊车梁，跨度 12m。2 台 50/10t 重级工作制（A7 级）桥式吊车，吊车跨度 $L=28.5\text{m}$，横向小车重 $G=165\text{kN}$。吊车轮压简图如图 2.59 所示，最大轮压标准值 $F_{kmax}=448\text{kN}$。轨道型号 QU80（轨高 130mm，底宽 130mm。摘自大连起重机厂 1984 年产品样本）。吊车梁材料采用 Q345 钢，腹板与翼缘连接焊缝常用自动焊。制动梁宽度为 1.0m。

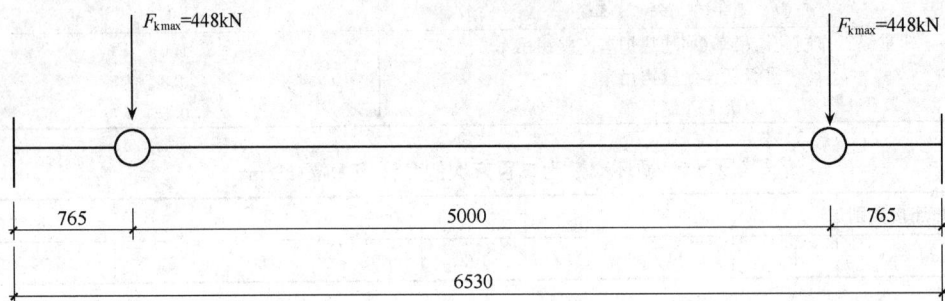

图 2.59 轮压简图

(2) 内力计算

1）两台吊车作用下的内力。竖向轮压在支座 A 处承受的最大剪力，最不利轮位可能如图 2.60(a)所示，也可能如图 2.60(b)所示，即

$$V_{kA} = R_A = 448 \times \frac{0.47 + 5.47 + 7.00 + 12}{12} = 931\text{(kN)}$$

或

$$V_{kA} = 448 \times \frac{5.47 + 10.47 + 12}{12} = 1043\text{(kN)}$$

故 $V_{kmax} = 1043\text{kN}$

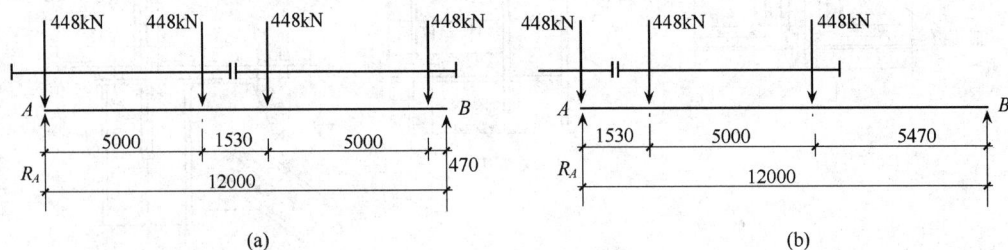

图 2.60 最大剪力轮压

竖向轮压承受的绝对最大弯矩轮位如图 2.61 所示，最大弯矩在 C 点处，其值为

$$R_A = 3 \times 448 \times \frac{6.578}{12} = 736.7\text{(kN)}$$

$$M_{kc} = 736.7 \times 6.578 - 448 \times 5 = 2606\text{(kN} \cdot \text{m)}$$

相应剪力：

$$V_{kc} = 736.7 - 448 = 288.7\text{(kN)}$$

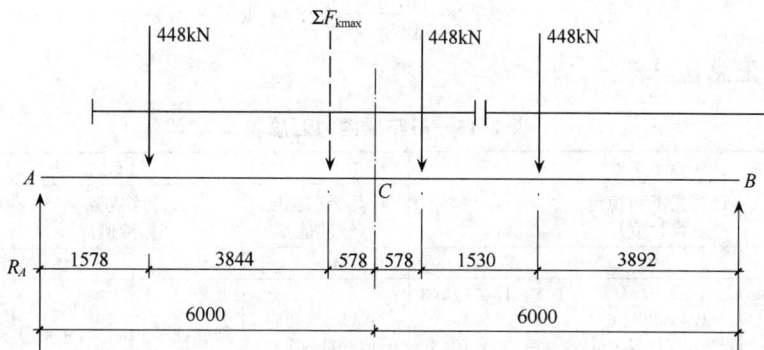

图 2.61　最大弯矩轮压

计算吊车梁及制动结构的强度时应考虑由吊车摆动引起的横向水平力 H_k，此处为 $0.1F_{kmax}$，承受的最大水平弯矩为

$$M_{yk} = 0.1M_{kc} = 260.6 \text{kN} \cdot \text{m}$$

2）一台吊车作用下的内力（见图 2.62）。

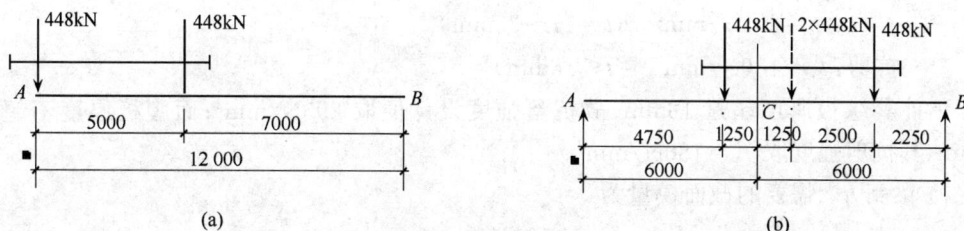

图 2.62　一台吊车的最大剪力和最大弯矩轮位

最大剪力为

$$V_{k1} = 448 \times \frac{7 + 12}{12} = 709.3 (\text{kN})$$

最大弯矩：
因为

$$R_A = 2 \times 448 \times \frac{4.75}{12} = 354.7 (\text{kN})$$

故

$$M_{kc1} = 354.7 \times 4.75 = 1685 (\text{kN} \cdot \text{m})$$

C 点处的剪力：

$$V_{kc1} = R_A = 354.7 (\text{kN})$$

计算制动结构的水平挠度时，应采用由一台吊车横向水平荷载标准值 T_k（按荷载规范取值）所产生的挠度。

$$T_k = \frac{10}{100} \times \frac{Q + G}{n} = \frac{1}{10} \times \frac{500 + 165}{4} = 16.6 (\text{kN})$$

水平荷载最不利轮位与图 2.62(b) 相同，产生的最大水平弯矩为

$$M_{yk1} = 1685 \times \frac{16.6}{448} = 62.44(\text{kN} \cdot \text{m})$$

3）内力汇总列于表 2.15。

表 2.15　吊车梁内力汇总表

两台吊车时			一台吊车时			
计算强度和稳定（设计值）			计算竖向挠度（标准值）	计算疲劳（标准值）		计算水平挠度（标准值）
$M_{x\max}$	M_y	$V_{x\max}$	M_{xk}	M_{xk1}	V_{k1}	M_{yk1}
$1.1\times1.4\times2606$ $+1.1\times1.2$ $\times0.05\times2606$ $=4185(\text{kN}\cdot\text{m})$	1.4×260.6 $=364.8(\text{kN}\cdot\text{m})$	$1.1\times1.4\times1043$ $+1.1\times1.2$ $\times0.05\times1043$ $=1675(\text{kN})$	1.05×1685 $=1769(\text{kN}\cdot\text{m})$	$1685(\text{kN}\cdot\text{m})$	$709(\text{kN})$	$62.44(\text{kN}\cdot\text{m})$

注:1）吊车梁和轨道等自重设为竖向荷载的 0.05 倍。
　　2）竖向荷载动力系数为 1.1,恒荷载分项系数为 1.2,吊车荷载分项系数为 1.4。
　　3）与 $M_{x\max}$ 相应的剪力设计值 $V_c=1.1\times1.4\times288.7+1.1\times1.2\times0.05\times288.7=463.7(\text{kN})$。

（3）截面选择

钢材选 Q345,强度设计值为

抗弯：$f_1=310\text{N/mm}^2$　（$t\leqslant16\text{mm}$）

　　　$f_2=295\text{N/mm}^2$　（$t=17\sim35\text{mm}$）

抗剪：$f_v=180\text{N/mm}^2$　（$t\leqslant16\text{mm}$）

估计翼缘板厚度超过 16mm,故抗弯强度设计值取 295N/mm²;而腹板厚度不超过 16mm,其抗剪强度取 $f_v=180\text{N/mm}^2$。

1）梁高 h。需要的截面模量为

$$W_{nx} = \frac{M_{x\max}}{\alpha f} = \frac{4185\times10^6}{0.7\times295} = 20270\times10^3(\text{mm}^3)$$

由一台吊车竖向荷载标准值产生的弯曲应力为

$$\sigma_k = \frac{M_{xk1}}{W_{nx}} = \frac{1769\times10^6}{20270\times10^3} = 87.3(\text{N/mm}^2)$$

由刚度条件确定的梁截面最小高度：

$$h_{\min} = \frac{\sigma_k}{5E}\frac{l}{[v]}l = \frac{87.3}{5\times206\times10^3}\times1200\times12000 = 1221(\text{mm})$$

梁的经济高度：

$$h_s = 2W_{nx}^{0.4} = 2\times(20270\times10^3)^{0.4} = 1674(\text{mm})$$

取腹板高度 $h_w=1600\text{mm}$。

2）腹板厚度 t_w 由抗剪要求

$$t_w \geqslant 1.2\frac{V_{x\max}}{h_w f_v} = \frac{1675\times10^3}{1600\times180}\times1.2 = 7.0(\text{mm})$$

由经验公式：

$$t_w = \frac{\sqrt{h_w}}{3.5} = \frac{\sqrt{1600}}{3.5} = 11.4(\text{mm})$$

取 $t_w=12\text{mm}$。

3）翼缘板宽度 b 和厚度 t 需要的翼缘板截面面积约为

$$A_{f1} = \frac{W_{nx}}{h_w} - \frac{t_w h_w}{6} = \frac{20270}{160} - \frac{1.2 \times 160}{6} = 94.7 (\text{cm}^2)$$

因吊车钢轨用压板与吊车梁上翼缘连接,故上翼缘在腹板两侧均有螺栓孔。另外,本设计是跨度为 12m 的重级工作制吊车梁,应设置辅助桁架和水平、垂直支撑系统。因此,下翼缘也应有连接水平支撑的螺栓孔(见图 2.63),设上、下翼缘的螺栓孔直径为 $d_0 =$ 24mm。

$$b = \left(\frac{1}{5} \sim \frac{1}{3}\right) h = 33 \sim 55 \text{cm}$$

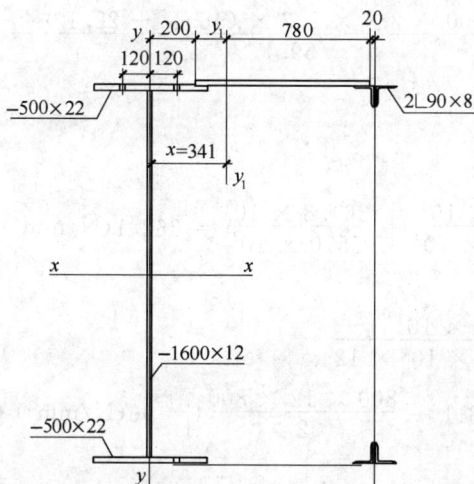

图 2.63 吊车梁、制动梁截面

取上翼缘宽度为 500mm(留两个螺栓孔),下翼缘宽度为 500mm(留一个螺栓孔)。

$$t = \frac{94.7}{50 - 2 \times 2.4} = 2.1 (\text{cm}), \text{取 } t = 22 \text{mm}$$

$$\frac{b_1}{t} = \frac{25}{2.2} = 11.4 < 15 \sqrt{\frac{235}{345}} = 12.4$$

满足局部稳定要求。

4) 制动板选用 8mm 厚花纹钢板,制动梁外侧翼缘(即辅助桁架的上弦)用 2∟90×8;$A = 27.9 \text{cm}^2$,$I_y = 467 \text{cm}^4$。

5) 截面几何特性(见图 2.63)。吊车梁毛截面惯性矩为

$$I_x = \frac{50 \times 164.4^3 - 48.8 \times 160^3}{12} = 1\ 857\ 000 (\text{cm}^4)$$

净截面惯性矩(假定中和轴下 $x-x$ 与毛截面的相同):

$$I_{nx} = 1\ 857\ 000 - 3 \times 2.4 \times 2.2 \times 82.2^2 = 1\ 750\ 000 (\text{cm}^4)$$

吊车梁净截面模量:

$$W_{nx} = \frac{1\ 750\ 000}{82.2} = 21\ 290 (\text{cm}^3)$$

制动梁净截面面积:

$$A_n = (50 - 2 \times 2.4) \times 2.2 + 78 \times 0.8 + 27.9 = 189.7 (\text{cm}^2)$$

制动梁截面重心至吊车梁腹板中心之间的距离：

$$\bar{x} = \frac{78 \times 0.8 \times 59 + 27.9 \times 100}{189.7} = 34.1 (\text{cm})$$

制动梁对 $y_1 - y_1$ 轴的毛截面惯性矩：

$$I_{y1} = \frac{1}{12} \times 2.2 \times 50^3 + 2.2 \times 50 \times 34.1^2 + 467 + 27.9 \times 65.9^2$$

$$+ \frac{1}{12} \times 0.8 \times 78^3 + 78 \times 0.8 \times 24.9^2 = 343\,000 (\text{cm}^4)$$

制动梁对吊车梁上翼缘外边缘点的净截面模量：

$$W_{ny1} = \frac{343\,000 - 2.4 \times 2.2 \times (46.1^2 + 22.1^2)}{59.1} = 5570 (\text{cm}^4)$$

（4）截面验算

1）强度验算。

上翼缘正应力：

$$\frac{M_x}{W_{nx}} + \frac{M_y}{W_{ny1}} = \frac{4185 \times 10^6}{21290 \times 10^3} + \frac{364.8 \times 10^6}{5570 \times 10^3} = 262.1 (\text{N/mm}^2) < f_2 = 295 \text{N/mm}^2$$

剪应力：

$$t = \frac{V_x S}{I_x t_w} = \frac{1675 \times 10^3}{1\,857\,000 \times 10^4 \times 12}$$

$$\times \left(500 \times 22 \times 811 + \frac{800 \times 12 \times 800}{2} \right) = 96 (\text{N/mm}^2) < f_v = 180 \text{N/mm}^2$$

腹板局部压应力：

$$\sigma_c = \frac{\psi F}{t_w l_z} = \frac{1.35 \times 448 \times 10^3 \times 1.4 \times 1.1}{12 \times (50 + 2 \times 130 + 5 \times 22)} = 184.8 (\text{N/mm}^2) < f_1 = 310 \text{N/mm}^2$$

2）整体稳定验算。因有制动梁，不需验算吊车梁的整体稳定性。

3）刚度验算。吊车梁的竖向相对挠度：

$$\frac{v}{l} = \frac{M_{xk1} l}{10 E I_x} = \frac{1769 \times 10^6 \times 12000}{10 \times 206 \times 10^3 \times 1857000 \times 10^4} = \frac{1}{1802} < \frac{1}{1200}$$

制动梁的水平相对挠度：

$$\frac{u}{l} = \frac{M_{yk1} l}{10 E I_{y1}} = \frac{62.44 \times 10^6 \times 12000}{10 \times 206 \times 10^3 \times 343000 \times 10^4} = \frac{1}{9430} < \frac{1}{2200}$$

由于跨度不大，吊车梁的截面沿长度不变。

（5）翼缘与腹板的连接焊缝

1）腹板与上翼缘的连接采用 T 型对接焊缝，焊缝质量不低于二级，其强度不必计算。

2）腹板与下翼缘的连接采用角焊缝，所需的焊脚尺寸为

$$h_f \geq \frac{1}{1.4 f_f^w} \frac{V_x S_1}{I_x} = \frac{1}{1.4 \times 200} \times \frac{1675 \times 10^5 \times 500 \times 22 \times 811}{1857000 \times 10^4} = 2.9 (\text{mm})$$

采用 $h_f = 8 \text{mm} \geq 1.5 \sqrt{t} = 1.5 \sqrt{22} = 7.04 (\text{mm})$。

（6）腹板的局部稳定

因受压翼缘与制动板相连，可认为扭转受到完全约束，则有

$$\frac{h_0}{t_w} = \frac{1600}{12} = 133 < 170 \sqrt{\frac{235}{345}} = 140$$

只需设置横向加劲肋沿全跨等间距布置,设间距 $a=1200$,则全跨有 10 个板段。分别计算最大弯矩和最大剪力的板段。

1) 靠近跨中的板段 V 或 V' (图 2.64)中部,有最大弯矩,其应力为

$$\sigma = \frac{M_{x\max}}{W_{nx}} \frac{h_0}{h} = \frac{4185 \times 10^6 \times 1600}{21290 \times 10^3 \times 1644} = 191.3(\mathrm{N/mm^2})$$

$$\tau = \frac{V_c}{h_0 t_w} = \frac{463.7 \times 10^3}{1600 \times 12} = 24.2(\mathrm{N/mm^2})$$

$$\sigma_c = \frac{F}{t_w l_z} = \frac{448 \times 10^3 \times 1.4 \times 1.1}{12 \times (50 + 2 \times 130 + 5 \times 22)} = 136.9(\mathrm{N/mm^2})$$

临界应力计算,由

$$\lambda_b = \frac{\frac{t_0}{t_w}}{177} \sqrt{\frac{345}{235}} = 0.91 > 0.85,\text{但小于} 1.25,\text{故}$$

$$\sigma_{cr} = [1 - 0.79(lb - 0.85)]f$$
$$= [1 - 0.79 \times (0.91 - 0.85)] \times 310 = 296(\mathrm{N/mm^2})$$

由 $\lambda_c = \frac{133}{28 \times \sqrt{10.9 + 13.4 \times (1.83 - 0.75)^3}} \times \sqrt{\frac{345}{235}} = 1.09 > 0.9$,但小于 1.2,则

$$\sigma_{c,cr} = [1 - 0.79 \times (1.09 - 0.85)] \times 310 = 263.5(\mathrm{N/mm^2})$$

由 $\lambda_s = \frac{133}{41 \times \sqrt{4 + 5.34 \times 1.33^2}} \times \sqrt{\frac{345}{235}} = 1.07 > 0.8$,但小于 1.2,则

$$\tau_{cr} = [1 - 0.59 \times (1.07 - 0.8)] \times 180 = 151(\mathrm{N/mm^2})$$

代入稳定验算公式验算:

$$\left(\frac{\sigma}{\sigma_{cr}}\right)^2 + \frac{\sigma_c}{\sigma_{c,cr}} + \left(\frac{\tau}{\tau_{cr}}\right)^2 = \left(\frac{191.3}{296}\right)^2 + \frac{136.9}{263.5} + \left(\frac{24.2}{151}\right)^2 = 0.963 < 1.0$$

通过。

2) 靠近支座的端部板段 I (见图 2.64)。由于板段 I 的弯曲正应力很小,可假定 $s=0$;板段中部剪力 V_1 比最大剪力 $V_{\max}$ 略小,取 $V_1 = V_{\max}$,以弥补略去弯曲正应力的影响。

$$\tau = \frac{1675 \times 10^3}{1600 \times 12} = 87.2(\mathrm{N/mm^2})$$

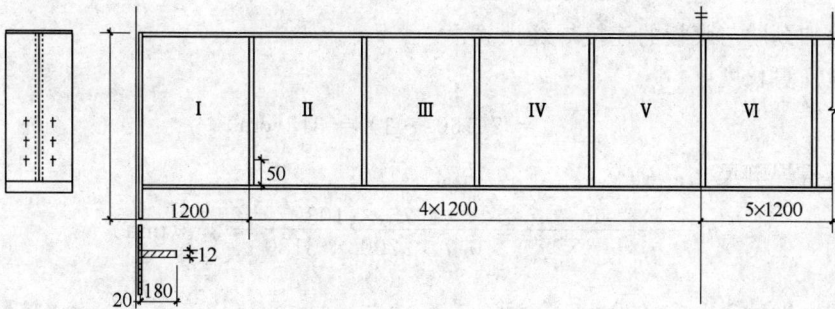

图 2.64 加劲肋布置简图

局部压应力 σ_c 同前,代入局部稳定验算公式,得

$$\left(\frac{\sigma}{\sigma_{cr}}\right)^2 + \frac{\sigma_c}{\sigma_{c,cr}} + \left(\frac{\tau}{\tau_{cr}}\right)^2 = \frac{136.9}{263.5} + \left(\frac{87.2}{151}\right)^2 = 0.85 < 1.0$$

通过。

(7) 中间横向加劲肋截面设计

加劲肋沿腹板两侧成对布置,其外伸宽度为

$$b_s \geqslant \frac{h_0}{30} + 40 = \frac{1600}{30} + 40 = 93.3(\text{mm}), \text{取} 120\text{mm}$$

加劲肋厚度:

$$t_s = \frac{b_s}{15} = \frac{120}{15} = 8(\text{mm})$$

选用加劲肋板为—120×8。

(8) 支座加劲肋设计

支座处设用突缘加劲板(见图 2.64),初选截面 —500×20 并进行验算。

稳定性验算:

按承受最大支座反力 $R = V_{max} = 1675\text{kN}$ 的轴心压杆,验算在腹板平面外的稳定。

$$A = 50 \times 2.0 + 18 \times 1.2 = 121.6(\text{cm}^2)$$

$$I_z = 2.0 \times \frac{50^3}{12} = 20\,800(\text{cm}^4)$$

$$i_x = \sqrt{\frac{20800}{121.6}} = 13.1(\text{cm})$$

$$\lambda = \frac{h_0}{i_x} = \frac{160}{13.1} = 12.2$$

由 $\lambda\sqrt{\frac{345}{235}} = 14.8$ 查附录表 II.2 得稳定系数 $\varphi = 0.98$(b 类截面,不考虑扭转效应)。

整体稳定:

$$\frac{R}{\varphi A} = \frac{1675 \times 10^3}{0.98 \times 121.6 \times 10^2} = 141(\text{N/mm}^2) < f_2 = 295\text{N/mm}^2$$

端面承压应力:

$$\sigma_{ce} = \frac{R}{A_{ce}} = \frac{1675 \times 10^3}{500 \times 20} = 167.5 \ (\text{N/mm}^2) < f_{ce} = 400\text{N/mm}^2$$

支承加劲肋与腹板的连接焊缝计算:

焊缝计算长度:

$$\sum l_w = 2(160 - 1) = 318(\text{cm})$$

需要得焊脚尺寸:

$$h_f = \frac{R}{0.7f_f^w \sum l_w} = \frac{1675 \times 103}{0.7 \times 200 \times 3180} = 3.8(\text{mm})$$

取 $h_f = 8\text{mm} > 1.5\sqrt{20} = 6.7\text{mm}$。

(9) 吊车梁的拼接

由钢板规格,翼缘板(厚 22mm,宽 0.5m)和腹板(厚 12mm,宽 1.6m)的长度均可达 12m,且运输也无困难,故不需进行拼接。

（10）吊车梁的疲劳强度验算

1）下翼缘与腹板连接处的主体金属。翼缘应力幅 $\Delta s = s_{max} - s_{min}$，其中 s_{max} 为恒荷载与吊车荷载产生的应力，s_{min} 为恒载产生的应力，故吊车在竖向荷载作用下产生的应力幅 $\Delta\sigma$ 为

$$\Delta\sigma = \frac{M_{xk1}}{W_{nx}}\frac{h_0}{h} = \frac{1685 \times 10^6 \times 1600}{21290 \times 10^3 \times 1644} = 77(\text{N/mm}^2)$$

查附录Ⅵ，此连接类别为 3 类，得 $[\Delta\sigma]_{2\times10^6} = 118\text{N/mm}^2$，代入验算公式，有

$$a_f\Delta\sigma = 0.8 \times 77 = 61.6(\text{N/mm}^2) < [\Delta\sigma]_{2\times10^6} = 118\text{N/mm}^2$$

2）下翼缘连接支撑的螺栓孔处。设一台吊车最大弯矩截面处正好有螺栓孔。

$$\Delta\sigma = \frac{M_{xk1}}{W_{nx}} = \frac{1685 \times 10^6}{21290 \times 10^3} = 79.1(\text{N/mm}^2)$$

此连接类别为 3 类，$[\Delta\sigma]_{2\times10^6} = 118\text{N/mm}^2$，有

$$a_f\Delta\sigma = 0.8 \times 79.1 = 63.3(\text{N/mm}^2) < 118\text{N/mm}^2$$

3）横向加劲肋下端的主体金属。对截面沿长度不改变的梁，只需验算最大弯矩处，此类连接为第 5 类，查得 $[\Delta\sigma]_{2\times10^6} = 90\text{N/mm}^2$

最大弯矩 $M_{xk1} = 1685\text{kN}\cdot\text{m}$，相应的剪力 $V = 354.7\text{kN}$。

$$\Delta\tau = \frac{VS}{I_x t_w} = \frac{354.7 \times 10^3}{1857000 \times 10^4 \times 12}$$
$$\times (500 \times 22 \times 811 + 50 \times 12 \times 775) = 15 \ (\text{N/mm}^2)$$

$$\Delta\sigma = \frac{M_{xk1}}{W_{nx}}\frac{750}{822} = \frac{1685 \times 10^6 \times 750}{21290 \times 10^3 \times 822} = 72.2(\text{N/mm}^2)$$

主拉应力幅：

$$\Delta\sigma_0 = \frac{\Delta\sigma}{2} + \sqrt{\left(\frac{\Delta\sigma}{2}\right)^2 + (\Delta\tau)^2} = \frac{72.2}{2} + \sqrt{\left(\frac{72.2}{2}\right)^2 + 15^2} = 75.2(\text{N/mm}^2)$$

代入验算公式：

$$a_f\Delta\sigma_0 = 0.8 \times 75.2 = 60.2(\text{N/mm}^2) < [\Delta\sigma]_{2\times10^6} = 90\text{N/mm}^2$$

4）下翼缘与腹板连接的角焊缝。$h_f = 8\text{mm}$，疲劳类别为 8 类，故 $[\Delta\tau]_{2\times10^6} = 59$ N/mm²，角焊缝的应力幅为

$$\Delta\tau_f = \frac{V_{k1}S_1}{2 \times 0.7h_f I_x} = \frac{709 \times 10^3 \times 500 \times 22 \times 811}{1.4 \times 8 \times 1857000 \times 10^4} = 30.4(\text{N/mm}^2)$$

$$a_f\Delta\tau_f = 0.8 \times 30.4 = 24.3(\text{N/mm}^2) < [\Delta\tau]_{2\times10^6} = 59\text{N/mm}^2$$

5）支座加劲肋与腹板连接的角焊缝，h_f 和疲劳类别同前。

$$\Delta\tau_f = \frac{V_{k1}}{2 \times 0.7h_f l_w} = \frac{709 \times 10^3}{1.4 \times 8 \times (1600 - 10)} = 39.8(\text{N/mm}^2)$$

$$a_f\Delta\tau_f = 0.8 \times 39.8 = 31.9(\text{N/mm}^2) < [\Delta\tau]_{2\times10^6} = 59\text{N/mm}^2$$

2.8 墙架体系

墙架一般是由横梁、墙架柱、抗风桁架和支撑组成的墙面结构系统，用以承受墙身自重和作用在墙面上的风荷载。

墙架结构体系有整体式和分离式两种。整体墙架直接利用厂房框架柱与框架之间的墙架柱构成墙架结构来支承横梁和墙体；分离式墙架是在框架柱外侧另设墙架柱，并与中

间墙架柱和横梁组成独立的墙架结构体系。分离式墙架可避免墙架构件与吊车梁辅助桁架、柱间支撑以及落水管等布置时发生冲突,常用于大型厂房。

2.8.1 墙体类型

厂房围护墙分为砌体承重墙、大型混凝土墙板和轻型墙皮三大类。

砌体承重墙由砌体本身承受砌体自重并通过基础梁传给基础,作用在墙面上的水平风荷载和水平地震荷载则传给墙架柱和框架柱。当厂房较高时,应在适当高度设置墙梁,承受上部墙的自重并传给墙架柱或框架柱。为了减小墙架柱的高度,可利用吊车梁系统的制动结构或下弦水平支承作为墙架柱中部的抗风支承[见图 2.65(a)]。

大型混凝土墙板由预应力和非预应力两种。墙板应连于墙架柱或框架柱上以传递水平荷载和墙板自重。支承墙板自重的支托一般每隔 4～5 块板设置一个[见图 2.65(b)]。

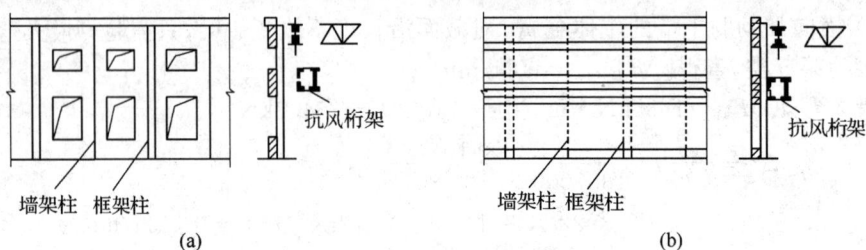

图 2.65 砌体承重墙及大型板侧墙

轻型墙皮是将压型钢板、压型铝合金板、石棉瓦和瓦楞铁等连接于墙架上,通过横梁将水平荷载和墙皮自重传给墙架柱或 框架柱(见图 2.66)。

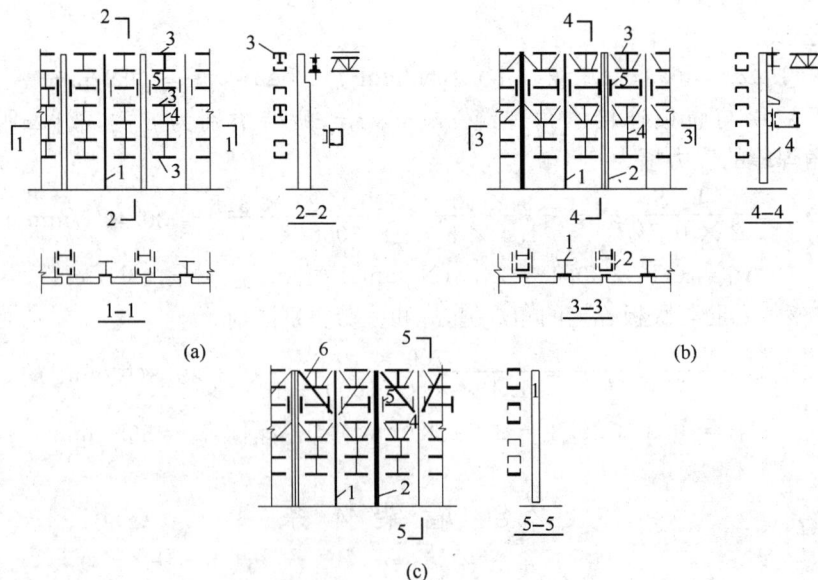

图 2.66 轻型墙的墙架布置

当采用压型钢板或压型铝合金板作墙板时,由于压型板平面尺寸大,一面墙可以从屋面到基脚用一块压型板拉通,并通过弯钩螺栓或拉铆钉、射钉或自攻螺丝与墙架柱和横梁进行可靠连接,形成能传递水平荷载和竖向荷载的结构体系。研究表明,压型板与周边构件进行可靠连接后,面内刚度增强,能传递面内纵、横向剪力,这种抗剪薄膜作用(也称应力蒙皮效应)能使厂房结构体系简化,节约材料,提高经济效益。

2.8.2 墙架结构的布置

当厂房柱的间距≥12m时,应在柱间设置一墙架柱。轻型材料的墙体还需再设置墙架横梁,横梁间距可根据墙皮材料的尺寸和强度确定。还可在横梁间设置拉条,减少横梁的计算跨度(见图2.66)。

框架柱外侧设有墙架时,此墙架柱应与框架连接并支承同一基础。中间墙架柱可采用支承式和悬吊式。

支承式墙架柱应承受墙面和墙架的自重,但不承受托架、吊车梁辅助桁架传来的竖向荷载。为了把水平风载传给制动梁或制动桁架及屋盖的纵向水平支撑,支承式墙架柱与上述构件的连接应采用板铰形式[见图2.67(a)]。

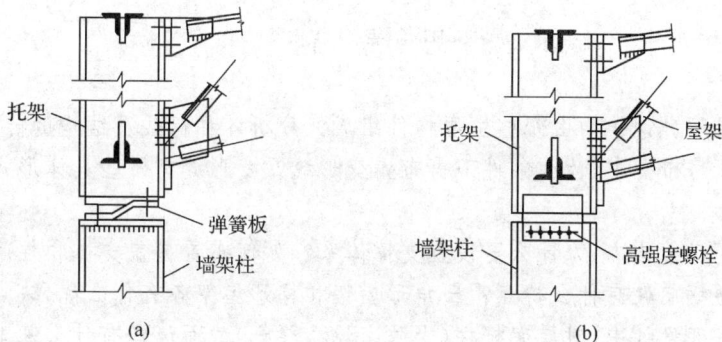

图2.67 墙架柱与屋架和托架的连接

悬吊式墙架柱不传递竖向压力,只承受并传递水平风载。视具体情况可将墙架柱上端吊挂于吊车梁辅助桁架、托架或上部边梁上,下端用板铰或长圆孔螺栓与基础相连(见图2.68)。悬吊式墙架柱部分或全部为拉弯构件,比压弯构件相比,受力形式得到改善。

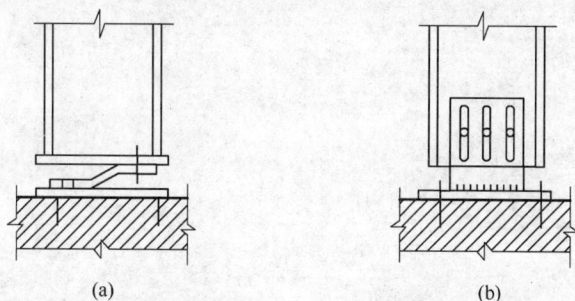

图2.68 悬吊式墙架柱与基础的连接

山墙的墙架柱间距宜与纵墙的间距相同(一般为6m)。当山墙下有大洞口时,需设加强横梁或大型桁架(见图2.69)。山墙墙架柱的上端宜支承于屋架横向支撑节点上,若墙架柱与横向支撑节点的位置不重合时,可设置分布梁,把水平荷载传到支撑节点处。在墙架柱之间也可设置柱间支撑,提高山墙的刚度。

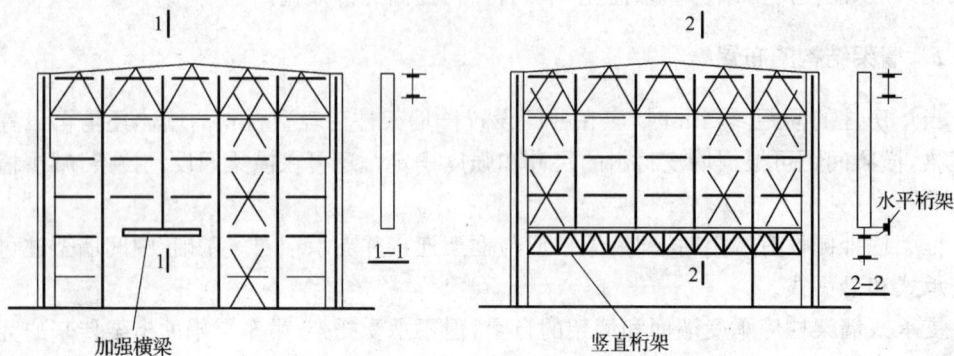

图 2.69　山墙下不有大洞口时的墙架布置

思　考　题

2.1　单层厂房钢结构由哪些主要构件组成?分析各种荷载及结构的传力路径。

2.2　在厂房布置中,什么条件下需布置变形缝?变形缝有哪些具体形式?其作用是什么?

2.3　在厂房结构中,为什么要设置支撑体系?如何布置屋盖支撑和柱间支撑?

2.4　普通钢屋架有什么特点?三角形屋架和梯形屋架各有什么优、缺点?

2.5　在屋架设计中,对屋架杆件(上弦、下弦、腹杆)截面选择有什么基本要求?

2.6　在钢屋架节点设计中,有哪些基本内容和要求?

2.7　吊车梁上的荷载有什么特点?

2.8　吊车梁结构体系中的制动梁有什么作用?

2.9　在什么情况下要对吊车梁的某些区域进行疲劳验算?

2.10　墙架体系的作用是什么?墙架结构有哪些布置方式?

第三章 轻钢结构设计

    轻钢结构主要是指以轻型冷弯薄壁型钢,轻型焊接和高频焊接型钢,薄钢板、薄壁钢管,轻型热轧钢及其以上各种构件拼接、焊接而成的组合构件等为主要受力构件,大量采用轻质围护材料的单层和多层轻型钢结构建筑。

    与传统的混凝土结构和普通钢结构相比,轻型钢结构具有很多优越性。自重轻是轻型钢结构最显著的特点。其承重结构采用轻型焊接 H 型钢、冷弯薄壁型钢,这种型钢的截面形状可以按照实际受力情况和使用特点进行设计,比普通的工字钢、槽钢、角钢截面受力合理,截面利用系数高,单位重量轻,可以节约钢材 20%~50%。轻型钢屋面系统的用钢量一般为 $8\sim15kg/m^2$,单层轻钢仓库的用钢量一般为 $16\sim30kg/m^2$,接近甚至低于在相同条件下钢筋混凝土结构的用钢量,工程资料表明:1.0 t 钢结构可减少 7.0 t 混凝土用量,可节约大量木材、水泥及其他建筑材料。因此,轻钢结构可大幅度降低结构自重,一般轻钢结构自重约为同类普通钢结构的 $\frac{1}{3}\sim\frac{1}{2}$,钢筋混凝土结构的 $\frac{1}{30}\sim\frac{1}{10}$,房屋上部结构重量的减轻大大降低了基础工程的材料用量及工程量。对于地基承载力较低的地区,这个优点更加突出。轻钢结构还有加工制造简单、工业化程度高、运输及安装方便等优点,而且不消耗木材,可工厂化预制、可拼装、可拆卸,以及建筑工期短、投资回收快、有利于环境保护等综合优势。近年来,轻钢结构得到了迅速的发展。

    门式刚架结构是轻钢建筑应用最为广泛的一种结构形式(见图 3.1)。轻型门式刚架

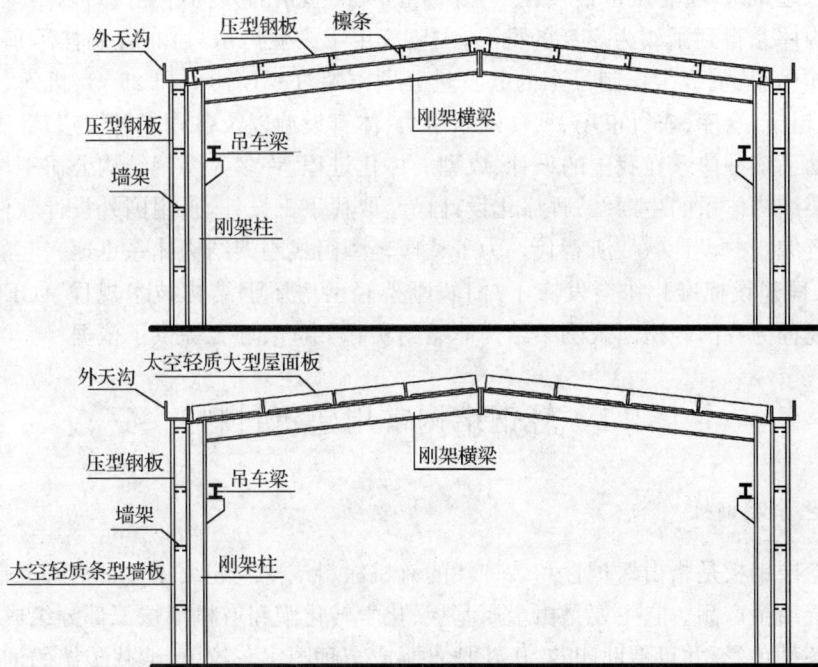

图 3.1 门式刚架的形式与构造

结构体系始于美国。在日本和欧洲,轻型门式刚架结构体系的应用也较多。

美国最初的轻型门式刚架结构用于建造兵营和一般的小型工业厂房。随着新型建筑材料的出现、加工设备的不断改善及设计形式的多样化,轻型门式刚架结构体系渐渐普及到大型工业厂房、商业建筑、交通设施等结构中,实现了设计分析、出图的程序化(如大型通用化设计软件包 Loseke Building Software);构件加工、安装施工、经营管理一体化流程。其中美国的 Butler 公司(Butler Manufacturing Company)和 ABC 公司(American Building Company)在这方面工作最为突出。他们具有经营、科研、设计、加工、运输、售前售后服务等整体运作系统。一项 10 000m² 建筑面积的单层工业厂房,从设计到钢结构制作、屋面墙面金属板压型,全部完成的周期为两个月。Butler 公司以门式刚架结构作为结构体系的基本单元,进行组合和延伸,发展了大跨度系统、Landmark 系统、三角托梁系统、多层建筑系统、特殊型建筑系统等结构体系。ABC 公司除了轻钢产品外,还生产各种隐藏式金属压型板,用于墙面和屋面。由于厂房结构定型化、规范化,可以采用计算机对整个厂房的各种构件进行优化设计。

美国轻型门式刚架结构体系主要用在商业(如仓库、小卖店、事务所、银行、车库)、制造业(如制造工场、仓库)和文化娱乐业(如学校、教堂、娱乐、福利设施)等。

在日本,轻型门式刚架结构体系有两种类型:第一种类型是日本自身发展起来的,已实现了构件标准化、定型化、装配化,经营管理、设计、生产、施工、售后服务系统化;第二种类型是 1989 年以来,由美国引进的轻钢结构体系的基础上发展起来的。日本工程界目前正就 550MPa 级钢材大断面 Z 型冷弯薄壁型钢檩条及墙梁、高强度螺栓在椭圆孔处的受力状态等几个方面进行研究。

我国轻型门式刚架结构体系起步较晚,是在引进国外的相关材料和软件的基础上发展起来的。近年来,随着压型钢板、冷弯薄壁型钢、H 型钢的大批量生产得以实现,轻型门式刚架结构体系得到了较为广泛的推广,主要应用于工业厂房(可布置悬挂吊车、中轻级工作制桥式吊车、重级工作制吊车的起重量分别不超过 5 t、10 t 和 20 t)、机库、候车室、码头建筑、超市、仓库、农贸市场、饮食娱乐用房、体育设施以及各种临时性建筑。工程应用的发展推动了该种体系在我国的设计、成型一体化进程。许多大型钢结构公司都增加了轻型门式刚架结构体系的生产线。程序化设计已经取代手工设计,采用国外设计软件逐渐采用我国自行编制的设计软件所替代。为了适应轻型门式刚架结构体系迅速兴起的市场需求,我国工程建设标准化协会发布了《门式刚架轻型房屋钢结构技术规程》(CECS 102:2002),该规程为我国轻型门式刚架结构体系的实际、生产、施工提供了依据。

3.1　轻钢结构常用建筑材料

1. 彩色涂层钢板

彩色涂层钢板是指由保护性和装饰性的有机涂料或薄膜连续涂覆于钢或铝带表面制成的预涂层冶金产品。它主要是由金属基板、化学转化膜和有机涂层三部分组成,有机涂层可配置各种色彩,并可借助印花、压花技术制成多种图案花纹。可取代传统的油漆装饰。

目前国际上建筑用彩板的基板种类主要有:热镀锌钢板、热镀锌合金化钢板、热镀铝钢板、热镀锌铝合金钢板、热镀铝锌合金钢板、电镀锌钢板及铝板和不锈钢板。目前,国内可供建筑用彩板的基板种类有热镀锌钢板、热镀锌合金化钢板和电镀锌钢板。

从防腐蚀机理分析,锌、铝在大多数大气环境下具有较高的稳定性,利用它作为钢材基体的防护性涂层是普遍公认的有效经济的方法,其应用历史已达100多年。锌在腐蚀性环境介质中会形成一层薄而致密的附着性很强的腐蚀产物,对周围环境介质起到屏蔽作用,从而阻止进一步腐蚀。

压型钢板是采用镀锌钢板、冷轧钢板、彩色钢板等作原料,经辊压冷弯成各种波形的压型板;它具有轻质高强、美观耐用、施工简便、抗震防火的特点,它的加工和安装已经达到标准化、工厂化、装配化。

2. H 型钢

H 型钢是钢结构工程中最常用的型材之一。常用的工字钢翼缘宽度较窄,而 H 型钢其截面积的分配更合理、更优化。由于 H 型钢是具有良好的抗弯抗压性能的高效型材,因而广泛用于工业与民用建筑钢结构的梁、柱结构构件等,它不仅比常用的工字钢节省劳力、降低成本,而且还降低用钢量。

(1) 特点

1) 翼缘宽,侧向刚度大,抗弯能力强。

2) 翼缘宽且两面互相平行,便于机械加工和安装,使钢结构的连接简单易行。

3) 可加工再生型材。它可较方便地经再加工制成部分 T 型钢及蜂窝梁等再生型材,这些型材在建筑、造船等方面有较广泛的用途。

(2) 分类

H 型钢可分为宽翼缘型(HW 系列)、中翼缘型(HM 系列)、窄翼缘型(HN 系列)与钢桩专用型(HP 系列)四个系列。HW、HM 型适用于钢柱等受压构件,HN 适用于钢梁等受弯构件。

此外,高频焊接 H 型钢,简称轻型 H 型钢,为钢结构的另一种优选截面形式,它除了具有上述优点之外,还兼有薄壁钢结构在相同重量下抗弯和抗压承载能力比普通钢结构大很多的特点,即在截面抵抗矩相近的条件下,比热轧 H 型钢节约钢材达 15%～30%。轻型 H 型钢构件应用范围见表 3.1。

表 3.1 轻型 H 型钢构件应用范围

序号	构件名称	屋面或墙面	构件间距/m	构件跨度 L/m
1	屋面檩条	压型钢板屋面,轻质条形屋面板屋面	≤5.0 3.0	≤12.0
2	门式刚架	压型钢板屋面,轻质大型屋面板屋面,轻质条形屋面板屋面	≤9.0	≤18.0
3	墙架柱	压型钢板墙面,轻质大型墙板墙面,轻质条形墙板墙面	≤9.0 6.0 ≤9.0	≤12.0
4	墙架梁	压型钢板墙面,轻质条形墙板墙面	≤3.0	≤12.0
5	屋架	任意	≤12.0	0.0≤L≤60.0

3. 冷弯薄壁型钢

(1) 特点

冷弯薄壁型钢具有良好的截面特性,壁厚为 1.5～5.0mm,一般采用 2.0～3.0mm,

其截面形状合理且多样化；与热轧型钢相比，在相同截面面积的情况下，薄壁型钢回转半径可增大 50%～60%，截面惯性矩和截面抵抗矩可增大 0.5～3.0 倍，因而能较合理地利用材料的强度，鉴于它具有自重轻、节省钢材，制造和安装方便等优点，它在轻钢结构中应用十分广泛。

（2）分类

冷弯薄壁型钢可用作檩条，一般有卷边 C 型及卷边 Z 型冷弯薄壁型钢两种，截面特性见附录。

卷边 Z 型在主平面 x 轴的刚度大，挠度小，用钢量省，制造和安装方便，在现场可叠层堆放，占地面积小，是目前较合理和普遍采用的一种形式。

卷边 C 型适用于屋面坡度 $i \leqslant \frac{1}{3}$ 的情况，其截面在使用中互换性大，用钢量小，它还可以用作屋架，它克服了普通热轧型钢屋架实际中腹杆往往由长细比控制，压杆强度不能充分发挥的缺点，中小跨度的此类三角形屋架，用钢量一般为 3.0～7.0 kg/m²，如果包含檩条和支撑在内，用钢量为 9.0～12.0 kg/m²，比普通的钢屋架节约 30% 左右，此外，它的杆件在节点处采用顶接焊接，不需节点板，故比一般钢结构优越。其自重轻，杆件刚度大，在运输与安装方面也较方便。

3.2　轻型钢屋架设计

轻型钢屋架主要指较多杆件采用小角钢或圆钢组成的屋架以及冷弯薄壁型钢屋架，使用于跨度较小（一般为 9～18m）和屋面荷载较轻的屋架，可节省钢材，运输和安装也较方便灵活，并能减轻下部结构。轻型钢结构一般不适用于直接承受动力荷载、及处于高温、高湿和强烈侵蚀环境等使用条件复杂的钢结构。

3.2.1　轻型钢屋架的设计规定

1. 屋架结构形式及应用

屋架结构形式的选用主要取决于所采用的屋面材料和房屋的使用要求。过去轻钢屋架主要是以三角形屋架、三铰拱屋架和菱形屋架为主。近年来随着压型钢板和轻质大型屋面板的开发和应用，又形成了配合这两种轻型屋面材料的平坡梯形钢屋架（见图 3.2），简称轻型梯形钢屋架。

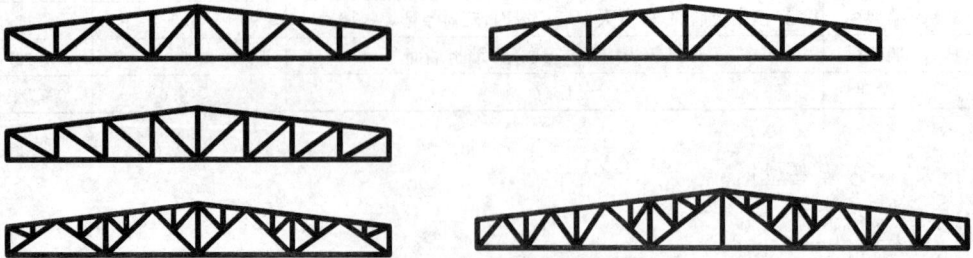

图 3.2　轻型梯形钢屋架形式

轻型钢屋架按所用的材料可分为圆钢、小角钢屋架和薄壁型钢屋架。因此,常用的轻型钢屋架有三角形角钢屋架、三角形方管屋架、三角形圆管屋架、三铰拱屋架、梯形角钢屋架和菱形屋架等。上述方管屋架和圆管屋架为薄壁型钢结构,其余为圆钢、小角钢的轻型钢结构。

轻型钢屋架与普通钢屋架在本质上没有多大区别,两者的设计方法原则相同。只是轻型钢屋架的杆件截面尺寸较小,采用一般小角钢(一般指不超过∟45×4 或∟56×36×4)和圆钢的截面,其截面尺寸和刚度较小,在桁架形式、杆件截面组成、连接构造和受力上有一些特点,与普通钢屋架稍有不同。

屋面有斜坡屋面和平坡屋面两种。斜坡屋面多为有檩屋盖体系,采用三角形屋架和三铰拱屋架,平坡屋面多为无檩屋盖体系,采用菱形屋架或梯形钢屋架。

三角形屋架可用于有桥式吊车的工业房屋。房屋跨度,对角钢屋架一般为9～18m,对薄壁型钢屋架一般为12～18m;一般三角拱屋架和菱形屋架用于无吊车的工业和民用房屋中,房屋的跨度,对三角拱屋架一般为9～18m,对菱形屋架一般为9～15m。

屋面的坡度与所用的屋面材料有关。坡度太大,屋面材料容易下滑,应使屋面材料与檩条有较好的连接;坡度太小,屋面容易渗漏,应做好防水处理。轻钢屋盖结构中常用的屋面材料、屋面坡度、檩条间距和结构形式见表3.2。

表 3. 2　常用的屋面材料和结构形式

序号	屋面材料	坡度 i	标志檩距/m	结构形式
1	石棉水泥小波瓦	$\frac{1}{3}\sim\frac{1}{2.5}$	0.75	三角形屋架、三角拱屋架及门式刚架
2	石棉水泥中波瓦	$\frac{1}{3}\sim\frac{1}{2.5}$	0.75,1.30(加筋)	三角形屋架、三角拱屋架及门式刚架
3	石棉水泥大波瓦	$\frac{1}{3}\sim\frac{1}{2.5}$	1.30	三角形屋架、三角拱屋架及门式刚架
4	瓦楞铁	$\frac{1}{6}\sim\frac{1}{3}$	0.75(0.50)	三角形屋架($i<\frac{1}{3}$时,上弦或下弦端节间宜弯折)及门式刚架
5	压型钢板	$\frac{1}{6}\sim\frac{1}{4}$(短尺) $\frac{1}{20}\sim\frac{1}{10}$(长尺)	按计算 (1.00～6.00)	梯形屋架、网架及门式刚架
6	黏土瓦或水泥平瓦	$\frac{1}{2.5}\sim\frac{1}{2}$	0.75	三角拱屋架
7	钢丝网水泥波形瓦	$\frac{1}{3}$	1.50	三角形屋架、三角拱屋架
8	预应力混凝土槽瓦	$\frac{1}{3}$	3.00	三角形屋架
9	钢筋混凝土槽板、加气混凝土板及太空板	$\frac{1}{12}\sim\frac{1}{8}$		梯形屋架、网架及门式刚架

注:1) 压型钢板也可用于三角形屋架($i=\frac{1}{3}$)。

　　2) 短尺压型钢板系指屋面坡度方向有中间搭接,而长尺则无中间搭接。

　　3) 压型钢板厚度一般为 0.4～1.6mm,宜采用长尺板材。

2. 屋架荷载

(1) 荷载种类

屋架设计时取用的荷载为恒载、活荷载和偶然作用三类。

1) 永久荷载(恒荷载)。屋面材料重量(包括防水层、木望板和保温或隔热等材料的重量)及檩条、支撑、屋架、天窗架等结构的自重。固定的悬挂管道也可作为恒载考虑。

2) 可变荷载(活荷载)。包括屋面均布活荷载、雪荷载、施工荷载、积灰荷载、风荷载及悬挂吊车荷载等。其荷载、荷载分项系数、荷载效应组合和荷载组合值系数的取值应符合现行国家标准《建筑结构荷载规范》(GB 50009-2001)的规定。并应考虑由于风吸力作用引起构件内力变化的不利影响(此时永久荷载分项系数取 1.0)。

3) 偶然作用。如地震作用、爆炸力、冲击力或其他意外事故产生的作用。

(2) 荷载组合

永久荷载和各种可变荷载的不同组合将对各杆件引起不同的内力,设计时应考虑各种可能的荷载组合,取最不利的荷载组合作为杆件的设计内力。引起屋架杆件最不利内力的各种可能荷载组合有以下几种:

1) 全跨永久荷载＋全跨可变荷载。

2) 全跨永久荷载＋半跨屋面活荷载或半跨雪荷载中较大值＋半跨积灰荷载＋悬挂吊车荷载。

3) 永久荷载＋风荷载。

4) 永久荷载＋地震作用。

3. 屋架内力分析

一般屋架的上、下弦杆为不中断的连续杆件,节点为焊接,具有一定的刚性,应按刚节点进行分析,当杆件的长细比较大时,由弯矩引起的次应力相对于轴心力引起的主应力很小,可以忽略不计,一般可按铰接屋架(桁架)计算杆件的轴心内力。

(1) 上弦无节间荷载时的内力计算

屋架内力分析,系假定各节点均为铰接,不考虑次应力的影响。在节点荷载作用下,可采用图解法、数解法或计算机电算(或按静力计算手册中所列通式)计算各杆件的轴心力。

(2) 上弦有节间荷载时的内力计算

1) 轴心力。在上述计算原则的基础上,首先将屋架上弦杆的节间荷载换算为节点荷载,按上弦无节间荷载计算各杆件的轴心力。

2) 弯矩。上弦杆由节间荷载产生的弯矩,可按下列方法计算。

① 按刚性支座连续梁算得的弯矩加以调整。由于结构和荷载的对称性,上弦杆屋脊处无节点转动,故可将上弦杆视作在屋脊处为固定端,其余支座为铰接的多跨连续梁,取半跨屋架上弦进行分析。考虑到上弦各节点实际上不是刚性铰支座,而有节点弹性位移,故应将连续梁求得的节点负弯矩予以降低,将节间正弯矩予以增大,按下式修正:

节点负弯矩:

$$M_2 = 0.9M_2'$$

节间正弯矩:

$$M_1 = M_1 + 0.1M_2$$

式中:M_1——刚性支座连续梁的节间正弯矩;

M_2——刚性支座连续梁的节点负弯矩。

② 按简支梁算得的弯矩乘以调整系数。

端节间正弯矩:

$$M_1 = 0.8M_0$$

其余节间正弯矩和节点负弯矩:

$$M_2 = \pm 0.6M_0$$

式中:M_0——以节间长度为跨度的简支梁的最大弯矩。

③ 有限元位移法。按刚接屋架考虑节间荷载产生的弯矩采用计算机电算,也是最准确的方法。

上述①、②两种方法的计算结果比较接近。但方法②不但简单方便,也考虑了上弦节点弹性位移的影响。故三角形屋架和菱形屋架的上弦弯矩常用方法②计算。

4. 屋架杆件截面的选用

(1) 选用原则

1) 杆件的截面尺寸应根据其不同的受力情况按轴心受拉、轴心受压、拉弯构件或压弯构件经计算确定。

2) 压杆应优先选用回转半径较大、厚度较薄的截面规格。但应符合截面最小厚度的构造要求。方管的宽厚比不宜过大,以免出现板件有效宽厚比小于其实际宽厚比较多的不合理现象。

3) 当屋面恒载较小或风荷载较大时,尚应验算受拉构件在恒载和风荷载组合作用下,以及在吊车荷载作用下。是否有可能受压。如可能受压尚应符合受压构件容许长细比的要求。

4) 当三角形屋架跨度较大时,其下弦杆可根据端部和跨中内力变化的大小,采用两种截面规格。

5) 在同一榀屋架中杆件的截面规格不宜过多。在增加钢材不多的情况下,宜将杆件截面规格相近的加以统一。一般情况下,一榀屋架中不宜超出 6～7 种截面规格,以便备料。

(2) 截面形式

选择屋架截面形式时,应考虑构造简单、施工方便、取材容易、便于连接,尽可能增大屋架的侧向刚度。对轴心受力构件宜使杆件在屋架平面内、外的长细比接近。

1) 一般采用双角钢组成的 T 形截面或十字形截面(与普通钢屋架的截面形式相同,见图 2.37),受力较小的次要构件可采用单角钢截面。

2) T 型钢不仅可以节约节点板,节约钢材,避免双角钢肢背相连处出现腐蚀的现象,且受力合理。对于大跨度屋架中的主要杆件可选用热轧 H 型钢或高频焊接轻型 H 型钢。

3) 冷弯薄壁型钢是一种经济型材,截面(见图 3.3)比较开展,截面形状合理且多样化,对杆件的整体稳定性有利。

冷弯薄壁型钢屋架杆件[见图 3.3(a)]中的闭口钢管截面具有刚度大、受力性能好、

(a) 闭口钢管截面

(b) 开口薄壁型钢

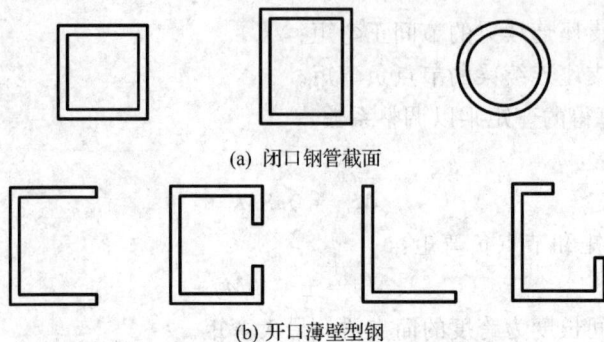

图 3.3　冷弯薄壁型钢屋架杆件截面

构造简单等优点,宜优先选用。

(3) 构造要求

屋架杆件截面的最小厚度(或直径)建议不宜小于表 3.3 中的数值。

表 3.3　屋架杆件截面的最小厚度(或直径)(mm)

截面形式	弦　杆	主要腹杆	次要腹杆	备　　注
角　　钢	4	4	4	
圆　　钢	$\phi14$	$\phi14$	$\phi12$	不宜作屋架的受压弦杆
薄壁方管	2.5	2	2	
薄壁圆管	2.5	2	2	

冷弯薄壁型钢屋架杆件厚度一般不大于 4.5mm。圆钢管截面构件的外径与壁厚之比,对于 Q235 钢,不宜大于 100;对于 Q345 钢,不宜大于 68。方钢管或矩形钢管截面的最大外缘尺寸与壁厚之比,对于 Q235 钢,不应大于 40;对于 Q345 钢,不应大于 33。

5. 屋架杆件的连接

屋架的杆件连接采用焊接或螺栓连接。一般构件的连接计算在《钢结构基本原理》中已介绍,相关的计算公式和构造要求见附录。这里结合薄壁构件的特点,介绍喇叭形焊缝、抽芯铆钉、自攻螺钉和射钉的计算方法和构造要求。

(1) 喇叭形焊缝的计算和构造

喇叭形焊缝分为单边喇叭形焊缝[见图 3.4(a)、(b)]和喇叭形焊缝[见图 3.4(c)]。

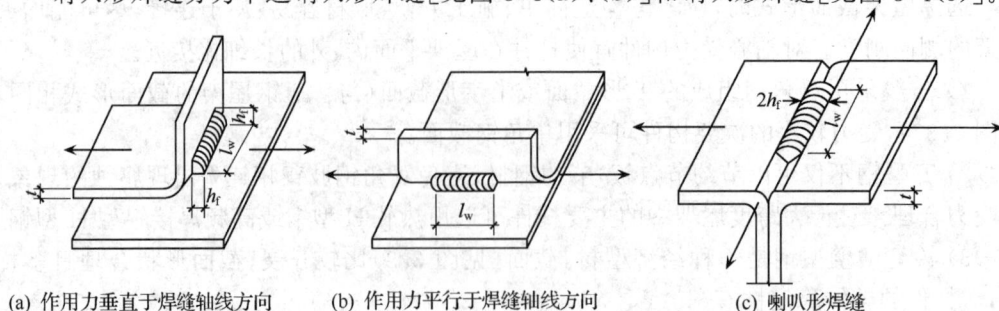

(a) 作用力垂直于焊缝轴线方向　　(b) 作用力平行于焊缝轴线方向　　(c) 喇叭形焊缝

图 3.4　单边喇叭形焊缝和喇叭形焊缝

1）喇叭形焊缝的计算。当连接板件的最小厚度小于或等于 4mm 时,轴力 N 垂直于焊缝轴线方向作用的焊缝的抗剪强度应按式(3.1)计算。

$$\tau = \frac{N}{l_w t} \leqslant 0.8f \tag{3.1}$$

轴力 N 平行于焊缝轴线方向作用的焊缝的抗剪强度应按式(3.2)计算。

$$\tau = \frac{N}{l_w t} \leqslant 0.7f \tag{3.2}$$

式中：t——连接钢板最小厚度;

l_w——焊缝计算长度之和,每条焊缝的计算长度均取实际长度 l 减去 $2h_f$;

f——连接钢板的抗拉强度设计值。

当连接板件的最小厚度大于 4mm 时,纵向受剪的喇叭形焊缝的强度应按公式(3.2)计算外,尚应按普通钢结构中角焊缝抗剪强度有关公式做补充验算,但 h_f 应按图 3.4 确定。

2）喇叭形焊缝的构造。当采用喇叭形焊缝时,单边喇叭形焊缝的焊脚尺寸 h_f 不得小于被连接板间的最小厚度的 1.4 倍。

在组合结构中,组合件的喇叭形焊缝可采用断续焊缝。断续焊缝的长度不得小于 $8t$ 和 40mm,断续焊缝间的净距不得大于 $15t$(受压构件)或 $30t$(受拉构件),t 为焊件的最小厚度。

（2）抽芯铆钉、自攻螺钉和射钉的计算和构造

用于压型钢板之间和压型钢板与冷弯型钢构件之间紧密连接常用抽芯螺钉(拉铆钉)、自攻螺钉和射钉连接。

1）强度计算。

① 受拉。在压型钢板与冷弯型钢等支撑构件之间的连接杆轴方向受拉的连接中,每个自攻螺钉或射钉所受的拉力应不大于按下列公式计算的抗拉承载力设计值。

当只受静荷载作用时:

$$N_t^f = 17tf \tag{3.3}$$

当受含有风荷载的组合荷载作用时:

$$N_t^f = 8.5tf \tag{3.4}$$

上述式中：N_t^f——一个自攻螺钉或射钉的抗拉承载力设计值(N);

t——紧挨钉头侧的压型钢板厚度(mm),应满足 $0.5mm \leqslant t \leqslant 1.5mm$;

f——被连接钢板的抗拉强度设计值(N/mm²)。

当连接件位于压型钢板波谷的一个四分点时[如图 3.5(b)所示],其抗拉承载力设计值应乘以折减系数 0.9;当两个四分点均设置连接件时[如图 3.5(c)所示],则应乘以折减

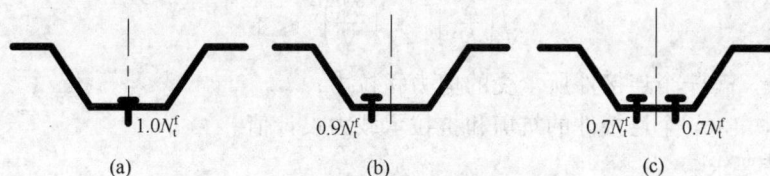

$1.0N_t^f$ $0.9N_t^f$ $0.7N_t^f$ $0.7N_t^f$

(a)   (b)   (c)

图 3.5 压型钢板连接示意图

系数 0.7。

自攻螺钉在基材中的钻入深度 t_c 应大于 0.9mm，其所受的拉力应不大于按式(3.5)计算的抗拉力设计值。

$$N_t^f = 0.75 t_c d f \tag{3.5}$$

式中：d——自攻螺钉的直径(mm)；

t_c——钉杆的圆柱状螺纹部分钻入基材中的深度(mm)；

f——基材的抗拉强度设计值(N/mm^2)。

② 受剪。当连接件受剪时，每个连接件所承受的剪力应不大于按下列公式计算的抗剪承载力设计值。

抽芯铆钉和自攻螺钉：

当 $\dfrac{t_1}{t} = 1$ 时：

$$N_v^f = 3.7 \sqrt{t^3 d} f \tag{3.6}$$

且

$$N_v^f \leqslant 2.4 t d f \tag{3.7}$$

当 $\dfrac{t_1}{t} \geqslant 2.5$ 时：

$$N_v^f = 2.4 t d f \tag{3.8}$$

当 $\dfrac{t_1}{t}$ 介于 $1\sim2.5$ 之间时，N_v^f 可由公式(3.6)和公式(3.8)插值求得。

式中：N_v^f——一个连接件的抗剪承载力设计值(N)；

d——铆钉或螺钉直径(mm)；

t——较薄板(钉头接触侧的钢板)的厚度(mm)；

t_1——较厚板(在现场形成钉头一侧的板或钉头侧的板)的厚度(mm)；

f——被连接钢板的抗拉强度设计值(N/mm^2)。

射钉：

$$N_v^f = 3.7 t d f \tag{3.9}$$

式中：t——被固定的单层钢板的厚度(mm)；

d——射钉直径(mm)；

f——被固定钢板的抗拉强度设计值(N/mm^2)。

当抽芯铆钉或自攻螺钉用于压型钢板端部与支承构件(如檩条)的连接时，其抗剪承载力设计值应乘以折减系数 0.8。

③ 同时受拉和受剪。同时承受剪力和拉力作用的自攻螺钉和射钉连接，应符合式(3.10)要求，即

$$\sqrt{\left(\dfrac{N_v}{N_v^f}\right)^2 + \left(\dfrac{N_t}{N_t^f}\right)^2} \leqslant 1 \tag{3.10}$$

式中：N_v、N_t——一个连接件所承受的剪力和拉力；

N_t^f、N_v^f——一个连接件的抗剪和抗拉承载力设计值。

2) 构造要求。

① 抽芯铆钉(拉铆钉)和自攻螺钉的钉头部分应靠在较薄的板件的一侧。连接件的中

距和端距不得小于连接直径的 3 倍。边距不得小于连接直径的 1.5 倍。受力连接中的连接件数不宜少于两个。

② 抽芯铆钉的适用直径为 2.6～6.4mm,在受力蒙皮结构中宜选用直径不小于 4mm 的抽芯铆钉;自攻螺钉的适用直径为 3.0～8.0mm,在受力蒙皮结构中宜选用直径小于 5mm 的自攻螺钉。

③ 自攻螺钉连接的板件上的预制孔直径 d_0 应符合下式要求:

$$d_0 = 0.7d + 0.2t_t \tag{3.11}$$

且

$$d_0 \leqslant 0.9d \tag{3.12}$$

式中:d——自攻螺钉的公称直径(mm);

t_t——被连接板的总厚度(mm)。

④ 射钉只用于薄板与支承构件(即基材如檩条)的连接。射钉的间距不得小于射钉直径的 4.5 倍,且其中间距不得小于 20mm,到基材的端部和边缘的距离不得小于 15mm,射钉的适用直径为 3.7～6.0mm。

射钉的穿透深度(指射钉尖端到基材表面的深度,如图 3.6 所示)应不小于 10mm。

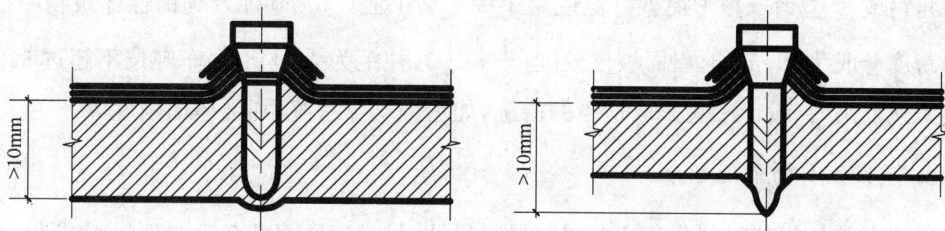

图 3.6　射钉的穿透深度

基材的屈服强度应不小于 150 N/mm²,被连接钢板的最大屈服强度应不大于 360 N/mm²,基材和被连钢板的厚度应满足表 3.4 和表 3.5 的要求。

表 3.4　被连接钢板的最大厚度

射钉直径/mm	≥3.7	≥4.5	≥5.2
单一方向			
单层被固定钢板最大厚度/mm	1.0	2.0	3.0
多层被固定钢板最大厚度/mm	1.4	2.5	3.5
相反方向			
所有被固定钢板最大厚度/mm	2.8	5.0	7.0

表 3.5　基材的最小厚度

射钉直径/mm	≥3.7	≥4.5	≥5.2
最小厚度/mm	4.0	6.0	8.0

⑤ 在抗拉连接中,自攻螺钉和射钉的钉头或垫圈直径不得小于 14mm;且应通过试验保证连接件由基材中的拔出强度不小于连接件的抗拉承载力设计值。

3.2.2 采用角钢或 T 型钢的三角形屋架

1. 屋架的特点及适用范围

用角钢或 T 型钢制作的三角形屋架构造简单、用料省、自重轻、制作、安装和施工方便、易于与支撑杆件连接,技术经济指标较好,在工业厂房中得到广泛应用;由于它的屋面荷载较轻,一般情况下腹杆可采用小角钢(小于∟45×4 或∟56×36×4)或圆钢。故多数属于圆钢、小角钢的轻型钢结构。它与普通三角形钢屋架在本质上无多大差异,即普通钢屋架的设计方法对圆钢、小角钢屋架来说原则上都适用;只是轻型钢屋架的杆件截面尺寸较小,连接构造和使用条件等有所不同。强度设计值的取值则稍低。但是双角钢杆件与杆件之间需用节点板和填板相连,存在着用钢量大,抗腐蚀性能较差等缺陷。

T 型钢为 H 型钢的剖分产品。T 型钢截面除具有角钢截面的优点外,尚能节约钢材和提高抗腐蚀性能,T 型钢屋架可与角钢屋架一样得到较广泛的应用,甚至有逐步代替角钢屋架的趋势。

角钢或 T 型钢三角形屋架广泛应用于中小型工业厂房、仓库及辅助性建筑物中。屋架的跨度一般为 9~18m,屋面坡度较陡($\frac{1}{3}$~$\frac{1}{2}$),柱距为 4~6m,吊车吨位不超过 5t。当超出上述范围时,设计中宜采取适当的措施,如增强支撑系统,加强屋面刚度等。

2. 屋架弦杆的节间划分

屋架上弦杆的节间划分应适应屋面材料尺寸,尽量使屋面荷载直接作用于节点。一般取一个檩距或两个檩距为一个节间长度。当取一个檩距时,弦杆只有节点荷载;当取两个檩距时,上弦杆有节间荷载,上弦杆除轴心力外还有弯矩,所需截面较大,但腹杆和节点数量少。一般情况下,对于檩距小于 1.0m 的中、小波石棉水泥瓦屋面,屋架上弦杆的节间距离应取两个檩距。其上弦杆截面虽比取一个檩距为节间的有所增大,屋架的总用钢量稍有增加,但从制造和用钢量综合考虑还是合理的;对檩距为 1.5m 的石棉瓦屋面(设木望板、椽条),屋架上弦杆的节间长度应取一个檩距。

当采用 1.5m×6.0m 太空轻质大型屋面板无檩体系时,宜使上弦节间长度等于板的宽度,即上弦杆节距为 1.5m。从制造角度看上弦杆采用 3m 节距可减少腹杆和节点数量,但对于 3m 的角钢和 T 型钢截面压杆不能充分发挥作用。因此,上弦杆一般以采用节距1.5m 为宜。

屋架下弦杆的节间划分主要根据选用的屋架形式、上弦杆节间划分和腹杆布置确定。

3. 屋架的杆件截面选择和节点构造

屋架的杆件截面选择和节点构造与普通钢屋架相同。

4. 屋架起拱

两端简支跨度不小于 15m 的三角形屋架和跨度不小于 24m 的梯形或平行弦屋架,当下弦无曲折时,宜起拱,拱度可取跨度的$\frac{1}{500}$。

3.2.3 采用薄壁型钢的三角形屋架

1. 屋架的特点及适用范围

薄壁型钢是由钢板或带钢经冷轧成型的,也有采用压力机模压成型或由弯板机冷弯成型的。为了充分发挥薄壁的优越性及生产设备的原因,我国规定板厚为2～6mm。设计时应参照《冷弯薄壁型钢结构技术规范》(GBJ 50018-2002)等规定。

薄壁型钢结构是一种新型的轻型钢结构。壁厚一般为2～6mm(受力构件),由于壁薄,在受力上有一些特点:例如截面比较开展和截面形状合理和多样化,同样截面积时有较大的截面惯性矩、抵抗矩和回转半径等,克服了普通热轧型钢屋架设计中腹杆往往由长细比控制、压杆强度不能充分发挥等缺点,使受力和整体稳定更加有利。不利点是薄壁板件在压应力作用下容易局部失稳,即个别受压板件的中央部分会在较低压应力下较早发生屈曲而退出受力;但板件在屈曲后仍可承受一定量的继续增大的荷载,主要是依靠与相邻板件交接的板件边缘部分继续提高压应力。因此,在计算宽厚比较大受压板件时通常只考虑板件边缘能有效地承受压应力,称为板件的有效截面或有效宽度。构件为开口形截面时抗扭刚度较差,容易发生弯扭失稳。薄壁型钢由于厚度薄,在计算、构造和维护上相应也有特点,需加以注意,特别是除锈、油漆、防腐蚀等问题,需要较高的维护要求。薄壁型钢的材料表面必须彻底防锈,不应采用一般用于轻型钢结构的手工除锈方法,而应采用酸洗、酸洗磷化处理等除锈方法。

采用薄壁型钢的三角形屋架具有自重轻、节省钢材、杆件刚度较大,制造和安装方便等优点。中、小跨度的薄壁型钢屋架,用钢量为3～7kg/m²,如果包括檩条和支撑的用钢量在内为9～12kg/m²,比普通钢结构可节省钢材30%左右。

2. 屋架的结构形式

(1)屋架的外形
屋架的外形与三角形钢屋架相同,分一般三角形屋架、上折式三角形屋架、下折式三角形屋架。

(2)屋架的杆件布置
屋架的弦杆节间划分和腹杆布置,应结合屋面材料、运输条件和支撑设置等情况综合考虑。

为了充分利用薄壁型钢截面受压性能好的特点,应尽量扩大上弦节间长度,以减少腹杆的数量,使结构形式简单、便于制造。上弦杆的节间长度应按檩条间距划分,使其承受节点荷载;其腹杆的布置不像三角形角钢屋架那样强调短杆受压,长杆受拉,但应尽量避免在节点处具有杆件重叠过多的现象。

当屋架荷载较小,如采用石棉水泥中、小波瓦,瓦楞铁等轻型屋面时,允许屋架上弦杆有节间荷载。

3. 屋架的杆件截面选择

（1）屋架的杆件截面形式

薄壁型钢屋架可以采用各种受力合理的薄壁型钢截面形式，见图3.7。闭口的管形截面[见图3.7(a)、(b)]可为无缝的或焊成的，其抗弯、抗扭刚度大，受压时承载能力大，节点连接容易，并且易于封住端头，形成不易受大气侵蚀的封闭结构，是一种较好的截面。由两个卷边槽钢所组成的截面[见图3.7(c)]，其性能基本与管形截面相同，但制作时焊缝较多。帽形截面[见图3.7(d)]具有较大的侧向刚度，但其抗扭刚度小于闭口的管形截面，有时需要在开口边加焊缀板，以阻止截面的翘曲和扭转，提高其承载能力。卷边槽钢截面[见图3.7(e)]的侧向刚度不如帽形截面，抗扭刚度小于闭口管形截面。图3.7(f)、(g)、(h)所示的截面，冷弯成型比较容易，可用于屋架的拉杆。综合考虑上述截面选择原则及各种截面的优缺点，国内几十年的应用实践来看多数还是采用闭口管形截面较多，即薄壁方管和圆管屋架。

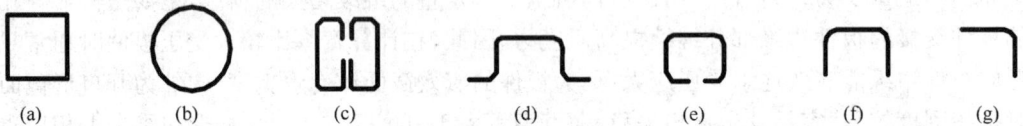

| (a) | (b) | (c) | (d) | (e) | (f) | (g) |

图3.7　屋架杆件的截面形式

（2）薄壁方管屋架的杆件截面

薄壁方管屋架的上弦杆和腹杆一般采用闭口方管。它不仅比开口截面的抗扭刚度好，而且涂层面积少，管的内壁也不易生锈。下弦杆可视具体情况，采用薄壁方管、槽钢或热轧轻型槽钢等。

（3）薄壁圆管屋架的杆件截面

薄壁圆管屋架显著的优点是：闭口圆管的表面呈凸圆形，不但与闭口方管一样具有较好的抗弯、抗扭和抗压能力，而且还具有不易发生局部压屈和失稳的特点，从而可以选择很薄的管壁，比方管经济效果更好。由于管的表面呈凸圆形，灰尘、水滴不易粘附和积存，油漆涂层较耐久；由于管材的表面积较小，防腐涂料的用量较省。圆管屋架的制造并不困难，当采用自动仿形切割时，制造会更为简化。

4. 屋架的构造连接和节点焊缝计算

屋架的构造连接和节点焊缝计算参见3.3节，钢管钢屋架设计。

3.2.4　三角拱屋架

1. 屋架的特点及适用范围

三角铰拱屋架由两根斜梁和一根水平拱拉杆组成，外形见图3.8。屋架的特点是杆件受力合理，斜梁的腹杆长度短，一般为0.6～0.8m，这对杆件受力和截面的选择十分有利。它的用钢指标和三角形角钢屋架相近，但更能充分利用普通圆钢和小角钢，做到取材容易，小材大用等；此外，还具有便于拆装运输和安装等特点。由于三铰拱屋架的杆件多数采用圆钢,不用节点板连接,故存在节点偏心,设计中应予注意。

斜梁的截面形式可分为平面桁架式和空间桁架式两种,平面桁架式的三铰拱屋架,杆件较少,制造简单,受力明确,用料较省,但其侧向刚度较差,宜用于跨度较小的屋盖中;空间桁架式的三铰拱屋架,杆件较多,制造稍费工,但其侧向刚度较好,便于运输和安装,宜在跨度较大的屋盖中使用。

三铰拱屋架多用于屋面坡度为 1∶2～1∶3 的石棉水泥中小波瓦、黏土瓦或水泥平瓦屋面,但也有个别工程曾将其用于无檩屋盖体系的。

三铰拱屋架由于拱拉杆比较柔细,不能承压,并且无法设置垂直支撑和下弦水平支撑,整个屋盖结构的刚度较差,故不宜用于有震动荷载及屋架跨度超过 18m 的工业厂房。此外,为防止在风吸力作用下拱拉杆可能受压,故当用于开敞式或风荷载较大的房屋中时,应进行详细的验算并慎重对待。

2. 屋架的内力分析

(1) 平面桁架式斜梁的内力分析

平面桁架式斜梁按一般结构力学的方法计算。屋架的节点荷载由檩条传来,作用于斜梁的节点上。当屋架的竖向反力和拱拉杆的内力求出后,可按数解法或图解法计算斜梁桁架的内力。由于斜梁桁架的 V 形腹杆都是按压杆选择截面的,故无需再对安装时的不对称荷载进行验算。

(2) 空间桁架式斜梁的内力分析

空间桁架斜梁由两个平面桁架组成。计算时可以将空间桁架分解为两个平面桁架计算,每个桁架与竖直平面的夹角为 β。为了计算简化,也可按假想的平面桁架计算,即把分离的上弦杆、腹杆看作一个整体(如双角钢拼接截面)进行计算,其计算结果是腹杆内力偏小,但误差不大,一般在 5% 以内,满足工程需要。

3. 屋架的杆件截面选择

(1) 屋架斜梁的截面形式[见图 3.8(b)、(c)]

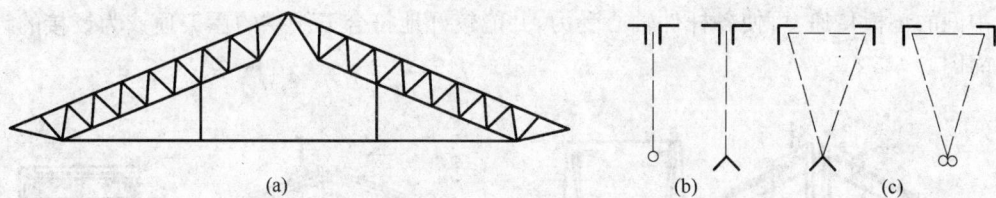

图 3.8 三角拱屋架形式

1) 上弦杆。图 3.8(b)为平面桁架式斜梁,其上弦杆与一般三角形角钢屋架一样,是由两个角钢组成的 T 形截面。图 3.8(c)为空间桁架式斜梁,其上弦杆为由缀条相连的两个角钢组成的分离式截面。少数工程中曾用过两个分离的圆钢的截面,由于圆钢受压的性能不好,且与支撑连接构造较复杂,故不宜采用。

2) 腹杆。多采用 V 形腹杆。由于杆件的倾角大,内力小,杆件长度也较短,能较好地利用材料的强度,且规格单一,节点简单,制造方便。大多数腹杆采用圆钢截面,加工时可以连续弯成"蛇形",也可分别做成数个 V 形或 W 形。三铰拱斜梁节间的划分应与檩条的间距相协调,避免上弦杆有节间荷载,腹杆的倾角宜为 40°～60°。

3) 下弦杆。可采用单角钢、单圆钢或双圆钢。单角钢截面的下弦杆,角钢肢应朝下布置[见图 3.8(b)、(c)],以便于连接且下弦杆刚度较好。有时角钢在下弦杆弯折处需要热弯,杆件截面有所削弱,为弥补这一损失,有的在弯折处的角钢肢内侧加焊圆钢绑条以补强。圆钢截面的下弦钢,多采用双圆钢并列组成,中间施以间断焊缝,便于与腹杆连接,避免节点处焊缝过于应力集中。

(2) 屋架拉杆的截面形式

屋架拉杆的截面形式是由单圆钢或双圆钢组成的受拉截面。

(3) 杆件截面的选用

1) 空间桁架式斜梁,为了保证其整体稳定性,其组合截面尺寸要求:截面高度与斜梁长度的比值不得小于 $\frac{1}{18}$;截面宽度与截面高度的比值不得小于 $\frac{2}{5}$。

2) 平面桁架式斜梁的截面高度可参照空间桁架式的相同要求确定。但其平面外的稳定性与一般三角形角钢屋架相同,由上弦支撑保证。

4. 屋架的节点构造、焊缝计算和拼接

(1) 屋架的节点构造

1) 屋脊节点。三铰拱屋架的屋脊节点构造与斜梁几何轴线(即两铰连线)的设置有关。斜梁几何轴线可以和斜梁组合截面的重心线重合,也可以和斜梁上弦杆截面的重心线重合。当斜梁几何轴线通过斜梁组合截面的重心线时,其屋脊节点的做法见图 3.9(a)。优点是屋脊处顶铰的合力线通过斜梁组合截面的重心,可以消除截面上的偏心力矩,对斜梁受力比较有利。缺点是屋脊节点太大,辅助杆件和节点板的用量较多,在构造上比较麻烦。

为了简化屋脊节点的构造,改善其受力情况,把屋脊处顶铰合力线上移至与斜梁上弦杆截面的重心线重合,可使屋脊节点在构造上和制造上都比较简单,屋脊顶铰的节点板也相应缩小,见图 3.9(b)。所有杆件内力都在端面板中平衡,上弦杆两角钢的水平板和竖板焊于端面板上,从而保证了屋脊处顶铰节点的刚度。节点左右两斜腹杆的内力通过两端面板中间的垫板传递,可使各杆件轴心受力,并能较好地符合三铰拱的屋架顶铰为铰接的计算简图。

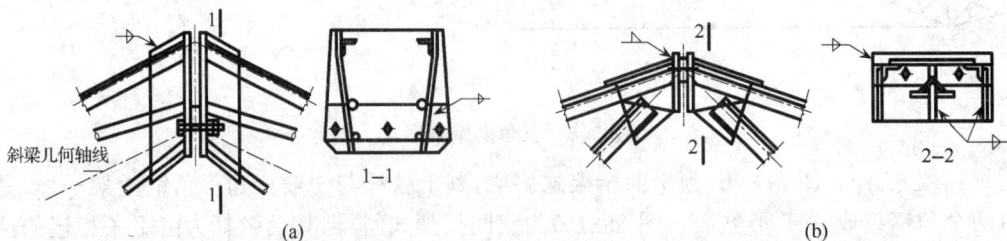

图 3.9 屋脊节点做法

2) 支座节点。三铰拱屋架支座节点的做法,同样与斜梁几何轴线的位置有关。

图 3.10(a)为斜梁几何轴线与斜梁上弦杆截面重心线重合的做法。它是在上弦杆两

角钢间设置一水平盖板,通过十字交叉的支座加劲板和底板连成一刚性整体,使之传力可靠。拱拉杆与斜梁在下弦杆弯折处连接,位置比支座中心稍低 c,c 值的大小应以靠近连接节点的斜梁下弦杆不致出现压力为宜。拱拉杆通过端头的两块节点板与斜梁下弦杆的节点板相连,连接螺栓应分别按抗剪和孔壁承压进行计算。

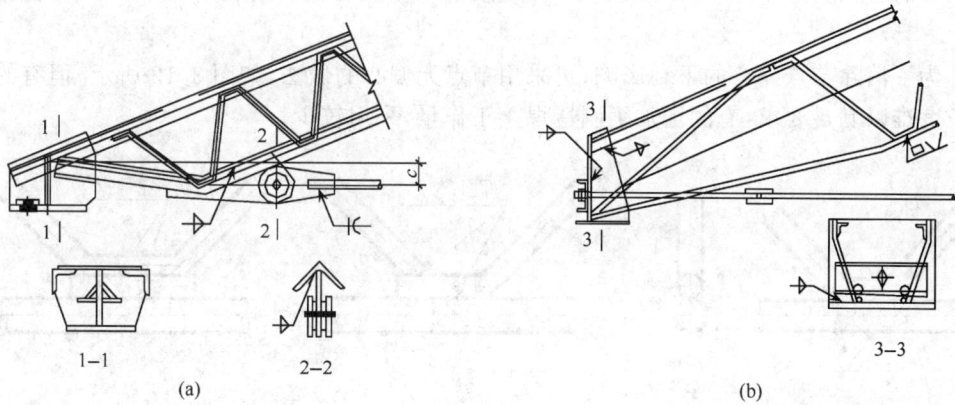

图 3.10 支座节点做法

当三铰拱屋架斜梁的几何轴线与斜梁组合截面的重心线重合时,拱拉杆可与支座节点直接相连。如图 3.10(b)所示,支座节点做成靴形,使节点比较刚强,拱拉杆为单根圆钢,用螺帽紧固在支座节点板上。斜梁下弦杆有两种做法:当为双圆钢时,为了使拱拉杆顺利通过,斜梁下弦杆的双圆钢应在下弦杆弯折处分开,分别连在支座侧面的加劲板上;当斜梁下弦杆为一单角钢时,可将拱拉杆在端部改用双圆钢,形成一个套环,将下弦杆加在套环内,或者将拱拉杆全长均设计为双圆钢。

3) 斜梁的中间节点。三铰拱屋架的斜梁大多为圆钢腹杆,由于设计构造上的原因,节点处各杆件重心线多未汇交于一点,因而在节点引起偏心力矩(见图 3.11)。试验和分析表明,节点偏心对轻型钢结构的影响不能忽视,在设计中要充分重视。节点偏心对各杆件承载力的影响大小主要与杆件的截面形式,截面抵抗矩的大小及杆件强度储备等因素有关。从截面形式来看,对相同截面面积的角钢和圆钢来说,角钢的截面抵抗矩大,所以节点偏心的影响就小;圆钢的截面抵抗矩小,所以节点偏心的影响就较大。从杆件类别来看,节点偏心的影响对上弦杆较小,下弦杆较大,腹杆最大。

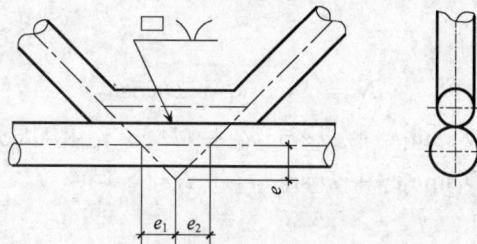

图 3.11 节点有偏心的做法

当节点有偏心时,设计中应尽量减小偏心值,如节点连接焊缝采用围焊,腹杆弯曲成型力求准确等。节点偏心引起的偏心力矩可近似地按节点处各杆件的线刚度比一次分配,节点与节点间不再互相传递。在实际工程设计中,常采用不进行计算的简化措施,将偏心值宜控制在 $10\sim20$mm 以内,并在选择截面时按不同杆件留适当的应力裕量以加大安全储备。具体建议:上弦杆为 T 形截面时,节点左右弦杆的内力差在 20% 以下,为 V 形截面节点左右弦杆内力差在 10% 以下,以及下弦杆节点左右弦杆内力差在 10% 以下时,可不计偏心的影响,否则,应留有 5%~15% 的应力裕量。对于腹杆应留有 10%~20% 应力裕量。

为了消除节点偏心的不利影响,可采用节点无偏心的做法,如图 3.12 所示。但有的焊缝长度难以满足要求,有的增加了制造焊接工作量,采用较少。

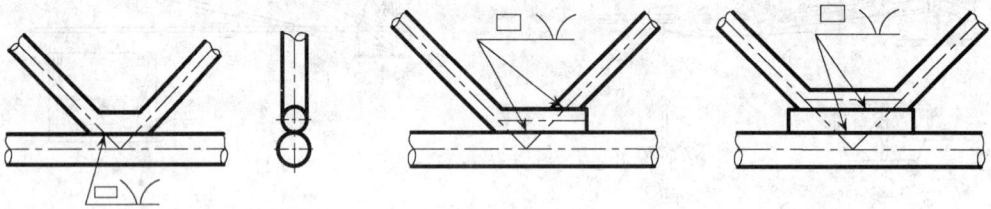

图 3.12　节点无偏心的做法

(2) 屋架的节点焊缝计算

节点偏心使连接焊缝的工作条件恶化。当连接的节点受力较小时,一般可按构造确定焊缝尺寸。如受力较大在计算焊缝时应考虑节点偏心的影响。

1) 斜腹杆连续时(见图 3.13),焊缝所受的轴心力和弯矩为

$$N = N_2 - N_1 \tag{3.13}$$

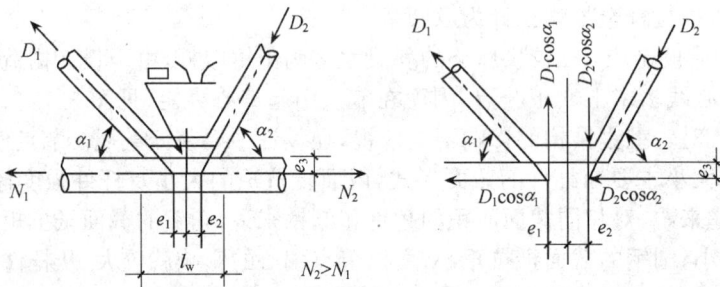

图 3.13　斜腹杆为连续的节点

或

$$N = D_1\cos\alpha_1 + D_2\cos\alpha_2 \tag{3.14}$$

$$M = D_1\sin\alpha_1 e_1 + D_2\sin\alpha_2 e_2 + (D_1\cos\alpha_1 + D_2\cos\alpha_2)e_3$$
$$= D_1\sin\alpha_1 e_1 + D_2\sin\alpha_2 e_2 + Ne_3 \tag{3.15}$$

焊缝应力:

$$\tau_f = \frac{N}{2l_w h_e} \tag{3.16}$$

$$\sigma_f = \frac{6M}{2l_w^2 h_e} \tag{3.17}$$

$$\tau = \sqrt{\left(\frac{\sigma_f}{\beta_f}\right)^2 + \tau_f^2} \leqslant f_f^w \qquad (3.18)$$

2）斜腹杆断开时（见图 3.14），焊缝所受轴心力、剪力和弯矩为

$$N = D_1 \cos\alpha_1 \qquad (3.19)$$

$$V = D_1 \sin\alpha_1 \qquad (3.20)$$

$$N = Ve_1 = D_1 \sin\alpha_1 e_1 \qquad (3.21)$$

焊缝应力：

$$\sigma_f' = \frac{V}{2l_w h_e} \qquad (3.22)$$

$$\tau = \sqrt{\left(\frac{\sigma_f + \sigma_f'}{\beta_f}\right)^2 + \tau_f^2} \leqslant f_f^w \quad (3.23)$$

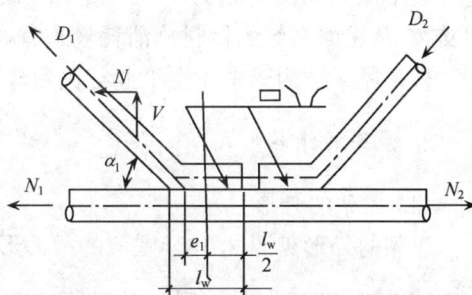

图 3.14　斜腹杆为断开的节点

（3）屋架的杆件拼接

斜梁的 V 形和 W 形圆钢腹杆或连续弯曲的圆钢腹杆，由于材料长度的限制或杆件截面的改变需在节点处断开时，其断开位置宜选在上弦节点处。

弦杆的拼接应放在内力较小的节间，必须在内力较大的节间拼接时，应采用对称拼接，如图 3.15 所示，以减少偏心的影响。拼接计算可根据杆件承受的实际最大内力，按计算所需的焊缝长度确定拼接长度。

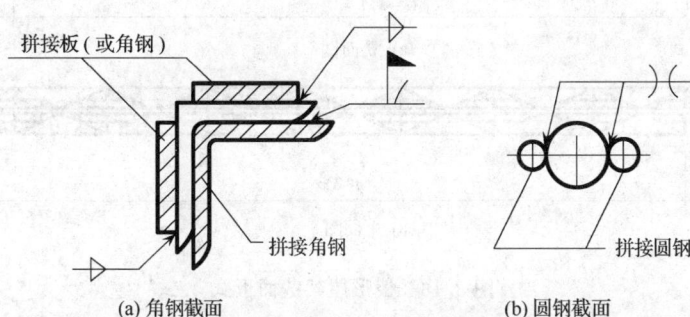

（a）角钢截面　　　　　　　　　（b）圆钢截面

图 3.15　弦杆的对称拼接

3.2.5　棱形屋架

1.屋架的特点及适用范围

棱形屋架因其外形而得名。上弦常采用角钢，下弦及腹杆采用圆钢，屋面坡度较小，一般为 $\frac{1}{12} \sim \frac{1}{8}$；屋面板直接铺在屋架上弦上，属无檩屋盖体系。屋面板宜采用重量较轻的加气混凝土板或其他类型轻板，当采用钢筋混凝土槽形板时，在北方地区要铺轻质的保温材料做保温层。轻质保温材料有水泥蛭石、水泥珍珠岩、聚苯板等。屋面防水层一般采用卷材防水。

棱形屋架所用的材料为角钢和圆钢，取材方便。由于棱形屋架是由两片平面桁架组成的空间桁架，它的截面重心低、空间刚度好。且屋架外形与简支梁在均布荷载作用下的弯

矩图接近,从而使屋架下弦杆各节间的内力分布较均匀,基本上克服了梯形屋架和三角形屋架下弦杆各节间内力差异幅度较大的缺点,但是屋架的制造比较麻烦。

棱形屋架的用钢量为 $7\sim12\mathrm{kg/m^2}$,比其他类型的轻型钢屋架略高,但由于不设檩条和支撑,从屋面系统的钢材总消耗量来看,棱形屋架的用钢量还是不高。

棱形屋架适用于中小型工业与民用建筑,柱距一般为 $3.0\sim4.2\mathrm{m}$,跨度为 $9\sim15\mathrm{m}$。

2. 屋架的结构形式

(1) 屋架的外形

屋架的外形见图 3.16。屋架的截面形式有正三角形和倒三角形两种,见图 3.17。其中正三角形,又可分为 A 型和 B 型;屋架的跨度为 L,矢高为 f,其高跨比一般宜采用 $\frac{1}{12}\sim\frac{1}{9}$。屋架的上矢高 f_1 根据屋面坡度确定,下矢高 f_2 根据上矢高 f_1 值确定。根据试算结果分析:上矢高等于或接近于下矢高是比较合理的,见图 3.18。

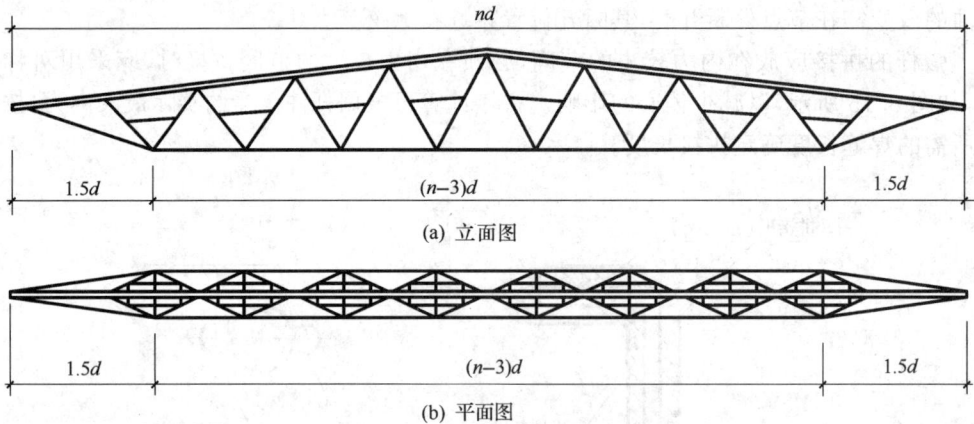

图 3.16 棱形屋架截面形式

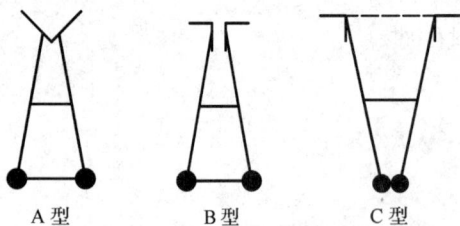

图 3.17 棱形屋架形式图

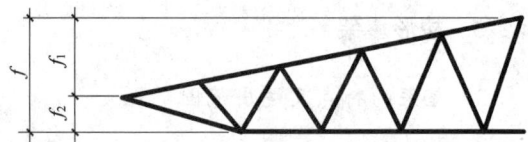

图 3.18 屋架矢高图

(2) 屋架的节间划分和杆件布置

屋架的上弦杆一般采用 10 个节间、也有采用 8 个或 12 个节间的。下弦杆弯折点至支座水平距离一般为 $1.5d$, d 为一般节间的距离,见图 3.16。

腹杆采用等节间距离,变高度的 V 形腹杆,在其中部设水平矩形箍,以减小杆件的计算长度,见图 3.19。

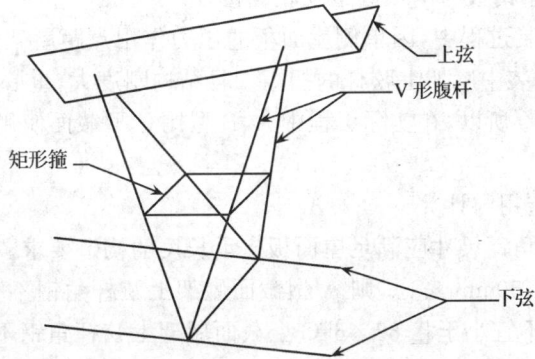

图 3.19 带矩形箍的 V 形腹杆

设置矩形箍对棱形屋架的受压腹杆起着极其重要的作用。矩形箍可减小次弯矩,消除对细长压杆的稳定性的不利影响。试验表明,矩形箍在增加腹杆稳定性的同时,也提高了整个屋架的承载力。设置矩形箍比不设矩形箍的屋架承载力可提高一倍以上。因而棱形屋架 V 形腹杆的矩形箍设置,在设计中不容忽视。

3. 屋架的内力分析

(1) 假想平面桁架计算方法

将棱形屋架的空间结构近似地按假想平面桁架来进行计算,方法简单,但是腹杆内力计算结果偏小,其误差不易满足设计精度的要求。对矩形箍的零杆假定,与实际情况有出入,因此,在构造上必须保证矩形箍有一定的刚度。以使其对腹杆起到支点的作用。

(2) 空间桁架计算法

计算结果较接近于实际受力情况。但由于计算工作量大,只能采用计算机计算。

(3) 空间刚架计算法

考虑了节点的刚结作用。计算结果与方法(2)接近,但计算的工作量更为庞大,过去很少采用这种计算假定,只能采用计算机计算。

由于近年来计算机软件的大力开发。计算的工作量在设计工作中所占的比重大为降低。合理力学模型的建立已受到设计者的重视。

4. 屋架的杆件截面选择

(1) 截面形式和优缺点

1) A 型截面。屋架的上弦杆采用单角钢肢尖朝上的 V 形截面[见图 3.17(a)],腹杆及下弦杆均采用圆钢,组成两片平面桁架,下弦杆的节点处用短圆钢将其撑开,形成一个空间桁架。屋架上弦通过加焊蛇形筋或 ∏ 形筋等构造措施,并用细石混凝土浇灌与屋面板连成整体。

2) B 型截面。屋架的上弦杆采用两个角钢组成的 T 形截面[见图 3.17(b)]。腹杆、下弦杆及其他构造与 A 型截面基本相同。

3) C 型截面。屋架的上弦杆是以缀条相连的两个角钢组成的分离式截面[见图 3.17(c)]。腹杆及下弦杆均采用圆钢,组成两个平面桁架,下弦杆由两根圆钢并在一起,在其节点的中间部位用一块小钢板与两根圆钢互相焊接。

A、B 型截面在安装过程中,因单侧屋面板的压力作用点距屋架上弦杆截面中心的距离小,因此可忽略在安装中屋架上弦杆的扭矩。且结构刚度大,重心低,使用时较稳定,施工、运输和堆放较方便。所以,在实际工程中 A、B 型比 C 型截面使用较多,尤其是 A 型截面使用最多。

(2) 杆件截面的选用与计算

1) 屋架上弦杆的角钢尺寸应满足屋面板支承长度的构造要求。一般钢筋混凝土屋面板,按支承净长不小于 50mm 考虑,则 A 型截面屋架上弦杆角钢不宜小于∟ 90×6;B 型截面屋架上弦杆角钢不宜小于∟ 63×6;C 型截面屋架上弦杆角钢不宜小于∟ 50×5;而对于加气混凝土屋面板,则支承净长不应小于 60mm。

2) 带矩形箍的 V 形腹杆的计算长度。端部第一对 V 形腹杆,因内力较大,且受压,矩形箍只能作为弹性支点,故腹杆计算长度 $l_0 = 0.7l$(l 为腹杆几何长度)。其余带箍的 V 形腹杆,因内力较小,且一边受压,另一边受拉,故矩形箍可作为不动支点,腹杆计算长度 $l_0 = 0.5l$。

3) 上弦杆的计算。对于 A 型截面,因屋架上弦杆已与屋面板形成一整体,故可不考虑节间屋面板的荷载引起上弦杆的弯矩,上弦杆按轴心受压构件设计,可只考虑上弦杆在屋架平面内的稳定性。对于 B、C 型截面的上弦杆按偏心受压构件计算,端节间正弯矩按 $M_1 = 0.8M_0$ 计算;其余节间正弯矩和节点负弯矩按 $M_2 = \pm 0.6M_0$ 计算。

4) 当屋面板与屋架上弦杆连结可靠,能阻止上弦杆侧向失稳和扭转时,可只计算其弯矩作用平面内的强度和稳定性;当屋面板与屋架上弦杆联结不能起阻止上弦杆侧向失稳和扭转作用时,B 型截面应计算屋架平面内、外的稳定性;C 型截面应计算单角钢上弦杆的强度和稳定性,单角钢的截面主轴应按图 3.20 采用。

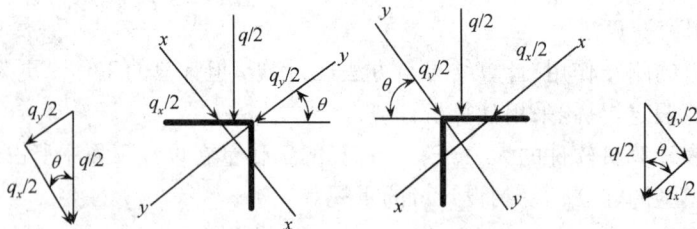

图 3.20　单角钢截面轴线图

5. 屋架的节点构造

(1) 支座节点

梭形屋架支座节点作法和截面形式有关。A 型截面的屋架支座节点见图 3.21,B、C 型截面的屋架支座节点见图 3.22。

(2) 屋脊节点

A 型截面的屋脊节点,上弦可直接对焊或加一隔板再焊均可,见图 3.23。B、C 型截面的屋架屋脊节点,加焊连接角钢,见图 3.24。

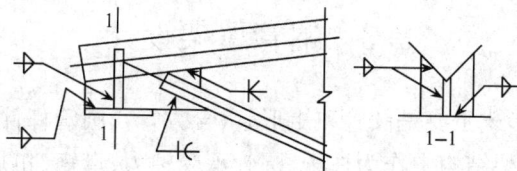

图 3.21　A 型截面的屋架支座节点

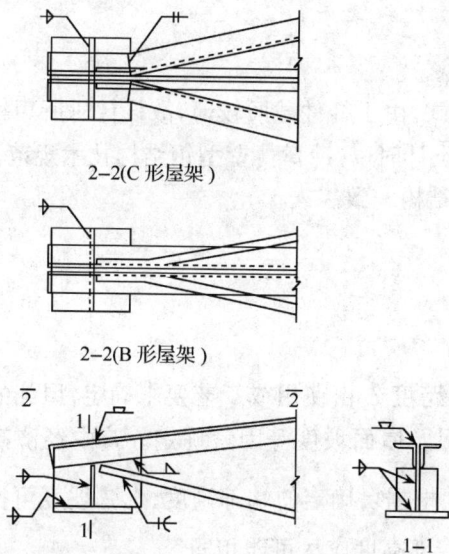

2—2(C 形屋架)

2—2(B 形屋架)

1—1

图 3.22　B、C 型截面的屋架支座节点

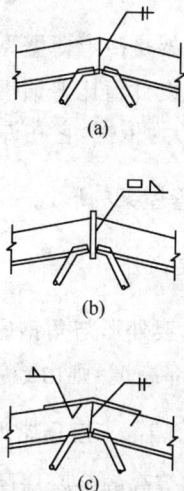

(a)

(b)

(c)

图 3.23　A 型截面的
屋架屋脊节点

（3）上弦杆中间节点

A 型截面的屋架上弦杆中间节点，见图 3.25。B、C 型截面的屋架上弦杆中间节点及下弦杆节点参见三铰拱屋架的节点构造。

为保证屋面板与屋架上弦杆连成整体，屋面板与屋架上弦杆应有可靠的连接。屋面板与山墙的连接一般将山墙的圈梁中伸出钢筋，与板缝中的混凝土浇灌在一起，使山墙圈梁与屋面板连成整体。

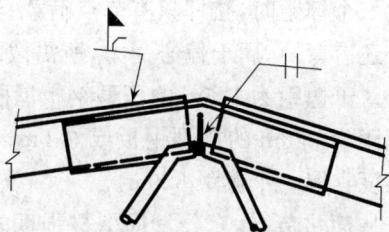

图 3.24　B、C 型截面的屋架屋脊节点

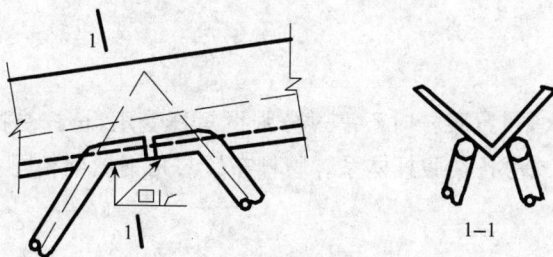

1—1

图 3.25　A 型截面的屋架上弦节点

3.3 钢管屋架设计

钢管结构的杆件形式主要是圆管和矩形管(含方管)。圆管杆件多用于桁架、空间网架和网壳结构,也用于框架结构中作为柱子,圆管承受轴力、弯矩、扭矩时的计算方法和其他钢结构杆件相同。本节只讨论冷弯薄壁型钢屋架的构造与设计。

3.3.1 钢管屋架的特点和适用范围

钢管屋架是冷弯薄壁型钢屋架的优选形式。由于杆件截面较薄,故设计时所用钢材和连接的强度设计值比普通钢结构略微降低。设计时以《冷弯薄壁型钢结构技术规范》(GBJ 50017-2002)为依据,它在许多方面与普通钢结构一致。

3.3.2 钢管屋架的形式

1. 屋架的外形

钢管屋架外形与角钢屋架相同。即屋架跨度 L 由使用或工艺要求确定;屋架的高度(跨中及端部高度)则由经济、刚度、运输界限及屋面坡度等因素确定。跨中经济高度为 $(\frac{1}{10} \sim \frac{1}{8})L$,端部高度通常取为 1.5~2.0m。根据已确定的端部高度、上弦坡度可推算跨中高度。在等高的多跨房屋中,各跨屋架的端部高度应尽可能相同。

2. 弦杆的节间划分

屋架上弦杆的节间划分应适应屋面材料尺寸,宜使屋面荷载直接作用于节点上。

对有檩体系,屋架上弦杆的节间划分,一般取一个檩距或两个檩距为一个节间长度。当取一个檩距时,弦杆只有节点荷载;当取两个檩距时,上弦杆有节间荷载,上弦杆除轴心力外还有弯矩,属于偏心受力,所需截面较大,但腹杆和节点数量减少。

对于檩距为 1.5m 的压型钢板屋面,屋架上弦杆的节间长度可取一个或两个檩距。对于檩距为 3.0m 的压型钢板或 3.0m×6.0m 太空轻质大型屋面板屋面,屋架上弦杆的节间长度宜取一个檩距 3.0m。

从简化节点,充分发挥型材强度的角度,上弦杆宜优先采用 3.0m 节距(檩距或板宽也为 3.0m)。屋架下弦杆的节间划分主要根据所选用的屋架形式、上弦杆节间划分和腹杆布置确定。

3. 腹杆布置

由于截面刚度较大,布置腹杆时不需过分强调短杆受压,长杆受拉,故能较好地适应人字式、单斜式和再分式等各类腹杆体系。腹杆布置与角钢屋架相同。

3.3.3 杆件截面选择

按各杆件的内力设计值 N、M、杆件在两个方向的计算长度、截面型式、钢号等进行截面选择。热加工管材和冷成型管材不应采用屈服强度超过 Q235 钢及屈强比 $\frac{f_y}{f_u} > 0.8$ 的钢材，且钢管壁厚不宜大于 25mm。

1. 杆件计算长度

杆件在平面内、外的计算长度 l_{0x}、l_{0y} 见表 3.6。

表 3.6 屋架弦杆和腹杆的计算长度

项　次	弯　曲　方　向	弦　杆	腹　杆
1	在屋架平面内	l	l
2	在屋架平面外	l_1	l

注：l 为构件的几何长度（节点中心间距离），l_1 为屋架弦杆侧向支撑点之间的距离。

当弦杆侧向支承点之间的距离为节间长度的两倍（见图 3.26）且两节间的弦杆轴心压力有变化时，则该弦杆在屋架平面外的计算长度 l_{0y} 应按式（3.24）确定。

$$l_{0y} = l_1 \left(0.75 + 0.25 \frac{N_2}{N_1} \right) \qquad (3.24)$$

且要求

$$l_{0y} \geqslant 0.5 l_1$$

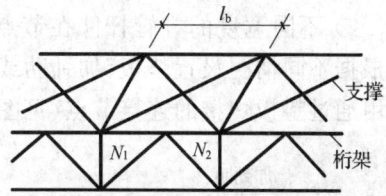

图 3.26 杆在屋架平面外的计算长度 l_{0y}

式中：N_1——较大的压力，计算时取正值；

　　N_2——较小的压力，计算时压力取正值，拉力取负值。

2. 杆件截面形式

钢管屋架截面多为方钢管或圆钢管，方钢管多为闭口或两个槽钢的焊接截面；圆钢管为高频焊接截面或轧制无缝截面。方钢管截面主要采用正方形，必要时可用长方形。长方形方钢管用于弦杆平放时可更好地适应需要有较大侧向宽度和刚度的情况。

圆钢管的外径与壁厚之比不应超过 $100 \left(\frac{235}{f_y} \right)$，方钢管的最大外缘尺寸与壁厚之比不应超过 $40 \sqrt{\frac{235}{f_y}}$。

屋架弦杆全长宜采用同一截面规格的型材。跨度 ≥24m 的屋架，可根据弦杆内力变化情况，在某一节点处改变其截面尺寸，一般只改变截面壁厚，而不改变截面的外形尺寸，且须保证该节点两侧弦杆的几何中心线位于同一直线。否则，应考虑由此偏心产生的附加弯矩。

3.3.4 构造要求

1. 起拱

当屋架跨度等于或大于 15m 时，一般应起拱，拱度约为跨度的 $\frac{1}{500}$。起拱可增加安全感,且能保证屋架下弦的净空尺寸。起拱方式有两种:一种是上、下弦杆同时起拱,起拱前后屋架的矢高不变,但屋架上弦坡度改变。另一种是仅屋架下弦起拱,起拱后屋架的矢高减小,但上弦坡度不变。

2. 节点构造

(1) 一般原则

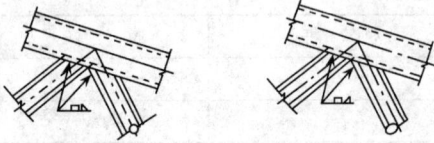

图 3.27 直接焊接节点

1) 杆件的截面重心轴应汇交于节点的中心。通常不用节点板,而将杆件直接汇交焊接(见图3.27)即顶接。支管端部宜使用自动切割机切割,支管壁厚小于 6mm 时可不切坡口。杆端切割稍麻烦,但构造简单,制作方便。钢管屋架杆件端部应进行焊接封闭,以防管内锈蚀。

2) 不同宽度的方管杆件在节点处汇交时,为了防止宽度较大的杆件发生局部变形,应根据不同情况设置垫板、加劲肋或卡板等增强措施。当方钢管屋架节点需要加强时,可采用通过垫板焊接的连接节点(见图3.28~图3.30)。

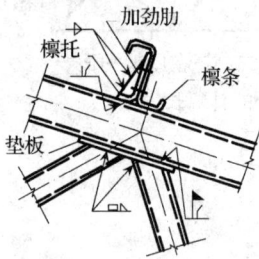

图 3.28 垫板连接节点图　　图 3.29 加劲肋连接节点　　图 3.30 卡板连接节点

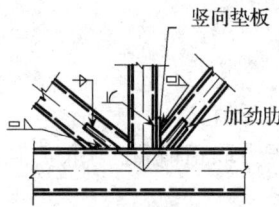

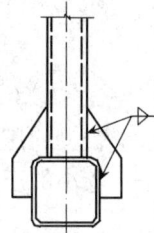

3) 各杆件截面重心轴线应汇交于节点中心,尽可能避免偏心。若支管与主管连接节点偏心不超过公式(3.25)限制时,在计算节点和受拉主管承载力时,可忽略因偏心引起的弯矩影响,但受压主管必须考虑此偏心弯矩 $M = \Delta N \times e$(ΔN 为节点两侧主管轴力之差)。

$$-0.55 \leqslant \frac{e}{h} \text{ 或 } \frac{e}{d} \leqslant 0.25 \tag{3.25}$$

式中:e——偏心距;

$\quad d$——圆主管外径;

$\quad h$——连接平面内的矩形主管高度。

4) 支管与主管或两支管轴线之间的夹角不宜小于30°。主管的外部尺寸不应小于支管的外部尺寸,主管的壁厚不应小于支管的壁厚,在支管与主管连接处不得将支管插入主管内。

5) 支管与主管的连接焊缝,应沿全周连续焊接并平滑过渡,可全部用角焊缝或部分采用对接焊缝、部分采用角焊缝。支管管壁与主管管壁之间的夹角大于或等于120°时的区域宜用对接焊缝或带坡口的角焊缝。角焊缝的焊脚尺寸 h_f 不宜大于支管壁厚的 2 倍。

6) 对有间隙的 K 型或 N 型节点[见图3.31(a)、(b)],支管间隙 a 应不小于两支管壁厚之和。

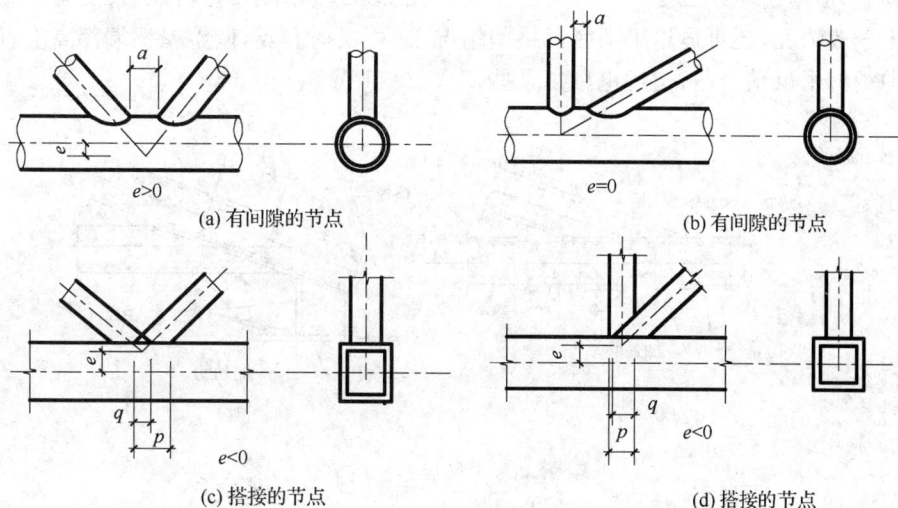

(a) 有间隙的节点   (b) 有间隙的节点

(c) 搭接的节点   (d) 搭接的节点

图 3.31　K 型和 N 型管节点的偏心和间隙

7) 对搭接的 K 型或 N 型节点[见图 3.31(c)、(d)]，当支管厚度不同时，薄壁管应搭在厚壁管上；当支管钢材强度等级不同时，低强度管应搭在高强度管上。搭接节点的搭接率 $Q_v = \dfrac{q}{p} \times 100\%$ 应满足 $25\% \leqslant Q_v \leqslant 100\%$，且应确保在搭接部分的支管之间的连接焊缝能很好地传递内力。

8) 钢管构件在承受较大横向荷载的部位应采取适当的加强措施，防止产生过大局部变形。构件的主要受力部位应避免开孔，如必须开孔时，应采取适当的补强措施。若钢管屋架上弦节点荷载较大，须设垫板加强（见图 3.32）。加强垫板应保证钢管屋架上弦的局部刚度及屋面板有足够的支承长度，厚度不宜小于 8mm。若方钢管屋架上弦较宽，垫板可直接焊于弦杆上，见图 3.31(a)，但其外伸尺寸较大时宜设加劲肋，见图 3.31(b)所示；圆钢管屋架上弦的加强垫板通过加劲肋与圆钢管相连[见图 3.31(c)]。

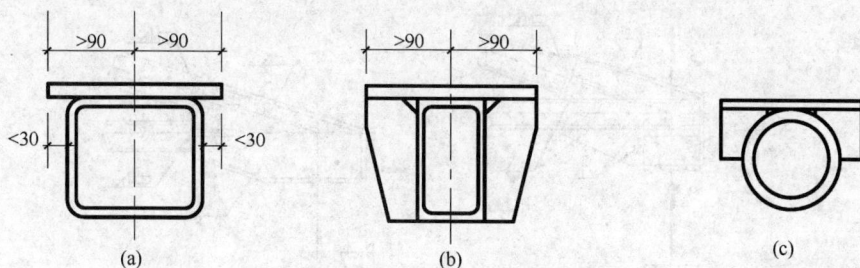

(a)   (b)   (c)

图 3.32　屋架上弦垫板示意图

（2）支座节点

常用支座节点构造形式有顶接式、插接式两种。屋架支座底板上锚固螺栓及垫板设置与角钢屋架相同。

1）方管屋架支座节点。如图 3.33(a)所示的方管屋架支座节点,受力明确,构造简单,钢材较省,适用于屋架上弦杆不外挑的情况。图 3.33(b)所示的方管屋架支座节点,不仅适用于一般情况,还可适用于上弦外挑的情况,并可根据需要,调整屋架端部高度。但其支座板中钢材用量稍费些,构造也稍复杂些。

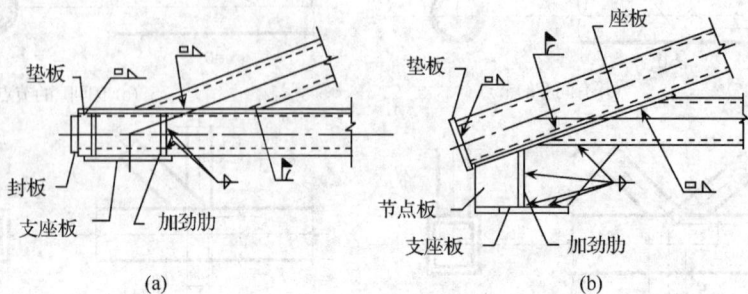

图 3.33　方管屋架支座节点

2）圆管屋架支座节点。图 3.34(a)、(b)所示支座节点作法与方管类似;图 3.34(c)所示圆管屋架支座节点传力直接,但下弦杆需留槽,制造麻烦。

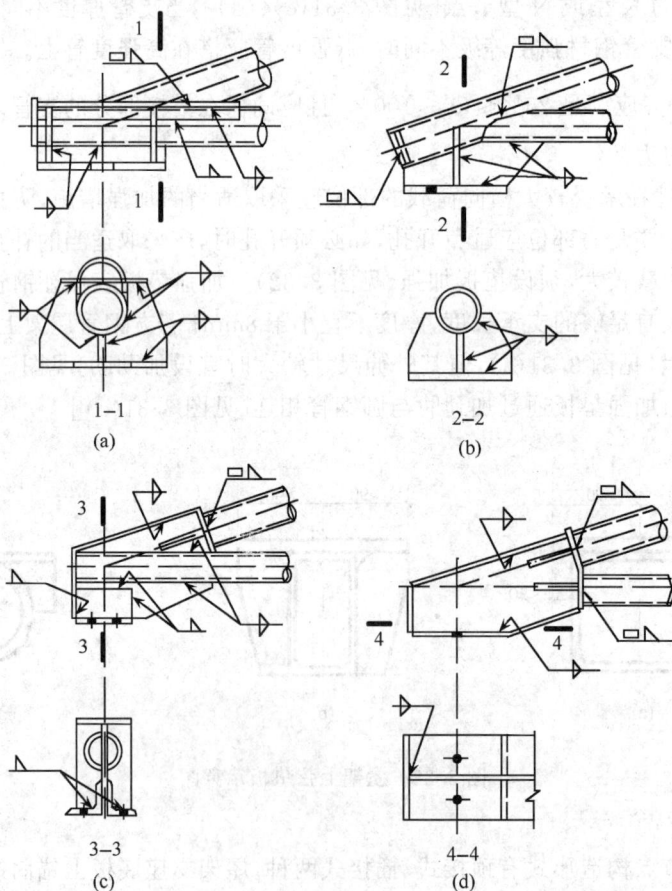

图 3.34　圆管屋架支座节点

（3）屋脊节点

钢管屋架的屋脊节点采用顶接或螺栓连接。其构造如图3.35(a)所示形式,适用于屋架跨度较小,屋架整榀制造;节点构造简单,制造方便。图3.35(b)所示的形式适用于屋架跨度较大,屋架在屋脊处分段制作、工地拼装的情况,便于运输,还可用连接板连接中间竖腹杆。

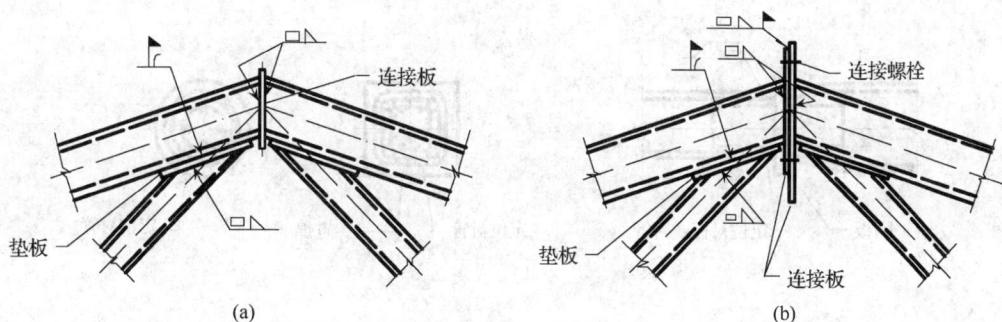

图3.35 屋脊节点

（4）中间节点

方钢管屋架弦杆与腹杆的连接构造应根据杆件内力、相对尺寸及弦杆厚度等因素确定。若腹杆内力较小,腹杆与弦杆可直接顶接。腹杆内力较大时,腹杆与弦杆宜采用以垫板加强的顶接连接,垫板厚度一般不小于6m。当腹杆与弦杆边缘间的距离大于30mm时,宜在腹杆上设加劲肋加强。为了加强节点刚度也可在弦杆两边布置加强板。

圆钢管屋架的腹杆与弦杆的连接一般采用直接顶接,杆件端部经仿形机加工或精密切割成弧形剖口,以使腹杆与弦杆在相关面上紧密贴合,接触面的空隙不宜大于2m,以确保焊接质量。

1）直接焊接节点。如图3.27所示,节点构造简单、施工方便,适用于杆件内力较小或弦杆与腹杆边宽相差较少的情况。

2）垫板连接节点。如图3.28所示,弦杆与腹杆通过垫板焊接的连接节点;节点有足够的强度,且构造简单,施工方便,外形比较美观;当杆件截面为方管时宜采用这种连接节点。其垫板厚度一般为4mm。

3）加劲肋连接节点。如图3.29所示,在腹杆上加焊两块加劲肋,可以提高节点强度,但强度不如垫板连接节点大。这种节点适用于弦杆与腹杆边宽差值大于40mm的情况。

4）卡板连接节点。如图3.30所示,其强度较高;当方管屋架的荷载较大时宜采用这种连接节点;但它施工较为复杂,外形也欠美观,故很少采用。

3. 屋架弦杆的拼装节点

材料长度不足、或弦杆截面有改变及屋架分单元运输时弦杆经常要拼接。前两者为工厂拼接,拼接点宜设在内力较小的节间;后者为工地拼接,拼接点通常在节点。

（1）杆件的接长接头

1）受拉接头。一般采用内衬垫板或衬管的单面焊接(见图3.36)。接头按与杆件等强度设计。

（a）

（b）

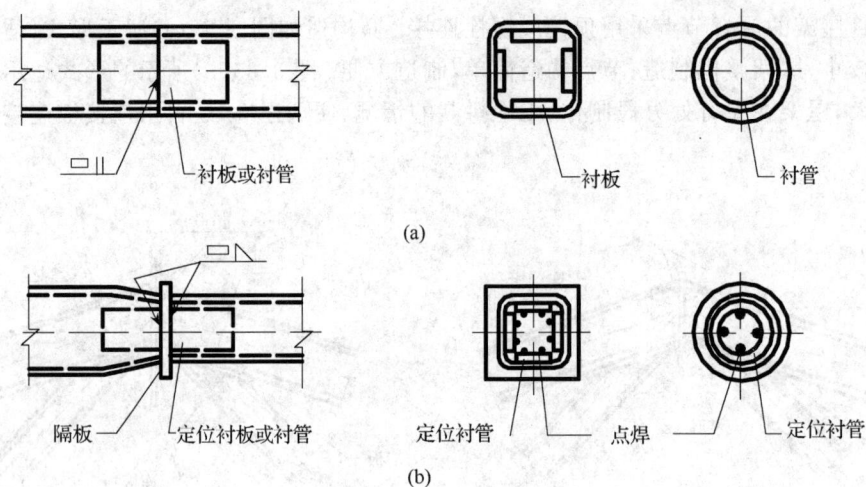

图 3.36 有衬板的单面焊接接头

2）受压接头。受压接头一般采用隔板焊接（见图 3.37）。杆件端部与隔板顶紧，隔板两侧杆件的纵轴线应位于同一直线上。但对于截面有可能出现偏心拉应力时，不宜采用这种形式的接头。

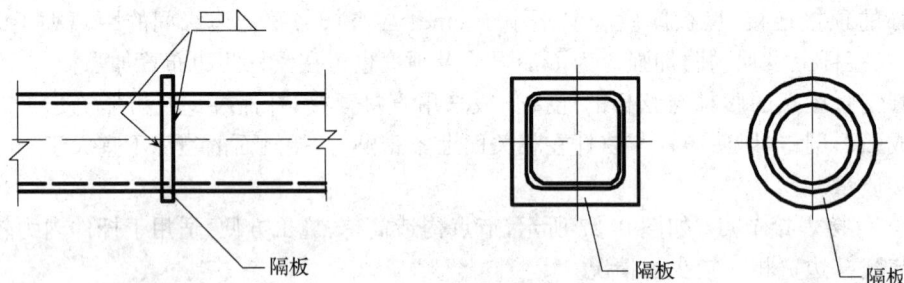

图 3.37 隔板焊接接头

（2）杆件的拼装接头

因制造、运输条件所限，屋架需分段制作、工地拼装时，拼装节点的位置和接头形式均需在屋架施工图中详细说明。工地拼装节点处应设定位螺栓，以利工地定位、拼装。图 3.38 列举了三种方管和圆管杆件焊接拼装接头的常用形式，这种节点构造简单，施工方便，适用于一般闭口截面。屋架杆件拼装接头的数量及位置应根据制造和运输条件确定。拼装接头一般采用焊接，也可以采用螺栓连接。通常螺栓直径不得小于 12mm，且不得少于 4 个，顶接板的厚度不宜小于 12mm。

若屋架受压杆件采用图 3.38 所示隔板焊接接头的强度不能满足时，可采用斜隔板顶接接头，以增加连接焊缝长度，斜隔板与杆件纵轴线的交角不宜小于 45°，隔板厚度不得小于 6mm。

屋架所有拼装节点均需在制造厂进行屋架整体试拼，确认无误后方可出厂，以确保工地拼装质量。

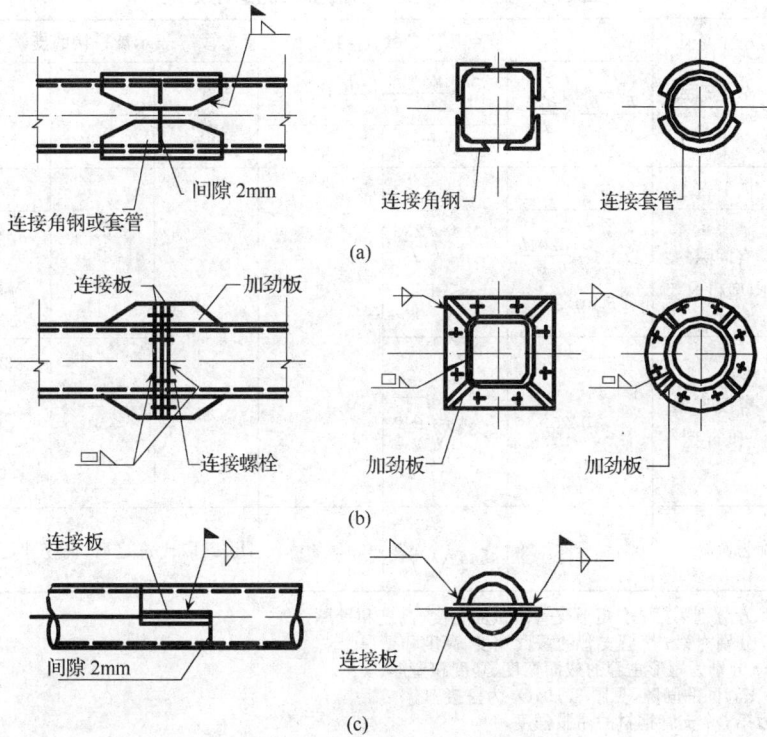

图 3.38 焊接和螺栓拼接接头

3.3.5 节点设计

在轴力作用下的焊接钢管结构中支管和主管应满足强度、刚度、稳定性的要求,且支管的轴向内力设计值亦不应超过节点承载力设计值。

在节点处,支管沿周边与主管相焊,焊缝承载力应等于或大于节点承载力。

角焊缝的计算厚度沿支管周长是变化的,当支管轴心受力时,平均计算厚度可取 $0.7h_f$。

1. 方钢管屋架

(1)节点强度计算

为保证直接焊接节点处矩形主管的强度,需计算方钢管的节点强度,即节点承载力。要求支管的轴力 N_i 不得大于下列规定的节点承载力设计值,即

$$N_i \leqslant N_i^{pj} \tag{3.26}$$

矩形钢管直接焊接节点见图 3.29,其适用范围见表 3.7。取参数 β,对 T、Y、X 型节点,$\beta = \dfrac{b_i}{b}$ 或 $\dfrac{d_i}{d}$;对 K、N 型节点,$\beta = \dfrac{b_1+b_2+h_1+h_2}{4b}$ 或 $\beta = \dfrac{d_1+d_2}{2b}$,则节点承载力应按下列方法确定。

1) T、Y 和 X 型节点[见图 3.39(a)、(b)]。

表 3.7 矩形钢管几何节点参数的适用范围

钢管截面形式	节点形式	节点几何参数，$i=1$ 或 2，表示支管；j 表示被搭接的支管					
		$\dfrac{b_i}{b}$、$\dfrac{h_i}{b}\left(\dfrac{d_i}{d}\right)$	$\dfrac{b_i}{b}$、$\dfrac{h_i}{b}\left(\dfrac{d_i}{d}\right)$ 受压 / 受拉		$\dfrac{h_i}{b_i}$	$\dfrac{b}{t}$、$\dfrac{h}{t}$	a 或 O_v、$\dfrac{b_i}{b_j}$、$\dfrac{t_i}{t_j}$
主管为矩形管	支管为矩形管 T、Y、X 型	$\geqslant 0.25$	受压 $\leqslant 37\sqrt{\dfrac{235}{f_{yi}}}$ 受拉 $\leqslant 35$		0.5~2.0	$\leqslant 35$	$0.5(1-\beta)\leqslant\dfrac{a}{b}$ $\leqslant 1.5(1-\beta)$ $a\geqslant t_1+t_2$
	有间隙的 K 型和 N 型	$\geqslant 0.1+\dfrac{0.01b}{t}$ $\beta\geqslant 0.35$	$\leqslant 35$				
	搭接 K 型和 N 型	$\geqslant 0.25$	$\leqslant 33\sqrt{\dfrac{235}{f_{yi}}}$			$\leqslant 40$	$25\%\leqslant O_v\leqslant 100\%$ $\dfrac{t_i}{t_j}\leqslant 1.0$ $1.0\geqslant\dfrac{b_i}{b_j}\geqslant 0.75$
	支管为圆管	$0.4\leqslant\dfrac{d_i}{b}\leqslant 0.8$	$\leqslant 44\sqrt{\dfrac{235}{f_{yi}}}$	$\leqslant 50$	用 d_i 取代 b_i 之后，仍应满足上述相应条件		

注：1）b_i、h_i、t_i 分别为第 i 个矩形支管的截面宽度、高度和壁厚。
2）d_i、t_i 分别为第 i 个圆支管的截面宽度、高度和壁厚。
3）b、h、t 分别为矩形主管的截面宽度、高度和壁厚。
4）a 为支管间的间隙，见图 3.39；O_v 为搭接率。
5）f_{yi} 为第 i 个支管钢材的屈服强度。

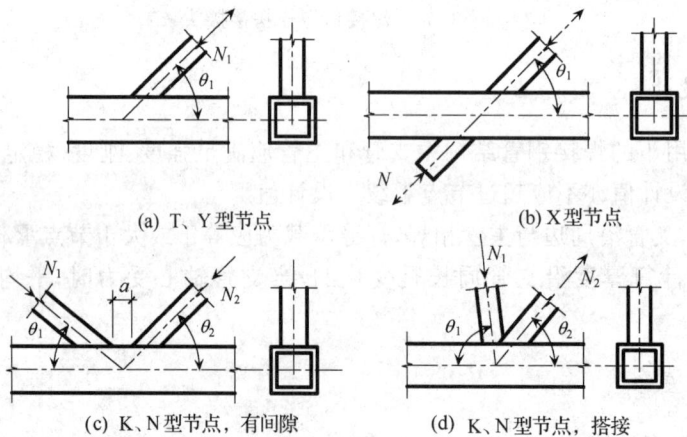

(a) T、Y 型节点　　　　　(b) X 型节点

(c) K、N 型节点，有间隙　　　(d) K、N 型节点，搭接

图 3.39　方形管直接焊接节点

① 当 $\beta\leqslant 0.85$ 时。支管在节点处的承载力设计值 N_i^{pj} 应按式(3.27)计算。

$$N_i^{pj}=1.8\left(\dfrac{h_i}{bc\sin\theta_i}+2\right)\dfrac{t^2 f}{c\sin\theta_i}\psi_n \tag{3.27}$$

$$c=(1-\beta)^{0.5}$$

式中：ψ_n——参数，当主管受压时，$\psi_n=1.0-\dfrac{0.25}{\beta}\dfrac{\sigma}{f}$；当主管受拉时，$\psi_n=1.0$；

σ——节点两侧主管轴向压应力的较大绝对值。

② 当 $\beta=1.0$ 时。支管在节点处的承载力设计值 N_i^{pj} 应按式(3.28)计算。

$$N_i^{pj} = 2.0 \left(\frac{h_i}{\sin\theta_i} + 5t \right) \frac{t f_k}{\sin\theta_i} \Psi_n \tag{3.28}$$

当为 X 型节点，$\theta_i < 90°$ 且 $h \geqslant h_i/\sin\theta_i$ 时，尚需按式(3.29)验算。

$$N_i^{pj} = \frac{2 h_i t f_v}{\sin\theta_i} \tag{3.29}$$

式中：f_k——主管强度设计值(当支管受拉时，$f_k = f$；当支管受压时，对 T、Y 型节点，$f_k = 0.8\varphi f$；对 X 型节点，$f_k = (0.65\sin\theta_i)\varphi f$)；

φ——按长细比 $\lambda = 1.73\left(\dfrac{h}{t} - 2\right)(\sin\theta_i)^{-0.5}$ 确定的轴压构件的稳定系数；

f_v——主管钢材的抗剪强度设计值。

③ 当 $0.85 < \beta < 1.0$ 时，支管在节点处承载力的设计值应按式(3.27)与式(3.28)或式(3.29)所得的值，根据线形插值法确定，且不应超过下列二式的计算值：

$$N_i^{pj} = 2.0(h_i - 2t_i + b_e) t_i f_i \tag{3.30}$$

$$b_e = \frac{10}{\dfrac{b}{t}} \frac{f_y t}{f_{yi} t_i} b_i \leqslant b_i \tag{3.31}$$

当 $0.85 \leqslant \beta \leqslant 1.0 - 2\dfrac{t}{b}$ 时，

$$N_i^{pj} = 2.0 \left(\frac{h_i}{\sin\theta_i} + b_{ep} \right) \frac{t f_v}{\sin\theta_i} \tag{3.32}$$

$$b_{ep} = \frac{10}{\dfrac{b}{t}} b_i \leqslant b_i \tag{3.33}$$

式中：f_i——支管钢材的抗拉(抗压和抗弯)强度设计值。

2) 有间隙的 K 型和 N 型节点[见图 3.39(c)]。

① 节点处任一支管的承载力设计值，应取下列各式的较小值：

$$N_i^{pj} = 1.42 \frac{b_1 + b_2 + h_1 + h_2}{b\sin\theta_i} \left(\frac{b}{t} \right)^{0.5} t^2 f \psi_n \tag{3.34}$$

$$N_i^{pj} = \frac{A_v f_v}{\sin\theta_i} \tag{3.35}$$

$$N_i^{pj} = 2.0 \left(h_i - 2t_i + \frac{b_i + b_e}{2} \right) t_i f_i \tag{3.36}$$

当 $\beta \leqslant 1.0 - 2\dfrac{t}{b}$ 时，尚应小于

$$N_i^{pj} = 2.0 \left(\frac{h_i}{\sin\theta_i} + \frac{b_i + b_{ep}}{2} \right) \frac{t f_v}{\sin\theta_i} \tag{3.37}$$

式中：A_v——弦杆的受剪面积。按下式计算：

对矩形支管：

$$A_v = (2h + \alpha b)t \tag{3.38}$$

$$\alpha = \sqrt{\frac{3t^2}{3t^2 + 4a^2}}$$

对圆形支管：

$$A_v = 2ht \qquad (3.39)$$

② 节点间隙处的弦杆轴心受力承载力：

$$N_i^{pj} = (A - \alpha_v A_v)f \qquad (3.40)$$

$$\alpha_v = 1 - \sqrt{1 - \left(\frac{V}{V_p}\right)^2} \qquad (3.41)$$

$$V_p = A_v f_v \qquad (3.42)$$

式中：α_v——考虑剪力对弦杆轴向承载力的影响系数；

V——节点间隙处弦杆所受的剪力，可按任一支管的竖向分力计算。

3）搭接的 K 型和 N 型节点[见图 3.39(d)]。

为保证节点的强度，搭接支管的承载力设计值应根据不同的搭接率 O_v 确定，其计算公式（下标 j 表示被搭接的支管）为

当 25%≤O_v≤50%时：

$$N_i^{pj} = 2.0\left[(h_i - 2t_i) \times \frac{O_v}{0.5} + \frac{b_e + b_{ej}}{2}\right]t_i f_i \qquad (3.43)$$

$$b_{ej} = \frac{10}{\dfrac{b_j}{t_j}} \cdot \frac{f_{yj}t_j}{f_{yi}t_i}b_i \leq b_i \qquad (3.44)$$

当 50%≤O_v≤80%时：

$$N_i^{pj} = 2.0\left(h_i - 2t_i + \frac{b_e + b_{ei}}{2}\right)t_i f_i \qquad (3.45)$$

当 80%≤O_v≤100%时：

$$N_i^{pj} = 2.0\left(h_i - 2t_i + \frac{b_i + b_{ej}}{2}\right)t_i f_i \qquad (3.46)$$

被搭接支管的承载力应满足

$$\frac{N_j^{pj}}{A_j f_{yj}} \leq \frac{N_i^{pj}}{A_i f_{yi}} \qquad (3.47)$$

4）支管为圆管的各型节点。

当支管为圆管时，上述各节点承载力公式仍可使用，但需用 d_i 取代 b_i 和 h_i，并将各式右侧乘以系数 $\dfrac{\pi}{4}$。

（2）节点焊缝强度

1）当屋架节点处各汇交杆件均采用顶接连接（见图 3.27）时，杆件间的连接焊缝计算公式为

$$\frac{N}{0.7h_f l_w} \leq f_f^w \qquad (3.48)$$

式中：N——连接杆件的轴心力设计值；

f_f^w——角焊缝的强度设计值；

h_f、l_w——沿截面周边连接焊缝的焊脚尺寸及计算长度；

$$l_w = \frac{2h_i}{\sin\theta_i} + \eta b_i \qquad (3.49)$$

在矩形管结构中，支管与主管交线的计算长度，对于有间隙的 K、N 型节点中，当 $\theta_i \geq$

60°时，$\eta=1.0$；当 $\theta_i \leqslant 50°$时，$\eta=2.0$，当 $50° \leqslant \theta_i \leqslant 60°$时，$\eta$ 按线性插值法确定。对于 T、Y 和 X 型节点，取 $\eta=0$。

2）当屋架腹杆与弦杆间采用加垫板的顶板连接（见图 3.28）时，垫板与弦杆的连接焊缝应按式（3.50）计算为

$$\sqrt{\left(\frac{\Delta N}{2 \times 0.7 h_f l_w}\right)^2 + \left(\frac{\Delta N e}{W_f}\right)^2} \leqslant f_f^w \tag{3.50}$$

式中：ΔN——屋架节点处相邻两弦杆节间的内力之差；

h_f、l_w——连接焊缝的焊脚尺寸及计算长度；

W_f——沿截面周边连接焊缝的截面抵抗矩，$W_f = \dfrac{0.7 h_f l_f^2}{6}$；

e——弦杆重心线与连接焊缝间的距离。

3）当屋架节点处作用有外荷载时，垫板与弦杆间的连接焊缝可按式（3.51）计算为

$$\sqrt{\left(\frac{\Delta N}{2 \times 0.7 h_f l_w}\right)^2 + \left(\frac{\Delta N e}{W_f} + \frac{Q}{2 \times 0.7 h_f l_w}\right)^2} \leqslant f_f^w \tag{3.51}$$

计算垫板焊缝的强度时，垫板的端焊缝通常可不计入，但须焊接封闭。屋架杆件连接焊缝的焊脚尺寸不宜大于所连接杆件最小厚度的 1.5 倍。

2. 圆钢管屋架

节点的适用范围为：$0.2 \leqslant \beta \leqslant 1.0$，$\dfrac{d_i}{t_i} \leqslant 600$，$\dfrac{d}{t} \leqslant 100$，其中 d_i、t_i 为支管的外径和壁厚，d、t 为主管的外径和壁厚。

（1）节点强度计算（见图 3.40）

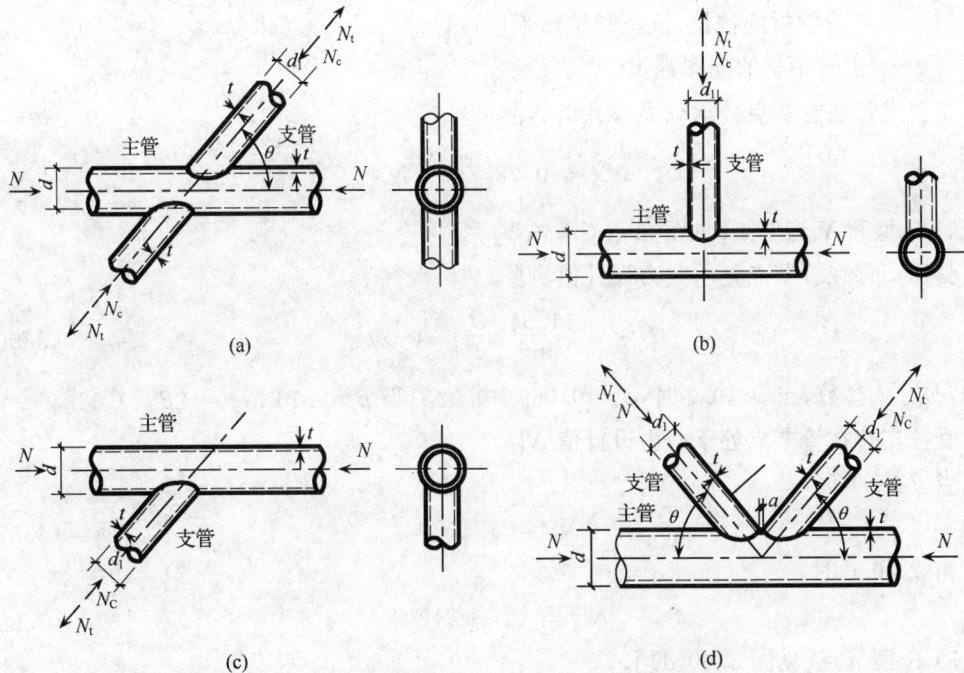

图 3.40　钢管节点主、支管连接构造形式

当支管直接顶接于主管时,为保证节点处主管的强度,支管的轴心力不得大于下列规定中的承载力设计值:

受压支管:

$$N_c \leqslant N_c^{Pj} \tag{3.52}$$

受拉支管:

$$N_t \leqslant N_t^{Pj} \tag{3.53}$$

上述式中:N_c、N_t——支管的轴心压力和拉力;

N_c^{Pj}、N_t^{Pj}——受压或受拉支管的承载力设计值。

节点形式不同,受压或受拉支管的承载力设计值不同。圆管节点通常采用 X、T、Y、K 等形式。

1) X 型节点[见图 3.40(a)]。

受压支管在管节点处承载力设计值 N_{cX}^{Pj}

$$N_{cX}^{Pj} = \frac{5.45}{(1 - 0.81\beta)\sin\theta} \psi_n t^2 f \tag{3.54}$$

式中:β——支管外径与主管外经之比,$\beta = \dfrac{d_i}{d}$;

ψ_n——参数,当主管受压时,$\psi_n = 1.0 - 0.3\dfrac{\sigma}{f_y} - 0.3\left(\dfrac{\sigma}{f_y}\right)^2$,当节点两侧或一侧主管受拉时,$\psi_n = 1.0$;

t——主管壁厚;

θ——支管轴线与主管轴线的夹角;

σ——节点两侧主管轴向压应力的较小绝对值;

f——主管钢材的抗拉、抗压和抗弯强度设计值;

f_y——主管钢材的屈服强度。

受拉支管在管节点处承载力设计值 N_{tX}^{Pj}

$$N_{tX}^{Pj} = 0.78\left(\frac{d}{t}\right)^{0.2} N_{cX}^{Pj} \tag{3.55}$$

2) T 型和 Y 型节点[见图 3.40(b)、(c)]。

受压支管在管节点处承载力设计值 N_{cT}^{Pj}

$$N_{cT}^{Pj} = \frac{11.51}{\sin\theta}\left(\frac{d}{t}\right)^{0.2} \psi_n \psi_d t^2 f \tag{3.56}$$

式中:ψ_d——参数,当 $\beta \leqslant 0.7$ 时,$\psi_d = 0.069 + 0.93\beta$;当 $\beta > 0.7$ 时,$\psi_d = 2\beta - 0.68$。

受拉支管在管节点处承载力设计值 N_{tT}^{Pj}

当 $\beta \leqslant 0.6$ 时,

$$N_{tT}^{Pj} = 1.4 N_{cT}^{Pj} \tag{3.57}$$

当 $\beta > 0.6$ 时,

$$N_{tT}^{Pj} = (2 - \beta) N_{cT}^{Pj} \tag{3.58}$$

3) K 型节点[见图 3.40(d)]。

受压支管在管节点处承载力设计值 N_{cK}^{Pj}

$$N_{cK}^{Pj} = \frac{11.51}{\sin\theta_c}\left(\frac{d}{t}\right)^{0.2}\psi_n\psi_d\psi_a t^2 f \tag{3.59}$$

式中：ψ_a——参数；

$$\psi_a = 1 + \left[\frac{2.19}{1 + 7.5\dfrac{a}{d}}\right]\left(1 - \frac{20.1}{6.6 + \dfrac{d}{t}}\right)(1 - 0.77\beta) \tag{3.60}$$

θ_c——受压支管轴线与主管轴线夹角；

a——两支管间的间隙，当 $a<0$ 时，取 $a=0$。

受拉支管在管节点处承载力设计值 N_{tK}^{Pj}：

$$N_{tK}^{Pj} = \frac{\sin\theta_c}{\sin\theta_t}N_{cK}^{Pj} \tag{3.61}$$

式中：θ_t——受拉支管轴线与主管轴线之夹角。

(2) 节点焊缝计算

圆钢管连接焊缝计算公式与方钢管连接焊缝计算公式(3.48)相同，式中 l_w 为支管与主管相交线长度；角焊缝的焊脚尺寸一般取 $h_f \leqslant 2t_i$(t_i 为支管壁厚)。相交线长度按下列公式计算。

当 $\dfrac{d_i}{d} \leqslant 0.65$ 时：

$$l_w = (3.25d_i - 0.025d)\left(\frac{0.534}{\sin\theta_i} + 0.466\right) \tag{3.62}$$

当 $\dfrac{d_i}{d} > 0.65$ 时：

$$l_w = (3.81d_i - 0.389d)\left(\frac{0.534}{\sin\theta_i} + 0.466\right) \tag{3.63}$$

上述式中：d_i、d——支管和主管外经；

θ_i——支管轴线与主管轴线夹角。

3. 支座节点

钢管屋架铰接支座(见图 3.34)节点的计算与角钢屋架相同，包括底板平面尺寸与厚度、支座节点板与加劲肋的连接焊缝及节点板、加劲肋与水平底板间的水平连接焊缝三个部分。

1) 支座底板。

屋架支座底板面积按式(3.64)计算为

$$A = a \times b \geqslant \frac{R}{\beta_c f_c} + A_0 \tag{3.64}$$

式中：R——支座反力；

β_c——混凝土局部承压时的提高系数；

f_c——支座混凝土轴心抗压强度设计值；

A_0——锚栓孔的面积。

通常计算所需的底板面积较小，一般情况下，根据构造要求确定底板的平面尺寸。支座底板构造要求：支座底板的长度(平行于屋架方向)不小于 200～350mm；支座底板的宽度（垂直于屋架方向）不小于 $250\sim400\text{mm}$；底板的厚度同普通钢屋架，按弯矩确定底板的厚度，并满足构造要求 $t\geqslant12\text{mm}$。

2）加劲肋与节点板的连接焊缝为

$$\sqrt{\left(\frac{V}{2\times0.7h_fl_w}\right)^2+\left(\frac{6M}{2\times0.7\beta_fh_fl_w}\right)^2}\leqslant f_f^w \tag{3.65}$$

式中：V——焊缝所受的剪力，通常假定一个加劲肋传递支座反力的 $\frac{1}{4}$；

M——偏心弯矩。

3）节点板、加劲肋与支座底板的连接焊缝为

$$\sigma_f=\frac{R}{0.7h_f\sum l_w}\leqslant\beta_ff_f^w \tag{3.66}$$

4）预埋于钢筋混凝土柱顶的锚栓与屋架支座底板相连接。锚栓的最小直径与锚固长度可按表 3.11 并参照表 3.8 采用。

表 3.8　屋架锚栓的最小直径与锚固长度

屋架跨度/m	锚栓最小直径/m	在混凝土中的最小锚固长度（未加弯钩）/m
15	18	450
15～24	20	500
24～30	22	550

3.4　门式刚架结构设计

在工业发达国家，门式刚架轻型房屋钢结构经数十年发展，目前已非常广泛地应用于各种房屋中。近年来，我国也开始较多地采用这种结构。中国工程建设标准化协会 2002 年修订了协会标准：《门式刚架轻型房屋钢结构技术规程》（CECS 102:2002），对这种结构的设计、制作和安装的技术要求作出了配套规定，这将对其进一步的发展起到积极作用。本节的内容按新修订（CECS 102:2002）编写，轻型门式刚架结构是指主要承重结构为单跨或多跨实腹式刚架，具有轻型屋盖和轻型外墙、可以设置起重量不大于 20t 的 A1～A5（中、轻级）工作级别桥式吊车或 3t 悬挂式起重机的单层房屋钢结构。

3.4.1　特点和适用范围

刚架结构是梁、柱单元构件的组合体。其形式种类多样，在单层工业与民用房屋的钢结构中，应用较多的为单跨、双跨或多跨的单、双坡门式刚架。根据需要，可带挑檐或毗屋，如图 3.41 所示。根据通风、采光的需要，这种刚架厂房可设置通风口、采光带和天窗架等。单跨刚架的跨度国内最大已达到 72m。

门式刚架结构有以下特点：

1）采用轻型屋面，可减小梁柱截面及基础尺寸。

2）在大跨建筑中增设中间柱做成一个屋脊的多跨大双坡屋面，以避免内天沟排水。中间柱可采用钢管制作的上下铰接摇摆柱，占空间小。

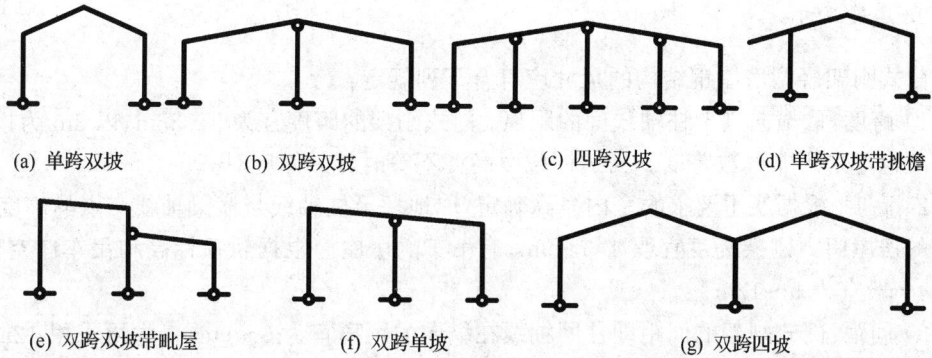

(a) 单跨双坡   (b) 双跨双坡   (c) 四跨双坡   (d) 单跨双坡带挑檐

(e) 双跨双坡带毗屋   (f) 双跨单坡   (g) 双跨四坡

图 3.41　门式刚架的形式

3）刚架侧向刚度可藉檩条和墙梁的隔撑保证，以减少纵向刚性构件和减小翼缘宽度。

4）跨度较大的刚架可采用改变腹板高度、厚度及翼缘宽度的变截面。

5）刚架的腹板允许其部分失稳，利用其屈曲后的强度，即按有效宽度设计，可减小腹板厚度，不设或少设横向加劲肋。

6）竖向荷载通常是设计的控制荷载，地震作用一般不起控制作用。但当风荷载较大或房屋较高时，风荷载的作用不应忽视。

7）为使非地震区支撑做得轻便，可采用张紧的圆钢。

8）结构构件可全部在工厂制作，工业化程度高。构件单元可根据运输条件划分，单元之间在现场用螺栓连接，安装方便快速，土建施工量小。

门式刚架结构的适用范围：

门式刚架通常用于跨度 9～36m、柱距 6m、柱高 4.5～12m、吊车起重量较小的单层工业房屋或公共建筑（超市、娱乐体育设施、车站候车室、码头建筑）。设置桥式吊车时，宜为起重量不大于 20t 的中、轻级工作制（A1～A5）的吊车；设置悬挂吊车时，其起重量不宜大于 3t。

3.4.2　结构形式及有关要求

1. 结构形式

门式刚架的结构形式多种多样。按构件体系分，有实腹式与格构式；按构件截面形式分，有等截面和变截面（楔形构件）；按结构选材分，有普通型钢、薄壁型钢、钢管或钢板焊成的。实腹式刚架的截面一般为工字形；格构式刚架的截面为矩形或三角形。本节介绍实腹式门式刚架轻钢结构。

门式刚架的横梁与柱为刚接，柱脚与基础宜采用铰接；当设有桥式吊车、檐口标高较高或刚度要求较高时，柱脚与基础可采用刚接。

变截面门式刚架与等截面门式刚架相比，前者可以适应弯矩变化，节约材料，但在构造连接及加工制造方面，不如等截面方便，故变截面门式刚架仅用于刚架跨度较大或房屋较高时。

2. 建筑尺寸

门式刚架轻型房屋钢结构的尺寸应符合下列规定：

1）跨度：取横向刚架柱轴线间的距离。门式刚架的跨度宜为 9～36m，以 3m 为模数，必要时也可采用非模数跨度。当边柱截面高度不等时其外侧应对齐。

2）高度：根据使用要求的室内净高确定，取地坪至柱轴线与横梁轴线交点的高度。无吊车的房屋门式刚架高度宜取 4.5～9m；有吊车的房屋应根据轨顶标高和吊车净空要求确定，一般宜为 9～12m。

3）间距：门式刚架的间距即柱网轴线在纵向的距离宜为 6～9m，最大可采用 12m；当跨度较小时也可采用 4.5m。

4）门式刚架的尺寸：檐口高度取地坪至房屋外侧檩条上缘的高度；最大高度取地坪至屋盖顶部檩条上缘的高度；门式刚架轻型房屋的宽度，取房屋侧墙墙梁外皮之间的距离，挑檐长度可根据使用要求确定，宜为 0.5～1.2m；门式刚架轻型房屋的长度，取房屋两端山墙墙梁外皮之间的距离。

5）屋面坡度：门式刚架轻型房屋屋面坡度宜取 $\frac{1}{20}$～$\frac{1}{8}$，在雨水较多地区可取其中较大值。挑檐的上翼缘坡度宜与横梁坡度相同。

6）柱的轴线：可取通过柱下端（截面小端）截面中心的竖向轴线；工业建筑边柱的定位轴线宜取柱外皮；横梁的轴线可取通过变截面梁段最小端的中心与横梁上表面平行的轴线。

3. 结构平面布置

（1）温度区段长度

门式刚架轻型房屋的屋面和外墙采用压型钢板时，其温度区段长度（伸缩缝间距）可适当放宽。一般门式刚架轻型房屋钢结构的纵向温度区段长度不大于 300m，横向温度区段长度不大于 150m。当需要设置伸缩缝时，可在搭接檩条的螺栓连接处采用长圆孔，并使该处屋面板在构造上允许胀缩；或者设置双柱。吊车梁与柱的连接处也沿纵向采用长圆孔。

（2）结构构件布置

在多跨刚架局部抽掉中间柱或边柱处，可布置托架梁或托架。

屋面檩条的形式和布置，应考虑天窗、通风屋脊、采光带、屋面材料和檩条供货规格等因素的影响；屋面压型钢板的板型、厚度与檩条间距和屋面荷载有关，应根据计算确定。

山墙处可设置由斜梁、抗风柱和墙梁及其支撑组成的山墙墙架，或直接采用门式刚架。

（3）墙架布置

门式刚架轻型房屋钢结构的侧墙，在采用压型钢板作围护面时，墙梁宜布置在刚架柱的外侧，其间距随墙板板型及规格而定，但不应大于计算确定的值。

当抗震设防烈度不高于 6 度时，房屋的外墙可采用轻质钢板墙或砌体；当为 7 度、8 度时，不宜采用嵌砌砌体；9 度时宜采用轻质钢板墙或与柱柔性连接的轻质墙板。

（4）支撑布置

门式刚架结构需要采用各种可靠的支撑结构以加强结构的整体和局部稳定性及力的可靠传递。门式刚架结构应在其横梁顶面设置横向水平支撑，在刚架柱间设置柱间支撑。

在每个温度区段或者分期建设的区段中，应分别设置能独立构成空间稳定结构的支撑体系。柱间支撑的间距应根据房屋纵向柱距、受力条件和安装条件确定，当无吊车时宜取 30～45m，当有吊车时宜设在温度区段中部，或当温度区段较长时宜设在三分点处，且间距不宜大于 60m。房屋高度较大时，柱间支撑要分层设置。在设置柱间支撑的开间应同时设置屋盖横向支撑以组成几何不变体系。当门式刚架采用按受力蒙皮结构设计的压型钢板屋面、墙面时，刚架横梁不可设置纵、横向水平支撑，刚架柱可不设柱间支撑。

端部支撑宜设在温度区段端部的第一个或第二个开间。当设置在第二个开间时，在第一开间的相应位置宜设置刚性系杆。刚架转折处(如柱顶和屋脊)宜设置通长的刚性系杆。

由支撑斜杆等组成的水平桁架，其直腹杆宜按刚性系杆考虑，也可由檩条兼作；但此时檩条应满足压弯构件的刚度和承载力的要求。若刚度或承载力不足，可在刚架斜梁间设置钢管、H 型钢或其他截面形式的杆件。

门式刚架结构的支撑，宜采用张紧的十字交叉圆钢组成。圆钢与构件的夹角应在 30°～60°范围内。圆钢端部都应由丝扣校正定位后将拉条张紧固定。

3.4.3 内力和侧移计算

1. 变截面门式刚架的内力和侧移计算

（1）内力

对变截面门式刚架，应采用弹性分析方法确定各种内力。一般不考虑应力蒙皮效应。当有必要且有条件时，可考虑屋面板的蒙皮效应。蒙皮效应是将屋面板视为沿房屋全长伸展的深梁，可用来承受平面内荷载。面板作承受平面内横向剪力的腹板，其边缘构件可视为承受轴向力的翼缘。考虑屋面板的蒙皮效应可提高结构的刚度和承载力，但目前还难以利用，只能当作潜力。

变截面门式刚架的内力分析宜按平面结构考虑，可按一般结构力学方法或利用静力计算公式、图表进行计算，也可采用有限元法(直接刚度法)计算。计算时宜将构件分为若干段，每段的几何特征可视为常量，也可采用楔形单元。

如需考虑地震作用效应时，可采用底部剪力法确定。

（2）侧移

1）单跨刚架。当单跨变截面刚架横梁上缘坡度不大于 1∶5 时，在柱顶水平力作用下的侧移 u 可按下列公式估算：

柱脚铰接时，

$$u = \frac{Hh^3}{12EI_c}(2 + \xi_t) \tag{3.67}$$

柱脚刚接时，

$$u = \frac{Hh^3}{12EI_c}\frac{3 + 2\xi_t}{6 + 2\xi_t} \tag{3.68}$$

$$\xi_t = \frac{I_c L}{h I_b} \tag{3.69}$$

上述式中：h、L——刚架柱高度和刚架跨度，当坡度大于 $1:10$ 时，L 应取横梁沿坡折线的总长度 $2s$（见图 3.42）；

I_c、I_b——柱和横梁的平均惯性矩，见公式（3.70）和公式（3.71）计算；

H——刚架柱顶等效水平力，按公式（3.72）~（3.76）计算；

ξ_t——刚架柱与刚架梁的线刚度比值。

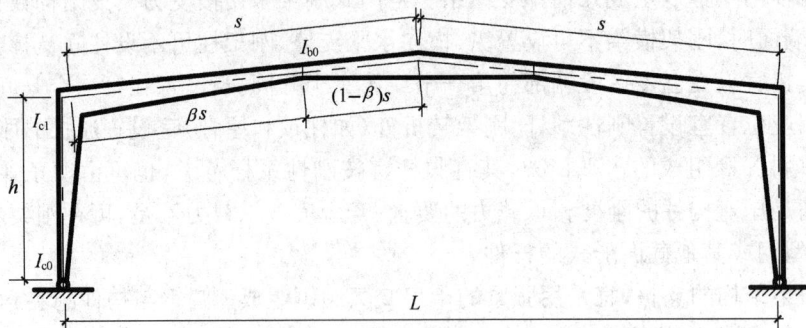

图 3.42　变截面刚架的几何尺寸

按公式（3.67）和公式（3.68）计算所得的侧移应满足表 3.9 的要求。

表 3.9　刚架柱顶位移设计值的限值

吊车情况	其他情况	柱顶位移限值
无 吊 车	当采用轻型钢板墙时	$\dfrac{h}{60}$
	当采用砌体墙时	$\dfrac{h}{100}$
有桥式吊车	当吊车有驾驶室时	$\dfrac{h}{400}$
	当吊车由地面操作时	$\dfrac{h}{180}$

变截面柱和横梁的平均惯性矩可按下列公式计算：

对于楔形构件

$$I_c = \frac{I_{c0} + I_{c1}}{2} \tag{3.70}$$

对于双楔形横梁

$$I_b = \frac{I_{b0} + \beta I_{b1} + (1 - \beta) I_{b2}}{2} \tag{3.71}$$

式中符号的含义见图 3.42。

刚架柱顶等效水平力可按下列公式计算：

①当估算刚架在沿柱高度均布的水平风荷载作用下的侧移时（见图 3.43），柱顶等效水平力 H 可取：

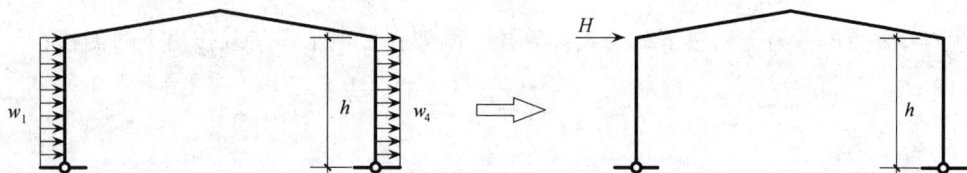

图 3.43 刚架在均布风荷载作用下柱顶的等效水平力

柱脚铰接时

$$H = 0.67W \tag{3.72}$$

柱脚刚接时

$$H = 0.45W \tag{3.73}$$

其中

$$W = (w_1 + w_4)h \tag{3.74}$$

② 当估算刚架在吊车水平荷载 P_c 作用下的侧移时(见图 3.44),柱顶等效水平力 H 可取:

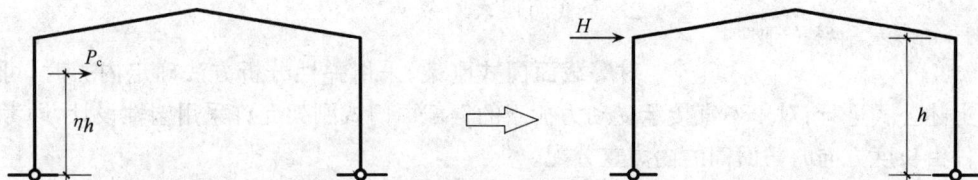

图 3.44 刚架在吊车水平荷载作用下柱顶的等效水平力

柱脚铰接时

$$H = 1.15\eta P_c \tag{3.75}$$

柱脚刚接时

$$H = \eta P_c \tag{3.76}$$

上述式中:W——均布风荷载的总值;

η——吊车水平荷载 P_c 作用高度与柱高度之比;

P_c——吊车水平荷载;

w_1、w_2——风荷载的均布值。

2) 多跨刚架。中间柱为摇摆柱的两跨或多跨刚架,柱顶侧移可采用公式(3.67)和公式(3.68)计算,但公式(3.69)中的 L 应以 $2s$ 代替,s 为单坡面长度(见图 3.45)。

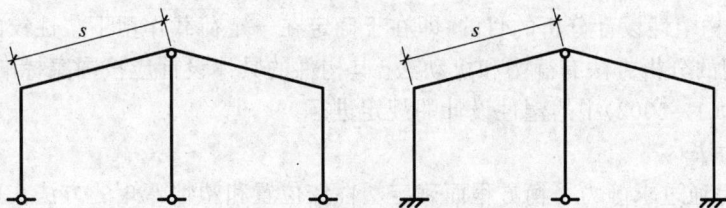

图 3.45 有摇摆柱的两跨刚架

当中间柱与横梁刚性连接时,可将多跨刚架视为多个单跨刚架的组合体(每个中柱分为两半,惯性矩各为$\frac{I}{2}$),按下列公式计算整个刚架在柱顶水平荷载作用下的侧移:

$$u = \frac{H}{\sum K_i} \tag{3.77}$$

$$K_i = \frac{12EI_{ei}}{h_i^3(2 + \xi_{ti})} \tag{3.78}$$

$$\xi_{ti} = \frac{I_{ei}l_i}{h_iI_{bi}} \tag{3.79}$$

$$I_{ei} = \frac{I_1 + I_r}{4} + \frac{I_1I_r}{I_1 + I_r} \tag{3.80}$$

式中:$\sum K_i$ —— 柱脚铰接时各单跨刚架的侧向刚度之和;

h_i —— 所计算跨两柱的平均高度;

l_i —— 与所计算柱相连接的单跨刚架梁的长度;

I_{ei} —— 两柱惯性矩不相同时的等效惯性矩;

I_1、I_r —— 分别为左、右两柱的惯性矩(见图 3.46)。

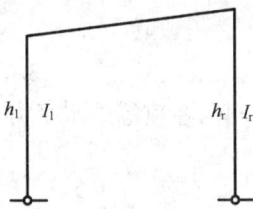

图 3.46 左右两柱的惯性矩

2. 等截面门式刚架

对等截面门式刚架,采用弹性分析方法确定内力时,可参考上述公式进行;对于不直接承受动力荷载的等截面门式刚架允许采用塑性设计,即考虑构件沿长度方向的截面间的内力重分配。

塑性设计法是建立在钢材具有充分塑性变形能力的基础上。设计中考虑到钢材具有这一特性,在超静定结构中当荷载达到一定数值时,某些截面将随着塑性变形的深入发展而形成塑性铰,使各截面间产生应力重分布,从而提高了结构的极限承载能力。塑形设计能较好地反映结构的实际工作情况,比弹性设计可节约钢材 10%~20%,适合于实腹刚架和连续梁的设计。

塑性设计的内力分析不能采用将各种荷载作用下的内力图叠加的方法进行计算,而应按各种可能的荷载组合分别进行内力分析,找出各种可能的破坏机构和计算相应的塑性弯矩值,然后从中取其最大值。

当施加在超静定结构上的荷载逐渐增加到某一定值时,在最大弯矩截面处就出现塑性铰。荷载继续增加时,最大弯矩截面像铰一样发生转动,而弯矩仍保持不变,荷载的增长部分由结构其他截面的弯矩增长来保持平衡。这样使结构的塑性铰依次出现,每出现一个塑性铰就相当于在该截面处加入一个构造铰,结构的超静定次数就降低一次。所以对 n 次超静定结构来说,当依次形成 $n+1$ 个塑性铰后,结构就变成破坏机构,即达到承载能力的极限状态。结构塑性设计分析的目的,即在于确定在一定荷载作用下塑性铰的位置和塑性弯矩值。常用的分析方法有静力和机动法。其构件的具体设计应按国家标准《钢结构设计规范》(GB 50017-2003)中的塑性设计的规定进行。

(1) 静力法

静力法是通过求静力平衡方程而确定塑性铰位置和塑性弯矩的方法。对于 n 次超静定刚架在受荷载后,一般必须出现 $n+1$ 个塑性铰,才能形成机构而破坏。因所有塑性铰处弯矩均达到塑性弯矩值,由此可建立 $n+1$ 个平衡方程式,以求解 $n+1$ 个未知量,即一个塑性弯矩和 n 个赘余力。

具体计算步骤:首先根据结构及荷载条件,在支座处、集中荷载作用点及构件转折处等部位,假定适当数量的塑性铰,使结构形成破坏机构。其次,把超静定结构变为静定结构体系,并作用相应的赘余力,然后按假定的塑性铰,建立相应的静力平衡方程式,求得塑性弯矩和赘余力。最后,按求得的塑性弯矩和赘余力,绘制结构的总弯矩图。除加腋部分外,所有截面的弯矩均不超过塑性弯矩,说明假定的塑性铰位置正确,算法有效。否则,说明假定的塑性铰位置有错误,应重新假定塑性铰位置进行计算。

为了简化计算,在实际设计中也可利用有关设计手册中的公式进行计算。

(2) 机动法

当结构的超静定次数较高时,用静力法求解塑性弯矩需要解多元联立方程式,计算较繁,如用机动法求解,则较为方便。机动法的要点系应用虚位移原理,找出一个满足塑性弯矩条件的机构,由塑性弯矩所作内功之和等于荷载所作外功之和的平衡方程式,求得塑性弯矩和赘余力。

具体步骤与静力法基本相同,只是中间步骤不同:将各塑性铰视为实铰,并作用一对塑性弯矩,给结构一个任意的虚位移,建立内功等于外功的平衡方程式,求解塑性弯矩和赘余力;根据计算结果,判断假定的塑性铰位置是否正确。

3.4.4 杆件截面选择

1. 变截面构件

(1) 板件最大宽厚比和屈曲后的强度利用

工字形截面(采用三块板焊成)受弯构件中腹板以受剪为主,翼缘以抗弯为主。增大腹板的高度,可使翼缘的抗弯能力发挥更为充分。如在增大腹板高度的同时厚度也相应增大,则腹板耗钢量过多,不经济。因而,不过多增大腹板厚度而充分利用板件屈曲后的强度是比较合理的。

1) 板件最大宽厚比。工字型截面构件受压翼缘板自由外伸宽度 b 与其厚度 t 之比,不应大于 $15\sqrt{\dfrac{235}{f_y}}$;工字形截面梁、柱构件腹板的计算高度 h_w 与其厚度 t_w 之比,任何情况下不应大于 $250\sqrt{\dfrac{235}{f_y}}$。

2) 屈曲后的强度利用。工字形截面构件腹板的受剪板幅,当腹板高度变化不超过 60mm/m 时,可考虑屈曲后强度,其抗剪承载力设计值:

$$V_d = h_w t_w f_v' \tag{3.81}$$

当 $\lambda_w \leqslant 0.8$ 时

$$f_v' = f_v \tag{3.82}$$

当 $0.8 < \lambda_w < 1.4$ 时

$$f_v' = [1 - 0.64(\lambda_w - 0.8)]f_v \tag{3.83}$$

当 $\lambda_w \geqslant 1.4$ 时

$$f_v' = (1 - 0.275\lambda_w)f_v \tag{3.84}$$

参数

$$\lambda_w = \frac{\dfrac{h_w}{t_w}}{37\sqrt{k_\tau}\sqrt{\dfrac{235}{f_y}}} \tag{3.85}$$

当 $\dfrac{a}{h_w} < 1$ 时

$$k_\tau = 4 + \frac{5.34}{\left(\dfrac{a}{h_w}\right)^2} \tag{3.86}$$

当 $\dfrac{a}{h_w} \geqslant 1$ 时

$$k_\tau = 5.34 + \frac{4}{\left(\dfrac{a}{h_w}\right)^2} \tag{3.87}$$

上述式中：f_v——钢材抗剪强度设计值；

h_w——腹板高度，对楔形腹板取板幅平均高度；

λ_w——与板间受剪有关的参数；

f_v'——腹板屈曲后抗剪强度设计值；

k_τ——受剪板件的凸曲系数；当不设横向加劲肋时，取 $k_\tau = 5.34$；

a——加劲肋间距，当利用腹板屈曲后的抗剪强度时，横向加劲肋间距宜取 h_w
　　~$2h_w$。

工字形截面构件腹板受弯及受压板幅利用屈曲后强度时，应按有效宽度计算截面特性。有效宽度应取：

当截面全部受压时

$$h_e = \rho h_w \tag{3.88}$$

当截面部分受拉时，受拉区全部有效，受压区有效宽度应取

$$h_e = \rho h_c \tag{3.89}$$

上述式中：h_c——腹板受压区宽度；

ρ——有效宽度系数，根据与板件受弯、受压有关的参数 λ_p 确定。

$$\lambda_p = \frac{\dfrac{h_w}{t_w}}{28.1\sqrt{k_\sigma}\sqrt{\dfrac{235}{f_y}}} \tag{3.90}$$

$$k_\sigma = \frac{16}{\sqrt{(1+\beta)^2 + 0.112(1-\beta)^2} + (1+\beta)} \tag{3.91}$$

$$\beta = \frac{\sigma_2}{\sigma_1} \tag{3.92}$$

当 $\lambda_p \leqslant 0.8$ 时

$$\rho = 1 \tag{3.93}$$

当 $0.8 < \lambda_w < 1.2$ 时

$$\rho = 1 - 0.9(\lambda_p - 0.8) \qquad (3.94)$$

当 $\lambda_w > 1.2$ 时

$$\rho = 0.64 - 0.24(\lambda_p - 1.2) \qquad (3.95)$$

上述式中：β——截面边缘正应力比值(见图 3.47)，

$1 \geqslant \beta \geqslant -1$；

k_σ——板件在正应力作用下的凸曲系数。

(2) 变截面柱在刚架平面内的稳定计算

变截面柱在平面内的稳定稳定性按下式计算：

$$\frac{N_0}{\varphi_{x\gamma}A_{e0}} + \frac{\beta_{mx}M_1}{\left(1 - \dfrac{N_0}{N'_{Ex0}}\varphi_{x\gamma}\right)W_{e1}} \leqslant f \qquad (3.96)$$

$$N'_{Ex0} = \frac{\pi^2 E A_{e0}}{1.1\lambda^2} \qquad (3.97)$$

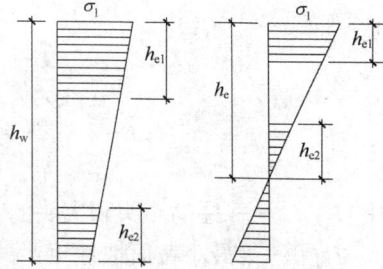

图 3.47　有效宽度分布

式中：N_0——小头的轴向压力设计值；

M_1——大头的弯矩设计值；

A_{e0}——小头的有效截面面积；

W_{e1}——大头的有效面积最大受压纤维截面模量；

$\varphi_{x\gamma}$——杆件轴心受压稳定系数，楔形柱根据表 3.10 中规定的计算长度系数按国家标准《钢结构设计规范》(GB 50017-2003)查得，计算长细比时取小头的回转半径；

β_{mx}——等效弯矩系数，对有侧移框架柱，取 $\beta_{mx}=1.0$；按本节 3)计算；

N'_{Ex0}——欧拉临界力，按式(3.97)计算，计算 λ 时，取小头回转半径 i_0 计算。

表 3.10　柱脚铰接楔形柱的计算长度系数 μ_γ

$\dfrac{k_2}{k_1}$		0.1	0.2	0.3	0.5	0.75	1.0	2.0	$\geqslant 10.0$
$\dfrac{I_{c0}}{I_{c1}}$	0.01	0.428	0.368	0.349	0.331	0.320	0.318	0.315	0.310
	0.02	0.600	0.502	0.470	0.440	0.428	0.420	0.411	0.404
	0.03	0.729	0.599	0.558	0.520	0.501	0.492	0.483	0.472
	0.05	0.931	0.756	0.694	0.644	0.618	0.606	0.589	0.580
	0.07	1.075	0.873	0.801	0.742	0.711	0.697	0.672	0.650
	0.10	1.252	1.027	0.935	0.857	0.817	0.801	0.790	0.739
	0.15	1.518	1.235	1.109	1.021	0.965	0.938	0.895	0.872
	0.20	1.745	1.395	1.254	1.140	1.080	1.045	1.000	0.969

注意，当柱的最大弯矩不出现在大头时，M_1 和 W_{e1} 分别取最大弯矩和该弯矩所在截面的有效截面模量。

截面高度呈线性变化的柱平面内的计算长度。其计算长度

$$h_0 = \mu_\gamma h$$

式中：h——柱高；

μ_γ——计算长度系数，μ_γ 可由下列三种方法之一确定：

① 查表法（用于柱脚铰接的刚架）。柱脚铰接单跨刚架楔形柱的计算长度系数可根据梁的线刚度 K_2 和柱的线刚度 K_1 的比值及柱的小头和大头的截面惯性矩比值 $\dfrac{I_{c0}}{I_{c1}}$ 查表3.10 确定。

$$K_1 = \frac{I_{c1}}{h} \tag{3.98}$$

$$K_2 = \frac{I_{b1}}{2\psi s} \tag{3.99}$$

式中：I_{c0}、I_{c1}——柱的小头和大头的截面惯性矩；

I_{b0}——梁最小截面惯性矩；

s——半跨横梁长度；

ψ——横梁换算长度系数，按《门式刚架轻型房屋钢结构技术规程》附录 D 确定。

多跨刚架的中间柱为摇摆柱时（见图 3.48），摇摆柱的计算长度系数 μ_γ 取 1.0，边柱的计算长度按公式（3.100）计算：

$$h_0 = \eta \mu_\gamma h \tag{3.100}$$

$$\eta = \sqrt{1 + \frac{\sum\left(\dfrac{P_{li}}{h_{li}}\right)}{\sum\left(\dfrac{P_{fi}}{h_{fi}}\right)}} \tag{3.101}$$

式中：μ_γ——柱的计算长度系数，由表 3.10 查得，但式（3.99）中的 s 取与边柱相连的一跨横梁的坡面长度（如图 3.48 所示），计算长度系数 μ_γ 适用于屋面坡度不大于 1:5 的情况，超过此值时应考虑横梁轴向力对柱刚度的不利影响；

η——放大系数；

P_{li}——中间柱（即摇摆柱）承受的荷载；

P_{fi}——边柱承受的荷载。

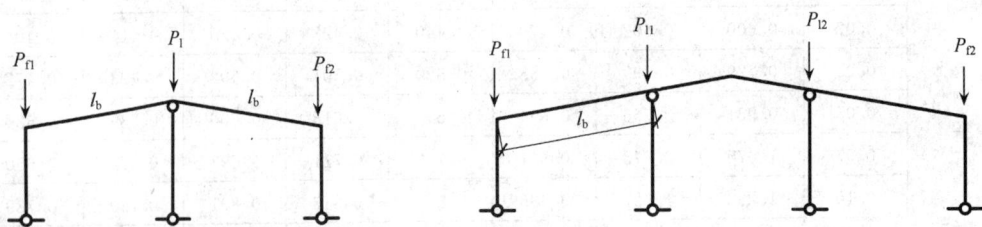

图 3.48 计算边柱时斜梁长度

对于带有毗屋的刚架，可近似地将毗屋柱视为摇摆柱，主刚架柱的系数 μ_γ 可按表 3.10 查得，并应乘以按公式（3.101）计算的系数 η，计算 η 时，P_{li} 为毗屋柱承受的竖向荷载，P_{fi} 为主刚架柱承受的竖向荷载。

② 一阶分析法（用于柱脚铰接和刚接的刚架）。对于单跨对称刚架[见图 3.49(a)]，

当利用一阶分析计算程序得出柱顶水平荷载作用下的侧移刚度 $K=\dfrac{H}{\mu}$ 后,柱的计算长度系数对柱脚为铰接和刚接的单跨对称刚架,可分别按下列公式计算:

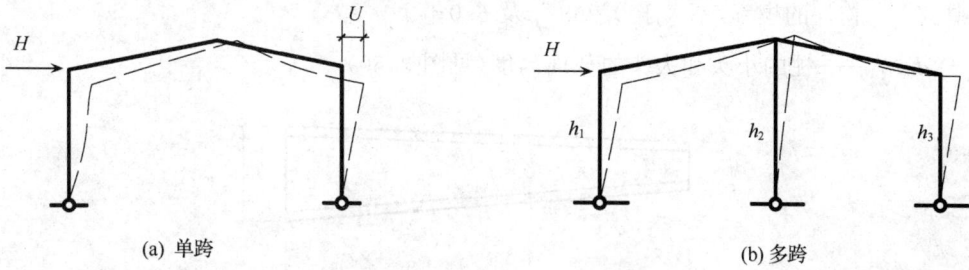

图 3.49　一阶分析时的柱顶位移

当柱脚为铰接时

$$\mu_\gamma = 4.14 \sqrt{\frac{EI_{c0}}{Kh^3}} \tag{3.102}$$

当柱脚为刚接时

$$\mu_\gamma = 5.85 \sqrt{\frac{EI_{c0}}{Kh^3}} \tag{3.103}$$

公式(3.102)和公式(3.103)也可用于图 3.48 所示屋面坡度不大于 1∶5 有摇摆柱的多跨对称刚架的边柱,但计算所得的系数 μ_γ 还应乘以放大系数 η'。

$$\eta' = \sqrt{\frac{1 + \sum\left(\dfrac{P_{1i}}{h_{1i}}\right)}{1.2 \sum\left(\dfrac{P_{fi}}{h_{fi}}\right)}} \tag{3.104}$$

摇摆柱的计算长度系数 μ_γ 取 1.0。

对中间为非摇摆柱的多跨刚架[见图 3.49(b)],可分别按下列公式计算:

当柱脚为铰接时

$$\mu_\gamma = 0.85 \sqrt{\frac{1.2}{K} \frac{P'_{E0i}}{P_i} \sum \frac{P_i}{h_i}} \tag{3.105}$$

当柱脚为刚接时

$$\mu_\gamma = 1.20 \sqrt{\frac{1.2}{K} \frac{P'_{E0i}}{P_i} \sum \frac{P_i}{h_i}} \tag{3.106}$$

$$P'_{E0i} = \frac{\pi^2 EI_{0i}}{h_i^2} \tag{3.107}$$

式中:h_i、P_i、P'_{E0i}——第 i 根柱的高度、竖向荷载和以小头为准的参数。

公式(3.106)和公式(3.107)也可用于单跨非对称刚架。

③二阶分析法。用于柱脚铰接和刚接的刚架。当采用计入竖向荷载-侧移效应(即 P-u 效应)的二阶分析程序计算内力时,计算长度系数 μ_γ 可由下列公式计算:

$$\mu_\gamma = 1 - 0.375\gamma + 0.08\gamma^2(1 - 0.0775\gamma) \qquad (3.108)$$

$$\gamma = \frac{d_1}{d_0} - 1 \qquad (3.109)$$

式中：γ——构件的楔率，不大于 $0.268\dfrac{h}{d_0}$ 及 6.0；

d_0、d_1——柱的小头和大头的截面高度（见图 3.50）。

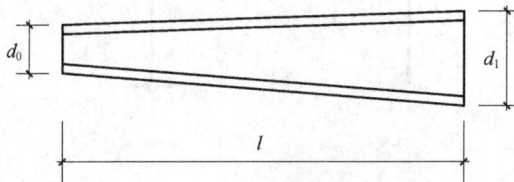

图 3.50 变截面构件的楔率

（3）变截面柱在刚架平面外的稳定计算

变截面柱在刚架平面外的稳定计算公式为

$$\frac{N_0}{\varphi_y A_{e0}} + \frac{\beta_t M_1}{\varphi_{by} W_{e1}} \leqslant f \qquad (3.110)$$

对一端弯矩为零的区段

$$\beta_t = 1 - \frac{N}{N'_{Ex0}} + 0.75\left(\frac{N}{N'_{Ex0}}\right)^2 \qquad (3.111)$$

对两端弯曲应力基本相等的区段

$$\beta_t = 1.0$$

上述式中：β_t——等效弯矩系数；

φ_y——轴心受压杆件弯矩作用平面外稳定系数（以小头为准），按国家标准《钢结构设计规范》(GB 50017-2003)的规定采用。计算长度取纵向支撑点间的距离，若各段线刚度差别较大，确定计算长度时可考虑各段间的相互约束；

φ_{by}——均匀弯曲楔形受弯构件的整体稳定系数，双轴对称的工字形截面杆件

按公式 $\varphi_{by} = \dfrac{4320}{\lambda_{y0}^2}\dfrac{A_0 h_0}{W_{x0}}\sqrt{\left(\dfrac{\mu_s}{\mu_w}\right)^4 + \left(\dfrac{\lambda_{y0} t_0}{4.4h_0}\right)^2}\left(\dfrac{235}{f_y}\right)$ 计算，各符号的具体含义见 CECS102：2002。

（4）刚架构件的强度计算和加劲肋设置规定

工字形截面受弯构件在剪力 V 和弯矩 M 共同作用下的强度，应符合：

当 $V \leqslant 0.5V_d$ 时

$$M \leqslant M_e \qquad (3.112)$$

当 $0.5V_d \leqslant V \leqslant V_d$ 时

$$M \leqslant M_f + (M_e - M_f)\left[1 - \left(2\frac{V}{V_d} - 1\right)^2\right] \qquad (3.113)$$

上述式中：M_f——两翼缘所承担的弯矩，对截面为双轴截面时 $M_f = A_f(h_w + t)f$；

M_e——构件有效截面所承担的弯矩，$M_e = W_e f$；

W_e——构件有效截面最大受压纤维的截面模量；

A_f——构件翼缘截面面积；

V_d——腹板抗剪承载力设计值,按公式(3.81)计算。

工字形截面压弯构件在剪力V、弯矩M和轴压力N共同作用下的强度,应符合：

当$V \leqslant 0.5V_d$时

$$M \leqslant M_e^N \tag{3.114}$$

$$M_e^N = M_e - N \frac{W_e}{A_e} \tag{3.115}$$

当$0.5V_d \leqslant V \leqslant V_d$时

$$M \leqslant M_f^N + (M_e^N - M_f^N)\left[1 - \left(2\frac{V}{V_d} - 1\right)^2\right] \tag{3.116}$$

式中：A_e——有效截面面积；

M_f^N——兼承压力N时两翼缘所承担的弯矩,对截面为双轴截面时,

$$M_f = A_f(h_w + t)\left(f - \frac{N}{A}\right) \tag{3.117}$$

梁腹板应在与中柱连接处、较大集中荷载作用处和翼缘转折处设置横向加劲肋。中间加劲肋的设置应满足上面的相关要求。

梁腹板利用屈曲后强度时,其中间加劲肋除承受集中荷载和翼缘转折产生的压力外,还应承受拉力场产生的压力。该压力N_s为

$$N_s = V - 0.9h_w t_w \tau_{cr}$$

式中：τ_{cr}——利用拉力场时腹板的屈曲剪应力,它是钢材抗剪强度f_v和参数λ_w的二元函数,具体计算公式如下：

当$0.8 < \lambda_w \leqslant 1.25$时

$$\tau_{cr} = [1 - 0.8(\lambda_w - 0.8)]f_v \tag{3.118}$$

当$\lambda_w > 1.25$时

$$\tau_{cr} = \frac{f_v}{\lambda_w^2} \tag{3.119}$$

当验算加劲肋稳定性时,其截面应包括每侧$15t_w\sqrt{\dfrac{235}{f_y}}$宽度范围内腹板面积,计算长度取$h_w$。

(5) 变截面柱柱端受剪承载力验算

变截面柱下端铰接时,应验算柱端的受剪承载力。当不满足要求时,应对该处腹板进行加强。

(6) 斜梁和隅撑设计

实腹式钢架梁在平面内和平面外均应按压弯构件计算强度及稳定。当屋面坡度很小时,在刚架平面内仅按压弯构件计算其强度。

变截面实腹式刚架斜梁的平面内计算长度可取竖向支承点的距离。

实腹式刚架斜梁的出平面计算长度,应取侧向支承点间的距离；当斜梁两翼缘侧向支承点间的距离不等时,应取最大受压翼缘侧向支承点间的距离。

当实腹式刚架斜梁的下翼缘受压时,必须在受压翼缘两侧布置隔撑作为斜梁的侧向支承,隔撑的另一端连接在檩条上或焊接于发泡水泥轻质大型屋面板的边框上,见图3.51。隔撑应按轴心受压构件设计,轴压力 N 按式(3.120)计算

$$N = \frac{Af}{60\cos\theta}\sqrt{\frac{f_y}{235}} \tag{3.120}$$

式中:A——实腹斜梁被支撑翼缘的截面面积;

θ——隔撑与檩条轴线的夹角;

f——实腹斜梁钢材的强度设计值。

f_y——实腹斜梁钢材的屈服强度。

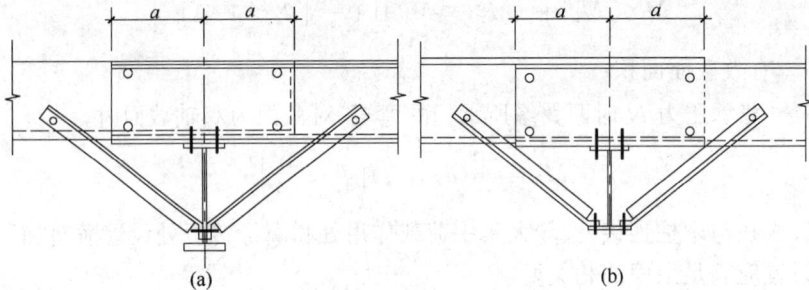

图3.51 隔撑的连接

当隔撑成对布置时,每根隔撑的计算轴压力可取式(3.120)计算值的一半。隔撑宜采用单角钢制作。隔撑可连接在刚架构件下(内)翼缘附近的腹板上[见图3.51(a)],也可连接在下(内)翼缘上[见图3.51(b)]。通常采用单个螺栓连接。

当斜梁上翼缘承受集中荷载处布设横向加劲肋时,除应按国家标准《钢结构设计规范》(GB 50017-2003)的有关规定验算腹板上边缘正应力、剪应力和局部压应力共同作用时的折算应力外,尚应满足下列要求:

$$F \leqslant 15\alpha_m t_w^2 f \sqrt{\frac{t_f}{t_w}\frac{235}{f_y}} \tag{3.121}$$

$$\alpha_m = 1.5 - \frac{M}{W_e f} \tag{3.122}$$

式中:F——上翼缘所受的集中荷载;

M——集中荷载作用处的弯矩;

W_e——有效截面最大受压纤维的截面模量;

α_m——参数,$\alpha_m \leqslant 1.0$,在斜梁负弯矩区取零;

t_f、t_w——分别为斜梁翼缘和腹板的厚度。

斜梁不需计算整体稳定的侧向支承点间最大长度,可取斜梁受压翼缘宽度的16 $\sqrt{\frac{235}{f_y}}$ 倍。

2. 等截面刚架

等截面刚架按弹性设计时,可按上述变截面刚架的规定进行设计。当等截面刚架按塑

性设计时,其构件按国家标准《钢结构设计规范》(GB 50017-2003)中塑性设计的规定进行。

构件截面可采用三块板焊成的工字形截面、高频焊接轻型 H 型钢及热轧 H 型钢。

3. 檩条设计

檩条宜优先采用实腹式构件,跨度大于 9m 时宜采用格构式构件,并应验算其下翼缘的稳定性。实腹式檩条宜采用卷边槽形和带斜卷边的 Z 型冷弯薄壁型钢,也可以采用直卷边的 Z 型冷弯薄壁型钢。格构式檩条可采用平面桁架式或空间桁架式。檩条一般设计成单跨简支构件,实腹式檩条尚可设计成连接构件。

当屋面坡度大于 $\frac{1}{10}$、檩条跨度大于 4m 时,宜在檩条间跨中位置设置拉条。跨度大于 6m 时,在檩条跨度三分点处各设一道拉条,在屋脊处还应设置斜拉条和撑杆。当屋面材料为压型钢板,屋面刚度较大且与檩条有可靠连接时,可少设或不设拉条。

作用在檩条上的荷载及荷载效应组合,对于门式刚架轻型房屋钢结构有其自身的特点,与现行国家标准《建筑结构荷载规范》并不完全相同。设计计算时应予以充分重视,并按照《门式刚架轻型房屋钢结构技术规程》(CECS102:2002)有关规定执行。

在屋面能阻止檩条侧向失稳和扭转的情况下,应仅按式(3.123)计算檩条在风正压力下的强度;当屋面不能阻止檩条侧向失稳和扭转情况下,应按式(3.124)计算檩条在风正压力作用下的稳定性。

$$\frac{M_x}{W_{enx}} + \frac{M_y}{W_{eny}} \leqslant f \tag{3.123}$$

$$\frac{M_x}{\varphi_{bx} W_{ex}} + \frac{M_y}{W_{ey}} \leqslant f \tag{3.124}$$

式中:M_x、M_y——对截面主轴 x 和主轴 y 的弯矩;

W_{enx}、W_{eny}——对主轴 x 和主轴 y 的有效净截面模量(对冷弯薄壁型钢)或净截面模量(对热轧型钢);

W_{ex}、W_{ey}——对主轴 x 和主轴 y 的有效截面模量(对冷弯薄壁型钢)或毛截面模量(对热轧型钢);

φ_{bx}——梁的整体稳定系数,根据不同情况按现行国家标准《冷弯薄壁型钢结构技术规范》(GB 50018-2002)或《钢结构设计规范》(GB 50017-2003)的规定采用。

当屋面能阻止檩条上翼缘侧向失稳和扭转时,可按式(3.123)计算在风吸力作用下檩条的稳定性,或设置拉杆、撑杆防止下翼缘扭转,也可以按《门式刚架轻型房屋钢结构技术规范》(CECS102:2002)附录的规定计算。

4. 墙架构件设计

轻型墙体结构的墙梁宜采用卷边槽形或 Z 形的冷弯薄壁型钢。

墙梁可设计成简支或连续构件,两端支承在刚架柱上。当墙梁有一定竖向承载力且墙板落地且与墙板间有可靠连接时,可不设中间柱,并可不考虑自重引起的弯矩和剪力。设有条形窗或房屋较高且墙梁跨度较大时,墙架柱的数量应由计算确定。当墙梁需承受墙板及自重时,应考虑双向弯曲。

当墙梁跨度 l 为 4~6m 时,宜在跨中设一道拉条,当跨度 $l>6m$ 时,宜在跨间三分点处各设一道拉条,在最上层墙梁处宜设斜拉条将拉力传至承重柱或墙架柱。

单侧挂墙板的墙梁,应计算其强度和稳定。

5. 支撑构件设计

门式刚架轻型房屋钢结构中的交叉支撑和柔性系杆可按拉杆设计。

刚架斜梁上横向水平支撑的内力,应根据纵向风荷载按支承于柱顶的水平桁架计算;对交叉支撑可不计压杆的受力。

刚架柱间支撑的内力,应根据该柱列所受纵向风荷载(如有吊车,还应计入吊车纵向制动力)按支承于柱脚基础上的竖向悬臂桁架计算。对交叉支撑也可不计压杆的受力。当同一柱列设有多道纵向柱间支撑时,纵向力在支撑间可按均匀分布考虑。

6. 屋面板和墙板设计

墙板应根据所受荷载计算其强度和变形。屋面板和墙板可选用建筑外用彩色镀锌或镀铝锌压型钢板、夹芯压型复合板和玻璃纤维增强水泥外墙板等轻质材料。一般建筑屋面或墙面宜采用长尺压型钢板,其厚度不宜小于 0.4mm。墙板的自重宜直接传给地面。

3.4.5 节点构造

当被连接板的最小厚度大于 4mm 时,其对接焊缝、角焊缝和部分熔透对接焊缝的强度,应分别按现行国家标准《钢结构设计规范》(GB 50017-2003)的规定计算。当连接板采用喇叭形焊缝连接时,其焊缝强度计算及构造见 3.2 节。

1. 横梁和柱连接及横梁拼接

图 3.52 是刚架横梁与柱的连接,可采用端板竖放、端板平放和端板斜放三种形式。横梁拼接时宜使端板与构件外缘垂直。端板及其连接节点应符合下列规定:

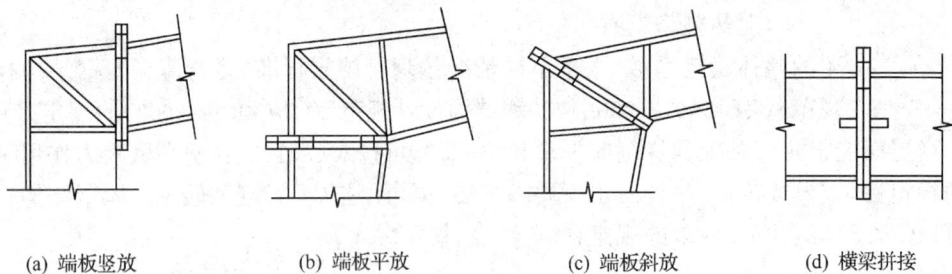

(a) 端板竖放　　　(b) 端板平放　　　(c) 端板斜放　　　(d) 横梁拼接

图 3.52　刚架横梁与柱的连接及横梁间的拼接

1) 端板连接[见图 3.52(d)]应按所受最大内力设计。当内力较小时,应按能够承受不小于较小被连接截面承载力的一半设计。

2) 主刚架构件的连接应采用高强度螺栓,可采用承压型或摩擦型连接。当为端板连接且只受轴向力和弯矩,或剪力小于其实际抗滑移承载力(按抗滑移系数为 0.3 计算)时,宜采用高强度承压型螺栓连接。吊车梁与制动梁的连接可采用高强度摩擦型螺栓连接或焊接。吊车梁与刚架连接处宜设长圆孔。高强度螺栓直径可根据需要选用,通常采用 M16～M24 螺栓。檩条和墙梁与刚架横梁和柱的连接通常采用 M12 螺栓。端板连接螺栓应成对称布置。在受拉翼缘和受压翼缘的内外两侧均应设置,并宜使每个翼缘的螺栓群中心与翼缘的中心重合或接近。为此,应采用将端板伸出截面高度范围以外的外伸式连接。

3) 螺栓中心至翼缘板表面的距离,应满足拧紧螺栓时的施工要求,不宜小于 35mm。螺栓端距不应小于 2 倍的螺栓孔径。

4) 在门式刚架中,受压翼缘的螺栓不宜少于两排。当受拉翼缘两侧各设一排螺栓尚不能满足承载力要求时,可在翼缘内侧增设螺栓(见图 3.53),其间距可取 75mm,且不小于 3 倍螺栓孔径。

5) 与斜梁端板连接的柱翼缘部分应与端板等厚度(见图 3.53)。当端板上两对螺栓间的最大距离大于 400mm 时,应在端板的中部增设一对螺栓。

6) 同时受拉和受剪的螺栓,应验算螺栓在拉剪共同作用下的强度。

7) 端板的厚度应根据支承条件(见图 3.54)按下列公式计算,但不应小于 16mm。

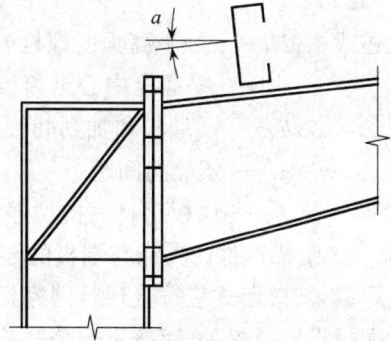

图 3.53 端板竖放时的构造

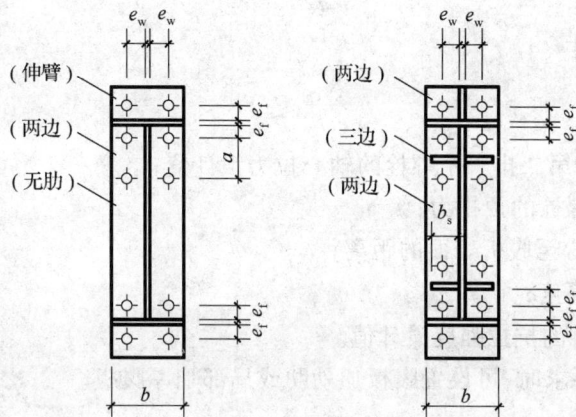

图 3.54 端板支承构造

① 伸臂类端板

$$t \geqslant \sqrt{\frac{6e_f N_t}{bf}} \qquad (3.125)$$

② 无加劲肋类端板

$$t \geqslant \sqrt{\frac{3e_w N_t}{(0.5a + e_w)f}} \qquad (3.126)$$

③ 两边支承类端板
当端板外伸时

$$t \geqslant \sqrt{\frac{6e_{\mathrm{f}}e_{\mathrm{w}}N_{\mathrm{t}}}{[e_{\mathrm{w}}b + 2e_{\mathrm{f}}(e_{\mathrm{f}} + e_{\mathrm{w}})]f}} \qquad (3.127)$$

当端板平齐时

$$t \geqslant \sqrt{\frac{12e_{\mathrm{f}}e_{\mathrm{w}}N_{\mathrm{t}}}{[e_{\mathrm{w}}b + 4e_{\mathrm{f}}(e_{\mathrm{f}} + e_{\mathrm{w}})]f}} \qquad (3.128)$$

④ 三边支承类端板

$$t \geqslant \sqrt{\frac{6e_{\mathrm{f}}e_{\mathrm{w}}N_{\mathrm{t}}}{[e_{\mathrm{w}}(b + 2b_{\mathrm{s}}) + 2e_{\mathrm{f}}^{2}]f}} \qquad (3.129)$$

上述式中：N_{t}——一个高强度螺栓的拉力设计值；

$\qquad e_{\mathrm{w}}$、e_{f}——螺栓中心至腹板和翼缘板表面的距离；

$\qquad b$、b_{s}——端板和加劲肋板的宽度；

$\qquad a$——螺栓的间距；

$\qquad f$——端板钢材的抗拉强度设计值。

8）刚架构件的翼缘与端板的连接应采用全熔透对接焊缝，腹板与端板的连接应采用角焊缝，坡口形式应符合现行国家标准《手工电弧焊焊接接头的基本形式与尺寸》的规定。在端板设置螺栓处，应按下列公式验算构件腹板的强度：

当 $N_{\mathrm{t2}} \leqslant 0.4P$ 时

$$\frac{0.4P}{e_{\mathrm{w}}t_{\mathrm{w}}} \leqslant f \qquad (3.130)$$

当 $N_{\mathrm{t2}} > 0.4P$ 时

$$\frac{N_{\mathrm{t2}}}{e_{\mathrm{w}}t_{\mathrm{w}}} \leqslant f \qquad (3.131)$$

式中：N_{t2}——翼缘内第二排一个螺栓的轴心拉力设计值；

$\qquad P$——高强度螺栓的预拉力；

$\qquad e_{\mathrm{w}}$——螺栓中心至腹板表面的距离；

$\qquad t_{\mathrm{w}}$——腹板的厚度；

$\qquad f$——腹板钢材的抗拉强度设计值。

当不满足上述要求时，可设置腹板加劲肋或局部加厚腹板。

2. 梁柱节点域

在门式刚架横梁与柱相交的节点域，应按式（3.132）验算剪应力。

$$\tau = \frac{\xi M}{d_{\mathrm{b}}d_{\mathrm{c}}t_{\mathrm{c}}} \leqslant f_{\mathrm{v}} \qquad (3.132)$$

式中：M——节点承受的弯矩，对多跨刚架中间柱，应取两侧横梁端弯矩的代数和或柱端弯矩；

$\qquad d_{\mathrm{c}}$、t_{c}——分别为节点域柱腹板的高度和厚度；

$\qquad d_{\mathrm{b}}$——横梁端部高度或节点域高度；

$\qquad \xi$——剪应力分布不均匀系数，按弹性设计时为 1.0［《门式刚架轻型房屋钢结构技术规程》（CECS 102：2002）］，按塑性设计时为 0.75［《钢结构设计规范》（GB

50017-2003)];

f_v——节点域柱腹板钢材的抗剪强度设计值。

3. 刚架柱脚

变截面柱下端的宽度应根据具体情况确定,但不宜小于 200mm。

门式刚架轻型房屋钢结构的柱脚宜采用平板式铰接柱脚[见图 3.55(a)、(b)]。当有必要时,也可采用刚性柱脚[见图 3.55(c)、(d)]。

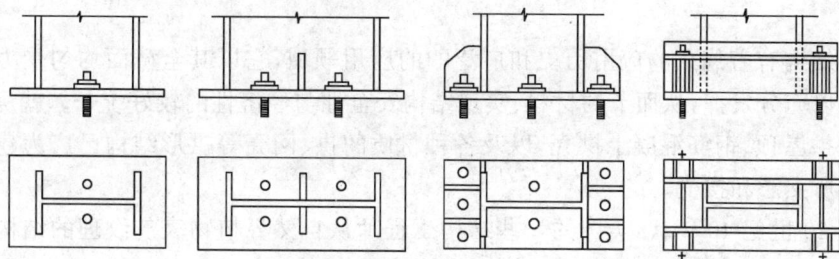

(a) 一对锚栓的铰接柱脚 (b) 一对锚栓的铰接柱脚 (c) 带加劲肋的刚接柱脚 (d) 带靴梁的刚接柱脚

图 3.55 门式刚架的柱脚

柱脚锚栓宜采用 Q235 或 Q345 钢,并符合锚固长度的要求(见《建筑地基基础设计规范》),其端部应按规定设置弯钩或锚板;锚栓直径不宜小于 24mm。柱脚锚栓不宜用以承受柱脚底部的水平力。此水平力应由底板与混凝土之间的摩擦力(摩擦系数取 0.4)或设置抗剪键来承受。计算柱脚锚栓的受拉承载力时,应采用螺纹处的有效截面面积。当埋置深度受到限制时,锚栓应牢固地固定在锚板或锚梁上,以传递全部拉力,此时锚栓与混凝土间的粘结力不予考虑。

近年来将钢柱直接插入混凝土内用二次浇灌层固定的插入式刚接柱脚已经在单层工业厂房中应用,效果良好,并不影响安装调整。这种柱脚构造简单、节约钢材且安全可靠,也可用于大跨度、有吊车的厂房。

4. 牛腿

(1) 牛腿的构造

牛腿的构造见图 3.56。柱为焊接工字形截面。牛腿板件尺寸与柱截面尺寸相协调,牛腿各部分焊缝由计算确定。

(2) 牛腿的计算

根据图 3.56,作用于牛腿根部的剪力 V、弯矩 M 为

$$V = P = 1.2P_d + 1.4D_{max} \qquad (3.133)$$

$$M = Ve \qquad (3.134)$$

式中:P_d——吊车梁及轨道重;

D_{max}——吊车最大轮压通过吊车梁传递给一

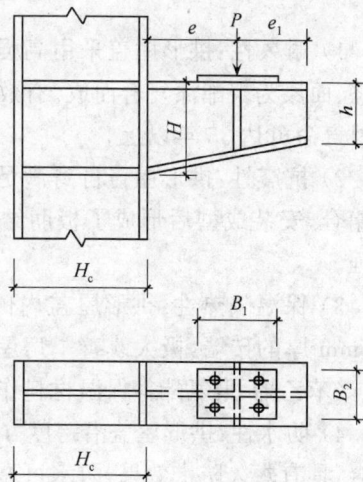

图 3.56 牛腿的构造节点

根柱的最大反力。

牛腿与柱连接焊缝的构造与计算：牛腿上翼缘与柱的连接宜采用焊透的 V 形对接焊缝；下翼缘和腹板与柱的连接也可采用角焊缝。牛腿腹板与柱的连接角焊缝焊脚尺寸由剪力 V 确定。牛腿下翼缘与柱的连接角焊缝焊脚尺寸由牛腿翼缘传来的水平力 $F = \dfrac{M}{H}$ 确定。

3.5　金属拱形波纹屋盖

拱形结构有着悠久的应用历史和广泛的的应用领域，它以其全截面均匀受力使材料的潜能得以充分发挥，从而节约材料、实现结构安全性与经济性的较好统一。就房屋结构而言砌块拱屋顶、钢筋混凝土拱壳，以及各种材质的拱、网壳等拱形结构已广为建筑师和结构师们所熟悉和接受。

早在 20 世纪 40 年代，美国的一些结构工程师从自然界植物表皮纹理的结构造型中得到启发，开始寻求用极薄的材料通过波纹加劲，做成较大跨度结构的方法，并于 1955 年首次将这种屋顶用于战斗机库、营房等军事工程。其特点是施工简单，金属屋面现场制作安装、劳动强度低、生产效率高、施工速度快，备受建筑师的青睐。

我国从 1992 年引进美国的设备和技术在我国建成第一座金属拱形波纹屋顶结构。经过十几年的发展，这种结构具有良好的受力性能，具有自重轻、跨越能力大、施工速度快的优点，拱形结构很适合我国经济尚不发达的国情，因而在我国等到了广泛的应用。

3.5.1　金属拱形波纹屋面的特点及应用

金属拱形波纹屋盖结构系指用特定机组，将厚度 0.6～1.5mm 的钢板先辊轧成直形槽板，再辊轧成圆弧形全跨长的拱板，然后通过咬合锁边形成的整体拱形屋盖结构。

金属拱形波纹屋盖结构在我国能得到迅速发展，与其优点是分不开的。

1. 拱形屋盖特点

1）耐久性：拱形屋盖采用高强专用结构钢板，钢板的防腐层由镀锌层、化学转换层、底漆、面漆为聚酯漆复合而成。有效避免在使用过程中锈蚀，大大提高了拱顶的使用年限。板材寿命可达 35 年以上。

2）抗震性：拱形屋盖自身满足抗震要求，因屋顶反力中的地震荷载组合小于常规荷载组合，安装成型后形成了板肋结构体系，整体受力方式合理，抗震性能优越，技术适应性强。

3）保温隔热性：拱形屋盖内侧可喷涂聚氨酯发泡保温，喷 30mm 厚保温层，相当于 365mm 厚的砖墙，极大改善了房屋的保温隔热性能。拱形屋面复合板以岩棉、玻璃纤维棉、聚苯乙烯、聚氨酯等保温材料作夹层，其导热系数低，具有良好保温隔热效果。

4）防水性：拱形屋盖沿跨度方向均为通条板，没有接口，沿纵向每条板之间用封边机咬合，具有永久防水效果，防水可靠，避免了因接口渗漏水的发生，其维护周期 25 年，维护也仅限于节点处理。

5) 通风采光性：拱形屋盖屋脊部，可安装自然通风器，可使屋顶内部上空形成一个空气流动空间，满足房间内部通风及散热要求。拱形屋盖可沿跨度方向开任意长度的采光带，满足采光的要求。

6) 开阔性：拱形屋盖跨度大（6～42m 任意选择）、无支撑、内部无梁无檩，空间开阔内部净空极佳，有利于吊车、铲车等机械在房间内作业，增加空间储存利用率。

7) 多样性：拱形屋盖可采用不同跨度和样式的建筑；造型美观，造型风格多变，压型钢板清晰的线条多达几十种的颜色，可配合任何风格建筑物的需要，可美化建筑群整体的风貌，达到令人满意的效果。

8) 造价低：由于屋面集保温、通风、采光于一体，自成体系；自重轻、用料省，独特的底部结构设计，降低结构造价，具有显著的经济效益。

9) 设计、施工周期短：采用机械化现场施工，施工速度快；拱形屋面自重轻，拼接式安装及可随意切割的特点，决定其安装的简便，效益高，工期短。每万平方米屋面可 25 天内完成，节省工期 80%。

由于金属拱形屋盖结构具有以上特点，现将各种建筑屋顶的应用对比列于表 3.11。

表 3.11　各种建筑屋顶的应用对比表

序号	金属拱形波纹屋顶	一般建筑屋顶
1	造价低、施工快、见效快；同等要求下比一般屋顶节约造价 10%～50%	造价高、施工慢、见效慢
2	防腐、防蚀、防渗、自然防水	渗漏是通病，尤其是钢混结构耐蚀力差
3	自重轻、基础投入少	自重大、基础等相应结构投入相应增大
4	整体性能好、结构合理、抗风、雨、雪、抗震性能优越，安全系数高	抗震性能有限，造成灾害大、损失大
5	使用年限长、维护费用低、维护快捷	使用年限较长、维护费用高、维护不方便
6	外形美观、可塑性大	造型繁琐、有局限
7	无柱无梁、空间利用率高、净空好	柱梁多、空间利用有限
8	适应性强、应用广泛	适应性有限、结构复杂

2. 应用范围

拱形波纹屋盖结构因其重量轻、施工速度快、造价低廉，具有良好的受力性能而获得了广泛的应用，近年来，广泛地应用到厂房、仓库、集贸市场、加油站、超级市场等工程领域，取代了传统的钢筋混凝土结构。拱形屋盖结构主要适用于以下几个方面。

1) 有较高净空要求的公共建筑：如展览厅、体育馆、训练馆、礼堂、商场、集贸市场、餐厅、娱乐厅、加油站、客运站等。

2) 一般工业、农业生产建筑，如不同跨度的工业厂房、车间、仓库、车库、舍房等。

3) 临时性建筑和军用房屋，临时展厅、营房、工棚等。

4) 房屋改造工程，如改扩建工程、屋顶加层等。

如未采取可靠措施，压型钢板拱形屋盖不得在强腐蚀、局部高温和飞砂石环境中，以及有直接动力荷载的情况下使用。

3.5.2 金属拱形波纹屋盖结构材料

压型钢板拱形屋盖结构宜根据耐久性要求,选用不同类型的彩色涂层热镀锌钢带(以下简称钢带)制作。对耐久性要求高的建筑,当有条件时,尚可选用彩色涂层热镀铝锌合金钢带制作。钢带基材的力学性能应符合建筑结构外用钢的要求(见表3.12);钢带的镀锌层应符合建筑外用和辊轧咬合成型工艺的要求(见表3.13);钢带的彩色涂层应符合建筑外用的辊轧咬合成型工艺的要求(见表3.14)。

表 3.12　基材的技术要求

型号	屈服强度 /MPa	抗拉强度 /MPa	设计强度 /MPa	弹性模量 /MPa	伸长率 $L_0 = 80$mm /%
JW235	≥235	≥330	205	2.06×10^5	≥22
JW280	≥280	≥370	240	2.06×10^5	≥18
JW345	≥345	≥450	300	2.06×10^5	≥12

注:基材力学性能试验应采用现行国家标准GB228规定的方法。

表 3.13　镀锌层的技术要求

锌层代号	锌层弯曲试验时弯心直径(板厚t)	二面锌层重量最小值/(g/m²)
180	2t	180(三点试验)
200	2t	200(三点试验)

注:锌层重量和弯曲试验时测试应采用现行国家标准GB/T1839和GB232规定的方法。

表 3.14　彩色涂层的技术要求

涂复类型	涂料种类	涂层厚度 /μm	铅笔硬度	60°光泽 /%	弯 曲 厚度 ≤0.8mm 180°,冷弯	弯 曲 厚度 >0.8mm	反向冲击 /J	耐盐雾 /h	备注
二涂二烘	聚酯	≥20	≥HB	30～70	≤3t	≥90°	≥6	≥500	适用于一般建筑
	硅改性聚酯							≥750	
	聚偏氟乙烯							≥1000	适用于有较高耐久性要求的建筑
一涂一烘	聚酯	≥10	≥HB	30～70	≤3t	≥90°	≥6	≥250	适用于临时建筑

注:彩色涂层技术性能试验采用现行国家标准GB/T12754规定的方法;t为板厚。

3.5.3 金属拱形波纹屋顶结构体系

金属拱形波纹屋顶结构体系在我国是一种新型屋顶结构形式,它是由很薄的彩色钢板经金属屋顶成型机连续冷模辊压成直型槽板和带有横向波纹的拱型槽板,然后用自动锁边机将若干这样的槽板连接成整体,并吊至屋顶圈梁安装就位。它属于薄壁轻型空间钢结构,是板架(屋面板和屋架)合一的结构形式。压型钢板拱形屋盖结构可根据建筑的使用要求、环境状态、荷载情况等选用单跨或多跨,落地或半落地,墙、柱列或框架支承等形式见图3.57。

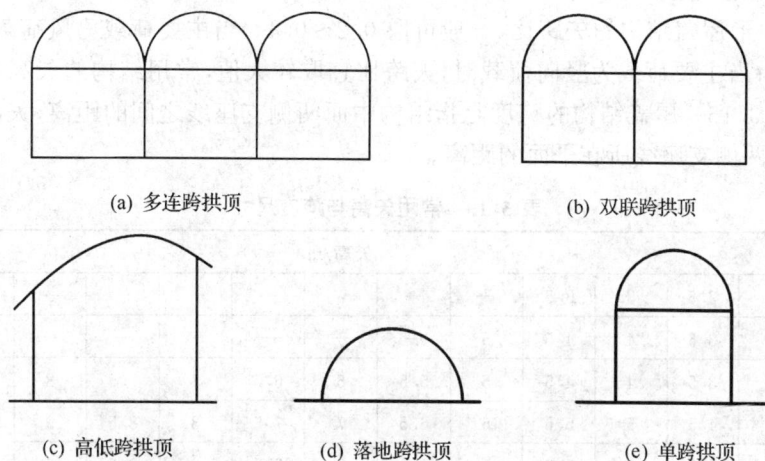

| (a) 多连跨拱顶 | (b) 双联跨拱顶 |
| (c) 高低跨拱顶 | (d) 落地跨拱顶 | (e) 单跨拱顶 |

图 3.57 金属拱形波纹屋顶结构形式

金属拱型波纹屋面技术(简称 MMR 系统),能适应无支撑跨度 6～42m,具有跨越能力大、自重轻、施工速度快、防水无漏、使用周期长等优点。主要有 MMR-118 型,MMR-178 型,MMR-238 型。

MMR-118 型(相当于 MIC-120 型):适用于 2.5～30m 跨的屋顶;

MMR-178 型:适用于 2.5～42m 跨的屋顶;

MMR-238 型(相当于 MIC-240 型):适用于 2.5～20m 跨的屋顶。

前两种常称为 U 形截面,后一种常称为梯形截面。对于采用同样厚度钢板的拱形板而言,MMR-178 型截面的单位刚度最大,因而其跨度可以做的最大;两种 U 形截面的材料利用率相当,梯形截面的材料利用率最高,因此梯形截面最为经济,因此使用量也较大。但应注意 MIC-240 梯形板(截面见图 3.58)不能胜任大跨度(30m 以上)建筑物。

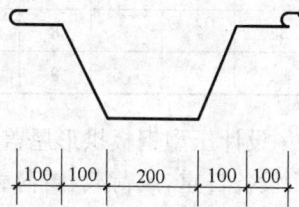

| 100 | 100 | 200 | 100 | 100 |

图 3.58 MIC240 拱板截面

3.5.4 金属拱形波纹屋顶结构体系的设计

虽然压型钢板拱型屋盖结构自国外引进以来,越来越受到人们的喜爱,并得到推广与普及。但由于此种结构从国外引进时间较短,受力机理较复杂,在应用中也存在一些问题。通过近年的试验研究表明,这种结构对荷载和制作缺陷比较敏感,一旦处理不当,很容易发生事故。

而国内目前缺乏相关的统一技术标准,设计单位尚未对这种结构形成全面、深刻的认识,工程设计往往依据施工企业提供的资料,而施工企业技术不同,提供的技术资料往往差异很大,因而导致这种结构在设计中存在很多问题,严重者酿成房倒屋塌的恶性工程事故。在辽宁鞍山地区,就曾发生过 6 栋大跨度薄壁褶皱拱形板屋顶在一场暴风雪中塌落的事故。

如何才能设计一个安全、经济、合理的拱型屋盖结构呢?设计过程中必须认真分析、综合考虑。根据建筑的使用要求、环境状态、荷载情况等,选择拱形屋盖结构形式。根据荷载情况,确定拱形屋盖结构的矢跨比,一般可取 0.2~0.4。当主要荷载为风荷载时,矢跨比宜取较小值;当主要荷载为竖向荷载时,矢跨比宜取较大值,常用结构的矢高与跨度之间的关系见表 3.15。屋盖结构的跨度是指结构中面两侧支座线之间的距离,矢高是指结构中面顶点至两侧支座线所在平面的距离。

表 3.15　常用矢高与跨度尺寸

跨度/m	矢高/m												
10	2	2.5	3	3.5	—	—	—	—	—	—	—	—	—
12	3	3.5	4	4.5	5	—	—	—	—	—	—	—	—
16	3	3.5	4	4.5	5	5.5	6	6.5	7	7.5	8	—	—
18	4	4.5	5	5.5		6.5	7	7.5	8	8.5	9	—	—
18	4	4.5	5	5.5	6	6.5	7	7.5	8	8.5	9	9.5	10
22	4.5	5	5.5	6	6.5	7	7.5	8	8.5	9	9.5	10	11
24	5	5.5	6	6.5	7	7.5	8	8.5	9	9.5	10	11	12
26	6	6.5	7	7.5	8	8.5	9	9.5	10	10.5	11	12	13
28	6	6.5	7	7.5	8	8.5	9	9.5	10	11	12	12.5	13
30	6	6.5	7	7.5	8	8.5	9	9.5	10	10.5	11	12	12.5
30	6.5	7	7.5	8	8.5	9	9.5	10	10.2	11	11.2	12	12.5
32	6.5	7	7.5	8	8.5	9	9.5	10	10.5	11	11.5	12	12.5
33	7	7.5	8	8.5	9	9.4	10	10.2	11	11.5	12	12.5	—
34	7	7.5	8	8.5	9		10	10.5	11	11.5	12	12.5	—

设计压型钢板拱形屋盖时,结构上作用的荷载应包括:结构自重、保温层和防火层自重、设备自重,风荷载、雪荷载(全跨或半跨)或活荷载、积灰荷载,吊顶、灯具、管道等悬挂荷载,并考虑支座的允许水平变位。荷载设计值应按现行国家标准《建筑结构荷载规范》(GBJ 50009)的规定采用,并应按其规范规定的荷载效应基本组合进行强度和稳定性设计。应按荷载短期效应组合进行支承结构的水平变位验算。注意悬挂荷载沿结构跨度方向宜对称布置。

拱形屋盖结构的稳定性是拱形结构设计中必须解决的问题,也是设计人员研究的核心内容,重点分析考虑残余应力和初始变形的影响下拱形结构在不同荷载条件、不同截面形式、不同轴线曲率等情况下的平面内及平面外失稳机理和稳定极限承载力。

压型钢板拱形屋盖结构的强度和稳定性计算可采用铰接支承简图;可采用非线性大挠度弹性有限元方法分析荷载效应。当压型钢板拱形屋盖结构设计由整体稳定性控制时,可考虑采用有效的防止整体失稳的结构措施。

连接用的自攻螺钉(或螺栓)、焊缝和预埋件应能承受屋盖传递给支座的全部轴向力,包括施工阶段和使用阶段可能出现的各种轴向拉力和压力。螺钉(或螺栓)、焊缝和预埋件的数量应根据计算确定,计算方法见 3.2 节。

在压型钢板拱形屋盖下部支承结构的承载力和变形计算中,必须考虑屋盖对支承结构的推力作用。

当在压型钢板拱形屋盖上开设通风孔和采光孔时,应在孔洞周围采用构造措施予以加强。开孔总面积不得大于屋盖面积的 5%。

3.5.5 金属拱形波纹屋顶结构在设计中注意事项

1. 金属拱形屋面结构的使用年限

拱形屋面的材料多为彩色钢板,它既是围护结构,同时又是承重结构,它比仅用于围护结构的彩板所承担的荷载更大,故彩色钢板的使用寿命就决定了此结构的使用年限。拱形屋顶的板与板之间是通过相互咬合构成整体的,整个屋面无孔洞,但在根部是通过自攻螺丝将彩色钢板与埋件连接,而金属拱形屋面结构根部的使用环境又是最恶劣的,因此根部处理的好坏是决定该结构使用年限的关键因素。

2. 金属拱形屋面结构使用质量

在工程中,最容易出现的质量问题有上、下两大部分:

下部结构的设计与传统结构相比要简单的多。按照上部结构进行计算得出的支反力,设计下部的圈梁、柱子、基础,整个结构可简化成一系列静定的构件进行计算。柱子按照悬臂柱设计,基础设计成偏心独立基础,柱顶圈梁则属于一种弯扭构件。山墙的抗风柱可按照常规方法设计。但由于许多设计人员对此不熟悉,进行设计时,荷载组合不合理,水平推力计算错误,从而对下部结构及基础产生不利影响,乃至破坏。

下部的梁柱材料可以采用钢筋混凝土,也可以采用钢结构。由于上部结构对下部存在水平反力,下部的柱子属于压弯构件,选用钢结构则刚度及稳定性成为截面选择的控制因素,不利于钢材强度的发挥,因此下部采用钢结构没有钢筋混凝土结构经济。

屋顶整体失稳的受力机理比较复杂,国内外对于这种结构的分析计算一般均按照平面拱理论,方法模型简单、计算简捷。但实践表明这种方法得出的结果和实际相差很大,许多工程事故表明按平面拱理论设计这种结构,其结果是不安全的。按空间壳体有限元、样条有限条等理论对此结构进行静力、动力分析,单从理论分析的角度而言,这种方法得出的结果最为贴近实际,可以对不同使用条件下的力学性能进行分析。而通过与试验相结合,这种方法很容易得出满足工程实际的结果。但这种方法理论分析难度大,在计算机实现上也有困难,目前不易被广大工程技术人员所接受,因此未能推广。

另外,屋顶整体稳定性也与施工质量有关,如拱板间咬合不牢等因素都会引起屋顶失稳。

3. 金属拱形屋面结构防火

对于钢结构而言,防火问题是人们最关心的一个问题。火灾会使钢结构发生应力重分布,继而丧失承载力,导致结构破坏。所以,结构的设计必须严格按照我国的建筑防火规范进行,但也会带来造价提高的问题,与保温材料的粘接问题,施工工艺及工序问题。

4. 金属拱形波纹屋面结构保温

目前金属拱形波纹屋面结构的保温一般采用聚氨酯。聚氨酯的保温隔热性能在各类建材中堪称一流,可以满足各种保温要求。另外这种保温材料施工简便,聚氨酯本身密度小$(50kg/m^3)$、粘结力大,因此保温层为现场发泡而成,不需要其他粘结剂,施工速度快。但是聚氨酯材料防火性能差,我国有些地区基本上限制其在建筑中应用。目前国内一些单位正在加紧研制新的防火保温材料,并且已有很大进展,因此金属拱形波纹屋面保温问题的完善解决还有待于新型保温材料的问世。

5. 金属拱形波纹屋面结构的通风

金属拱形波纹屋面结构的通风一般可以在侧墙上设置风扇,铺以门窗解决。若仍不满足要求,可在屋顶设置自然风口或通风机,根据气流原理,通风口和通风机的位置应设在拱形屋顶的跨中,这样做一方面可以快速高效地排换室内空气,另一方面有利于通风机平稳以减少噪声,简化屋顶的排水处理。

6. 金属拱形波纹屋面结构的采光

金属拱形波纹屋面结构目前有两类做法。

一类采用在拱形槽板的壳板上开口,代之以采光板,采光口常常设在结构的$\frac{1}{4}$跨度附近。实践表明这种做法有其局限性,一是采光口的防水、防腐性能差,影响结构的耐久性;二是削弱结构截面,影响结构安全性,因为无论是在全跨荷载还是在半跨荷载作用下,结构在$\frac{1}{4}$跨附近的内力都较大,该处截面受到削弱,势必影响结构的整体刚度和稳定性。

另一类是沿跨度方向设置整体采光带,采光带两边的拱型屋顶用部件加固并连成整体,选用 CARBOLUX 采光板覆于采光带上,这种采光做法既不损伤结构,也不影响结构的耐久性,而且采光效果很好,但屋面施工复杂,防水处理必须做好。

3.6 设计实例

【例 3.1】 设计 18m 跨三角形角钢钢屋架。

（1）设计资料

某工程为跨度 18m 单跨双坡封闭式厂房,采用三角形角钢屋架,屋面坡度为 $i=\frac{1}{3}$,屋架间距为 6m,无吊车。屋架简支于钢筋混凝土柱柱顶,无吊顶,外檐口采用自由排水,屋架下弦标高为 9.9m,室内外高差 0.15m,屋面材料采用波形石棉瓦,油毡、木望板,Z 型檩条,地面粗糙度类别为 B 类,结构重要性二级,系数取 $\gamma_0=1.0$,基本风压 $w_0=0.50kN/m^2$,基本雪压 $s_0=0.30kN/m^2$,设房屋有悬吊管道,其重量按 $60kg/m^2$ 计算。屋架材料:钢材 Q235B,焊条采用 E43 型。

（2）屋架形式及几何尺寸

屋架形式及几何尺寸如图 3.59 所示。檩条支承于屋架上弦节点及节间内中点。屋架坡角为 $\alpha=\arctan\frac{1}{3}=18.43°$,檩距为 0.778m。

（3）支撑布置

根据《建筑抗震设计规范》(GB50011-2001)(以下简称抗震规范)的要求,支撑布置见

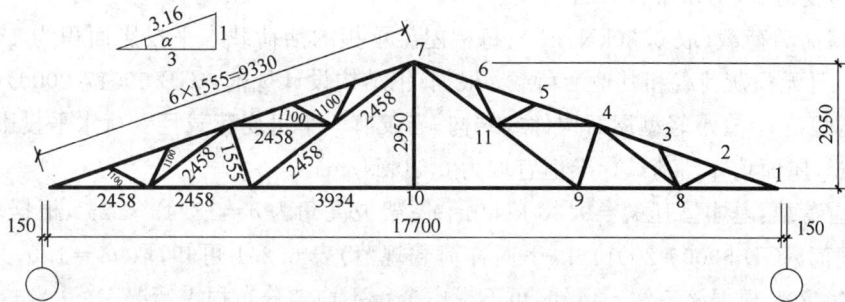

图 3.59 屋架形式及几何尺寸

图 3.60,上弦横向水平支撑设置在房屋两端及伸缩缝处第一开间内,并在相应开间屋架跨中设置垂直支撑,在其余开间屋架下弦跨中设置一通长水平柔性系杆,上弦横向水平支撑在交叉点处与檩条相连,根据支撑布置可知:上弦杆在屋架平面外的计算长度等于1.555m;下弦杆在屋架平面外的计算长度为 9.0m。

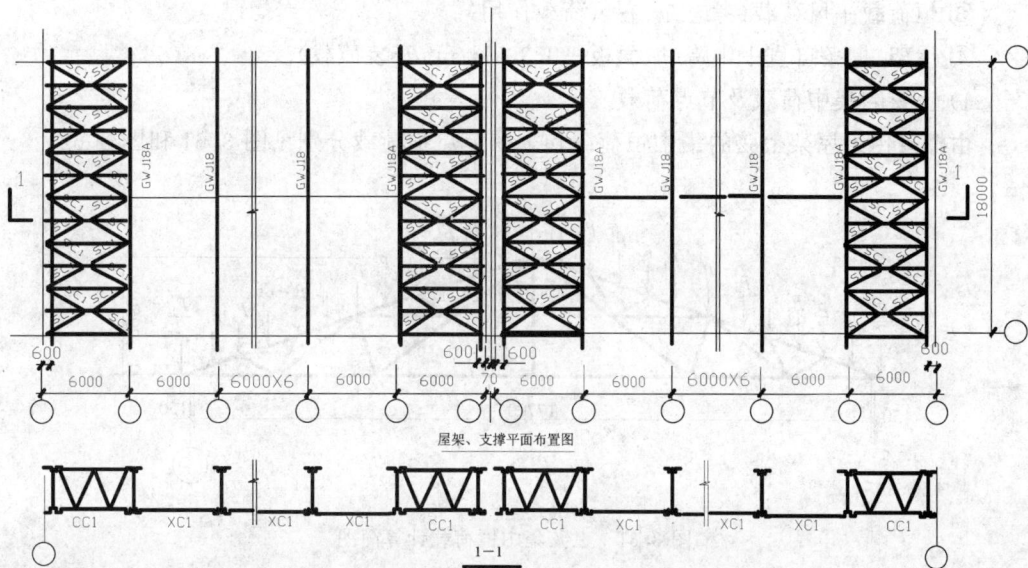

屋架、支撑平面布置图

1—1

图 3.60 屋架、支撑布置图

(4) 荷载标准值

1) 永久荷载(对水平投影面)。

波形石棉瓦自重(中波)	$\dfrac{0.20}{\cos 18.43°} = 0.21\text{kN/m}^2$
油毡、木望板自重	$\dfrac{0.18}{\cos 18.43°} = 0.19\text{kN/m}^2$
檩条、屋架及支撑	0.25kN/m^2
管道等	0.06kN/m^2
合计	0.71kN/m^2

2）可变荷载（对水平投影面）。

① 屋面活荷载（取 0.30kN/m²）：每榀屋架承担的活荷载水平投影面积为 18m×6m ＝108m²，且无积灰荷载和其他活荷载。根据《钢结构设计规范》（GB 50017-2003）（以下简称钢结构规范），支承轻型屋面构件或结构，当仅有一个可变荷载且受荷水平投影面积为超过 60m²，屋面均布活荷载标准值宜取为 0.30kN/m²。

② 雪荷载：基本雪压 $s_0=0.30$ kN/m²；屋架坡度角为 $\alpha=18.43°<25°$，根据《建筑结构荷载规范》（GB 50009-2001）（以下简称荷载规范）表 6.2.1 可知，取 $\mu_r=1.0$，又因为 $\alpha=18.43°<20°$，根据该表注 1 可知，可不考虑全跨不均匀分布积雪情况。

③ 风荷载：基本风压 $w_0=0.50$kN/m²。根据荷载规范，屋面活荷载与雪荷载同时参与组合，取其较大值。因为屋面活荷载和雪荷载相等，本例题取活荷载计算，即 0.30 kN/m²。

3）荷载组合。

① 恒荷载＋活荷载。

② 恒荷载＋半跨活荷载。

③ 恒荷载＋风荷载（考虑左、右风荷载作用）。

④ 屋架、檩条自重＋半跨（屋面板＋0.30kN/m² 安装荷载）。

4）上弦的集中荷载及节点荷载。

由檩条传给屋架上弦的集中恒荷载和上弦节点恒荷载分别见图 3.61 和图 3.62。

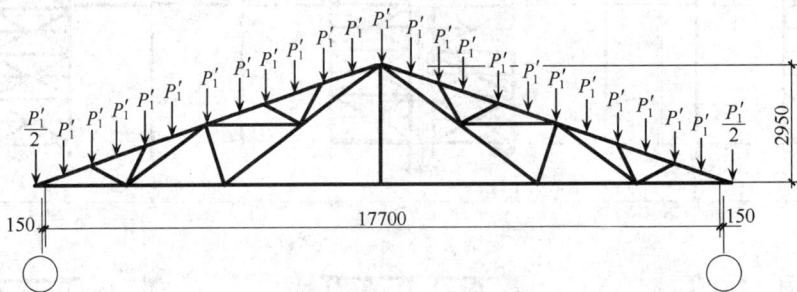

图 3.61　上弦集中恒荷载计算简图

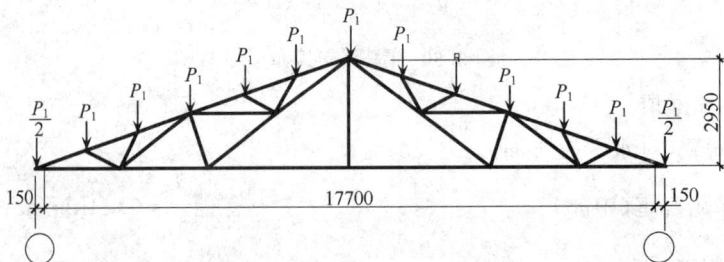

图 3.62　上弦节点恒荷载计算简图

由檩条传给屋架上弦的集中活荷载和上弦节点活荷载分别见图 3.63 和图 3.64。

其集中荷载值计算过程如下：

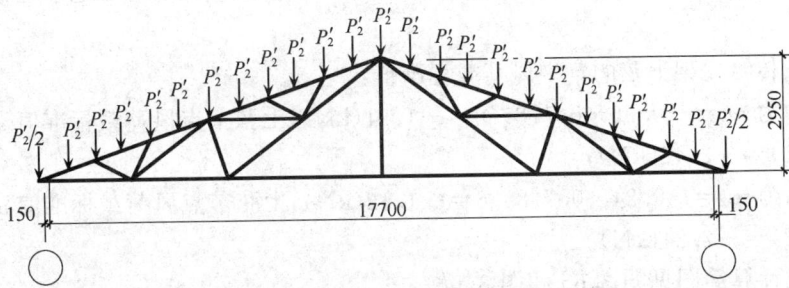

图 3.63　上弦集中活荷载计算简图

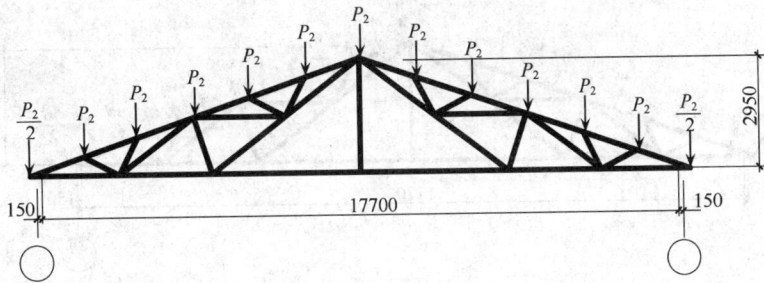

图 3.64　上弦节点活荷载计算简图

① 全跨屋面恒荷载作用下。

上弦集中恒荷载标准值：$P'_1 = 0.71 \times 6 \times 0.778 \times \cos\alpha = 3.14$(kN)

因为每节间中间设一根檩条，有节间荷载作用；将节间荷载简化为节点荷载，则：

上弦节点恒荷载：$P_1 = 2P'_1 = 2 \times 3.14 = 6.28$(kN)

② 全跨活荷载荷载作用下。

上弦集中活荷载标准值：$P'_2 = 0.30 \times 6 \times 0.778 \times \cos\alpha = 1.33$(kN)

上弦节点活荷载：$P_2 = 2P'_2 = 2 \times 1.33 = 2.66$(kN)

当基本组合由可变荷载效应控制时，上弦节点荷载设计值为

$$S_P = 1.2 \times 6.28 + 1.4 \times 2.66 = 11.26\text{(kN)}$$

当基本组合由永久荷载效应控制时，上弦节点荷载设计值为

$$S_P = 1.35 \times 6.28 + 1.4 \times 0.7 \times 2.66 = 11.08\text{(kN)}$$

综上可知，本工程屋面荷载组合由可变荷载效应控制，节点集中力设计值 $P = 11.26$kN。

③ 风荷载标准值。

风载体型系数：由荷载规范可得：背风面 $\mu_s = -0.5$；迎风面由内插法得 $\mu_s = -0.46$。

风压高度变化系数：地面粗糙度为 B 类，屋架下弦标高为 9.9m，取屋架平均高度作为风荷载计算高度，$H = 9.9 + 0.15 + \dfrac{2.95}{2} = 11.53$(m)；风压高度变化系数 $\mu_z = 1.04$；风振系数：$\beta_z = 1.0$。

当计算主要承重结构时，垂直于建筑表面上的风荷载标准值按 $w_k = \beta_z \mu_s \mu_z w_0$ 计算。

背风面：$w_{k1} = 1.0 \times (-0.5) \times 1.04 \times 0.50 = -0.26$(kN/m²)（垂直于屋面），为风吸力

迎风面：$w_{k2}=1.0\times(-0.46)\times1.04\times0.50=-0.24(kN/m^2)$（垂直于屋面），为风吸力

由檩条传给屋架上弦的集中风荷载标准值：

背风面为 $w_1'=-0.26\times0.778\times6=-1.21(kN)$，上弦节点风荷载标准值 $w_1=2w_1'=2\times(-1.21)=-2.42(kN)$；

迎风面为 $w_2'=-0.24\times0.778\times6=-1.12(kN)$，上弦节点风荷载标准值 $w_2=2w_2'=2\times(-1.12)=-2.24(kN)$。

风荷载计算简图见图 3.65 和图 3.66。

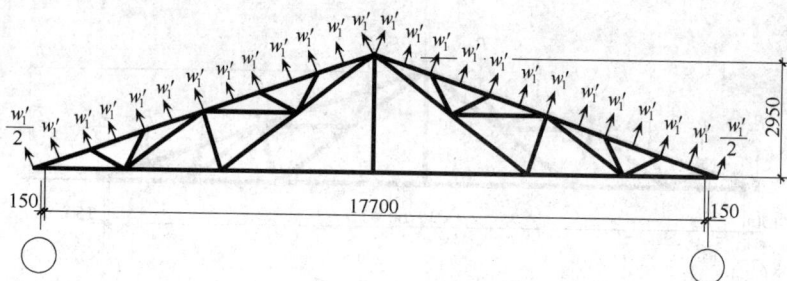

图 3.65　上弦风荷载计算简图

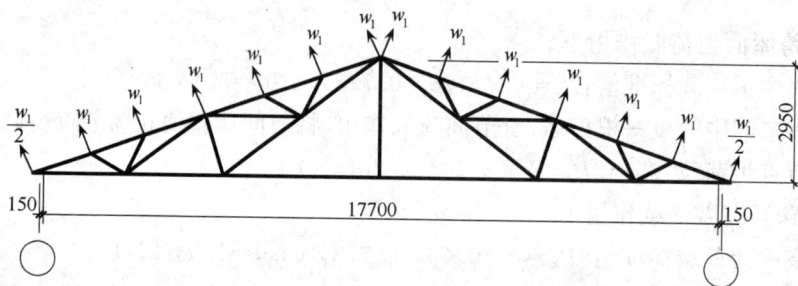

图 3.66　上弦节点风荷载计算简图

（5）内力计算

1）内力组合。根据静力计算手册，查得三角形屋架的内力系数，根据内力系数计算其荷载作用下各杆件的内力，内力组合的结果见表 3.16。假定杆件受拉符号为正，受压符号为负。

在进行风荷载参与的组合中，为了安全起见，恒载应扣除支撑的自重后参与组合比较合理。

2）上弦杆弯矩计算。在檩条集中荷载作用下，按简支梁计算的上弦杆弯矩设计值为

$$M_0=\frac{1}{4}\times(3.14\times1.2+1.33\times1.4)\times\frac{3}{\sqrt{10}}\times1.555=2.08(kN\cdot m)$$

端节间跨中正弯矩：

$$M_1=0.8M_0=0.6\times2.08=1.66(kN\cdot m)$$

中间节间跨中正弯矩和中间节点负弯矩：

$$M_2=0.6M_0=0.6\times2.08=1.25(kN\cdot m)$$

表 3.16 屋架杆件内力组合表

杆件名称	杆件编号	内力系数					内力组合				最不利内力
		竖向力作用下 $P=1$			风荷载作用 $W=1$		组合1	组合2	组合3		
		在右半跨	在左半跨	全跨	在右半跨	在左半跨			左风	右风	
		①	②	③	④	⑤					
上弦杆	1-2	−12.65	−4.74	−17.39	−11.50	−5.00	−195.81	−178.16	−163.85	−162.21	−195.81
	2-3	−11.38	−4.74	−16.12	−10.50	−5.00	−181.51	−163.86	−152.49	−151.10	−181.51
	3-4	−12.02	−4.74	−16.76	−11.50	−5.00	−188.72	−171.07	−159.89	−158.26	−188.72
	4-5	−11.70	−4.74	−16.44	−11.50	−5.00	−185.11	−167.46	−157.89	−156.25	−185.11
	5-6	−10.44	−4.74	−15.18	−10.50	−5.00	−170.93	−153.28	−146.58	−145.20	−170.93
	6-7	−11.07	−4.74	−15.81	−11.50	−5.00	−178.02	−160.37	−153.93	−152.29	−178.02
下弦杆	1-8	12.00	4.50	16.50	12.65	4.74	185.79	169.03	161.34	159.35	185.79
	8-9	9.00	4.50	13.50	9.49	4.74	152.01	135.25	131.80	130.60	152.01
	9-10	4.50	4.50	9.00	4.74	4.74	101.34	84.58	87.44	87.44	101.34
腹杆	2-8	−1.34	0.00	−1.34	−1.41	0.00	−15.09	−15.09	−13.19	−12.84	−15.09
	3-8	−1.34	0.00	−1.34	−1.41	0.00	−15.09	−15.09	−13.19	−12.84	−15.09
	4-8	3.00	0.00	3.00	3.16	0.00	33.78	33.78	29.55	28.75	33.78
	4-9	−2.85	0.00	−2.85	−3.00	0.00	−32.09	−32.09	−28.06	−27.31	−32.09
	4-11	3.00	0.00	3.00	3.16	0.00	33.78	33.78	29.55	28.75	33.78
	5-11	−1.34	0.00	−1.34	−1.41	0.00	−15.09	−15.09	−13.19	−12.84	−15.09
	6-11	−1.34	0.00	−1.34	−1.41	0.00	−15.09	−15.09	−13.19	−12.84	−15.09
	9-11	4.50	0.00	4.50	4.74	0.00	50.67	50.67	44.32	43.12	50.67
	7-11	7.50	0.00	7.50	7.91	0.00	84.45	84.45	73.90	71.91	84.45
	7-10	0.00	0.00	0.00	0.00	0.00	0.00	0.00	0.00	0.00	0.00

注:组合1:$S_1=(1.2P_1+1.4P_2)\times$内力系数③;

组合2:$S_1=1.2P_1\times$内力系数③$+1.4P_2\times$内力系数①;

组合3:$S_3=1.0P_1\times$内力系数③$+1.4W_1\times$内力系数④(或⑤)$+1.4W_2\times$内力系数⑤(或④);

组合4:从内力系数容易看出,不起控制作用,故没有进行组合。

(6) 截面选择

1) 上弦杆截面选择。上弦杆采用相同截面,以节间 1−2 的最大轴力 N_{1-2} 来选择。

$$N_{1-2}=-195.81\text{kN}, M_{\max}=1.66\text{kN}\cdot\text{m}(跨中)$$

$$M_{\max}=-1.25\text{kN}\cdot\text{m}(节点2处), l_{0x}=l_{0y}=155.5\text{cm}$$

初选截面为 $2\llcorner 75\times6$,截面的几何特性表述如下:

截面面积:$A=17.59\text{cm}^2$

截面抵抗矩:$W_{1x}=45.37\text{cm}^3, W_{2x}=17.27\text{cm}^3$

回转半径:$i_x=2.31\text{cm}, i_y=3.31\text{cm}$

长细比:$\lambda_x=\dfrac{l_{0x}}{i_x}=\dfrac{155.5}{2.31}=67.3$,属 b 类截面

$\lambda_y=\dfrac{l_{0y}}{i_y}=\dfrac{155.5}{3.31}=47.0$,属 b 类截面

因为

$$\frac{b}{t}=\frac{75}{6}=12.5>0.58\frac{l_{0y}}{b}=0.58\times\frac{1555}{75}=12.0$$

所以

$$\lambda_{yz}=3.9\frac{b}{t}\left(1+\frac{l_{0y}^2 t^2}{18.4b^4}\right)=3.9\times\frac{75}{6}\times\left(1+\frac{1555^2\times6^2}{18.6\times75^4}\right)=56.0$$

查钢结构规范,得:$\varphi_x=0.767, \varphi_{yz}=0.828$。

$$N'_{Ex}=\frac{\pi^2 EA}{1.1\lambda_x^2}=\frac{\pi^2\times2.06\times10^6\times17.59\times10^2}{1.1\times67.3^2}=717.8(\text{kN})$$

截面塑性发展系数：$\gamma_{x1}=1.05$，$\gamma_{x2}=1.2$。

① 弯矩作用平面内的稳定验算：

此端节间弦杆相当于两端支承的杆件，其上作用弯矩和横向荷载使构件产生反向曲率，故取等效弯矩系数 $\beta_{mx}=0.85$。

$$\frac{N}{\varphi_x A}+\frac{\beta_{mx}M_{x1}}{\gamma_{x1}W_{1x}\left(1-0.8\dfrac{N}{N'_{Ex}}\right)}$$

$$=\frac{195.81\times10^3}{0.767\times17.59\times10^2}+\frac{0.85\times1.66\times10^6}{1.05\times45.37\times10^3\times\left(1-0.8\times\dfrac{195.81}{717.8}\right)}$$

$$=145.1+37.9=183.0(\text{N/mm}^2)\leqslant f=205\text{N/mm}^2$$

轻型钢屋架杆件一般采用角钢的厚度较小，为了安全其强度按冷弯薄壁构件的强度取值。

上弦杆为双角钢组成的单轴对称截面，由于节间荷载作用，属于压弯构件，且弯矩作用在对称轴平面内时翼缘受压，所以还应验算

$$\left|\frac{N}{A}-\frac{\beta_{mx}M_x}{\gamma_{x2}W_{1x}\left(1-1.25\dfrac{N}{N'_{Ex}}\right)}\right|$$

$$=\left|\frac{195.81\times10^3}{17.59\times10^2}-\frac{0.85\times1.66\times10^6}{1.2\times17.27\times10^3\times\left(1-1.25\times\dfrac{195.81}{717.8}\right)}\right|$$

$$=|111.3-103.3|=8.0(\text{N/mm}^2)\leqslant f=205\text{N/mm}^2$$

故满足平面内的稳定性。

② 弯矩作用平面外的稳定验算。由钢结构规范

$$\varphi_b=1-0.0017\lambda_y\sqrt{\frac{f_y}{235}}=1-0.0017\times47.0\times\sqrt{\frac{235}{235}}=0.920$$

$$\frac{N}{\varphi_y A}+\frac{\eta\beta_{tx}M_x}{\varphi_b W_{1x}}=\frac{195.81\times10^3}{0.828\times17.59\times10^2}+\frac{1.0\times0.85\times1.66\times10^6}{0.920\times45.37\times10^3}$$

$$=134.4+33.8=168.2(\text{N/mm}^2)\leqslant f=205\text{N/mm}^2$$

在节点"2"处，截面无孔眼削弱，其强度计算

$$\frac{N}{A_n}+\frac{M_{x2}}{\gamma_{x2}W_{xmin}}=\frac{195.81\times10^3}{17.59\times10^2}+\frac{1.25\times10^6}{1.2\times17.27\times10^3}$$

$$=171.6(\text{N/mm}^2)<f=205\text{N/mm}^2$$

2）下弦杆截面选择。整个下弦杆采用相同截面，以节间 1-8 的最大轴力 N_{1-8} 来选择截面

$$N_{max}=N_{1-8}=185.79\text{kN}；l_{0x}=393.4\text{cm}；l_{0y}=885.0\text{cm}$$

初选截面为 2∟56×5，截面的几何特性：

截面面积：$A=A_n=10.83\text{cm}^2$

回转半径：$i_x=1.72\text{cm}$；$i_y=2.54\text{cm}$

长细比：$\lambda_x=\dfrac{l_{0x}}{i_x}=\dfrac{393.4}{1.72}=228.7<[\lambda]=400$（拉杆）

$$\lambda_y=\frac{l_{0y}}{i_y}=\frac{885.0}{2.54}=348.4<[\lambda]=400（拉杆）$$

强度：$\sigma = \dfrac{N_{max}}{A_n} = \dfrac{185.79 \times 10^3}{10.83 \times 10^2} = 171.6(N/mm^2) < f = 205N/mm^2$，满足要求。

3）杆件 5-11、6-11、2-8、3-8 截面选择。

$$N_{5-11} = N_{6-11} = N_{2-8} = N_{3-8} = -14.96kN；l_y = 0.9l \times 110 = 99.0(cm)$$

初选截面为∟40×4 的单角钢，截面的几何特性：

截面面积：$A = 3.09cm^2$

回转半径：$i_y = 0.79cm$

长细比：$\lambda_y = \dfrac{l_y}{i_y} = \dfrac{99.0}{0.79} = 125.3 < [\lambda] = 150$，属 b 类截面，稳定系数 $\varphi_y = 0.409$。

单面连接的单角钢强度折减系数：

$$\alpha_y = 0.6 + 0.0015\lambda = 0.6 + 0.0015 \times 125.3 = 0.788$$

$$\alpha_y\varphi_y = 0.788 \times 0.409 = 0.332$$

强度：$\sigma = \dfrac{N}{\alpha_y\varphi_{yz}A} = \dfrac{15.09 \times 10^3}{0.332 \times 3.09 \times 10^2} = 147.1(N/mm^2) < f = 205N/mm^2$，满足要求。

由于单角钢考虑了折减系数的影响，可以不考虑扭转的影响，本例题为了说明扭转的影响，也按扭转效应进行验算如下：

因为

$$\dfrac{b}{t} = \dfrac{40}{4} = 10 < 0.54\dfrac{l_{0y}}{b} = 0.54 \times \dfrac{99}{4} = 13.4$$

所以

$$\lambda_{yz} = \lambda_y\left(1 + \dfrac{0.85b^4}{l_{0y}^2 t^2}\right) = 125.3 \times \left(1 + \dfrac{0.85 \times 40^2}{990^2 \times 4^4}\right) = 142.7，\varphi_{yz} = 0.334$$

强度：$\sigma = \dfrac{N}{\varphi_{yz}A} = \dfrac{15.09 \times 10^3}{0.334 \times 3.09 \times 10^2} = 146.2(N/mm^2) < f = 205N/mm^2$，满足要求。

4）杆件 4-9 截面选择。

$$N_{4-9} = -31.82kN；l_{0x} = 0.8l = 0.8 \times 155.5 = 124.0cm，l_{0y} = 155.5cm$$

初选截面为 2∟36×4，截面的几何特性：

截面面积：$A = 5.51cm^2$

回转半径：$i_x = 1.09cm，i_y = 1.73cm$

长细比：$\lambda_x = \dfrac{l_{0x}}{i_x} = \dfrac{124.0}{1.09} = 113.8 < [\lambda] = 150$，属 b 类截面，稳定系数 $\varphi_x = 0.471$

$$\lambda_y = \dfrac{l_{0y}}{i_y} = \dfrac{155.5}{1.73} = 89.9 < [\lambda] = 150$$

因为

$$\dfrac{b}{t} = \dfrac{36}{4} = 9 < 0.58\dfrac{l_{0y}}{b} = 0.58 \times \dfrac{1555}{36} = 25.1$$

所以

$$\lambda_{yz} = \lambda_y\left(1 + \dfrac{0.475b^4}{l_0^2 t^2}\right) = 89.9 \times \left(1 + \dfrac{0.475 \times 36^4}{1555^2 \times 4^2}\right) = 91.8，稳定系数 \varphi_{yz} = 0.609$$

强度：$\sigma = \dfrac{N}{\varphi_{min}A} = \dfrac{32.09 \times 10^3}{0.471 \times 5.51 \times 10^2} = 123.7(N/mm^2) < f = 205N/mm^2$，满足要求。

5）杆件 7-10 截面选择。

$$N_{7-10} = 0，l_0 = 0.9 \times 295 = 265.5cm$$

因为杆件为零杆,截面应满足刚度要求。该杆主要是为减小下弦杆的长细比和竖向支撑的端竖杆而设置的,故可取[λ]=200。

初选截面为2根⌐ 36×4角钢组成的十字形截面,截面的几何特性:

截面面积:$A=A_n=5.51\text{cm}^2$

回转半径:$i_y=1.38\text{cm}$

长细比:$\lambda_x=\dfrac{l_0}{i_y}=\dfrac{265.5}{1.38}=193<[\lambda]=200$

其他杆件计算见表3.17。

表 3.17　屋架杆件截面选用表

杆件名称	杆件编号	内力/kN	截面规格/mm	截面面积/cm²	计算长度/cm		回转半径/cm		长细比			稳定系数 φ_min	强度 N/A /(N/mm²)	稳定性 N/φ_min A /(N/mm²)	容许长细比 [λ]	强度设计值 f/(N/mm²)
					l_{0x}	l_{0y}	i_x	i_y	λ_x	λ_y	λ_{yz}					
上弦	1-2	−195.81	⌐⌐ 75×6	17.59	155.5	155.5	2.31	3.31	67.3	47.0	56.0	0.767		183.0	150	205
下弦	1-8	185.79	⌐⌐ 56×5	10.83	393.4	885.0	1.72	2.54	228.7	348.4		0.334	171.6		400	205
	2-8 3-8 5-11 6-11	−15.09	∟ 40×4	3.09	99.0		0.79		125.3		142.7	0.334		151.6	150	205
	4-9	−32.09	⌐⌐ 36×4	5.51	124.0	155.5	1.09	1.73	113.8	89.9	91.8	0.471		123.7	150	205
	4-8 4-11	33.78	⌐⌐ 30×4	4.55	196.6	245.7	0.90	1.49	218.4	164.9			74.2		400	205
	7-11	84.45	⌐⌐ 36×4	5.51	245.8	491.6	1.09	1.73	225.5	284.2			153.3		400	205
	7-10	0.00	⌐⌐ 36×4	5.51	265.5		1.38		193.0						200	205

注:表中上弦杆1-2的稳定性数值是按压弯构件计算的。

(7)节点设计

1)一般杆件连接焊缝。设焊缝厚度$h_f=4\text{mm}$,焊缝长度可根据钢结构规范求得,具体计算结果见表3.18。表中焊缝长度为实际焊缝长度,已包括起弧、灭弧的影响。

表 3.18　屋架杆件连接焊缝表

杆件名称	杆件编号	截面规格/mm	杆件内力/kN	肢背焊脚尺寸 h_{f1}/mm	肢尖焊缝长度 l'_w/mm	肢尖焊脚尺寸 h_{f2}/mm	肢尖焊缝长度 l'_w/mm
下弦杆	1-8	⌐⌐ 56×5	185.79	4	160	4	75
斜腹杆	2-8	∟ 40×4	−15.09	4	45	4	45
	3-8	∟ 40×4	−15.09	4	45	4	45
	4-8	⌐⌐ 30×4	33.78	4	45	4	45
	4-9	⌐⌐ 36×4	−32.09	4	45	4	45
	4-11	⌐⌐ 30×4	33.78	4	45	4	45
	5-11	⌐⌐ 40×4	−15.09	4	45	4	45
	6-11	⌐⌐ 40×4	−15.09	4	45	4	45
	7-11	⌐⌐ 36×4	84.45	4	50	4	45
	9-11	⌐⌐ 36×4	−50.67	4	55	4	45
竖腹杆	7-10	⌐⌐ 36×4	0.00	4	45	4	45

2) 上弦节点。

① 支座节点"1"（见图3.67）。为了便于施焊，下弦杆肢背与支座底板顶面的距离取125mm，锚栓用2M20，栓孔位置尺寸见图3.67。在节点中心线上设置加劲肋，加劲肋高度与节点板高度相等。

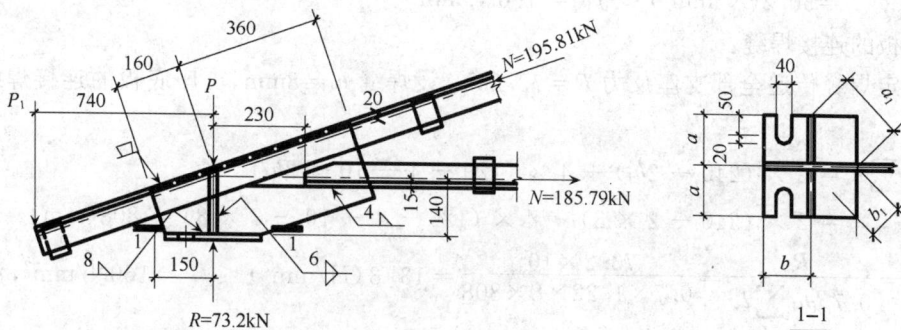

图3.67 支座节点

支座底板计算：

支座反力，考虑制作外悬挑。

$$R = 6 \times 11.26 + (1.2 \times 0.7 + 1.4 \times 0.3) \times 0.74 \times 6 = 73.2(\text{kN})$$

设 $a = b = 120\text{mm}$，$a_1 = \sqrt{2} \times 120 = 169.7(\text{mm})$，$b_1 = \dfrac{a_1}{2} = 84.8(\text{mm})$

支座底板混凝土为C20，底板面积

$$A_n = 240 \times 240 - \pi \times 20^2 - 2 \times 40 \times 50 = 52300(\text{mm}^2)$$

柱顶混凝土的抗压强度：$f_c = 9.6\text{N/mm}^2$

$$\frac{R}{A_n} = \frac{73.2 \times 10^3}{52300} = 1.40(\text{N/mm}^2) < \beta_c f_c$$

$$= \sqrt{\frac{A_b}{A_l}} f_c = \sqrt{\frac{240 \times 240}{52300}} \times 9.6 = 10(\text{N/mm}^2)$$

支座底板的厚度按屋架反力作用下的弯矩计算为

$$M = \beta q a_1^2$$

式中：$q = \dfrac{R}{A_n} = 1.40\text{N/mm}^2$；$\dfrac{b_1}{a_1} = 0.5$；查表得：$\beta = 0.060$。

$$M = \beta q a_1^2 = 0.060 \times 1.40 \times 169.7^2 = 2419.0(\text{N/mm}^2)$$

支座底板厚度：$t \geqslant \sqrt{\dfrac{6M}{f}} = \sqrt{6 \times \dfrac{2419.0}{215}} = 8.2(\text{mm})$，取12mm。

加劲肋与节点板的连接焊缝：

假定一块加劲肋承受屋架支座反力的 $1/4$，即 $\dfrac{1}{4} \times 73.2 = 18.3(\text{kN})$。

焊缝承受的剪力：$V = 18.2\text{kN}$，弯矩 $M = 18.3 \times \dfrac{120 - 20}{2} = 915(\text{kN} \cdot \text{mm})$

设焊缝 $h_f = 6\text{mm}$，焊缝计算长度

$$l_w = 160 - 20 \times 2 - 2h_f = 160 - 40 - 2 \times 6 = 108(\text{mm})$$

焊缝应力

$$\sqrt{\left(\frac{V}{2 \times 0.7 h_{\mathrm{f}} l_{\mathrm{w}}}\right)^2 + \left(\frac{6M}{2 \times 0.7 \beta_{\mathrm{f}} h_{\mathrm{f}} l_{\mathrm{w}}^2}\right)^2}$$

$$= \sqrt{\left(\frac{18.3 \times 10^3}{2 \times 0.7 \times 6 \times 108}\right)^2 + \left(\frac{6 \times 915 \times 10^3}{2 \times 0.7 \times 1.22 \times 6 \times 108^2}\right)^2}$$

$$= 50.2 (\mathrm{N/mm^2}) < f_{\mathrm{f}}^{\mathrm{w}} = 160 \mathrm{N/mm^2}$$

支座底板的连接焊缝：

假定焊缝传递全部支座反力 $R=73.2\mathrm{kN}$，设焊缝 $h_{\mathrm{f}}=8\mathrm{mm}$，支座底板的连接焊缝长度为

$$\sum l_{\mathrm{w}} = 2 \times (240 - 2h_{\mathrm{f}}) + 4 \times (120 - 4 - 10 - 2h_{\mathrm{f}})$$

$$= 2 \times (240 - 2 \times 8) + 4 \times (120 - 4 - 10 - 2 \times 8) = 808 (\mathrm{mm})$$

$$\tau_{\mathrm{f}} = \frac{R}{0.7 \beta_{\mathrm{f}} h_{\mathrm{f}} \sum l_{\mathrm{w}}} = \frac{73.2 \times 10^3}{0.7 \times 1.22 \times 8 \times 808} = 13.3 (\mathrm{N/mm^2}) < f_{\mathrm{f}}^{\mathrm{w}} = 160 \mathrm{N/mm^2}，满足$$

要求。

上弦杆与节点板的连接焊缝：

节点板与上弦角钢肢背采用槽焊缝连接，假定槽焊缝只承受屋面集中荷载 P，$P=11.26\mathrm{kN}$。节点板与上弦角钢肢尖采用双面角焊缝连接，承担上弦内力差 ΔN。节点"1"槽焊缝焊脚尺寸取节点板厚度的一半，即 $h_{\mathrm{f1}}=0.5t_1=4\mathrm{mm}$；焊缝长度为：$l_{\mathrm{w}}=520-2h_{\mathrm{f1}}=520-2\times4=512(\mathrm{mm})$，则焊缝强度

$$\sigma_{\mathrm{f}} = \frac{P}{2 \times 0.7 h_{\mathrm{f1}} l_{\mathrm{w}}} = \frac{11.26 \times 10^3}{2 \times 0.7 \times 4 \times 512} = 3.9 (\mathrm{N/mm^2}) < f_{\mathrm{f}}^{\mathrm{w}} = 160 \mathrm{N/mm^2}$$

肢尖角焊缝的焊脚尺寸取 $h_{\mathrm{f2}}=5\mathrm{mm}$（贴边焊接，厚度小于 $6\mathrm{mm}$，取板厚）。角钢肢尖角焊缝的计算长度 $l_{\mathrm{w}}=520-2\times5=510(\mathrm{mm})$，上弦杆的内力差 $\Delta N=-195.81\mathrm{kN}$，偏心距 $e=55\mathrm{mm}$，引起的弯矩为

$$M = Ne = 195.81 \times 55 = 10769.55 (\mathrm{kN \cdot mm})$$

则

$$\sigma_{\mathrm{f}} = \frac{6M}{2 \times 0.7 h_{\mathrm{f2}} l_{\mathrm{w}}} = \frac{6 \times 10769.55 \times 10^3}{2 \times 0.7 \times 5 \times 510^2} = 35.5 (\mathrm{N/mm^2})$$

$$\tau_{\mathrm{f}} = \frac{N}{2 \times 0.7 h_{\mathrm{f2}} l_{\mathrm{w}}^2} = \frac{195.81 \times 10^3}{2 \times 0.7 \times 5 \times 510} = 54.8 (\mathrm{N/mm^2})$$

$$\sqrt{\left(\frac{\sigma_{\mathrm{f}}}{\beta_{\mathrm{f}}}\right)^2 + \tau_{\mathrm{f}}^2} = \sqrt{\left(\frac{35.5}{1.22}\right)^2 + 54.8^2} = 62.0 (\mathrm{N/mm^2}) < f_{\mathrm{f}}^{\mathrm{w}} = 160 \mathrm{N/mm^2}，满足要求。$$

② 上弦节点"2"（见图 3.68）。节点板与上弦角钢肢背采用槽焊缝连接，假定槽焊缝只承受屋面集中荷载 P，$P=11.26\mathrm{kN}$。节点板与上弦角钢肢尖采用双面贴角焊缝连接，承担上弦内力差 ΔN。节点"2"的塞焊缝不控制，仅需验算肢间焊缝。

上弦杆采用等边角钢组成的 T 形截面，肢尖角焊缝的焊脚尺寸 $h_{\mathrm{f2}}=5\mathrm{mm}$，则角钢肢尖角焊缝的计算长度 $l_{\mathrm{w}}=130-2h_{\mathrm{f}}=130-2\times5=120(\mathrm{mm})$。

弦杆相邻节间内力差 $\Delta N=-195.81-(-181.51)=-14.30(\mathrm{kN})$，偏心距 $e=55\mathrm{mm}$，引起的弯矩为

$$M = \Delta Ne = 14.3 \times 55 = 786.5 (\mathrm{kN \cdot mm})$$

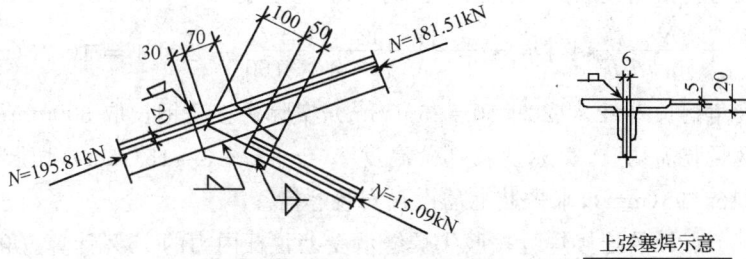

图 3.68 上弦节点

则

$$\sigma_f = \frac{6M}{2 \times 0.7 h_{f2} l_w^2} = \frac{6 \times 786.5 \times 10^3}{2 \times 0.7 \times 5 \times 120^2} = 46.8 (\text{N/mm}^2)$$

$$\tau_f = \frac{\Delta N}{2 \times 0.7 h_{f2} l_w} = \frac{14.30 \times 10^3}{2 \times 0.7 \times 5 \times 120} = 17.0 (\text{N/mm}^2)$$

$$\sqrt{\left(\frac{\sigma_f}{\beta_f}\right)^2 + \tau_f^2} = \sqrt{\left(\frac{46.8}{1.22}\right)^2 + 17.0^2} = 41.2 (\text{N/mm}^2) < f_f^w = 160 \text{N/mm}^2,\text{肢尖焊缝}$$

安全。

③ 上弦节点"4"(见图 3.69)。因上弦杆间内力差小,节点板尺寸大,故不需要再验算。

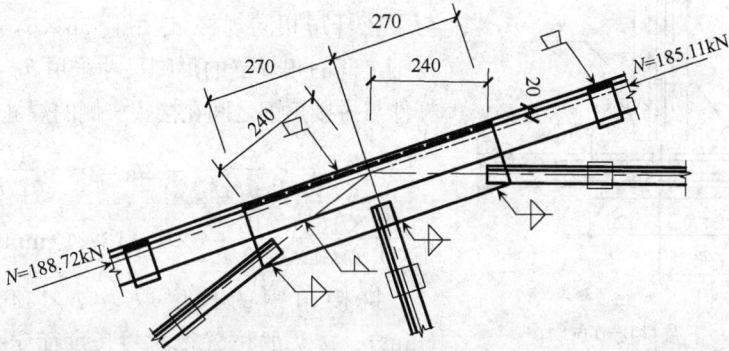

图 3.69 上弦节点"4"

④ 屋脊节点"7"(见图 3.70)。上弦杆节点荷载 P 假定由角钢肢背的塞焊缝承受,一般按构造要求即可满足。计算从略。

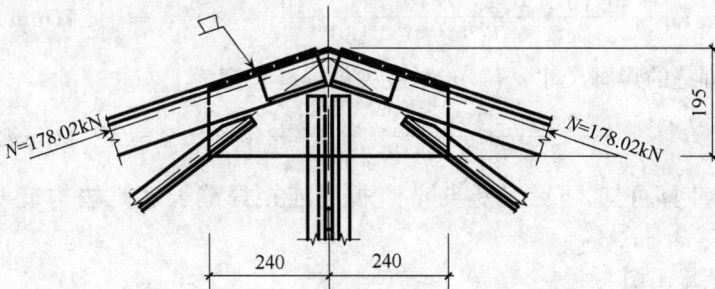

图 3.70 屋脊节点"7"

上弦杆件与拼接角钢肢尖在接头一侧的焊缝长度为

$$l'_w = \frac{N}{4 \times 0.7 h_f f_f^w} + 2h_f = \frac{178.02 \times 10^3}{4 \times 0.7 \times 4 \times 160} + 2 \times 4 = 107.3 \text{(mm)}$$

采用拼接角钢长 $l = 2 \times 120 + 10 = 250 \text{(mm)}$，实际拼接角钢长取 300mm。

拼接角钢竖肢需切肢，实际切肢部分高度 $\Delta = t + h_f + 5 = 15 \text{(mm)}$；切肢后剩余高度 $h - \Delta = 110 - 15 = 95 \text{(mm)}$，水平肢上需设置安装螺栓。

上弦杆与节点板的连接焊缝按肢尖焊缝承受上弦杆内力的 15% 计算。角钢肢尖角焊缝的焊脚尺寸 $h_{f2} = 4$mm，则角钢肢尖角焊缝的计算长度 $l_w = 240 \times \frac{3.16}{3} - 2 \times 4 - 10 = 235 \text{(mm)}$，内力差 $\Delta N = 15\% \times 178.02 = 26.7 \text{(kN)}$，偏心弯矩为：$M = \Delta Ne$，偏心距 $e = 55$mm，则

$$\sigma_f = \frac{6M}{2 \times 0.7 h_{f2} l_w^2} = \frac{6 \times 26.7 \times 10^3 \times 55}{2 \times 0.7 \times 4 \times 235^2} = 28.5 \text{(N/mm}^2)$$

$$\tau_f = \frac{\Delta N}{2 \times 0.7 h_{f2} l_w} = \frac{26.7 \times 10^3}{2 \times 0.7 \times 5 \times 235} = 20.3 \text{(N/mm}^2)$$

$$\sqrt{\left(\frac{\sigma_f}{\beta_f}\right)^2 + \tau_f^2} = \sqrt{\left(\frac{28.5}{1.22}\right)^2 + 20.3^2} = 30.9 \text{(N/mm}^2) < f_f^w = 160\text{N/mm}^2，肢尖焊缝$$
安全。

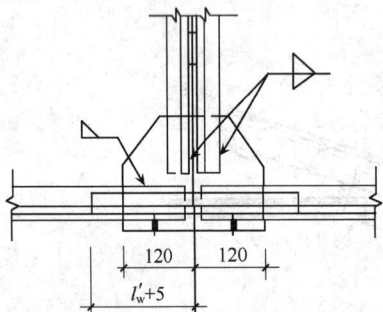

图 3.71 下弦拼接节点"10"

⑤ 下弦拼接节点"10"见(图 3.71)。拼接角钢与下弦杆用相同规格，选用 ∟56×5，下弦杆与拼接角钢之间的角焊缝的焊脚尺寸采用 $h_f = 4$mm。下弦杆件与拼接角钢之间在接头一侧的焊缝长度为

$$l'_w = \frac{N}{4 \times 0.7 h_f f_f^w} + 2h_f = \frac{Af}{4 \times 0.7 h_f f_f^w} + 2h_f = \frac{10.83 \times 10^2 \times 215}{4 \times 0.7 \times 4 \times 160} + 2 \times 4 = 137.9 \text{(mm)}，取 140mm$$

拼接角钢的长度取为 $2 \times 140 + 10 = 290 \text{(mm)}$。接头的位置视材料长度而定，最好设在跨中节点处，当接头不在节点时，应增设垫板。

下弦杆与节点板的连接焊缝按杆件内力的 15% 计算。设肢背焊缝的焊脚尺寸 $h_f = 4$mm，焊缝长度为

$$l'_{w1} = \frac{0.70 \times 0.15 \times 101.34 \times 10^3}{2 \times 0.7 \times 4 \times 160} + 2 \times 4 = 19.9 \text{(mm)}$$

设肢尖焊缝的焊脚尺寸 $h_f = 4$mm，肢尖处焊缝长度为

$$l'_{w1} = \frac{0.30 \times 0.15 \times 101.34 \times 10^3}{2 \times 0.7 \times 4 \times 160} + 2 \times 4 = 13.1 \text{(mm)}$$

由以上计算可知，下弦角钢与节点板的连接焊缝长度是按构造要求确定的，取 100mm。

(8) 屋架施工图

屋架详图见图 3.72 和图 3.73。

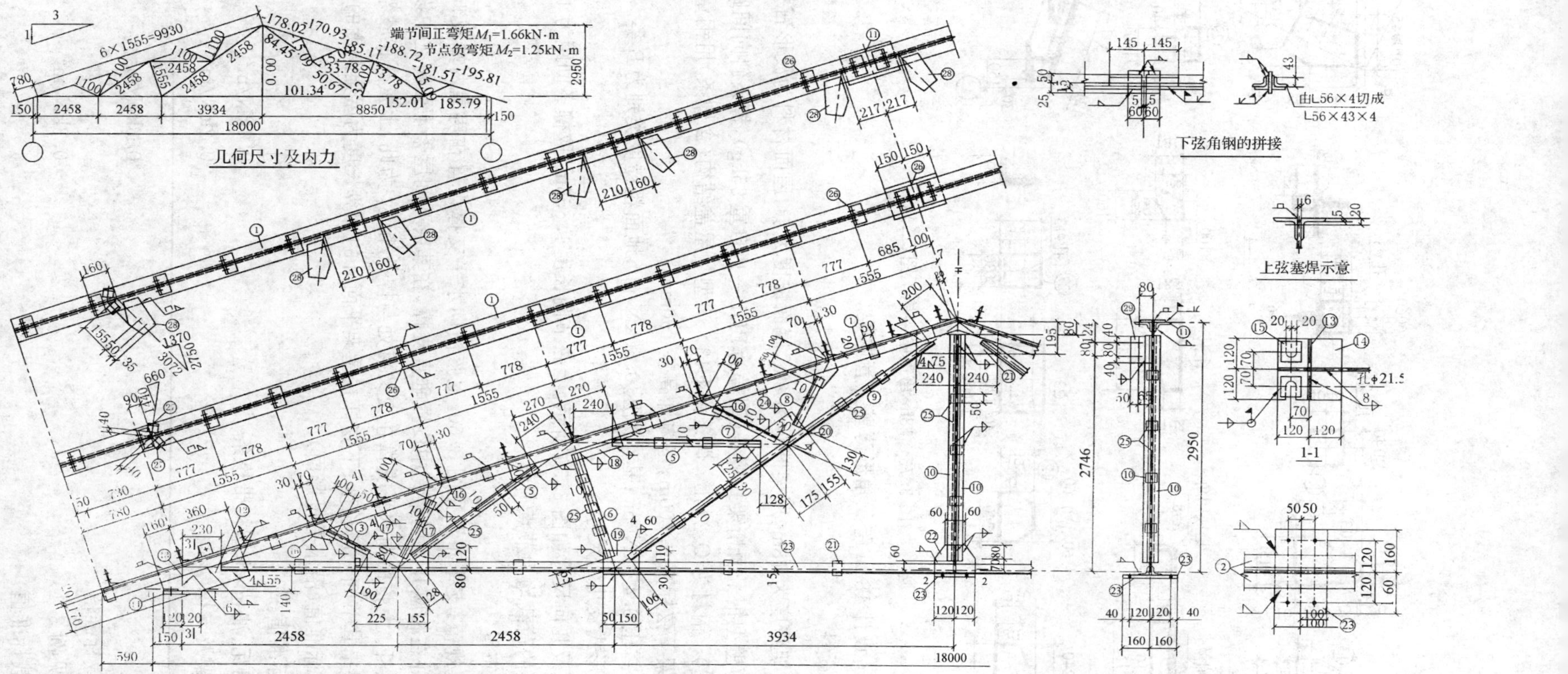

图 3.72 18m 角钢屋架施工图（一）

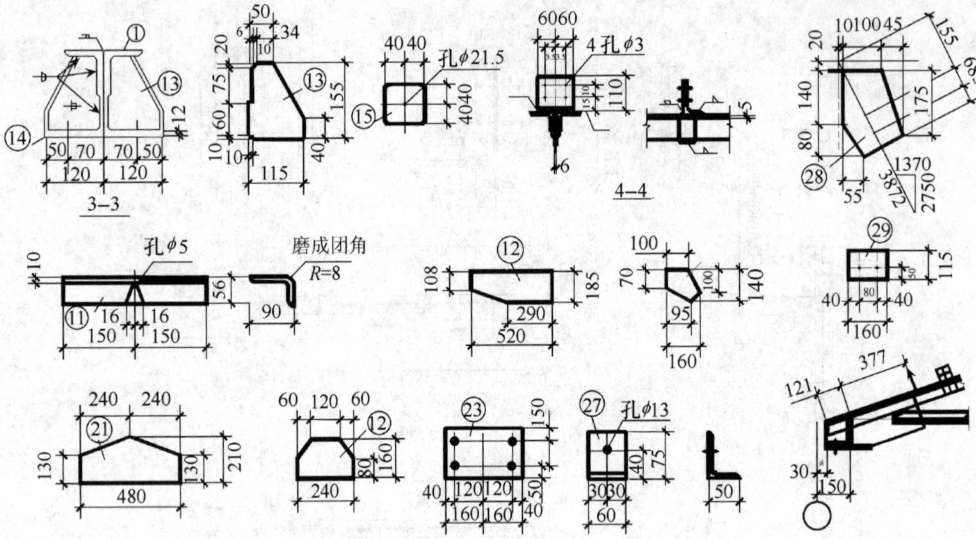

图 3.73　18m 角钢屋架施工图(二)

【例 3.2】 设计 18 m 跨三角形薄壁方管屋架。

(1) 设计资料

某工程屋架跨度为 18m,屋架间距为 6m,屋面坡度为 $\frac{1}{3}$,屋面材料为波形石棉瓦(中波)。檩条为薄壁型钢平面桁架式檩条(型号为 BHL−1,自重 35kg),檩条斜向间距为 1.4～1.6 m(可选),钢材为 Q 235B,焊条为 E43×× 型。屋盖结构(含檩条)用钢量控制在 20kg/m² 。屋架下弦标高 8.400m,室内外高差 150mm。

当地基本雪压 0.45 kN/m² ;基本风压 0.50kN/m² ;地面粗糙度类别为 B 类。

(2) 屋架形式及几何尺寸

屋架形式及几何尺寸如图 3.59 所示。上弦节间长度 1.555m,取檩条间距为 1.555m,则作用在屋架的荷载均为节点荷载。

(3) 支撑布置

根据抗震规范,支撑布置见图 3.60,上弦横向水平支撑设置在房屋两端及伸缩缝的第一开间内,并在相应开间屋架跨中设置垂直支撑,在其余开间屋架下弦跨之中设置一道通长的水平系杆。上弦横向水平支撑在交叉点处与檩条相连。为此,上弦杆在屋架平面外的计算长度等于其节间几何长度;下弦杆在屋架平面外的计算长度为屋架跨度的一半。

(4) 荷载标准值(沿水平投影面)

1) 恒载标准值。

波形石棉瓦、油毡、木望板带椽条	0.4kN/m²
檩条、屋架及支撑	0.2kN/m²
	0.6kN/m²

2) 活荷载标准值。

活荷载(见例 3.1) 　　　　　　　　　　　　　　　　　　0.3kN/m²

3) 雪荷载标准值。

基本雪压 $0.45kN/m^2$

雪荷载与屋面活荷载不同时考虑,取两者中较大值,即按雪荷载取值:$0.45kN/m^2$。

4）风荷载标准值。

基本风压 $0.5kN/m^2$

5）荷载组合。

① 恒载＋雪荷载。

② 恒载＋风荷载。

③ 恒载＋半跨雪荷载。

④ 屋架、檩条自重＋半跨屋面板重＋半跨施工荷载（可取 $0.3kN/m^2$）。

一般第③种和第④种荷载的组合不起控制作用,为节省篇幅,本例题仅按前两种荷载组合进行计算。

6）节点荷载设计值（见图 3.74）。

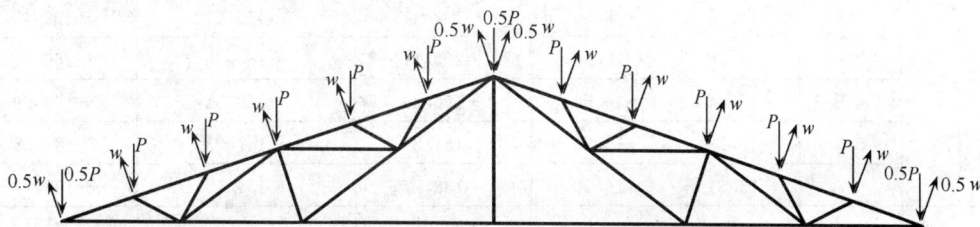

图 3.74 上弦节点荷载

① 竖向荷载作用下的节点荷载。

恒荷载作用下节点荷载标准值：$P_{Gk}=0.6\times6\times1.555\times\dfrac{3}{\sqrt{10}}=5.31(kN)$

雪荷载作用下节点荷载标准值：$P_{Qk}=0.45\times6\times1.555\times\dfrac{3}{\sqrt{10}}=3.98(kN)$

当荷载效应由永久荷载控制时,荷载效应为：$S_1=1.35P_{Gk}+1.4\times0.7\times P_{Qk}=11.07$ (kN)

当荷载效应由可变荷载控制时,荷载效应为：$S_2=1.2P_{Gk}+1.4\times P_{Qk}=11.94(kN)$

所以,本工程屋面荷载组合效应由可变荷载效应控制。在恒荷载作用下节点荷载设计值为 $P_G=1.2P_{Gk}=6.37kN$；竖向荷载（恒载、屋面活荷载或雪荷载）作用下节点荷载设计值为：$P=11.94kN$。

② 风荷载作用下的节点荷载。

风载体型系数：由《建筑结构荷载规范》(GB 50009-2001)可得：背风面 $\mu_s=-0.5$；迎风面由内插法得 $\mu_s=-0.46$；为简化计算,背风面和迎风面均取 $\mu_s=-0.5$。（如果两者差别较大,其计算过程可参见例题 3.1）。

风压高度变化系数：地面粗糙度为 B 类,屋架下弦标高为 8.4m,取屋架平均高度作为风荷载计算高度,$H=8.4+0.15+\dfrac{2.45}{2}=9.775(m)$；接近于 10m,风压高度变化系数近似取 $\mu_z=1.0$；风振系数：$\beta_z=1.0$。

当计算主要承重结构时,垂直于建筑表面上的风荷载标准值按 $w_k=\beta_z\mu_s\mu_z w_0$ 计算。

背风面:$w_k=1.0\times(-0.5)\times1.0\times0.50=0.25(kN/m^2)$(垂直于屋面),为风吸力

迎风面:$w_k=1.0\times(-0.5)\times1.0\times0.50=0.25(kN/m^2)$(垂直于屋面),为风吸力

由檩条传给屋架上弦的节点风荷载标准值,$w_1=-0.25\times1.555\times6=-2.33(kN)$。其节点风荷载设计值为$w=1.4\times w_1=-3.26(kN)$(吸力)。

（5）内力计算

内力及内力组合见表 3.19。

表 3.19　屋架杆件内力组合表

杆件名称	杆件编号	全跨荷载作用下内力系数		组合 1/kN	组合 2/kN	最不利内力组合 /kN
		竖向荷载 $P=1$	垂直屋面荷载 $W=1$	恒载+雪荷载 $P=11.94$	恒载+风荷载 $P_G=6.37;W=3.26$	
		①	②	③=①×P	④=①×P_G+②×W	
上弦杆	1-2	-17.39	-16.50	-207.64	-164.56	-207.64
	2-3	-16.12	-15.50	-192.47	-153.21	-192.47
	3-4	-16.76	-16.50	-200.11	-160.55	-200.11
	4-5	-16.44	-16.50	-196.29	-158.51	-196.29
	5-6	-15.18	-15.50	-181.25	-147.23	-181.25
	6-7	-15.81	-16.50	-188.77	-154.50	-188.77
下弦杆	1-8	16.50	17.39	197.01	161.80	197.01
	8-9	13.50	14.23	161.19	132.38	161.19
	9-10	9.00	9.48	107.46	88.23	107.46
腹杆	2-8	-1.34	-1.41	-16.00	-13.13	-16.00
	3-8	-1.34	-1.41	-16.00	-13.13	-16.00
	4-8	3.00	3.16	35.82	29.41	35.82
	4-9	-2.85	-3.00	-34.03	-27.93	-34.03
	4-11	3.00	3.16	35.82	29.41	35.82
	5-11	-1.34	-1.41	-16.00	-13.13	-16.00
	6-11	-1.34	-1.41	-16.00	-13.13	-16.00
	9-11	4.50	4.74	53.73	44.12	53.73
	7-11	7.50	7.91	89.55	73.56	89.55
	7-10	0.00	0.00	0.00	0.00	0.00

注:内力系数由《建筑结构静力计算手册》查得

（6）截面选择

1）上弦杆。

杆件 1-2 的轴心力:$N_{1-2}=-207.6kN$

计算长度:$l_{0x}=l_{0y}=155.5cm$

选用截面:□120×3

截面几何特性:

截面面积:$A=13.65cm^2$;回转半径:$i_x=i_y=4.74cm$

长细比：$\lambda_x = \lambda_y = \dfrac{l_{0x}}{i_x} = \dfrac{l_{0y}}{i_y} = \dfrac{155.5}{4.74} = 32.8$。查《冷弯薄壁型钢结构技术规范》（GB 50018-2002）（以下简称薄壁钢结构规范）附录 A，得 $\varphi = 0.91$。

上弦杆只考虑轴心受压，所以压应力不均匀系数 $\psi = \dfrac{\sigma_{min}}{\sigma_{max}} = 1.0$。

计算系数：$\alpha = 1.15 - 0.15\psi = 1$。

受压板件的稳定系数：$k = 7.8 - 8.15\psi + 4.35\psi^2 = 4$。

板组约束系数：$k_1 = 1$。

$$\sigma_1 = \varphi f = 0.91 \times 205 = 186.6$$

计算系数：$\rho = \sqrt{\dfrac{205 k_1 k}{\sigma_1}} = 2.096$；$18\alpha\rho = 18 \times 1 \times 2.096 = 37.7$

$$18\alpha\rho < \frac{b}{t} = \frac{120}{3} = 40 < 38\alpha\rho = 79.65$$

所以 $\dfrac{b_e}{t} = \left(\sqrt{\dfrac{21.8\alpha\rho}{\frac{b}{t}}} - 0.1\right)\dfrac{b_c}{t} = \left(\sqrt{\dfrac{21.8 \times 1 \times 2.096}{40}} - 0.1\right) \times \dfrac{120}{3} = 38.75 < \dfrac{b}{t} = 40$

有效截面（见图 3.75）面积：

$A_e = A - 4(b - b_e)t$

$= 13.65 - 4 \times (40 - 38.75) \times 0.3^2 = 13.2 (\text{cm}^2)$

稳定承载力验算：

$\dfrac{N_{1\text{-}2}}{\varphi A_e} = \dfrac{207.64 \times 10^3}{0.91 \times 13.2 \times 10^2} = 172.9 (\text{N/mm}^2) < f = 205 \text{N/mm}^2$，安全。

2）下弦杆。

杆件 1-8 的轴心力：$N_{1\text{-}8} = 197.01\text{kN}$

计算长度：$l_{0x} = 245.8\text{cm}$，$l_{0y} = 885\text{cm}$

选用截面：□100×3

截面几何特性：

截面面积：$A = 11.25\text{cm}^2$；回转半径：$i_x = i_y = 3.92\text{cm}$

长细比：$\lambda_x = \dfrac{l_{0x}}{i_x} = \dfrac{245.8}{3.92} = 62.7$，$\lambda_y = \dfrac{l_{0y}}{i_y} = \dfrac{855}{3.92} = 225.8 < [\lambda] = 350$（拉杆）

截面强度验算：

$\dfrac{N_{1\text{-}8}}{A} = \dfrac{197.01 \times 10^3}{11.25 \times 10^2} = 175.1(\text{N/mm}^2) < f = 205\text{N/mm}^2$，安全。

下弦杆可选用同一种截面，为了说明弦杆拼接的做法，而 1-8 和 9-10 两根杆内力差又较大，本例题的下弦杆改变一次截面。即下弦杆 9-10 另选一种截面。

杆 9-10 的轴心力：$N_{9\text{-}10} = 107.46\text{kN}$

计算长度：$l_{0x} = 393.4\text{cm}$，$l_{0y} = 885\text{cm}$

选用截面：□80×2.5

截面几何特性：

截面面积：$A = 7.48\text{cm}^2$；回转半径：$i_x = i_y = 3.13\text{cm}$

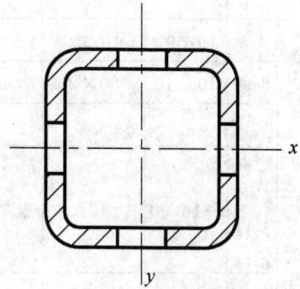

图 3.75　上弦杆有效截面面积

长细比：$\lambda_x = \dfrac{l_{0x}}{i_x} = \dfrac{393.4}{3.13} = 125.7,\lambda_y = \dfrac{l_{0y}}{i_y} = \dfrac{855}{3.13} = 282.7 < [\lambda] = 350$（拉杆）

截面强度验算：

$$\frac{N_{9\text{-}10}}{A} = \frac{107.46 \times 10^3}{7.48 \times 10^2} = 143.7\text{N/mm}^2 < f = 205\text{N/mm}^2，\text{安全}。$$

3）腹杆。

腹杆的截面选择方法同上，根据受力性质的不同，应按轴心受压构件验算稳定承载力或验算静截面强度。现将屋架的上、下弦杆及腹杆计算列于表 3.20。

为了简化和安全起见，在屋架计算中，没有考虑冷弯效应的提高（可参见冷弯薄壁钢结构规范）。

表 3.20　屋架杆件截面选用表

杆件名称	杆件编号	杆件内力/kN	截面规格/mm×mm	截面面积/cm²	宽厚比 $\frac{b}{t}$	有效宽厚比 $\frac{b_e}{t}$	有效面积/cm²	计算长度/cm		回转半径/cm	长细比		稳定系数	$\frac{N}{\varphi_{\min}A}$ 或 $\frac{N}{A}$	容许长细比[λ]
								l_{0x}	l_{0y}		λ_x	λ_y			
上弦	1-2	−207.64	□120×3	13.65	40.0	38.75	13.20	155.5	155.5	4.74	32.8	32.8	0.91	172.9	150
下弦	1-8	197.01	□100×3	11.25	33.3	33.3	11.25	245.8	885	3.92	62.7	225.8		175.1	350
	9-10	107.46	□80×2.5	7.48	32.0	32	7.48	393.4	885	3.13	125.7	282.7		143.7	350
腹杆	2-8 3-8 5-11 6-11	−16.00	□40×2	2.87	20	20	2.87	110.0	110.0	1.52	72.4	72.4	0.763	73.1	200
	4-8 4—11	35.82	□40×2	2.87	20	20	2.87	245.8	245.8	1.52	161.7	161.7		124.8	350
	4-9	−34.02	□60×2	4.47	30	30	4.47	155.5	155.5	2.34	66.5	66.5	0.791	96.2	200
	9-11	53.73	□60×2	4.47	30	30	4.47	245.8	491.6	2.34	105.0	210.1		120.2	350
	7-11	89.55	□60×2	4.47	30	30	4.47	245.8	491.6	2.34	105.0	210.1		200.3	350
	7-10	0	□40×2	2.87	20	20	2.87	295.0	295.0	1.52	194.1	194.1			200

（7）节点设计

1）一般杆件连接焊缝。

设焊缝最小焊脚尺寸 $h_f = 3\text{mm}$，采用四周围焊。焊缝承载力可根据钢结构规范验算。

2）节点设计。

① 屋架支座节点"1"（见图 3.76）。

支座底板计算：

支座反力，考虑制作外悬挑。

$$R = 6 \times 11.94 + (1.2 \times 0.6 + 1.4 \times 0.45) \times 0.74 \times 6 = 77.63(\text{kN})$$

支座底板的平面尺寸（a,b 见图 3.67）取：

$$2a = 2b = 240\text{mm},a_1 = \sqrt{2} \times 120 = 169.7(\text{mm}),b_1 = \frac{a_1}{2} = 84.8(\text{mm})$$

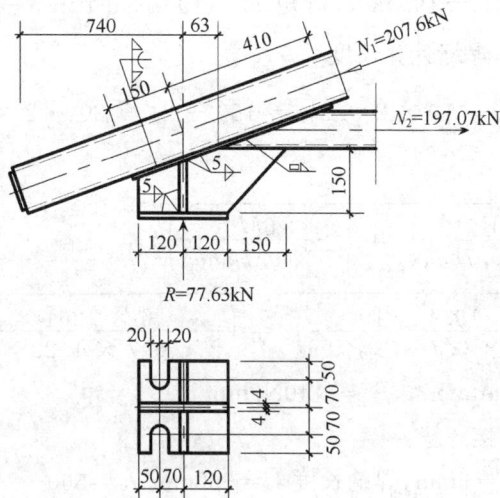

图 3.76 屋架支座节点

支座底板混凝土为 C20,承压面积

$$A_n = 240 \times 240 - \pi \times 20^2 - 2 \times 40 \times 50 = 52300(\text{mm}^2)$$

柱顶混凝土的抗压强度:$f_c = 9.6\text{N/mm}^2$

$$\frac{R}{A_n} = \frac{77.63 \times 10^3}{52300} = 1.48(\text{N/mm}^2) < \beta_c f_c$$

$$= \sqrt{\frac{A_b}{A_l}} f_c = \sqrt{\frac{240 \times 240}{52300}} \times 9.6 = 10(\text{N/mm}^2)$$

支座底板的厚度按屋架反力作用下的弯矩计算

$$M = \beta q a_1^2$$

式中:$q = \dfrac{R}{A_n} = 1.48\text{N/mm}^2$;$\dfrac{b_1}{a_1} = 0.5$;查表得:$\beta = 0.060$。

$$M = \beta q a_1^2 = 0.060 \times 1.48 \times 169.7^2 = 2557.3(\text{N} \cdot \text{mm}^2)$$

支座底板厚度:$t \geqslant \sqrt{\dfrac{6M}{f}} = \sqrt{6 \times \dfrac{2557.3}{215}} = 8.4(\text{mm})$,取 12mm。

支座底板的尺寸:240mm × 240mm × 12mm。

支座节点板与底板的连接焊缝:

假定焊缝传递全部支座反力 $R = 77.63\text{kN}$,设焊缝焊脚尺寸 $h_f = 5\text{mm}$,支座底板的连接焊缝长度为(安全起见,支座结构的正面角焊缝强度不予提高)

$$l_w = (240 - 10) \times 2 + (120 - 4 - 10 - 10) \times 4 = 844(\text{mm})$$

$$\tau_f = \frac{R}{0.7 \beta_f h_f \sum l_w} = \frac{77.63 \times 10^3}{0.7 \times 1.0 \times 5 \times 844} = 26.3(\text{N/mm}^2) < f_f^w = 140\text{N/mm}^2,满足要求。$$

加劲肋与节点板的连接焊缝:

假定一块加劲肋承受屋架支座反力的四分之一,即 $\dfrac{1}{4} \times 77.63 = 19.4(\text{kN})$。

焊缝承受的剪力：$V=19.4$kN，弯矩 $M=19.4\times\left(10+5+\dfrac{120-20}{2}\right)=126$（kN·mm），设焊缝 $h_f=5$mm，焊缝计算长度

$$l_w=150-\frac{63}{3}-10\times2-2h_f=150-21-20-2\times5=99\text{（mm）}$$

焊缝应力

$$\sqrt{\left(\frac{V}{2\times0.7h_fl_w}\right)^2+\left(\frac{6M}{2\times0.7\beta_fh_fl_w^2}\right)^2}$$

$$=\sqrt{\left(\frac{19.4\times10^3}{2\times0.7\times5\times99}\right)^2+\left(\frac{6\times1261\times10^3}{2\times0.7\times1.22\times5\times99^2}\right)^2}$$

$$=94.6\text{（N/mm}^2)<f_f^w=140\text{N/mm}^2$$

上弦杆与垫板的连接焊缝：

设焊缝焊脚尺寸 $h_f=3$mm，焊缝长度 $l_w'=560$mm，$l_w=560-2\times3=554$（mm）。

$$\tau_V=\frac{N_{1\text{-}2}}{2\times0.7h_fl_w}=\frac{207.64\times10^3}{2\times0.7\times3\times554}=89.2\text{（N/mm}^2)$$

$$\tau_M=\frac{M}{W_f}=\frac{M}{2\times0.7h_{f1}l_w}=\frac{207.64\times10^3\times60}{2\times0.7\times3\times\dfrac{554^2}{6}}=58.0\text{（N/mm}^2)$$

$$\tau=\sqrt{\tau_V^2+\tau_M^2}=\sqrt{89.2^2+58.0^2}=106.4\text{（N/mm}^2)<f_f^w=140\text{N/mm}^2$$

下弦杆与垫板的连接焊缝：

设焊缝焊脚尺寸 $h_f=3$mm，焊缝计算长度

$$l_w=2\times\left(100\sqrt{10}+100\right)-8-2\times3=818.5\text{（mm）}$$

$$\tau=\frac{N_{1\text{-}8}}{0.7h_fl_w}=\frac{197.01\times10^3}{0.7\times3\times818.5}=114.6\text{（N/mm}^2)<f_f^w=140\text{N/mm}^2\text{，满足。}$$

垫板与节点板、加劲肋间的连接焊缝：

可按构造取 $h_f=3$mm，并满焊。

②下弦杆拼装节点（见图 3.77）。

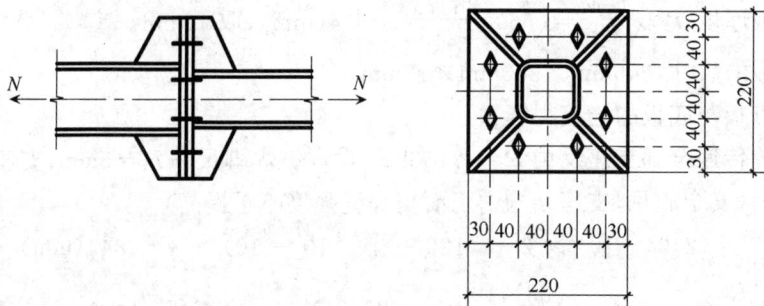

图 3.77 屋架下弦杆拼装节点

连接螺栓计算

选用 8 个 M14 的 C 级螺栓，螺栓的抗拉强度设计值 $f_t^b=165\text{N}/\text{mm}^2$。

一个 C 级螺栓的受拉承载力设计值

$$N_t^b = A_n f_t^b = 115 \times 165 = 18975(\text{N}) = 18.975\text{kN}$$

8 个螺栓的承载力

$$N_t = 8N_t^b = 8 \times 18.975 = 151.8(\text{kN}) \approx Af$$
$$= 7.48 \times 10^2 \times 205 \times 10^{-3} = 153.3(\text{kN})$$

③ 屋脊节点（见图 3.78）。

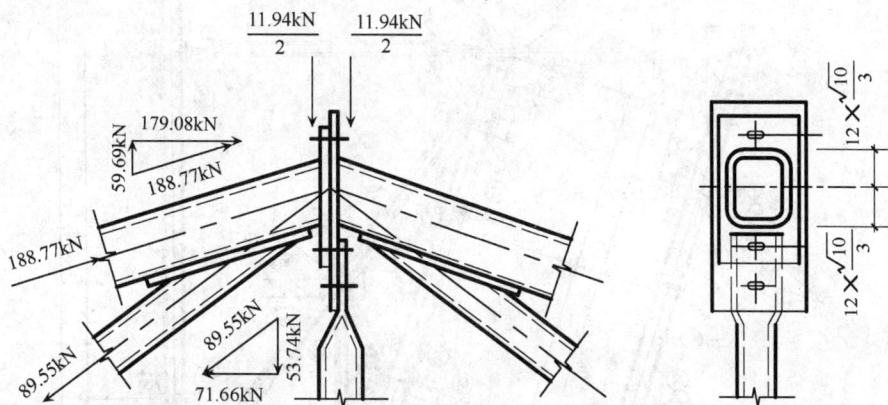

图 3.78　屋脊节点

上弦屋脊的连接焊缝：

焊缝所承受的内力：$N = 179.08 - 71.66 = 107.42(\text{kN})$

设焊缝焊脚尺寸 $h_f = 4\text{mm}$，焊缝计算长度

$$l_w = 2 \times 120 \times \left(1 + \frac{\sqrt{10}}{3}\right) - 2 \times 4 = 485(\text{mm})$$

$$\tau = \frac{N}{0.7h_f l_w} = \frac{107.42 \times 10^3}{0.7 \times 4 \times 485} = 79.1(\text{N}/\text{mm}^2) < f_f^w = 140\text{N}/\text{mm}^2$$

腹杆与上弦垫板焊缝：

设焊缝焊脚尺寸：$h_f = 3\text{mm}$

焊缝计算长度：

$$l_w = 2 \times 60 \times \left[1 + \frac{1}{\sin(71.57° - 53.13°)}\right] = 499(\text{mm})$$

$$\tau = \frac{N}{0.7h_f l_w} = \frac{89.55 \times 10^3}{0.7 \times 3 \times 499} = 85.5(\text{N}/\text{mm}^2) < f_f^w = 140\text{N}/\text{mm}^2$$

其他节点焊缝：

因为其余节点连接的内力较小，均可按构造要求取焊脚尺寸 $h_f = 3\text{mm}$，并采用围焊，即可满足强度要求。计算过程省略，请同学验算。

(8) 屋架施工图

屋架详图见图 3.79 和图 3.80。

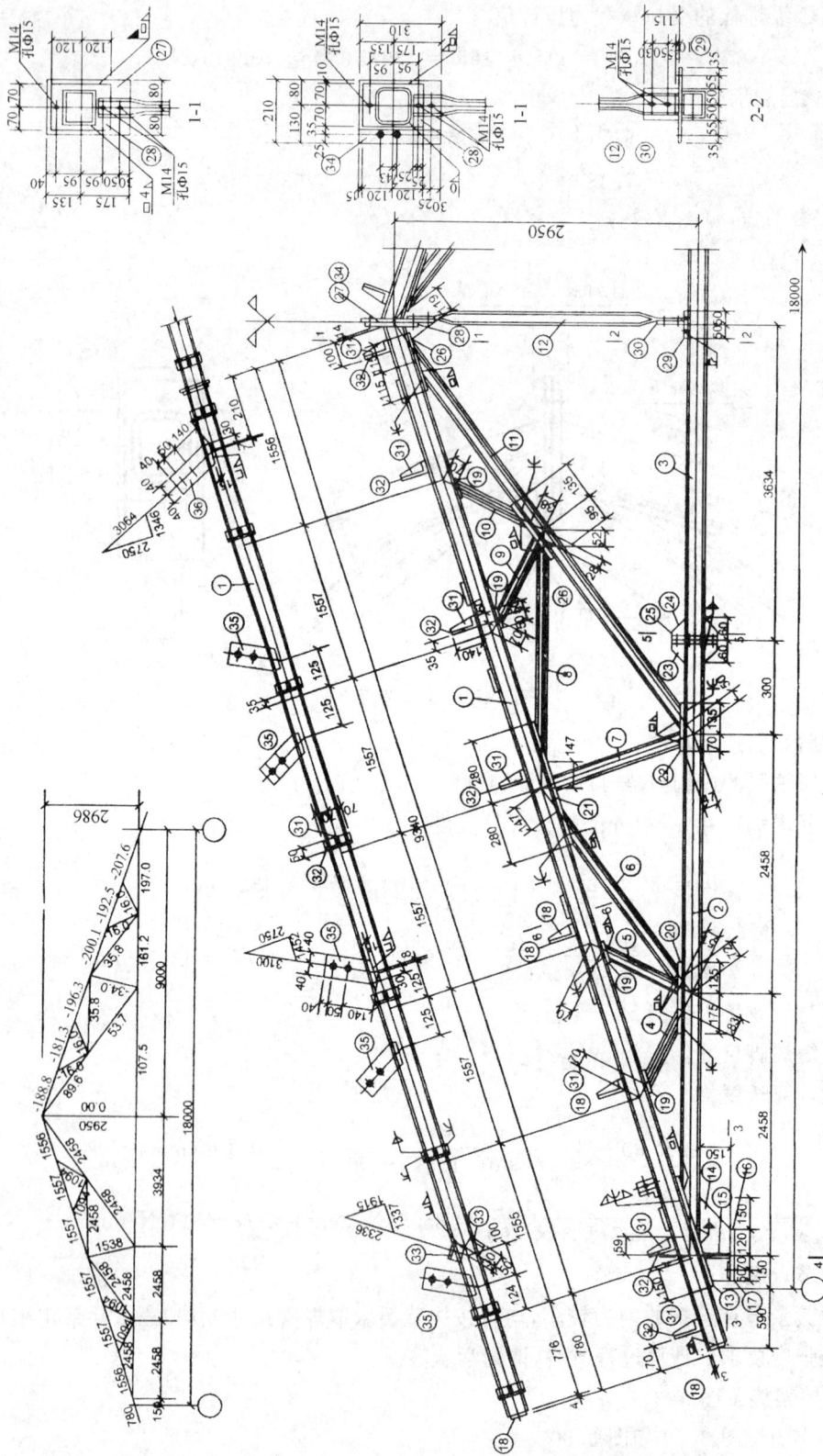

图 3.79 18m 方钢管屋架施工图（一）

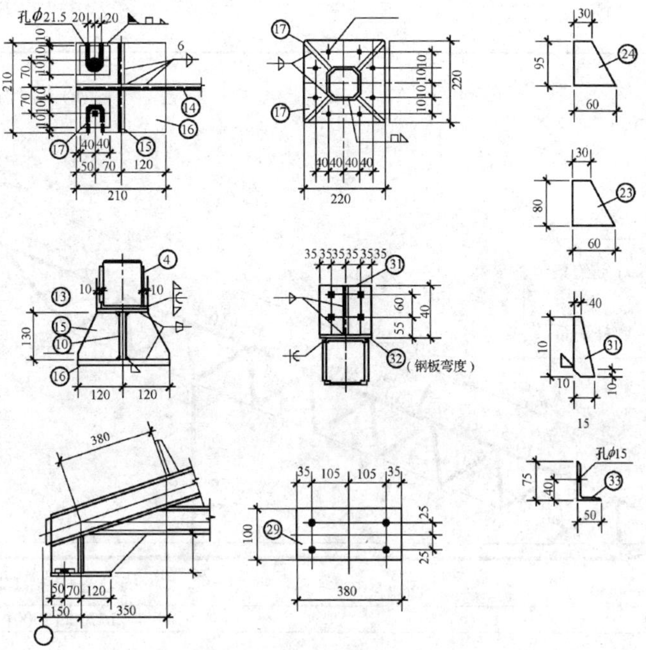

图 3.80 8m 方钢管屋架施工图(二)

【例 3.3】 设计 18m 跨三铰拱屋架。

(1) 设计资料

某工程屋架跨度为 18m,屋架间距为 6m,屋面坡度为 $\frac{1}{2.5}$,屋面材料为黏土瓦,油毡,木望板;檩条为檩条为平面桁架式(型号为 HL—2,自重 30kg),沿屋面方向檩条间距为 0.81m,钢材为 Q 235B,焊条为 E43××型。屋盖结构(含檩条)用钢量控制在 20kg/m²。屋架下弦标高 8.100m,室内外高差 150mm。

当地基本雪压 0.25 kN/m²;基本风压 0.50kN/m²;地面粗糙度类别为 B 类。

(2) 屋架形式及几何尺寸

屋架形式及几何如图 3.81 所示。上弦节间长度 1.555m,取檩条间距为 1.555m,则作用在屋架的荷载均为节点荷载。屋面坡度 $i=\frac{1}{2.5}$,$\alpha=21.80°$,$\cos\alpha=0.928$。

(3) 支撑布置

根据抗震规范,支撑布置见图 3.82,上弦横向水平支撑设置在房屋两端及伸缩缝的第一开间内,并在相应开间屋架跨中设置垂直支撑,在其余开间屋架下弦跨之中设置一道通长的水平系杆。由于三铰拱屋架得斜梁为空间桁架侧向刚度较大,故上弦横向水平支撑在交叉点处不与檩条相连。为此,上弦杆在屋架平面外的计算长度等于其节间几何长度;下弦杆在屋架平面外的计算长度为屋架跨度的一半。

(4) 荷载标准值(沿水平投影面)

1) 恒载标准值。

黏土瓦   0.55/0.928=0.592≈0.60 kN/m²

油毡、木望板   0.20 kN/m²

檩条、屋架及支撑   0.20 kN/m²

1.00 kN/m²

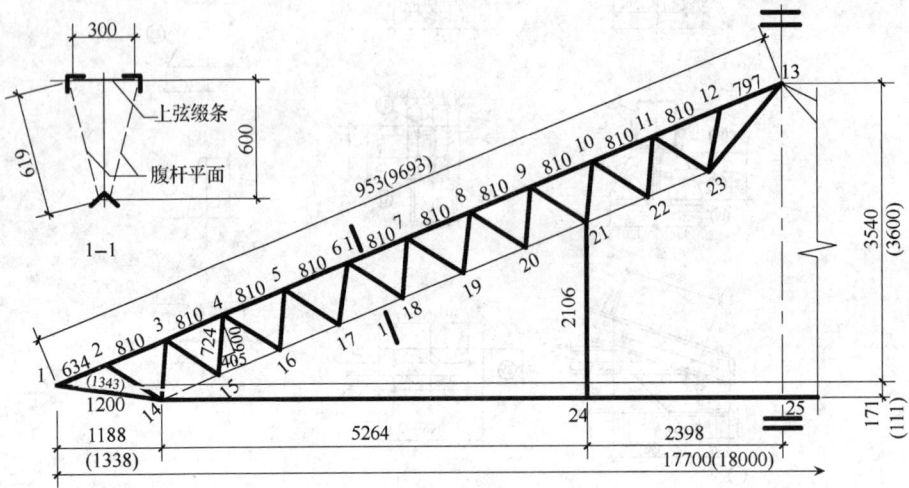

图 3.81 屋架形式及几何尺寸

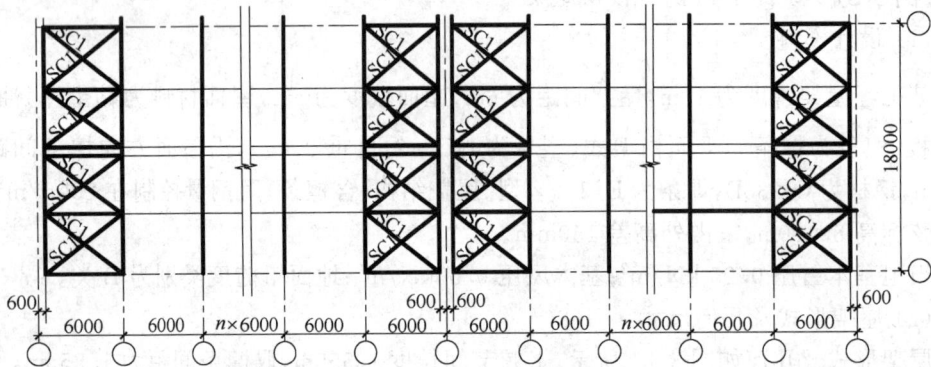

图 3.82 支撑布置图

2) 屋面活荷载标准值。

活荷载(见例题 3.1)   0.3 kN/m²

3) 雪荷载标准值。

基本雪压   0.25 kN/m²

雪荷载与屋面活荷载不同时考虑,取其较大值,即按活荷载取值:0.3 kN/m²。

4) 风荷载标准值。

基本风压   0.5 kN/m²

5) 荷载组合。

① 恒载+全跨活荷载。

② 恒载+半跨活荷载。因斜梁腹杆多采用圆钢,均按压杆设计,故可不考虑。

③ 恒载+风荷载。因风荷载远小于恒载,不会出现内力变号的情况,故可不考虑。

屋架、檩条自重+半跨屋面板重+半跨施工荷载(可取 $0.3kN/m^2$),对于轻钢屋面一般可不考虑。

6) 节点荷载设计值。

① 永久荷载和屋面活荷载作用。

恒荷载作用下节点荷载标准值:$P_{Gk}=1.0\times6\times0.81\times0.928=4.51(kN)$

活荷载作用下节点荷载标准值:$P_{Qk}=0.3\times6\times0.81\times0.928=1.35(kN)$

当荷载效应由永久荷载控制时,荷载效应为:$S_1=1.35P_{Gk}+1.4\times0.7\times P_{Qk}=7.41(kN)$

当荷载效应由可变荷载控制时,荷载效应为:$S_2=1.2P_{Gk}+1.4\times P_{Qk}=7.30(kN)$

所以,本工程屋面荷载组合效应由永久荷载效应控制。在恒荷载作用下节点荷载设计值为 $P_G=1.35P_{Gk}=5.86(kN)$;在恒载、屋面活荷载作用下节点荷载设计值为:$P=7.41kN$。

② 风荷载作用下的节点荷载。

风荷载体型系数:由《建筑结构荷载规范》(GB 50009-2001)可得:背风面 $\mu_s=-0.5$;迎风面由内插法得 $\mu_s=-0.328$。

风压高度变化系数:地面粗糙度为 B 类,屋架下弦标高为 8.1m,取屋架平均高度作为风荷载计算高度,$H=8.1+0.15+\dfrac{3.6}{2}=10.05(m)$;接近于 10m,风压高度变化系数近似取 $\mu_z=1.0$;风振系数:$\beta_z=1.0$。

当计算主要承重结构时,垂直于建筑表面上的风荷载标准值按 $w_k=\beta_z\mu_s\mu_z w_0$ 计算。

背风面:$w_k=1.0\times(-0.5)\times1.0\times0.50=-0.25(kN/m^2)$(垂直于屋面),为风吸力

迎风面:$w_k=1.0\times(-0.328)\times1.0\times0.50=-0.16(kN/m^2)$(垂直于屋面),为风吸力

由檩条传给屋架上弦的节点风荷载标准值,背风面:$w_{k1}=-0.25\times0.81\times6=-1.22(kN)$;迎风面为 $w_{k1}=-0.16\times0.81\times6=-0.78(kN)$;节点风荷载设计值,背风面:$w_1=1.4\times w_{k1}=-1.70(kN)$(吸力),迎风面:$w_2=1.4\times w_{k2}=-1.09(kN)$(吸力)。

(5)内力计算(按 18m 跨封闭轴线进行计算)

1) 支座反力。

当单位节点荷载 $P=1$ 作用时,支座反力 $R_A=12$。取斜梁作为隔离体,由 $\sum M_C=0$,得拱拉杆轴心力 H_B

$$H_B=\frac{12\times9-12\times4.5}{3.711}=\frac{12\times4.5}{3.711}=14.55$$

由 $\sum X=0$ 得

$$H_C=H_B=14.55$$

由 $\sum Y=0$ 得

$$V_C=0$$

杆件内力:

杆件内力计算按平面桁架分析。由于斜梁是一个平行弦桁架,而各腹杆又都具有相同

倾角,故可利用节点法从端节点开始,逐个进行分析。为便于计算,先把荷载及反力分解成各与斜梁弦杆平行和垂直得分力,杆件的内力可利用节点平衡条件,有杆件几何尺寸的比例关系求得,见图 3.83。

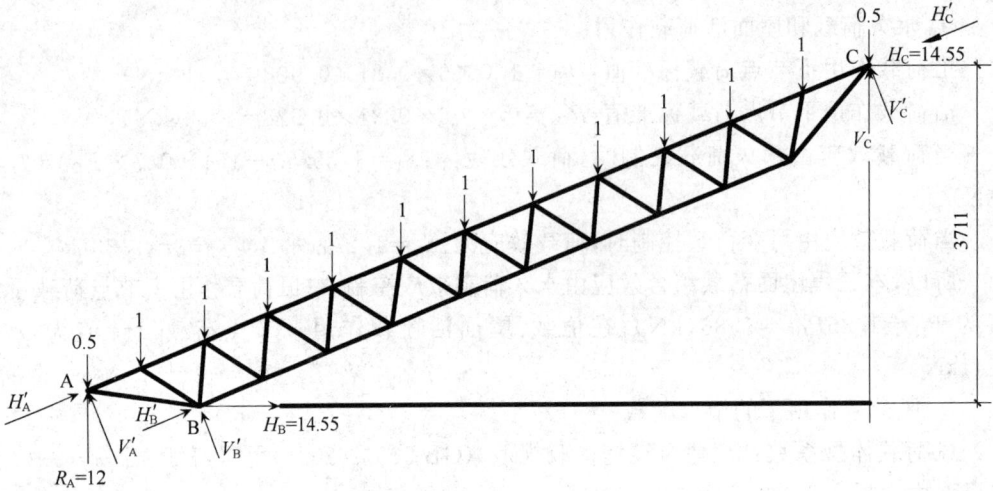

图 3.83 全跨单位荷载作用下的反力及拱拉杆内力

支座 A 处的分力:

$$V'_A = R_A \cos\alpha = 12 \times 0.928 = 11.136$$

$$H'_A = R_A \sin\alpha = 12 \times 0.371 = 4.452$$

节点 B 处的分力:

$$V'_B = H_B \cos\alpha = 14.55 \times 0.371 = 5.40$$

$$H'_B = H_B \sin\alpha = 14.55 \times 0.928 = 13.51$$

节点 C 处的分力同上:

$$V'_C = 5.40, H'_C = 13.51$$

单位节点荷载 $P=1$ 的分力:

$$P\cos\alpha = 1 \times 0.928 = 0.928, \quad P\sin\alpha = 1 \times 0.371 = 0.371$$

上述各个分力应满足 $\sum X = 0$ 和 $\sum Y = 0$ 作为校核计算(见图 3.84)。

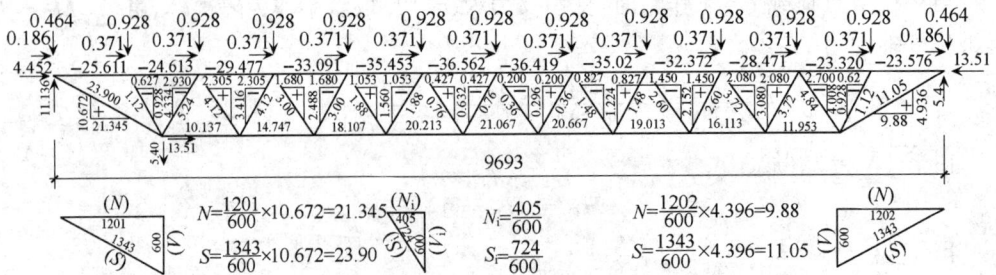

图 3.84 校核计算

2) 当节点荷载 $P=7.41$ 时,屋架杆件的内力图见图 3.85。

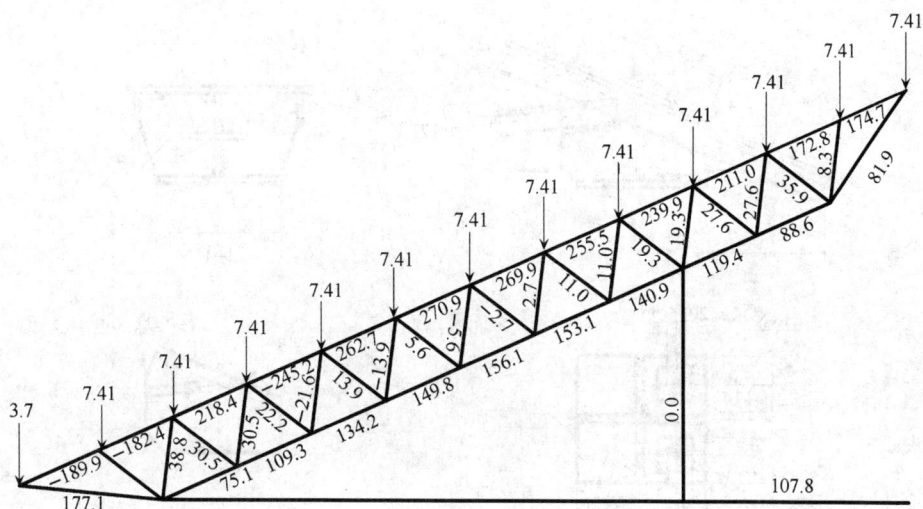

图 3.85 屋架杆件的内力图

（6）截面选择

截面选择见表 3.21。

表 3.21 屋架杆件截面选用表

杆件名称	杆件编号	内力/kN	截面规格	截面面积/mm²	计算长度/m		回转半径/cm		长细比		稳定系数 φ	强度或稳定	容许长细比	备 注
					l_x	l_y	i_x	i_y	λ_x	λ_y				
斜梁上弦杆	6-7	−270.9	⌐⌐	1632	81	81	1.38		58.7		0.814	198	150	按单肢的最小回转半径计算
斜梁下弦杆	18-19	156.1	∧	952	13.4.3		1.23		109			181	400	双腹杆对侧向起支承作用，未验算下弦杆平面外稳定。
斜梁腹杆	3-14	−38.8	2Φ22	760	74	74		0.55		135	0.407	122	200	2-14；11-23；12-23 截面同 3-14
	3-15 4-15	±30.5	2Φ20	628	74	74	0.50	0.50	148	148	0.347	136	200	10-22；11-22 截面同 3-15
	4-16 5-16	±22.2	2Φ18	509	74	74	0.45	0.45	164	164	0.289	147	200	9-21,10-21 截面同 4-16
	其他	±13.9	2Φ16	402	74	74	0.4	0.4	185	185	0.231	145	200	
拱拉杆及花篮螺丝丝杆	14-24	107.8	Φ26	531									197	张紧的圆钢拉杆的长细比不受限制
	24-25		Φ30	561									197	
上弦缀条			Φ14			82.3		0.35		235			200	
吊杆	21-24		Φ12					0.30						

（7）节点连接计算

1）屋架支座节点（见图 3.86）。

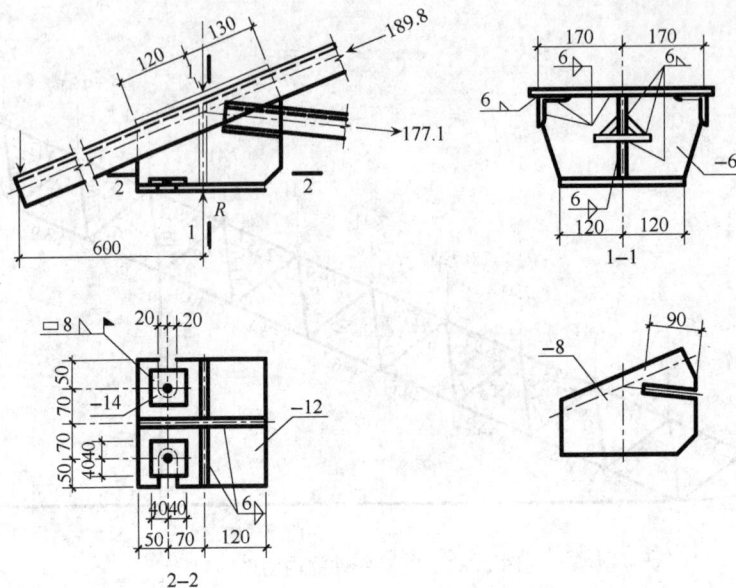

图 3.86 屋架支座节点

支座底板厚度：

按构造采用 $\delta=12\mathrm{mm}$，计算从略（请参考例题 3.1）。

斜梁下弦杆角钢与支座节点板的连接焊缝：

节点板上开槽，斜梁下弦杆角钢插入支座点板内，并在角钢肢尖处用连接板加强，共有四条焊缝与斜梁下弦杆角钢相连，取每条焊缝长度为 90mm，要求焊缝厚度为

$$h_\mathrm{f}=\frac{N}{0.7\sum l_\mathrm{w}\cdot f_\mathrm{f}^\mathrm{w}}=\frac{177.1\times10^3}{0.7\times4\times(90-8)\times140}=5.5(\mathrm{mm})$$

采用 $h_\mathrm{f}=6\mathrm{mm}$，节点板厚度取 8 mm。

斜梁上弦杆角钢与节点板连接：

斜梁上弦杆角钢与顶板通过四条焊缝相连，顶板再与节点通过两条焊缝 T 型连接，取顶板尺寸为 $250\times6\times360$，每条计算长度为 $250-8=242(\mathrm{mm})$，上弦杆内力 $N=189.8$ kN（压力）。

上弦杆角钢与节点板的焊脚尺寸：

$$h_\mathrm{f}=\frac{N}{0.7\sum l_\mathrm{w}f_\mathrm{f}^\mathrm{w}}=\frac{189.8\times10^3}{0.7\times4\times242\times0.85\times140}$$

$$=2.4(\mathrm{mm})，取\ h_\mathrm{f}=6\mathrm{mm}，l_\mathrm{w}=250<60h_\mathrm{f}=360\mathrm{mm}$$

要求顶板与节点板的焊脚尺寸：

$$h_\mathrm{f}=\frac{N}{0.7\sum l_\mathrm{w}f_\mathrm{f}^\mathrm{w}}=\frac{189.8\times10^3}{0.7\times2\times242\times0.85\times140}=4.7(\mathrm{mm})，取\ h_\mathrm{f}=6\mathrm{mm}$$

算式中 0.85 是考虑杆件中心与焊缝中心不相重合的焊缝设计值折减系数。

其他杆件连接：

其余杆件内力较小，焊缝受力小，一律用 $h_\mathrm{f}=6\mathrm{mm}$，故不再计算。

2) 拱拉杆与斜梁的连接节点(见图 3.87)。

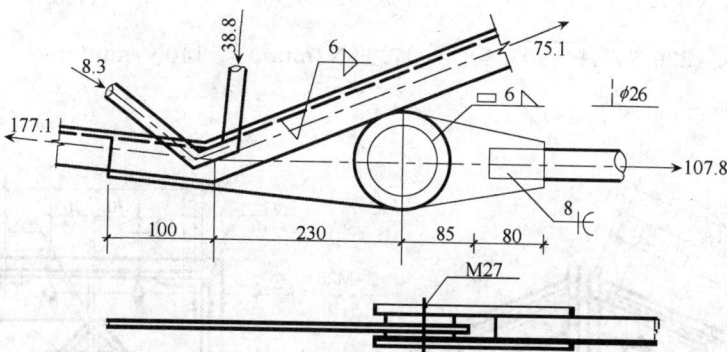

图 3.87　拱拉杆与斜梁的连接节点

①拱拉杆与其夹板的连接焊缝。拱拉杆与其两块夹板以四条焊缝相连,取每条焊缝长度为 80mm,焊缝焊脚尺寸为

$$h_f = \frac{N}{0.7 \sum l_w f_f^w} = \frac{107.8 \times 10^3}{0.7 \times 0.4 \times (80-10) \times 140} = 3.9(\text{mm})$$

此外,按规范规定,圆钢与圆钢、圆钢与钢板之间的贴角焊缝有效厚度不应小于 0.2 倍圆钢直径或 3 mm,因此构造上要求焊缝厚度为

$$h_e \geqslant 0.2 \times 26 = 5.2(\text{mm})$$

$$h_f \geqslant \frac{5.2}{0.7} = 7.43(\text{mm}),采用 h_f = 8\text{mm}$$

夹板厚度 $t \geqslant \dfrac{h_f}{1.2} = \dfrac{8}{1.2} = 6.7\text{mm}$,采用 10mm。

② 拱拉杆与节点板的连接螺栓。拱拉杆端头的夹板与节点板用一个螺栓连接,节点板厚度为 8mm,两侧各拼焊一块圆形填板,以免螺栓受弯,并增加螺栓连接的承压承载力,其填板厚度为 $\dfrac{26-8}{2} = 9(\text{mm})$,取用 8mm,选用螺栓 M27。

一个螺栓的抗剪承载力:

$$N_v^b = n_v \frac{\pi d^2}{4} f_v^b = 2 \times \frac{\pi \times 27^2}{4} \times 125 = 143.1 \times 10^3(\text{N}) = 141.4\text{kN} > 107.8\text{kN}$$

一个螺栓的承压承载力:

$$N_c^b = d \sum t f_c^b = 27 \times 2 \times 8 \times 290 = 125.2 \times 10^3(\text{N}) = 125.3\text{kN} > 107.8\text{kN}$$

③ 节点板的连接尺寸。节点板在螺栓孔处截面高度按构造采用 $4d = 4 \times 28.5 = 114(\text{mm})$ 取 130mm,该处截面应力为

$$\sigma = \frac{107.8 \times 10^3}{(130-28.5) \times 8} = 132.8(\text{N/mm}^2) < f = 205\text{N/mm}^2$$

④ 节点板与斜梁下弦杆角钢的连接焊缝。节点板与斜梁下弦杆角钢用两条焊缝相连,由于焊缝为折线段,计算时取 $h_f = 6\text{mm}, l_w = 330-10 = 320(\text{mm}) < 60h_f = 60 \times 6 = 360\text{mm}$。

取偏心距 $e = 40 \text{ mm}$,焊缝应力为

$$\tau = \frac{1}{1.4h_f}\sqrt{\left(\frac{N}{l_w}\right)^2 + \left(\frac{6Ne}{\beta_f l_w^2}\right)^2} = \frac{1}{1.4 \times 6}\sqrt{\left(\frac{107800}{320}\right)^2 + \left(\frac{6 \times 107800 \times 40}{1.22 \times 320^2}\right)^2}$$

$$= \frac{1}{8.4}\sqrt{(336.9)^2 + (207.1)^2} = 47.1(N/mm^2) < 140N/mm^2$$

3) 屋脊接点(见图 3.88)。

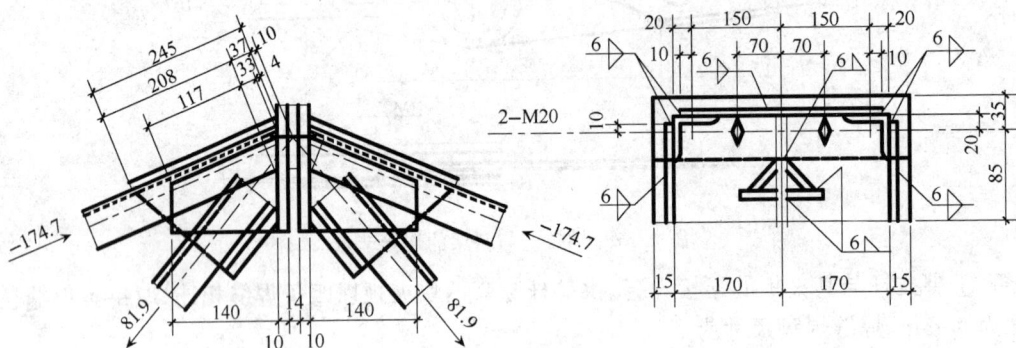

图 3.88 屋脊节点(内力 kN)

① 斜梁上弦杆角钢与顶板、侧板的连接焊缝。上弦杆内力通过上弦杆角钢与节点顶板、侧板间的连接焊缝传递,其焊缝计算总长度为

$$\sum l_w = 4 \times (208 - 10) + 4 \times (117 - 10) = 792 + 428 = 1220(mm)$$

$$h_f = \frac{174.7 \times 10^3}{0.7 \times 1220 \times 140} = 1.5(mm),采用\ h_f = 6mm$$

② 斜梁下弦杆角钢与节点板的连接焊缝。节点板厚为 6mm,板上开一槽口,下弦杆角钢插入节点板内,并在角钢肢尖处用连接板加强,共有四条焊缝与斜梁下弦杆角钢相连,取每条焊缝长度为 90mm,则焊缝计算总长度为

$$\sum l_w = 4 \times (90 - 10) = 320(mm)$$

$$h_f = \frac{81.9 \times 10^3}{0.7 \times 320 \times 140} = 2.6(mm),采用\ h_f = 6mm$$

③ 节点端头竖板的连接尺寸。节点端头竖板按构造取厚度为 10mm,宽度为 370 mm,高度由节点构造要求。

④ 其他杆件连接。其他杆件连接焊缝受力较小,焊缝厚度一律取 $h_f = 6mm$,按构造确定焊缝长度。

4) 其他节点。

① 斜梁下弦杆中间节点"15"(见图 3.89)。该处腹杆为连续杆件,偏心距 $e = 20mm$。

$$N_x = N_2 - N_1 = 109.3 - 75.1 = 34.2(kN)$$

$$N_y = 0,M = 25.3 \times 20 \times 2 = 1012(kN \cdot mm)$$

最小焊缝长度有效厚度 $h_e \geqslant 0.2d = 0.2 \times 20 = 4(mm)$。

焊脚尺寸:$h_f = \frac{h_e}{0.7} = \frac{4}{0.7} = 5.7(mm)$,采用 6 mm。

考虑围焊,焊缝长度近似取 $l_f = 40 + d = 40 + 20 = 60(mm)$。

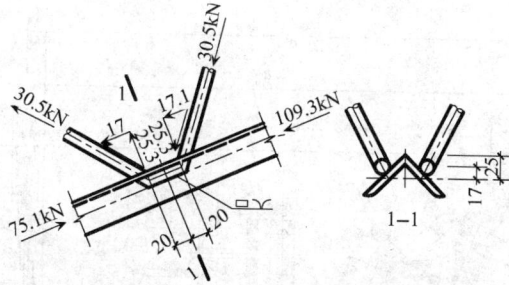

图 3.89　下弦杆中间节点

焊缝应力

$$\tau_f = \frac{0.5 \times 34.2 \times 10^3}{2 \times 0.7 \times 6 \times 60} = 33.9(\text{N/mm}^2)$$

$$\sigma_f = \frac{6 \times 0.5 \times 1012 \times 10^3}{2 \times 0.7 \times 6 \times 60^2} = 100.4(\text{N/mm}^2)$$

$$\tau = \sqrt{\tau_f^2 + \left(\frac{\sigma_f}{\beta_f}\right)^2} = \sqrt{33.9^2 + \left(\frac{100.4}{1.22}\right)^2} = 89.0(\text{N/mm}^2) < f_f^W = 140\text{N/mm}^2$$

② 斜梁上弦杆中间节点"3"（见图 3.90）。此处腹杆改变截面，故非连续，取圆钢端头间隙为 4 mm，焊缝长度为

$$l_w = 25 + 0.5d = 25 + 0.5 \times 22 = 36(\text{mm})$$

取焊缝的焊脚尺寸 $h_f = 6\text{mm}$。

验算受力较大的圆钢焊缝应力

偏心距 $e_1 = 25 - \dfrac{l_w}{2} = 25 - 18 = 7(\text{mm})$

$$N = D_1\cos\alpha_1 = 38.8 \times \frac{405}{724} = 21.7(\text{kN})$$

$$V = D_1\sin\alpha_1 = 38.8 \times \frac{600}{724} = 32.2(\text{kN})$$

$$M = Ve_1 = D_1\sin\alpha_1 e_1 = 32.2 \times 7 = 225.4(\text{kN} \cdot \text{mm})$$

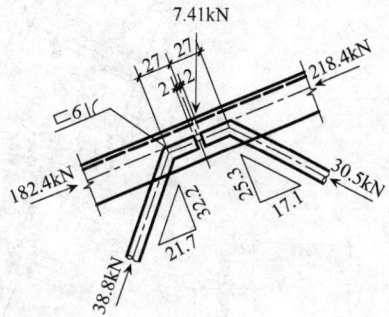

图 3.90　上弦杆中间节点

焊缝应力

$$\tau_f = \frac{0.5 \times 21.7 \times 10^3}{2 \times 0.7 \times 6 \times 36} = 35.9(\text{N/mm}^2)$$

$$\sigma_f' = \frac{0.5 \times 32.2 \times 10^3}{2 \times 0.7 \times 6 \times 36} = 53.2(\text{N/mm}^2)$$

$$\sigma_f = \frac{6 \times 0.5 \times 225.4 \times 10^3}{2 \times 0.7 \times 6 \times 36^2} = 62.1(\text{N/mm}^2)$$

$$\sqrt{\tau_f^2 + \left(\frac{\sigma_f' + \sigma_f}{\beta_f}\right)^2} = \sqrt{35.9^2 + \left(\frac{53.2 + 62.1}{1.22}\right)^2}$$

$$= 101.1(\text{N/mm}^2) < f_f^w = 140\text{N/mm}^2$$

(8) 屋架施工图

见图 3.91 和图 3.92。

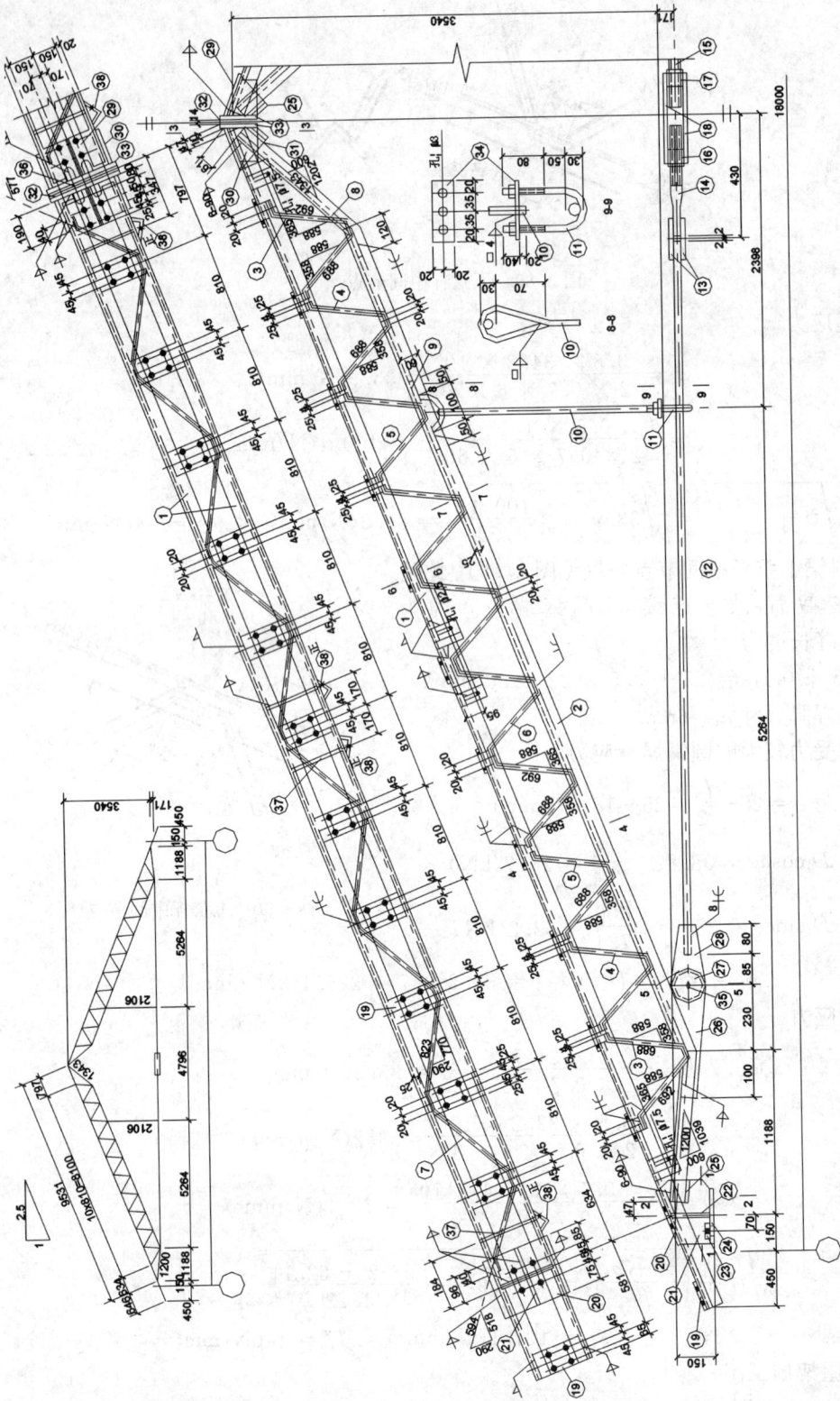

图 3.91　18m 三铰拱屋架施工图（一）

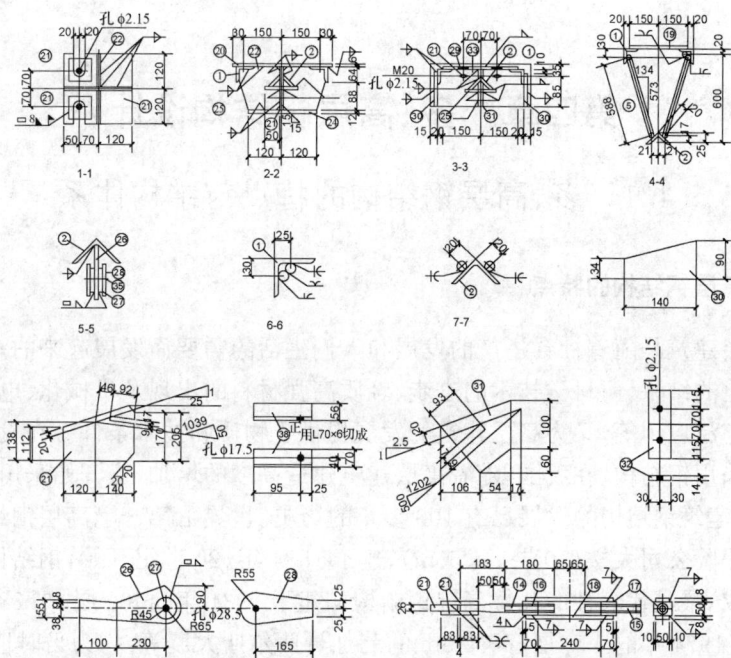

图 3.92 18m 三铰拱屋架施工图(二)

思 考 题

3.1 什么是轻钢结构? 轻钢结构有何特点?

3.2 轻型钢屋架设计与普通钢屋架设计有何异同?

3.3 喇叭形焊缝与普通焊缝的构造和计算有何差异?

3.4 抽芯铆钉、自攻螺钉和射钉有什么构造要求?

3.5 常用轻钢屋架的杆件截面形式有哪些?若采用钢管截面,其节点设计有何特点?

3.6 门式刚架的横梁与柱的连接节点有哪些基本形式?

3.7 金属拱形波纹屋盖有何特点? 主要用于哪些建筑?

第四章　多、高层钢结构设计

4.1　多、高层钢结构的特点与结构体系

4.1.1　多、高层钢结构的特点

现代高层建筑是随着社会生产的发展和人们生活的需要而发展起来的,是商业化、工业化和城市化的结果。而科学技术的进步、轻质高强材料的出现及机械化、电气化、计算机在建筑中的广泛应用等,又为高层建筑的发展提供了物质和技术条件。在发达国家,大多数高层建筑采用钢结构。在我国,随着高层建筑建造高度的增加,已开始采用高层钢结构。

多、高层建筑钢结构的发展已有100多年的历史。世界上第一幢高层钢结构是美国芝加哥的家庭保险公司大楼(10层,高55m),建于1884年。20世纪开始,钢结构高层建筑在美国大量建成,最具代表性的几幢高层钢结构如建于1931年的102层、高381m的纽约帝国大厦;建于1974年的110层、高443m的芝加哥西尔斯大厦等,均为当时世界最高。

我国多、高层建筑钢结构自20世纪80年代中期起步,随后在北京、上海、深圳、大连等地陆续建成了大量的多、高层建筑钢结构。较具代表性的几幢钢结构如28层、高94米的北京长富宫中心饭店,是钢框架结构体系;71层、高294m的深圳地王大厦,是钢筋混凝土核心筒-外钢框架结构体系;60层、高208m的北京京广中心,是钢框架-带钢边框的钢筋混凝土剪力墙结构体系;44层、高144m的上海希尔顿饭店,是钢筋混凝土核心筒-外钢框架结构体系;91层、高365m的上海金茂大厦,是钢筋混凝土核心筒-外钢骨混凝土结构体系等。1998年底,我国正式颁布了《高层民用建筑钢结构技术规程》(JGJ 99-98),为我国高层建筑钢结构的迅速发展提供了技术保障。

高层建筑采用钢结构具有良好的力学性能和综合经济效益,其特点主要表现在:

1) 自重轻。钢材的抗拉、抗压、抗剪强度高,因而钢结构构件结构断面小、自重轻。采用钢结构承重骨架,可比钢筋混凝土结构减轻自重约$\frac{1}{3}$以上。结构自重轻,可以减少运输和吊装费用,基础的负载也相应减少,在地质条件较差地区,可以降低基础造价。

2) 抗震性能好。钢材良好的弹塑性性能,可使承重骨架及节点等在地震作用下具有良好的延性。此外,钢结构自重轻也可显著减少地震作用,一般情况下,地震作用可减少40％左右。

3) 有效使用面积高。钢结构的结构断面小,因而结构占地面积小,同时还可适当降低建筑层高。与同类钢筋混凝土高层结构相比,可相应增加建筑使用面积约4％。

4) 建造速度快。钢结构的构件一般在工厂制造,现场安装,因而可提供较宽敞的现场施工作业面。钢梁和钢柱的安装、钢筋混凝土核心筒的浇注及组合楼盖的施工等可实施平行立体交叉作业。与同类钢筋混凝土高层结构相比,一般可缩短建设周期约$\frac{1}{4}\sim\frac{1}{3}$。

5) 防火性能差。不加耐火防护的钢结构构件,其平均耐火时限约15min左右,明显低

于钢筋混凝土结构。故当有防火要求时,钢构件表面必须用专门的防火涂料防护,以满足《高层民用建筑设计防火规范》(GB50045-95)的要求。

4.1.2 多、高层钢结构的结构体系

在高层建筑中,抵抗水平力成为设计的主要矛盾。因此,抗侧力结构体系的确定和设计成为结构设计的关键问题。高层建筑中基本的抗侧力单元是框架、剪力墙、框筒及支撑。

常用的高层建筑钢结构的结构体系主要有:框架结构体系、框架-支撑(剪力墙板)结构体系及筒体体系。钢结构房屋的最大高度不应超过表4.1的规定,高宽比的限值不应超过表4.2的规定。

表 4.1　钢结构房屋适用的最大高度(m)

结构类型	6、7度	8度	9度
框架	110	90	50
框架-支撑	220	200	140
筒体(框筒,筒中筒,桁架筒,束筒)和巨型框架	300	260	180

注:1) 房屋高度指室外地面到主要屋面板板顶的高度(不包括局部突出屋顶部分)。
　　2) 超过表内高度的房屋,应进行专门研究和论证,采取有效的加强措施。

表 4.2　钢结构民用房屋适用的最大高宽比

烈度	6、7	8	9
最大高宽比	6.5	6.0	5.5

1. 框架结构体系

纯框架结构一般适用于层数不超过30层的高层钢结构,见图4.1。框架结构体系是指沿房屋的纵向和横向,均采用框架作为承重和抵抗侧力的主要构件所形成的结构体系。

框架结构的优点是建筑平面布置灵活,可为建筑提供较大的室内空间。需要时,可用隔断分隔成小房间,或拆除隔断改成大房间,因而使用灵活。外墙用非承重构件,可使立面设计灵活多变。如果采用轻质隔墙和外墙,就可大大降低房屋自重,节省材料。

框架结构各部分刚度比较均匀。框架结构有较大延性,自振周期较长,因而对地震作用不敏感,抗震性能好。

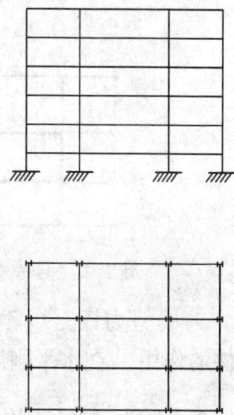

图 4.1　框架结构

但框架结构的抗侧刚度小,侧向位移大。框架结构的侧移由两部分组成:第一部分侧移由柱和梁的弯曲变形产生。柱和梁都有反弯点,形成侧向变形。框架下部的梁、柱内力大,层间变形也大,愈到上部层间变形愈小,使整个结构呈现剪切型变形。第二部分侧移由柱的轴向变形产生。在水平荷载作用下,柱的拉伸和压缩使结构出现侧移。这种侧移在上部各层较大,愈到底部层间变形愈小,使整个结构呈现弯曲型变形。框架结构中第一部分侧移是主要的;随着建筑高度加大,第二部分变形比例逐渐加大,但合成以后框架仍然呈现剪切型变形特征。

框架因梁柱节点腹板较薄,节点域将产生较大剪切变形,从而使框架侧移增大。

水平荷载作用下,钢框架因截面尺寸较小,侧移值较大,其上的竖向荷载作用于几何

形状发生显著变化的结构上,使杆件内力和结构侧移进一步增大,称之为 P-Δ 效应,或称二阶效应。P-Δ 效应的大小,主要取决于房屋总层数、柱的轴压比和杆件长细比;P-Δ 效应严重时,还会危及框架的总体稳定。

由于框架侧向位移大,易引起非结构构件的破坏。

2. 框架-剪力墙结构体系

在框架结构中布置一定数量的剪力墙可以组成框架-剪力墙结构体系,见图 4.2。结构以剪力墙作为抗侧力结构,既具有框架结构平面布置灵活、使用方便的特点,又具有较框架结构大的刚度,可以用于比框架体系更高的房屋,可用于 40～60 层的高层钢结构。

剪力墙按其材料和结构的形式可分为钢筋混凝土剪力墙、钢筋混凝土带缝剪力墙和钢板剪力墙等。

钢筋混凝土剪力墙刚度较大,地震时易发生应力集中,导致墙体产生斜向大裂缝而发生脆性破坏。为避免这种现象,可采用带缝剪力墙,即在钢筋混凝土墙体中每隔一定间距设置竖缝,见图 4.3,这样墙体成了许多并列的壁柱,在风载和小震下处于弹性阶段,确保了结构的使用功能。在强震时进入塑性阶段,能吸收大量地震能量,而各壁柱继续保持其承载能力,以防止建筑物倒塌。

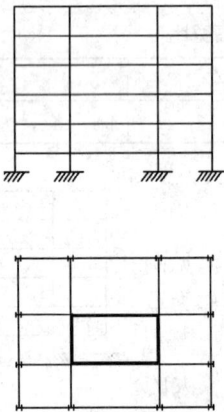

图 4.2 框架-剪力墙结构

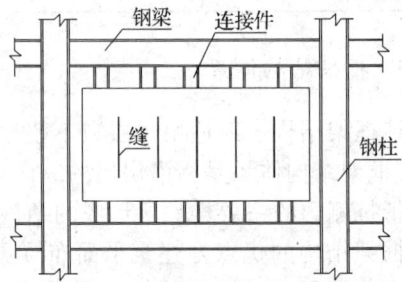

图 4.3 钢筋混凝土带缝剪力墙

钢板剪力墙是以钢板做成剪力墙结构,钢板厚约 8～10mm,与钢框架组合,起到刚性构件的作用。在水平刚度相同的条件下,框架-钢板剪力墙结构的耗钢量比纯框架结构要省。

3. 框架-支撑结构体系

框架-支撑结构体系由沿竖向或横向布置的支撑桁架结构和框架构成,是高层建筑钢结构中应用最多的一种结构体系,它的特点是框架与支撑系统协同工作,竖向支撑桁架起剪力墙的作用,承担大部分水平剪力。罕遇地震中若支撑系统破坏,还可以通过内力重分布,由框架承担水平力,形成所谓两道抗震设防;同时,采用框架-支撑体系的房屋,由于水平(侧向)刚度很大的各层楼盖的联系和协调,框架和支撑两者的侧向变形趋于一致,从而使框架下部和支撑上部的较大层间侧移角,均得以较大幅度地减小,使各楼层的层间侧移角渐趋一致。所以,房屋的层数可以比框架体系房屋增加较多。一般适用于 40～60 层的高层建筑。

支撑应沿房屋的两个方向布置,狭长形截面的建筑也可布置在短边。设计时可根据建筑物高度及水平力作用情况调整支撑的数量、刚度及形式。

支撑一般沿同一竖向柱距内连续布置,见图 4.4(a)。这种布置方式层间刚度变化较均匀,适合地震区。当不考虑抗震时,若建筑立面布置需要,亦可交错布置,见图 4.4(b)。在高度较大的建筑中,若支撑桁架的高宽比太大,为增加支撑桁架的宽度,亦可布置在几个跨间,见图 4.4(c)。

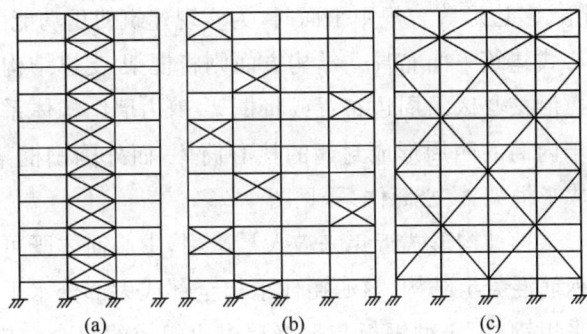

(a)   (b)   (c)

图 4.4 竖向支撑的布置

当竖向支撑桁架设置在建筑中部时,外围柱一般不参加抵抗水平力。同时,若竖向支撑的高宽比过大,在水平力作用下,支撑顶部将产生很大的水平变位。此时可在建筑的顶层设置帽桁架,见图 4.5,必要时还可在中间某层设置腰桁架。帽桁架和腰桁架使外围柱与核心抗剪结构共同工作,可有效减小结构的侧向位移,刚度也有很大提高。

腰桁架的间距一般为 12～15 层,腰桁架越密整个结构的筒体作用越强(这种结构通常被称为部分筒体结构体系),当仅设一道腰桁架时,最佳位置是在离建筑顶端 0.455 倍高度处。支撑在水平荷载作用下所产生的侧移,主要是由于其中各杆件的轴向拉伸或压缩变形引起的;与框架侧移是由杆件弯、剪变形所引起的情况相比较,其量值要小得多,表明竖向支撑的抗侧刚度要比框架大得多。

支撑形式有中心支撑[见图 4.6(a)]和偏心支撑[见图 4.6(b)]。中心支撑在水平地震作用下的主要缺点是其斜杆反复受压屈曲后承载力急剧下降。偏心支撑是改变斜杆与梁

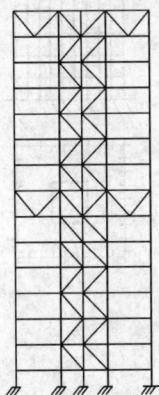

图 4.5 带腰桁架及帽桁架的框架-支撑结构

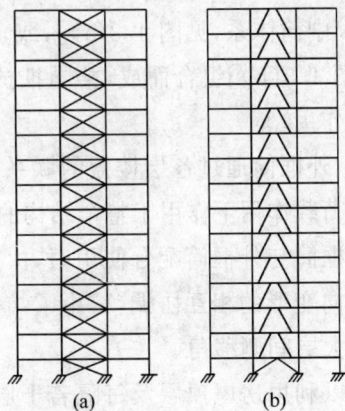

(a)   (b)

图 4.6 中心支撑和偏心支撑

的屈服顺序,利用梁的先行屈服和耗能,来保护斜杆不发生屈曲或者屈曲在后,因而更适用于抗震结构。

一般而言,地震区不超过12层的房屋,可采用中心支撑;超过12层的房屋,8、9度时宜采用偏心支撑等耗能支撑,但顶层可采用中心支撑。

4. 框架-核心筒结构体系

房屋为矩形、圆形、多边形等较规则平面时,为实现建筑使用功能的合理分区,多采用核心式建筑平面布局。结构方面则将框架-支撑结构体系中的各片竖向支撑沿核心区的周边布置或将框架-剪力墙结构体系中的剪力墙结构设置于内筒的四周形成封闭的核心筒体,而外围钢框架柱的柱网较密,就形成了框架-核心筒体系,见图4.7。

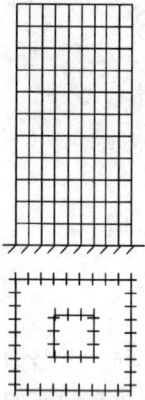

这种结构形式近年来被大量采用,中心筒体既可采用钢结构亦可采用钢筋混凝土结构,核心筒体承担全部或大部分水平力及扭转力。楼面多采用钢梁、压型钢板与现浇混凝土组成的组合结构,与内外筒均有较好的连接,水平荷载将通过刚性楼面传递到核心筒。

整个结构体系在侧力作用下,与框架-支撑体系一样,通过各层楼板的协调,支撑芯筒与框架的侧移趋于一致,在结构的下半部,框架-支撑芯筒体系的层间侧移角要比框架体系减小很多。

图4.7 框架-核心筒结构

钢与钢筋混凝土筒体结构的抗侧刚度取决于核心筒的高宽比。高宽比太大将很难满足《高层民用建筑钢结构技术规程》(JGJ 99-98)对结构水平位移的限制值。

框架-核心筒结构体系由于内筒平面尺寸较小,抗侧刚度不大,不宜用于强震地区。

5. 筒体结构体系

筒体结构是超高层建筑中受力性能较好的结构体系,适用于90层左右的高层钢结构建筑。筒体结构由内外两个筒体[即筒中筒体系,见图4.8(a)],或多个筒体结构[即束筒体系,见图4.8(b)]组合而成,共同抵抗水平力,具有很好的空间整体作用。

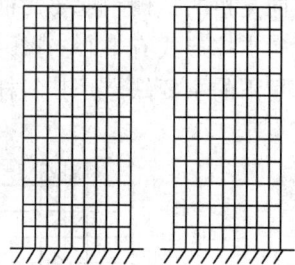

内、外框筒通过各层楼盖的联系,将共同承担在风、地震等水平荷载作用下作用于整个结构的水平剪力和倾覆力矩。

内框筒与外框筒配合使用时,由于弯曲型构件与剪弯型构件侧向变形的相互协调,减小了结构顶点侧移和结构下半部的最大层间侧移角。

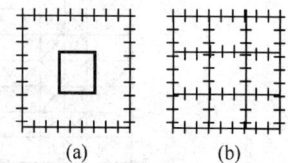

(a)   (b)

图4.8 筒体结构

可以利用房屋顶层及每隔若干层的设备层或避难层,沿内框筒的纵、横向框架所在平面,设置向外伸出的刚性框架(刚劈),加强内、外筒的连接,使外框筒的翼缘框架中段各柱,在结构整体弯曲中发挥更大作用,以弥补因外框筒剪力滞后效应所带来的损失。从而进一步提高整个结构体系的抗倾覆能力。筒体结构亦可设置帽架与腰架加强筒体间的连接,以增强结构的整体性。

6. 巨型框架体系

巨型框架体系是以巨型框架(主框架)为结构主体,再在其间设置普通的小型框架(次框架),所组成的结构体系。

巨型框架的巨型柱,一般是沿建筑平面的周边布置,其纵向和横向跨度依建筑使用空间的要求而定;巨型梁一般是每隔 12~15 个楼层设置一道。巨型框架的"柱"和"梁"一般均为具有较大截面尺寸的空心、空腹立体杆件。巨型柱一般是立体支撑柱,通常是采用 4 片一个开间宽的竖向支撑围成的小型支撑筒;巨型梁通常是采用 4 片一层楼高的桁架围成的立体桁架梁。巨型框架中间的次框架与普通的小型承重框架一样,截面尺寸较小,其柱可采用轧制 H 型钢,梁采用轧制工字钢。

作为结构主体的巨型框架承担作用于整栋大楼的全部水平荷载。巨型框架的"梁"和"柱",还承担其上的次框架所传来的重力荷载和局部水平荷载;次框架仅承担它的荷载从属面积内的重力荷载和局部水平荷载。

巨型框架体系的侧移,是以巨型梁、柱弯曲变形引起的巨型框架整体剪切变形为主,巨型框架由倾覆力矩产生的整体弯曲变形所占比例较小。

巨型框架的由多根柱组成的巨型柱,一般布置在建筑平面的四个角,与多根柱沿房屋周边均匀布置的框筒体系相比较,具有更大的力臂,因而具有更大的抵抗倾覆力矩的能力。

4.2　多、高层钢结构的计算特点

4.2.1　荷载

水平方向的风荷载和地震作用,对高层钢结构设计起着主要的控制作用。

1. 竖向荷载

多、高层钢结构的竖向荷载主要是永久荷载(结构自重)和楼面及屋面活荷载。

多、高层钢结构的楼面和屋面活荷载及雪荷载的标准值及其准永久值系数应按《建筑结构荷载规范》(GB 50009-2001)的有关条文取值。设计楼面梁、各层的墙、柱及基础时,楼面活载的折减系数按《建筑结构荷载规范》(GB 50009-2001)的有关条文取值。

高层建筑中,活荷载值与永久荷载值相比不大,因而计算时,一般对楼面和屋面活荷载可不作最不利布置工况的选择,即按各跨满载简化计算。但当活荷载较大时($\geqslant 4kN/m^2$),需将简化得的框架梁的跨中弯矩计算值乘以 1.1~1.2 的提高系数;梁端弯矩值乘以 1.05~1.1 的提高系数。

当施工中采用附墙塔、爬塔等对结构有影响的起重机械或其他设备时,在结构设计中应进行施工阶段验算。

2. 风荷载

作用在多高层建筑任意高度处的风荷载标准值 w_k,应按式(4.1)计算

$$w_k = \beta_z \mu_s \mu_z w_0 \tag{4.1}$$

式中:w_k——任意高度处的风荷载标准值(kN/m^2);

w_0——高层建筑基本风压(kN/m^2),应按《建筑结构荷载规范》(GB 50009-2001)的规定采用;

μ_z——风压高度变化系数,可按《建筑结构荷载规范》(GB 50009-2001)的规定采用;

μ_s——风荷载体型系数,可按《建筑结构荷载规范》(GB 50009-2001)或《高层民用建筑钢结构技术规程》(JGJ 99-98)的有关规定采用;

β_z——顺风向 z 高度处的风振系数,可按《高层民用建筑钢结构技术规程》(JGJ 99-98)有关规定采用。

当高层建筑主体结构顶部有突出的小体型建筑(如电梯机房等)时,应计入鞭梢效应。一般可根据小体型作为独立体时的自振周期 T_u 与主体建筑的基本自振周期 T_1 的比例,分别按下列规定处理:

1) 当 $T_u \leqslant \frac{1}{3} T_1$ 时,可假定主体建筑为等截面并沿高度延伸至小体型建筑的顶部,以此计算风振系数。

2) 当 $T_u > \frac{1}{3} T_1$ 时,其风振系数按风振理论计算。

3. 地震作用

(1) 一般计算原则

钢结构的抗震设计采用两阶段设计法。第一阶段为多遇地震作用下的弹性分析,验算构件的承载力和稳定及结构的层间位移;第二阶段为罕遇地震作用下的弹塑性分析,验算结构的层间侧移和层间侧移延性比。

第一阶段设计时,其地震作用应符合下列要求:

1) 当有斜交抗侧力构件时,宜分别计入各抗侧力构件方向的水平地震作用。

2) 质量和刚度明显不均匀、不对称的结构,应计入水平地震作用的扭转效应。

3) 按 9 度抗震设防的高层建筑钢结构,或者按 8 度和 9 度抗震设防的大跨度和长悬臂构件应计入竖向地震作用。

(2) 多、高层建筑钢结构的设计反应谱

钢结构在多遇地震下的阻尼比,对不超过 12 层的钢结构可采用 0.035,对超过 12 层的钢结构可采用 0.02;在罕遇地震下的分析,阻尼比可采用 0.05。设计反应谱曲线如图 4.9 表示。建筑结构的地震影响系数应根据烈度、场地类别、设计地震分组和结构自振周

期及阻尼比确定。其水平地震影响系数最大值应按表4.3采用;特征周期应根据场地类别和设计地震分组按表4.4采用,计算8、9度罕遇地震作用时,特征周期应增加0.05s。

表4.3　水平地震影响系数最大值

地震烈度	6	7	8	9
多遇地震	0.04	0.08(0.12)	0.16(0.24)	0.32
罕遇地震	-	0.50(0.72)	0.90(1.20)	1.40

表4.4　特征周期(s)

设计地震分组	场地类别			
	I	II	III	IV
第一组	0.25	0.35	0.45	0.65
第二组	0.30	0.40	0.55	0.75
第三组	0.35	0.45	0.65	0.90

建筑结构地震影响系数曲线(见图4.9)的阻尼调整和形状参数应符合下列要求:

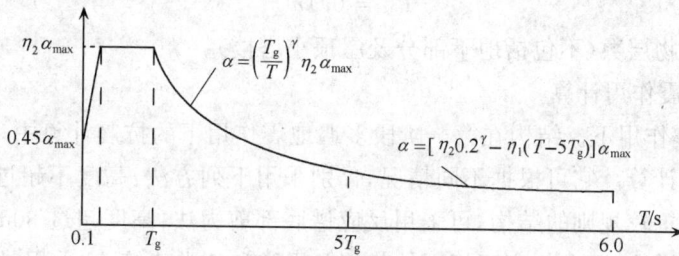

$$\alpha = \left(\frac{T_g}{T}\right)^{\gamma}\eta_2\alpha_{max}$$

$$\alpha = [\eta_2 0.2^{\gamma} - \eta_1(T-5T_g)]\alpha_{max}$$

图4.9　地震影响系数曲线

1)除有专门规定外,建筑结构的阻尼比应取0.05,地震影响系数曲线的阻尼调整系数应按1.0采用,形状参数应符合下列规定:

① 直线上升段,周期小于0.1s的区段。

② 水平段,自0.1s至特征周期区段,应取最大值α_{max}。

③ 曲线下降段,自特征周期至5倍特征周期区段,衰减指数应取0.9。

④ 直线下降段,自5倍特征周期至6s区段,下降斜率调整系数应取0.02。

2)当建筑结构的阻尼比按有关规定不等于0.05时,地震影响系数曲线的阻尼调整系数和形状参数应符合下列规定:

① 曲线下降段的衰减指数应按式(4.2)确定。

$$\gamma = 0.9 + \frac{0.05 - \zeta}{0.5 + 5\zeta} \tag{4.2}$$

式中:γ——曲线下降段的衰减指数;

　　ζ—— 阻尼比。

② 直线下降段的下降斜率调整系数应按式(4.3)确定。

$$\eta_1 = 0.02 + \frac{0.05 - \zeta}{8} \tag{4.3}$$

式中：η_1——直线下降段的下降斜率调整系数，小于 0 时取 0。

③ 阻尼调整系数应按式(4.4)确定。

$$\eta_2 = 1 + \frac{0.05 - \zeta}{0.06 + 1.7\zeta} \tag{4.4}$$

式中：η_2——阻尼调整系数，当小于 0.55 时，应取 0.55。

(3) 结构自振周期

对于重量及刚度沿高度分布比较均匀的结构，基本自振周期可用下列顶点位移法公式近似计算

$$T_1 = 1.7\xi_T \sqrt{u_n} \tag{4.5}$$

式中：u_n——结构顶层假想侧移(m)，即假想将结构各层的重力荷载作为楼层集中水平力，按弹性静力方法计算所得到的顶层侧移值，它适用于具有弯曲型、剪切型或弯剪变形的一般结构；

　　　ξ_T——考虑非结构构件影响的修正系数，钢结构取 0.9。

初步设计时，基本周期可按下列经验公式估算：

$$T_1 = 0.1n \tag{4.6}$$

式中：n——建筑物层数(不包括地下部分及屋顶小塔楼)。

(4) 水平地震作用计算

1) 多遇地震作用下。结构在第一阶段多遇地震作用下的抗震计算中，其地震作用效应采用弹性方法计算。它可根据不同情况，分别采用下列方法：高度不超过 60m 的建筑，且平面和竖向布置较规则的结构，可采用反应谱底部剪力法；高度超过 60m 的建筑，应采用振型分解反应谱法；竖向特别不规则的建筑及甲类和乙类建筑，宜采用时程分析法作补充计算。

① 底部剪力法。底部剪力法适用于高度<60m 且平面和竖向较规则的高层建筑。底部剪力法根据建筑物的总重力荷载代表值计算结构底部的总剪力，然后按一定的比例分配到各楼层，得到各楼层的水平地震作用后，即可按静力方法计算结构的内力，使用较方便。

采用底部剪力法计算水平地震作用时，各楼层可仅按一个自由度计算。与结构的总水平地震作用等效的底部剪力标准值由下式计算：

$$F_{Ek} = \alpha_1 G_{eq} \tag{4.7}$$

$$G_{eq} = c \sum_{i=1}^{n} G_i \tag{4.8}$$

式中：F_{Ek}——结构总水平地震作用标准值；

　　　α_1——相应于结构基本自振周期 T_1 的水平地震影响系数值，按上述规定计算；

　　　G_{eq}——结构的等效总重力荷载；

　　　c——等效荷载系数，单质点应取总重力荷载代表值，$c=1.0$；多质点可取总重力荷载代表值的 85%，$c=0.85$；但对于二十层以上的高层钢结构，根据分析，应取

$c = 0.80$。

结构各层水平地震作用标准值为

$$F_i = \frac{G_i H_i}{\sum\limits_{j=1}^{n} G_j H_j} F_{\mathrm{Ek}}(1 - \delta_n) \tag{4.9}$$

$$\Delta F_n = \delta_n F_{\mathrm{Ek}} \tag{4.10}$$

式中:F_i——质点 i 的水平地震作用标准值;

G_i、G_j——分别为集中于质点 i、j 的重力荷载代表值;

H_i、H_j——分别为质点 i、j 的计算高度;

ΔF_n——顶部附加水平地震作用;

δ_n——顶部附加地震作用系数,不超过 12 层钢结构房屋可按表 4.5 采用;对于高层钢结构,应按下式计算:

$$\delta_n = \frac{1}{T_1 + 8} + 0.05,\text{当 } \delta_n > 0.15 \text{ 时,取 } \delta_n = 0.15 \tag{4.11}$$

表 4.5　顶部附加地震作用系数 δ_n

T_{g}/s	$T_1 > 1.4 T_{\mathrm{g}}$	$T_1 \leqslant 1.4 T_{\mathrm{g}}$
$\leqslant 0.35$	$0.08 T_1 + 0.07$	
$< 0.35 \sim 0.55$	$0.08 T_1 + 0.01$	0
> 0.55	$0.08 T_1 - 0.02$	

注:T_1 为结构基本自振周期。

采用底部剪力法时,突出屋面的屋顶间、女儿墙、烟囱等的地震作用效应,宜乘以增大系数 3,此增大部分不应往下传递,但与该突出部分相连的构件应予计入。

② 振型分解反应谱法。不符合底部剪力法适用条件的其他高层钢结构,宜采用振型分解反应谱法。对体型比较规则、简单,可不计扭转影响的结构,振型分解反应谱法仅考虑平移作用下的地震效应组合,沿主轴方向,结构第 j 振型第 i 质点的水平地震作用标准值,按下列公式计算:

$$F_{ji} = \alpha_j \gamma_j X_{ji} G_i \qquad (i = 1, 2, L, n; j = 1, 2, L, m) \tag{4.12}$$

$$\gamma_j = \frac{\sum\limits_{i=1}^{n} X_{ji} G_i}{\sum\limits_{i=1}^{n} X_{ji}^2 G_i} \tag{4.13}$$

式中:α_j——相应于 j 振型自振周期 T_j 的地震影响系数;

γ_j——的参与系数;

x_{ji}——j 振型 i 质点的水平相对位移。

水平地震作用效应(弯矩、剪力、轴力、变形等)

$$S = \sqrt{\sum S_j^2} \tag{4.14}$$

式中:S——水平地震作用效应;

S_j——j 振型水平地震作用效应,可只取前 2～3 个振型,当基本自振周期＞1.55s 时,或房屋高宽比＞5 时,振型个数应适当增加。

在复杂体型或不能按平面结构假定进行计算时,应按空间协同工作或空间结构计算空间振型。

③ 时程分析法。竖向特别不规则的建筑及高度较大的建筑,宜采用时程分析法进行补充验算。采用时程分析法计算结构的地震反应时,应输入典型的地震波进行计算。不同的地震波会使相同结构出现不同的反应,这与地震波的频谱、幅值及时间长短有关。采用的能反映当地场地特征的地震加速度波不能少于 4 条,其中宜包括一条本地区历史上发生地震时的实测记录波。

地震波的持续时间不宜过短,宜取 10～20s 或更长。

2) 罕遇地震作用下。钢结构第二阶段的抗震验算应采用时程分析法对结构进行弹塑性时程分析。在采用杆系模型分析时,梁、柱的恢复力模型可采用二折线型,其滞回模型不考虑刚度退化。钢支撑和耗能连梁等构件的恢复力模型则应按杆件特性确定。钢框架-钢筋混凝土剪力墙、剪力墙板和核心筒,则应选用考虑钢筋混凝土结构特点的二折线或三折线模型。采用层间模型分析时,层恢复力模型可近似用静力弹塑性法计算。此时作用于结构的水平荷载沿结构高度的分布应与等效地震力沿高度的分布一致或接近,并应同时作用重力荷载,计算中材料的屈服强度和极限强度按标准值采用,层恢复力模型可简化为二折线或三折线(见图 4.10),并尽量与计算所得的结果接近。对新型、特殊的杆件和结构,其恢复力模型宜通过试验确定。分析时结构的阻尼比可取为 0.05,并应考虑 P-Δ 效应对侧移的影响。

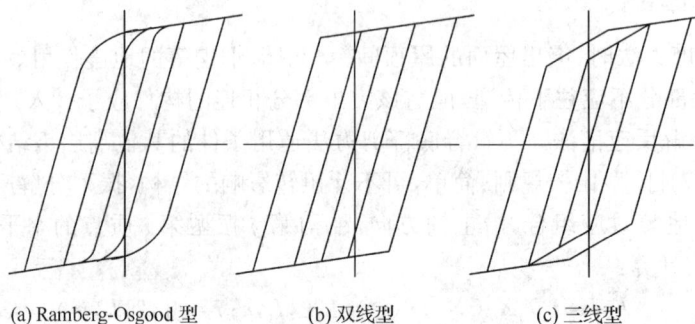

(a) Ramberg-Osgood 型   (b) 双线型   (c) 三线型

图 4.10   多层多跨框架的恢复力模型

(5) 抗震验算

进行抗震验算时,结构任一楼层的水平地震剪力应符合式(4.15)要求

$$V_{Eki} = \lambda \sum_{j=i}^{n} G_j \qquad (4.15)$$

式中:V_{Eki}——第 i 层对应于水平地震作用标准值的楼层剪力;

λ——剪力系数,不应小于表 4.6 规定的楼层最小地震剪力系数值,对竖向不规则结构的薄弱层,尚应乘以 1.15 的增大系数;

G_j——第 j 层的重力荷载代表值。

表 4.6 楼层最小地震剪力系数值

类别	7 度	8 度	9 度
扭转效应明显或基本周期<3.5s 的结构	0.016(0.024)	0.032(0.048)	0.064
基本周期>5s 的结构	0.012(0.018)	0.024(0.032)	0.040

注:1) 基本周期介于 3.5~5s 之间的结构可插入取值。

2) 括号内数值分别用于设计基本地震加速度为 $0.15g$ 和 $0.30g$ 的地区。

4.2.2 结构计算

1. 结构计算的一般原则

1) 高层建筑钢结构通常采用现浇组合楼盖,其在自身平面内的刚度是相当大的,一般可假定楼面在自身平面内为绝对刚性。但在设计中应采取保证楼面整体刚度的构造措施,如加设板梁抗剪件、非刚性楼面加整浇层等。对整体性较差、或楼面有大开孔、有较长外伸段或相邻层刚度有突变的楼面,当不能保证楼面的整体刚度时,宜采用楼板平面内的实际刚度,或对按刚性楼面假定计算所得结果进行调整。

2) 由于楼板与钢梁连接在一起,当进行高层建筑钢结构的弹性分析时,宜考虑现浇钢筋混凝土楼板与钢梁的共同工作,此时应保证楼板与钢梁间有可靠连接。当进行弹塑性分析时,楼板可能严重开裂,因此,不宜考虑楼板与钢梁的共同工作。

当进行框架弹性分析时,压型钢板组合楼盖中梁的惯性矩可取为:当梁两侧有楼板时,取 $1.5I_b$;当梁仅一侧有楼板时,取 $1.2 I_b$,I_b 为钢梁的惯性矩。

3) 高层建筑钢结构的计算模型应视具体结构形式和计算内容确定,一般情况下可采用平面抗侧力结构的空间协同计算模型。当结构布置规则、质量及刚度沿高度分布均匀、不计扭转效应时,可采用平面结构计算模型;当结构平面或立面不规则、体型复杂、无法划分成平面抗侧力单元的结构,或为筒体结构时,应采用空间结构计算模型。

4) 高层建筑钢结构梁柱构件的跨高比较小。因此,在计算结构的内力和位移时,除考虑梁、柱的弯曲变形和柱的轴向变形外,尚应计算梁、柱的剪切变形。对框架梁,可不按柱轴线处的内力而按梁端内力设计。对工字形截面柱宜计入梁柱节点域剪切变形对结构侧移的影响;中心支撑框架和不超过 12 层的钢结构,其层间位移计算可不计入梁柱节点域剪切变形的影响。由于梁的轴力很小,通常不考虑梁的轴向变形,但当梁同时作为腰桁架或帽桁架的弦杆时,应计入轴力的影响。

5) 钢框架-剪力墙体系中,现浇竖向连续钢筋混凝土剪力墙的计算按照钢筋混凝土结构设计,应计入墙的弯曲变形、剪切变形和轴向变形。

当钢筋混凝土剪力墙具有比较规则的开孔时,可按带刚域的框架计算;当具有复杂开孔时,宜采用平面有限元法计算。

6) 柱间支撑两端应为刚性连接,但可按两端铰接连接计算,其端部连接的刚度通过支撑构件的计算长度加以考虑。若采用偏心支撑,由于耗能梁段在大震时将首先屈服,计算时应取为单独单元。

7) 钢框架-支撑结构的斜杆可按端部铰接杆计算;框架部分按计算得到的地震剪力应乘以调整系数,达到不小于结构底部总地震剪力的 25% 和框架部分地震剪力最大值 1.8 倍二者中的较小者。

8) 中心支撑框架的斜杆轴线偏离梁柱轴线交点不超过支撑杆件的宽度时,仍可按中心支撑框架分析,但应计及由此产生的附加弯矩;人字形和 V 形支撑组合的内力设计值应乘以增大系数,其值可采用 1.5。

2. 内力与位移计算

高层建筑钢结构功能复杂、体型多样、受力复杂且杆件数量众多。因此,在进行结构的静力分析时借助电子计算机,用矩阵位移法来完成。

若是在初步设计阶段进行截面的预估,也可参考有关资料和手册采用空间协同工作分析、等效角柱法、等效截面法及展开平面框架法等。

当采用近似计算方法,如分层法、D 值法进行高层钢结构的内力与位移分析时,尚应注意以下几个问题:

1) 高层建筑钢结构的梁、柱杆件一般采用 H 形和箱形,梁柱连接节点域的剪切变形对内力的影响较小,计算时可以不考虑。但是,此剪切变形对结构水平位移的影响较大,一般可达 10%～20%。因此,分析时应计入梁柱节点域剪切变形对高层建筑钢结构侧移的影响。由于用精确方法计算比较困难,在工程设计中,可采用近似方法考虑其影响。即可将梁柱节点域当作一个单独的单元进行结构分析,也可按下列规定作近似计算:

① 对于箱形截面柱框架,可将梁柱节点域当作刚域,刚域的尺寸取节点域尺寸的一半。

② 对于工字形截面柱框架,可先按结构轴线尺寸进行分析,然后进行修正。

2) 高层建筑钢结构的 $P\text{-}\Delta$ 效应较强,一般应验算结构的整体稳定性。但根据理论分析和实例计算,若将结构的层间位移、柱的轴压比和长细比限制在一定范围内,就能控制二阶效应对结构极限承载能力的影响。故《高层民用建筑钢结构技术规程》(JGJ 99-98)规定,当同时符合下列条件时,可不验算结构的整体稳定。

① 结构各楼层柱的长细比和平均轴压比满足

$$\frac{N_{\mathrm{m}}}{N_{\mathrm{pm}}} + \frac{\lambda_{\mathrm{m}}}{80} \leqslant 1 \tag{4.16}$$

式中:λ_{m}——楼层柱的平均长细比;

N_{m}——楼层柱的平均轴压力设计值;

N_{pm}——楼层柱的平均全塑性轴压力。

$$N_{\mathrm{pm}} = f_y A_{\mathrm{m}}$$

式中:f_y——钢材屈服强度;

A_{m}——柱截面面积的平均值。

② 结构按一阶线性弹性计算所得的各楼层层间相对位移值满足

$$\frac{\Delta u}{h} \leqslant 0.12 \frac{\sum F_{\mathrm{h}}}{\sum F_{\mathrm{v}}} \tag{4.17}$$

式中:Δu——按一阶线性弹性计算所得的层间位移;

$\sum F_{\mathrm{h}}$——计算楼层以上全部水平作用之和;

$\sum F_{\mathrm{v}}$——计算楼层以上全部竖向作用之和。

对不符合以上两条件的高层建筑钢结构,需验算结构的整体稳定。

3. 承载力验算

钢结构构件的承载力应满足下列公式要求：

非抗震设计时

$$\gamma_0 S \leqslant R \tag{4.18}$$

第一阶段抗震设计时

$$S \leqslant \frac{R}{\gamma_{RE}} \tag{4.19}$$

式中：γ_0——结构重要性系数，按结构构件安全等级确定；

S——地震作用效应组合设计值；

R——结构构件承载力设计值；

γ_{RE}——结构构件承载力的抗震调整系数，按表 4.7 的规定选用。当仅考虑竖向效应组合时，各类构件承载力抗震调整系数 γ_{RE} 均取 1.0。

表 4.7　构件承载力抗震调整系数

构件名称	梁	柱	支撑	节点	节点焊缝	节点螺栓
γ_{RE}	0.80	0.85	0.90	0.90	1.0	1.0

4. 位移限制

1) 高层建筑钢结构不考虑地震作用时，结构在风荷载作用下，顶点质心位置的侧移不宜超过建筑高度的 $\frac{1}{500}$，质心层间侧移不宜超过楼层高度的 $\frac{1}{400}$。对于以钢筋混凝土结构为主要抗侧力构件的高层钢结构的位移，应符合现行国家标准《高层建筑混凝土结构技术规程》(JGJ 3-2002)的有关规定，但在保证主体结构不开裂和装修材料不出现较大破坏的情况下，可适当放宽。

结构平面端部构件最大侧移不得超过质心侧移的 1.2 倍。

2) 高层建筑钢结构的第一阶段抗震设计，其层间侧移标准值不得超过结构层高的 $\frac{1}{300}$。对于以钢筋混凝土结构为主要抗侧力构件的结构，其侧移值应符合现行国家标准《钢筋混凝土高层建筑结构设计与施工规程》(JGJ99-98)的规定，但在保证主体结构不开裂和装修材料不出现较大破坏的情况下，可适当放宽。

结构平面端部构件最大侧移不得超过质心侧移的 1.3 倍。

3) 高层建筑钢结构的第二阶段抗震设计，其结构层间侧移不得超过层高的 $\frac{1}{50}$，结构层间侧移延性比不得大于表 4.8 的规定。

表 4.8　结构层间侧移延性比

结构类型	层间侧移延性比
钢框架	3.5
偏心支撑框架	3.0
中心支撑框架	2.5
有混凝土剪力墙的钢框架	2.0

4.3 多层多跨框架设计

4.3.1 构件设计

1. 框架梁设计

钢框架梁一般采用工字形截面或窄翼缘 H 型钢截面,应满足以下各方面的要求。

(1) 梁的抗弯强度

框架梁在罕遇地震下允许出现塑性铰,在多遇地震下应保证不破坏和不容许截面应力的塑性发展。梁的抗弯强度按下式计算:

$$\frac{M_x}{\gamma_x} W_{nx} \leqslant f \tag{4.20}$$

式中:M_x——梁对 x 轴的弯矩设计值;

W_{nx}——截面对 x 轴的净截面抵抗矩;

γ_x——塑性发展系数,无震,对工字形截面或 H 型截面,$\gamma_x=1.05$;有震,$\gamma_x=1.0$;

f——梁钢材的强度设计值,有震时需除以钢梁承载力的抗震调整系数 γ_{RE}。

(2) 梁的抗剪强度

$$\tau = \frac{VS}{I_x t_w} \leqslant f_v \tag{4.21}$$

式中:V——梁对 x 轴的剪力设计值;

I_x——梁对 x 轴的截面惯性矩;

S——梁截面的最小半面积矩;

f_v——钢材的抗剪强度设计值,有震时需除以钢梁承载力的抗震调整系数 γ_{RE}。

框架梁端部截面抗剪:

$$\tau = \frac{V}{A_n} \leqslant f_v \tag{4.22}$$

式中:V——梁对 x 轴的剪力设计值;

A_n——梁的净截面面积;

f_v——钢材的抗剪强度设计值,有震时需除以钢梁承载力的抗震调整系数 γ_{RE}。

(3) 梁的整体稳定

框架梁的整体稳定性通常通过梁上的刚性铺板或支撑体系加以保证。压型钢板组合楼板及钢筋混凝土楼板都可视为刚性铺板,单纯压型钢板必须在平面内具有相当的抗剪刚度时才能视为刚性铺板。

当梁上设有支撑体系并符合《钢结构设计规范》(GB 50017-2003)规定的受压翼绕自由长度与其宽度之比的限值时,可不计其整体稳定。但 7 度以上设防的高层钢结构,对罕遇地震下可能出现塑性铰的部位,如梁端、集中荷载作用点,应有侧向支撑点。由于地震作用方向变化,塑性铰弯矩的方向也变化,故应在梁上下翼缘均设支撑。这些相邻支撑点间的距离,应符合关于塑性设计时的长细比要求。

（4）梁的局部稳定

处于地震设防烈度 7 度及以上地区的高层建筑,对框架梁中可能出现塑性铰的区段,其组成板件的宽厚比不应超过表 4.9 规定的限值。

表 4.9　不超过 12 层的框架梁柱板件宽厚比限制

板件名称		7 度	8 度	9 度
柱	工形截面翼缘外伸部分	13	12	11
	箱形截面壁板	40	36	36
	工形截面腹板	52	48	44
梁	工形截面和箱形截面翼缘外伸部分	11	10	9
	箱形截面翼缘在两腹板间的部分	36	32	30
	工形截面和箱形截面腹板,$\frac{N_b}{A_f}<0.37$	$85-120\frac{N_b}{A_f}$	$80-110\frac{N_b}{A_f}$	$75-100\frac{N_b}{A_f}$
	工形截面和箱形截面腹板,$\frac{N_b}{A_f}>0.37$	40	39	35

注:表中数值适于 Q235,当为其他钢号时,应乘以 $\sqrt{\dfrac{235}{f_y}}$。

2. 框架柱设计

框架柱截面可以采用 H 形、箱形、十字形及圆形等,箱形截面柱与梁的连接较简单,受力性能与经济效果也较好,因而是应用最广的一种柱截面形式。在箱形或圆形钢管中浇注混凝土从而形成钢管混凝土组合柱,可大大提高柱的承载能力且避免管壁局部失稳,也是高层建筑中一种常用的截面形式。

1）对抗震设防的框架柱,为了实现强柱弱梁的设计概念,使塑性铰出现在梁端而不是柱端,在框架的任一节点处,宜满足式(4.23)的要求。

$$\sum W_{pc}\left(f_{yc}-\frac{N}{A_c}\right)\geqslant \eta \sum W_{pb}f_{yb} \tag{4.23}$$

式中:W_{pc}、W_{pb}——计算平面内交汇于节点的柱和梁的截面塑性抵抗矩;

　　　f_{yc}、f_{yb}——柱和梁钢材的屈服强度;

　　　η——强柱系数,超过 6 层的钢框架,6 度 Ⅳ 类场地和 7 度时取 1.0,8 度时取 1.05,9度时取 1.15;

　　　N——按地震作用组合得出的柱轴力;

　　　A_c——框架柱的截面面积。

当柱所在楼层的受剪承载力比上一层的受剪承载力高出 25%;或柱轴向力设计值与柱全截面面积和钢材抗拉强度设计值乘积的比值不超过 0.4;或作为轴心受压构件在 2 倍地震力下稳定性得到保证时,可不按式(4.23)验算。

2）轴压比验算。在罕遇地震作用下不可能出现塑性铰的部分,框架柱可按式(4.24)计算。

$$N\leqslant 0.6A_cf \tag{4.24}$$

式中:f——钢柱的抗压强度设计值,有地震作用时除以 γ_{RE}。

　　　N——按地震作用组合得出的柱轴力。

3) 强度。

$$\frac{N}{A_n} \pm \frac{M_x}{\gamma_x W_{nx}} \leqslant f \tag{4.25}$$

式中：M_x——柱对 x 轴的弯矩设计值；

$\quad N$——柱轴力设计值；

$\quad A_n$——柱的净截面面积；

$\quad W_{nx}$——柱截面对 x 轴的净截面抵抗矩；

$\quad \gamma_x$——截面塑性发展系数，无震，按《钢结构设计规范》(GB 50017-2003)规定采用；有震，$\gamma_x = 1.0$；

$\quad f$——柱钢材的强度设计值，有震时需除以钢柱承载力的抗震调整系数 γ_{RE}。

4) 柱平面内、外稳定验算。

$$\frac{N}{\phi_x A} + \frac{\beta_{mx} M}{\gamma_x W_{1x} \left(1 - 0.8 \dfrac{N}{N'_{Ex}}\right)} \leqslant f \tag{4.26}$$

$$\frac{N}{\varphi_y A} + \eta \frac{\beta_{1x} M}{\varphi_b W_x} \leqslant f \tag{4.27}$$

式中：M_x——柱对 x 轴的弯矩设计值；

$\quad N$——柱轴力设计值；

$\quad A$——柱的毛截面面积；

$\quad W_{1x}$——柱截面对 x 轴的较大受压翼缘的截面抵抗矩；

$\quad \beta_{mx}$、β_{1x}——等效弯矩系数；

$\quad \varphi_x$、φ_y——对应的轴心受压构件的稳定系数；

$\quad N'_{Ex}$——欧拉临界力，$N'_{Ex} = \dfrac{\pi^2 EA}{1.1 \lambda_x^2}$，$E$ 为钢材的弹性模量；

$\quad \eta$——截面影响系数，闭口截面，$\eta = 0.7$，其他截面，$\eta = 1.0$；

$\quad \gamma_x$——截面塑性发展系数，无震，按《钢结构设计规范》(GB 50017-2003)规定采用；有震，$\gamma_x = 1.0$；

$\quad f$——柱钢材的强度设计值，有震时需除以钢柱承载力的抗震调整系数 γ_{RE}。

5) 柱的局部稳定。有抗震设防的框架柱，其板件的宽厚比限值应较非抗震设计时更严，即必须满足表 4.9 的要求。

3. 中心支撑构件

高层建筑的抗侧力结构包括各种竖向支撑体系、钢筋混凝土剪力墙以及钢板剪力墙等。有关钢筋混凝土剪力墙的设计和构造，应参照《高层建筑混凝土结构技术规程》(JGJ 3-2002)的规定和要求。

沿高层建筑高度方向布置的垂直支撑，其工作状态类似于一竖向桁架系统。结构体系中的柱即为桁架的弦杆，斜腹杆则需专门设置。竖向支撑可沿建筑的纵向或横向单向布置，也可双向布置。支撑布置的数量及位置应尽量与结构的刚心和重心相一致。

垂直支撑中的支撑斜杆与框架柱的夹角应在 45°左右。当支撑斜杆的轴线通过框架梁与柱中线的交点时为中心支撑，当支撑斜杆的轴线设计为偏离梁与柱轴线的交点时为偏心支撑。

根据试验研究,支撑构件的性能与其长细比大小有关。当长细比极大时,构件只能受拉,不能受压。通常在反复荷载作用下,当支撑构件受压失稳后,其承载能力降低、刚度退化,吸能能力随之退化。

中心支撑构件可用单斜杆、十字交叉斜杆、人字形或 V 形斜杆体系,当采用只能受拉的单斜杆体系时,应同时设置不同倾斜方向的两组,且每层中不同方向斜杆的截面积在水平方向的投影面积相差不应超过 10%。支撑斜杆宜采用双轴对称截面,当采用单对称截面时,宜防止出现绕截面对称轴屈曲。设计时应注意:

1) 在计算中心支撑斜杆内力时,地震力应乘以增大系数,单斜杆支撑和交叉支撑乘以 1.3,人字支撑和 V 形支撑乘 1.5。

2) 在多遇地震作用效应组合下,支撑斜杆的抗压验算按下式进行:

$$\frac{N}{\varphi A_{\mathrm{br}}} \leqslant \frac{\eta f}{\gamma_{\mathrm{RE}}} \tag{4.28}$$

$$\eta = \frac{1}{1 + 0.35\bar{\lambda}}$$

$$\bar{\lambda} = \frac{\lambda}{\pi} \sqrt{\frac{f_y}{E}}$$

式中:η——循环荷载作用下强度设计值降低系数;

$\bar{\lambda}$——支撑斜杆的相对长细比;

λ——支撑斜杆的长细比;

f——钢材强度设计值;

A_{br}——支撑斜杆的截面积;

E——钢材的弹性模量。

3) 刚度。地震作用下支撑体系的滞回性能,主要取决于其受压行为。支撑长细比较大者,滞回圈较小,吸收能量的能力也较弱。因而对抗震设防建筑中支撑杆件的长细比,限制应更严,并满足表 4.10 所示要求。

表 4.10　不超过 12 层的中心支撑杆件长细比限制

类型	6、7 度	8 度	9 度
按压杆设计	150	120	120
按拉杆设计	200	150	150

4.3.2　连接节点的设计

1. 节点设计的一般要求

多、高层建筑钢结构的节点设计应满足传力可靠、构造简单、具有抗震延性及施工方便的要求。当按非抗震设计时,结构主要受风荷载控制,节点连接处于弹性受力状态,故按弹性受力阶段设计。当按抗震设计时,在多遇地震作用下,节点连接处于弹性受力状态,按弹性受力阶段设计;并考虑大震下结构已进入弹塑性受力阶段,按照结构抗震设计遵循的原则,节点连接的极限承载力要高于构件本身的承载力。

（1）梁与柱连接

1）在抗震设防的结构中，由于受水平地震往复作用，连接焊缝要经受角变形，故工字形柱水平加劲肋与柱翼缘焊接时，宜采用坡口全熔透焊缝，与柱腹板连接时可采用角焊缝。当梁端垂直于工字形柱腹板平面焊接时，水平加劲肋与柱腹板的焊接则应采用坡口全熔透焊缝（见图4.11）。

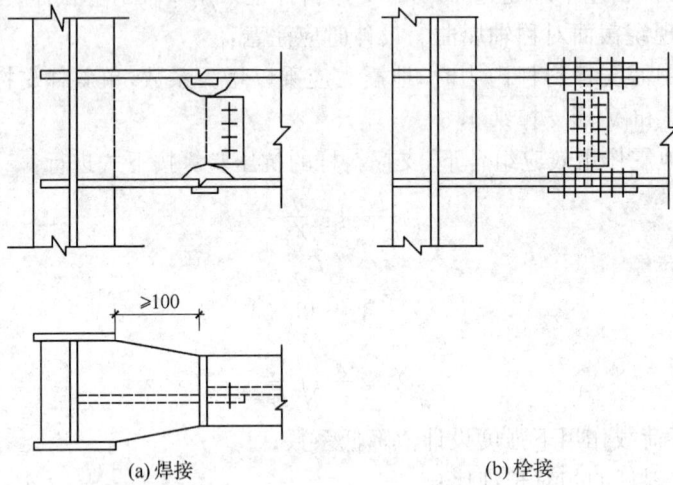

图 4.11 梁柱连接

箱型柱隔板与柱的焊接应采用坡口全熔透焊缝；对无法进行手工焊接的焊缝，应采用熔化嘴电渣焊，并应对称布置，同时施焊（见图4.12）。

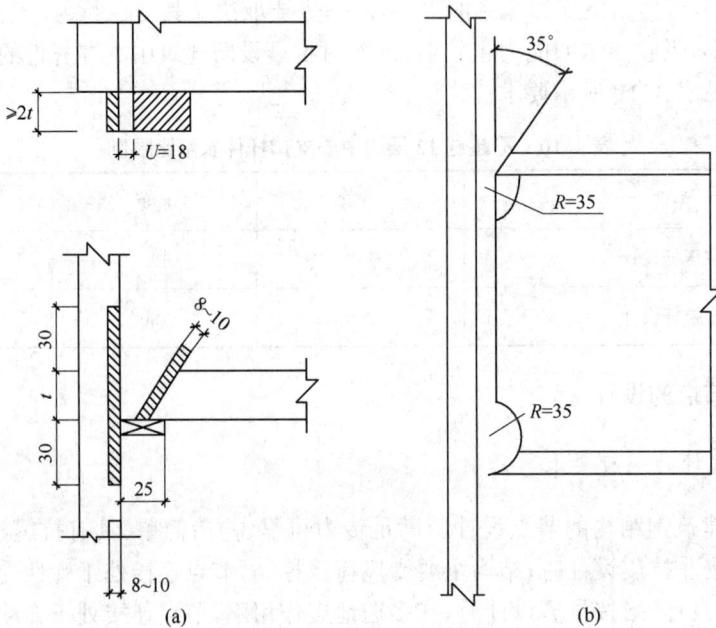

图 4.12 箱型柱隔板与柱焊接详图

2）对抗震结构，柱的水平加劲肋（或隔板）应与梁翼缘等厚。

（2）柱与柱连接

1）钢框架宜选用 H 形或箱形截面柱。箱形柱通常为焊接柱，其角部的组装焊缝应为部分熔透的 V 形或 U 形焊缝，抗震设防时，焊缝厚度不小于板厚的 $\frac{1}{2}$，并不应小于 14mm。当梁与柱刚接时，在主梁上、下至少 600mm 范围内，应采用全熔透焊缝（见图 4.13）。

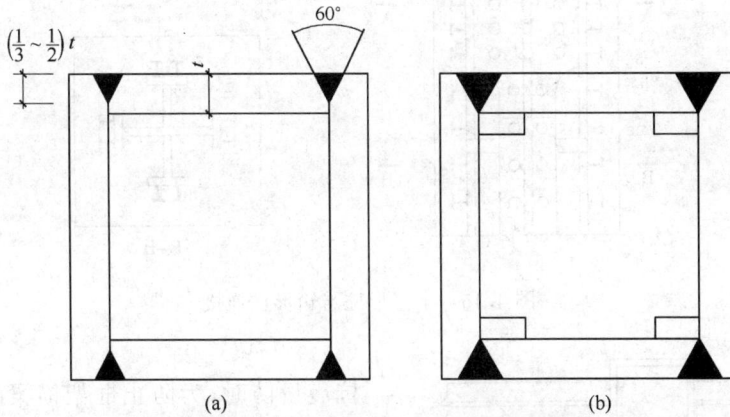

图 4.13　箱形组合柱的角部组装焊缝

2）箱形柱在工地的接头应全部采用焊接，其坡口应采用图 4.14 所示的形式。下节箱形柱的上端应设置隔板，并应与柱口齐平，厚度不宜小于 16mm。其边缘应与柱口截面一起刨平。在上节箱形柱安装单元的下部附近，尚应设置上柱隔板，其厚度不宜小于 10mm。柱在工地的接头上下侧各 100mm 范围内，截面组装焊缝应采用坡口全熔透焊缝。

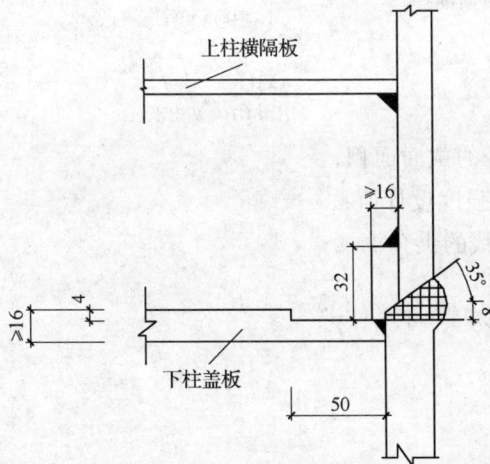

图 4.14　箱形柱的工地焊接

3）十字形柱与箱形柱相连处，在两种截面的过渡段中，十字形柱的腹板应伸入箱形柱内，其伸入长度应不小于钢柱截面高度加 200mm（见图 4.15）。

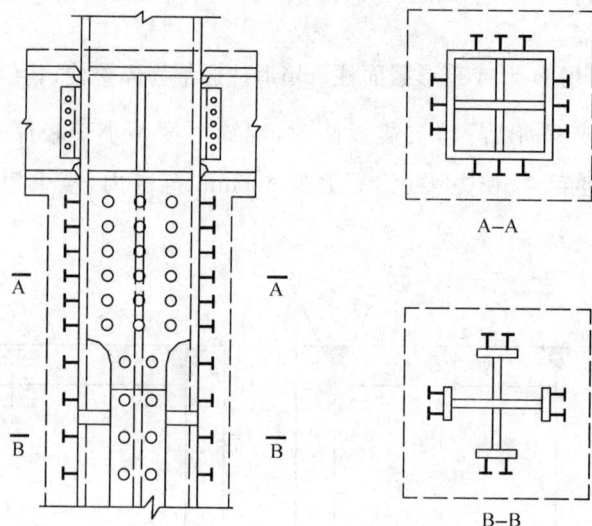

图 4.15 十字形柱与箱形柱连接

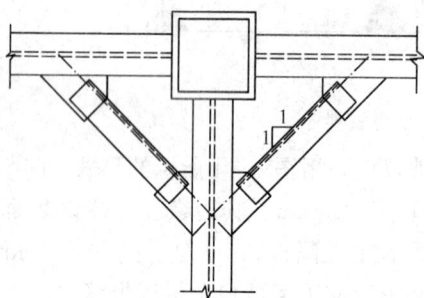

图 4.16 梁的侧向隔撑

（3）梁与梁连接

抗震设防时，为防止框架横梁的侧向屈曲，在节点塑性区段应设置侧向支承构件。

由于梁上翼缘和楼板连在一起，所以只需在互相垂直的主梁下翼缘设置侧向隔撑，此时隔撑可起到支承两根横梁的作用（见图 4.16）。框架横梁下翼缘在距柱轴线 $\frac{1}{10} \sim \frac{1}{8}$ 梁跨处设置侧向隔撑。其设计轴压力 N 应根据梁的侧向力按式（4.29）计算。

$$N = \frac{A_{\mathrm{f}} f}{85 \sin \alpha} \sqrt{\frac{f_{\mathrm{y}}}{235}} \qquad (4.29)$$

式中：A_{f}——梁受压翼缘的截面面积；

f——梁翼缘抗压强度设计值；

α——隔撑与梁轴线的夹角。

侧向隔撑长细比不大于 $130 \sqrt{\dfrac{235}{f_{\mathrm{y}}}}$

2. 节点计算

（1）节点域稳定

工字形截面柱和箱形截面柱的节点域（见图 4.17）应按式（4.30）验算。

$$\frac{(h_{\mathrm{b}} + h_{\mathrm{c}})}{90} \leqslant t_{\mathrm{w}} \qquad (4.30)$$

式中：h_{b}、h_{c}——梁腹板高度和柱腹板高度；

t_w——柱在节点域的腹板厚度。

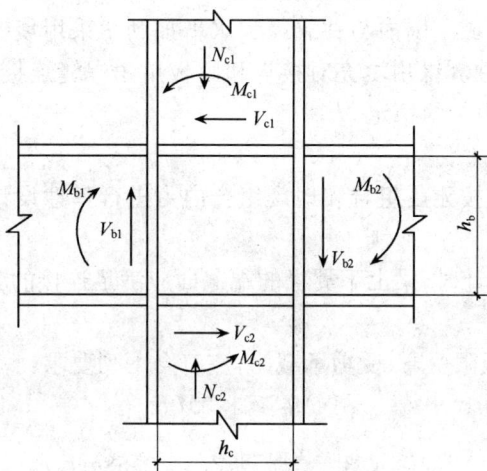

图 4.17　梁柱节点域

（2）节点域抗剪强度

由柱翼缘与水平加劲肋包围的节点域，在周边弯矩和剪力的作用下，抗剪强度按下式计算：

无震

$$\tau = \frac{(M_{b1} + M_{b2})}{V_p} \leqslant \frac{4}{3} f_v \qquad (4.31)$$

有震

$$\tau = \psi \frac{(M_{b1} + M_{b2})}{V_p} \leqslant \frac{4}{3} \frac{f_v}{\gamma_{RE}} \qquad (4.32)$$

节点域的屈服承载力应符合式（4.33）要求。

$$\psi \frac{(M_{pb1} + M_{pb2})}{V_p} < \frac{4f_v}{3} \qquad (4.33)$$

式中：M_{b1}、M_{b2}——节点域两侧梁的弯矩设计值；

　　M_{pb1}、M_{pb2}——节点域两侧梁的全塑性受弯承载力；

　　V_p——节点域的体积。

H 形截面

$$V_p = h_b h_c t_w$$

箱形截面

$$V_p = 1.8 h_b h_c t_w$$

　　h_b——梁的腹板高度；

　　h_c——柱的腹板高度；

　　t_w——柱的腹板厚度；

　　f_v——钢材的抗剪强度设计值；

　　ψ——折减系数，6 度 IV 类场地和 7 度时可取 0.6，8 度、9 度时可取 0.7；

γ_{RE}——节点域承载力抗震调整系数,取 0.85。

当公式(4.31)~(4.33)不能满足时,柱腹板应增加补强板。

补强板可限制在板域范围内与柱翼缘和水平加劲肋采用填充对接焊,也可将补强板伸过水平加劲肋,除与柱翼缘用填充对接焊和腹板用角焊缝连接外在板域范围内还可用塞焊,以提高补强板和腹板的稳定。

(3) 连接弹塑性设计

钢结构构件连接应按无震组合和地震组合内力进行弹性设计,并应进行大震时极限承载力验算。

梁与柱连接弹性设计时,梁上下翼缘的端截面应满足连接的弹性设计要求,梁腹板应计入剪力和弯矩。

1) 梁与柱连接的极限受弯、受剪承载力,应符合下列要求:

$$M_u \geqslant 1.2M_p \tag{4.34}$$

$$V_u \geqslant 1.3\left(\frac{2M_p}{l_n}\right) \text{ 且 } V_u \geqslant 0.58h_wt_wf_y \tag{4.35}$$

式中:M_u——梁上下翼缘全熔透坡口焊缝的极限受弯承载力;

V_u——梁腹板连接的极限受剪承载力,垂直于角焊缝受剪时,可提高 1.22 倍;

M_p——梁(梁贯通时为柱)的全塑性受弯承载力;

l_n——梁的净跨(梁贯通时取该楼层柱的净高);

h_w、t_w——梁腹板的高度和厚度;

f_y——钢材屈服强度。

2) 支撑与框架的连接及支撑拼接的极限承载力,应符合下式要求:

$$N_{ubr} \geqslant 1.2A_nf_y \tag{4.36}$$

式中:N_{ubr}——螺栓连接和节点板连接在支撑轴线方向的极限承载力;

A_n——支撑的截面净面积;

f_y——支撑钢材的屈服强度。

3) 梁、柱构件拼接的弹性设计时,腹板应计入弯矩,且受剪承载力不应小于构件截面受剪承载力的 50%;拼接的极限承载力,应符合下列要求:

$$V_u \geqslant 0.58h_wt_wf_y \tag{4.37}$$

无轴向力时

$$M_u \geqslant 1.2M_p \tag{4.38}$$

有轴向力时

$$M_u \geqslant 1.2M_{pc} \tag{4.39}$$

上述式中:M_u、V_u——构件拼接的极限受弯、受剪承载力;

M_{pc}——构件有轴向力时的全截面受弯承载力;

h_w、t_w——拼接构件截面腹板的高度和厚度;

f_y——被拼接构件的钢材屈服强度。

拼接采用螺栓连接时,尚应符合下列要求:

翼缘

$$nN_{cn}^b \geqslant 1.2A_ff_y \tag{4.40}$$

且

$$nN_{vu}^b \geqslant 1.2A_f f_y \tag{4.41}$$

腹板

$$N_{vu}^b \geqslant \sqrt{\left(\frac{V_u}{n}\right)^2 + (N_M^b)^2} \; 且 \; N_{cu}^b \geqslant \sqrt{\left(\frac{V_u}{n}\right)^2 + (N_M^b)^2} \tag{4.42}$$

式中：N_{vu}^b、N_{cu}^b——一个螺栓的极限受剪承载力和对应的板件极限承压力；

A_f——翼缘的有效截面面积；

N_M^b——腹板拼接中弯矩引起的一个螺栓的最大剪力；

n——翼缘拼接或腹板拼接一侧的螺栓数。

4）梁、柱构件有轴力时的全截面受弯承载力，应按下列公式计算：

工字形截面（绕强轴）和箱形截面：

当 $\dfrac{N}{N_y} \leqslant 0.13$ 时

$$M_{pc} = M_p \tag{4.43}$$

当 $\dfrac{N}{N_y} > 0.13$ 时

$$M_{pc} = 1.15\left(1 - \frac{N}{N_y}\right)M_p \tag{4.44}$$

工字形截面（绕弱轴）：

当 $\dfrac{N}{N_y} \leqslant \dfrac{A_w}{A}$ 时

$$M_{pc} = M_p \tag{4.45}$$

当 $\dfrac{N}{N_y} > \dfrac{A_w}{A}$ 时

$$M_{pc} = \left[1 - \left(\frac{N - A_w f_y}{N_y - A_w f_y}\right)^2\right]M_p \tag{4.46}$$

式中：N_y——构件轴向屈服承载力，取 $N_y = A_n f_y$。

5）焊缝的极限承载力应按下列公式计算：

对接焊缝受拉

$$N_u = A_f^w f_u^w \tag{4.47}$$

角焊缝受剪

$$V_u = 0.58A_f^w f_f^w \tag{4.48}$$

式中：A_f^w——焊缝的有效受力面积；

f_u^w——对接焊缝的抗拉强度最小值，其值不小于钢材的抗拉强度 f_u；

f_f^w——角焊缝强度设计值。

6）高强度螺栓连接的极限受剪承载力，应取下列二式计算的较小者：

$$N_{vu}^b = 0.58n_f A_e^b f_u^b \tag{4.49}$$

$$N_{cu}^b = d\sum t f_{cu}^b \tag{4.50}$$

$$V_u^b = n \times \min(N_{vu}^b, N_{cu}^b) \tag{4.51}$$

式中：N_{vu}^b、N_{cu}^b——一个高强度螺栓的极限受剪承载力和对应的板件极限承压力；

n_f——螺栓连接的剪切面数量；

A_e^b——螺栓螺纹处的有效截面面积；

f_u^b——螺栓钢材的抗拉强度最小值；

d——螺栓杆直径；

$\sum t$——同一受力方向的钢板厚度之和；

f_{cu}^b——螺栓连接板的极限承压强度，取 $1.5f_u$。

4.4 组合楼盖设计

在建筑结构中，楼（屋）盖的工程量占有很大的比重，其对结构的工作性能、造价及施工速度等都有着重要的影响。在确定楼盖结构方案时，应考虑以下要求：

1）保证楼盖有足够的平面整体刚度。

2）减轻结构的自重及减小结构层的高度。

3）有利于现场安装方便及快速施工。

4）具有较好的防火、隔音性能，并便于管线的敷设。

钢结构的常用楼面做法有：压型钢板组合楼板、预制楼板、叠合楼板和普通现浇楼板等。目前最常用的做法为在钢梁上铺设压型钢板，再浇注整体钢筋混凝土板，即形成组合楼板。此时的楼面梁亦相应形成钢与混凝土组合梁。限于篇幅，本节只介绍组合楼板设计。

1. 压型钢板的形式

压型钢板与混凝土组合楼板中，必须保证压型钢板与混凝土能可靠地共同工作。压型钢板与混凝土的组合作用是通过两者接触面之间采取适当的连接方式形成的。为了保证可靠的组合效应，要求接触面上的抗剪齿槽、槽纹或其他连接措施，具有足够的抗剪切粘结强度，不产生过大的粘结滑移，以抵抗楼板在外荷载作用下产生的纵向水平剪力；同时还要足以抵抗垂直掀起力，保证在垂直方向结合成不可分开的整体。

组合板中压型钢板的形式可以归纳为三类：

1）闭口形槽口的压型钢板。

2）开口形槽口压型钢板，在其腹板翼缘上轧制凹凸形槽纹作为剪力连接件。槽纹一般等距分布。它的形式、数量、间距与尺寸对抗剪强度影响很大。

3）开口形槽口压型钢板，同时在它的翼缘上另焊横向钢筋，以增强抗剪切粘结能力。

压型钢板组合楼板支承在钢梁上时，应在支承处将抗剪栓钉穿透压型钢板焊在支承钢梁上。抗剪栓钉一方面保证了组合楼板与支承梁的组合效应，同时也加强了混凝土与压型钢板之间的抗滑移能力。压型钢板组合楼板支承在钢筋混凝土梁上时，则在梁面支承处预埋钢板，同样通过抗剪栓钉穿透压型钢板焊在预埋钢板上，其做法与支承梁为钢梁时类同。

2. 组合板的极限状态

(1) 沿正截面弯曲破坏

如果组合板的含钢量过小，板的破坏是由于压型钢板及钢筋已经全截面屈服并发生撕裂破坏。这种破坏来得突然,属于脆性破坏。如果组合板的含钢量过大,板的破坏是由于受压区混凝土被压碎,此时压型钢板尚未屈服,或只有一小部分截面屈服。由于超筋破坏是始于混凝土被压碎,突然失去承载能力,也是属于脆性破坏,在工程中应当避免上述破坏。当组合板含钢量适当时,破坏是从受拉区压型钢板及受拉钢筋开始,即受拉钢板及钢筋首先屈服,板的变形裂缝迅速发展,受压区不断减小,最后由于受压区混凝土被压碎而破坏。由于破坏前产生了很大的裂缝变形,因此有明显的破坏预兆,属于延性破坏。组合板的弯曲破坏应为这种适筋破坏。

(2) 沿混凝土与压型钢板界面纵向水平剪切破坏

当混凝土与压型钢板的界面抵抗剪切粘结滑移强度不足时,在组合板尚未达到极限弯矩以前,界面丧失抵抗剪切粘结能力,产生过大的滑移,失去了组合作用。这种破坏的特征是,首先在靠近支座附近的集中荷载处混凝土出现斜裂缝,混凝土与压型钢板开始发生垂直分离,随即压型钢板与混凝土丧失抵抗剪切粘结能力,产生较大的纵向滑移。一般滑移常在一端出现,其值可达 15~20mm。由于产生很大的滑移,楼板变形非线性地增加。从而失去了或基本上失去了组合作用,组合板的混凝土部分与压型钢板部分将被各个击破很快崩溃。

(3) 沿斜截面剪切破坏

一般不常见,只有当组合板的高跨比很大、荷载比较大,可能在支座最大剪力处沿斜截面剪切破坏。

(4) 冲剪破坏

当组合板比较薄,在局部面积上作用有较大集中荷载时,可能发生组合板局部冲剪破坏。当组合板的冲剪强度不足时,应适当配置分布钢筋,以使集中荷载分布到较大范围的板上,并适当配置承受冲剪力的附加箍筋或吊筋。

其他的可能破坏形式还有:

当竖向粘结力不足时,可能在掀起力作用下使混凝土与压型钢板发生局部竖向分离,丧失组合作用。在组合板与支承梁的连接处配置足够量的带头栓钉,能有效防止混凝土与压型钢板因掀起力发生竖向分离。

在组合板端部,混凝土与压型钢板发生最大滑移,因此组合板在端部与支承梁连接处,如果剪力连接件抗剪强度不足以抵抗较大的剪切滑移时,也将因局部破坏而使组合板丧失承载能力,因此必须设置端部锚固件。

处于受压区的压型钢板,例如连续板的中间支座处,以及虽然压型钢板处于受拉区,但是当含钢量过大,受压区高度较高,以致压型钢板上翼缘及部分腹板可能处于受压区,此时尚应防止压型钢板的局部屈曲失稳引起组合板丧失承载能力。

3. 组合板的设计

组合板的计算可分施工与使用两个阶段进行。施工阶段应验算在施工荷载作用下,作为浇筑混凝土模板的压型钢板的强度与变形,验算时应计入临时支撑的影响。使用阶段应计算组合板在全部荷载作用下的强度与变形。

(1) 施工阶段

1) 施工阶段的荷载。施工阶段压型钢板不仅作为浇筑混凝土时的模板,还要承受施工时的所有荷载.混凝土在达到设计强度以前,只是作为荷载考虑,不考虑其承载能力.因此施工阶段完全按照钢结构来验算压型钢板.压型钢板在施工阶段应处于弹性阶段,不产生塑性变形.

施工阶段的永久荷载包括压型钢板的自重、钢筋和混凝土的自重.当压型钢板跨中挠度 w 大于 20mm 时,计算混凝土自重时,应考虑压型钢板刚度较小,变形较大,施工时可能实际的混凝土体积超过设计体积,在全垮增加混凝土厚度 $0.7w$,或增设临时支撑.

施工阶段的可变荷载包括施工荷载和附加荷载.施工荷载指施工时机具、人员等活荷载.施工荷载按实际考虑,但不小于 $1.0\text{kN}/\text{m}^2$.施工时压型钢板上有过量冲击、混凝土堆放、管线和泵等较集中的附加荷载时,一方面应采取措施使荷载分布在较大面积上,另一方面要在局部设置临时支撑,使荷载直接通过支撑传至地基.

2) 内力计算.施工阶段压型钢板作为浇筑混凝土的模板,应采用弹性方法计算.按单向板计算强边(顺肋)方向的正、负弯矩和挠度,弱边方向不计算.

3) 截面承载力及挠度计算.施工阶段压型钢板按照单向板只验算沿顺肋方向的强度和挠度.

① 压型钢板截面抗弯承载力计算.当不加临时支撑时,按弹性方法,压型钢板的正截面抗弯承载能力应满足下列要求:

$$M \leqslant fW_\text{s} \tag{4.52}$$

式中:M——单位宽度压型钢板在施工阶段承受的弯矩设计值;

f——压型钢板强度设计值;

W_s——压型钢板的截面抵抗矩,应取受压区或受拉区的截面抵抗矩中较小者.

受压区截面抵抗矩

$$W_\text{sc} = \frac{I_\text{s}}{x_\text{c}} \tag{4.53}$$

受拉区截面抵抗矩

$$W_\text{st} = \frac{I_\text{s}}{h_\text{s} - x_\text{c}} \tag{4.54}$$

式中:I_s——单位宽度压型钢板对其形心轴的惯性矩;

x_c——压型钢板形心轴至其受压边缘的距离;

h_s——压型钢板的总高度.

② 挠度计算.施工阶段的挠度计算按弹性计算.当板承受均布荷载时,常见三种情况的挠度计算公式如下:

(a) 简支板

$$w = \frac{5}{384} \frac{p_\text{s}l^4}{E_\text{s}I_\text{s}} \leqslant [w] \tag{4.55}$$

(b) 双跨连续板

$$w = \frac{1}{185} \frac{p_\text{s}l^4}{E_\text{s}I_\text{s}} \leqslant [w] \tag{4.56}$$

(c) 三跨连续板

$$w = \frac{1}{140} \frac{p_\text{s}l^4}{E_\text{s}I_\text{s}} \leqslant [w] \tag{4.57}$$

$$[w] = \min(l/180, 20\text{mm}) \tag{4.58}$$

上述式中：p_s——作用在压型钢板单位计算宽度上的荷载标准值；

$\qquad$ l——压型钢板计算跨度；

$\qquad$ E_s——压型钢板的钢材弹性模量；

$\qquad$ I_s——压型钢板单位计算宽度的惯性矩。

当压型钢板在施工阶段的承载能力或变形不能满足要求时,应采取强度或刚度更大的压型钢板,或者应在施工时增加临时支撑,以减小施工时压型钢板的跨度。

(2) 使用阶段

混凝土达到设计强度,混凝土与压型钢板实现预期的组合,按照组合板进行计算。

1) 使用阶段的荷载。组合板在使用阶段承受全部的荷载。永久荷载包括压型钢板及钢筋和混凝土自重、面层及构造层(如保温层、找平层、防水层、隔热层等)的重量、楼板下吊挂的顶棚、管道等的重量。可变荷载包括楼面上的人员及设备等使用荷载。

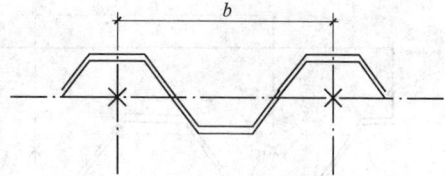

图 4.18 压型钢板

2) 内力计算。在使用阶段,当压型钢板顶面上的混凝土厚度为 50~100mm 时,组合板强边(顺肋)方向的正弯矩和挠度,按承受全部荷载的简支单向板计算;强边方向的负弯矩按固端板计算;弱边方向不计算。

当压型钢板顶面上的混凝土厚度大于 100mm 时,组合板挠度按强边方向的简支单向板计算;组合板的内力按下列规定计算：

当 $0.5<\lambda_e<2.0$ 时,按双向板计算；

当 $\lambda_e\leqslant0.5$ 或 $\lambda_e\geqslant2.0$ 时,按单向板计算。

$$\lambda_e = \mu \frac{l_x}{l_y} \qquad (4.59)$$

式中：μ——板的受力异向性——系数,$\mu=\sqrt[4]{\dfrac{I_x}{I_y}}$；

$\qquad$ l_x——组合板强边(顺肋)方向的跨度；

$\qquad$ l_y——组合板弱边(垂直肋)方向的跨度；

$\qquad$ I_x、I_y——分别为组合板强边方向和弱边方向的截面惯性矩,计算 I_y 时只考虑压型钢板顶面上的混凝土厚度。

3) 截面承载力及挠度计算。组合板的承载能力计算包括沿板顺肋方向正截面抗弯计算,斜截面抗剪计算及混凝土与压型钢板界面的纵向抗剪计算及抗冲剪计算。

① 正截面抗弯承载力的计算。组合板的正截面抗弯承载力按塑性设计方法计算,计算简图如图 4.19。假定达到极限状态时,受拉区压型钢板及受拉钢筋和受压区的混凝土均达到强度设计值。压型钢板钢材的抗拉强度设计值和混凝土的抗压强度设计值,均乘以折减系数 0.8,以考虑作为受拉钢筋的压型钢板没有混凝土保护层,以及中和轴附近材料强度发挥不充分等原因。

组合板的抗弯承载能力按下式计算：

(a) 当 $fA_p\leqslant\alpha_1f_cbh_c$ 时,塑性中和轴在压型钢板顶面以上的混凝土内,组合板的抗弯承载能力按式(4.60)计算。

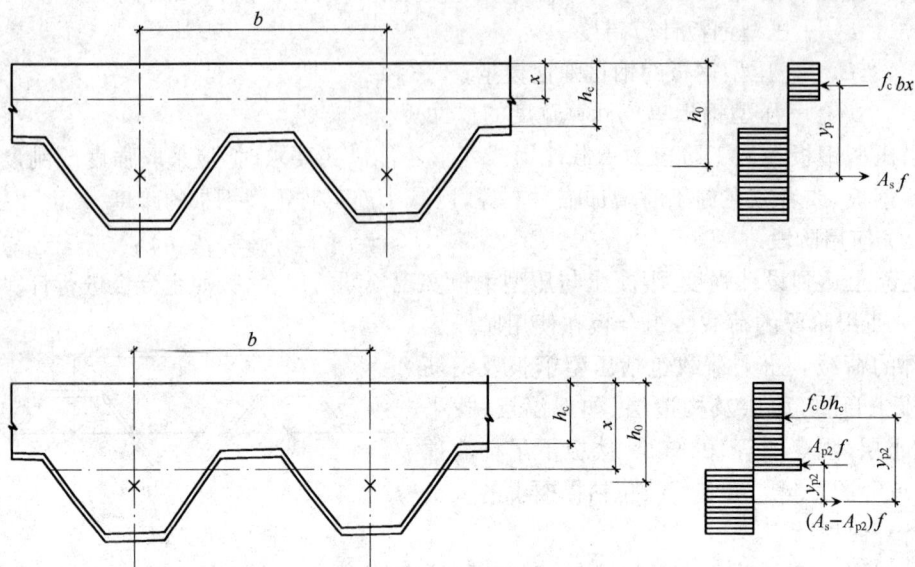

图 4.19　组合板计算简图

$$M \leqslant 0.8\alpha_1 f_c bx\left(h_0 - \frac{x}{2}\right) \tag{4.60}$$

$$x = \frac{fA_p}{\alpha_1 f_c b} \tag{4.61}$$

上述式中:M——组合板截面的最大正弯矩设计值;

h_0——组合板有效高度;

x——组合板的受压区高度,当 $x > 0.55h_0$ 时取 $0.55h_0$;

b——压型钢板的波距;

A_p——压型钢板波距内的截面面积;

α_1——受压区混凝土矩形应力图的应力值与混凝土轴心抗压强度设计值的比值;

f_c——混凝土轴心抗压强度设计值;

h_c——压型钢板顶面以上混凝土计算厚度。

(b) 当 $fA_p > \alpha_1 f_c bh_c$ 时,塑性中和轴在压型钢板内,组合板的抗弯承载能力可按下式计算:

$$M \leqslant 0.8(\alpha_1 f_c bh_c y_{p1} + fA_{p2}y_{p2}) \tag{4.62}$$

$$A_{p2} = 0.5\left(A_p - \frac{\alpha_1 f_c bh_c}{f}\right) \tag{4.63}$$

式中:A_{p2}——中和轴以上的压型钢板波距内的截面面积;

y_{p1}、y_{p2}——分别为压型钢板受拉区截面应力合力分别至受压区混凝土板截面和压型钢板截面压应力合力的距离。

② 纵向抗剪计算。混凝土与压型钢板界面的剪切粘结强度与压型钢板的外形尺寸、表面加工情况、剪跨、混凝土的抗压强度、压型钢板翼缘与腹板上轧制的凹凸槽纹剪力件

的尺寸、间距等诸多因素有关。因此很难从理论分析得出一个精确计算公式。各国均采用试验回归公式计算。

国内开口压型板的回归公式

$$V_l \leqslant V_u = \alpha_0 - \alpha_1 a + \alpha_2 W_r h_0 + \alpha_3 t \tag{4.64}$$

式中：V_l——组合板在荷载设计值作用下的纵向水平剪力；

V_u——组合板的纵向水平抗剪承载力；

h_0——组合板的有效高度；

W_r——组合板的平均槽宽；

t——压型钢板的厚度；

a——剪跨，均布荷载作用下的简支板取 $a = \dfrac{l}{4}$；

α_{0-3}——剪力粘结系数试验值或参考下列数值：

$$\alpha_0 = 78.142, \alpha_1 = 0.098, \alpha_2 = 0.0036, \alpha_3 = 38.625$$

进口带齿或闭口板型可采用美国 Porter 和 Ekbery 教授得出的回归公式

$$V_l \leqslant V_u = 0.8\left[\frac{bh_0}{s}\left(\frac{m\rho h_0}{a} + k\sqrt{f_c}\right) + \frac{\gamma g_1 l}{2}\right] \tag{4.65}$$

式中：V_l——组合板在荷载设计值作用下的纵向水平剪力；

V_u——组合板的纵向水平抗剪承载力；

b——组合板的计算宽度；

h_0——组合板的有效高度，取压型钢板形心轴至混凝土受压区外边缘的距离；

ρ——含钢率，$\rho = \dfrac{A_{ps}}{bh_0}$

A_{ps}——计算宽度 b 范围内的压型钢板截面面积；

s——压型钢板上剪力件的间距，当剪力件为凹凸槽纹且等距布置时取 $s = 1$；当为孔洞或附加钢筋剪力件时，s 取其实际间距；

f_c——混凝土的抗压强度设计值；

a——剪跨；

l——简支组合板的跨度；

g_1——混凝土板单位长度自重；

γ——临时支撑影响系数，全部荷载由临时支撑承受，$\gamma = 1$；无临时支撑，$\gamma = 0$；仅中间有临时支撑，$\gamma = 0.625$；

k——回归线的截距；

m——回归线的斜率。

原则上对于不同形式的压型钢板都应通过试验来求得系数 m 和 k 的值。

③ 斜截面抗剪承载能力计算。组合板在均布荷载作用下的斜截面抗剪承载力按式 (4.66) 计算

$$V_{in} \leqslant 0.7 f_t b h_0 \tag{4.66}$$

式中：V_{in}——组合板一个波距内斜截面最大剪力设计值；

f_t——混凝土的轴心抗拉强度设计值。

④ 抗冲剪计算。在局部集中荷载作用下，组合板尚有可能发生冲剪破坏。这在荷载作用范围较小、局部荷载很大，而板较薄的情况下容易发生。冲剪破坏一般是沿着荷载作用周边的 45°斜面。冲剪破坏实质上是在受拉区应力作用下，沿着 45°斜面混凝土的受拉破坏。破坏时形成一个四面具有 45°斜面的冲击锥体。

组合板在集中荷载 V_1 作用下的抗冲剪承载能力按式(4.67)计算

$$V_1 \leqslant 0.6 f_t u_{cr} h_c \tag{4.67}$$

式中：u_{cr}——冲击锥体在组合板上的投影面的临界周界长度（见图 4.20）；

f_t——混凝土抗拉强度设计值。

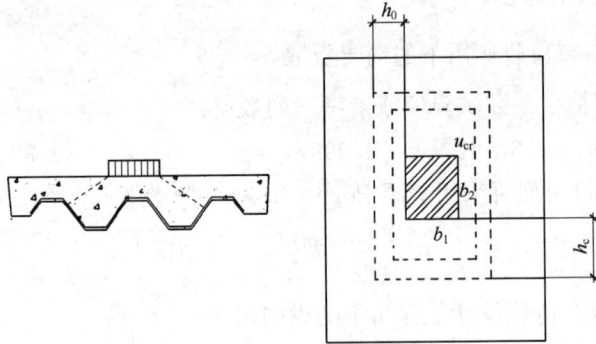

图 4.20　剪力临界周界

⑤ 组合板的挠度。组合板的挠度，应分别按荷载标准效应组合和荷载准永久效应组合计算，不应超过计算跨度的 $\dfrac{1}{360}$。组合板负弯矩区的最大裂缝宽度，按现行国家标准《混凝土结构设计规范》(GB 50010-2002)的规定计算。

⑥ 组合板的振动控制。振动的强弱与人的感觉及环境条件有关。比较理想的，应控制组合板的自振频率在 20Hz 以上。而当自振频率在 12Hz 以下时，产生振动的可能性较大。因此一般要求

$$f = \frac{1}{0.178 \sqrt{w}} \geqslant 1.5 \text{Hz} \tag{4.68}$$

式中：f——组合板的自振频率；

w——永久荷载产生的挠度(cm)；

4. 组合板的构造要求

压型钢板的表面应有镀锌保护层，以防止在使用阶段锈损。除了仅供施工用的压型钢板外，压型钢板的净厚度不应小于 0.75mm。

组合楼板截面的全高不应小于 90mm，且压型钢板顶面至组合板顶面的高度不应小于 50mm。

非组合板应按钢筋混凝土板设置钢筋。连续组合板及悬臂板的负弯矩区应按计算配置负弯矩钢筋。当板上开洞且较大时，应在洞口周围配置附加钢筋。为了防止混凝土收缩及温度等影响，也为了起到分布荷载的作用，应在混凝土板中配置分布钢筋网。

组合板中的压型钢板在钢梁上的支承长度不应小于 50mm。在钢筋混凝土梁或砌体上的支承长度不应小于 75mm。

组合板通过带头栓钉穿过压型钢板焊于钢梁上或钢筋混凝土梁的预埋钢板上。栓钉的设置应符合下列构造要求：

① 跨度小于 3m 的组合板，栓钉直径宜为 13 mm 或 16mm；跨度为 3～6m 的组合板，栓钉直径宜为 16 mm 或 19mm；跨度大于 6m 的组合板，栓钉直径宜为 19mm。

② 焊后栓钉长度应满足其高出压型钢板顶面≥30mm，且应设在支座处压型钢板的凹肋中并穿透压型钢板焊牢在梁上。

【例 4.1】 某办公楼楼层结构采用组合板，板跨度为 2.7m，为三跨连续板。组合板在钢梁上的支承长度为 150mm。选用 Q235 钢的 YX-46-200-600 闭口型压型钢板，其构件特性为：板厚 $t = 1.6$mm，一个波距宽度内截面面积 $A_s = 556.8$ mm²，截面惯性矩 $I_s = 65.09$cm⁴/m，形心到压型钢板板底的距离 $h_t = 29.91$mm，压型钢板自重 0.221 kN/m²，强度设计值 205N/mm²。压型钢板顶面上混凝土厚 $h_c = 74$mm，采用 C20 混凝土，$\alpha_1 = 1.0$，$f_c = 9.6$N/mm²，$f_t = 1.1$N/mm²，$E_c = 2.55 \times 10^4$ N/mm²。钢筋采用 HPB235，$f_y = 210$N/mm²。组合板总高＝120mm。施工阶段活载 1.5kN/mm²，使用阶段活载 2.0kN/mm²。验算组合板。

【解】 （1）荷载和内力计算

1）施工阶段。

恒载包括：钢筋和混凝土自重、压型钢板自重。

活载包括：施工荷载。

恒载：　　$g_k = 2.95$kN/m²

$$g_1 = \gamma_g g_k = 1.2 \times 2.95 = 3.54 (kN/m^2)$$

活载：　　$q_k = 1.5$kN/m²

$$q_1 = \gamma_q q_k = 1.4 \times 1.5 = 2.1 (kN/m^2)$$

施工阶段内力按弹性计算：三跨连续板（不需考虑活载不利布置）。

以 1m 宽板条为计算单元：

跨中正弯矩

$$M_1 = 0.08(g_1 + q_1)l_0^2 = 0.08 \times (3.54 + 2.1) \times 2.7^2 = 3.29 (kN \cdot m)$$

支座负弯矩

$$M = 0.1(g_1 + q_1)l_0^2 = 0.1 \times (3.54 + 2.1) \times 2.7^2 = 4.11 (kN \cdot m)$$

支座剪力

$$V_1 = 0.6(g_1 + q_1)l^0 = 0.6 \times (3.54 + 2.1) \times 2.7 = 9.14 (kN)$$

2）使用阶段。

恒荷载包括：混凝土板自重、楼面做法、吊顶自重、压型钢板自重。

恒载：　　$g_k = 4.58$kN/m²

$$g_2 = \gamma_g g_k = 1.2 \times 4.58 = 5.50 (kN/m^2)$$

活载：　　$q_k = 2.0$kN/m²

$$q_2 = \gamma_q q_k = 1.4 \times 2.0 = 2.8 (kN/m^2)$$

使用阶段内力按塑性计算:压型钢板顶面上混凝土厚 $h_c=74\text{mm}<100\text{mm}$。

以 1m 宽板条为计算单元:

跨中正弯矩:按简支单向板计算

$$M_2=\frac{1}{8}(g_2+q_2)l_n^2=\frac{1}{8}\times(5.50+2.8)\times2.4^2=5.98(\text{kN}\cdot\text{m})$$

支座负弯矩:按固端板计算

$$M_2=\frac{1}{12}(g_2+q_2)l_n^2=\frac{1}{12}\times(5.50+2.8)\times2.4^2=3.98(\text{kN}\cdot\text{m})$$

支座剪力

$$V_2=0.6(g_2+q_2)l_n=0.60\times(5.50+2.8)\times2.4=11.95(\text{kN})$$

取计算单元宽度为波距:$b=200\text{mm}$ 时的内力:

正截面跨中弯矩:$M=5.98\times200/1000=1.20(\text{kN}\cdot\text{m})$

支座负弯矩:$M=3.98\times200/1000=0.80(\text{kN}\cdot\text{m})$

支座剪力:$V=11.95\times200/1000=2.39(\text{kN})$

(2) 压型钢板验算(施工阶段)

$$W_{s1}=\frac{I_s}{h_t}=\frac{65.09}{2.99}=21.77(\text{cm}^3)$$

$$W_{s2}=\frac{I_s}{h_s-h_t}=\frac{65.09}{4.6-2.99}=40.43(\text{cm}^3)$$

抗弯验算

$$M_u=W_{s1}f=21.77\times10^3\times205=4.46(\text{kN}\cdot\text{m})>4.11\text{kN}\cdot\text{m}(\text{合格})$$

挠度验算

$$w=\frac{1}{140}\frac{p_kl_0^4}{E_sI_s}=\frac{1}{140}\times\frac{(2.95+1.5)\times2.7^4\times10^{12}}{2.06\times10^5\times65.09\times10^4}=12.59(\text{mm})<[w]$$

$$=\frac{l_0}{180}=\frac{2700}{180}=15(\text{mm}),\text{合格}$$

(3) 组合板验算(使用阶段)

组合板的有效高度

$$h_0=h-h_t=46+74-29.91=90.09(\text{mm})$$

正截面抗弯验算

$$A_sf=556.8\times205\times0.8=91.32(\text{kN})$$

$$\alpha_1f_cbh_c=1.0\times9.6\times0.8\times200\times74=113.66(\text{kN})$$

由于 $A_sf<\alpha_1f_cbh_c$,因此组合板的塑性中和轴在混凝土板中:

$$x=\frac{fA_s}{\alpha_1f_cb}=\frac{205\times0.8\times556.8}{1.0\times9.6\times0.8\times200}=59.45(\text{mm})>0.55h_0=0.55\times90.09$$

$$=49.55(\text{mm})$$

取 $x=49.55\text{mm}$。

$$M_u=0.8\alpha_1f_cbx\left(h_0-\frac{x}{2}\right)=0.8\times1.0\times9.6\times0.8\times200\times49.55$$

$$\times\left(90.09-\frac{49.55}{2}\right)=3.98(\text{kN}\cdot\text{m})>1.20\text{ kN}\cdot\text{m}$$

(4) 斜截面抗剪验算

$$V_u = 0.7 f_t b h_0 = 0.7 \times 1.1 \times 200 \times 90.09 = 13.88(\text{kN}) > 2.39\text{kN}$$

(5) 支座负弯矩配筋计算

$$h_0 = h_c - a_s = 74 - 25 = 49(\text{mm})$$

$$\alpha_s = \frac{M}{\alpha_1 f_c b h_0^2} = \frac{0.80 \times 10^6}{1.0 \times 9.6 \times 200 \times 49^2} = 0.174$$

$$\gamma = \frac{1 + \sqrt{1 - 2\alpha_s}}{2} = \frac{1 + \sqrt{1 - 2 \times 0.174}}{2} = 0.904$$

$$A_s = \frac{M}{f \gamma_s h_0} = \frac{0.80 \times 10^6}{210 \times 0.904 \times 49} = 86(\text{mm}^2)$$

$$\rho_{\min} = \max\left(0.45 \frac{f_t}{f_y}, 0.20\right) = \max\left(0.45 \times \frac{1.1}{210}, 0.20\right) = 0.20\%$$

$$A_{s,\min} = \rho_{\min} b h_c = 0.20\% \times 200 \times 74 = 29.6(\text{mm}^2)$$

选 $\phi 8@110$

$$A_s = 457 \times \frac{200}{1000} = 91.4(\text{mm}^2)$$

(6) 挠度验算

根据变形相等的原则,将混凝土材料转化为等效的钢材。

$$\alpha_E = \frac{E_s}{E_c} = \frac{2.06 \times 10^5}{2.55 \times 10^4} = 8.08$$

荷载标准组合下换算成钢截面后的组合截面特征值:

组合板截面中和轴到板顶的距离

$$x = \frac{1}{b/\alpha_E}\left(-A_s + \sqrt{A_s^2 + 2\frac{b}{\alpha_E}A_s h_0}\right)$$

$$= \frac{1}{200/8.08} \times \left(-556.8 + \sqrt{556.8^2 + 2 \times \frac{200}{8.08} \times 556.8 \times 90.09}\right) = 45.03(\text{mm})$$

组合截面惯性矩

$$I_0 = \frac{1}{3}\frac{b}{\alpha_E}x^3 + l_s + A_s(h_0 - x)^2 = \frac{1}{3} \times \frac{200}{8.08}$$

$$\times 45.03^3 + 13.02 \times 10^4 + 556.8 \times (90.09 - 45.03)^2$$

$$= 7.533 \times 10^5 + 1.302 \times 10^5 + 11.306 \times 10^5 = 20.138 \times 10^5(\text{mm}^4)$$

荷载准永久组合下换算成钢截面后的组合截面特征值:

组合板截面中和轴到板顶的距离

$$x = \frac{1}{b/(2\alpha_E)}\left(-A_s + \sqrt{A_s^2 + 2\frac{b}{2\alpha_E}A_s h_0}\right)$$

$$= \frac{1}{200/(2 \times 8.08)} \times \left(-556.8 + \sqrt{556.8^2 + 2 \times \frac{200}{2 \times 8.08} \times 556.8 \times 90.09}\right)$$

$$= 55.67(\text{mm})$$

组合截面惯性矩

$$I_{0q} = \frac{1}{3} \frac{b}{2\alpha_E} x^3 + I_s + A_s (h_0 - x)^2 = \frac{1}{3} \times \frac{200}{2 \times 8.08}$$

$$\times 55.67^3 + 13.02 \times 10^4 + 556.8 \times (90.09 - 55.67)^2$$

$$= 7.12 \times 10^5 + 1.302 \times 10^5 + 6.597 \times 10^5 = 15.019 \times 10^5 (\text{mm}^4)$$

荷载标准组合下的挠度

$$w_s = \frac{1}{140} \frac{q_s l^4}{E_s I_0} = \frac{1}{140} \times \frac{(4.58 + 2.0) \times \dfrac{200}{1000} \times 2.4^4 \times 10^{12}}{2.06 \times 10^5 \times 20.138 \times 10^5} = 0.75 (\text{mm})$$

荷载准永久组合下的挠度

$$w_q = \frac{1}{140} \frac{q_q l^4}{E_s I_{0q}} = \frac{1}{140} \times \frac{(4.58 + 0.4 \times 2.0) \times \dfrac{200}{1000} \times 2.4^4 \times 10^{12}}{2.06 \times 10^5 \times 15.019 \times 10^5} = 0.82 (\text{mm})$$

$$[w] = \frac{l}{360} = \frac{2400}{360} = 6.67 \text{mm} (\text{合格})$$

（7）自振频率验算

仅考虑恒载作用时组合板的挠度

$$g_k = 4.58 \times \frac{200}{1000} = 0.916 (\text{kN/m})$$

$$w = \frac{1}{140} \frac{g_k l^4}{E_s I_{0q}} = \frac{1}{140} \frac{0.916 \times 2.4^4 \times 10^{12}}{2.06 \times 10^5 \times 15.019 \times 10^5} = 0.70 (\text{mm})$$

自振频率

$$f = \frac{1}{0.178 \sqrt{w}} = \frac{1}{0.178 \times \sqrt{0.07}} = 21 (\text{Hz}) > 15 \text{Hz} (\text{合格})$$

4.5 设 计 实 例

4.5.1 工程概况

某市欲兴建五层商贸综合楼，一、二层为商场，一层高 4.6m，二层高 5.1m，三至五层为商务写字楼，层高 3.9。建筑面积为 4200m²，拟建房屋所在地的设计资料如下：抗震烈度 8 度，设计分组第一组，Ⅱ类场地，基本雪压 $S_0 = 0.30$kN/m²，基本风压 $w_0 = 0.35$kN/m²，地面粗糙度 B 类。土壤最大冰冻深度 0.8m，地基承载力特征值 $f_{ak} = 200$kN/m²，其中商场用房总建筑面积 1650m²，办公用房建筑面积 2550m²。

4.5.2 结构布置及计算简图

根据房屋使用功能及建筑设计的要求，结构体系选为钢框架支撑体系，横向为框架结构体系，纵向为支撑体系。框架梁柱均选用焊接工形截面。采用 Q235-B·F 钢。框架柱采用带悬臂梁段的柱单元，与框架梁刚接；纵向梁柱连接为铰接。框架梁和框架柱的拼接均采用栓焊混接：翼缘为完全焊透的坡口对接焊缝连接，腹板采用 10.9 级的摩擦型高强螺栓连接，接触面为喷砂处理。柱运输单元划分：1～2 层为一个单元，3～5 层为一个单元。楼板为压型钢板现浇混凝土组合楼板，选用 Q235 钢，压型钢板型号为 YX70-200-600，其上浇 80mm 厚 C20 混凝土。柱脚采用埋入式柱脚,柱下为钢筋混凝土独立基础。

1. 梁柱布置

采用 9m×7.2m 柱网,2.4m×9m 梁格,横向每隔 2.4m 布置一道次梁,梁柱布置如图 4.21 所示。

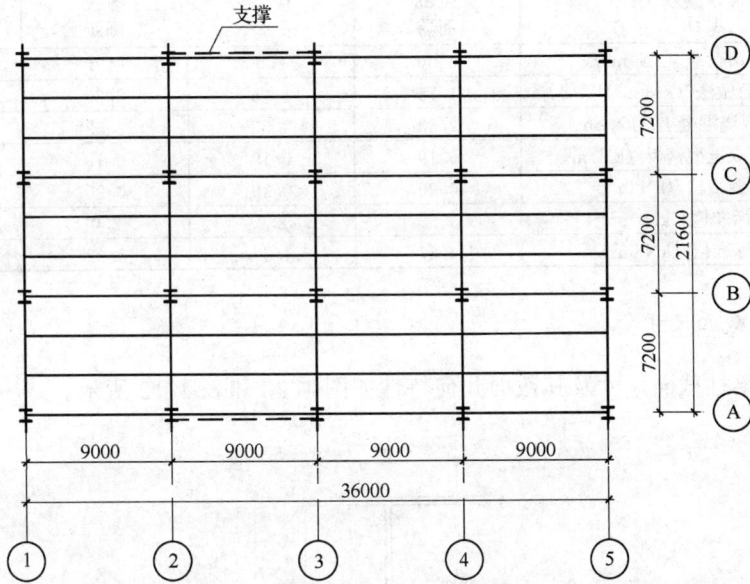

图 4.21　梁柱布置

底层计算高度为 4.6＋1.61＝6.21(m)(1.61m 为预估室内地坪至柱脚底板底面的高度),二层为 5.1m,三至五层为 3.9m,如图 4.22 所示。

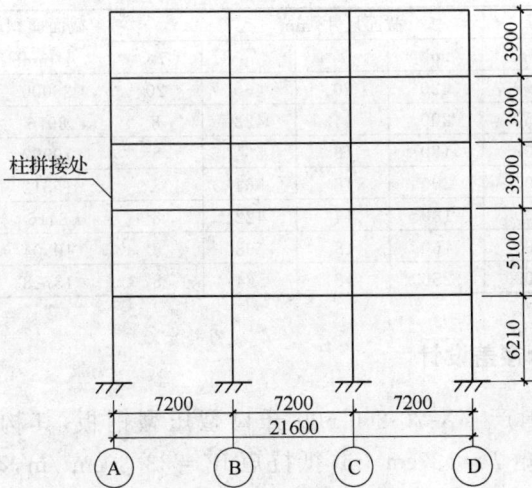

图 4.22　结构的竖向布置

2. 荷载计算

混凝土板平均厚度为 80+21＝101(mm)(21mm 为梯形凹槽部分混凝土折算厚度)。荷载计算见表4.11。

表 4.11 楼面、屋面荷载计算表

荷载编号 项目	楼 38 商场	楼 38 办公	楼 23 厕所	屋 35 铺地缸砖
楼、屋面活荷载/(kN/m²)	3.50	2.0	2.0	1.50
楼、屋面做法/(kN/m²)	1.75	1.75	2.30	2.59
80+21 厚现浇混凝土/(kN/m²)	2.53	2.53	2.53	2.53
YX70-200-600 压型钢板/(kN/m²)	0.19	0.19	0.19	0.19
棚 35 顶棚做法/(kN/m²)	0.20	0.20	0.20	0.20
活荷载标准值/(kN/m²)	3.50	2.0	2.0	1.5
恒荷载标准值/(kN/m²)	4.67	4.67	5.22	5.51

3. 构件截面尺寸

选定的梁柱截面尺寸及其截面几何特性如图 4.23 和表 4.12 所示。

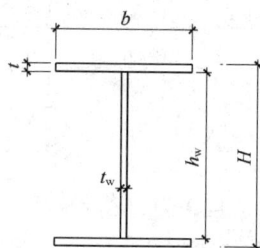

图 4.23 梁柱截面示意图

表 4.12 截面特性表

项目	截面尺寸/mm					截面面积 A/mm²	I_x /×10⁸mm⁴	自重 g /(N/m)
	H	b	t	h_w	t_w			
柱(1～5)	500	420	20	460	20	26000	11.299	2041
次梁(1、5 层)	450	200	14	422	8	8976	3.162	705
纵向梁(1、5 层)	600	180	18	564	8	10992	6.683	863
框架梁(1、5 层)	600	300	18	564	8	15312	10.323	1202
次梁(2～4 层)	400	180	14	422	8	8416	2.896	661
纵向梁(2～4 层)	600	160	18	568	8	10304	6.167	809
框架梁(2～4 层)	600	256	18	564	8	13728	8.959	1078

4.5.3 压型钢板组合楼盖设计

组合楼盖选用国产 YX-70-200-600 开口型压型钢板,其构件特性为:板厚 $t=$ 1.0mm,全截面惯性矩 $I=137cm^4/m$,抵抗矩 $W=33.30cm^3/m$,有效截面惯性矩 $I_s=$ 96cm⁴/m,抵抗矩 $W_s=25.7cm^3/m$,一个波距宽度内截面面积 $A_s=321.42mm^2$,自重 0.19kN/m²,强度设计值 $f=205N/mm^2$。其上浇 80 厚 C20 混凝土:$\alpha_1=1.0$,$f_c=9.6N/mm^2$,$f_t=1.1N/mm^2$,$E_c=2.55×10^4N/mm^2$。钢筋采用 HPB235,$f_y=210N/mm^2$。组合板

总高 150mm。施工阶段活载 1.5kN/m²，板跨 2.4m，为三跨连续板。

压型钢板上翼缘必须焊横向短钢筋来保证压型钢板与混凝土板的共同工作。

计算过程略。支座负弯矩配筋：选 $\phi8@125$，$A_s=402mm^2$。圆柱头焊钉穿过压型钢板焊于钢梁上，对混凝土板和梁之间叠合面的抗剪起着重要作用。在组合板中，圆柱头焊钉只作为压型钢板与混凝土叠合面之间抗剪能力的储备，按构造取。本结构的板跨为 2.4m，所以选用 M16 的焊钉。

4.5.4 屋盖、楼盖重力荷载代表值 G_i 的计算

1. 屋盖重力荷载代表值 G_n 的计算

1）女儿墙及挑檐恒载： $g_1=$ 单位长度重×总长度

2）屋面荷载： $g_2=$（屋面做法+屋面板+吊顶+屋面雪荷载×50%）×总轴线面积

3）横、纵梁恒载： $g_3=$ 梁自重×总净长

4）半层高外墙恒载： $g_4=$ 单位面积重×总净面积

5）半层高内墙恒载： $g_5=$ 单位面积重×总净面积

6）半层高柱恒载： $g_6=$ 柱自重×该层总柱高

合计 $\qquad G_n=g_1+g_2+g_3+g_4+g_5+g_6$

2. 楼盖重力荷载代表值 G_i 的计算

1）楼面荷载： $g_8=$（楼面做法+楼面板+吊顶+楼面活荷载×50%）×总轴线面积

2）横纵梁恒载： $g_9=$ 单位长度重×总净长

3）上下层总高 $\frac{1}{2}$ 外墙恒载： $g_{10}=$ 单位面积重×上下层总净面积

4）上下层总高 $\frac{1}{2}$ 内墙恒载： $g_{11}=$ 单位面积重×上下层总净面积

5）上下层总高 $\frac{1}{2}$ 柱恒载： $g_{12}=$ 单位长度重×上下层总柱高

合计 $\qquad G_i=g_8+g_9+g_{10}+g_{11}+g_{12}$

重力荷载代表值计算结果见表 4.13。

表 4.13　重力荷载代表值计算表

层数	5	4	3	2	1
G_n/kN	6924.58	5861.33	5861.33	6031.83	7134.31

4.5.5 水平地震作用下框架的侧移计算

1. 梁线刚度

钢框架结构中，考虑现浇钢筋混凝土楼板与钢梁的共同作用，在计算梁线刚度时，对中框架梁取 $k_b=1.5E\dfrac{I_b}{l_0}$；对边框架取 $k_b=1.2E\dfrac{I_b}{l_0}$。

以底层框架梁为例，梁惯性矩为

$$I_b=\frac{1}{12}t_wh_w^3+2bt\left(\frac{H-t}{2}\right)^2=\frac{1}{12}\times8\times564^3+2\times300\times18\times(300-9)^2$$

$$= 10.32 \times 10^4 (\text{cm}^4)$$

$$E\frac{I_b}{l} = 2.06 \times 10^5 \times \frac{10.32 \times 10^8}{7200} = 29536(\text{kN} \cdot \text{m})$$

梁线刚度见表 4.14。

表 4.14 梁线刚度表

梁号	惯性矩 $I_0 \times 10^4/\text{cm}^4$	$E\dfrac{I}{L}/(\text{kN} \cdot \text{m})$	$k_b \times 10^4/(\text{kN} \cdot \text{m})$	
			中框架梁	边框架梁
1,5 层框架梁	10.32	29536	4.43	3.54
2~4 层框架梁	8.96	25633	3.84	3.08

2. 柱线刚度

柱惯性矩

$$I_c = \frac{1}{12} \times 20 \times 460^3 + 2 \times 420 \times 20 \times 240^2 = 11.299 \times 10^8 (\text{mm}^4)$$

1 层柱线刚度

$$K_c = E\frac{I_c}{h} = 206 \times 10^3 \times 11.299 \times 10^8/6210 = 3.75 \times 10^4 (\text{kN} \cdot \text{m})$$

2 层柱线刚度

$$K_c = E\frac{I_c}{h} = 206 \times 10^3 \times \frac{11.299 \times 10^8}{5100} = 4.56 \times 10^4 (\text{kN} \cdot \text{m})$$

3~5 层柱线刚度

$$K_c = E\frac{I_c}{h} = 206 \times 10^3 \times \frac{11.299 \times 10^8}{3900} = 5.97 \times 10^4 (\text{kN} \cdot \text{m})$$

3. 横向框架柱抗侧刚度 D 值

D 即是使两端固定的柱上、下端产生相对水平位移时需要在柱顶施加的水平力。

以底层边框架中柱为例

$$K = \sum \frac{K_b}{K_c} = \frac{3.54 + 4.43}{3.75} = 2.125$$

$$\alpha = \frac{0.5 + K}{K + 2} = \frac{0.5 + 2.125}{4.125} = 0.636$$

$$D = \frac{12\alpha K_c}{h^2} = \frac{12 \times 0.636 \times 3.75 \times 10^4}{6.21^2} = 0.742 \times 10^4 (\text{kN/m})$$

底层有 4 根边框架中柱

$$\sum D = 0.742 \times 10^4 \times 4 = 2.87 \times 10^4 (\text{kN/m})$$

底层中框架中柱

$$K = \sum \frac{K_b}{K_c} = \frac{2 \times 4.43}{3.75} = 2.363$$

$$\alpha = \frac{0.5 + K}{K + 2} = \frac{0.5 + 2.363}{4.363} = 0.656$$

$$D = \frac{12\alpha K_c}{h^2} = \frac{12 \times 0.656 \times 3.75 \times 10^4}{6.21^2} = 0.765 \times 10^4 (\text{kN/m})$$

底层有 6 根中框架中柱

$$\sum D = 0.765 \times 10^4 \times 6 = 4.59 \times 10^4 (\text{kN/m})$$

则底层所有中柱

$$\sum D = (2.97 + 4.59) \times 10^4 = 7.56 \times 10^4 (\text{kN/m})$$

框架的抗侧刚度计算见表 4.15,对于本设计,表中用边框架值代替了中框架值。

表 4.15 横向框架柱抗侧刚度 D 值计算

楼层	柱位	$K_c/$ $(\times 10^4$ $\text{kN} \cdot \text{m})$	$\sum K_b$ $/(\times 10^4$ $\text{kN} \cdot \text{m})$	$K = \sum \dfrac{K_b}{2K_c}$ $K = \sum \dfrac{K_b}{K_c}$ (底层)	$\alpha = \dfrac{K}{K+2}$ 或 $\alpha = \dfrac{0.5+K}{K+2}$ (底层)	层高 h /m	$D = \dfrac{12\alpha K_c}{h_2}$ $/(\times 10^4$ $\text{kN/m})$	柱根数	$\sum D/(\times 10^4 \text{kN/m})$	
									小计	每层合计
5	边柱	5.97	6.62	0.555	0.217	3.9	1.022	10	10.22	28.31
5	中柱	5.97	14.9	1.284	0.384	3.9	1.809	10	18.09	28.31
4	边柱	5.97	6.15	0.515	0.205	3.9	0.965	10	9.65	26.93
4	中柱	5.97	13.84	1.16	0.367	3.9	1.728	10	17.28	26.93
3	边柱	5.97	6.15	0.515	0.205	3.9	0.965	10	9.65	26.93
3	中柱	5.97	13.84	1.16	0.367	3.9	1.728	10	17.28	26.93
2	边柱	4.56	6.62	0.725	0.266	5.1	0.56	10	5.6	15.06
2	中柱	4.56	14.9	1.632	0.449	5.1	0.946	10	9.46	15.06
1	边柱	3.75	3.54	0.946	0.491	6.21	0.572	10	5.72	13.15
1	中柱	3.75	7.97	2.128	0.637	6.21	0.742	10	7.42	13.15

4. 横向框架结构自振周期

按顶点位移法计算框架基本自振周期

$$T_1 = 1.7\xi_T \sqrt{u_n}$$

式中:ξ_T——非结构构件对 T_1 的影响修正系数,取 0.9;

u_n——结构顶层假想侧移(m),即假想将结构各层的重力荷载代表值作为楼层集中水平力,按弹性静力方法计算所得到的顶层侧移,计算见表 4.16。

表 4.16 横向框架顶点位移计算

层数	G_i/kN	$\sum G_i /\text{kN}$	$D_i/(\times 10^4 \text{kN/m})$	层间相对位移 $\delta_i = \sum G_i/D_i$ /m	Δ_i/m
5	6924.58	6924.58	28.314	0.0245	0.5470
4	5861.33	12785.91	26.929	0.0475	0.5225
3	5861.33	18647.24	26.929	0.0692	0.4750
2	6031.83	24679.07	15.065	0.1638	0.4058
1	7134.31	31813.37	13.149	0.242	0.2420

以五层为例：

层间相对位移

$$\delta_5 = \sum_{j=5}^{5} \frac{G_j}{D_5} = \frac{6924.58}{28.31 \times 10^4} = 0.0245(\text{m})$$

顶点位移

$$u_n = \sum \delta_i = 0.547(\text{m})$$

$$T_1 = 1.7\xi_T \sqrt{u_n} = 1.7 \times 0.9 \times \sqrt{0.5470} = 1.13(\text{s})$$

5. 横向框架水平地震作用计算

此建筑是高度不超过 40m 且平面和竖向较规则的以剪切变形为主的建筑,故地震作用计算采用底部剪力法。阻尼比为 0.035。

结构等效总重力荷载

$$G_{\text{eq}} = 0.85 \sum G_i = 0.85 \times 31813 = 27852(\text{kN})$$

$$T_g = 0.35\text{s} < T_1 = 1.13\text{s} < 5T_g = 5 \times 0.35 = 1.65(\text{s})$$

$$\gamma = 0.9 + \frac{0.05 - 0.035}{0.5 + 5 \times 0.035} = 0.92$$

$$\eta_2 = 1 + \frac{0.05 - 0.035}{0.06 + 1.7 \times 0.035} = 1.126$$

$$\alpha = \left(\frac{T_g}{T}\right)^\gamma \eta_2 \alpha_{\text{max}} = \left(\frac{0.35}{1.13}\right)^{0.92} \times 1.126 \times 0.16 = 0.061$$

结构总水平地震作用等效的底部剪力标准值

$$F_{\text{Ek}} = \alpha_1 G_{\text{eq}} = 0.061 \times 27852 = 1699(\text{kN})$$

顶点附加水平地震作用系数

$$T_g = 0.35\text{s}, T_1 = 1.13\text{s} > 1.4T_g = 1.4 \times 0.35 = 0.49(\text{s})$$

$$\delta_n = 0.08T_1 + 0.07 = 0.08 \times 1.13 + 0.07 = 0.16 > 0.15, 取 \delta_n = 0.15$$

顶点附加水平地震作用

$$\Delta F_n = \delta_n F_{\text{Ek}} = 0.15 \times 1699 = 254.82(\text{kN})$$

各层水平地震作用标准值计算：

以第五层为例

$$F_i = \frac{G_i H_i F_{\text{Ek}}(1 - \delta_n)}{\sum G_j H_j} = 0.3377 \times 1699 \times (1 - 0.15) = 480.96(\text{kN})$$

加 ΔF_n 后,

$$F_5 = 480.96 + 254.82 = 735.78(\text{kN})$$

(1) 各层地震作用及楼层剪力

各层地震作用及楼层剪力见表 4.17。楼层地震作用见图 4.24,地震作用下楼层剪力见图 4.25。

表 4.17　横向框架各层地震作用及楼层地震剪力

层数	h_i/m	H_i/m	G_i/kN	G_iH_i/(kN·m)	$\dfrac{G_iH_i}{\sum G_jH_j}$	F_i/kN	V_i/kN
5	3.90	23.01	6924.58	159335	0.337	735.78	735.78
4	3.90	19.11	5861.33	112010	0.237	338.11	1073.89
3	3.90	15.21	5861.33	89151	0.188	269.11	1343.00
2	5.10	11.31	6031.83	68220	0.144	205.93	1548.92
1	6.21	6.21	7134.31	44304	0.094	133.73	1682.66

注:表中第五层 F_i 加入了 ΔF_n。

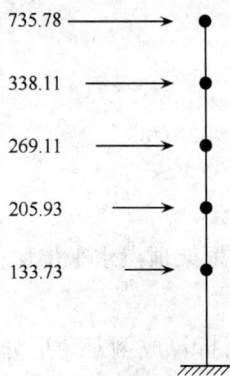

图 4.24　楼层地震作用(kN)

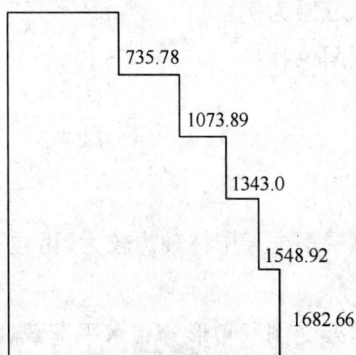

图 4.25　地震作用下楼层剪力图(kN)

(2) 各楼层地震剪力最小取值验算

各梯层地震剪力最小取值验算见表 4.18,满足 $V_i < \lambda \sum\limits_{j=i}^{n} G_j$。

表 4.18　楼层地震剪力最小取值验算

层数	V_i/kN	G_i/kN	$\lambda\sum\limits_{j=i}^{n} G_j$/kN
5	735.78	6924.58	221.59
4	1073.89	5861.33	409.15
3	1343.00	5861.33	596.71
2	1548.92	6031.83	789.73
1	1682.66	7134.31	1018.03

注:表中 $\lambda = 0.032$。

6. 横向框架侧移计算

框架的水平位移可分为两部分:由框架梁弯曲变形产生的位移 u_M 和由柱子轴向变形产生的位移 u_N,框架顶端位移为: $u = u_M + u_N$,式中 u_M 可由 D 值法求得,见表 4.19。

表 4.19　层间位移计算

层数	层间剪力 V_i/kN	层间刚度 D_i/(kN/m)	层间位移 $\dfrac{V_i}{D_i}$/m	层高 h_i/m	u_m
5	735.78	283144	0.00260	3.90	0.03639
4	1073.89	269291	0.00399	3.90	0.03366
3	1343.00	269291	0.00499	3.90	0.02947
2	1548.92	150647	0.01028	5.10	0.02423
1	1682.66	131486	0.01280	6.21	0.01344

以五层为例：

层间位移：

$$u_i = \frac{V_i}{D_i} = 735.78/283143.5 = 0.0026(\text{m})$$

$$u_M = \sum u_i$$

高层钢框架中柱轴力较大，由柱子的轴向变形产生的框架顶点水平位移也较大，不能忽略。

框架受倒三角形分布水平荷载（将集中水平地震作用折算成倒三角形分布的水平荷载），顶端荷载强度为 q 时

因为

$$n = \frac{A_1}{A_m} = 1（\text{柱截面沿高度不变}）$$

所以

$$F_n = \frac{11}{30}$$

$$\frac{1}{2}qH \times \frac{2}{3}H = \sum F_i H_i$$

$$q = \frac{3\sum F_i H_i}{H^2}$$

$$= \frac{(735.78 \times 23.01 + 338.11 \times 19.11 + 269.11 \times 15.21 +}{23.01^2}$$

$$\frac{205.93 \times 11.31 + 133.73 \times 6.21) \times 3}{23.01^2} = 173.63(\text{kN/m})$$

$$u_N = \frac{qH^4 F_n}{2EA_1 B_2} = \frac{173.63 \times 23.01^4 \times \dfrac{11}{30}}{2 \times 2.06 \times 10^8 \times 0.026 \times 21.6^2}$$

$$= 0.00357(\text{m})$$

$$u = u_M + u_N = 0.03465 + 0.00357 = 0.03822(\text{m})$$

式中：A_1、A_m——底层、顶层边柱横截面面积；

　　H——框架总高度；

　　B——平行于水平荷载作用方向的框架总宽度。

框架的层间相对位移见图 4.26。

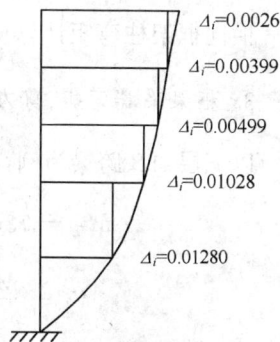

$\Delta_i = 0.0026$
$\Delta_i = 0.00399$
$\Delta_i = 0.00499$
$\Delta_i = 0.01028$
$\Delta_i = 0.01280$

图 4.26　层间位移(m)

4.5.6　框架在水平地震作用下的内力计算

1. 反弯点高度比

根据该框架总层数及该层所在层数、梁柱线刚度比 k 值，且荷载近似倒三角形，查得反弯点高度比 y_n，过程略，结果见表 4.20。

表 4.20　横向框架柱弯矩计算

楼层	柱位	层间剪力 /kN	D_i /(×10⁴kN/m)	$\sum D$ /(×10⁴kN/m)	每柱剪力 /kN	y	y_h/m	柱弯矩/(kN·m) 柱顶	柱弯矩/(kN·m) 柱底
5	边柱	735.78	1.022	28.31	26.57	0.290	1.13	73.56	30.05
	中柱		1.809		47.01	0.354	1.38	118.44	64.91
4	边柱	1073.89	0.965	26.93	38.47	0.400	1.56	90.03	60.02
	中柱		1.728		68.92	0.450	1.76	147.82	120.95
3	边柱	1343	0.965	26.93	48.11	0.425	1.66	107.90	79.75
	中柱		1.728		86.18	0.429	1.67	191.93	144.20
2	边柱	1548.92	0.560	15.06	57.62	0.505	2.58	145.45	148.39
	中柱		0.946		97.28	0.490	2.50	253.02	243.09
1	边柱	1682.66	0.572	13.15	73.25	0.640	3.97	163.76	291.13
	中柱		0.742		95.02	0.630	3.91	218.32	371.73

2. 框架柱剪力及弯矩计算

在水平荷载作用下，框架内力及位移可采用 D 值法进行简化计算。

以五层边柱为例：

层间剪力

$$V = 735.78\text{kN}$$

每柱剪力

$$V_i = V \times \frac{D_i}{\sum D} = 735.78 \times \frac{1.022}{28.314} = 26.57(\text{kN})$$

反弯点高度：$y = 0.29$（见表 4.20）。

柱顶截面处弯矩为

$$M = V_i(h - yh) = 26.57 \times (3.9 - 0.29 \times 3.9) = 73.56(\text{kN} \cdot \text{m})$$

柱底截面处弯矩为

$$M = V_i yh = 26.57 \times 0.29 \times 3.9 = 30.05 (\text{kN} \cdot \text{m})$$

横向框架柱弯矩计算见表 4.20。

3. 框架梁端弯矩、剪力及柱轴力计算

以五层 AB 跨梁为例：

$$M_{左} = 73.56 \text{kN} \cdot \text{m}, M_{右} = \frac{118.44}{2} = 59.22 (\text{kN} \cdot \text{m})$$

$$V_b = \frac{M_{左} + M_{右}}{L} = \frac{73.56 + 59.22}{7.2} = 18.44 (\text{kN})$$

五层边柱轴力：$N_A = -V_b = -18.44 \text{kN}$

梁端弯矩、剪力及柱轴力计算见表 4.21。地震作用下框架梁弯矩、剪力及柱轴力见图 4.27 和图 4.28。

表 4.21　横向框架梁端弯矩、剪力及柱轴力

位置	l/m	AB 跨			BC 跨			柱轴力	
		$M_{左}$ /(kN·m)	$M_{右}$ /(kN·m)	V_b /kN	$M_{左}$ /(kN·m)	$M_{右}$ /(kN·m)	V_b /kN	N_A /kN	N_B /kN
5 层	7.20	73.56	59.22	18.44	59.22	59.22	16.45	−18.44	1.99
4 层	7.20	120.07	106.36	31.45	106.36	106.36	29.55	−49.89	3.90
3 层	7.20	167.92	156.44	45.05	156.44	156.44	43.45	−94.94	5.49
2 层	7.20	225.20	198.61	58.86	198.61	198.61	55.17	−153.80	9.18
1 层	7.20	312.15	230.71	75.40	230.71	230.71	64.08	−229.20	20.50

注：中柱两侧梁端弯矩按梁线刚度分配。

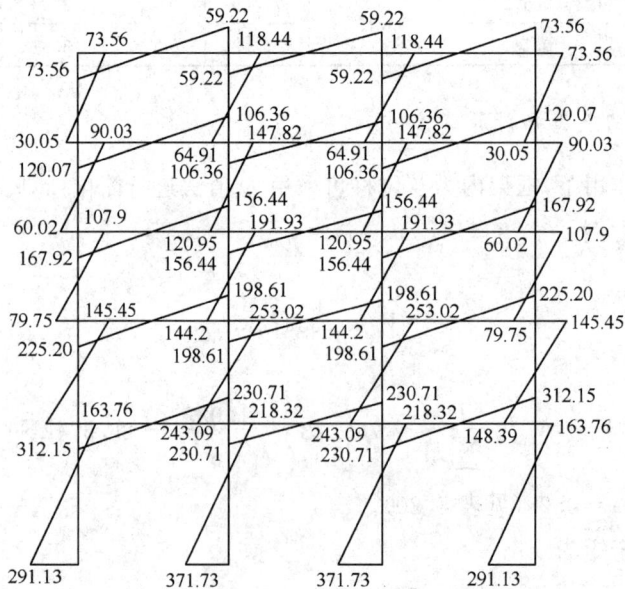

图 4.27　水平地震作用下框架弯矩图

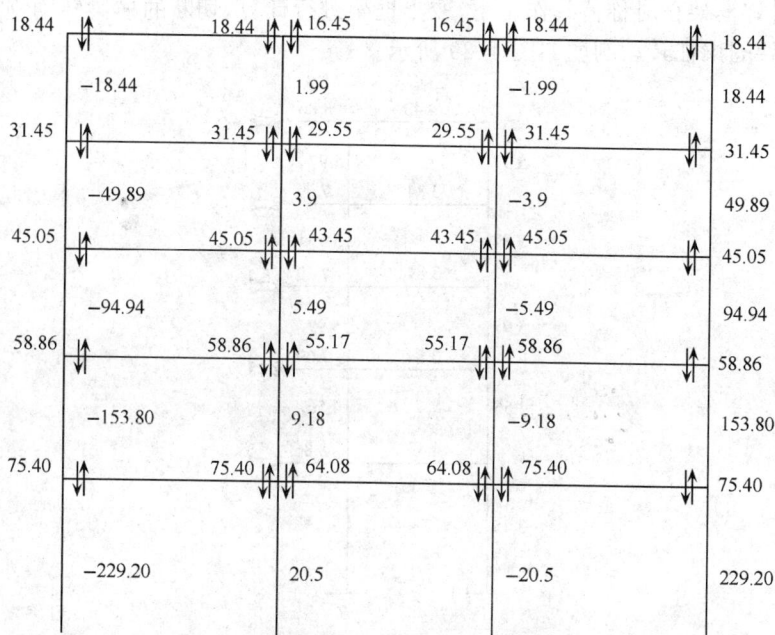

图 4.28 水平地震作用下梁端剪力及柱轴力图

4.5.7 竖向荷载作用下横向框架的内力计算

1. 荷载计算

框架梁在三分点处受到的恒荷载标准值、活荷载标准值计算过程略,计算结果列入表 4.22 中。

表 4.22 梁固端弯矩计算

位置	恒载集中力 /kN	活载集中力 /kN	恒载固端弯矩 $M_A=M_B$/(kN·m)		活载固端弯矩 $M_A=M_B$/(kN·m)	
			AB 跨	BC 跨	AB 跨	BC 跨
5 层	127.51	32.40	204.02	204.02	51.84	51.84
4 层	108.52	32.40	173.64	173.64	51.84	51.84
3 层	108.52	32.40	173.64	173.64	51.84	51.84
2 层	108.52	32.40	173.64	173.64	51.84	51.84
1 层	109.37	75.60	174.99	174.99	120.96	120.96

2. 用弯矩分配法计算框架弯矩

（1）固端弯矩计算

以五层 AB 跨恒载为例计算框架梁固端弯矩为

$$M_A = M_B = \frac{2Pl}{9} = \frac{2 \times 127.51 \times 7.2}{9}$$
$$= 204.02(\text{kN} \cdot \text{m})$$

计算结果列入表 4.22 中。

（2）分配系数计算

考虑对称框架在对称荷载作用下，取半框架进行计算，切断的横梁转动刚度为原来的一倍，半框架的梁柱转动刚度如图 4.29 所示。

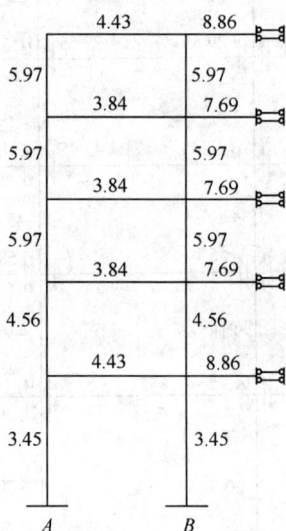

图 4.29　梁柱线刚度

以 A 柱顶层节点为例：

$$\mu_{下柱} = \frac{4K_c}{4K_c + 4K_b} = \frac{5.97}{5.97 + 4.43} = 0.57$$

$$\mu_{右梁} = \frac{4K_b}{4K_c + 4K_b} = \frac{4.43}{5.97 + 4.43} = 0.43$$

其他节点的分配系数见表 4.23。

表 4.23　梁柱分配系数计算

5 层位置	A 柱（上）	A 柱（下）	AB 梁	BA 梁	B 柱（上）	B 柱（下）	BC 梁
分配系数	0.000	0.574	0.426	0.351	0.000	0.473	0.176
4 层位置	A 柱（上）	A 柱（下）	AB 梁	BA 梁	B 柱（上）	B 柱（下）	BC 梁
分配系数	0.378	0.378	0.244	0.217	0.337	0.337	0.109
分配系数	0.378	0.378	0.244	0.217	0.337	0.337	0.109
2 层位置	A 柱（上）	A 柱（下）	AB 梁	BA 梁	B 柱（上）	B 柱（下）	BC 梁
分配系数	0.415	0.317	0.267	0.236	0.366	0.280	0.118
1 层位置	A 柱（上）	A 柱（下）	AB 梁	BA 梁	B 柱（上）	B 柱（下）	BC 梁
分配系数	0.358	0.294	0.348	0.296	0.305	0.251	0.148

（3）传递系数

远端固定，传递系数为 $\frac{1}{2}$，远端滑动铰支，传递系数为 -1。

（4）弯矩分配

恒载作用下，框架的弯矩分配计算见表 4.24，弯矩图见图 4.30。活载作用下，框架的弯矩分配计算过程略，弯矩图见图 4.31。

表 4.24 恒载作用下的弯矩分配

	上柱	下柱	右梁	左梁	上柱	下柱	右梁
5层	0.00	0.57	0.43	0.35	0.00	0.47	0.18
			−204.02	204.02			−204.02
		117.10	86.93	0.00	0.00		0.00
		32.83	0.00	43.46		0.00	
		−18.84	−13.99	−15.27	0.00	−20.56	−7.63
		−17.28	−7.63	−6.99		−3.57	
		14.30	10.61	3.71	0.00	5.00	1.85
		128.11	−128.11	228.93	0.00	−19.13	−209.80
4层	上柱	下柱	右梁	左梁	上柱	下柱	右梁
	0.38	0.38	0.24	0.22	0.34	0.34	0.11
			−173.64	173.64			−173.64
	65.67	65.67	42.30	0.00	0.00	0.00	0.00
	58.55	32.83	0.00	21.15	0.00	0.00	
	−34.56	−34.56	−22.26	−4.59	−7.13	−7.13	−2.30
	−9.42	−13.02	−2.30	−11.13	−10.28	−3.57	
	9.36	9.36	6.03	5.43	8.42	8.42	2.71
	89.59	60.27	−149.86	184.49	−8.99	−2.28	−173.22
3层	上柱	下柱	右梁	左梁	上柱	下柱	右梁
	0.38	0.38	0.24	0.22	0.34	0.34	0.11
			−173.64	173.64			−173.64
	65.67	65.67	42.30	0.00	0.00	0.00	
	32.83	36.04	0.00	21.15	0.00	0.00	
	−26.05	−26.05	−16.78	−4.59	−7.13	−7.13	−2.30
	−17.28	−13.32	−2.30	−8.39	−3.57	−4.25	
	12.44	12.44	8.01	3.52	5.46	5.46	1.76
	67.61	74.78	−142.39	185.32	−5.23	−5.92	−174.17
2层	上柱	下柱	右梁	左梁	上柱	下柱	右梁
	0.42	0.32	0.27	0.24	0.37	0.28	0.12
			−173.64	173.64			−173.64
	72.08	55.12	46.44	0.00	0.00	0.00	
	32.83	31.34	0.00	23.22	0.00	0.00	
	−26.64	−20.37	−17.16	−5.48	−8.50	−6.50	−2.74
	−13.02	−4.94	−2.74	−8.58	−3.57	−4.64	
	8.59	6.57	5.54	3.96	6.15	4.70	1.98
	73.84	67.72	−141.56	186.76	−5.92	−6.44	−174.39
1层	上柱	下柱	右梁	左梁	上柱	下柱	右梁
	0.36	0.29	0.35	0.30	0.31	0.25	0.15
			−174.99	174.99			−174.99
	62.68	51.47	60.84	0.00	0.00	0.00	
	27.56		0.00	30.42	0.00		
	−9.87	−8.11	−9.58	−9.01	−9.28	−7.62	−4.51
	−10.19		−4.51	−4.79	−3.25		
	5.26	4.32	5.11	2.38	2.45	2.02	1.19
	75.44	47.69	−123.13	193.99	−10.08	−5.61	−178.31
		23.84				−2.80	

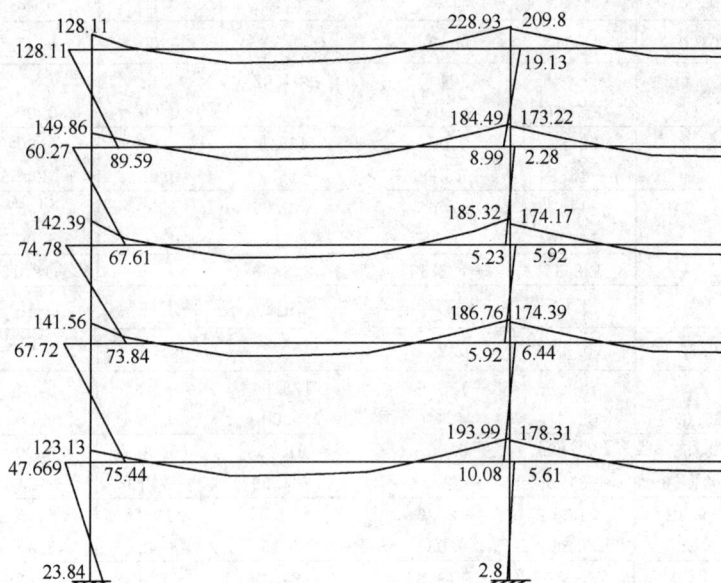

图 4.30　恒载作用下的框架弯矩图(kN·m)

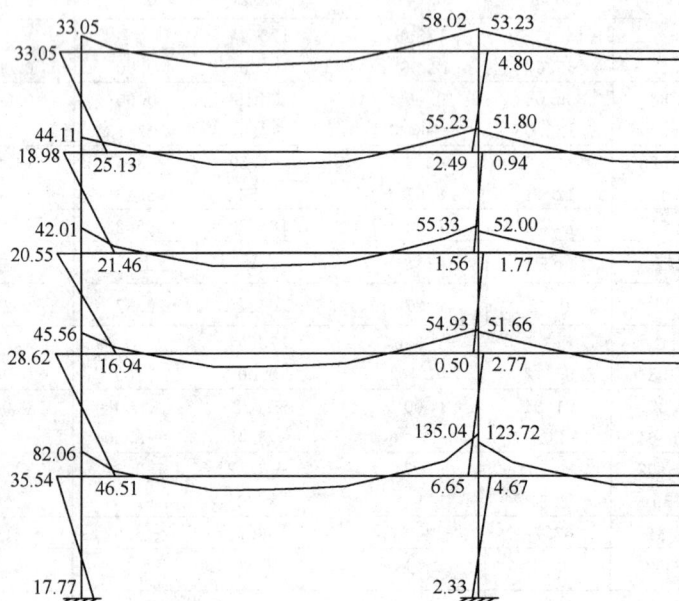

图 4.31　活载作用下的弯矩图(kN.m)

（5）梁端剪力及柱轴力计算

梁端剪力

$$V = V_q + V_m$$

式中：V_q——梁上荷载引起的剪力，$V_q = P$；

　　　V_m——梁端弯矩引起的剪力，$V_m = \dfrac{M_左 - M_右}{1}$。

柱轴力

$$N = V + P$$

式中:V——梁端剪力;

P——梁上集中力。

以 AB 跨五层梁在恒载作用下,梁端剪力及柱轴力计算为例:

集中荷载 127.51kN,柱自重 $2.041 \times 3.9 = 7.96$kN,纵梁重 9.69kN,板重 115.02kN。

由图 4.30 查得五层梁端弯矩

$$M_左 = 128.11\text{kN} \cdot \text{m}, \quad M_右 = 228.93\text{kN} \cdot \text{m}$$

五层梁端荷载引起剪力

$$V_{PA} = V_{PB} = 127.51\text{kN}$$

五层梁端弯矩引起剪力

$$V_{MA} = V_{MB} = \frac{M_左 - M_右}{l} = \frac{128.11 - 228.93}{7.2} = -14(\text{kN})$$

$$V_A = 127.51 - 14 = 113.51(\text{kN})$$

$$V_B = 127.51 + 14 = 141.52(\text{kN})$$

五层 A 柱柱顶及柱底轴力

$$N_顶 = V + P = 113.51 + 9.69 + 57.51 = 180.71(\text{kN})$$

$$N_底 = V + P = 180.71 + 7.96 = 188.67(\text{kN})$$

梁端剪力及柱轴力见表 4.25~4.29。

表 4.25 恒载作用下梁端剪力(kN)

位置	荷载引起剪力		弯距引起剪力		总剪力		
	AB 跨	BC 跨	AB 跨	BC 跨	AB 跨		BC 跨
	$V_{qA}=V_{qB}$	$V_{qB}=V_{qC}$	$V_{mA}=-V_{mB}$	$V_{mB}=V_{mC}$	V_A	V_B	$V_B=V_C$
5 层	127.51	127.51	−14.00	0.00	113.51	141.52	127.51
4 层	108.52	108.52	−4.81	0.00	103.71	113.33	108.52
3 层	108.52	108.52	−5.96	0.00	102.56	114.48	108.52
2 层	108.52	108.52	−6.28	0.00	102.25	114.80	108.52
1 层	109.37	109.37	−9.84	0.00	99.53	119.21	109.37

表 4.26 活载作用下梁端剪力(kN)

位置	荷载引起剪力		弯距引起剪力		总剪力		
	AB 跨	BC 跨	AB 跨	BC 跨	AB 跨		BC 跨
	$V_{qA}=V_{qB}$	$V_{qB}=V_{qC}$	$V_{mA}=-V_{mB}$	$V_{mB}=V_{mC}$	V_A	V_B	$V_B=V_C$
5 层	32.40	32.40	−3.47	0.00	28.93	35.87	32.40
4 层	32.40	32.40	−1.54	0.00	30.86	33.94	32.40
3 层	32.40	32.40	−1.85	0.00	30.55	34.25	32.40
2 层	32.40	32.40	−1.30	0.00	31.10	33.70	32.40
1 层	75.60	75.60	−7.36	0.00	68.24	82.96	75.60

表 4.27 恒载作用下 A 柱轴力(kN)

层数	截面位置	V^l_{AB}	纵梁重	柱自重	板重	柱轴力
5	柱顶	113.51	9.69		57.51	180.71
	柱底	113.51	9.69	7.96	57.51	188.67
4	柱顶	103.71	9.24		48.44	407.57
	柱底	103.71	9.24	7.96	48.44	415.53
3	柱顶	102.56	9.24		48.44	624.21
	柱底	102.56	9.24	7.96	48.44	632.17
2	柱顶	102.25	9.24		48.44	840.54
	柱底	102.25	9.24	10.41	48.44	850.95
1	柱顶	99.53	9.69		48.44	1057.95
	柱底	99.53	9.69	12.67	48.44	1069.72

表 4.28 恒载作用下 B 柱轴力(kN)

楼层	截面位置	V^l_{AB}	V^l_{BC}	纵梁重	柱重	板重	柱轴力
5	柱顶	141.52	127.51	9.69		115.02	393.74
	柱底	141.52	127.51	9.69	7.96	115.02	401.70
4	柱顶	113.33	108.52	9.24		96.88	729.67
	柱底	113.33	108.52	9.24	7.96	96.88	737.63
3	柱顶	114.48	108.52	9.24		96.88	1066.74
	柱底	114.48	108.52	9.24	7.96	96.88	1074.70
2	柱顶	114.80	108.52	9.24		96.88	1404.14
	柱底	114.80	108.52	9.24	10.41	96.88	1414.55
1	柱顶	119.21	109.37	9.69		96.88	1749.69
	柱底	119.21	109.37	9.69	12.67	96.88	1762.37

表 4.29 活载作用下 A、B 柱轴力表(kN)

楼层	A 柱(边柱)/kN			B 柱(中柱)/kN			
	V^l_{AB}	板重	柱轴力	V^l_{AB}	V^l_{BC}	板自重	柱轴力
5	28.93	16.20	45.13	35.87	32.40	32.40	100.67
4	30.86	16.20	92.19	33.94	32.40	32.40	199.41
3	30.55	16.20	138.94	34.25	32.40	32.40	298.46
2	31.10	16.20	186.24	33.70	32.40	32.40	396.96
1	68.24	37.80	292.28	82.96	75.60	75.60	631.12

4.5.8 内力组合

1. 框架梁内力组合

对于本设计,取梁端和跨中三分点作为梁承载力设计的控制截面。因此,梁的最不利组合内力是:

梁端截面:$-M_{max}$、V_{max}

梁跨中截面:$+M_{max}$

有震时梁内力计算简图如图 4.32 所示。

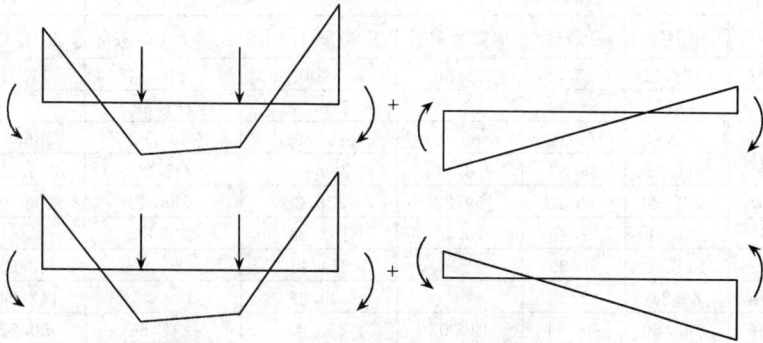

图 4.32　地震左来、右来时的内力组合简图

有震组合时

$$M_左 = M_{GE} \pm M_E, M_右 = M_{GE} \pm mM_E$$

$$M_{\frac{1}{3}} = Pl - \frac{2}{3}M_左 - \frac{1}{3}M_右, M_{\frac{2}{3}} = Pl - \frac{1}{3}M_左 - \frac{2}{3}M_右$$

式中：P——作用在梁三分点上的竖向重力荷载代表值集中力，查表 4.22；

　　　M_{GE}——重力荷载代表值作用下梁端弯矩；

　　　$M_左$、$M_右$——有震组合时梁端弯矩；

　　　$M_{\frac{1}{3}}$、$M_{\frac{2}{3}}$——有震组合时梁跨中三分点处的弯矩。

表 4.30 中系数 β 是考虑计算截面以上各层活荷载不总是同时满布而对楼面均布活荷载的一个折减系数，称为活荷载按楼层的折减系数，在内力组合时考虑其对活载的影响。

表 4.30　活荷载按楼层的折减系数表

墙、柱、基础计算截面以上的层数	1	2～3	4～5
计算截面以上各楼层活荷载总和的折减系数	1.0(0.9)	0.85	0.70

注：当楼面梁的从属面积超过 25m² 时，采用括号内数字。

以五层梁 AB 为例，左震时：

$$M_{AB} = 1.2 \times (-128.11 - 0.5 \times 33.05) + 1.3 \times 73.56 = -77.93(kN \cdot m)$$

$$M_{BA} = 1.2 \times (-228.93 - 0.5 \times 58.02) - 1.3 \times 59.22 = -386.52(kN \cdot m)$$

$$M_{\frac{1}{3}} = 1.2 \times (127.51 + 0.5 \times 32.40) \times 2.4 - \frac{2}{3} \times 77.93 - \frac{1}{3} \times 386.52$$

$$= 233.09(kN \cdot m)$$

$$M_{\frac{2}{3}} = 1.2 \times (127.51 + 0.5 \times 32.40) \times 2.4 - \frac{1}{3} \times 77.93 - \frac{2}{3} \times 386.52$$

$$= 130.23(kN \cdot m)$$

梁的内力组合见表 4.31。

表 4.31 梁内力组合表

楼层	位置	内力	荷载类别			无震组合		有震组合	
			恒载①	活载②	地震荷载③	1.2①+1.4②	1.35①+0.98②	1.2(①+0.5②)±1.3③	
5	A右	M	-128.11	-33.05	73.56	-200	-205.34	-77.93	-269.19
		V	113.51	28.93	18.44	176.72	181.59		177.55
	B左	M	-228.93	-58.02	-59.22	-355.95	-365.92	-386.52	-232.55
		V	141.52	35.87	18.44	220.04	226.20	215.32	
	B右	M	-209.80	-53.23	59.22	-326.28	-335.40	-206.71	-360.69
		V	127.51	32.40	16.45	198.38	203.89		193.84
	跨中	M_{AB}	144.31	36.39		224.11	230.47	233.09	169.13
		M_{BC}	89.85	22.93		139.92	143.77	147.24	249.41
4	A右	M	-149.86	-44.11	120.07	-235.41	-245.54	-50.21	-362.40
		V	103.71	30.86	31.45	163.33	170.25		183.85
	B左	M	-184.49	-55.23	-106.36	-290.97	-303.19	-392.80	-116.25
		V	113.33	33.94	31.45	178.77	186.26	197.25	
	B右	M	-173.22	-51.80	106.36	-273.13	-284.61	-100.67	-377.22
		V	108.52	32.40	29.55	171.05	178.25		188.08
	跨中	M_{AB}	99.04	29.94		160.77	163.05	194.79	278.84
		M_{BC}	83.47	24.82		134.91	137.01	161.14	273.02
3	A右	M	-142.39	-42.01	167.92	-220.87	-233.40	22.21	-414.37
		V	102.56	30.55	45.05	159.43	168.40		199.97
	B左	M	-185.32	-55.33	-156.44	-288.23	-304.41	-458.95	-52.22
		V	114.48	34.25	45.05	178.14	188.11	216.50	
	B右	M	-174.17	-52.00	156.44	-270.89	-286.09	-36.84	-443.57
		V	108.52	32.40	43.45	168.78	178.25		206.16
	跨中	M_{AB}	103.75	31.31		168.33	170.74	221.02	269.13
		M_{BC}	82.56	24.65		133.58	135.61	181.65	262.84
2	A右	M	-141.56	-45.56	225.20	-224.09	-235.75	95.55	-489.97
		V	102.25	31.10	58.86	159.7	168.52		217.87
	B左	M	-186.76	-54.93	-198.61	-289.47	-305.96	-515.25	1.12
		V	114.80	33.70	58.86	177.86	188.01	234.50	
	B右	M	-174.39	-51.66	198.61	-270.75	-286.05	17.92	-498.46
		V	108.52	32.40	55.17	168.78	178.25	221.39	221.39
	跨中	M_{AB}	103.82	29.08		165.29	168.65	251.14	262.62
		M_{BC}	81.93	25.01		133.34	135.12	199.39	254.86
1	A右	M	-123.13	-82.06	312.15	-228.17	-246.64	208.80	-602.78
		V	99.53	68.24	75.40	186.31	201.24		258.39
	B左	M	-193.99	-135.04	-230.71	-365.13	-394.23	-613.73	-13.90
		V	119.21	82.96	75.40	224.35	242.23	290.85	
	B右	M	-178.31	-123.72	230.71	-335.21	-361.96	11.72	-588.12
		V	109.37	75.60	64.08	205.33	221.74		259.91
	跨中	M_{AB}	115.74	81.72		253.29	236.33	358.47	253.14
		M_{BC}	78.95	53.95		170.27	159.45	227.08	220.19

注:表中弯矩单位为 kN·m,剪力单位为 kN。

2. 框架柱内力组合

框架柱取每层柱顶和柱底两个控制截面,组合结果见表 4.32 和表 4.33。

表 4.32　A 柱内力组合表

楼层	位置	内力	荷载类别			无震组合		有震组合	
			恒载①	活载②	地震荷载③	1.2①+1.4②	1.35①+0.98②	1.2(①+0.5②)±1.3③	
5	柱顶	M	128.11	33.05	-73.56	200	205.34	77.93	269.19
		N	180.71	45.13	-18.44	280.04	288.18	219.96	267.90
	柱底	M	-89.59	-25.13	30.05	-142.69	-145.57	-83.53	-161.65
		N	188.67	45.13	-18.44	289.59	298.93	229.51	277.46
4	柱顶	M	60.27	18.98	-90.03	96.24	99.96	-33.32	200.75
		N	407.57	92.19	-49.89	605.23	640.56	479.53	609.25
	柱底	M	-67.61	-21.46	60.02	-108.17	-112.30	-15.99	-172.04
		N	415.53	92.19	-49.89	614.78	651.30	489.08	618.80
3	柱顶	M	74.78	20.55	-107.90	114.19	121.09	-38.20	242.33
		N	624.21	138.94	-94.94	914.37	978.82	708.97	955.82
	柱底	M	-73.84	-16.94	79.75	-108.77	-116.29	4.90	-202.45
		N	632.17	138.94	-94.94	923.82	989.57	718.52	965.37
2	柱顶	M	67.72	28.62	-145.45	115.32	119.47	-90.65	287.52
		N	840.54	186.24	-153.80	1230.23	1317.21	920.41	1320.30
	柱底	M	-75.44	-46.51	148.39	-145.88	-147.42	74.47	-311.35
		N	850.95	186.24	-153.80	1242.72	1331.26	932.90	1332.79
1	柱顶	M	47.69	35.54	-163.76	92.06	99.21	-134.33	291.44
		N	1057.95	292.28	-229.20	1554.84	1713.40	1145.82	1741.74
	柱底	M	-23.84	-17.77	291.13	-46.03	-49.60	339.19	-417.74
		N	1069.72	292.28	-229.20	1570.05	1730.52	1161.03	1756.95

注:表中弯矩单位为 kN·m,轴力单位为 kN。

表 4.33　B 柱内力组合表

楼层	位置	内力	荷载类别			无震组合		有震组合	
			恒载①	活载②	地震荷载③	1.2①+1.4②	1.35①+0.98②	1.2(①+0.5②)±1.3③	
5	柱顶	M	-19.13	-4.80	-118.44	-29.68	-30.53	-179.82	128.14
		N	393.74	100.67	1.99	613.42	630.21	535.48	530.30
	柱底	M	8.99	2.49	64.91	14.27	14.58	96.66	-72.09
		N	401.70	100.67	1.99	622.98	640.95	545.03	539.85
4	柱顶	M	-2.28	-0.94	-147.82	-3.91	-4.00	-195.46	188.88
		N	729.67	199.41	3.90	1126.86	1180.48	1000.31	990.18
	柱底	M	5.23	1.56	120.95	8.25	8.59	164.45	-150.01
		N	737.63	199.41	3.90	1136.41	1191.22	1009.86	999.73

楼层	位置	内力	荷载类别			无震组合		有震组合	
			恒载①	活载②	地震荷载③	1.2①+1.4②	1.35①+0.98②	1.2(①+0.5②)±1.3③	
3	柱顶	M	-5.92	-1.77	-191.93	-9.2	-9.73	-257.66	241.34
		N	1066.74	298.46	5.49	1635.26	1732.59	1466.31	1452.03
	柱底	M	5.92	0.50	144.20	7.7	8.48	194.86	-180.05
		N	1074.70	298.46	5.49	1644.81	1743.34	1475.86	1461.59
2	柱顶	M	-6.44	-2.77	-253.02	-11.03	-11.41	-338.32	319.53
		N	1404.14	396.96	9.18	2157.35	2284.61	1935.08	1911.20
	柱底	M	10.08	6.65	243.09	20.01	20.13	332.11	-299.93
		N	1414.55	396.96	9.18	2169.84	2298.66	1947.57	1923.69
1	柱顶	M	-5.61	-4.67	-218.32	-11.3	-12.15	-293.34	274.28
		N	1749.69	631.12	20.50	2718.13	2980.58	2504.95	2451.66
	柱底	M	2.80	2.33	371.73	5.65	6.06	488.01	-478.48
		N	1762.37	631.12	20.50	2733.34	2997.70	2520.16	2466.87

注:表中弯矩单位为 kN·m,轴力单位为 kN。

4.5.9 内力及位移修正

1. 底部剪力法对柱轴力的修正

根据《高层民用建筑钢结构技术规程》(JGJ 99-98)规定,用底部剪力法估算钢框架结构的构件截面时,水平地震作用下倾覆力矩引起的柱轴力,对体型规则的丙类建筑可折减,但基本自振周期 $T_1 \leqslant 1.5s$ 的结构不予折剪。

本结构的自振周期 $T_1 = 1.13s < 1.5s$,所以不修正。

2. 节点域剪切变形对楼层侧移影响

据《高层民用建筑钢结构技术规程》(JGJ 99-98),当工字形截面框架柱所在楼层的主梁线刚度平均值与节点域剪切刚度平均值之比 $\dfrac{EI_{bm}}{K_m h_{bm}} > 1$ 或参数 $\eta > 5$ 时,楼层侧移可按下式进行修正:

$$u_i^{'} = \left(1 + \frac{\eta}{100 - 0.5\eta}\right) u_i$$

$$\eta = \left[17.5 \frac{EI_{bm}}{K_m h_{bm}} - 1.8 \left(\frac{EI_{bm}}{K_m h_{bm}}\right)^2 - 10.7\right] \times \sqrt[4]{\frac{I_{cm} h_{bm}}{I_{bm} h_{cm}}}$$

式中:$u_i^{'}$——修正后的第 i 层楼层的结构侧移;

u_i——忽略节点域剪切变形,并按结构轴线分析得出的第 i 层楼层的结构侧移;

I_{cm}、I_{bm}——结构中柱和梁截面惯性矩的平均值;

h_{cm}、I_{bm}——结构中柱和梁腹板高度的平均值;

K_m——节点域剪切刚度平均值;

$$K_m = h_{cm}h_{bm}t_mG$$

t_m——节点域腹板厚度平均值；

G——钢材的剪切模量，$G = 79 \times 10^3 \text{N/mm}^2$；

E——钢材的弹性模量。

该框架的节点域剪切刚度平均值为

$$K_m = h_{cm}h_{bm}t_mG = 460 \times 564 \times 20 \times 79 \times 10^3 = 4.10 \times 10^5 (\text{kN} \cdot \text{m})$$

例如，顶层梁：$\dfrac{EI_{bm}}{K_m h_{bm}} = \dfrac{2.06 \times 10^5 \times 1.55 \times 10^9}{4.10 \times 10^{11} \times 564} = 1.38 > 1$，故需要修正。其他楼层计算见表 4.34。计算时梁线刚度考虑了现浇钢筋混凝土楼板与钢梁的共同作用。

表 4.34　节点域剪切变形对结构侧移的影响

层数	$K_m/(\times 10^5 \text{kN} \cdot \text{m})$	$I_{bm}/(\times 10^{-3}\text{m}^4)$	$I_{cm}/(\times 10^{-3}\text{m}^4)$	η	修正系数	$\Delta u_2/\text{m}$
5	4.10	1.55	1.13	9.75	1.10	0.000260
4	4.10	1.34	1.13	7.69	1.08	0.000311
3	4.10	1.34	1.13	7.69	1.08	0.000390
2	4.10	1.34	1.13	7.69	1.08	0.000804
1	4.10	1.55	1.13	9.75	1.10	0.001280

3. 节点柔性对结构内力和位移的影响

在框架设计中，为简化计算，通常假定梁柱节点完全刚接或完全铰接。但梁柱节点的实验研究表明，一般节点的弯矩和相对转角的关系既非完全刚接，也非完全铰接，而是呈非线性连接状态。由于节点柔性将加大框架结构的水平侧移，导致 $P\text{-}\Delta$ 效应的增加。因此有必要分析节点柔性对于高层钢结构的影响。

修正以保证结构的安全为原则，凡按节点刚性假定所得的值大于考虑节点柔性计算的不予修正，反之则予以修正。修正前后所得的变化范围一般应在 5% 内为宜。

（1）结构水平位移修正

框架的水平位移分为两部分：由框架弯曲变形产生的位移 u_M 和由柱子轴向变形产生的位移 u_N，节点柔性增大了框架弯曲变形产生的位移 u_M，修正见表 4.35。

表 4.35　考虑节点柔性对结构侧移的修正

楼层	层间位移/m	修正系数	修正值 Δu_i
5	0.00260	0.05	0.000133
4	0.00399	0.05	0.000200
3	0.00499	0.05	0.000250
2	0.01028	0.05	0.000514
1	0.01280	0.05	0.000640

（2）柱端弯矩的修正

按节点刚性假定计算所得的柱端弯矩值,除底层外一般都比考虑节点柔性所得的值要大,因此,只对底层柱底端弯矩值进行修正。

修正系数

$$a = 0.56 \times \sqrt{n \frac{EI}{KL}} + 1 = 0.56 \times \sqrt{5}$$

$$\times \frac{2.06 \times 10^8 \times (1.55 \times 2 + 1.34 \times 3)/5 \times 10^{-3}}{4.10 \times 10^5 \times 7.2} + 1 = 1.15$$

将组合后的底层柱底弯矩放大 1.15 倍。

式中:n——总层数;

$\dfrac{EI}{KL}$——梁线刚度和节点刚度之比平均值。

底层柱底弯矩修正见表 4.36。

表 4.36　考虑节点柔性调整后的底层柱底弯距

位置	竖向荷载组合		竖向荷载与地震力	
	1.2①+1.4②	1.35①+0.98②	1.2(①+0.5②)±1.3③	
边柱	-52.75	56.84	388.69	-478.70
中柱	6.48	6.93	559.23	-548.31

4.5.10　变形验算

1. 结构的整体稳定

《高层民用建筑钢结构技术规程》(JGJ 99-98)规定:高层建筑钢结构当同时符合下列条件时,可不验算结构的整体稳定性。

1) 结构各楼层柱的长细比和平均轴压比满足

$$\frac{N_m}{N_{pm}} + \frac{\lambda_m}{80} \leqslant 1$$

式中:λ_m——楼层柱的平均长细比;

N_m——楼层柱的平均轴压力设计值;

N_{pm}——楼层柱的平均全塑性轴压力,$= f_y A_m$

f_y——钢材屈服强度;

A_m——柱截面面积的平均值。

计算结果见表 4.37,满足要求。

表 4.37　结构整体稳定计算

层数	$\sum G_i$ /kN	柱根数	$N_m = \sum G_i/n$ /kN	A_m /mm²	N_{pm} /kN	h_i /m	I_y /cm⁴	i_y /cm	λ_m	$\frac{N_m}{N_{pm}} + \frac{\lambda_m}{80}$
5	6925	20	346.2	26000	6110000	3.90	24696	9.75	40.02	0.50
4	12786	20	639.3	26000	6110000	3.90	24696	9.75	40.02	0.50

层数	$\sum G_i$ /kN	柱根数	$N_m = \sum G_i/n$ /kN	A_m /mm²	N_{pm} /kN	h_i /m	I_y /cm⁴	i_y /cm	λ_m	$\dfrac{N_m}{N_{pm}} + \dfrac{\lambda_m}{80}$
3	18647	20	932.4	26000	6110000	3.90	24696	9.75	40.02	0.50
2	24679	20	1234.0	26000	6110000	5.10	24696	9.75	52.33	0.65
1	31813	20	1590.7	26000	6110000	6.21	24696	9.75	63.72	0.80

层数	Δu/m	h/m	$\sum F_h$	$\sum F_v$	$\dfrac{\Delta u}{h}$	$0.12 \dfrac{\sum F_h}{\sum F_v}$
5	0.00260	3.90	735.8	5818.60	0.00067	0.01517
4	0.00399	3.90	1073.9	10568.9	0.00102	0.01219
3	0.00499	3.90	1343.0	15319.2	0.00128	0.01052
2	0.01028	5.10	1548.9	20223.0	0.00202	0.00919
1	0.01280	6.21	1682.7	25419.1	0.00206	0.00794

2）结构按一阶线性弹性计算所得的各楼层层间相对位移值满足

$$\frac{\Delta u}{h} \leqslant 0.12 \frac{\sum F_h}{\sum F_v}$$

式中：Δu—— 按一阶线性弹性计算所得的层间位移；

$\quad \sum F_h$—— 计算楼层以上全部水平作用之和；

$\quad \sum F_v$—— 计算楼层以上全部竖向作用之和。

计算结果见表 4.38，满足要求。

表 4.38　层间侧移

层数	层间位移 /m	柔性节点修正	剪切变形修正	修正后侧移/m	U_m /m	U_n /m	U_i /m	层高 /m	层间相对转角
5	0.00260	0.000133	0.000260	0.00299	0.03943	0.00357	0.04300	3.90	1305
4	0.00399	0.000200	0.000311	0.00450	0.03644		0.03644	3.90	867
3	0.00499	0.000250	0.000390	0.00563	0.03194		0.03194	3.90	693
2	0.01028	0.000514	0.000804	0.01160	0.02632		0.02632	5.10	440
1	0.01280	0.000640	0.001280	0.01472	0.01472		0.01472	6.21	422

结构同时符合上述条件，可不验算结构的整体稳定性。

2. 结构侧移验算

（1）结构的层间侧移验算

修正后层间侧移见表 4.38。满足钢结构的层间侧移不超过结构层高的 $\dfrac{1}{300}$。

（2）结构的端部侧移

1）质心位置。

$$X = \frac{\sum G_i h_i}{\sum G_i} = \frac{47\ 3019}{31\ 813.4} = 14.87(\text{m})$$

式中:X——结构质心到柱底的距离。

$\sum G_i h_i$ 及 $\sum G_i$ 计算见表 4.39。

表 4.39　结构端部侧移计算表

层数	G_i/kN	$\sum G_i$	H_i/m	$G_i h_i/(kN \cdot m)$	$\sum G_i h_i$
5	6924.6	23.01	159 334.7	6924.6	473 019
4	5861.3	19.11	112 009.9	5861.3	313 685
3	5861.3	15.21	89 150.8	5861.3	201 675
2	6031.8	11.31	68 220.0	6031.8	112 524
1	7134.3	6.21	44 304.0	7134.3	44 304

2) 1.3 倍质心处侧移。

因为 $H_2 = 11.31m < X < H_3 = 15.21m$，所以 1.3 倍质心处侧移为

$$1.3u_G = 1.3[u_2 + \Delta u_3(X - H_2)/h_3] = 1.3 \times \left[0.02632 + 0.00563 \times \frac{14.87 - 11.31}{3.9}\right]$$

$$= 0.0429(m) \approx u_5 = 0.0430(m)$$

结构端部侧移满足不超过质心侧移的 1.3 倍。

4.5.11　构件验算

1. 框架梁验算

（1）梁的抗弯强度
梁的抗弯强度应满足

$$\frac{M_x}{\gamma_x W_{nx}} \leqslant f$$

以底层框架梁 AB 为例。
① 无震时

$$\frac{M_x}{\gamma_x W_{nx}} = \frac{394.23 \times 10^6}{10.5 \times 0.9 \times 3.44 \times 10^6} = 121.31(N/mm^2) < f = 215N/mm^2$$

② 有震时

$$f = \frac{R}{\gamma_{RE}} = \frac{215}{0.75} = 287(N/mm^2), \gamma_x = 1.0$$

$$\frac{M_x}{\gamma_x W_{nx}} = \frac{613.73 \times 10^6}{1 \times 0.9 \times 3.44 \times 10^6} = 198.16(N/mm^2) < 287N/mm^2$$

（2）梁的抗剪强度
梁的抗剪强度应满足

$$\tau = \frac{VS}{It_w} \leqslant f_v$$

① 无震时

$$\tau = \frac{VS}{It_w} = \frac{242.23 \times 10^3 \times 1.889 \times 10^6}{1.03 \times 10^8 \times 8} = 55.6(N/mm^2) < f_v = 125N/mm^2$$

② 有震时

$$\tau = \frac{VS}{It_w} = \frac{290.85 \times 10^3 \times 1.889 \times 10^6}{1.03 \times 10^9 \times 8} = 66.7(\text{N/mm}^2) < \frac{f_v}{\gamma_{RE}} = \frac{125}{0.75}167(\text{N/mm}^2)$$

框架梁端部截面抗剪

$$\tau = \frac{V}{A_{wn}} \leqslant f_v$$

按构造满布排列 M24 螺栓,个数

$$n = \frac{h_w - 2d_0}{3d_0} + 1 = \frac{568 - 2 \times 26}{3 \times 26} + 1 = 7.62$$

按 7 个计算,腹板的净截面面积:

$$A_{wn} = 564 \times 8 - 7 \times 26 \times 8 = 3056(\text{mm}^2)$$

① 无震时

$$\tau = \frac{V}{A_{wn}} = \frac{242.23 \times 10^3}{3056} = 79.3(\text{N/mm}^2) \leqslant f_v = 125\text{N/mm}^2$$

② 有震时

$$\tau = \frac{V}{A_{wn}} = \frac{290.85 \times 10^3}{3056} = 95.2(\text{N/mm}^2) < \frac{f_v}{0.75} = 167\text{N/mm}^2$$

(3)梁板件宽厚比验算

7 度及以上抗震设防的高层建筑,其抗侧力框架的梁中可能出现塑性铰的区段,板件宽厚比需加以验算。

工字型梁翼缘悬伸部分

$$\frac{b_1}{t} = \frac{300 - 8}{2 \times 18} = 8.1 < 10,满足要求$$

工字型梁腹板部分 h_0/t_w:

梁端轴力等于柱端剪力

$$N_b = \frac{394.23 + 242.23}{6.21} = 114.20(\text{kN})$$

$$\frac{N_b}{Af} = \frac{114.20 \times 10^3}{17\,552 \times 205} = 0.03 < 0.37$$

$$\frac{h_0}{t_w} = \frac{564}{8} = 70.5 < (80 - 110 \times 0.03) = 76.7(满足要求)$$

(4)梁的整体稳定

1)使用阶段:$\frac{l_1}{b} = \frac{2400}{300} = 8 < 13$。

2)施工阶段:在梁上加临时性支撑。

3)罕遇地震阶段:

罕遇地震作用下,在横梁的下翼缘可能出现塑性铰的截面处$\left(距柱轴线\frac{1}{10}处\right)$,应设置侧向支撑。7 度及以上抗震设防的高层建筑,梁受压翼缘在支撑连接点间的长度与其宽度之比,应符合现行国家标准《钢结构设计规范》(GB 50017-2003)关于塑性设计时的长细比要求。

取验算长度 L_1 为塑性铰出现处$\frac{L}{10}$到相邻支撑$\frac{L}{3}$距离

$$L_1 = \frac{L}{3} - \frac{L}{10} = 7200 \times \frac{1}{3} - \frac{1}{10} = 168(\text{mm})$$

顶层：

$$\lambda_y = \frac{L_1}{b} = \frac{168}{300} = 5.6 < 35（满足要求）$$

（5）挠度验算

截面最小高度：$h = 600\text{mm} \geqslant h_{\min} = \frac{L}{15} = \frac{7200}{15} = 480(\text{mm})$

其余梁计算略，亦满足要求。

2. 框架柱验算

（1）计算长度

1）边柱

以底层柱为例

$$l_0 = 6.21\text{m}$$

上端梁线刚度和

$$\sum K_b = 4.43 \times 10^4 (\text{kN} \cdot \text{m})$$

柱线刚度

$$\sum K_c = (3.75 + 4.56) \times 10^4 = 8.31 \times 10^4 (\text{kN} \cdot \text{m})$$

则系数

$$K_1 = \frac{\sum K_b}{\sum K_c} = \frac{4.43 \times 10^4}{8.31 \times 10^4} = 0.53$$

柱下端与基础为刚接，则 $K_2 = \infty$。

由 K_1、K_2 可查得：柱计算长度系数为 $\mu = 1.27$，则此柱计算长度为

$$l = l_0 \times \mu l_0 = \mu l = 1.27 \times 6.21 = 7.9(\text{m})$$

边柱计算长度计算见表4.40。

表 4.40　边柱计算长度计算表

楼层	截面	梁线刚度 $\sum K_b$ /($\times 10^4$ kN·m)	柱线刚度 $\sum K_c$ /($\times 10^4$ kN·m)	K_1	K_2	层高 h/m	长度系数 μ	$l = \mu h$/m
5	上端	4.43	5.97	0.74		3.90	1.57	6.12
	下端	3.84			0.32			
4	上端	3.84	5.97	0.32		3.90	1.69	6.59
	下端	3.84			0.32			
3	上端	3.84	5.97	0.32		3.90	1.68	6.55
	下端	3.84			0.37			
2	上端	3.84	4.56	0.37		5.10	1.62	8.25
	下端	4.43			0.53			
1	上端	4.43	3.75	0.53		6.21	1.27	7.90
	下端				∞			

2）中柱（仍以底层柱为例）：

上端梁线刚度和

$$\sum K_b = 2 \times 4.43 \times 10^4 = 8.86 \times 10^4 (\text{kN} \cdot \text{m})$$

柱线刚度

$$\sum K_c = (3.45 + 4.56) \times 10^4 = 8.31 \times 10^4 (\text{kN} \cdot \text{m})$$

则系数

$$K_1 = \frac{\sum K_b}{\sum K_c} = \frac{8.86 \times 10^4}{8.31 \times 10^4} = 1.07$$

柱下端与基础为刚接，则 $K_2 = \infty$。

由 K_1、K_2 可查得此柱计算长度系数为 $\mu = 1.15$，则此柱计算长度为

$$l = l_0 \times \mu = l_0 = \mu l = 6.21 \times 1.15 = 7.17 (\text{m})$$

中柱计算长度计算见表 4.41。

表 4.41 中柱计算长度计算

楼层	截面	梁线刚度 $\sum K_b$ /($\times 10^4$ kN·m)	柱线刚度 $\sum K_c$ /($\times 10^4$ kN·m)	K_1	K_2	层高 h/m	长度系数 μ	$l = \mu h$ /m
5	上端	8.86	5.97	1.48		3.90	1.38	5.37
	下端	7.69			0.64			
4	上端	7.69	5.97	0.64		3.90	1.52	5.95
	下端	7.69			0.64			
3	上端	7.69	5.97	0.64		3.90	1.52	5.93
	下端	7.69			0.73			
2	上端	7.69	4.56	0.73		5.10	1.48	7.53
	下端	8.86			1.07			
1	上端	8.86	3.75	1.07		6.21	1.15	7.17
	下端				∞			

（2）强柱弱梁计算

强柱弱梁应满足

$$\sum W_{pc}\left(f_{yc} - \frac{N}{A_c}\right) \geqslant \eta \sum W_{pb} f_{yb}$$

式中：W_{pc}、W_{pb} —— 计算平面内交汇于节点的柱和梁的塑性截面抵抗矩；

f_{yc}、f_{yb} —— 柱和梁钢材的屈服强度；

η —— 强柱系数；

N —— 按地震作用组合得出的柱轴力。

取轴力最大的底层中柱节点为计算对象：

柱塑性抵抗矩

$$\sum W_{pc} = 2 \times 2 \times (420 \times 20 \times 240 + 230 \times 20 \times 115) = 10.18 \times 10^6 (\text{mm}^3)$$

梁塑性抵抗矩

$$\sum W_{pb} = 2 \times 2 \times \left(300 \times 18 \times 291 + \frac{1}{8} \times 564^2 \times 8 \right) = 7.556 \times 10^6 (\text{mm}^3)$$

$$\sum W_{pc} \left(f_{yc} - \frac{N}{A_c} \right) = 10.18 \times 10^6 \times \left(235 - \frac{2520.16 \times 1000}{26\,000} \right) = 1405.56 (\text{kN} \cdot \text{m})$$

$$\eta \sum W_{pb} f_{yb} = 1.05 \times 7.556 \times 10^6 \times 235 = 1864.44 (\text{kN} \cdot \text{m})$$

不满足公式。

而

$$\frac{N}{A_c f} = \frac{2520.16 \times 10^3}{26\,000 \times 205} = 0.47 > 0.4$$

式中：f——柱钢材的抗压强度设计值。

二倍地震作用时的底层中柱轴力为

$$N_1 = 2520.16 + 1.3 \times 20.50 = 2531.16 (\text{kN})$$

$$l_0 = 7.17\text{m}$$

$$i_x = \sqrt{\frac{I_x}{A}} = \sqrt{\frac{1.1299 \times 10^9}{26\,000}} = 208.5 (\text{mm})$$

$$\lambda_x = \frac{l}{i_x} = \frac{7190}{208.5} = 34.5$$

查表（b 类截面）得稳定系数：$\varphi_x = 0.920$。

$$\frac{N_1}{\varphi A} = \frac{2531.16 \times 10^3}{0.920 \times 26\,000} = 105.8 (\text{N/mm}^2) < f = 205\text{N/mm}^2$$

满足强柱弱梁要求。

（3）强度验算

以底层中柱为例。

① 无震时

$$\frac{N}{A_n} + \frac{M_x}{\gamma_x W_{nx}} = \frac{2997.70 \times 10^3}{26\,000} + \frac{6.93 \times 10^6}{1.05 \times 4.52 \times 10^6}$$
$$= 116.8 (\text{N/mm}^2) < f = 205\text{N/mm}^2$$

② 有震时

$$\frac{N}{A_n} + \frac{M_x}{\gamma_x W_{nx}} = \frac{2520.16 \times 10^3}{26\,000} + \frac{559.23 \times 10^6}{1.0 \times 4.52 \times 10^6} = 220.7 (\text{N/mm}^2) < \frac{f}{\gamma_{RE}}$$
$$= 273\text{N/mm}^2$$

柱底弯矩采用的是经过节点柔性调整后的弯矩值。

（4）框架柱平面内、平面外稳定验算

1）平面内稳定

以底层中柱为例。

$$l_0 = 7.17\text{m}$$

$$i_x = \sqrt{\frac{I_x}{A}} = \sqrt{\frac{1.1299 \times 10^9}{26\,000}} = 208.5 (\text{mm})$$

$$\lambda_x = \frac{l}{i_x} = \frac{7190}{208.5} = 34.5$$

查表(b 类截面)得稳定系数:$\varphi_x = 0.920$。

欧拉力:

$$N'_{Ex} = \frac{\pi^2 EA}{1.1\lambda_x^2} = \frac{3.14^2 \times 206 \times 10^3 \times 26\,000}{1.1 \times 29.38^2} = 55\,616\,(\text{kN})$$

等效弯矩系数 $\beta_{mx} = 1.0$,截面塑性发展系数 $\gamma_x = 1.05$,则

① 无震时

$$\frac{N}{\varphi_x A} + \frac{\beta_{mx} M}{\gamma_x W_x \left(1 - 0.8 \dfrac{N}{N'_{Ex}}\right)}$$

$$= \frac{2997.70 \times 10^3}{0.920 \times 26\,000} + \frac{1.0 \times 6.96 \times 10^6}{1.05 \times 4.52 \times 10^6 \times \left(1 - \dfrac{0.8 \times 2997.70}{55\,616}\right)} = 125.32 + 1.53$$

$$= 126.9\,(\text{N/mm}^2) < f = 205\text{N/mm}^2$$

② 有震时

$$\frac{N}{\varphi_x A} + \frac{\beta_{mx} M}{\gamma_x W_x \left(1 - 0.8 \dfrac{N}{N'_{Ex}}\right)}$$

$$= \frac{2520.16 \times 10^3}{0.920 \times 26\,000} + \frac{1.0 \times 559.23 \times 10^6}{1 \times 4.52 \times 10^6 \times \left(1 - \dfrac{0.8 \times 2520.16}{55\,616}\right)} = 105.36 + 128.38$$

$$= 233.7\,(\text{N/mm}^2) < \frac{f}{0.75} = 273\text{N/mm}^2$$

2) 平面外稳定

以底层中柱为例。

$$l_0 = 6.21\text{m}$$

$$I_y = 2 \times \frac{1}{12} \times 20 \times 420^3 = 2.4696 \times 10^8\,(\text{mm}^4)$$

$$i_y = \sqrt{I_y/A} = \sqrt{\frac{2.4696 \times 10^8}{26\,000}} = 97.5\text{mm}$$

$$\lambda_y = \frac{i_{0y}}{i_y} = \frac{6210}{97.5} = 63.7$$

$$\varphi_b = 1.07 - \frac{\lambda_y^2}{44\,000} = 1.07 - \frac{63.7^2}{44\,000} = 0.98$$

面外等效弯曲系数:$\beta_{tx} = 1.0$,查表(c 类截面)得 $\varphi_y = 0.684$,则

① 无震时

$$\frac{N}{\varphi_y A} + \eta \frac{\beta_{tx} M}{\varphi_b W_x} = \frac{2997.70 \times 10^3}{0.684 \times 26\,000} + 1 \times \frac{1 \times 6.96 \times 10^6}{0.98 \times 4.52 \times 10^6}$$

$$= 170.1\,(\text{N/mm}^2) < f = 205\text{N/mm}^2$$

② 有震时

$$\frac{N}{\varphi_y A} + \eta \frac{\beta_{tx} M}{\varphi_b W_x} = \frac{2520.16 \times 10^3}{0.684 \times 26\,000} + 1 \times \frac{1 \times 559.23 \times 10^6}{0.98 \times 4.52 \times 10^6}$$

$$= 268.0(\text{N/mm}^2) < f/0.75 = 273\text{N/mm}^2$$

合格。

其余柱计算略,亦满足要求。

(5) 柱板件宽厚比验算

工字型柱翼缘悬伸部分

$$\frac{b_1}{t} = \frac{420 - 20}{2 \times 20} = 10 < 12(满足要求)$$

工字型柱腹板部分

$$\frac{h_0}{t_w} = \frac{460}{20} = 23 < 48(满足要求)$$

(6) 柱长细比验算

要求柱长细比不宜大于 $120\sqrt{\dfrac{235}{f_y}}$。

$$i_y = 9.75\text{cm} \qquad i_x = 20.85\text{cm}$$

一层：

$$\frac{H}{i_x} = \frac{621.0}{20.85} = 29.78 < 120$$

$$\frac{H}{i_y} = \frac{621.0}{9.75} = 63.69 < 120$$

4.5.12 节点域设计

此建筑为 8 度抗震设防的结构,柱两侧的梁高相等,在柱与梁的连接处,柱设置与上下翼缘位置对应的加劲肋,水平加劲肋与梁翼缘等厚。工字形柱水平加劲肋与柱翼缘焊接,采用坡口全熔透焊缝,与柱腹板连接时采用角焊缝。

1. 节点域稳定性验算

按 7 度及以上抗震设防的结构,工字形截面柱腹板在节点域范围的稳定性应符合

$$t_{wc} \geqslant \frac{(h_{0b} + h_{0c})}{90}$$

柱在节点域的腹板厚度:$t_{wc} = 20\text{mm}$。
梁腹板高度:$h_{0b} = 564\text{mm}$。
柱腹板高度:$h_{0c} = 460\text{mm}$。

$$\frac{(h_{0b} + b_{0c})}{90} = \frac{(564 + 460)}{90} = 11.4(\text{mm}) \leqslant t_{wc} = 20\text{mm}$$

满足工字形截面柱腹板在节点域范围的稳定性。

2. 节点域抗剪强度验算

由柱翼缘与水平加劲肋包围的节点域,在周边弯矩和剪力的作用下,抗剪强度按下式计算:

$$\tau = \frac{(M_{b1} + M_{b2})}{V_p} \leqslant \frac{4}{3} f_v$$

式中：M_{b1}、M_{b2}——节点域两侧梁端弯矩设计值；

f_v——钢材的抗剪强度设计值，有地震作用时除以 $\gamma_{RE}=0.85$；

V_p——节点域体积。

(1) 节点域体积

$$V_p = h_b h_c t_p = 564 \times 460 \times 20 = 5.19 \times 10^6 (\text{mm}^3)$$

(2) 无震时抗剪强度验算

以底层边柱 A 节点为例

$$\tau = \frac{(M_{b1} + M_{b2})}{V_p} = \frac{246.64 \times 10^6}{5.19 \times 10^6} = 47.5(\text{N/mm}^2) \leqslant \frac{4}{3} f_v = \frac{4}{3} \times 120$$

$$= 160(\text{N/mm}^2)$$

验算抗剪强度合格，其他节点域无震时抗剪强度验算略，亦合格。

(3) 有震时抗剪强度验算

以底层边柱 A 节点为例

节点域两侧梁端弯矩设计值：$M_{b1} = 602.78$ kN·m，$M_{b2} = 0$ kN·m

$$\tau = \frac{(M_{b1} + M_{b2})}{V_p} = \frac{602.78 \times 10^6}{5.19 \times 10^6} = 116.1(\text{N/mm}^2) \leqslant \frac{4}{3} \frac{f_v}{\gamma_{RE}} = \frac{4}{3} \times \frac{120}{0.85}$$

$$= 188.2(\text{N/mm}^2)$$

(4) 屈服承载力验算

抗震设防的结构还应满足屈服承载力

$$\psi \frac{(M_{pb1} + M_{pb2})}{V_p} \leqslant \frac{4}{3} f_v$$

式中：M_{pb1}、M_{pb2}——节点域两侧钢梁端部截面全塑性受弯承载力；

ψ——折减系数，按 8 度设防时取 0.7。

1、5 层框架梁的半面积矩

$$S = 300 \times 18 \times 291 + \frac{1}{8} \times 564^2 \times 8 = 1.889 \times 10^6 (\text{mm}^3)$$

$$M_{pb1} = M_{pb2} = 2S f_y = 2 \times 1.889 \times 10^6 \times 235 = 850.59(\text{kN·m})$$

对于中柱节点域

$$\psi \frac{(M_{pb1} + M_{pb2})}{V_p} = 0.7 \times \frac{2 \times 850.59 \times 10^6}{5.19 \times 10^6} = 229.4(\text{N/mm}^2) > \frac{4}{3} \times 120$$

$$= \frac{4 \times 120}{3} = 160(\text{N/mm}^2)$$

验算抗剪强度不合格。

$$V_p = \frac{\psi(M_{pb1} + M_{pb2})}{\tau} = \frac{0.7 \times 2 \times 850.59 \times 10^6}{160} = 7.44 \times 10^6 (\text{mm}^3)$$

$$t_p = \frac{V_p}{h_b h_c} = \frac{7.44 \times 10^6}{564 \times 460} = 28.7(\text{mm})$$

将柱腹板在节点域范围内更换为厚度为 30mm 的板件，加厚板件应伸出柱横向加劲肋之外各 150mm，并采用对接焊缝与柱腹板相连。

2~4 层框架梁的半面积矩：

$$S = 256 \times 18 \times 291 + 1/8 \times 564^2 \times 8 = 1.659 \times 10^6 (\text{mm}^3)$$

$$M_{pb1} = M_{pb2} = 2S f_y = 2 \times 1.659 \times 10^6 \times 235 = 779.74(\text{kN·m})$$

对于中柱节点域

$$\psi \frac{(M_{pb1} + M_{pb2})}{V_p} = 0.7 \times \frac{2 \times 779.74 \times 10^6}{5.19 \times 10^6} = 210.3(\text{N/mm}^2) > \frac{4}{3} \times 120$$

$$= \frac{4 \times 120}{3} = 160(\text{N/mm}^2)$$

验算抗剪强度不合格。

$$V_p = \frac{\psi(M_{pb1} + M_{pb2})}{\tau} = \frac{0.7 \times 2 \times 779.74 \times 10^6}{160} = 6.82 \times 10^6(\text{mm}^3)$$

$$t_p = \frac{V_p}{h_b h_c} = \frac{6.82 \times 10^6}{564 \times 460} = 26.3(\text{mm})$$

将柱腹板在节点域范围内更换为厚度为 30mm 的板件,加厚板件应伸出柱横向加劲肋之外各 150mm,并采用对接焊缝与柱腹板相连。

4.5.13 节点设计

框架梁与柱刚性连接时,柱为带悬臂段的柱单元,纵向框架与柱连接时为铰接。框架梁与柱刚性连接时,在梁翼缘的对应位置设置柱的水平加劲肋,其厚度与翼缘等厚。

1. 梁拼接

梁拼接连接采用 M24 高强螺栓,摩擦面采用喷砂处理 $\mu = 0.45$,螺栓强度等级 10.9,$P = 225$kN。梁翼缘板为坡口全熔透焊。

以底层 BC 梁拼接节点为例,有震时内力:$M = 613.73$kN·m,$V = 290.85$kN。连接一侧布置 2 排共 12 个 M24 螺栓。拼板尺寸为:410mm×520mm×6mm。拼接如图 4.33 所示。

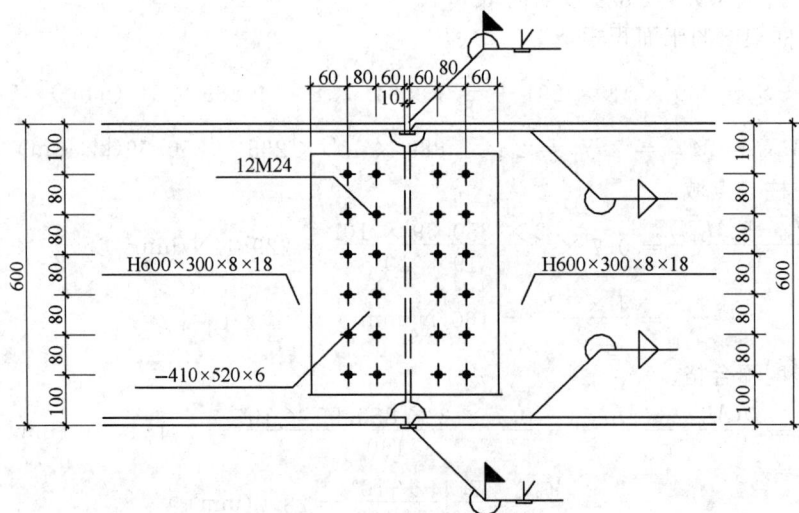

图 4.33 底层 BC 框架梁 B 端的拼接

(1)弹性设计

翼缘惯性矩

$$I_F = 2 \times 300 \times 18 \times 291^2 = 9.146 \times 10^8(\text{mm}^4)$$

腹板惯性矩

· 236 ·

$$I_w = I_w^0 - \sum_{i=1}^{n} d_0 t_w h_i^2 = \frac{1}{12} \times 8 \times 564^3 - 2 \times 8 \times 26 \times (40^2 + 120^2 + 200^2)$$

$$= 1.196 \times 10^8 - 0.233 \times 10^8 = 0.963 \times 10^8 (mm^4)$$

翼缘分担弯矩

$$M_F = \frac{I_F}{I_F + I_w} M = \frac{9.146}{9.146 + 0.963} \times 613.73 = 555.27 (kN \cdot m)$$

腹板分担弯矩

$$M_w = M - M_F = 613.73 - 555.27 = 58.46 (kN \cdot m)$$

$$\sum (x_i^2 + y_i^2) = 2 \times 2 \times (3 \times 40^2 + 40^2 + 120^2 + 200^2) = 243\,200 (mm^2)$$

腹板螺栓受力

$$N_y^V = \frac{V}{n} = \frac{290.85}{12} = 24.24 (kN)$$

$$N_x^M = 58.46 \times 10^3 \times \frac{200}{243\,200} = 48.07 (kN)$$

$$N_y^M = 58.46 \times 10^3 \times \frac{40}{243\,200} = 9.62 (kN)$$

$$N = \sqrt{(N_x^M)^2 + (N_y^V + N_y^M)^2} = \sqrt{48.07^2 + (24.24 + 9.62)^2} = 58.80 (kN)$$
$$< N_v^b = 0.9 n_f \mu P / \gamma_{RE} = 0.9 \times 2 \times 0.45 \times 225 / 0.85 = 214.4 (kN)$$

梁翼缘焊缝抗弯

$$\sigma_f = \frac{M_F}{W_F} = \frac{555.27 \times 10^6}{9.146 \times 10^8 / 300} = 182.1 (N/mm^2) < \frac{f_t^w}{\gamma_{RE}} = \frac{215}{0.9} = 239 (N/mm^2)$$

弹性设计满足。

(2) 极限承载力验算

梁拼接的极限受弯承载力 M_u

$$M_p = \left[t_b b (h - t_b) + \frac{t_w h_w^2}{4} \right] f_y = \left[18 \times 300 \times (600 - 18) + \frac{8 \times 564^2}{4} \right] \times 235$$

$$= 850.59 (kN \cdot m)$$

$$M_u = A_f (h - t_f) f_u = 300 \times 18 \times 582 \times 375 = 1178.55 (kN \cdot m) > 1.2 M_p$$

$$= 1.2 \times 850.59 = 1020.71 (kN \cdot m)$$

梁拼接的极限受剪承载力 V_u：

取螺栓拼接的极限受剪承载力、腹板净截面极限受剪承载力和拼接板净截面极限受剪承载力中的小值。

腹板高强螺栓拼接的极限受剪承载力

$$N_{vu}^b = 0.58 n_f A_e^b f_u^b = 0.58 \times 2 \times 352.5 \times 1040 = 425.26 (kN)$$

$$N_{cu}^b = d \sum t f_{cu}^b = 24 \times 8 \times 1.5 \times 375 = 108 (kN)$$

$$V_u^b = 12 \times 108 = 1296 (kN)$$

腹板净截面极限受剪承载力

$$V_{u1} = \frac{V_{nw} f_u}{\sqrt{3}} = \frac{(564 - 26 \times 6) \times 8 \times 375}{\sqrt{3}} = 709.92 (kN)$$

拼接板净截面极限受剪承载力

$$V_{u2} = \frac{A_{nw}f_u}{\sqrt{3}} = \frac{(520 - 26 \times 6) \times 2 \times 6 \times 375}{\sqrt{3}} = 950.04(\text{kN})$$

则

$$V_u = \min(V_u^b, V_{u1}, V_{u2}) = 709.92(\text{kN}) > 1.3\left(\frac{2M_p}{l_n}\right) = 1.3 \times \left(\frac{2 \times 850.59 \times 10^3}{7.2 - 0.5}\right)$$
$$= 330.08(\text{kN})$$

且

$$V_u > 0.58h_w t_w f_{ay} = 0.58 \times 564 \times 8 \times 235 = 614.99(\text{kN})$$

螺栓极限受剪承载力尚需满足承担构件屈服时内力

$$M_w = \frac{I_w}{I_F + I_w}M_p = \frac{0.963}{9.146 + 0.963} \times 1020.71 = 97.23(\text{kN} \cdot \text{m})$$
$$V = 614.99\text{kN}$$

螺栓受力

$$N_y^V = \frac{V}{n} = \frac{614.99}{12} = 51.25(\text{kN})$$

$$N_x^M = 97.23 \times 10^3 \times \frac{200}{243\ 200} = 79.96(\text{kN})$$

$$N_y^M = 97.23 \times 10^3 \times \frac{40}{243\ 200} = 15.99(\text{kN})$$

$$N = \sqrt{(N_x^M)^2 + (N_y^V + N_y^M)^2} = \sqrt{79.96^2 + (51.25 + 15.99)^2} = 104.47(\text{kN}) < N_u^b$$
$$= 108\text{kN}$$

梁的拼接合格。

2. 柱的拼接

柱腹板连接采用 M24 高强螺栓,摩擦面采用喷砂处理 $\mu = 0.45$,螺栓强度等级 10.9,$P = 225\text{kN}$。柱翼缘板为全熔透焊,翼缘为等强连接。

以 2 层和 3 层 B 柱拼接节点为例,有震时内力:$M = 194.86\text{kN} \cdot \text{m}$,$V = 116.04\text{kN}$,$N = 1475.86\text{kN}$。连接一侧布置 3 排共 12 个 M24 螺栓。拼板尺寸为 560mm $\times$ 360mm $\times$ 18mm。拼接如图 4.34 所示。

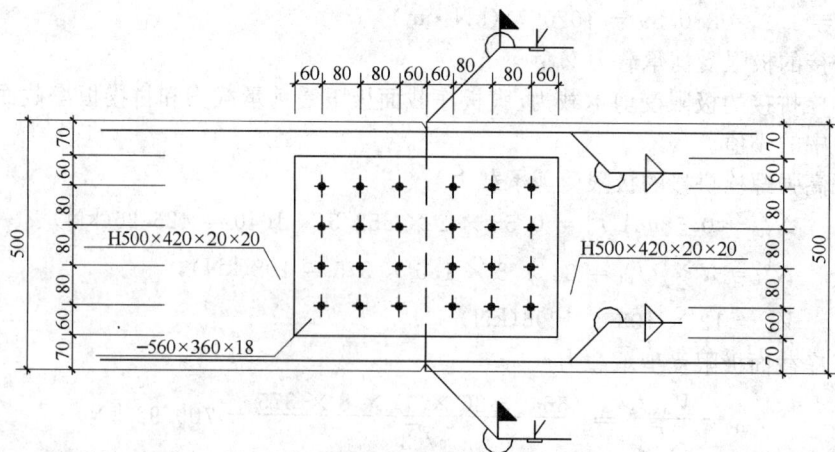

图 4.34 柱的拼接

(1) 弹性设计

翼缘惯性矩

$$I_F = 2 \times 420 \times 20 \times 240^2 = 9.679 \times 10^8 (mm^4)$$

腹板惯性矩

$$I_w = I_w^0 - \sum_{i=1}^n d_0 t_w h_i^2 = \frac{1}{12} \times 20 \times 460^3 - 2 \times 20 \times 26 \times (40^2 + 120^2)$$

$$= 1.622 \times 10^8 - 0.166 \times 10^8 = 1.456 \times 10^8 (mm^4)$$

翼缘分担弯矩

$$M_F = \frac{I_F}{I_F + I_w} M = \frac{9.679}{9.679 + 1.456} \times 194.86 = 169.38 (kN \cdot m)$$

腹板分担弯矩

$$M_w = M - M_F = 194.86 - 169.38 = 25.48 (kN \cdot m)$$

$$\sum (x_i^2 + y_i^2) = 3 \times 2 \times (40^2 + 120^2) + 8 \times 80^2 = 147\,200 (mm^2)$$

腹板螺栓受力

$$N_y^V = \frac{V}{n} = \frac{116.04}{12} = 9.67 (kN)$$

$$N_x^M = \frac{25.48 \times 10^3 \times 120}{147\,200} = 20.77 (kN)$$

$$N_y^M = \frac{25.48 \times 10^3 \times 80}{147\,200} = 13.85 (kN)$$

$$N = \sqrt{(9.67 + 13.85)^2 + 20.77^2} = 31.38 (kN) < N_v^b = 0.9 n_f \mu P / \gamma_{RE}$$

$$= 0.9 \times 2 \times 0.45 \times 225 / 0.85 = 214.41 (kN)$$

柱翼缘焊缝抗弯

$$\sigma_f = \frac{M_F}{W_F} = \frac{169.38 \times 10^6}{9.679 \times 10^8 / 250} = 43.71 (N/mm^2) < \frac{f_t^w}{\gamma_{RE}} = \frac{205}{0.9} = 228 (N/mm^2)$$

弹性设计满足。

(2) 极限承载力验算

柱拼接的极限受弯承载力 M_u

$$M_p = \left[t_b b (h - t_b) + \frac{t_w h_w^2}{4} \right] f_y$$

$$= \left[20 \times 420 \times (500 - 20) + \frac{20 \times 460^2}{4} \right] \times 235 = 1196.15 \times 10^6 (N \cdot mm)$$

由于存在轴力,所以由 M_{pc} 替代 M_p。

柱轴向屈服承载力

$$N_y = A_n f_y = 26\,000 \times 235 = 6110 (kN)$$

$$\frac{N}{N_y} = \frac{1475.86}{6110} = 0.24 > 0.13$$

$$M_{pc} = 1.15 \left(1 - \frac{N}{N_y} \right) M_p = 1.15 \times (1 - 0.24) \times 1196.15 = 1045.44 (kN \cdot m)$$

$$M_u = A_f (h - t_f) f_u = 420 \times 20 \times 490 \times 375 = 1543.5 (kN \cdot m)$$

$$> 1.2 M_{pc} = 1.2 \times 1045.44 = 1254.53 (kN \cdot m)$$

柱拼接的极限受剪承载力 V_u：

取螺栓拼接的极限受剪承载力、腹板净截面极限受剪承载力和拼接板净截面极限受剪承载力中的小值。

腹板高强螺栓拼接的极限受剪承载力

$$N_{vu}^b = 0.58 n_f A_e^b f_u^b = 0.58 \times 2 \times 352.5 \times 1040 = 425.26 (kN)$$

$$N_{cu}^b = d \sum t f_{cu}^b = 24 \times 20 \times 1.5 \times 375 = 270 (kN)$$

$$V_u^b = 12 \times 270 = 3240 (kN)$$

腹板净截面极限受剪承载力

$$V_{u1} = \frac{A_{nw} f_u}{\sqrt{3}} = \frac{(460 - 26 \times 4) \times 20 \times 375}{\sqrt{3}} = 1541.53 (kN)$$

拼接板净截面极限受剪承载力

$$V_{u2} = \frac{A_{nw} f_u}{\sqrt{3}} = \frac{2 \times (360 - 26 \times 4) \times 18 \times 375}{\sqrt{3}} = 1995.32 (kN)$$

则

$$V_u = \min(V_u^b, V_{u1}, V_{u2}) = 1541.53 (kN) > 1.3 \left(\frac{2M_{pc}}{l_n} \right) = 1.3 \left(\frac{2 \times 1045.44 \times 10^6}{3.9 - 0.6} \right)$$
$$= 823.68 (kN)$$

且

$$V_u > 0.58 h_w t_w f_{ay} = 0.58 \times 460 \times 20 \times 235 = 1253.96 (kN)$$

螺栓极限受剪承载力尚需满足承担构件屈服时内力

$$M_w = \frac{I_w}{I_F + I_w} M_{pc} = \frac{1.456}{9.679 + 1.456} \times 1254.53 = 164.04 (kN \cdot m)$$

$$V = 1253.96 kN$$

螺栓受力

$$N_y^V = \frac{V}{n} = \frac{1253.96}{12} = 104.50 (kN)$$

$$N_x^M = \frac{164.04 \times 10^3 \times 120}{147\,200} = 133.72 (kN)$$

$$N_y^M = \frac{164.04 \times 10^3 \times 80}{147\,200} = 89.17 (kN)$$

$$N = \sqrt{(104.50 + 89.17)^2 + 133.72^2} = 235.35 (kN) < N_u^b = 270 (kN)$$

柱的拼接合格。

3. 主次梁连接节点设计

主次梁连接为铰接连接。腹板连接采用 M20 高强螺栓，摩擦面采用喷砂处理 $\mu =$ 0.45，螺栓强度等级 10.9，$P = 155 kN$。以底层主次梁连接为例：

主梁截面：$b \times h = 300 mm \times 600 mm$，$t = 18 mm$，$t_w = 8 mm$。

次梁截面：$b \times h = 200 mm \times 450 mm$，$t = 14 mm$，$t_w = 8 mm$。

1 层楼面荷载设计值：$10.50 kN/m^2$。

次梁自重:0.705kN/m。

次梁梁端剪力:$V = (10.50 \times 2.4 + 1.2 \times 0.705) \times \dfrac{9}{2} = 117.21(\text{kN})$

螺栓个数取 4 个,设螺栓采用如下布置:

螺栓间距$=80\text{mm}$,螺栓中心至拼接板边缘距离$=50\text{mm}$,拼板尺寸:$210\text{mm} \times 340\text{mm} \times 8\text{mm}$。

主、次梁的拼接见图 4.35。

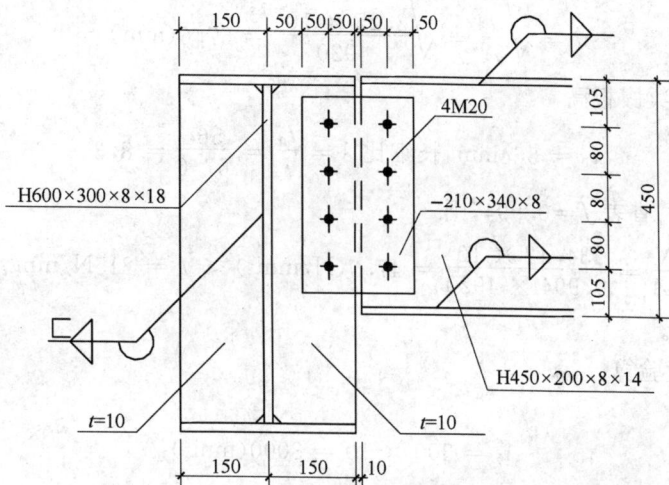

图 4.35 底层主次梁的拼接

(1) 螺栓强度验算

单个螺栓抗剪强度

$$N_v^b = 0.9 \times 2 \times 0.45 \times 155 = 125.25(\text{kN})$$

螺栓连接承受内力

$$V = 117.21\text{kN}$$

$$M = V \times e = 117.21 \times 10^3 \times \left(\dfrac{300}{2} + 10 + 50 \right) = 24.61(\text{kN} \cdot \text{m})$$

螺栓受力

$$N_y^V = \dfrac{V}{n} = \dfrac{117.21}{4} = 29.30(\text{kN})$$

$$N_x^M = \dfrac{M \times y_{\max}}{\sum y_i^2} = \dfrac{24.61 \times 10^3 \times 120}{2 \times (40^2 + 120^2)} = 92.29(\text{kN})$$

$$N = \sqrt{(N_x^M)^2 + (N_y^V)^2} = \sqrt{29.30^2 + 92.29^2} = 96.83(\text{kN}) < N_v^b = 125.25\text{kN}$$

螺栓强度合格。

(2) 主梁加劲肋计算

设加劲肋板厚 t_s 取 10mm,焊脚 $h_f = 8\text{mm}$,支撑加劲肋为 $146\text{mm} \times 564\text{mm} \times 10\text{mm}$。

1) 稳定性计算。

支座反力

$$N = 2V = 2 \times 117.21 = 234.42(\text{kN})$$

计算截面面积

$$A = t_s b_s + 2 \times 15 \times t_w^2 = 10 \times 300 + 2 \times 15 \times 8^2 = 4920(\text{mm}^2)$$

绕腹板中心线的截面惯性矩

$$I = \frac{1}{12} \times 10 \times 300^3 = 2.25 \times 10^7(\text{mm}^4)$$

回转半径

$$i = \sqrt{\frac{I}{A}} = \sqrt{\frac{2.25 \times 10^7}{4920}} = 67.6(\text{mm})$$

计算长度取梁腹板高

$$l_0 = 564\text{mm}, \text{长细比 } \lambda = \frac{l_0}{i} = \frac{564}{67.6} = 8.3$$

截面属 C 类,查表 $f = 0.994$,则

$$\frac{N}{\varphi A} = \frac{234.42 \times 10^3}{0.994 \times 4920} = 47.9(\text{N/mm}^2) < f = 215\text{N/mm}^2$$

稳定性合格。

2) 承压强度验算。

承压面积

$$A_b = 300 \times 10 = 3000(\text{mm}^2)$$

钢材端面承压强度设计值:$f_{ce} = 325\text{N/mm}^2$。

$$\sigma = \frac{N}{A_b} = \frac{234.42 \times 10^3}{3000} = 78.1(\text{N/mm}^2) < f_{ce} = 325\text{N/mm}^2$$

3) 焊缝验算。

焊缝计算长度,考虑加劲肋板切角长度 60mm。

$$l_w = h_w - 2 \times 60 = 564 - 120 = 444(\text{mm}) < 60h_f = 60 \times 8$$
$$= 480(\text{mm}),\text{取 } l_w = 444\text{mm}$$

焊缝截面模量

$$W_w = \frac{1}{6} \times 0.7 h_f l_w^2 = \frac{1}{6} \times 0.7 \times 8 \times 444^2 = 183.99 \times 10^3(\text{mm}^3)$$

焊缝受力

$$\tau_f = \frac{V}{2 \times 0.7 h_f l_w} = \frac{117.21 \times 10^3}{2 \times 0.7 \times 8 \times 444} = 23.6(\text{N/mm}^2)$$

$$\sigma_f = \frac{M}{W_w} = \frac{24.61 \times 10^6}{2 \times 183.99 \times 10^3} = 66.9(\text{N/mm}^2)$$

$$\sigma_{fs} = \sqrt{\tau^2 + \sigma^2} = \sqrt{23.6^2 + 66.9^2} = 70.9(\text{N/mm}^2) < f_f^w = 160\text{N/mm}^2$$

强度满足。

主次梁连接合格。

思 考 题

4.1 多高层建筑钢结构有哪几种主要的结构体系？它们各有何特点？各适用于房屋的高度是多少？

4.2 框架-支撑结构体系中,竖向支撑应怎样布置？帽桁架和腰桁架的作用是什么？应怎样布置？

4.3 什么叫做高层建筑钢结构的 $P-\Delta$ 效应？在哪些情况下可不计算结构的整体稳定性？

4.4 高层建筑钢结构的常用楼盖结构有哪些?组合楼板在施工阶段和使用阶段的受力有何特点？

4.5 抗震设计的结构如何才能实现强柱弱梁及强节点弱构件的设计思想？

4.6 节点域的受力怎样计算？当节点域截面的抗剪强度不满足要求时,可采取哪些构造措施予以加强？

习 题

4.1 某5层以下钢结构建筑,结构自振周期 $T_1 = 1.19$s,场地特征周期 $T_g = 0.35$s,按底部剪力法计算结构的水平地震作用标准值 F_{ki}。

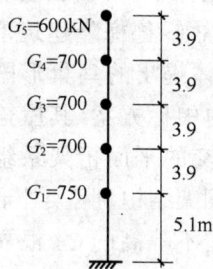

4.2 某15层钢结构建筑,如图4.36所示,结构自振周期 $T_1 = 1.59$s,场地特征周期 $T_g = 0.35$s,按底部剪力法计算结构的水平地震作用标准值 F_{ki}。已知 $G_{15} = 600$kN, $G_{14} = G_{13} = \cdots = G_2 = 700$kN, $G_1 = 750$kN,层高分别为 $h_{15} = h_{14} = \cdots = h_2 = 3.9$m, $h_1 = 5.1$m。

$G_5 = 600$kN   3.9
$G_4 = 700$ 3.9
$G_3 = 700$ 3.9
$G_2 = 700$ 3.9
$G_1 = 750$ 5.1m

图 4.36 楼层质点图

4.3 压型钢板组合楼盖设计。组合楼盖选用国产 YX-70-200-600 开口型压型钢板,其构件特性为:板厚 $t = 1.0$mm,全截面惯性矩 $I = 137$cm^4/m,抵抗矩 $W = 33.30$cm^3/m,有效截面惯性矩 $I_s = 96$cm^4/m,抵抗矩 $W_s = 25.7$cm^3/m;一个波距宽度内截面面积 $A_s = 321.42$mm^2,自重 0.19 kN/m^2,强度设计值 $f = 205$N/mm^2。其上浇 80 厚 C20 混凝土: $\alpha_1 = 1.0$, $f_c = 9.6$N/mm^2, $f_t = 1.1$N/mm^2, $E_c = 2.55 \times 10^4$ N/mm^2。钢筋采用 HPB235, $f_y = 210$N/mm^2。组合板总高 = 150mm。施工阶段活载 1.5kN/mm^2,使用阶段活载 2.0kN/mm^2,板跨 = 2.4m,为三跨连续板。

压型钢板上翼缘必须焊横向短钢筋来保证压型钢板与混凝土板的共同工作。

第五章　平板网架结构设计

5.1　网架结构的特点

我国自从 1964 年建成第一幢平板形网架结构——上海师范学院球类房盖(平面尺寸 31.4m×40.5m 的正放四角锥网架)以来,据不完全统计,至 2001 年底,全国已建成各种大、中、小跨度网架、网壳结构约 13 500 幢,覆盖建筑面积近 2000 万 m²,这在世界上列首位。其中 12%为网壳结构,约 1600 幢;2001 年的年增长幅度约 1500 幢,280 万 m²。网架结构广泛用于体育场馆、展览馆、俱乐部、影剧院、食堂、候车(船)厅、飞机库、工业车间和仓库等建筑中。如 1966 年建成的首都体育馆,平面尺寸为 99m×112.2m,长期是我国矩形平面跨度最大的网架结构。2000 年建成的沈阳博览中心(室内足球场),平面尺寸 144m×204m,成为我国跨度最大、单体覆盖建筑面积最大的网架结构。又如 1975 年建成的上海体育馆,直径 110m,挑檐 7.5m,是当前我国圆形平面跨度最大的网架结构。1996 年建成的首都四机位机库,平面尺寸 90m×(153+153)m,采用了三层网架,开口边和中轴线处则选用四层构造的立体桁架,成为目前国内及亚洲最大的机库网架。再如援外工程中 1980 年建成的巴基斯坦伊斯兰堡体育馆,平面尺寸 93.6m 见方,四柱支承,采用顶升法施工,顶升时包括自重、屋面、吊顶等总重量共计 1050t,是我国整体顶升、总重量最大

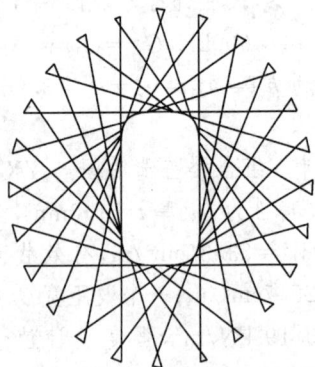

图 5.1　鸟巢形网架

的网架结构之一。由瑞士赫尔佐格-德梅隆建筑事务所与中国建筑设计研究院联合体提出的鸟巢形国家体育场是 2008 年北京奥运会的中标方案,其屋盖主体结构实际上是两向不规则斜交的平面桁架系组成的 332.3m×296.4m 椭圆平面网架结构。网架外形呈微弯形双曲抛物面,周边支承在不等高的 24 根立体桁架柱上,最高点高度 68.5m,最低点高度 42.8m,每榀桁架与约为 140m×70m 长椭圆内环相切或接近相切,外形像鸟巢,不妨称之为鸟巢形网架(见图 5.1)。这是当前在设计、施工的世界上最大跨度的网架结构。我国在多跨大柱距的工业厂房和车间中,自 20 世纪 80 年代初开始采用网架结构,其建筑覆盖面积至今已有约 500 万 m²,是国际上在工业厂房中采用网架最多的国家。如 1984 年建成的北京燕山石化公司东风化工厂地毯车间,柱网为 18m×18m,覆盖建筑面积近 4 万 m²。云南玉溪烟厂成片的工业厂房网架达 12 万 m²。上海江南造船厂一车间,跨度 60m,采用三层网架,是目前工业厂房中跨度最大的网架。

当前,除大中城市的大、中跨度建筑中较多地采用网架结构外,一个明显特点是,中小城市,边远地区,甚至一些县城、乡镇,在中、小跨度的公共民用建筑和工业建筑中,也都在采用网架结构。与此同时,在多层和高层建筑中,也已建成了一批网架楼盖结构。可以这

样说,现在全国每个省、市、自治区和大部分城市、地区都能自行设计、施工网架结构,技术水平普遍得到了提高;专门生产网架杆件和节点的厂家或公司已发展到近100家,生产任务相当饱满,还承担和出口了一批国外网架工程。

国外网架结构的应用以西欧、北美、日本诸国最多。这些国家的一个共同特点是,普遍选用各自的标准单元、定型节点,按各种规格在工厂大量成批生产,并将产品储存堆放在公司专门的仓库中,以备用户大批订货采用。国外网架结构节点体系主要有:英国的诺达斯(NODUS)体系、空间板(SPACE DECK)体系,法国的平屋顶(UNIBAT)体系、斯费罗巴特(SPHEROBAT)体系,德国的米罗(MERO)体系、克鲁普蒙泰(KRUPPMONTAL)体系,加拿大的三级型(TRIODETIC)体系,日本的 DAIMOND、NS 体系,澳大利亚的HARLEY 体系和俄罗斯的嵌楔式(ИФИ)体系等。当前,世界上最大的网架结构是巴西圣保罗展览中心的屋盖结构,平面尺寸 260m×260m,为正放四角锥铝管网架,共有杆件41 800根,25 个支点,采用地面总拼、提升到14m 设计标高就位的施工方法。最大的单跨四柱支承网架结构为1978 年建成的瑞士苏黎世克洛腾机场喷气机库的屋盖结构,它是一座三层的平板形网架,平面尺寸为125m×128m,采用 4 台液压千斤顶升至标高24m 就位,顶升时的网架重为 3600t,当顶到 2.5m 标高后,安装天花板及 3 台10t 吊车,此时总重量共达 5300t。覆盖建筑面积最大的双向多跨大柱距网架是德国杜赛尔多夫展览大厅屋盖,由 114 个单元网架组成,每个单元的平面尺寸为 30m×30m,建筑面积共为102 600m²,最近又扩建了 50 000 多平方米,总建筑面积达 156 000m²。英国伯明翰国立展览中心屋盖,采用 93 个单元为 30m×30m 网架,覆盖建筑面积也相当可观,为 83 700m²。

国内、外大量的工程实践说明,网架结构已成为大跨度空间结构中应用最为广泛的结构形式之一。它之所以获得如此快的发展和如此广泛的应用,除了计算机技术的进步为之提供有利条件外,主要是由于网架结构是一种受力性能很好的空间结构体系,并具有以下优越性:

1) 省钢材。网架系三维受力结构,较平面结构节省材料,网架结构比传统的钢结构节省 20%～30%的用钢量,如采用轻屋面经济效果将会更显著。如天津科学宫礼堂 15m ×21m,网架用钢量为 6.26kg/m²,河南中原机械厂冲压车间 18m × 60m,网架用钢量为6.76 kg/m²,连云港集装箱厂集装箱车间(3× 37m)× 204m、(227)×156m,网架用钢量18 kg/m²。

2) 应用范围广。网架结构不仅用于中小跨度的工业民用建筑,如工业厂房、俱乐部、食堂、会议室等,而更适用于大跨结构的公共建筑如体育馆等。首都体育馆(99 m×112.2m)共 11 000 m²,耗钢量 65 kg/m²。上海体育馆(柱内直径 110 m,共 9500 m²),耗钢量 47 kg/m²。近几年来采用最多的是大柱网的工业厂房,柱网从 12 m ×12 m 到 36 m ×36 m,面积从几千 m² 到十几万 m²,它既适用于周边支承,也适用于三边支承一边开口,或两边支承两边开口,或四点及多点支承,网架结构还适于局部增加集中荷载。

3) 便于管道安装。网架结构的上下弦之间是由一定规律的腹杆所组成,雨水管道、空调管道、工艺管道均可在上下弦之间的空间穿过,这样可以降低层高,降低造价,获得良好的经济效果。

4) 抗震性能好。网架结构整体空间刚度大,稳定性能及抗震性能好,安全储备高,对于承受集中荷载、非对称荷载、局部超载、地基不均匀沉陷等均为有利。网格尺寸小,上弦便于设置轻屋面,下弦便于设置悬挂吊车,也可在两个方向设置悬挂吊车,国内一般常用的悬挂吊车的起重量为 10～50kN,也可悬挂 100kN。

5) 建筑造型新颖。网架结构的形式灵活多变,美观大方,如亚运会的十几个场馆都采用了网架结构,其造型各具特色。

6) 网架结构用于大柱网的工业厂房,可灵活布置工艺流程并可做成标准的工业厂房提供给用户。

7) 采光方便。网架结构可设置点式采光、块式采光或带式采光,采光的方式可设置平天窗,也可设置升起的平天窗或侧天窗,采光材料一般用玻璃钢制品,也可采用玻璃制品。

8) 便于通风处理。网架结构的屋盖通风方便,既可采用侧窗通风,也可在屋面上开洞设轴流风机。

9) 便于定型化、工业化、工厂化、商品化生产,便于集装箱运输,零件尺寸小,重量轻,便于存放、装卸、运输和安装,现场安装不需要大型起重设备。

10) 网架结构如采用螺栓球节点连接,便于拆卸,可适用于临时建筑。

11) 设计效率高。目前,我国已自行开发出很多优秀的网架结构设计软件。利用这些软件,整个设计从结构计算开始到施工图和加工图绘制都能在计算机上快速完成。一般的小型规则网架,两个小时即可完成建模、分析计算和出图;大型体育馆或大柱网的工业厂房,两天时间也可出图并为下部结构的设计提供荷载参数。

5.2 网架结构的形式及选型

5.2.1 网架几何不变性分析

网架结构为空间杆系结构,在任何外力作用下必须是几何不变体系。但是许多型式的网架,如不考虑支座约束和屋面板(或支撑)约束时,就其本身结构而言是几何可变体系,只有加上适当的支座约束和屋面板(或支撑)约束后才成为一个几何不变体系。因此,对网架进行机动分析非常为重要。

1. 网架几何不变的必要条件

一个刚体在空间的自由度为 6,一个空间简单铰的自由度为 3。网架是一个铰接的空间杆系结构,故其任一节点(即铰)有三个自由度。对于具有 J 个节点,m 根杆件的网架,支承于具有 r 根约束链杆的支座上时,其几何不变的必要条件可由式(5.1)计算。

$$m + r - 3J \geqslant 0,或 m \geqslant 3J - r \tag{5.1}$$

如将网架作为一个刚体考虑,则最少的支座的约束链杆为 6,故式(5.1)中 $r \geqslant 6$。如网架不与支座连接,仅考虑网架内部几何可变否,则由式(5.2)计算。

$$K = 3J - m - 6 \tag{5.2}$$

由(5.1)式,当 $m = 3J - r$ 时,为静定结构;当 $m > 3J - r$ 时,为超静定结构;当 $m < 3J - r$ 时,为几何可变体系。由(5.2)式,当 $K = 0$ 时,网架杆件数恰好满足其内部几何不变的必要条件;当 $K < 0$,内部有多余杆件;当 $K > 0$,内部几何可变。

2. 网架几何不变的充分条件

分析网架结构几何不变的充分条件时,应先对组成网架的基本单元进行分析,进而对网架的整体做出评价。

大家知道,三角形是几何不变的,因此,三角锥(见图5.2)亦为几何不变体,以此为基础,通过三根不共面的杆件交出一个新节点所构成的网架也为几何不变系。另外,当网架杆系组成的形体是由三角形界面组成的多面体(凸多面体)时,则它亦是几何不变的。由此可使分析网架几何不变问题变成平面问题进行。例如四角锥体系网架的上弦平面为四链杆机构,缺少保持几何不变性链杆,而下部的角锥部分则有多余链杆。

如图5.3(a)、(c)、(e)所示为几何可变的单元,可通过加设杆件[见图5.3(b)、(f)]或适当加设支承链杆[见图5.3(d),(g)]使其变为几何不变体系。

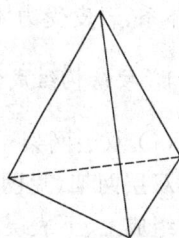

图5.2 组成网架结构的几何不变基本单元

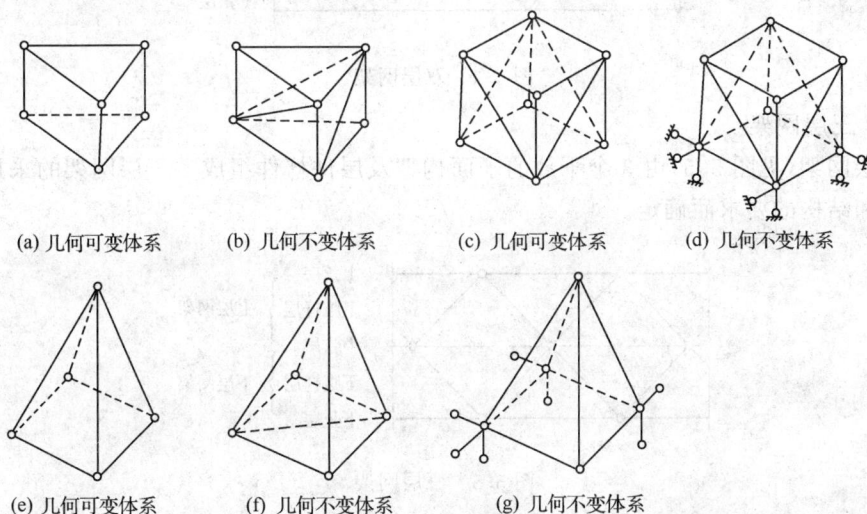

(a) 几何可变体系   (b) 几何不变体系   (c) 几何可变体系   (d) 几何不变体系

(e) 几何可变体系   (f) 几何不变体系   (g) 几何不变体系

图5.3 单元体由几何可变体系转化为几何不变体系举例

经过网架结构的机动分析,如果该网架自身为几何不变体系,则称为"自约结构体系";反之,称"他约结构体系"。

经过分析,蜂窝形三角锥网架属他约结构体系,除在各支座节点必须设置一个竖向链杆外,根据几何不变的必要条件,还必须布置与支座节点数相同的水平链杆。

另一种方法是列出网架的结构总刚度矩阵〔K〕,此总刚度矩阵应包括边界约束条件,如在对角元素中出现零元素,则与它相应节点为几何可变,如其行列式$|K| \neq 0$,则〔K〕非奇异,网架的位移和杆力有唯一解,网架为几何不变体系,如〔K〕$=0$,则网架为几何可变体系。这可利用程序的"数据检验"功能告诉使用者能否得到计算结果,但应注意即使有计算结果还应检查结果是否合理,如发现挠度特别大、结构转动等不合理情况,该网架体系仍然不能成为结构受力体系。

5.2.2 网架结构的形式

网架结构的形式很多。按结构组成分,有双层和三层网架;按支承情况,可分为周边支承、点支承、三边支承一边开口、周边支承与点支承相结合等;按网格组成情况,可分为由两向或三向平面桁架组成的交叉桁架体系和由三角锥体、四角锥体组成的空间桁架(角锥)体系、表皮受力体系等。

1. 按结构组成的分类

(1) 双层网架

双层网架(见图5.4)由上、下两个平放的平面构架作表层,上、下表层间用杆件相联系。组成上、下表层的杆件称为网架的上弦或下弦杆;位于两层之间的杆件称为腹杆。一般网架多采用双层网架。

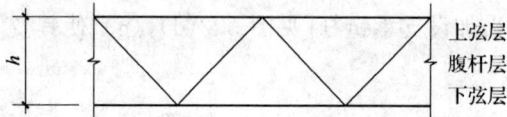

图 5.4 双层网架

(2) 三层网架

三层网架(见图5.5)由3个平放的平面构架及层件杆件组成。三层网架的采用应根据建筑和结构的要求而确定。

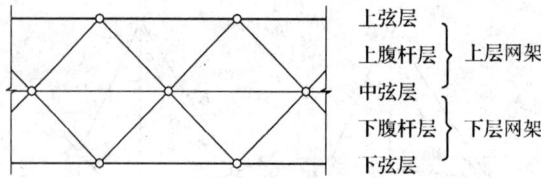

图 5.5 三层网架

2. 按支承情况分类

(1) 周边支承网架

周边支承网架(见图5.6)的所有节点均搁置在柱或梁上。由于传力直接,受力均匀,因此是目前采用较多的一种形式。

当网架周边支承于柱顶时,网格宽度可与柱距一致[图5.6(a)]。为保证柱子的侧向

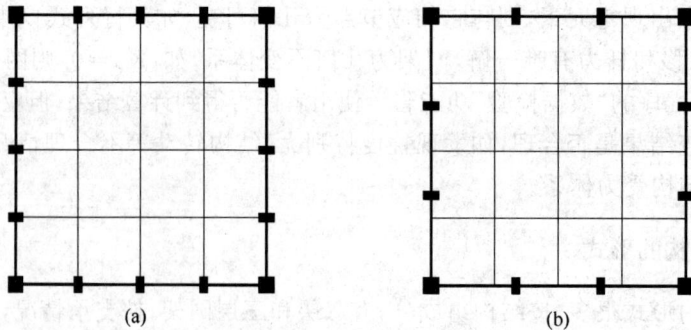

(a)   (b)

图 5.6 周边支承网架

刚度,沿柱间侧向应设置边桁架或刚性系杆。

当网架周边支承于圈梁时,网格的划分比较灵活,可以不受柱距的影响,如图 5.6(b)所示。

(2) 点支承网架

点支承网架(见图 5.7)可设置于 4 个或多个支承上。前者称为四点支承网架[见图 5.7(a)],后者称为多点支承网架[见图 5.7(b)]。

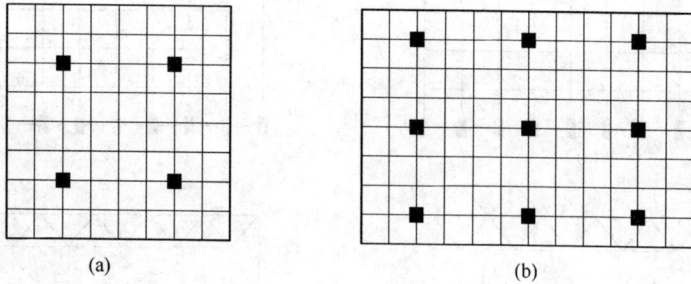

图 5.7　点支承网架

点支承网架主要用于大柱距工业厂房、仓库及展览厅等大型公共建筑。

这种网架由于支承点较少,因此支点反力较大。为了使通过支点的主桁架及支点附近的内力不致过大,宜在支承点处设置柱帽,使反力扩散。柱帽一般设置于下弦平面之下[见图 5.8(a)],或置于下弦平面之上[见图 5.8(b)]。也可将上弦节点通过钢短柱直接搁置于柱顶[见图 5.8(c)]。点支承网架,周边应有适当悬挑,以减少网架跨中杆件的内力与挠度。

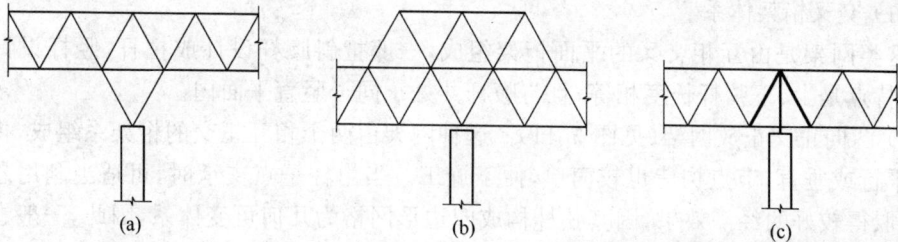

图 5.8　点支承网架的柱帽设计

(3) 周边支承与点支承相结合的网架

在点支承网架中,当周边设有围护结构和抗风柱时,可采用点支承与周边支承相结合的形式(见图 5.9)。这种支承方法适用于工业厂房和展览厅等公共建筑。

(4) 三边支承一边开口或两边支承两边开口的网架

在矩形平面的建筑中,如飞机库,由于考虑扩建的可能性或由于建筑功能的要求,需要在一边或两对边上开口,因而使网架仅在三边或两对边上支承,另一边或两对边为自由边[见图 5.10(a)、(b)]。

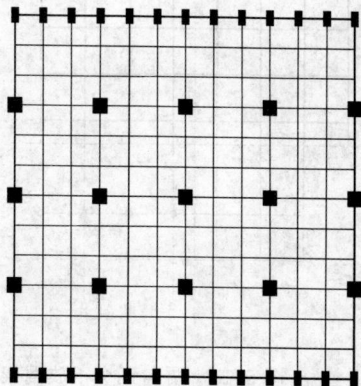

图 5.9　周边支承与点支承相结合的网架

自由边的存在对网架的受力是不利的，为此应对自由边做出特殊处理。一般可在自由边附近增加网架层数[见图5.10(c)]，或在自由边加设托梁或托架[见图5.10(d)]。对中、小型网架，亦可采用增加网架高度或局部加大杆件截面的办法予以加强。

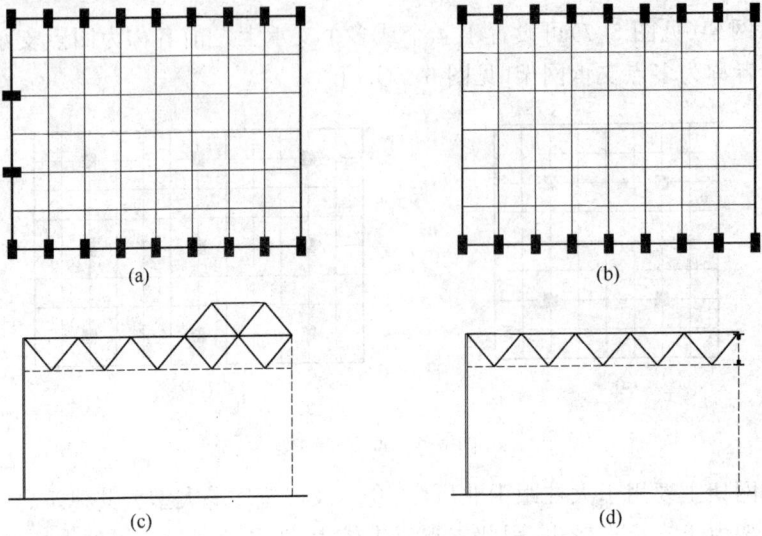

图 5.10　三边支承一边开口和两边支承两边开口网架及其自由边的处理

3. 双层网架按网格组成情况分类

(1) 交叉桁架体系

这类网架是由互相交叉的平面桁架组成，一般把斜腹杆设计成拉杆，竖杆设计成压杆，其特点是上、下弦杆长度相等，且与腹杆共处于同一竖直平面内。

1) 两向正交正放网架（见图5.11）。这种网架由两个相互正交的桁架系组成，桁架与边界平行或垂直，节点构造也较简单，便于施工。当由柱子点支承时，可适当利用悬挑长度，能取得较好的经济效果，因其弦杆构成四边形网格为几何可变体系，因此，一般在其上弦平面周边设置水平支撑杆件（也可设于下弦平面），以使网架能有效传递水平荷载。

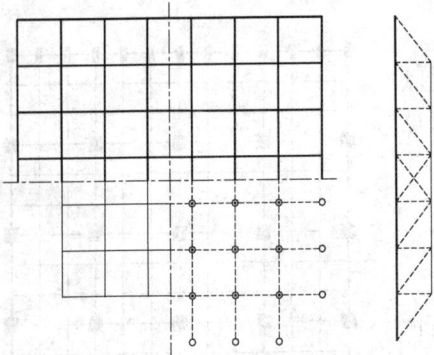

图 5.11　两向正交正放网架

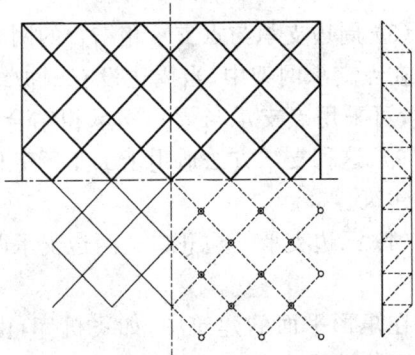

图 5.12　两向正交斜放网架

2）两向正交斜放网架（见图5.12）。两向桁架正交，弦杆与边界呈45°交角。这种网架存在长桁架与短桁架交叉的情况，靠角部的短桁架刚度较大，对其垂直的长桁架起支承作用，可降低长桁架跨中弦杆的内力，但同时长桁架在角部会产生负弯矩，如长桁架直达角点支承处，则会产生较大的拉力，设计时应注意处理。

3）两向斜交斜放网架（见图5.13）。两向桁架斜交，上下弦杆与边界轴线斜交一定角度。它适用于两个方向网格尺寸不同而弦杆长度相等的情况，可用于梯形或扇形建筑平面，由于两向桁架斜交，节点处理和施工均较复杂，受力性能不佳，因此，只是在建筑上有特殊要求时才考虑选用。

4）三向网架（见图5.14）。由三个方向桁架按60°交角相互交叉组成，其上下弦杆平面的网格呈正三角形，因此，这种网架是由许多稳定的正三棱柱体为基本单元组成，它受力性能好，空间刚度大，能把内力均匀地传给支座，但节点汇交数量多，最多达13根，节点构造复杂，适用于大跨度（60m以上）且建筑平面呈三角形、六边形、多边形和圆形的情况。

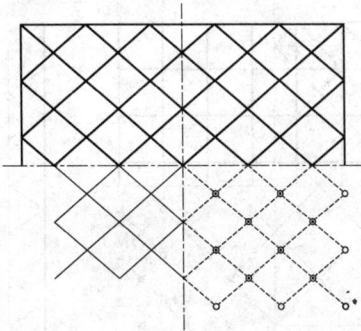

图5.13　两向斜交斜放网架　　　　　图5.14　三向网架

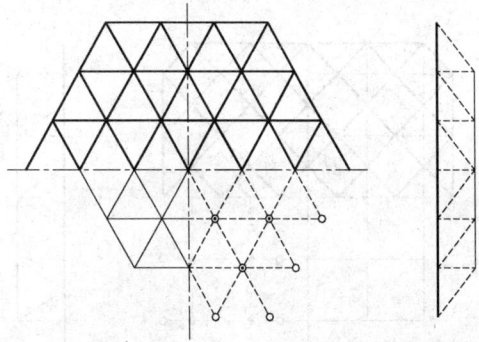

（2）四角锥体系

这类网架上下弦均呈正方形（或接近正方形的矩形）网格，并相互错开半格，使下弦网格的角点对准上弦网格的形心，再在上下弦节点间用腹杆连接起来，即形成四角锥体系网架。

1）正放四角锥网架（见图5.15）。这种网架受力均匀，空间刚度好，适用于较大屋面荷载、大柱距点支承及设有悬挂吊车工业厂房等建筑。

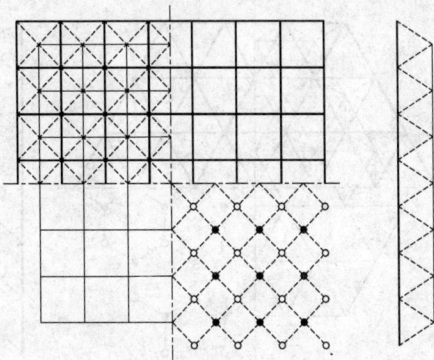

图5.15　正放四角锥网架　　　　　图5.16　正放抽空四角锥网架

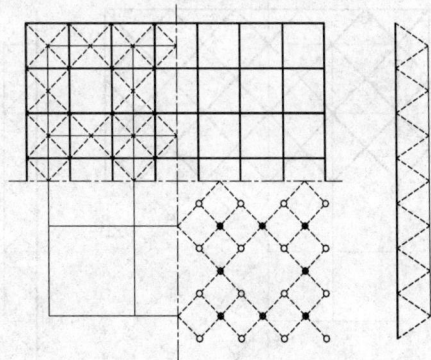

2）正放抽空四角锥网架（见图 5.16）。这种网架是将正放四角锥除周边外,相间地抽去锥体的腹杆及下弦杆,使下弦网格扩大一倍。如将一列连续的锥体视为一根广义梁,其受力与两向正交桁架相似。这种网架杆件较少,经济效果好,可利用抽空处作采光窗,但下弦内力较正放四角锥网架也约大一倍,内力的均匀性和刚度有所下降,不过仍满足工程要求。它适用于屋面荷载较轻的中、小跨度网架。

3）斜放四角锥网架（见图 5.17）。这种网架的上弦与边界轴线成 45°交角,下弦正放,腹杆与下弦在同一垂直面内。这种网架的上弦杆长度约为下弦杆的 0.707 倍,故呈短压杆、长拉杆的情况,受力合理。节点汇交杆也较少。在接近正方形周边支承时用钢量指标较好,适用于中小跨度建筑。由于上弦网格斜放,屋脊处理宜三角形屋面板。当周边无刚性联系杆时,会出现锥体绕 z 轴旋转的不稳定情况,故设计和施工时应注意此特点。

4）棋盘形四角锥网架（见图 5.18）。这种网架上下弦方向与斜放四角锥网架对调。由于上弦正放,屋面板可用方形。这种网架也具有短压杆、长拉杆特点。另外,由于周边为满锥,因此它的空间作用得到保证。这种网架适用于中小跨度周边支承网架。

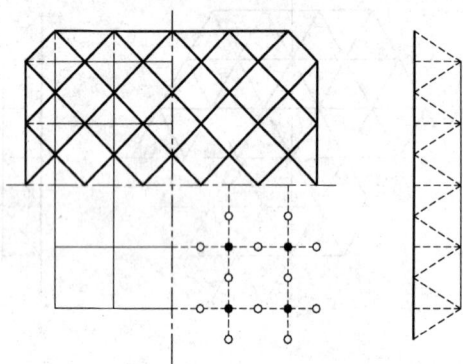

图 5.17　斜放四角锥网架

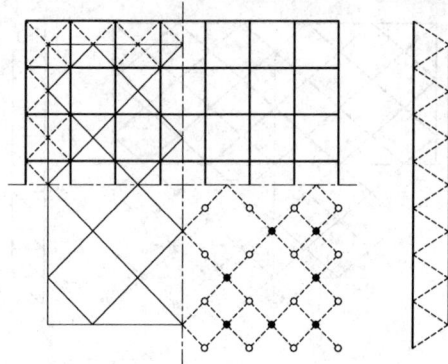

图 5.18　棋盘形四角锥网架

5）星形四角锥网架（见图 5.19）。这种网架的单元体形似星体,星体单元是由两个倒置的三角形小桁架相互交叉而成。两小桁架交汇处设有竖杆。这种网架也是短压杆、长拉杆,受力合理。上弦一般受压,但在角部可能受拉。受力情况接近交叉梁系,刚度稍差于正放四角锥网架。它适用于中、小跨度周边支承网架。

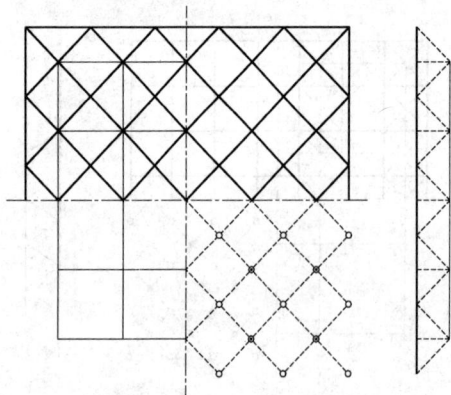

图 5.19　星形四角锥网架

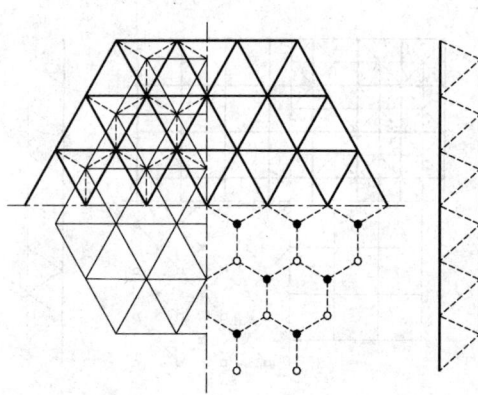

图 5.20　三角锥网架

（3）三角锥体系

1）三角锥网架（见图 5.20）。这种网架上下弦均为三角形网格，下弦节点位于上弦三角形网格的形心。如果尺寸选择得当，可使所有杆件等长。这种网架杆件受力均匀、整体抗扭、抗弯刚度好，上下弦节点均汇交 9 根杆件，节点构造类型统一。它适用于大中跨度、屋面荷载较大的建筑，当建筑平面为三角形、六边形或圆形时有较好的平面适应性。

2）抽空三角锥网架（见图 5.21）。这种网架是在三角锥网架的基础上，抽去部分三角锥单元的腹杆和下弦杆，使下弦改由三角形和六边形网格相组合的图形（称 I 型），其上弦节点汇交 9 或 8 根杆件，下弦节点汇交 7 根杆件；或采用另一种抽空方式使下弦全为六边形网格（称 II 型），对应上下弦节点分别汇交 8 根和 6 根杆件。抽空后的上弦网格较密，便于铺设屋面板；下弦网格较稀，可以节约钢材。

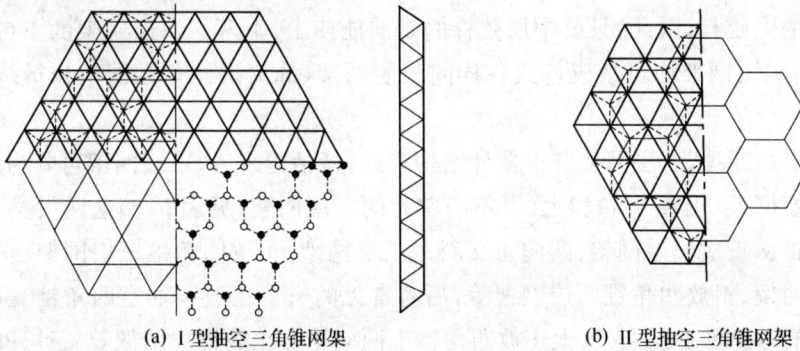

(a) I 型抽空三角锥网架　　　　　　　　(b) II 型抽空三角锥网架

图 5.21　抽空三角锥网架

由于抽空三角锥的下弦抽空较多，刚度较三角锥网架差，相邻下弦杆内力的差别也较大。它适用于轻屋面、跨度较小和三角形、六边形和圆形平面的建筑。

3）蜂窝形三角锥网架（见图 5.22）。这种网架上弦平面为正三角形和正六边形网格，下弦平面为正六边形网格，腹杆与下弦在同一垂直平面内。这种网架也有短上弦长下弦的特点，每个节点只汇交 6 根杆件。它是常用网架中杆件数和节点数最少的一种。但上弦平面的六边形网格增加了屋面起拱的困难。它适用于中、小跨度周边支承。可用于六边形、圆形或矩形平面。

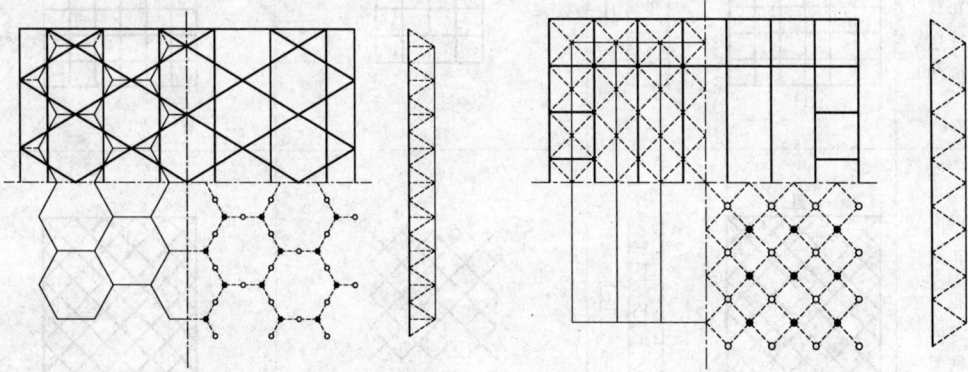

图 5.22　蜂窝形三角锥网架　　　　　　　图 5.23　折线型网架

（4）折线型网架（见图 5.23）

折线型网架是由正放四角锥网架演变而来。当建筑较狭长（如长跨比在 2：1 以上）时，正放四角锥网架的长跨方向弦杆内力很小，从强度角度考虑可将长向杆件取消，即得沿短向支承的折线网架。折线型网架适合狭长矩形平面的建筑。它的内力分析较简单，无论多长的网架沿长度方向仅需计算 5～7 个节间。

4. 三层网架按网格组成情况分类

与双层网架一样，构成三层网架的基本单元有平面桁架、四角锥和三角锥，所不同的是三层网架有三层弦杆和二层腹杆。三层网架可以理解为由两个双层网架共用一层弦杆（中层弦杆）而组成，在组成三层网架时，中层弦杆既是上部双层网架的下弦杆，又是下部双层网架的上弦杆，因此，只要中层弦杆的走向能使上、下两个双层网架的下（上）弦杆一致，则前述双层网架均可组成各式各样的三层网架（蜂窝形三角锥网架和折线型网架除外）。

根据上述原理，三层网架有很多种结构型式，概括起来说，三层网架可分为上、下相同单元的三层网架（见表 5.1）和上、下不同单元的三层网架（见表 5.2）这两大类，前者常见的有两向正交正放三层网架、两向正交斜放三层网架、正放四角锥三层网架、正放抽空四角锥三层网架、斜放四角锥三层网架等，后者常见的有上正放下抽空四角锥三层网架、上斜放下正放四角锥三层网架、上正放四角锥下两向正交正放三层网架等。三层网架可以是下弦支承[见图 5.24(b)]，也可以是中弦支承[见图 5.24(c)]或上弦支承[见图 5.24(d)]。应注意的是：当采用下弦支承（支座节点位于下弦平面）时，需加设边桁架，必要时尚需加设周边水平支承。

表 5.1 上、下相同单元的三层网架

	上层弦杆和上腹杆	中层弦杆	下层弦杆和下腹杆
两向正交正放三层网架	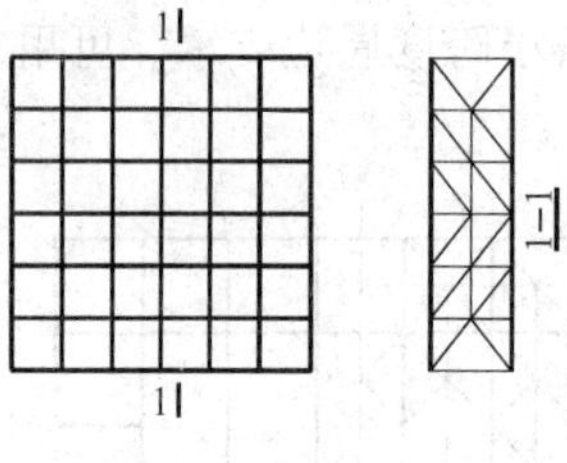	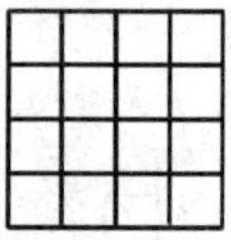	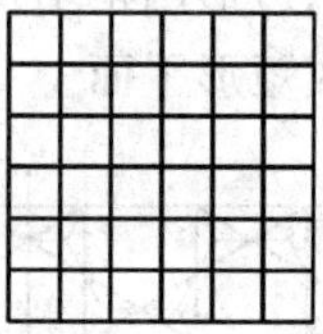
两向正交斜放三层网架	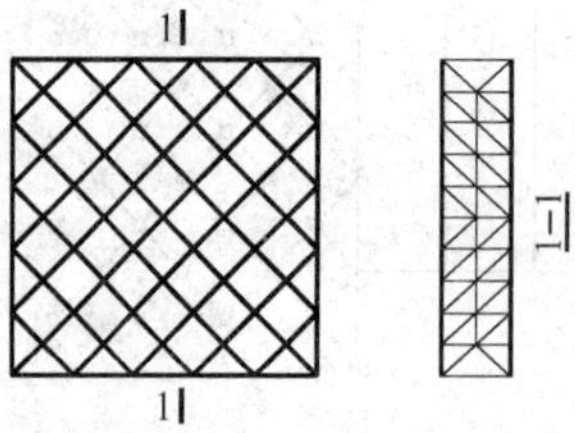	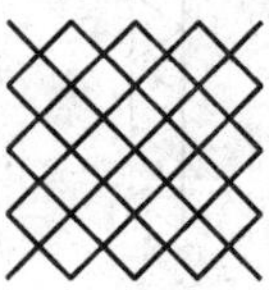	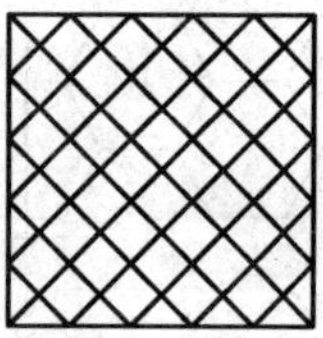

	上层弦杆和上腹杆	中层弦杆	下层弦杆和下腹杆
正放四角锥三层网架			
正放抽空四角锥三层网架			
斜放四角锥三层网架			

表 5.2　上、下不同单元的三层网架

	上层弦杆和上腹杆	中层弦杆	下层弦杆和下腹杆
三层网架上正放下抽空四角锥			
三层网架上斜放下正放四角锥			
正交正放三层网架上正放四角锥下两向			

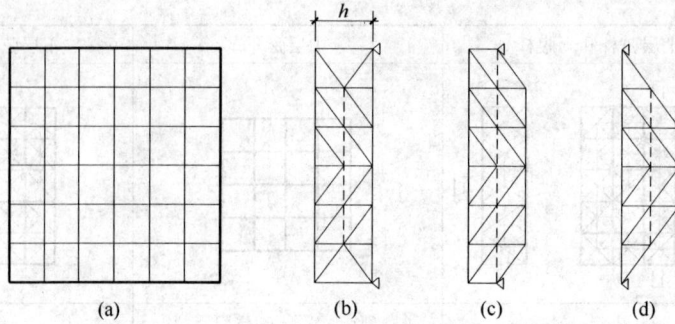

图 5.24 两向正交正放三层网架支承位置

5.2.3 网架结构的选型

1. 双层网架

网架结构的形式很多,如何结合工程的具体条件选择适当的网架形式,对网架结构的技术经济指标、制作安装质量及施工进度等均有直接影响。影响网架选型的因素也是多方面的,如工程的平面形状和尺寸、网架的支承方式、荷载大小、屋面构造和材料、建筑构造与要求、制作安装方法及材料供应等。因此,网架结构的选型必须根据经济合理安全实用的原则,结合实际情况进行综合分析比较而确定。

在给定支承方式的情况下,对于一定平面形状和尺寸的网架,从用钢量指标或结构造价最优的条件出发,表 5.3 列出了各类网架的较为合适的应用范围,可供选型时参考。

表 5.3 双层网架选型

支承方式	平面形状		选用网架
周边支承	矩 形	长宽比≈1 中小跨度	棋盘形四角锥网架　　斜放四角锥网架　　星形四角锥网架 正放抽空四角锥网架　　两向正交正放网架　　两向正交斜放网架 蜂窝形三角锥网架
		长宽比≈1 大跨度	两向正交正放网架　　两向正交斜放网架 正放四角锥网架　　斜放四角锥网架
		长宽比=1~1.5	两向正交斜放网架　　正放抽空四角锥网架
		长宽比>1.5	两向正交正放网架　　正放四角锥网架　　正放抽空四角锥网架
	圆 形 多边形(六边形,八边形)	大跨度	三向网架　　三角锥网架
		中小跨度	抽空三角锥网架　　蜂窝三角锥网架
四点支承 多点支承			两向正交正放网架　　正放四角锥网架　　正放抽空四角锥网架
周边支承 与点支承 相结合	矩 形		斜放四角锥网架　　正交正放类网架　　两向正交斜放网架

注:对于三边支承一边开口矩形平面的网架,其选型可参照周边支承网架进行。

对于周边支承的网架,当平面形状为正方形或接近正方形,由于斜放四角锥、星形四角锥、棋盘形四角锥三种网架结构上弦杆较下弦杆为短,杆件受力合理,节点汇交杆件较少,且在同样跨度的条件下节点和杆件总数也比较少,用钢量指标较低,因此,在中小跨度时应优先考虑选用。正放抽空四角锥网架,蜂窝形三角锥网架也具有类似的优点,因此,在中、小跨度荷载较轻时亦可选用。当跨度较大时,容许挠度将起主要控制作用,故宜选用刚度较大的交叉桁架体系或满锥形式的网架。斜放四角锥网架在大跨度的情况下,虽然可以取得较好的技术经济效果,但因其对支座约束的变化和起拱的影响十分敏感,选用时需慎重。

在矩形平面、周边支承的情况下,两向正交斜放网架的刚度及用钢量指标均较两向正交正放为好,特别是在跨度增大时,其优越性更为明显。

但是当为狭长矩形平面时,斜放类型网架的传力路线要比正放类型长,从而导致其空间作用的削弱,因而此时宜尽量选用正方四角锥、两向正交正放和正放抽空四角锥等正交正放类型的网架。

对于矩形平面四点支承或多点支承的网架,选用正交正放类型的网架,传力简捷,可以取得较好的技术经济效果。

对于周边支承与点支承相结合的网架,因其兼有这两种支承情况的受力特点,因此除选用正放类的网架外,也可选用两向正交斜放或斜放四角锥网架。

对于周边支承的圆形、多边形(正六边形、正八边形)平面,选用三向网架、三角锥网架、抽空三角锥网架及蜂窝形三角锥网架比较恰当。这是因为这些网架都具有正三角形或正六边形的网格,它们可以满布于正六边形的平面内,从而使网格规整,杆件类型减少。对于圆形平面,也只是在内接正六边形以外的弧段内有些非规整网格。

当跨度和荷载较小时,对于角锥体系可采用抽空类型的网架,以进一步节约钢材。

在网架选型时,从屋面构造情况来看,正放类型的网架屋面板规格整齐单一,而斜放类型的网架屋面板规格却有两、三种。斜放四角锥的上弦网格较小,屋面板的规格也小,而正放四角锥的上弦网格相对较大,屋面板的规格也大。

从网架制作来说,交叉平面桁架体系较角锥体系简便,正交比斜交方便,两向比三向简单。而对安装来说,特别是采用分条或分块吊装的方法施工时,选用正放类网架比斜放类的网架有利。因为斜放类网架在分条或分块后,可能因刚度不足或几何可变而增设临时杆件,予以加强。

从节点构造要求来说,焊接空心球节点可以适用于各类网架;而焊接钢板节点则以选用两向正交类的网架为宜;至于螺栓球节点,则要求网架相邻杆件的内力不要相差太大。

可见,在网架选型时,必须综合考虑上述情况,合理地确定网架的形式。

2. 三层网架

三层网架的选型可参考表 5.4。表中列出了各种条件下优先采用的型式,其顺序为:首先从左到右,然后从上到下。

表 5.4　三层网架选型

支 承 方 式	边 长 比		选 用 网 架	
四边简支	1.0		正交斜放桁架 棋盘形四角锥	斜放四角锥 正放四角锥
	1.24		斜放四角锥 上斜下正放四角锥	正交斜放桁架 棋盘形四角锥
	1.4		正交斜放桁架 正交正放桁架	斜放四角锥 上斜下正放四角锥
	1.62		正交正放桁架 正交斜放桁架	斜放四角锥 棋盘形四角锥
	1.91		正交正放桁架 正放四角锥	棋盘形四角锥 正交斜放桁架
四边简支	1.4	不设中间层	斜放四角锥 上斜下正放四角锥	棋盘形四角锥 正放四角锥
		不设边桁架	上斜下正放四角锥 正放四角锥	斜放四角锥 正放抽空四角锥
		二者均不设	正放抽空四角锥 斜放四角锥	上斜下正放四角锥 正放四角锥
四边支承带 $\frac{L}{4}$ 悬臂	1.0	设中层弦杆	正放四角锥 棋盘形四角锥	上斜下正放四角锥 正放抽空四角锥
		不设中层弦杆	上斜下正放四角锥 正放抽空四角锥	正放四角锥

5.3　网架结构的几何尺寸及屋面做法

5.3.1　网架结构的几何尺寸

　　网架设计时,首先是选型。形式确定后,接着是确定网架的网格尺寸、网架高度及网架腹杆的布置。网架的大小、网架高度、腹杆与上下弦杆所在平面的夹角等,应根据网架跨度大小、屋面荷载大小、网架的支承情况、平面形式、有无悬挂吊车及施工条件等因素来确定。

　　衡量一个网架几何尺寸选择的优劣,其主要指标:一是网架内力分布是否均匀,二是网架的用钢量在同样跨度及荷载下是否最省。一般设计网架时,建筑方案已定,即平面形状和平面尺寸已定,这样,直接影响网架设计优劣的因素,主要是网格的大小和网架高度两个指标。

　　1. 网格尺寸

　　在确定网格尺寸时,要考虑如下几方面因素:

（1）网格尺寸的大小，与网架跨度的大小、柱距模数、屋面板种类和结构材料有关

为减少或避免出现过多的构造杆件，一般采用稍大一点的网格尺寸较为经济合理。网格尺寸加大，相应的节点数量和杆件数也可减少，从而使杆件截面能更有效地发挥作用，达到节省钢材的目的，但同时也使上下弦杆件的内力增大，相应的上弦压杆长细比增大，对上弦杆不利，对受压腹杆也不利。所以，采用大网格时，要充分考虑屋面体系对上弦自由长度的约束作用，且其约束要稳妥可靠。但是，若减少网格尺寸，则网架上下弦杆内力变小，上弦杆的自由长度减短，对压杆有利，但这时，节点数量随即增多，杆件数量也相应加多，从而造成腹杆的构造杆件过多，最后，导致用钢量过多，使设计不合理。

如何选用网格尺寸，必须经过反复比较，最后才能确定。

综合国内工程实践经验看，对于矩形平面的网架，其上弦网格一般应设计成正方形，上弦网格尺寸与网架短向跨度（L_2）之间关系可参照表5.5选用。

表 5.5　上弦网格尺寸

网架短向跨度 L_2	网格尺寸
30m	$\left(\dfrac{1}{12} \sim \dfrac{1}{6}\right) L_2$
30～60m	$\left(\dfrac{1}{16} \sim \dfrac{1}{10}\right) L_2$
60m	$\left(\dfrac{1}{20} \sim \dfrac{1}{12}\right) L_2$

（2）网格大小与屋面板种类及材料有关

当选用钢筋混凝土屋面板时，板的尺寸不宜过大，一般不超过 3m 见方为宜，否则会带来吊装的困难。若采用轻型屋面板材，如压型钢板、太空网架板时，一般需加设檩条，此时檩距不宜小于 1.5m，网格尺寸应为檩距的倍数。不同材料的屋面体系应选用的网格数及跨高比可参照表 5.6 选用。

表 5.6　网架上弦网格数和跨高比

网架形式	钢筋混凝土屋面体系		钢檩条屋面体系	
	网格数	跨高比	网格数	跨高比
两向正交正放网架、正放四角锥网架、正放抽空四角锥网架	$(2\sim4)+0.2L_2$	10～14	$(6\sim8)+0.07L_2$	$(13\sim17)-0.03L_2$
两向正交斜放网架、棋盘形四角锥网架、斜放四角锥网架、星形四角锥网架	$(6\sim8)+0.08L_2$			

注：1）L_2 为网架短向跨度，单位为 m。

　　2）当跨度在 18m 以下时，网格数可适当减少。

　　3）本表适用于周边支承的各类网架。

（3）网格大小与杆件材料有关

当网架杆件采用钢管时，由于钢管截面性能好，杆件可以长一些，即网格尺寸可以大一些。当网架杆件采用角钢时，杆件截面可能要由长细比控制，故杆件不宜太长，即网格尺寸不宜过大。

2. 网架高度

网架的高度直接影响杆件内力的大小,特别是上、下弦杆。当网架的高度变大时,上下弦杆件的内力明显减小,腹杆的内力也相应减小,但差值不大;当网架的高度变小时,上、下弦杆的内力相应增大,其腹杆内力也增大,但增加不多。所以,选择网架高度时,主要是控制上、下弦杆内力的大小,同时,要注意充分发挥腹杆的受力作用,尽量减少构造腹杆的数量。

网架的高度。网架高度与网架的跨度、荷载大小、节点形式、平面形状、支承情况及起拱等因素有关。

(1) 与网架跨度的关系

根据国内工程实践的经验综合分析,网架的高度与跨度之比可参照表 5.7 选用。

表 5.7　网架高度

网架短边跨度 L_2	网　架　高　度
<30m	$\left(\dfrac{1}{14} \sim \dfrac{1}{10}\right) L_2$
30~60m	$\left(\dfrac{1}{16} \sim \dfrac{1}{12}\right) L_2$
>60m	$\left(\dfrac{1}{20} \sim \dfrac{1}{14}\right) L_2$

此外,在交叉梁系网架中,腹杆与弦杆的夹角,以及在角锥体系网架中,在弦杆竖平面内,腹杆与弦杆的投影夹角一般取 45°左右,这样只要网架形式和网格尺寸确定后,网架的高度也可相应的确定下来。

(2) 与屋面荷载的关系

屋面荷载较大时,为满足网架的相对刚度的要求 $\left(\text{控制挠度为} \leqslant \dfrac{L_2}{250}\right)$,网架高度应适当提高一些;当屋面采用轻型材料时,网架高度可适当降低一些;当网架上设有悬挂的吊车,或有吊重时,应满足悬挂吊车轨道对挠度的要求。在这种情况下,网架的高度就应适当地取高一些。

(3) 与节点形式的关系

当网架的节点采用螺栓球节点时,一般应将网架的高度取得高一些,这样可使上、下弦杆内力相对小一些,并尽可能地使弦杆内力与腹杆内力的悬殊不致过大,以便统一杆件与螺栓球的规格。对于焊接球节点,其网架高度可按较优高度选用。

(4) 与平面形状的关系

当网架的平面形状为方形或接近方形时,网架的高跨比可小些;当网架的平面形状为长条形时,网架的高跨比可以大一些,因为这种形状,长宽比大,杆件之间约束作用不如方形平面,其单向梁作用较明显,所以,网架高度要略高一些。

(5) 与支承条件的关系

网架的支承情况不同,决定了网架的受力情况也不同。点支承同时有悬臂的网架,悬挑部分可以与跨中一部分弯矩平衡,使跨中弯矩减小,相应的挠度也减小;其网架的高度一般就不像大跨度网架那样由跨中相对挠度的要求来决定,而是根据弦杆的内力来考虑。

点支承网架,当设置柱帽后,其受力状况能够得到改善,其高跨比也可取的相对小一些。

总之,在网架的设计中,与网架有关的因素,主要是网格数量及网架高度两个指标,直接关系到网架的经济是否合理。当网架的高度一定,只要变化网格数量,通过试算,就可选出合理的网格数量。若网格数量和网架高度两者同时变化,计算就比较复杂,必须经过多次试算,才能得到满意结果。

3. 网架腹杆的布置

网架的杆件布置,不论采用什么形式,主要是用最短的路线,把荷载传到边界上去,特别对于压杆来说,这一点尤其重要。缩短压杆的传递路线,直接关系到网架是否经济的问题。

一旦网架的形式确定,腹杆的布置也基本确定。对于四角锥体系网架,腹杆的布置形式是固定的,在弦杆的竖向平面内腹杆与弦杆的投影夹角以45°为宜。对于交叉梁系网架,一般竖腹杆与弦杆垂直,斜腹杆与弦杆交角取40°~55°,并应将斜腹杆布置成拉杆,见图5.25。

对于大跨度网架,因网格尺寸较大,在上弦杆节点中间需设檩条,故可考虑采用再分式腹杆,见图5.26,以避免上弦杆局部受弯和减小上弦杆在平面内的长细比。

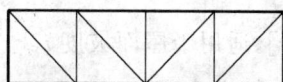

图 5.25　腹杆布置(一)　　　　　　　图 5.26　腹杆布置(二)

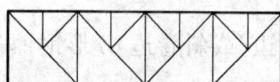

5.3.2　网架结构的屋面做法

1. 屋面檩条

(1) 檩条形式与特点

网架结构的屋面系统中檩条布置在网架节点上,受网架网格大小限制,檩条的檩距一般为1.5~3m,跨度一般只有3~6m,采用实腹式檩条就可以满足设计要求。其他檩条形式如空腹式、桁架式等在本书不做介绍。

实腹式檩条分为普通热轧型钢檩条和冷弯薄壁型钢檩条。

1) 普通热轧型钢檩条。普通热轧型钢檩条常用的有如下四种,截面形式如图5.27所示。

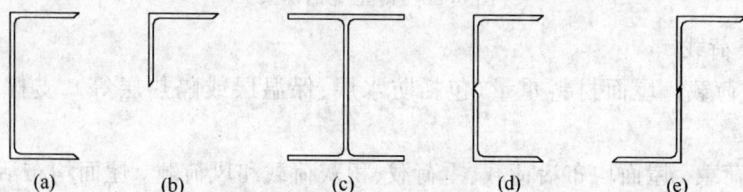

图 5.27　普通热轧型钢檩条

① 热轧槽钢檩条。热轧槽钢檩条分为普通热轧槽钢檩条和热轧轻型槽钢檩条两种[见图5.27(a)]。普通热轧槽钢檩条因型材的厚度较厚,用钢量较大;常用简支檩条多为

挠度控制,强度不能充分发挥。热轧轻型槽钢檩条虽比普通槽钢檩条有所改进,但仍不够理想。

② 热轧角钢檩条。角钢檩条见图 5.27(b)。普通角钢檩条取材方便,但刚度较差,用钢量大,只适合跨度、檩距及荷载较小的情况。

③ 高频焊接轻型 H 型檩条。高频焊接轻型 H 型钢系引进国外先进技术生产的一种轻型型钢[见图 5.27(c)],具有腹部薄、抗弯刚度好、两主轴方向的惯性矩比较接近,以及翼缘板平直易于连接等优点。

④ 组合檩条。组合檩条由两个热轧角钢焊成,有组合槽钢和组合 Z 形钢两种形式[见图 5.27(d)、(e)]。它的用钢量比普通热轧槽钢省,但焊接工作量大,适用跨度≤4m 的情况。当屋面坡度 $i \geqslant \frac{1}{3}$ 时,Z 形钢比槽钢截面受力更合理。

2) 冷弯薄壁型钢檩条。同样面积的冷弯型钢檩条和普通热轧型钢檩条相比,冷弯薄壁型钢檩条回转半径可增大 50%以上,惯性矩和面积矩约可增大 50%~180%。故冷弯薄壁型钢的受力性能好、承载能力高、整体刚度大,可以节约钢材,减轻结构自重,制造安装方便,是一种合理的檩条形式。目前,网架结构中使用的檩条大多为冷弯薄壁型钢檩条。

冷弯薄壁型钢檩条有两种截面形式,如图 5.28 所示。

① 卷边(或斜卷边)Z 形钢檩条[见图 5.28(a)、(b)],适用于屋面坡度 $i \geqslant \frac{1}{3}$ 的情况,这时屋面荷载作用线接近于其截面的弯心(扭心)。它的主平面 x 轴的刚度大,挠度小,用钢量省,制造和安装方便,在现场可叠层堆放。

② 卷边 C 形檩条。卷边 C 形檩条[见图 5.28(c)],适用于屋面坡度 $i \leqslant \frac{1}{3}$ 的情况,其截面在使用中互换性大,用钢量省,是最为常用的檩条。

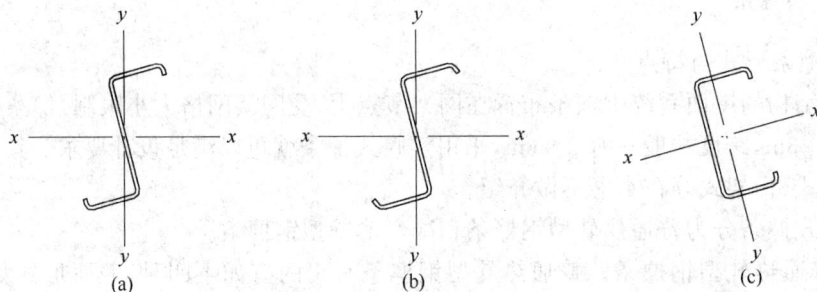

图 5.28　薄壁型钢檩条

(2)檩条荷载

1)永久荷载。屋面材料重量(包括防水层、保温层或隔热层等)、支撑及檩条结构自重。

2)可变荷载。屋面均布活荷载、雪荷载、积灰荷载和风荷载。屋面均布活荷载标准值(按投影面积计算):压型钢板等轻型屋面取 0.3kN/m²;雪荷载和积灰荷载按荷载规范或当地资料取用;垂直于建筑物表面的风荷载可按《建筑结构荷载规范》(GB 50009-2001)的规定计算。

对于檩距小于 1m 的檩条,当雪荷载小于 0.5kN/m² 时,尚应验算 1.0kN(标准值)施工或检修集中荷载作用于跨中时构件的承载力。对于实腹式檩条,可将检修集中荷载标准值按$\frac{2 \times 1.0}{al}$(kN/m²)换算为等效的均布荷载,a 为檩条水平投影间距(m),l 为檩条跨度(m)。

3)荷载组合。

① 均布活荷载不与雪荷载同时考虑,设计时取两者中的较大值。

② 积灰荷载应与均布活荷载或雪荷载的较大值同时考虑。

③ 施工或检修集中荷载不与均布活荷载或雪荷载同时考虑。

④ 对于坡度屋面$\left(坡度为 \frac{1}{20} \sim \frac{1}{8}\right)$,可以不考虑风的正压力,当风荷载较大时,应验算在风吸力作用下,永久荷载和风荷载组合时杆件截面应力反号的情况,此时永久荷载的分项系数取 1.0。

(3)檩条计算

实腹式檩条的计算可按简支和连续两种计算模型,分别计算两个方向的弯矩:

1)对 x 轴,由 p_y 引起的弯矩。

单跨简支构件:跨中最大弯矩 $M_x = \frac{1}{8} p_y l^2$,$l$ 为檩条的跨度。

多跨连续构件:跨中和支座弯矩均近似取 $M_x = \frac{1}{10} p_y l^2$。

2)对 y 轴,由 p_x 引起的弯矩,无拉条时按简支梁计算;如有拉条作为侧向支承点,按多跨连续梁计算。

无拉条时,跨中弯矩 $M_y = \frac{1}{8} p_x l^2$。

一根拉条位于$\frac{l}{2}$时,跨中负弯矩 $M_y = \frac{1}{32} p_x l^2$。

两条拉条位于$\frac{l}{3}$时,$\frac{l}{3}$处负弯矩 $M_y = \frac{1}{90} p_x l^2$,跨中正弯矩 $M_y = \frac{1}{360} p_x l^2$。

选定檩条截面后(可按下面的构造要求初定截面),需做强度、平面内稳定和挠度验算。由于屋面板能阻止檩条的侧向失稳,再加上拉条的设置,一般可不验算平面外的稳定。

对金属压型板屋面规范容许挠度值可按$\frac{l}{200}$计算,l 为檩条的跨度。

(4)檩条的布置、连接与构造

1)檩条布置与构造。

① 截面尺寸。实腹式檩条的截面高度 h,一般可取跨度的$\frac{1}{50} \sim \frac{1}{35}$;檩条的截面宽度 b,由截面高度 h 所选用的型钢规格所确定,一般取高度的$\frac{1}{3} \sim \frac{1}{2}$。

② 为使上弦杆不产生弯矩,檩条一般都位于网架上弦节点处。当采用内天沟时,边檩应尽量靠近天沟。

③ 实腹式檩条的截面均宜垂直于屋面坡面。对槽钢和 Z 形钢檩条,宜将上翼缘肢尖(或卷边)朝向屋脊方向,以减少屋面荷载偏心而引起的扭矩。

④ 檩条与屋面应可靠连接,以保证屋面能起到阻止檩条侧向失稳和扭转的作用,这对一般不需验算整体稳定性的实腹式檩条尤为重要。檩条与压型钢板屋面的连接,檩条应通过勾头螺栓或自攻螺丝和镀锌钢支架与压型钢板牢固连接。

2) 檩条的连接。

檩条端部与网架的连接应能阻止檩条端部截面的扭转,以增强其整体稳定性。

实腹式檩条与网架结构的连接处(球节点处)可设置小立柱支托(可与球焊接或用螺栓连接,见图5.29)。檩条端部与檩托的连接螺栓应不少于2个,并沿檩条高度方向设置。当檩条高度较小(小于120mm),排列两个螺栓有困难时,也可改为沿檩条长度方向设置。螺栓直径根据檩条的截面大小选用,取 M12~M16。

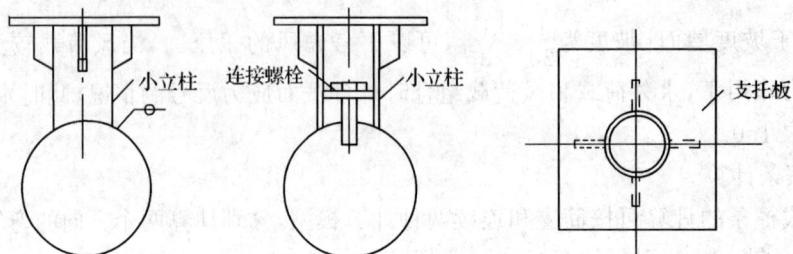

图 5.29 小立柱支托

实腹式檩条连接可以按简支方式连接(见图5.30),连接板焊接在支托板上,支托两边檩条通过螺栓和连接板固定,也可以把檩条直接焊接在连接板上;也可按连续方式连接,带斜卷边的Z形檩条可采用叠置搭接,卷边C形檩条可采用不同型号的卷边C形冷弯薄壁型钢套置搭接。斜卷边Z形檩条的搭接长度 2a(见图5.31)及其连接螺栓直径,应根据连续梁中间支座处的弯矩确定。在同一工程中宜尽量减少搭接长度的类型。

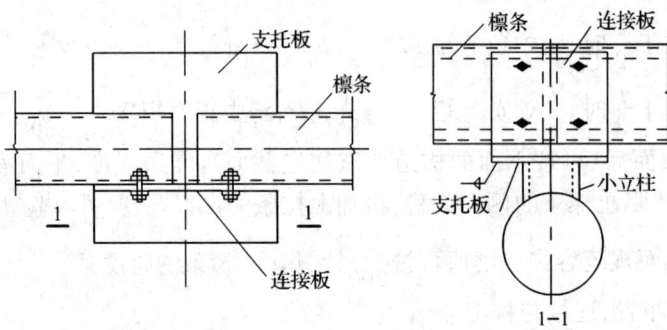

图 5.30 檩条的简支连接

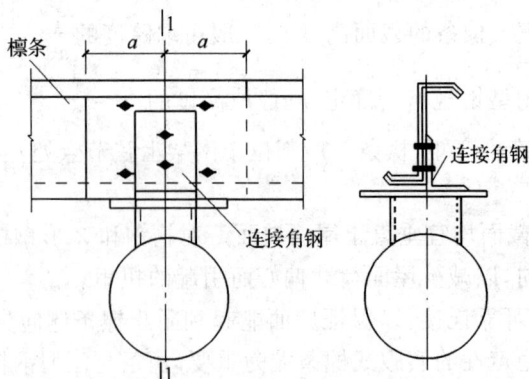

图 5.31 檩条的连续连接

主次檩的连接形式有平接和上下叠接。上下叠接是把次檩直接置于主檩上面的支托板上,构造简单,施工方便,加之屋面一般无建筑净空要求,这种连接方式采用较多,见图5.32。而平接由于需加焊肋板,对檩条会产生焊接残余应力,构造上又要比上下叠接复杂,较少采用。当荷载较大时,主檩一般选用型钢。

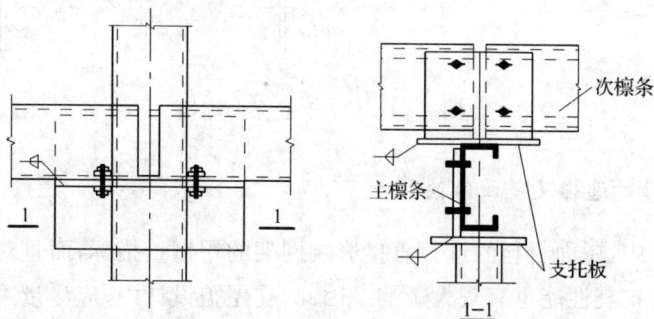

图 5.32　主次檩的叠接连接

3) 檩条的拉条和撑杆设置。

① 拉条的设置。檩条的拉条设置与否主要和檩条的侧向刚度有关,对于侧向刚度较大的轻型 H 型钢檩条一般可不设拉条。对于侧向刚度较差的其他实腹式檩条,为了减小檩条在安装和使用阶段的侧向变形和扭转,保证其整体稳定性,一般需在檩条间设置拉条,作为其侧向支承点。当檩条跨度≤4m 时,可按计算要求确定是否需要设置拉条;当屋面坡度 $i > \frac{1}{10}$,檩条跨度 >4m 时,宜在檩条跨中位置设置一道拉条;当跨度 >6m 时,宜在檩条跨度三分点处设两道拉条。在檐口处还应设置斜拉条和撑杆。拉条的直径为 8～12mm,根据荷载和檩距大小取用。

② 撑杆的设置。檩条撑杆的作用主要是限制檐檩和天窗缺口处边檩向上或向下两个方向的侧向弯曲。撑杆的长细比按压杆要求 $\lambda \leqslant 220$,可采用钢管、方管或角钢做成。

目前也有采用钢管内设拉条的做法,它的构造简单。撑杆处应同时设置斜拉条。拉条和撑杆的布置见图 5.33。

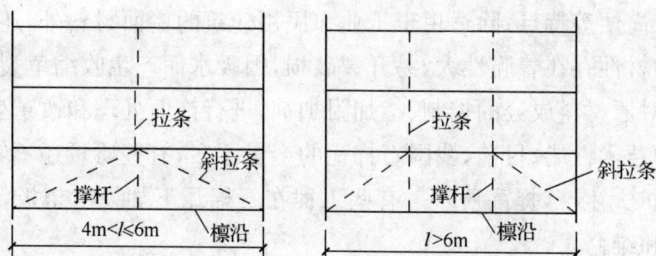

图 5.33　拉条和撑杆布置图

③ 拉条和撑杆的连接。拉条和撑杆与檩条的连接见图 5.34。斜拉条与檩条腹板的连接一般应予弯折,弯折的直段长度不宜过大,以免受力后发生局部弯曲。斜拉条弯折点距腹板边距宜为 10～15mm。如果条件许可,斜拉条可不弯折,而采用斜垫板或角钢连接。

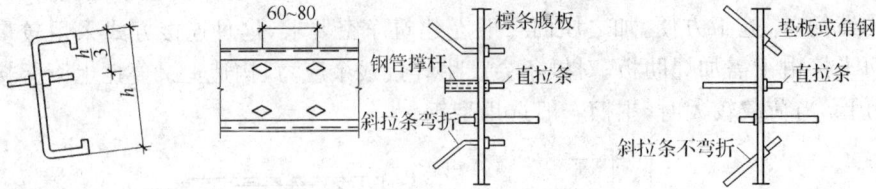

图 5.34　檩条和拉条的连接

2. 屋面材料的选择及屋面做法

在网架设计中,屋面材料的选择直接影响网架的用钢量指标,而且对墙、柱、基础等承重结构及建筑的抗震性能也有较大影响。因此,在屋盖设计中,应尽量采用轻质、高强、耐久、防火、保温、隔热和防水性能好,构造简单,施工方便,并能工业化生产的轻型屋面。如压型钢板、瓦楞铁和各种石棉水泥瓦。在我国由于料源和运输的限制,有时还需要沿用传统的黏土瓦或水泥平瓦。

(1) 黏土瓦或水泥平瓦

这种屋面瓦的自重 0.55kN/m²,是一种传统型材料。由于取材、运输、施工都比较方便,适应性强,特别适用于零星分散的、机械化施工水平不高的建设项目和地方性工程。因此,目前还有一定的应用价值。

(2) 木质纤维波形瓦

这种屋面瓦的自重 0.08kN/m²。它是在木质纤维内加酚醛树脂和石蜡乳化防水剂后预压成型,再经高温高压制成的。其特点是能充分利用边角材料,具有轻质、高强、耐冲击和一定的防水性能,运输和装卸无损耗,适用于料棚、仓库和临时性建筑。这种瓦的缺点是易老化,耐久性差;对屋面定时使用涂料进行维护保养,一般可使用 10 年左右。

(3) 石棉水泥波形瓦

这种屋面瓦的自重 0.20kN/m²。它在国内外都属于广泛采用的传统型材料;具有自重轻、美观、施工简便等特点;除适用于工业和民用建筑的屋面材料外,还可以作墙体维护材料。石棉瓦的材性存在着脆性大,易开裂破损,因吸水而产生收缩龟裂和挠曲变形等缺点。国内外通过对原材料成分的控制、掺加附加剂,进行饰面处理和改革生产工艺等,可使石棉瓦有较好的技术性能。目前,我国石棉瓦的产量不多,有些质量还不够高,正在积极研究采取措施,以扩大生产,提高质量。有些工程在石棉瓦下加设木望板,以改善其使用效果,也便于检查和维修。

(4) 加筋石棉水泥中波瓦

这种屋面瓦的自重 0.20kN/m²,是在过去试制的加筋小波瓦发展起来的新品种;这种瓦于 1975 年经国家建材总局鉴定,在上海石棉瓦厂定点生产。它是全部利用短纤维石棉加一层(mm):φ1.4×15×15 钢丝网(合 2kg/m²)制成的,比一般石棉瓦大大提高了抗折强度,改变了受荷破坏时骤然脆断的现象,也减少了运输安装过程中的损耗率。它的最大支点距离可达 1.5m,比不加筋石棉瓦增大近一倍,故在工程中总的用钢量并没有增加,而且适用于高温和振动较大的车间。这是一种有发展前途的瓦材,但目前它的成本仍稍高。

(5) 压型钢板

压型钢板是采用镀锌钢板、冷轧钢板、彩色钢板等作原材料,经辊压冷弯成各种波形的压型板,具有轻质高强、美观耐用、施工简便、抗震防火的特点。它的加工和安装已做到标准化、工厂化、装配化。

我国的压型钢板是由冶金工业部建筑研究总院首先开发研制成功的,至今已有 10 多年历史。目前已有国家标准《建筑压型钢板》和部颁标准《压型金属板设计施工规程》,并已正式列入《冷弯薄壁型钢结构技术规范》(GB50018-2002)中使用。

压型钢板的截面呈波形,从单波到 6 波,板宽 360~900mm。大波为 2 波,波高 75~130mm,小波(4~7 波)波高 14~38mm,中波波高达 51mm。板厚 0.6~1.6mm(一般可用 0.6~1.0mm)。压型钢板的最大允许檩距,可根据支承条件、荷载及芯板厚度,由产品规格中选用,详见附录表 Ⅷ.1。

压型钢板的重量为 $0.07~0.14kN/m^2$。分长尺和短尺两种。一般采用长尺,板的纵向可不搭接,适用于平坡的梯形屋架和门式刚架。

(6) 夹芯板

实际上这是一种保温和隔热与面板一次成型的双层压型钢板。由于保温和隔热芯材的存在,芯材的上、下均需加设钢板。上层为小波的压型钢板,下层为小肋的平板。芯材可采用聚氨酯、聚苯或岩棉。芯材与上下面板一次成型。也有在上下两层压型钢板间,在现场增设玻璃棉保温和隔热层的做法,但这种做法仍属加设保温的压型钢板系列。夹芯板的板型见附录表 Ⅷ.2。

夹芯板的重量为 $0.12~0.25kN/m^2$。一般采用长尺,板长不超过 12m,板的纵向可不搭接,也适用于平坡的梯形屋架和门式刚架。

(7) 钢丝网水泥波形瓦

这种屋面瓦的自重 $0.40~0.50kN/m^2$,是采用 10mm×10mm 钢丝网(最好用点焊网)和 42.5 级水泥砂浆振动成型的。瓦厚平均 15mm 左右,瓦型类似石棉水泥大波瓦。为了提高瓦的强度和抗裂性,瓦型由开始时六波改为现在的四波和三波。生产这种瓦的设备简单,施工方便,技术经济指标好。在保证操作要求的情况下,瓦的质量和耐久性能符合一般工业房屋的使用要求。但有些单位反映,目前尚存在一些问题,如制作时钢丝网易回弹露筋,起模运输吊装过程中易产生裂缝且损耗较多,以及在长期使用过程中因大气作用而出现钢丝网锈蚀和砂浆起皮脱壳等现象,有待研究改进。

(8) 预应力混凝土槽瓦

这种屋面瓦的自重 $0.85~1.0kN/m^2$。它的最大优点是构造简单,施工方便,能长线叠层生产。在 20 世纪 60 年代后半期经大量推广应用,发现部分槽瓦有裂、渗、漏等现象。目前经改进的新瓦型,一般在制作时采用振、滚、压的方法,起模运输时采取整叠出槽、整叠运输、整叠堆放及双层剥离等措施,大大提高瓦的质量,减少瓦的裂缝和损耗,在建筑防水构造上也做了相应的改进。此外,还有采用离心法生产的预应力混凝土槽瓦,对发展机械化生产,提高混凝土密实性和构件强度都有较大的帮助。经改进后的槽瓦具有一定的推广价值,可用于一般保温和隔热要求不高的工业和民用建筑中。

(9) GRC 板

所谓 GRC(Glass Fiber Reinforced Cement)是指用玻璃纤维增强的水泥制品,该屋面板自重 0.5～0.6kN/m²。目前 GRC 网架板的面板是用水泥砂浆作基材、玻璃纤维作增强材料的无机复合材料,肋部仍为配筋的混凝土。市场上有两种产品:一种 GRC 复合板就是上述的含义,仅面板为玻璃纤维与水泥砂浆的复合,由于板本身不隔热(或保温),尚需在面板侧另设隔热、找平及防水层。第二种 GRC 复合夹芯板,是将隔热层贴于面板下面或在上下面板的中间,使板具有隔热作用,使用时只需在面板上部设防水层。对于保温的 GRC 板,其全部荷载比上述另加保温层的第一种 GRC 板为轻。

(10) 加气混凝土层面板

这种屋面板的自重 0.75～1.0kN/m²,是一种承重、保温和构造合一的轻质多孔板材,以水泥(或粉煤灰)、矿渣、砂和铝粉为原料,经磨细、配料、浇筑、切割并蒸压养护而成,具有容重轻、保温效能高、吸音好等优点。这种板因系机械化工厂生产,板的尺寸准确,表面平整,一般可直接在板上铺设卷材防水,施工方便。目前国外多以这种板材作为屋面和墙体材料。

(11) 发泡水泥复合板(太空板)

见附录表Ⅷ.3。这是承重、保温、隔热为一体的轻质复合板;是一种由钢或混凝土边框、钢筋桁架、发泡水泥芯材、玻纤网增强的上下水泥面层复合而成的建筑板材,可应用于屋面板、楼板和墙板中。通过多次静力荷载、动力荷载及保温、隔热、隔声、耐火等一系列试验表明,这种板的刚度、强度和使用性能均符合国家相关技术规范的要求。

初步统计,该板自 1995 年至今已在全国应用了 200 余万 m² 的屋面,且呈逐年增长的趋势。现已编制成国家标准专用构件图集 02ZG710。它的品种有 3.0m×3.0m 的网架板、1.5m×6.0m、1.5m×7.5m 和 3.0m×6.0m 的大型屋面板、1.5m×6.0m 和 1.5m×7.5m 的大型墙板。当柱距大于 7.5m 时还有可采用由檩条或墙梁支承的条形屋面板或条形墙板。屋面板的重量为 0.6～0.72kN/m²,上铺 0.1kN/m² 的 SBS 改性沥青防水卷材,可承受 1.0～5.0kN/m² 的外荷载设计值,墙板的重量为 1.1kN/m²。

(12) 混凝土屋面板

板跨小于 4m 的网架板可采用周边带肋的槽形板、田字板和井字板。板跨为 6m 的工业房屋中一般采用 1.5m×6.0m 的预应力混凝土大型屋面板。混凝土屋面板需另设找平和隔热层,加上铺小石子的油毡防水层,重量为 2.5～3kN/m²,致使屋盖承重结构截面尺寸较大。由于大型屋面板的应用历史久,适应场合广,故还有保留其应用的地方。

除上述提到的几种常用瓦材外,还有塑料瓦和瓦楞铁。前者较柔软,安装不便,老化问题较严重,多用于临时性建筑;后者锈蚀严重。

3. 各种屋面设计参数

(1) 有檩体系

见表 5.8。

表 5.8　有檩体系屋面的设计参数

序号	名称	长/mm	宽/mm	厚/mm	弧(肋)高/mm	弧(肋)数/个	屋面坡度 i	标志檩距/m	重量/(kN/m)	结构形式
1	石棉水泥大波瓦	2800 1650	994 994	8.0 8.0	50 50	6 6			1.9 1.4	
2	石棉水泥中波瓦	2400 1800 1200	745 745 745	6.5 6.0 6.0	33 33 33	7.5 7.5 7.5			1.1 0.8 1.0	三角形屋架、三铰拱屋架及门式刚架
3	石棉水泥小波瓦	1820 1820	720 720	6.0 8.0	14～17	11.5 11.5	$\frac{1}{3}$～$\frac{1}{2.5}$	0.8	0.2	
4	石棉水泥脊瓦	850 780	180×2 230×2	8.0 6.0	— —	— —		—		
5	加筋石棉水泥中波瓦	1800	745	7～8	33	6		1.5		
6	木质纤维波形瓦	1700	765	6.0	40	4.5		1.5	0.08	
7	黏土瓦(水泥平瓦)	挂瓦条(木望板或檩条)						$\frac{1}{2.5}$～$\frac{1}{2.0}$	0.80～1.1	0.55	三角形屋架、三铰拱屋架
8	瓦楞铁	1820						$\frac{1}{6}$～$\frac{1}{3}$	0.80～1.1	0.05	同序号1～6
9	压型钢板	按需要	550～930	0.6～1.0	14～130	1～6	$\frac{1}{20}$～$\frac{1}{8}$	表5.8	0.07～0.14	网架、梯形屋架及门式刚架
10	钢丝网水泥波形瓦	1700	830	14	80	3	$\frac{1}{3}$	1.5	0.4～0.5	三角形屋架
11	预应力混凝土槽瓦	3300	980～990	25～30	120～130	1	$\frac{1}{3}$	3.0	0.85～1.0	三角形屋架
12	GRC条形板	3000	1500	120	—	—	$\frac{1}{20}$～$\frac{1}{8}$	3.0	0.5～0.6	网架、梯形屋架及门式刚架
13	发泡水泥复合条形板	3000	1500	120	—	—	$\frac{1}{20}$～$\frac{1}{8}$	3.0	0.6	同序号12
14	夹芯板	按需要	1000	50～150	92～195	2、3	$\frac{1}{20}$～$\frac{1}{8}$	表5.9	0.12～0.25	同序号12

(2) 无檩体系

1) 发泡水泥复合网架板和大型屋面板,板重 0.6～0.75kN/m²。

2) 加气混凝土板,板重 0.75～1.0kN/m²。

3）GRC 大型屋面板，不保温，板重 $0.5\sim0.6kN/m^2$。

4）各种混凝土屋面板，不保温，板重 $0.75\sim1.4kN/m^2$；当用卷材防水时其坡度 i 不宜小于 2%。按板的尺寸不同宜用于网架、梯形屋架及门式刚架中。

4. 屋面排水

网架结构的屋面面积都比较大，屋面中间起坡高度也较大，屋面排水问题显得非常重要。网架结构屋面排水常采用如下几种方式。

(1) 整个网架起拱

整个网架起拱（见图 5.35）是使网架的上、下弦杆仍保持平行，只将整个网架在跨中抬高。

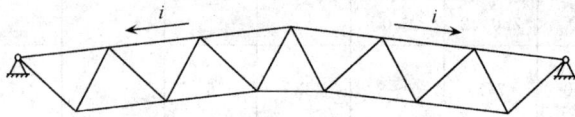

图 5.35　整个网架起拱

(2) 网架变厚度

网架变厚度这种做法（见图 5.36）是在网架跨中将高度增加，使上弦杆形成坡度，下弦杆仍平行于地面。由于跨中高度增加，可降低网架上、下弦杆的内力，使网架内力趋于均匀，但却使上弦杆及腹杆的种类增多，给网架制作安装带来一定困难。

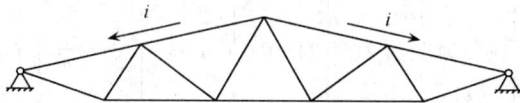

图 5.36　网架变厚度

(3) 小立柱找坡

在上弦节点上加小立柱形成排水坡度的做法（见图 5.37）比较灵活，只要改变小立柱的高度即可形成双坡、四坡或其他复杂的多坡排水条件。小立柱的构造比较简单，是目前较多采用的一种找坡方法。小立柱不宜过高，否则应保证小立柱本身的稳定性。

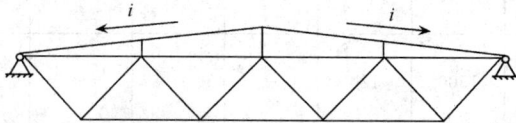

图 5.37　小立柱找坡

5. 板的连接

(1) 压型钢板的连接

压型钢板的连接见图 5.38 和图 5.39。

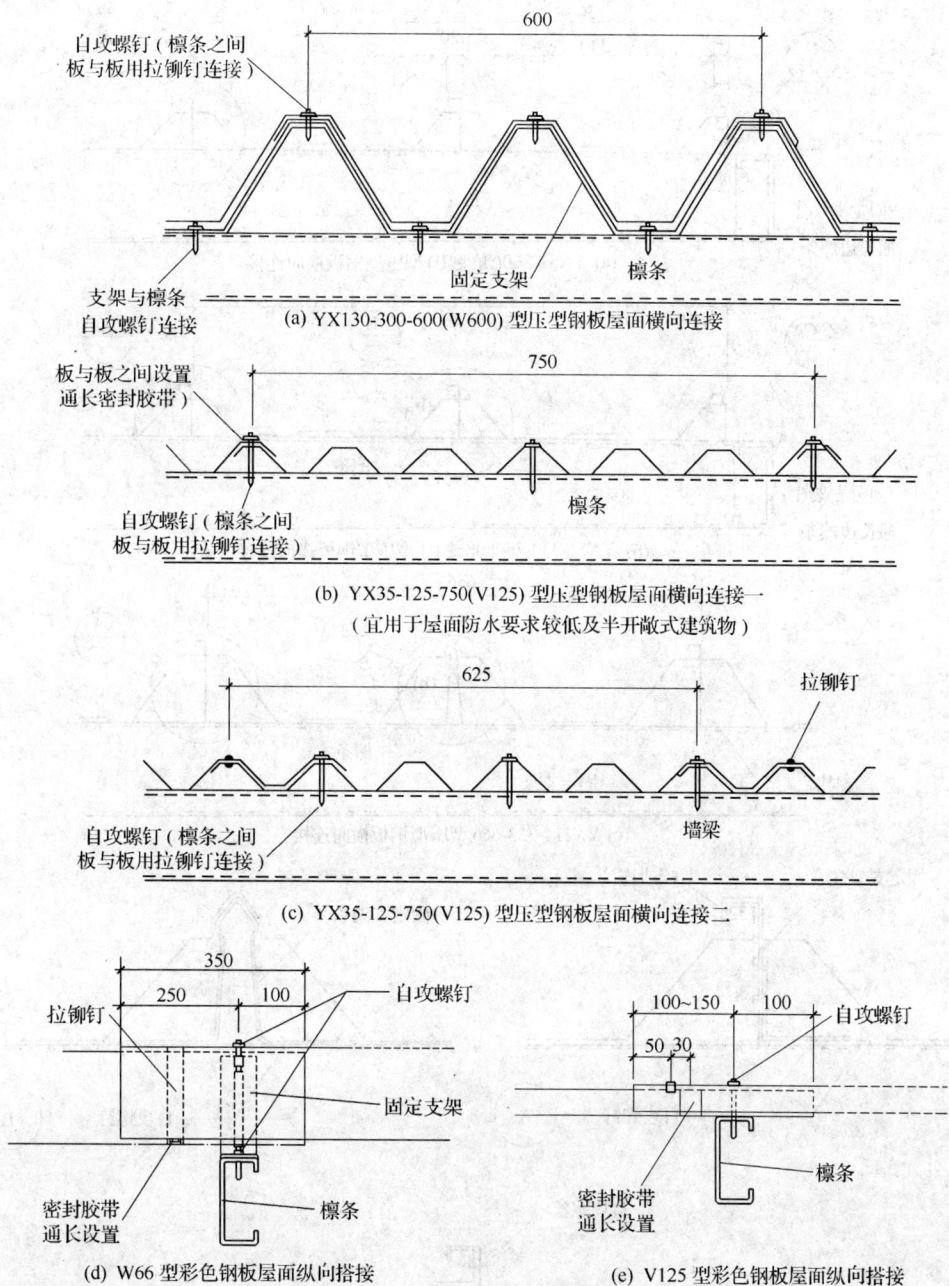

（a）YX130-300-600(W600) 型压型钢板屋面横向连接

（b）YX35-125-750(V125) 型压型钢板屋面横向连接一
（宜用于屋面防水要求较低及半开敞式建筑物）

（c）YX35-125-750(V125) 型压型钢板屋面横向连接二

（d）W66 型彩色钢板屋面纵向搭接

（e）V125 型彩色钢板屋面纵向搭接

图 5.38　V125、W600 板型的紧固件连接

（2）夹芯板的连接

夹芯板的连接见图 5.40。

（3）发泡水泥复合板的连接

发泡水泥复合板的连接见图 5.41～5.43。

6. 天沟和马道

马道是网架上用来悬挂或检修灯具、设备的通道。由于网架杆件不能受弯,可在下弦

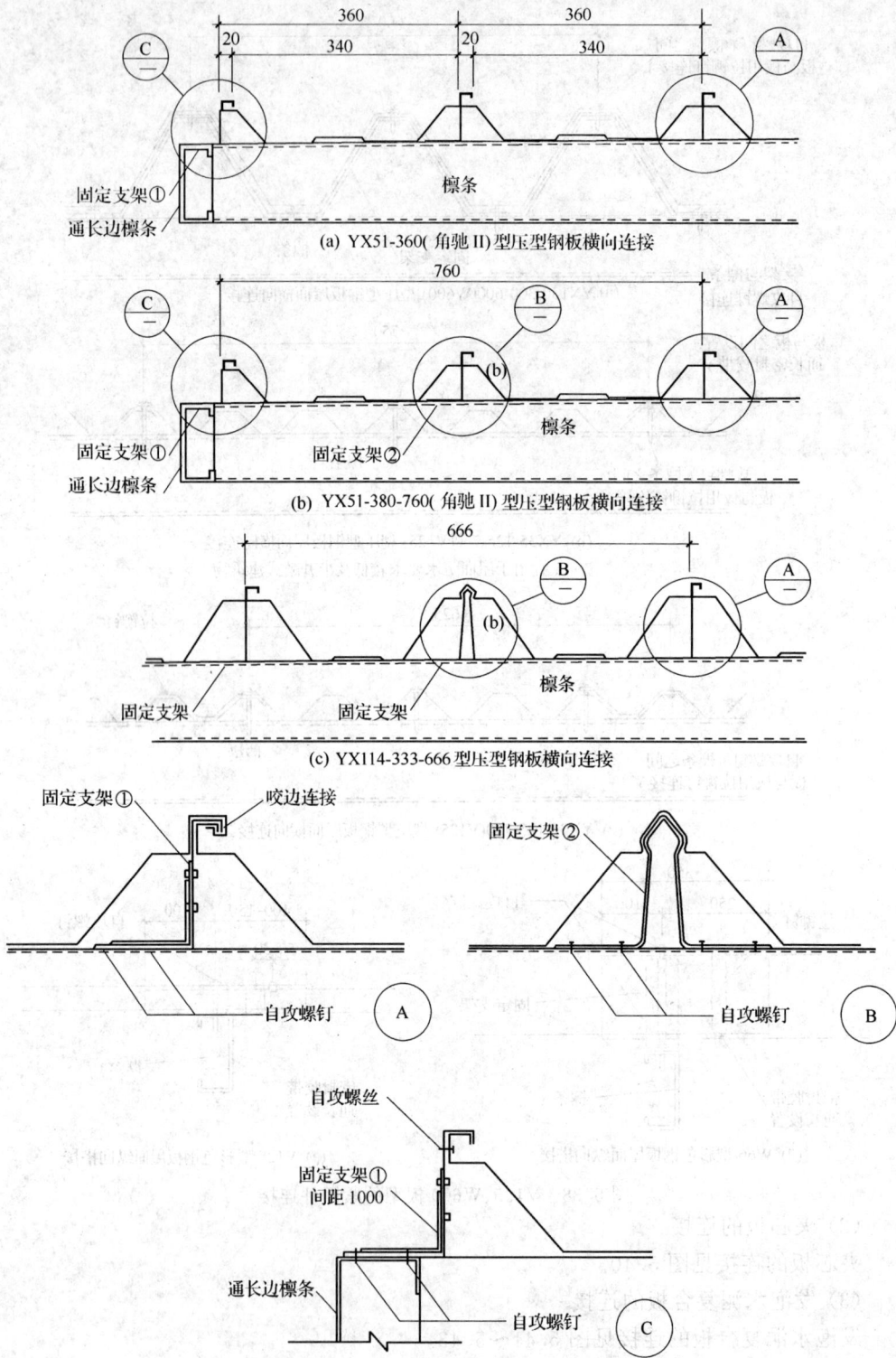

(a) YX51-360(角驰Ⅱ)型压型钢板横向连接

(b) YX51-380-760(角驰Ⅱ)型压型钢板横向连接

(c) YX114-333-666型压型钢板横向连接

图 5.39　角驰型板的隐藏式咬边连接

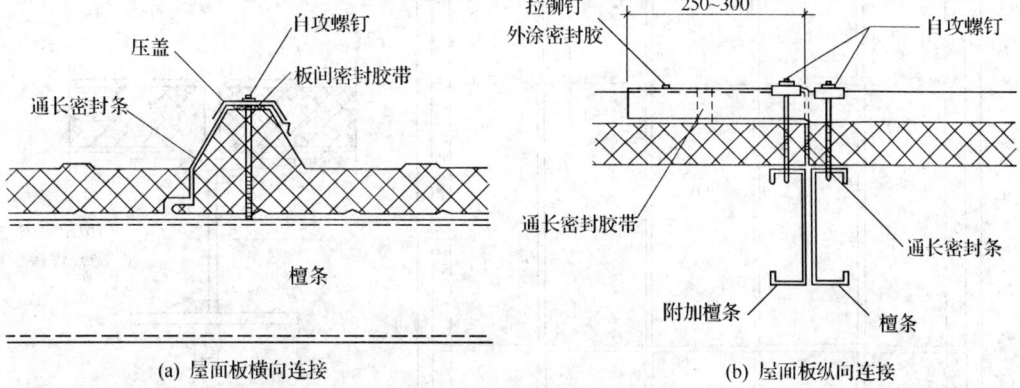

(a) 屋面板横向连接 (b) 屋面板纵向连接

图 5.40 夹芯板紧固件连接

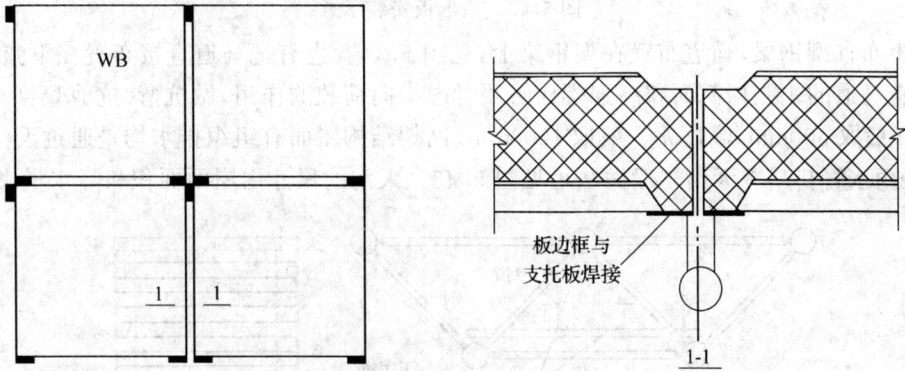

图 5.41 网架板安装示意图

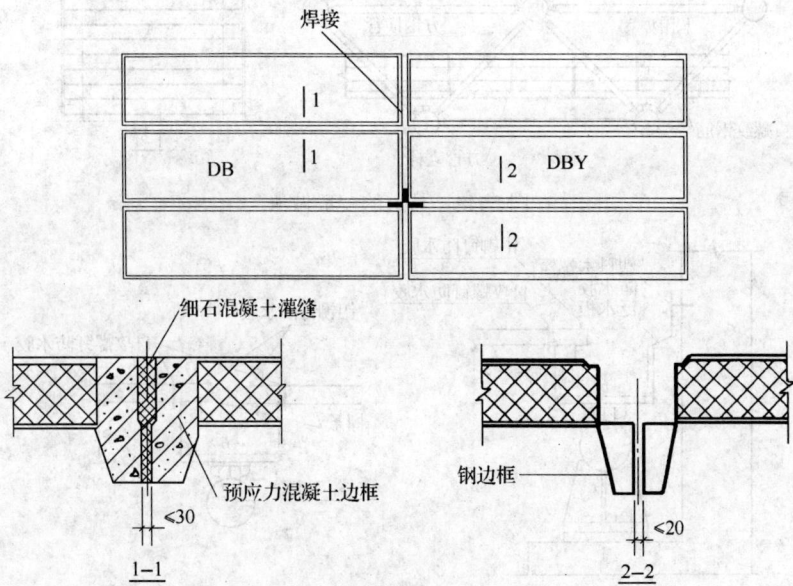

图 5.42 大型屋面板安装示意图

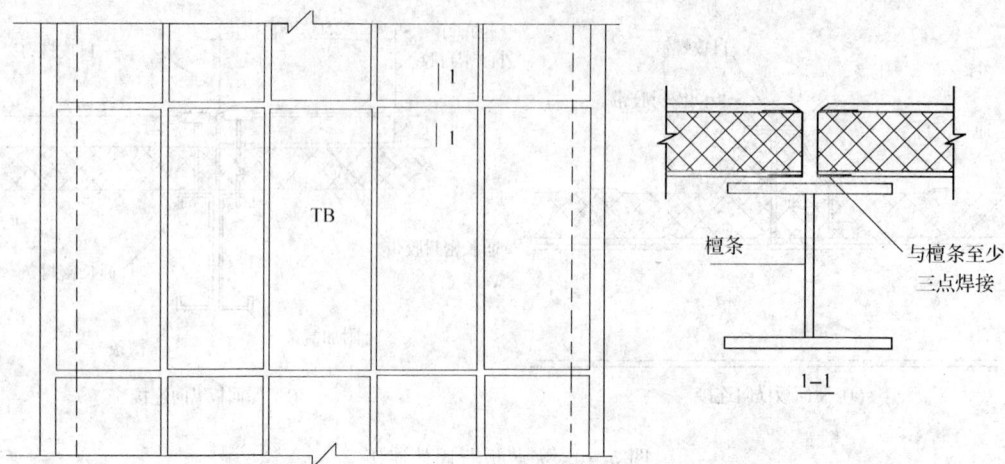

图 5.43　条形板安装示意

节点上布置型钢梁,马道布置在型钢梁上,见图 5.44。也有把马道直接布置在下弦杆上,但布置马道的下弦杆截面和高强螺栓必须考虑横向荷载的作用,做抗弯、抗剪验算。马道宽 b 一般取 600mm,高度 h 一般取 1000mm。网架结构屋面有组织排水均是通过天沟汇集后,经雨水管排出。天沟一般做法可见图 5.45。天沟的尺寸由屋面面积和降水量决定。

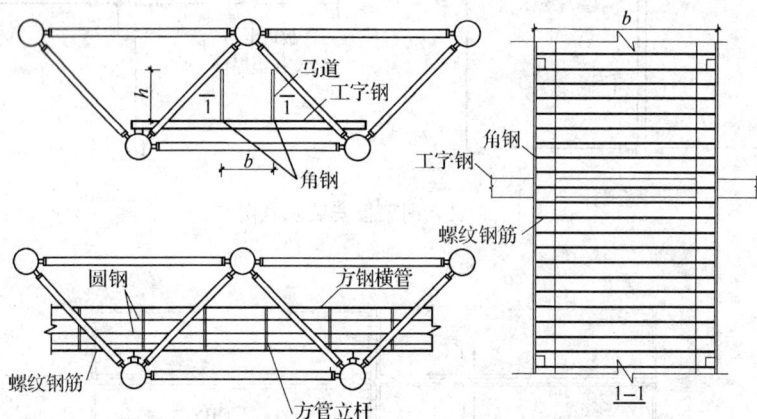

图 5.44　马道的一般做法

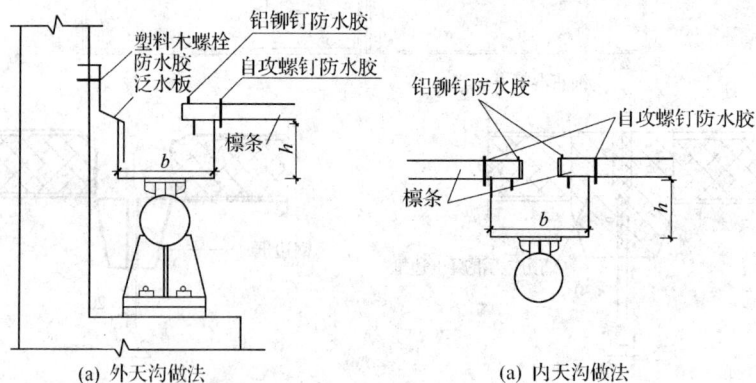

(a) 外天沟做法　　　　　　　　(a) 内天沟做法

图 5.45　天沟做法示意图

5.4 网架结构的计算

5.4.1 荷载和作用

1. 荷载的类型

网架结构的荷载和作用主要有永久荷载、可变荷载、温度作用和地震作用。

（1）永久荷载

永久荷载是在结构使用期间,其值不随时间变化,或其变化值与平均值相比可忽略的荷载。作用在网架结构上的永久荷载有:

1）网架的自重和节点自重标准值。

网架杆件均采用钢材,它的自重标准值可以通过计算机自动形成,一般钢材容重取 $\gamma = 78.5 \mathrm{kN/m^3}$,也可预先估算网架单位面积自重,双层网架自重标准值按式(5.3)估算。

$$g_k = \frac{1}{200}\xi\sqrt{q_w}L_2 \tag{5.3}$$

式中：g_k——网架自重$(\mathrm{kN/m^2})$;

q_w——除网架自重外的屋面荷载或楼面荷载的标准值;

L_2——网架的短向跨度(m);

ξ——系数,对于钢管网架取 $\xi = 1.0$;对于型钢网架取 $\xi = 1.2$。

2）楼面或屋面覆盖材料自重标准值。

根据实际使用材料查《建筑结构荷载规范》(GB 50009-2001)取用。网架结构中常用的屋面板及其自重参考表 5.9 采用。

表 5.9 网架结构中常用屋面板及其自重参考表

屋面板名称	自重标准值/$(\mathrm{kN/m^2})$
石棉水泥波形瓦	0.20
加筋石棉水泥中波瓦	0.20
压型钢板	0.07～0.14
压型钢板夹心板	0.12～0.25
钢丝网水泥波形瓦	0.40～0.50
预应力混凝土槽瓦	0.85～1.0
GRC 板	0.50～0.60
加气混凝土屋面板	0.75～1.00
混凝土屋面板	2.50～3.00

3）顶棚自重。

根据实际使用材料查《建筑结构荷载规范》(GB 50009-2001),网架结构中常用的顶棚自重参见表 5.10。

表 5.10 网架结构中常用顶棚自重参考表

名称	自重标准值/(kN/m²)	备注
钢丝网抹灰吊顶	0.45	
麻刀灰板条顶棚	0.45	吊木在内,平均灰厚 20mm
沙子灰板条顶棚	0.55	吊木在内,平均灰厚 25mm
苇箔抹灰顶棚	0.48	吊木龙骨在内
松木板顶棚	0.25	吊木在内
三夹板顶棚	0.18	吊木在内
马粪纸顶棚	0.15	吊木及盖缝条在内
木丝板吊顶棚	0.26	厚 25mm,吊木及盖缝条在内
木丝板吊顶棚	0.29	厚 30mm,吊木及盖缝条在内
隔声纸板顶棚	0.17	厚 10mm,吊木及盖缝条在内
隔声纸板顶棚	0.18	厚 13mm,吊木及盖缝条在内
隔声纸板顶棚	0.2	厚 25mm,吊木及盖缝条在内
V 型轻钢龙骨吊顶	0.1～0.12	一层矿棉吸声板厚 15mm,无保温层

4) 设备管道和马道等自重按实际情况考虑。

(2) 可变荷载

可变荷载是指在结构使用期间,其值随时间变化,且其变化值与平均值相比不可忽略的荷载。作用在网架结构上的可变荷载有:

1) 屋面或楼面活荷载的标准值,按水平投影面积计算。网架的屋面一般为不上人屋面,屋面活荷载标准值为 0.5kN/m^2。楼面活荷载根据工程性质查荷载规范取用。

2) 雪荷载,雪荷载标准值按屋面水平投影计算,其计算表达式为

$$S_k = \mu_s S_0 \tag{5.4}$$

式中:S_k——雪荷载标准值(kN/m^2);

μ_s——屋面积雪分布系数,网架的屋面坡度通常小于 25 度,故取 $\mu_s=1.0$;

S_0——基本雪压(kN/m^2),根据地区不同查荷载规范。

3) 风荷载。

对于周边封闭式建筑,且支座节点在上弦的网架,水平风载由下部结构承受,单独计算网架时可不考虑水平风荷载。其他情况应根据网架实际工程情况考虑水平风荷载作用。网架屋面竖向风荷载按实际情况考虑。由于网架刚度较好,自震周期小,计算风荷载时,可不考虑风振系数的影响。

风荷载标准值,按式(5.5)计算。

$$w_k = \mu_z \mu_s w_0 \tag{5.5}$$

式中:w_0——基本风压,kN/m^2;

μ_s——风荷载体型系数;

μ_z——风压高度变化系数。

w_0、μ_s、μ_z 查《建筑结构荷载规范》(GB 50009-2001)。

4) 积灰荷载。

工业厂房中采用网架时,应根据厂房性质考虑积灰荷载,积灰荷载的大小可由工艺提出,也可参考《建筑结构荷载规范》(GB 50009-2001)有关规定采用。

积灰荷载应与雪荷载或屋面活荷载两者中的较大值同时考虑。

5) 吊车荷载。

网架广泛应用于工业厂房建筑中,工业厂房中如设有吊车应考虑吊车荷载。

吊车有两种,一种是悬挂吊车,另一种是桥式吊车。悬挂吊车直接挂在网架下弦节点上,对网架产生吊车竖向荷载。桥式吊车是在吊车梁上行走,通过柱子对网架产生吊车水平荷载。

吊车的竖向荷载标准值为吊车的最大轮压;吊车的横向荷载标准值,应取横向小车重量与额定起重量之和的下列百分数,并乘以重力加速度:

① 对于软钩吊车(下列公式对于重级工作制吊车梁只用于计算挠度)

$$H = \eta_c(Q + g)\frac{1}{n} \tag{5.6a}$$

② 对于硬钩吊车(只用于计算挠度)

$$H = 0.2(Q + g)\frac{1}{n} \tag{5.6b}$$

若同一台吊车在一侧的轮压值不等时,则各轮上的横向水平荷载与竖向荷载成正比,横向水平荷载的作用位置与竖向荷载的作用位置相同,则各轮子上的横向水平荷载 H 值为

① 对软钩吊车(对于重级工作制吊车梁只用于计算挠度)

$$H = \eta_c(Q + g)\frac{P_{max}}{\sum P_{max}} \tag{5.7a}$$

② 对硬钩吊车(只用于计算挠度)

$$H = 0.1(Q + g)\frac{P_{max}}{\sum P_{max}} \tag{5.7b}$$

上述式中:H——吊车各轮的横向水平荷载标准值;

Q——吊车的额定起重量;

g——小车重量,当无资料时,软钩吊车可近似地按下述情况确定:当 $Q \leqslant 50t$ 时,$g = 0.4Q$;当 $Q > 50t$ 时,$g = 0.3Q$;

n——吊车一侧的轮数;

P_{max}——作用于某一个吊车轮上的最大轮压标准值;

$\sum P_{max}$——作用于吊车一侧上的全部最大轮压标准值;

η_c——制动系数,当 $Q \leqslant 10t$ 时,取 0.12;当 $16t \leqslant Q \leqslant 50t$ 时,取 0.10;当 $Q \geqslant 75t$ 时,取 0.08。

计算重级工作制和硬钩吊车的所有工作制吊车梁(或吊车桁架)及制动结构的强度、稳定及连接(吊车梁或吊车桁架、制动结构、柱相互的连接)的强度时应考虑由吊车摆动引起的横向水平荷载,作用于每个轮压处的此水平荷载可由式(5.8)进行计算。

$$H_k = \alpha P_{max} \tag{5.8}$$

式中：α——系数，对一般软钩吊车 $\alpha=0.1$，抓斗或磁盘吊车宜采用 $\alpha=0.15$，硬钩吊车宜采用 0.2。

吊车纵向水平荷载标准值，应按作用在一边轨道上所有刹车轮的最大轮压之和的 10% 采用；该荷载的作用点位于刹车轮与轨道的接触点，其方向与轨道方向一致，即

$$H_z = 0.1 \sum P_{\max} \tag{5.9}$$

式中：$\sum P_{\max}$——作用在一侧轨道上，两台起重量最大的吊车所有刹车轮（一般为每台吊车刹车轮的一半）最大轮压之和。

对于悬挂吊车的水平荷载应由网架结构自身承受，而作用在网架上的手动吊车及电葫芦可不考虑水平荷载。

考虑多台吊车竖向荷载组合时，对一层吊车的单跨厂房网架，参与组合的吊车台数不应多于两台；对于一层吊车的多跨厂房网架不多于四台。

考虑多台吊车的水平荷载组合时，参与组合的吊车的台数不应多于两台。

吊车荷载是移动荷载，其作用位置不断变动，网架又是高次超静定结构，使考虑吊车荷载时的最不利荷载组合复杂化。目前采用的组合方法是由设计人员根据经验人为的选定几种吊车组合及位置，作为单独的荷载工况进行计算，在此基础上选出杆件的最大内力，作为吊车荷载的最不利组合值，再与其他工况的内力进行组合。精确计算是根据吊车行走位置，以每一位置作为单独荷载工况进行计算，找出各种位置时网架杆件的最大内力，再与其他工况的内力进行组合。这种计算必须进行几十种、甚至几百种组合，计算工作量大，但计算机的广泛使用使这类计算成为可能。

2. 作用的类型

(1) 温度作用

温度作用是指在网架结构中由于温度变化杆件不能自由变形，致使杆件内产生附加温度应力的作用，必须在计算和构造措施中加以考虑。温差的大小主要和网架支座安装完成时的温度与当地最高或最低气温有关。

网架结构如符合下列条件之一，可不考虑温度变化的影响：

① 支座节点的构造允许网架侧移时其侧移值应等于或大于式(5.10)的计算值。

② 当周边支承的网架、且网架验算方向跨度小于 40m 时，支承结构应为独立柱或砖壁柱。

③ 在单位力作用下，柱顶位移大于或等于式(5.10)的计算值。

$$u = \frac{L}{2\xi E A_m}\left(\frac{E\alpha\Delta_t}{0.038f} - 1\right) \tag{5.10}$$

式中：L——网架结构在验算方向上的跨度(mm)；

ξ——系数，支承平面弦杆为正交正放时取 1.0，正交斜放时取 $\sqrt{2}$，三向时取 2；

E——钢材的弹性模量(N/mm^2)；

A_m——支承平面弦杆截面面积的算术平均值；

α——网架材料的线膨胀系数；

Δ_t——温度差；

f——钢材的强度设计值(N/mm^2)。

对于不满足上述条件的网架，应按式(5.5)计算其温度效应。

网架在温度作用下，不仅自身要产生温度效应，对下部支承结构也产生附加作用。当网架支座节点的构造使网架沿边界法向不能相对位移时，由温度变化而引起的柱顶水平力可按式(5.11)计算。

$$H_h^t = \frac{\alpha \Delta_t L}{\dfrac{L}{\xi E A_m} + \dfrac{2}{K_c}} \tag{5.11}$$

式中:K_c——悬臂柱的水平刚度(N/mm²)。

$$K_c = \frac{3 E_c I_c}{H_c^3} \tag{5.12}$$

式中:E_c——柱子材料的弹性模量(N/mm²);

　I_c——柱子截面惯性矩(mm⁴),当为框架柱时取等代柱的折算惯性矩;

　H_c——柱子高度(mm)。

(2) 地震作用

我国是地震多发地区,地震作用不能忽视。由地震引起的震动在结构中产生的惯性力称为地震作用。由地震作用在结构中产生的内力、变形和位移称为地震效应。网架的地震效应大小不仅与地震波的大小及其随时间的变化规律有关,还取决于网架本身的动力特性,即网架的自振周期和阻尼。由于地震的地面运动为一种随机过程,运动极不规则,网架又是空间结构,动力特性十分复杂,要正确分析网架的动力反应比较困难。常作以下简化假定:

① 结构可离散为多个集中质量的弹性体系。

② 结构振动属于微幅振动,即结构的振动变形很小,仍属于小变形范畴。这样,线性叠加原理可以适用。

③ 振动时结构的地基各部分作同一运动,即不考虑地面运动的相位差的影响。

④ 结构的阻尼很小,可以忽略结构各振型之间的耦联影响。

根据上述假定,我国《建筑抗震设计规范》(GB 50009-2001)对网架结构的地震作用做出了相关的规定,其计算方法详见 5.4.4 节。

3. 荷载组合

作用在网架上的组合荷载类型很多,应根据使用过程和施工过程中可能同时出现的荷载,按承载能力极限状态和正常使用极限状态进行荷载效应组合,并应取各自的最不利荷载效应组合进行设计。

(1) 承载能力极限状态荷载效应组合

对于基本组合,荷载效应组合的设计值 S 应由下列组合值中取最不利值确定。

1) 由可变荷载效应控制的组合

$$S = \gamma_G S_{Gk} + \gamma_{Q1} S_{Q1k} + \sum_{i=2}^{n} \gamma_{Qi} \psi_{ci} S_{Qik} \tag{5.13}$$

式中:γ_G——永久荷载的分项系数,应按表 5.11 采用;

　γ_{Qi}——第 i 个可变荷载的分项系数,其中 γ_{Q1} 为可变荷载 Q_1 的分项系数,按表 5.11 采用;

S_{Gk}——按永久荷载标准值 G_k 计算的荷载效应值；

S_{Qik}——按可变荷载标准值 Q_{ik} 计算的荷载效应值，其中 S_{Q1k} 为诸可变荷载效应中起控制作用者；

ψ_{ci}——可变荷载 Q_i 的组合值系数，应分别按各章的规定采用；

n——参与组合的可变荷载数。

表 5.11　各类荷载的分项系数和组合值系数

荷载类别	分项系数		可变荷载组合值系数	
永久荷载	1.2	可变荷载控制的组合		
	1.35	永久荷载控制的组合		
	1.0	对结构有利时的一般情况		
	0.9	有利且需进行倾覆、滑移或漂浮验算		
屋面活荷载	1.4	通用	0.9	一般情况
			0.0	与雪荷载组合时
屋面积灰	1.4		0.9	一般情况
			1.0	屋面离高炉≤200m 的建筑
楼面活载	1.4	一般情况	0.7	一般情况
	1.3	工业建筑楼面均布活载标准值＞4kN/m²	0.9	书库、档案室、贮藏室、电梯机房等
雪荷载	1.4		0.7	一般情况
			0.0	与活载组合时
风荷载	1.4	通用	0.6	通用
吊车荷载	1.4		0.7	$A_1 \sim A_7$ 工作级别的软钩吊车
			0.95	硬钩吊车及 A_8 的软钩吊车

2）由永久荷载效应控制的组合：

$$S = \gamma_G S_{Gk} + \sum_{i=1}^{n} \gamma_{Qi}\psi_{ci}S_{Qik} \qquad (5.14)$$

对于偶然组合，荷载效应组合的设计值宜按下列规定确定：

偶然荷载的代表值不乘分项系数；与偶然荷载同时出现的其他荷载可根据观测资料和工程经验采用适当的代表值。各种情况下荷载效应的设计值公式，可由有关规范另行规定。

（2）正常使用极限状态，根据网架结构的特点，应按式（5.15）进行设计计算

$$S = S_{Gk} + S_{Q1k} + \sum_{i=2}^{n} \psi_{ci}S_{Qik} \leqslant C \qquad (5.15)$$

式中：C——网架达到正常使用要求的挠度限值：用作屋盖时，取 $\dfrac{L_2}{250}$；用作楼层时，取 $\dfrac{L_2}{300}$。

L_2 为网架的短向跨度。

组合中的设计值仅适用于荷载与荷载效应为线性的情况。

（3）有地震作用参与的组合

在计算地震作用效用时，需同时考虑它与其他荷载效应的组合，对构件进行抗震验算，其表达式为

$$S = \gamma_G S_{GE} + \gamma_{Eh} S_{Ehk} + \gamma_{Ev} S_{EvK} + \psi_w \gamma_w S_{wk} \leqslant \frac{R}{\gamma_{RE}} \qquad (5.16)$$

式中：S——结构构件内力组合的设计值，包括组合的弯矩、轴力和剪力设计值；

γ_G——重力荷载分项系数，取值见表 5.12；

γ_{Eh}、γ_{Ev}——分别为水平、竖向地震作用分项系数，取值按表 5.12；

γ_w——风荷载分项系数，1.4；

S_{GE}——重力荷载代表值的效应，重力荷载代表值按表 5.13 的计算方法计算；

S_{Ehk}——水平地震作用标准值的效应，尚应乘以相应的增大系数或调整系数；

S_{Evk}——竖向地震作用标准值的效应尚应乘以相应的增大系数或调整系数；

S_{wk}——风荷载标准值效应；

γ_w——风荷载组合系数，网架结构取 0.0；

γ_{RE}——承载力抗震调整系数，取值一般见表 5.14；

R——结构构件承载力设计值。

表 5.12　重力荷载分项系数表

重力荷载分项系数(γ_G)	1.2	一般情况
	$\leqslant 1.0$	重力荷载效应对构件承载力有利时
竖向地震作用分项系数(γ_{Ev})	1.3	只考虑竖向地震作用
	0.5	与水平地震作用同时考虑
水平地震作用分项系数(γ_{Eh})	1.3	只考虑水平地震作用
	1.3	与竖向地震同时考虑

表 5.13　重力荷载代表值计算表

序号	荷载种类		组合系数
①	结构和构配件自重		1.0
②	雪		0.5
③	屋面积灰		0.5
④	屋面活载		0.0
⑤	按实际情况考虑的楼面活载		1.0
⑥	按等效均布荷载计算的楼面活载	藏书库、档案室	0.8
		其他民用建筑	0.5
⑦	吊车悬吊物自重	硬钩吊车 计算质量时	0.3
		计算重力荷载代表值效应时	1.0
		软钩吊车 计算质量时	0.0
		计算重力荷载代表值效应时	1.0
计算重力荷载代表值效应时重力荷载代表值计算表达式			①×1.0+②×0.5+③×0.5+⑤×1.0 或 ⑥×0.8(或 0.5)+⑦×1.0
计算参与动力分析的质量时重力荷载代表值的计算表达式			①×1.0+②×0.5+③×0.5+⑤×1.0 或⑥×0.8(或 0.5)+⑦×0.3(或 0.0)

表 5.14 承载力抗震调整表

	0.75	柱,梁
γ_{RE}	0.80	支撑
	0.85	节点板件,连接螺栓
	0.90	连接焊缝

5.4.2 网架结构的静力计算

网架结构是一种高次超静定的空间杆系结构,若想十分精确地分析其内力和变形是很困难的,因此,网架结构的计算也必须同其他结构一样,在保证结构安全的前提下,对节点刚度、支座支承条件、杆件变形等进行适当的简化,以使计算方法适应工程需要。网架结构的一般计算原则为:

① 网架结构应进行在外荷载作用下的内力、变形计算,并根据具体情况,对地震、温度变化、支座沉降及施工安装荷载等作用下的内力、变形进行计算。上述计算可按弹性阶段进行。

② 结构分析时可忽略节点刚度的影响,假定节点为空间铰接节点,所有杆件只承受轴向力。

③ 外荷载按静力等效原则,将节点所辖区域内的荷载集中作用在该节点上。

④ 支承条件可根据支承结构的刚度和支座节点的构造情况,分别假定为一向可侧移或两向可侧移、或无侧移的铰接支座或弹性支承。

经过几十年的探索与实践,陆续出现了很多基于不同计算模型的网架结构计算方法(见表 5.15),这些计算方法的计算模型可分为三种类型,即空间铰接杆系计算模型、交叉梁系计算模型和平板系计算模型。空间铰接杆系计算模型将网架简化为节点为铰接的杆件组合体,以二力杆为计算单元;交叉梁系计算模型是将网架拟化为交叉梁系,以梁段作为计算单元,先求出梁的内力和节点位移,再回代求出杆件内力,根据是否考虑剪切变形的影响,有多种计算方法;平板系计算模型是将网架拟化为正交异性或各向同性的平板,先求出板的内力后再回代求出杆件内力,该种计算模型如不考虑剪切变形影响,称为拟板法,如考虑剪切变形的影响,称为拟夹层板法。

表 5.15 网架结构计算方法

计算模型	计算方法	分析手段	适用范围
铰接杆系	空间杆系有限元法	有限元法	各种类型的网架,各种支撑条件
	下弦内力法		蜂窝形三角锥网架
梁系	交叉梁系梁元法	有限元法	平面桁架系网架
	交叉梁系差分法	差分法	平面桁架系、正放四角锥网架
	正放四角锥网架差分法		正放四角锥网架
	交叉梁系力法	力法	两向交叉平面桁架网架
平板	假想弯矩法	差分法	斜放四角锥、棋盘形四角锥网架
	拟板法	微分方程近似解法	平面桁架系、角锥体系网架
	拟夹层板法		

随着网架结构计算理论和计算机技术的发展,目前一般采用的计算方法为空间杆系有限元法。该方法是一种应用于空间杆系结构的精确计算方法。它适用范围广,不仅可用以计算不同类型、不同平面形状、不同边界条件和支承方式的网架,也能考虑网架与下部支承结构的共同工作。地震作用、温度变化、施工安装等情况均可计算。本书仅介绍空间杆件有限元法。

空间杆系有限元法也称矩阵位移法。分析时是以网架的杆件作为基本单元,以节点位移为基本未知量,先对杆件单元进行分析,根据胡克定律建立单元杆件内力与位移间的关系,形成单元刚度矩阵;然后再对结构进行整体分析,根据各节点的变形协调条件和静力平衡条件建立位于结构上的节点荷载和节点位移之间的关系,形成结构总刚度矩阵和总刚度方程。总刚度方程是一组以节点位移为未知量的线性代数方程组,并引进给定的边界条件,借助电子计算机解出各节点的位移值。最后,由单元杆件的内力和位移间关系求出杆件内力。

1. 基本假定

① 网架节点为铰接,忽略节点刚度的影响,杆件只受轴向力。
② 材料在弹性阶段工作,符合胡克定律。
③ 在荷载作用下网架变形很小,由此产生的影响可予以忽略。
实践证明,根据以上假定的计算结果与实验值极为接近。

2. 单元刚度矩阵

由结构力学知,二力杆的单元刚度矩阵方程为

$$\begin{bmatrix} F_{ij} \\ F_{ji} \end{bmatrix} = \frac{EA}{l_{ij}} \begin{bmatrix} 1 & -1 \\ -1 & 1 \end{bmatrix} \begin{bmatrix} \delta_i \\ \delta_j \end{bmatrix} \tag{5.17a}$$

或

$$\{\overline{F}\} = [\overline{k}]\{\overline{\delta}\} \tag{5.17b}$$

式中:$[\overline{k}]$——单元坐标系的单元刚度矩阵。

$$[\overline{k}] = \frac{EA}{l_{ij}} \begin{bmatrix} 1 & -1 \\ -1 & 1 \end{bmatrix} \tag{5.17c}$$

由图 5.46,根据空间解析几何原理 ij 杆件长为

$$l = \sqrt{(x_j - x_i)^2 + (y_j - y_i)^2 + (z_j - z_i)^2}$$

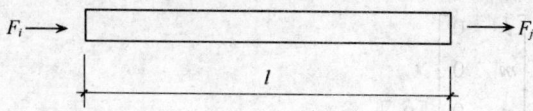

图 5.46

式中:x_i、y_i、z_i、x_j、y_j、z_j——杆端节点 i 和 j 在整体坐标系中的坐标;

l——杆件长度。

为了把单元刚度矩阵组装成总刚度矩阵,将单元坐标系下的单元刚度矩阵转化为总

体坐标系下的单元刚度矩阵。

由图 5.47,将 F_{ij}、F_{ji} 化为沿总体坐标系的三个分力,分别为 F_{ij}^x、F_{ij}^y、F_{ij}^z、F_{ji}^x、F_{ji}^y、F_{ji}^z。这些分力与总体坐标轴 x、y、z 的正向一致,并记 $\cos\alpha$、$\cos\beta$、$\cos\gamma$ 分别为 l、m、n。则有如下关系:

$$\left.\begin{aligned} F_{ij}^x &= F_{ij}\cos\alpha = F_{ij}l \\ F_{ij}^y &= F_{ij}\cos\beta = F_{ij}m \\ F_{ij}^z &= F_{ij}\cos\gamma = F_{ij}n \end{aligned}\right\} \qquad \left.\begin{aligned} F_{ji}^x &= F_{ji}\cos\alpha = F_{ji}l \\ F_{ji}^y &= F_{ji}\cos\beta = F_{ji}m \\ F_{ji}^z &= F_{ji}\cos\gamma = F_{ji}n \end{aligned}\right\} \qquad (5.18a)$$

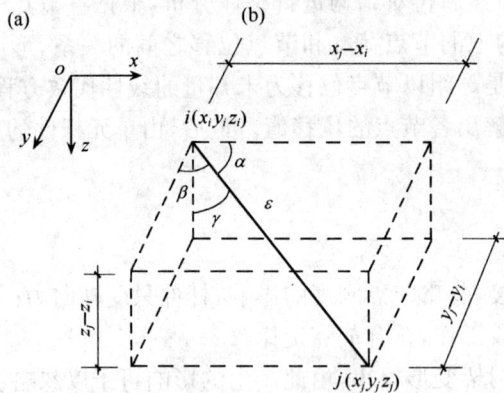

图 5.47　杆单元在总体坐标系中的位置

写成矩阵形式:

$$\begin{bmatrix} F_{ij}^x \\ F_{ij}^y \\ F_{ij}^z \\ F_{ji}^x \\ F_{ji}^y \\ F_{ji}^z \end{bmatrix} = \begin{bmatrix} l & 0 \\ m & 0 \\ n & 0 \\ 0 & l \\ 0 & m \\ 0 & n \end{bmatrix} \begin{bmatrix} F_{ij} \\ F_{ji} \end{bmatrix} \qquad 或\{F\}_{ij} = [T]\{\overline{F}\} \qquad (5.18b)$$

式中:$[T]$——坐标转换矩阵。

$$[T] = \begin{bmatrix} l & m & n & 0 & 0 & 0 \\ 0 & 0 & 0 & l & m & n \end{bmatrix}^T \qquad (5.18c)$$

同理,杆件 ij 的两端的轴向位移 δ_i 和 δ_j 沿总体坐标方向的三个分量分别为 u_i、v_i、w_i、u_j、v_j、w_j。这些分量的正向也与总体坐标轴 x、y、z 的正向一致。则有如下关系:

$$\begin{bmatrix} u_i \\ v_i \\ w_i \\ u_j \\ v_j \\ w_j \end{bmatrix} = \begin{bmatrix} l & 0 \\ m & 0 \\ n & 0 \\ 0 & l \\ 0 & m \\ 0 & n \end{bmatrix} \begin{bmatrix} \delta_i \\ \delta_j \end{bmatrix}, \qquad 或\{\delta\} = [T]\{\overline{\delta}\}, \{\overline{\delta}\} = [T]^T\{\delta\}_{ij} \qquad (5.19)$$

将式(5.19)的第三式代入式(5.17b)得

$$\{\overline{F}\} = [\overline{k}][T]^T\{\delta\}_{ij} \qquad (5.20)$$

将式(5.20)代入式(5.18b)的第二式得

$$\{\overline{F}\}_{ij} = [T][\overline{k}][T]^T\{\delta\}_{ij} \quad \text{或} \quad \{F\}_{ij} = [k]_{ij}\{\delta\}_{ij} \tag{5.21}$$

式中：$[k]_{ij}$——杆件 ij 在结构总体坐标系中的单元刚度矩阵，即

$$[k]_{ij} = [T][\overline{k}][T]^T = \begin{bmatrix} l & 0 \\ m & 0 \\ n & 0 \\ 0 & l \\ 0 & m \\ 0 & n \end{bmatrix} \frac{EA}{l_{ij}} \begin{bmatrix} 1 & -1 \\ -1 & 1 \end{bmatrix} \begin{bmatrix} l & m & n & 0 & 0 & 0 \\ 0 & 0 & 0 & l & m & n \end{bmatrix}$$

$$[k]_{ij} = \frac{EA}{l_{ij}} \begin{bmatrix} l^2 & & & & & \\ lm & m^2 & & & 对 & \\ ln & mn & n^2 & & & \\ -l^2 & -lm & -ln & l^2 & & 称 \\ -lm & -m^2 & -mn & ln & m^2 & \\ -ln & -mn & -n^2 & ln & mm & n^2 \end{bmatrix} \tag{5.22a}$$

$[k]_{ij}$ 是一个 6×6 阶的矩阵，可分为 4 块 3×3 阶的分块矩阵，即

$$[k]_{ij} = \begin{bmatrix} [k]_{ii} & [k]_{ij} \\ [k]_{ji} & [k]_{jj} \end{bmatrix} \tag{5.22b}$$

式中：

$$[k_{ii}] = [k_{jj}] = -[k_{ij}] = -[k_{ji}] = \frac{EA}{l_{ij}} \begin{bmatrix} l^2 & 对 & \\ lm & m^2 & 称 \\ ln & mn & n^2 \end{bmatrix} \tag{5.22c}$$

因此，式(5.21)的第二式可改为

$$\begin{bmatrix} \{F_{ij}\} \\ \{F_{ji}\} \end{bmatrix} = \begin{bmatrix} [k]_{ii} & [k]_{ij} \\ [k]_{ji} & [k]_{jj} \end{bmatrix} \begin{bmatrix} \{\delta_i\} \\ \{\delta_j\} \end{bmatrix} \tag{5.23}$$

式中：$\{F_{ij}\}$——杆件 ij 在 i 点的杆端力列矩阵，即 $\{F_{ij}\} = [F_{ij}^x, F_{ij}^y, F_{ij}^z]^T$；

$\{F_{ji}\}$——杆件 ij 在 j 点的杆端力列矩阵，即 $\{F_{ji}\} = [F_{ji}^x, F_{ji}^y, F_{ji}^z]^T$；

$\{\delta_i\}$——杆件 ij 在 i 点的位移列阵，即 $\{\delta_i\} = [u_i, v_i, w_i]^T$；

$\{\delta_j\}$——杆件 ij 在 j 点的位移列阵，即 $\{\delta_j\} = [u_j, v_j, w_j]^T$。

式中 $[k]_{ii}$ 和 $[k]_{jj}$ 的物理意义分别为杆件 ij 由于 j 端发生单位位移在 i 端、j 端产生的力；$[k]_{ij}$、$[k]_{ji}$ 分别为由于 i 端、j 端发生单位位移在 j 端、i 端产生的杆端力。

3. 结构总刚度矩阵

建立了杆件的单元刚度矩阵后，即可遵循节点处变形协调条件和平衡条件建立总刚度矩阵。

现以图 5.48 所示 i 节点为例说明其总刚度矩阵建立原理。设 i 节点有 ij, ik, il, im, in 根杆汇交，P_i 为作用于 i 点上的外荷载向量。所谓变形协调是指在同一节点 i 上所有杆件的 i 端位移均等于该节点位移，即

$$\{\delta_i^{ij}\} = \{\delta_i^{ik}\} = \{\delta_i^{il}\} = \{\delta_i^{im}\} = \cdots = \{\delta_i^{in}\} = \{\delta_i\} \tag{5.24}$$

式中：$\{\delta_i^{ij}\}$、$\{\delta_i^{ik}\}\cdots$——杆件 ij、ik、$\cdots$的 i 端位移列矩阵；

$\{\delta_i\}$——节点 i 的位移列矩阵。

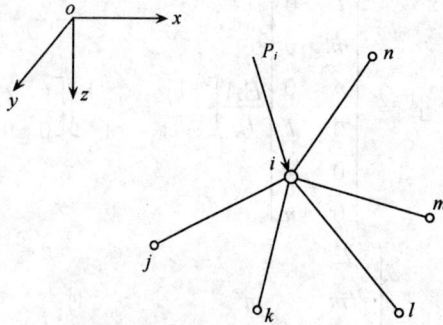

图 5.48　i 点总刚度矩阵建立计算简图

根据内力平衡条件,连接在 i 节点上所有杆件在 i 端的杆端力之和等于该节点的外荷载 P_i,即

$$\{P_i\} = \{F_{ij}\} + \{F_{ik}\} + \{F_{il}\} + \{F_{im}\} + \cdots + \{F_{in}\} \tag{5.25}$$

式中：$\{P_i\}$——作用在 i 节点上外荷载的列矩阵,即$\{P_i\}=[P_{xi},P_{yi},P_{zi}]^{\mathrm{T}}$；

P_{xi}、P_{yi}、P_{zi}——沿结构总体坐标 x、y、z 轴向的荷载。

由式(5.24)可写出各杆在 i 端的杆端力与杆端位移的关系式：

ij 杆：$\qquad\qquad\qquad\{F_{ij}\}=[k_{ii}^{ij}]\{\delta_i\}+[k_{ij}]\{\delta_j\}$

ik 杆：$\qquad\qquad\qquad\{F_{ik}\}=[k_{ii}^{ik}]\{\delta_i\}+[k_{ik}]\{\delta k\}$

in 杆：$\qquad\qquad\qquad\{F_{in}\}=[k_{ii}^{in}]\{\delta_i\}+[k_{in}]\{\delta_n\}$

将上列各式代入式(5.25)并整理得

$$\{P_i\} = [\Sigma k_{ii}]\{\delta_i\} + [k_{ij}]\{\delta_j\} + [k_{ik}]\{\delta_k\} + \cdots + [k_{in}]\{\delta_n\} \tag{5.26}$$

式中：$[\Sigma k_{ii}]=[k_{ii}^{ij}]+[k_{ii}^{ik}]+\cdots+[k_{ii}^{in}]$,它表示汇交于节点 i 的单元刚度矩阵中,各分块矩阵之和,以下简记为$[k_{ii}]$。

式(5.26)就是节点 i 的平衡方程,显然,其单元刚度矩阵是由连接到同一节点 i 上各杆件的单元刚度矩阵简单叠加而成。

对网架结构所有节点均如式(5.26)列出力的平衡方程式,联立起来便成为结构总体平衡方程。设网架有 n 个节点,便可建立 $3n$ 个方程,写成矩阵为

$$\begin{bmatrix} [k_{11}] & [k_{12}] & \cdots & [k_{1i}] & \cdots & [k_{1n}] \\ & [k_{22}] & \cdots & [k_{2i}] & \cdots & [k_{2n}] \\ \text{对} & & \cdots & & \cdots & \\ & & & [k_{ii}] & \cdots & [k_{in}] \\ & \text{称} & & & \cdots & \\ & & & & & [k_{nn}] \end{bmatrix} \begin{Bmatrix} \{\delta_1\} \\ \{\delta_2\} \\ \cdots \\ \{\delta_i\} \\ \cdots \\ \{\delta_n\} \end{Bmatrix} = \begin{Bmatrix} \{P_1\} \\ \{P_2\} \\ \cdots \\ \{P_i\} \\ \cdots \\ \{P_n\} \end{Bmatrix} \tag{5.27a}$$

或

$$[K]\{\delta\} = \{P\} \tag{5.27b}$$

式中：[K]——结构总刚度矩阵，由各杆件单元刚度矩阵按节点简单叠加而成；

{δ}——节点位移列矩阵，即

$$\{\delta\} = [\{\delta_1\}\{\delta_2\}\cdots\{\delta_i\}\cdots\{\delta_n\}]^T = [u_1v_1w_1u_2v_2w_2\cdots u_iv_iw_i\cdots u_nv_nw_n]^T$$

结构总刚度矩阵具有下列特点：

① 带状稀疏矩阵。所谓带状矩阵，是因主对角元素均为 $\sum k_{ii}(i=1,2,\cdots,i,\cdots n)$，而 $[k_{ij}]$、$[k_{ik}]$、$\cdots$ 均集中在主对角线两旁的一个带形区域内，其他部分区域为零元素。由于各节点编号差不同，因而带宽也随之变化。因此为了尽量减少带宽，节省内存，在进行网架编号时，应尽可能使各相关节点的编号差缩小。

② 对称正定性：具有 n 个节点的网架，其总刚度矩阵为 $3n \cdot 3n$ 阶对称方阵，在主对角线两侧的元素均对应相等，即 $[k_{ij}]=[k_{ji}]$。它的行列式 $|K|$ 的顺序主子式全部大于零。

总刚度矩阵的上列特点，对于在计算机上实现紧凑存贮及加速方程组的求解都是有利的。

【例 5.1】 有一结构如图 5.49 所示，网架高度 2.5m，支座节点 o、a、b 不产生任何位移，即 u、v、w 三个方向位移均等于零，$EA=10^5$kN。试建立该结构总刚度方程。

【解】 1）进行节点编号和杆件编号，见图 5.49。

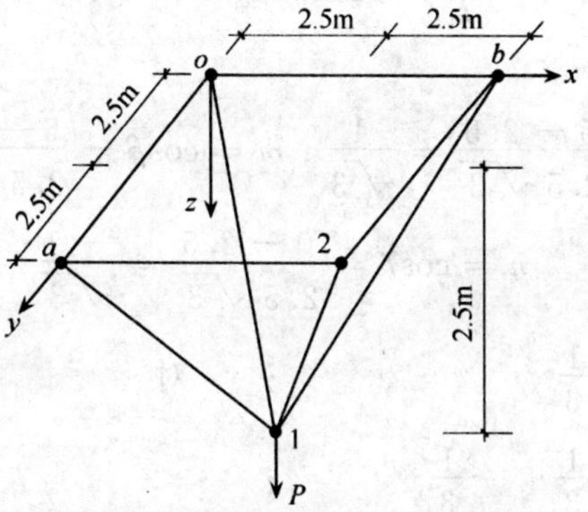

图 5.49 例 5.1 图

计算节点坐标（x、y、z），单位为 m。

O 点(0,0,0)，a 点(0,5,0)，b 点(5,0,0)，1 点(2.5,2.5,2.5)，2 点(5,5,0)。

2）杆长计算。

$$l_{10} = \sqrt{(2.5-0)^2 + (2.5-0)^2 + (2.5-0)^2} = 2.5\sqrt{3} = 4.33(\text{m})$$

$$l_{1b} = l_{12} = l_{1a} = l_{10} = 2.5\sqrt{3} = 4.33(\text{m})$$

$$l_{0b} = l_{0a} = l_{2b} = l_{2a} = 5(\text{m})$$

3）建立各杆单元刚度矩阵。

① 1-a 杆（$i=1$，$j=a$）。

$$\frac{EA}{l_{1a}} = 230.95(\text{kN/mm})$$

方向余弦

$$l = \cos\alpha = \frac{0-2.5}{2.5\sqrt{3}} = \frac{-1}{\sqrt{3}}; \quad m = \cos\beta = \frac{5-2.5}{2.5\sqrt{3}} = \frac{1}{\sqrt{3}};$$

$$n = \cos\gamma = \frac{0 - 2.5}{2.5\sqrt{3}} = \frac{-1}{\sqrt{3}}$$

$$[k]_{1a} = 230.9 \begin{bmatrix} \dfrac{1}{3} & & & \vdots & & \text{对} & \\ -\dfrac{1}{3} & \dfrac{1}{3} & & \vdots & & & \\ \dfrac{1}{3} & -\dfrac{1}{3} & \dfrac{1}{3} & \vdots & & \text{称} & \\ \cdots & \cdots & \cdots & \cdots & \cdots & \cdots \\ -\dfrac{1}{3} & \dfrac{1}{3} & -\dfrac{1}{3} & \vdots & \dfrac{1}{3} & & \\ \dfrac{1}{3} & -\dfrac{1}{3} & \dfrac{1}{3} & \vdots & -\dfrac{1}{3} & \dfrac{1}{3} & \\ -\dfrac{1}{3} & \dfrac{1}{3} & -\dfrac{1}{3} & \vdots & \dfrac{1}{3} & -\dfrac{1}{3} & \dfrac{1}{3} \end{bmatrix} = \begin{bmatrix} [k_{11}^{a}] & [k_{1a}] \\ [k_{a1}] & [k_{aa}^{1}] \end{bmatrix}$$

② 1-2 杆($i=1, j=2$)。

$$\frac{EA}{l_{12}} = 230.95(\text{kN/mm})$$

方向余弦

$$l = \cos\alpha = \frac{5 - 2.5}{2.5\sqrt{3}} = \frac{1}{\sqrt{3}}; \quad m = \cos\beta = \frac{5 - 2.5}{2.5\sqrt{3}} = \frac{1}{\sqrt{3}};$$

$$n = \cos\gamma = \frac{0 - 2.5}{2.5\sqrt{3}} = \frac{-1}{\sqrt{3}}$$

$$[k]_{12} = 230.9 \begin{bmatrix} \dfrac{1}{3} & & & \vdots & & \text{对} & \\ \dfrac{1}{3} & \dfrac{1}{3} & & \vdots & & & \\ -\dfrac{1}{3} & -\dfrac{1}{3} & \dfrac{1}{3} & \vdots & & \text{称} & \\ \cdots & \cdots & \cdots & \vdots & \cdots & \cdots & \cdots \\ -\dfrac{1}{3} & -\dfrac{1}{3} & \dfrac{1}{3} & \vdots & \dfrac{1}{3} & & \\ -\dfrac{1}{3} & -\dfrac{1}{3} & \dfrac{1}{3} & \vdots & \dfrac{1}{3} & \dfrac{1}{3} & \\ \dfrac{1}{3} & \dfrac{1}{3} & \dfrac{1}{3} & \vdots & -\dfrac{1}{3} & -\dfrac{1}{3} & \dfrac{1}{3} \end{bmatrix} = \begin{bmatrix} k_{11}^{2} & k_{12} \\ k_{21} & k_{22}^{1} \end{bmatrix}$$

③ 1-b 杆($i=1, j=b$)。

$$\frac{EA}{l_{1b}} = 230.95(\text{kN/mm})$$

方向余弦

$$l = \cos\alpha = \frac{5 - 2.5}{2.5\sqrt{3}} = \frac{1}{\sqrt{3}}; \quad m = \cos\beta = \frac{0 - 2.5}{2.5\sqrt{3}} = \frac{-1}{\sqrt{3}};$$

$$n = \cos\gamma = \frac{0 - 2.5}{2.5\sqrt{3}} = \frac{-1}{\sqrt{3}}$$

$$[k]_{1b} = 230.95 \begin{bmatrix} \frac{1}{3} & & & \vdots & & 对 & \\ -\frac{1}{3} & \frac{1}{3} & & \vdots & & & \\ -\frac{1}{3} & \frac{1}{3} & \frac{1}{3} & \vdots & & & \\ \cdots & \cdots & \cdots & \vdots & \cdots & \cdots & \cdots \\ -\frac{1}{3} & \frac{1}{3} & \frac{1}{3} & \vdots & \frac{1}{3} & & \\ -\frac{1}{3} & \frac{1}{3} & -\frac{1}{3} & \vdots & -\frac{1}{3} & \frac{1}{3} & \\ \frac{1}{3} & -\frac{1}{3} & -\frac{1}{3} & \vdots & -\frac{1}{3} & \frac{1}{3} & \frac{1}{3} \end{bmatrix} = \begin{bmatrix} [k_{11}^2] & [k_{12}] \\ [k_{21}] & [k_{22}^1] \end{bmatrix}$$

④ 1-0 杆($i=1, j=0$)。

$$\frac{EA}{l_{10}} = 230.95 (\text{kN/mm})$$

方向余弦

$$l = \cos\alpha = \frac{0 - 2.5}{2.5\sqrt{3}} = \frac{-1}{\sqrt{3}}; \quad m = \cos\beta = \frac{0 - 2.5}{2.5\sqrt{3}} = \frac{-1}{\sqrt{3}};$$

$$n = \cos\gamma = \frac{0 - 2.5}{2.5\sqrt{3}} = \frac{-1}{\sqrt{3}}$$

$$[k]_{10} = 230.9 \begin{bmatrix} \frac{1}{3} & & & \vdots & & 对 & \\ \frac{1}{3} & \frac{1}{3} & & \vdots & & & \\ \frac{1}{3} & \frac{1}{3} & \frac{1}{3} & \vdots & & & \\ \cdots & \cdots & \cdots & \vdots & \cdots & \cdots & \cdots \\ -\frac{1}{3} & -\frac{1}{3} & -\frac{1}{3} & \vdots & \frac{1}{3} & & \\ -\frac{1}{3} & -\frac{1}{3} & -\frac{1}{3} & \vdots & \frac{1}{3} & \frac{1}{3} & \\ -\frac{1}{3} & -\frac{1}{3} & -\frac{1}{3} & \vdots & \frac{1}{3} & \frac{1}{3} & \frac{1}{3} \end{bmatrix} = \begin{bmatrix} [k_{11}^0] & [k_{10}] \\ [k_{01}] & [k_{00}^1] \end{bmatrix}$$

⑤ 2-a 杆($i=2, j=a$)。

$$\frac{EA}{l_{2a}} = 20 (\text{kN/mm})$$

方向余弦

$$l = \cos\alpha = \frac{0 - 5}{5} = -1; \quad m = \cos\beta = 0; \quad n = \cos\gamma = 0$$

$$[k]_{2a} = 20 \begin{bmatrix} 1 & & & \vdots & \text{对} & & \\ 0 & 0 & & \vdots & & & \\ 0 & 0 & 0 & \vdots & & \text{称} & \\ \cdots & \cdots & \cdots & \vdots & \cdots & \cdots & \cdots \\ -1 & 0 & 0 & \vdots & 1 & & \\ 0 & 0 & 0 & \vdots & 0 & 0 & \\ 0 & 0 & 0 & \vdots & 0 & 0 & 0 \end{bmatrix} = \begin{bmatrix} [k_{22}^a] & [k_{2a}] \\ [k_{a2}] & [k_{aa}^2] \end{bmatrix}$$

⑥ 2-b 杆($i=2, j=a$)。

同理得

$$[k]_{2b} = 20 \begin{bmatrix} 0 & & & \vdots & \text{对} & & \\ 0 & 1 & & \vdots & & & \\ 0 & 0 & 0 & \vdots & & \text{称} & \\ \cdots & \cdots & \cdots & \vdots & \cdots & \cdots & \cdots \\ 0 & 0 & 0 & \vdots & 1 & & \\ 0 & -1 & 0 & \vdots & 0 & 1 & \\ 0 & 0 & 0 & \vdots & 0 & 0 & 0 \end{bmatrix} = \begin{bmatrix} [k_{22}^b] & [k_{2b}] \\ [k_{b2}] & [k_{bb}^2] \end{bmatrix}$$

0-b 杆及 0-a 杆同理,略。

4) 建立总刚度方程。

由于节点 0、a、b 为固定支座,不产生位移,故仅需建立 1、2 两点的平衡方程,由式 (5.27a)得

$$\begin{bmatrix} [k_{11}] & [k_{12}] \\ [k_{21}] & [k_{22}] \end{bmatrix} \begin{Bmatrix} \{\delta_1\} \\ \{\delta_2\} \end{Bmatrix} = \begin{Bmatrix} \{P_1\} \\ \{P_2\} \end{Bmatrix}$$

即

$$\begin{bmatrix} [k_{11}^a] + [k_{11}^2] & & [k_{12}] \\ + [k_{11}^0][k_{11}^b] & & \\ & & [k_{22}^1] + [k_{22}^a] \\ [k_{21}] & & + [k_{22}^b] \end{bmatrix} \begin{bmatrix} u_1 \\ v_1 \\ w_1 \\ u_2 \\ v_2 \\ w_2 \end{bmatrix} = \begin{bmatrix} 0 \\ 0 \\ 5 \\ 0 \\ 0 \\ 0 \end{bmatrix}$$

$$[k_{11}] = [k_{11}^a] + [k_{11}^2] + [k_{11}^b] + [k_{11}^0] = \begin{bmatrix} 307.93 & \text{对} & \\ 0 & 307.93 & \text{称} \\ 0 & 0 & 307.93 \end{bmatrix}$$

$$[k_{22}] = [k_{22}^1] + [k_{22}^a] + [k_{22}^b] = \begin{bmatrix} 96.98 & \text{对} & \\ 76.98 & 96.98 & \text{称} \\ -76.98 & -76.98 & 76.98 \end{bmatrix}$$

$$[k_{12}] = [k_{21}] = \begin{bmatrix} -76.98 & -76.98 & 76.98 \\ -76.98 & -76.98 & 76.98 \\ 76.98 & 76.98 & 76.98 \end{bmatrix}$$

$$\begin{bmatrix} 307.98 & & & \vdots & & 对 & \\ 0 & 307.93 & & \vdots & & & \\ 0 & 0 & 307.93 & \vdots & & & \\ \cdots & \cdots & \cdots & \vdots & \cdots & \cdots & \cdots \\ -76.98 & -76.98 & 76.98 & \vdots & 96.98 & & \\ -76.98 & -76.98 & 76.98 & \vdots & 76.98 & 96.98 & 称 \\ 76.98 & 76.98 & 76.98 & \vdots & -76.98 & -76.98 & 76.98 \end{bmatrix} \begin{bmatrix} u_1 \\ v_1 \\ w_1 \\ \cdots \\ u_2 \\ v_2 \\ w_2 \end{bmatrix} = \begin{bmatrix} 0 \\ 0 \\ 5 \\ 0 \\ 0 \\ 0 \end{bmatrix}$$

4. 边界条件及对称性利用

建立结构总刚度方程后,可利用结构总刚度矩阵求逆乘以荷载向量,或其他解方程组的方法求出节点位移。但是如果结构几何可变或边界约束不够,矩阵就具有奇异性,方程无唯一解。因此,应使结构自身几何不变及有足够的外部约束条件,才能求得节点位移值。

(1) 边界条件

网架支承分两类,一类为刚性支承,另一类为弹性支承。

1) 刚性支承。

刚性支承可理想化为下列三种情况:

① 固定支承。即沿支座节点三个方向的位移均为零($u=v=w=0$)[见图 5.50(a)]。

② 圆柱支承。即支座节点沿网架边界的法向可自由移动,其余两个方向位移为零($u=w=0$,或 $v=w=0$)[见图 5.50(b)]。

③ 球铰支承。即支座节点除垂直方向位移为零外,其余两个方向均可移动($w=0$)[见图 5.50(c)]。

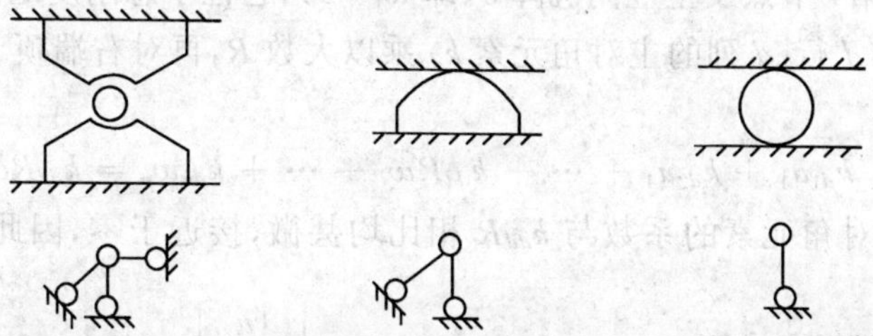

| (a) 固定支承 | (b) 圆柱支承 | (c) 球铰支承 |

图 5.50　刚性支承三种支座

在结构总刚度方程中处理位移为零的方法有下列几种:

① 由式(5.49b)中$\{P\}$包括支座反力$\{R\}$,而$\{R\}$为未知数,与之对应的位移为已知$\{\delta\}=0$,故可利用此条件,在建立总刚度矩阵时把已知外荷载的节点放在前,未知反力放在后,则形成

$$\begin{bmatrix} \{P\} \\ \{R\} \end{bmatrix} = \begin{bmatrix} [k_{11}] & [k_{12}] \\ [k_{21}] & [k_{22}] \end{bmatrix} \begin{bmatrix} \{\delta\} \\ \{0\} \end{bmatrix}$$

则

$$\{P\} = [k_{11}]\{\delta\}, \quad \{R\} = [k_{21}]\{\delta\}$$

② 由式(5.49a)中直接将位移为零的有关行和列划去。例如某网架第 i 节点沿 y 方

向位移(即 $v_i=0$)为零,则它的有关元素在总刚度方程中位于 $3\times(i-1)+2$ 行(列)上,将其划去,则可降低矩阵的阶数。

③ 由式(5.49a)中将位移为零的相对应的主对角元素上乘以大数(一般取 $10^{10}\sim 10^{15}$)。例如某网架第 i 节点沿 z 方向位移为零(即 $w_i=0$),则与 $w_i=0$ 相对应的主对角元素位于总刚度矩阵的 $3\times(i-1)+3=d$ 行(列)上,将其乘以大数,这样其他值都很小,即

$$w_i \approx \frac{P_{zi}}{k_{dd}\times 10^{10}} \approx 0$$

式中:P_{zi}——i 节点 z 向荷载;

k_{dd}——主对角元总刚。

2)弹性支承。

处理方法:

① 把支承结构和网架结构作为一个整体进行分析。

② 把支承结构视为等效弹簧,求出相应的弹簧刚度系数,叠加到总刚度矩阵主对角元素相应位置上。此法较①简便,且不增加总刚阶数。例如柱水平向位移的弹簧刚度系数为

$$K = \frac{3EI}{H^3}$$

式中:E——柱材料弹性模量;

I——柱截面惯性矩;

H——柱高。

(2)支座沉降处理

例如某网架第 i 节点发生竖向沉降 δ(即 $w_i=\delta$),它位于总刚度矩阵第 $3\times(i-1)+3 =d$ 行(列)上,将 d 行、d 列的主对角元素 k_{dd} 乘以大数 R,再对右端项 P_{zi} 改为 $k_{dd}R\delta$,则 d 行方程为

$$k_{d1}u_1 + k_{d2}u_1 + \cdots + k_{dd}Rw_i + \cdots + k_{dn}w_n = k_{dd}R\delta$$

因为式中所有非对角元素的系数与 $k_{dd}R$ 相比均甚微,接近于零,因此 w_i 可视为近似等于 δ。

(3)对称性利用

当结构和荷载均对称时,应尽量利用结构的对称性,以减少计算工作量。可根据网架形状及荷载特点,选取整个网架的 $\frac{1}{2}n$(n 为网架对称面)进行计算。这些被"切开"的界面上,其变形情况必须与未切开时一致,并保持其几何不变性。由于结构和荷载均对称,不存在反对称变形,在切开的界面上也不存在反对称内力。因此位于对称面上各节点,在垂直于对称面方向的位移必为零,只需在垂直于对称面方向加设链杆予以约束。这时在总刚度矩阵中只需将相应的主对角元素乘以充分大的数即可。现举例说明对称面上约束处理方法。

【例 5.2】 有一正放四角锥网架(见图 5.51),试表示其 $\frac{1}{8}$ 计算单元中的支承及对称面上节点约束处理方法。

【解】 1)支承节点在竖向设为刚性铰支承,即 $w_1=w_2=w_3=0$。

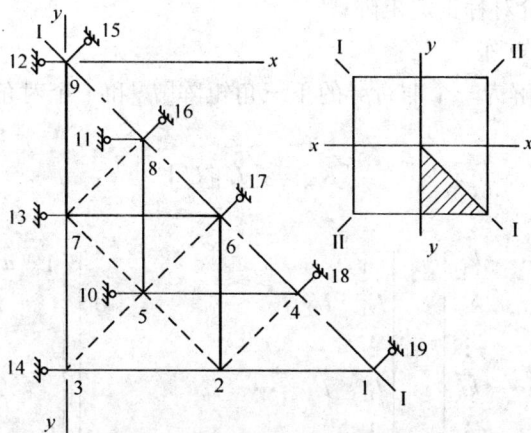

图 5.51 $\frac{1}{8}$ 网架计算单元及对称面约束链杆

2) I—I 对称面上的节点 1、4、6、8、9 沿垂直于 I—I 对称面方向加设刚性链杆,取长 $=$ $l(l$ 可任取),截面积为 10^{10},链杆另一节点 15-19 的约束处理成 $u_{15}=v_{15}=w_{15}=\cdots=u_{19}=$ $v_{19}=w_{19}=0$。

3) y-y 对称面上弦节点 7、9 在垂直于对称面 Y—Y 方向加设链杆,约束处理为 $u_{12}=$ $u_{13}=0$。节点 3 位于对称面上,故 $u_3=0$,又为支座故 $w_3=0$。

y-y 对称面还切断下弦杆,切断点 10、11 处,约束处理为 $u_{10}=v_{10}=w_{10}=u_{11}=v_{11}=$ $w_{11}=0$(5-10、8-11 杆长取原杆长的 $\frac{1}{2}$)。

4) 斜腹杆位于对称面 I—I 上,其截面面积取原杆件面积的 $\frac{1}{2}$(注:如处于两个对称面交点的竖腹杆,则取原杆件截面的 $\frac{1}{4}$)。

5. 杆件内力计算

解出式(5.27)得各节点位移后,即可由式(5.20)求出各杆件内力,即

$$
\begin{bmatrix} F_{ij} \\ F_{ji} \end{bmatrix} = \frac{EA}{l_{ij}} \begin{bmatrix} 1 & -1 \\ -1 & 1 \end{bmatrix} \begin{bmatrix} l & m & n & 0 & 0 & 0 \\ 0 & 0 & 0 & l & m & n \end{bmatrix} \begin{bmatrix} u_i \\ v_i \\ w_i \\ u_j \\ v_j \\ w_j \end{bmatrix}
$$

6. 线性方程组求解

式(5.27)的总刚度方程实质上是一个高阶线性方程组,需用计算机求解。常用的方法是矩阵三角分解法(Crout 分解法)。

设线性方程组

$$[K]\{x\} = \{b\} \tag{5.28}$$

式中：$[K]$——$n \times n$ 阶对称正定矩阵；

$\{x\}$、$\{b\}$——列矩阵。

可将 $[K]$ 设法分解为一个非奇异的下三角矩阵 $[L]$ 和一个对角元为 1 的上三角矩阵 $[U]$ 的乘积，即

$$[K] = [L][U] \tag{5.29}$$

可写成

$$
\begin{bmatrix}
k_{11} & k_{12} & \cdots & \cdots & \cdots & k_{1n} \\
k_{21} & k_{22} & & & & k_{2n} \\
\vdots & \vdots & & & & \vdots \\
k_{i1} & k_{i2} & \cdots & k_{ii} & \cdots & k_{in} \\
\vdots & \vdots & & & & \vdots \\
k_{nl} & k_{n2} & \cdots & \cdots & \cdots & k_{nn}
\end{bmatrix}
=
\begin{bmatrix}
l_{11} & & & & & \\
l_{21} & l_{22} & & & & 0 \\
\vdots & & & & & \\
l_{i1} & l_{i2} & \cdots & l_{ii} & & \\
\vdots & & & & & \\
l_{ni} & l_{n2} & \cdots & \cdots & \cdots & l_{nn}
\end{bmatrix}
\begin{bmatrix}
1 & u_{12} & \cdots & \cdots & \cdots & u_{1n} \\
& 1 & u_{22} & \cdots & \cdots & u_{2n} \\
& & & & & \vdots \\
& & & 1 & & \\
0 & & & & & \vdots \\
& & & & & 1
\end{bmatrix}
$$

根据矩阵乘法法则和矩阵相等定义，由式(5.29)得

$$k_{11} = l_{11}, \; k_{12} = l_{11}u_{12}, \cdots, k_{1n} = l_{11}u_{1n}$$

$$k_{21} = l_{21}, \; k_{22} = l_{21}u_{12} + l_{22}\cdots, k_{2n} = l_{21}u_{1n} + l_{22}u_{2n}$$

$$\cdots$$

$$k_{i1} = l_{i1}, \; k_{i2} = l_{i1}u_{12} + l_{i2}, \cdots, k_{in} = l_{i1}u_{1n} + l_{i2} + u_{2n} + \cdots + l_{ii}u_{in}$$

$$\cdots$$

$$k_{n1} = l_{n1}, \; k_{n2} = l_{n1}u_{12} + l_{n2}\cdots, k_{nn} = l_{n1}u_{1n} + l_{n2}u_{2n} + \cdots + l_{nn}$$

因矩阵对称，$k_{12} = k_{21}$，故 $u_{12} = k_{12}/l_{11} = k_{21}/l_{11} = l_{21}/l_{11}$。由此可得矩阵 $[L]$、$[U]$ 系数的递推公式为

$$l_{ij} = k_{ij} - \sum_{k=1}^{j-1} l_{ik}u_{kj}; \qquad u_{ji} = \frac{l_{ij}}{l_{jj}}$$

$$l_{ii} = k_{ii} - \sum_{k=1}^{i-1} l_{ik}u_{ki} \tag{5.30}$$

式中 $j < i; i = 1, 2, \cdots, n; j = 1, 2, \cdots i-1$。

式(5.30)计算次序是 $l_{11} \rightarrow l_{21} \rightarrow u_{12} \rightarrow l_{22} \rightarrow l_{31} \rightarrow u_{13} \rightarrow l_{32} \rightarrow u_{23} \rightarrow l_{33} \rightarrow \cdots \rightarrow l_{nn}$。

将式(5.29)代入式(5.28)得

$$[L][U]\{x\} = \{b\} \tag{5.31}$$

令

$$[U]\{x\} = \{y\}$$

则

$$[L]\{y\} = \{b\} \tag{5.32}$$

即

$$
\begin{bmatrix}
l_{11} & 0 & 0 & \cdots & 0 \\
l_{21} & l_{22} & 0 & \cdots & 0 \\
l_{31} & l_{32} & l_{33} & \cdots & 0 \\
\vdots & \vdots & \vdots & & \vdots \\
l_{n1} & l_{n2} & l_{n3} & \cdots & l_{nn}
\end{bmatrix}
\begin{bmatrix}
y_1 \\
y_2 \\
y_3 \\
\vdots \\
y_n
\end{bmatrix}
=
\begin{bmatrix}
b_1 \\
b_2 \\
b_3 \\
\vdots \\
b_n
\end{bmatrix}
$$

由上式得

$$l_{11}y_1 = b_1$$

$$l_{21}y_1 + l_{22}y_2 = b_2$$

$$l_{n1}y_1 + l_{n2}y_2 + \cdots + l_{nn}y_n = b_n$$

由此得$\{y\}$中各元素的递推公式

$$y_i = \frac{1}{l_{ii}} \left(b_i - \sum_{k=1}^{i-1} l_{ik}y_k \right) \qquad (i = 1, 2, \cdots, n) \tag{5.33}$$

这步计算称对右端项$\{b\}$的约化。

求得$\{y\}$后,再由$[u]\{x\} = \{y\}$,求解$\{x\}$。即

$$\begin{bmatrix} 1 & u_{12} & \cdots & \cdots & u_{1n} \\ 0 & 1 & \cdots & \cdots & u_{2n} \\ 0 & 0 & \cdots & \cdots & u_{3n} \\ \vdots & \vdots & \vdots & \vdots & \vdots \\ 0 & 0 & \cdots & \cdots & 1 \end{bmatrix} \begin{bmatrix} x_1 \\ x_2 \\ x_3 \\ \vdots \\ x_n \end{bmatrix} = \begin{bmatrix} y_1 \\ y_2 \\ y_3 \\ \vdots \\ y_n \end{bmatrix}$$

由上式最后一行开始计算,可得

$$x_n = y_n$$

$$x_{n-1} + u_{n-1n}x_n = y_{n-1}$$

$$x_1 + u_{12}x_2 + \cdots + u_{1n}x_n = y_1$$

由此得$\{x\}$中各元素的递推公式

$$x_i = y_i - \sum_{k=i+1}^{n} u_{ik}x_k \qquad (i = n, n-1, \cdots, 1) \tag{5.34}$$

这步计算称回代过程。

另一个方法将式(5.28)中$[K]$分解为

$$[K] = [L][L_0][L]^{\mathrm{T}}$$

即

$$[L][L_0][L]^{\mathrm{T}}\{x\} = \{b\}$$

式中:$[L]$——下三角矩阵;

$[L_0]$——主对角矩阵;

$[L]^T$——$[L]$的转置矩阵,是上三角矩阵。

同理,可得$[L]$的递推公式

$$l_{i1} = k_{i1} \qquad (i = 1, 2, \cdots, n)$$

其他元素

$$l_{ij} = k_{ij} - \sum_{k=1}^{j-1} \frac{1}{l_{kk}} l_{ik}l_{jk} \qquad (n > i > j; i = 2, \cdots, n; j = 2, \cdots, n)$$

当$i = j$时

$$l_{ii} = l_{jj} = k_{ii} - \sum_{k=1}^{j-1} \frac{1}{l_{kk}} l_{ik}$$

令 $[L][L_0][T]^{\mathrm{T}}\{x\}=\{b\}$ 中的 $[L_0][L]^{\mathrm{T}}\{x\}=\{y\}$，即 $[L]\{y\}=\{b\}$。求得 $\{y\}$。得 $\{y\}$ 的递推公式与式(5.34)相同。以后的解题方法同前。

此法在矩阵分解时较前法略繁，但在处理支承条件时，较前法方便，只需调用 $[L_0]$，加以处理即可。

5.4.3 温度作用下网架效应的计算

当网架结构不满足 5.1 的条件时，需计算温度变化而引起的网架内力。它的基本原理是首先将网架各节点加以约束，求出因温度变化而引起的杆件固端力和各节点的节点不平衡力，然后取消约束，将节点不平衡力反作用到节点上，用空间杆系有限元法求节点不平衡力引起的杆件内力。最后将杆件固端内力 N_{ij}^0 与由节点不平衡力 N_{ij}^1 引起的杆件内力叠加，即求得网架的杆件温度应力 N_{ij}^t。

（1）因温度变化而引起的杆件固端内力 N_{ij}^0

当网架节点被约束时，因温度变化而引起的 ij 杆的固端内力为

$$N_{ij}^0 = -E\Delta_{\mathrm{t}}\alpha A_{ij} \tag{5.35}$$

式中：N_{ij}^0——ij 杆的固端内力；

Δ_{t}——温差，升温为正；

α——钢材的线膨胀系数，一般取为 0.000012/℃；

A_{ij}——ij 杆的截面面积。

同时，杆件对节点产生固端节点力，其大小与杆件的固端内力相同，方向与它相反。设 ij 杆在 i 端的杆端力为 P_{ij}^0，其方向如图 5.52 所示，即其方向与自端到另一端的方向相同者为正，则端的杆端内力在结构整体坐标系上的分力为

$$-P_{ix} = P_{jx} = E\Delta_{\mathrm{t}}\alpha A_{ij}\cos\alpha$$
$$-P_{iy} = P_{jy} = E\Delta_{\mathrm{t}}\alpha A_{ij}\cos\beta$$
$$-P_{iz} = P_{jz} = E\Delta_{\mathrm{t}}\alpha A_{ij}\cos\gamma$$

$\cos\alpha$、$\cos\beta$、$\cos\gamma$ 分别为 ij 杆（自 i 端到 j 方向）与 x、y、x 轴夹角的方向余弦。

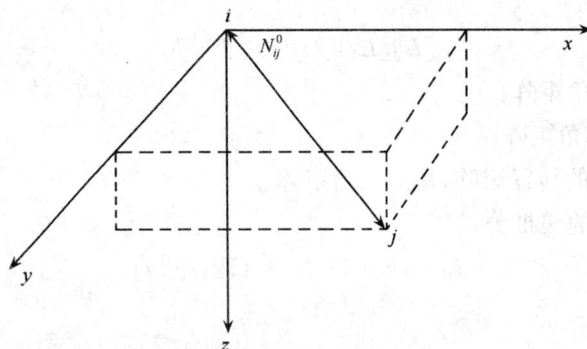

图 5.52 杆端节点力

（2）求节点不平衡力引起的杆件内力 N_{ij}^1

设与 i 节点相连的杆件有 m 根，见图 5.53，则由固端节点力引起 i 节点不平衡力的分

力为

$$P_{ix} = \sum_{k=1}^{m} - E\Delta_t \alpha A_{ik} \cos\alpha_k$$

$$P_{iy} = \sum_{k=1}^{m} - E\Delta_t \alpha A_{ik} \cos\beta_k \Bigg\} \qquad (5.36)$$

$$P_{iz} = \sum_{k=1}^{m} - E\Delta_t \alpha A_{ik} \cos\gamma_k$$

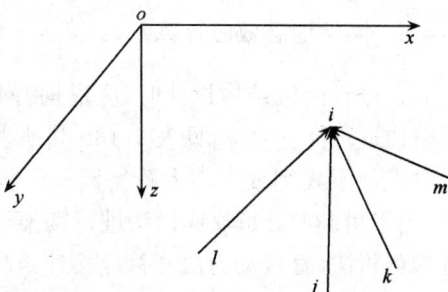

图 5.53　i 节点不平衡力

式中：m——相交与节点 i 上的杆件数。

同理，可求出网架其他节点不平衡力。把各节点上的节点不平衡力反向作用在网架各节点上，即建立有节点不平衡力引起结构总刚度方程，其表达式为

$$[K]\{\delta\} = - [P^t] \qquad (5.37)$$

式中：$[K]$——结构总刚度矩阵；

$\{\delta\}$——由节点不平衡力引起的节点位移列矩阵；

$$\{\delta\} = [u_1 v_1 w_1 \cdots u_i v_i w_i \cdots u_n v_n w_n]^T$$

式中：u_i、v_i、w_i——第 i 节点在 x、y、z 方向的位移。

$[P^t]$——节点不平衡力列矩阵。

$$[P^t] = [P_{1x} P_{1y} P_{1z} \cdots P_{ix} P_{iy} P_{iz} \cdots]^T$$

式中：P_{ix}、P_{iy}、P_{iz}——作用在第 i 节点上的节点不平衡力，由式(5.36)求得。

式(5.37)必须引入边界条件后才能有解。对于计算温度应力时的边界条件应如何处理才能更符合实际情况，目前还缺少实验资料。对于周边简支的网架，当网架支座节点支承在钢筋混凝土梁上时，因钢与钢筋混凝土的膨胀系数极为接近，所以当温度变化时，网架沿周边方向所受到的约束比较小。因此，一般认为，网架支座节点切向无约束。而网架边界节点的法向变形则受到支承结构约束，其弹性约束系数为 K_c 可按式(5.12)计算。对于点支承或支承与柱顶的周边支网架，沿柱子的径向和切向都受到支承结构的约束，其弹性约束系数可按式(5.12)计算，其中 I_c 应取相应惯性矩。

考虑了边界条件后，从式(5.37)可求出节点位移，即

$$\{\delta\} = - [K]^{-1}[P^t] \qquad (5.38)$$

ij 杆由节点不平衡力引起杆件内力为

$$N_{ij}^1 = \frac{EA_{ij}}{l_{ij}}[(u_j - u_i)\cos\alpha + (v_j - v_i)\cos\beta + (w_j - w_i)\cos\gamma] \qquad (5.39)$$

(3) 网架杆件的温度应力

网架杆件的温度应力由杆件固端力与节点不平衡力引起的杆件内力迭加而得，即

$$N_{ij}^t = N_{ij}^0 + N_{ij}^1$$

将式(5.35)和式(5.39)代入上式得

$$N_{ij}^t = EA_{ij}\left[\frac{\cos\alpha(u_j - u_i) + \cos\beta(v_j - v_i) + \cos\gamma(w_j - w_i)}{l_{ij}} - \Delta_t\alpha\right] \qquad (5.40)$$

5.4.4 网架地震效应计算

在进行网架结构设计时,应根据《网架结构设计与施工规程》(JGJ 7-91)的规定对网架结构进行抗震验算,见表 5.16。其地震效应的计算可采用拟静法或振型分解反应谱法,但对平面不规则或甲类大跨度网架结构还应采用时程分析法进行多遇地震下的补充计算。当采用振型分解反应谱法进行网架结构地震响应分析时,应取前 10~15 个振型;采用时程分析法(直接动力法)时,应按建筑场地类别和设计地震分组选用不小于两组的实际强震记录和一组人工模拟的加速度时程曲线,加速度曲线幅值应根据与抗震设防烈度相应的多遇地震的加速度峰值进行调整,加速度时程的最大值按表 5.17 采用。

表 5.16 地震烈度与网架抗震预算

地震烈度	结构范围	竖向抗震验算	水平抗震验算
6		不计算	不计算
7	网架屋盖结构	不计算	不计算
	其他	计算	不计算
8	周边支承中小跨度网架	计算	不计算
	其他	计算	计算
9		计算	计算

表 5.17 时程分析所用的地震加速度时程曲线的最大值(cm/s²)

地震影响	6 度	7 度	8 度	9 度
多遇地震	18	35(55)	70(110)	140

1. 拟静法

(1)水平地震作用时的内力计算

我国《网架结构设计与施工规程》(JGJ 7-91)指出,对于无天窗等突出物的网架结构,可将其作为一块刚性平板,并把屋盖质量集中作用在柱顶;根据支承结构的水平刚度求出作用在网架结构上的总水平地震力 P(当为单质点体系时,P 即为结构底部剪力 Q_0)。然后按各节点自重荷载代表值的比例将 P 作用于各节点上。按式(5.41)计算作用在各节点上的水平地震力 P_i 为

$$P_i = \frac{G_i}{\sum_i G_i} P \tag{5.41}$$

式中:G_i——地震时第 i 节点上的自重荷载代表值;

$\sum_i G_i$——地震时总的自重荷载代表值。

在水平地震力 P_i 作用下,网架的内力和位移按采用空间杆系有限元法计算。

(2)考虑竖向地震作用时的内力计算

根据《建筑抗震设计规范》(GB 50011-2001)规定,作用在网架各节点上的竖向地震荷载按式(5.42)计算。

$$F_{vik} = \pm \ \psi_v G_i \qquad\qquad (5.42)$$

式中:F_{vik}——作用在网架第 i 节点上竖向地震作用标准值;

G_i——网架第 i 节点的重力荷载代表值,按表 5.13 进行计算;

ψ_v——竖向地震作用系数,查表 5.18。

表 5.18　竖向地震作用系数

设防烈度	设计基本地震加速度	场地类别			悬挑长度较大时(各类场地)
		I 类	II 类	III、IV 类	
8	0.2g	不计算	0.08	0.10	0.10
	0.3g	0.1	0.12	0.15	0.15
9	0.4g	0.15	0.15	0.20	0.20

在竖向地震力作用下,网架的内力和位移可采用空间杆系有限元法计算。

2. 网架竖向地震反应的反应谱法

(1) 竖向地震反应谱取值

在抗震工程设计中常用的标准反应谱称为设计谱,它通常是现有强震加速度记录的反应谱的统计分析结果,是许多次地震反应谱的包线或平均线,它是结构物可能产生的设计最大反应的标志。

我国学者对竖向地震记录进行了专门的研究,对 203 条美国竖向地震记录、14 条日本竖向地震记录和 40 条中国竖向地震记录进行了综合统计分析,建议竖向地震影响系数 α_v 的取值按图 5.54 采用。竖向地震影响系数最大值 α_{vm} 按表 5.19 取值。

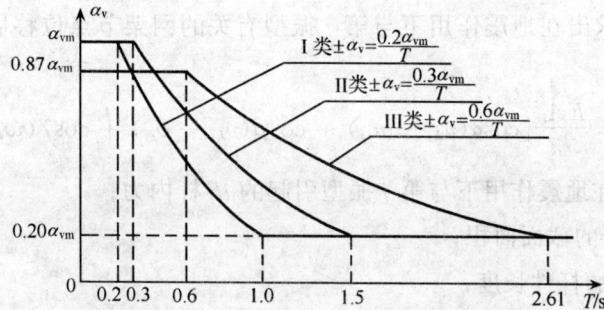

图 5.54　竖向地震影响系数

表 5.19　竖向地震影响系数最大值 α_{vm}

设计烈度	7 度	8 度	9 度
α_{vm}	0.04	0.08	0.16

(2) 反应谱法基本原理

首先求网架的前 E 个自振频率、自振周期和振型。自振周期 T 与自振频率 ω 间有如下关系:

$$T = \frac{2\pi}{\omega} \tag{5.43}$$

在地震作用下与第 j 振型有关的位移为

$$\{\delta\}_j = \{\Delta\}_j \eta_j \mu_j \tag{5.44}$$

式中：$\{\delta\}_j$——在地震作用下与第 j 振型有关的节点位移列矩阵

$$\{\delta\}_j = [u_{1j}v_{1j}w_{1j}\cdots u_{ij}v_{ij}w_{ij}\cdots u_{l_0j}v_{l_0j}w_{l_0j}]^{\mathrm{T}}$$

式中：u_{ij}、v_{ij}、w_{ij}——表示与第 j 振型有关的节点 i 在 x、y、z 方向的位移。

$\{\Delta\}_j$——第 j 振型；

$$\{\Delta\}_j = [\Delta_{1xj}\Delta_{1xj}\Delta_{1xj}\cdots \Delta_{ixj}\Delta_{iyj}\Delta_{izj}\cdots \Delta_{l_0xj}\Delta_{l_0yj}\Delta_{l_0zj}]^{\mathrm{T}}$$

式中：Δ_{ixj}、Δ_{iyj}、Δ_{izj}——分别为第 j 振型的第 i 节点在 x、y、z 方向的振幅。

η_j——第 j 振型的振型参与系数

$$\eta_j = \frac{\displaystyle\sum_{i=1}^{l_0} m_i \Delta_{izj}}{\displaystyle\sum_{i=1}^{l_0} m_i (\Delta_{ixj}^2 + \Delta_{iyj}^2 + \Delta_{izj}^2)} \tag{5.45}$$

式中：l_0——网架的节点数；

m_i——网架第 i 节点上的质量。

μ_j——第 j 振型的位移影响系数，它由式(5.46)求得

$$\mu_j = c\alpha_{vj} \tag{5.46}$$

式中：c——结构影响系数，取 $c=0.3$；

α_{vj}——竖向地震反应系数，由第 j 周期 T_j 查图 5.54 求得。

由式(5.44)求出在地震作用下与第 j 振型有关的网架节点位移后，即可求各杆件内力为

$$(N_{ik})_j = \frac{EA_{ik}}{l_{ik}}[\cos\alpha(u_{kj} - u_{ij}) + \cos\beta(v_{kj} - v_{ij}) + \cos\gamma(w_{kj} - w_{ij})] \tag{5.47}$$

式中：$(N_{ik})_j$——在地震作用下与第 j 振型引起的 ik 杆内力；

A_{ik}——ik 杆的截面面积；

l_{ik}——ik 杆的杆件长度；

E——钢材的弹性模量；

α、β、γ——ik 杆自 i 端到 k 端的方向与 x、y、z 轴夹角；

u_{ij}、v_{ij}、w_{ij}、u_{kj}、v_{kj}、w_{kj}——在地震作用下由第 j 振型引起的第 i、k 节点在 x、y、z 方向的位移，由式(5.44)求得。

由地震引起的网架各杆件内力，按式(5.48)计算。

$$N_{ik} = \sqrt{\sum_{j}^{E} (N_{ik})_j^2} \tag{5.48}$$

式中：E——前 E 个自振频率数，对网架可取前 $10\sim15$ 个自振频率进行计算；

N_{ik}——由地震作用引起的第 ik 杆内力。

3. 直接动力法

(1) 基本假定

1）网架节点均为空间铰接节点，每个节点具有三个自由度。

2）质量都集中在各节点上。

3）杆件只承受轴力。

4）柱子下端固结于基础。

5）阻尼力与对地面的相对速度成正比。

6）柱子下端按地面地震波运动。

(2) 网架在地震作用下的振动方程

网架是三维空间结构，第 i 质点在地震作用下的振动方程为

$$m_i \ddot{u}_i + \sum_{j=1}^{l_0} (c_{uiuj}\dot{u}_j + c_{uivj}\dot{v}_j + c_{uiwj}\dot{w}_j) + \sum_{j=1}^{l_0} (K_{uiuj}u_j + K_{uivj}v_j + K_{uiwj}w_j) = -m_i \ddot{u}_0$$

$$(5.49a)$$

$$m_i \ddot{v}_i + \sum_{j=1}^{l_0} (c_{viuj}\dot{u}_j + c_{vivj}\dot{v}_j + c_{viwj}\dot{w}_j) + \sum_{j=1}^{l_0} (K_{viuj}u_j + K_{vivj}v_j + K_{viwj}w_j) = -m_i \ddot{v}_0$$

$$(5.49b)$$

$$m_i \ddot{w}_i + \sum_{j=1}^{l_0} (c_{wiuj}\dot{u}_j + c_{wivj}\dot{v}_j + c_{wiwj}\dot{w}_j) + \sum_{j=1}^{l_0} (K_{wiuj}u_j + K_{wivj}v_j + K_{wiwj}w_j) = -m_i \ddot{w}_0$$

$$(5.49c)$$

式中：l_0——网架的节点数。

将振动方程写成矩阵形式：

$$[m]\{\ddot{\delta}\} + [c]\{\dot{\delta}\} + [k]\{\delta\} = -[m]\{\ddot{\delta}_0\} \tag{5.50}$$

式中：$[c]$——阻尼系数矩阵；

$$[c] = \begin{bmatrix} c_{u1u1} & c_{u1v1} & c_{u1w1} & \cdots & c_{u1ul_0} & c_{u1vl_0} & c_{u1wl_0} \\ \vdots & & & \ddots & & & \vdots \\ c_{ul_0u1} & c_{ul_0v1} & c_{ul_0w1} & \cdots & c_{ul_0ul_0} & c_{ul_0vl_0} & c_{ul_0wl_0} \end{bmatrix}$$

$\{\delta\}$——相对于地面的相对位移列矩阵；

$$\{\delta\} = [u_1 v_1 w_1 \cdots u_i v_i w_i \cdots u_{l_0} v_{l_0} w_{l_0}]^T$$

式中：u_i、v_i、w_i——地震时第 i 节点在 x、y、z 方向相对于地面的位移。

$[\dot{\delta}]$——相对速度列矩阵；

$$\{\dot{\delta}\} = [\dot{u}_1 \dot{v}_1 \dot{w}_1 \cdots \dot{u}_i \dot{v}_i \dot{w}_i \cdots \dot{u}_{l_0} \dot{v}_{l_0} \dot{w}_{l_0}]^T$$

式中：$\dot{u}_i$、$\dot{v}_i$、$\dot{w}_i$——地震时第 i 节点在 x、y、z 方向相对于地面的相对速度。

$[\ddot{\delta}]$——相对加速度列矩阵；

$$\{\ddot{\delta}\} = [\ddot{u}_1 \ddot{v}_1 \ddot{w}_1 \cdots \ddot{u}_i \ddot{v}_i \ddot{w}_i \cdots \ddot{u}_{l_0} \ddot{v}_{l_0} \ddot{w}_{l_0}]^{\mathrm{T}}$$

式中：$\ddot{u}_i$、$\ddot{v}_i$、$\ddot{w}_i$——地震时第 i 节点在 x、y、z 方向相对于地面的相对加速度。

$\{\ddot{\delta}_0\}$——地面运动加速度列矩阵。

$$\{\ddot{\delta}_0\} = [\ddot{u}_0 \ddot{v}_0 \ddot{w}_0 \cdots \ddot{u}_0 \ddot{v}_0 \ddot{w}_0 \cdots \ddot{u}_0 \ddot{v}_0 \ddot{w}_0]^{\mathrm{T}}$$

式中：$\ddot{u}_0$、$\ddot{v}_0$、$\ddot{w}_0$——地震时在 x、y、z 方向的地震加速度。

式(5.50)左边第一项表示惯性力,第二项表示阻尼力,第三项表示弹性力,右端项表示地震作用。

(3) 网架的地震反应分析

式(5.50)微分方程的解由两部分组成,一部分是齐次解,即自由震动;另一部分为特解,即强迫震动。在一般情况下,自由震动衰减很快,可以不计,因此只需求特解。设式(5.50)的解 $\{\delta\}$ 为

$$\{\delta\} = [\Phi]\{G(t)\} \tag{5.51}$$

式中：$[\Phi]$——振型；

$$[\Phi] = \begin{bmatrix} \Delta_{11} & \cdots & \Delta_{1i} & \cdots & \Delta_{1E} \\ \Delta_{21} & \cdots & \Delta_{2i} & \cdots & \Delta_{2E} \\ \vdots & & \vdots & & \vdots \\ \Delta_{n1} & \cdots & \Delta_{n2} & \cdots & \Delta_{nE} \end{bmatrix}_{n \times E}$$

式中：E——网架的 E 个振型。

$\{G(t)\}$——广义坐标,时间 t 的函数。

$$\{G(t)\} = [G(t)_1, G(t)_2, G(t)_3 \cdots G(t)_E]^{\mathrm{T}} \tag{5.52}$$

将式(5.51)对 t 求一阶和二阶导数,得

$$\left. \begin{array}{l} \{\dot{\delta}\} = [\phi]\{\dot{G}(t)\} \\ \{\ddot{\delta}\} = [\phi]\{\ddot{G}(t)\} \end{array} \right\} \tag{5.53}$$

将式(5.52)和式(5.51)代入式(5.50)得

$$[m][\phi]\{\ddot{G}(t)\} + [c][\phi]\{\dot{G}(t)\} + [k][\phi]\{G(t)\} = -[m]\{\ddot{\delta}_0\} \tag{5.54}$$

由式(5.54)左乘 $[\phi]^{\mathrm{T}}$ 得

$$[\phi]^{\mathrm{T}}[m][\phi]\{\ddot{G}(t)\} + [\phi]^{\mathrm{T}}[c][\phi]\{\dot{G}(t)\} + [\phi]^{\mathrm{T}}[K][\phi]\{G(t)\} = -[\phi]^{\mathrm{T}}[m]\{\ddot{\delta}_0\} \tag{5.55}$$

根据振型的正交特性,当 $k \neq j$ 时

$$\left. \begin{array}{l} [\phi]_k^{\mathrm{T}}[m][\phi]_j = 0 \\ [\phi]_k^{\mathrm{T}}[K][\phi]_j = 0 \end{array} \right\} \tag{5.56}$$

当 $k = j$ 时

$$\left. \begin{array}{l} [\phi]_k^{\mathrm{T}}[m][\phi]_j = \gamma_j^2 \\ [\phi]_k^{\mathrm{T}}[K][\phi]_j = w_j^2 \gamma_j^2 \end{array} \right\} \tag{5.57}$$

并且近似假定

$$\left.\begin{array}{l}[\phi]_k^{\mathrm{T}}[c][\phi]_j = 0(k \neq j) \\ [\phi]_k^{\mathrm{T}}[c][\phi]_j = D_j(k = j)\end{array}\right\} \tag{5.58}$$

则式(5.55)可写成

$$[\gamma^2]\{\ddot{G}(t)\} + [D]\{\dot{G}(t)\} + [w^2\gamma^2]\{G(t)\} = -[\phi]^{\mathrm{T}}[m]\{\ddot{\delta}_0\} \tag{5.59}$$

式中:$[\gamma^2]$——广义质量矩阵,它是 $E \times E$ 阶对角矩阵;

$$[\gamma^2] = \begin{bmatrix} \gamma_1^2 & & & & & 0 \\ & \gamma_2^2 & & & & \\ & & 0 & & & \\ & & & \gamma_j^2 & & \\ & & & & 0 & \\ 0 & & & & & \gamma_E^2 \end{bmatrix}$$

$$\gamma_j^2 = \sum_{i=1}^{l_0} m_i(\Delta_{ixj}^2 + \Delta_{iyj}^2 + \Delta_{izj}^2)$$

$$(j = 1, 2, \cdots, E)$$

式中:$\Delta_{ixj}^2 + \Delta_{iyj}^2 + \Delta_{izj}^2$——第 j 振型时 i 节点沿 x、y、z 方向的振幅;

l_0——网架节点数;

E——振型数。

$[\omega^2\gamma^2]$——广义刚度矩阵,它是 $E \times E$ 阶对角矩阵;

$$[\omega^2\gamma^2] = \begin{bmatrix} \omega_1^2\gamma_1^2 & & & & 0 \\ & 0 & & & \\ & & \omega_j^2\gamma_j^2 & & \\ & & & 0 & \\ 0 & & & & \omega_E^2\gamma_E^2 \end{bmatrix}$$

式中:ω_j——按从小到大次序第 j 个自振频率。

$[D]$——广义阻尼矩阵,它是 $E \times E$ 阶对角矩阵。

$$[D] = \begin{bmatrix} D_1 & & & & 0 \\ & 0 & & & \\ & & D_j & & \\ & & & 0 & \\ 0 & & & & D_E \end{bmatrix}$$

式(5.59)成为 E 个自由度的震动方程,它的一般解析式为

$$\ddot{G}_j(t) + 2\xi\omega_i\ddot{G}_j(t) + \omega_j^2 G_j(t) = -\left[\frac{\sum\limits_{i=1}^{l_0} m_i\Delta_{ixj}}{\gamma_j^2}\ddot{u}_0(t) + \frac{\sum\limits_{i=1}^{l_0} m_i\Delta_{iyj}}{\gamma_j^2}\ddot{v}_0(t) + \frac{\sum\limits_{i=1}^{l_0} m_i\Delta_{izj}}{\gamma_j^2}\ddot{w}_0(t)\right]$$

$$\tag{5.60}$$

$$2\xi\omega_j = \frac{D_j}{\gamma_j^2}$$

式中:ξ——阻尼比,对于周边固定铰支承钢网架结构,阻尼比一般取 0.02。

$$\left.\begin{aligned}\eta_{jx} &= \frac{\sum\limits_{i=1}^{l_0} m_i \Delta_{ixj}}{\gamma_j^2} \\[6pt] \eta_{jy} &= \frac{\sum\limits_{i=1}^{l_0} m_i \Delta_{iyj}}{\gamma_j^2} \\[6pt] \eta_{jz} &= \frac{\sum\limits_{i=1}^{l_0} m_i \Delta_{izj}}{\gamma_j^2}\end{aligned}\right\} \tag{5.61}$$

式中:η_{jx}、η_{jy}、η_{jz}——称为第 j 振型在 x、y、z 的振型参与系数。

这样,式(5.60)可写成

$$\ddot{G}_j(t) + 2\xi\omega_i \dot{G}_j(t) + \omega_j^2 G_j(t) = -\left[\eta_{jx}\ddot{u}_0(t) + \eta_{jy}\ddot{v}_0(t) + \eta_{jz}\ddot{w}_0(t)\right] \tag{5.62}$$

式(5.62)的特解为

$$G_j(t) = \eta_{jx} f_{jx}(t) + \eta_{jy} f_{jy}(t) + \eta_{jz} f_{jz}(t) \tag{5.63}$$

式中:$f_{jx}(t)$、$f_{jy}(t)$、$f_{jz}(t)$——在 t 秒时刻由 x、y、z 方向地震波 $\ddot{u}_0(t)$、$\ddot{v}_0(t)$、$\ddot{w}_0(t)$ 引起的地震反应。

$f_{jx}(t)$、$f_{jy}(t)$、$f_{jz}(t)$ 由 Duhamel 积分求得,其值为

$$f_{jx}(t) = -\frac{1}{\omega_j'}\int_0^t \ddot{u}_0(\tau)\exp(-\xi\omega_i(t-\tau))\sin[\omega_j'(t-\tau)]\mathrm{d}\tau \tag{5.64a}$$

$$f_{jy}(t) = -\frac{1}{\omega_j'}\int_0^t \ddot{v}_0(\tau)\exp(-\xi\omega_i(t-\tau))\sin[\omega_j'(t-\tau)]\mathrm{d}\tau \tag{5.64b}$$

$$f_{jz}(t) = -\frac{1}{\omega_j'}\int_0^t \ddot{w}_0(\tau)\exp(-\xi\omega_i(t-\tau))\sin[\omega_j'(t-\tau)]\mathrm{d}\tau \tag{5.64c}$$

式中

$$\omega_t' = \sqrt{1-\xi^2}\omega_j$$

当 $\ddot{u}_0$、$\ddot{v}_0$、$\ddot{w}_0$ 的变化不规则时,式(5.64)的计算必须用数值积分来完成,式(5.59a)也可改写成

$$f_{jx}(t) = \frac{1}{\omega_j'}\int_0^t \ddot{u}_0(\tau)\frac{\exp(\xi\omega_i\tau)}{\exp(\xi\omega_j\tau)}[\cos(\omega_j't)\sin(\omega_j'\tau) - \sin[\omega_j't]\cos[\omega_j'\tau]]\mathrm{d}\tau$$

或

$$f_{jx}(t) = B_u(t)\frac{\cos(\omega_j't)}{2\omega_j'} - A_u(t)\frac{\sin(\omega_j't)}{2\omega_j'} \tag{5.65}$$

式中

$$\left.\begin{aligned}A_u(t) &= 2\int_0^t \ddot{u}_0(\tau)\frac{\exp(\xi\omega_j\tau)}{\exp(\xi\omega_jt)}\cos(\omega_j't)\mathrm{d}\tau \\[6pt] B_u(t) &= 2\int_0^t u_0(\tau)\frac{\exp(\xi\omega_j\tau)}{\exp(\xi\omega_jt)}\sin(\omega_j't)\mathrm{d}\tau\end{aligned}\right\} \tag{5.66}$$

式(5.66)可用梯形数值积分求得。

式(5.64b)也可写成

$$f_{jy}(t) = B_v(t)\frac{\cos(\omega_j't)}{2\omega_j'} - A_v(t)\frac{\sin(\omega_j't)}{2\omega_j'} \tag{5.67}$$

式中

$$A_v = \left[A_v(t - \Delta t_i) + \Delta t_i\ddot{v}_0(i-1)\cos\left(\omega_j'\sum_{k=1}^{i-1}\Delta t_k\right)\right]\exp(-\xi\omega_j\Delta t_i)$$

$$+ \Delta t_i\ddot{v}_0(i)\cos\left(\omega_j'\sum_{k=1}^{i}\Delta t_k\right)\right] \tag{5.68a}$$

$$B_v = \left[B_v(t - \Delta t_i) + \Delta t_i\ddot{v}_0(i-1)\sin\left(\omega_j'\sum_{k=1}^{i-1}\Delta t_k\right)\right]\exp(-\xi\omega_j\Delta t_i)$$

$$+ \Delta t_i\ddot{v}_0(i)\sin\left(\omega_j'\sum_{k=1}^{i}\Delta t_k\right)\right] \tag{5.68b}$$

$$f_{jz}(t) = B_w(t)\frac{\cos(\omega_j't)}{2\omega_j'} - A_w(t)\frac{\cos(\omega_j't)}{2\omega_j'} \tag{5.69}$$

式中

$$A_w = \left[A_w(t - \Delta t_i) + \Delta t_i\ddot{w}_0(i-1)\cos\left(\omega_j'\sum_{k=1}^{i-1}\Delta t_k\right)\right]\exp(-\xi\omega_j\Delta t_i)$$

$$+ \Delta t_i\ddot{w}_0(i)\cos\left(\omega_j'\sum_{k=1}^{i}\Delta t_k\right)\right] \tag{5.70a}$$

$$B_v = \left[B_v(t - \Delta t_i) + \Delta t_i\ddot{v}_0(i-1)\sin\left(\omega_j'\sum_{k=1}^{i-1}\Delta t_k\right)\right]\exp(-\xi\omega_j\Delta t_i)$$

$$+ \Delta t_i\ddot{v}_0(i)\sin\left(\omega_j'\sum_{k=1}^{i}\Delta t_k\right)\right] \tag{5.70b}$$

(4) 网架的杆件内力

按式(5.51)求出网架各节点由于地面运动而引起的节点位移$\{\delta\}$之后,由式(5.71)求网架杆件内力。

$$N_{ij} = \frac{EA_{ij}}{l_{ij}}\left[(u_j - u_i)\cos\alpha + (v_j - v_i)\cos\beta + (w_j - w_i)\cos\gamma\right] \tag{5.71}$$

式中:N_{ij}、A_{ij}、l_{ij}——ij 杆内力、截面面积、杆件长度;

u_i、v_i、w_i、u_j、v_j、w_j——网架第 i、j 节点由于地面运动而引起的在 x、y、z 方向的位移分量;

α、β、γ——ij 杆与 x、z、y 轴的夹角。

综上所述,网架的地震反应分析步骤为:

1) 用子空间迭代法求网架前几个低频和相应振型$[\phi]$。

2) 输入地震波及地震反应时间 t。

3) 由式(5.65)、式(5.67)和式(5.69)求 t 秒时的 f_{jx}、f_{jy}、f_{jz}。

4) 由式(5.63)求 t 秒时的 $G_j(t)$。

5) 由式(5.51)求 t 秒时,由于地面运动而引起的节点位移。

6) 由式(5.71)求网架各杆件内力。

这里应注意,网架各杆件由于地面运动引起的杆件内力的最大值(最大地震反应)并不一定在同一时刻产生，为了找出不同时刻运动时，杆件内力的最大值，每次输入时刻间隔尽可能小，一般取 $\Delta t = \dfrac{T}{10}$（T 为第一振型自震周期），这样才能求出杆件的最大地震反应。

（5）一维地震作用下的地震反应

上述计算中，考虑了三个方向地震力作用若只考虑某一方向地震力作用时，则式（5.63）的计算变为如下三种情况。

1）竖向地震波作用。

因 $\ddot{u}_0(t) = \ddot{v}_0(t) = 0$，式（5.50）的右端项 $[\ddot{\delta}_0]$ 变为

$$\{\ddot{\delta}_0\} = [00\ddot{w}_0 \cdots 00\ddot{w}_0 \cdots 00\ddot{w}_0]^{\mathrm{T}}$$

式（5.64a、b）的积分值为零，即

$$f_{jx}(t) = f_{jy}(t) = 0$$

式（5.63）成为

$$G_j(t) = \eta_{jz} f_{jz}(t) \tag{5.72}$$

2）x 方向水平地震波作用。

这时，$\ddot{v}_0(t) = \ddot{w}_0(t) = 0$，所以 $f_{jy}(t) = f_{jz}(t) = 0$，式（5.63）成为

$$G_j(t) = \eta_{jx} f_{jx}(t) \tag{5.73}$$

3）y 方向水平地震波作用。

这时，$\ddot{u}_0(t) = \ddot{w}_0(t) = 0$，所以 $f_{jx}(t) = f_{jz}(t) = 0$，式（5.63）成为

$$G_j(t) = \eta_{jy} f_{jy}(t) \tag{5.74}$$

如果网架结构是对称的，作用在网架上的荷载（包括地震作用）也是对称的，则用振型叠加法求地震反应时，可利用对称性取 $\dfrac{1}{2}$、$\dfrac{1}{4}$、$\dfrac{1}{2n}$ 块网架来计算。数值积分的精度与 Δ_t 取值有关。

其次，按式（5.73）和式（5.74）计算网架地震水平反应，由于没有考虑屋面板共同作用，计算将偏于安全。

5.5　网架结构的杆件和节点设计

5.5.1　网架结构的杆件设计

1. 杆件的常用材料及截面形式

（1）杆件的材料

目前，国内的大多数网架所采用的材料均为钢材。钢材根据《钢结构设计规范》（GB 50017-2003）所推荐的为 Q235（原 A3 号钢）和 Q345 钢（原 16Mn 钢）。其中 Q345 钢由于强度高，宜用于大跨度或荷载较大的网架。但对于焊接杆件不应采用 Q235-A 钢，因为此种牌号的钢材的含碳量不作为交货条件，对处于低温环境需验算疲劳的网架结构，不应采用 Q235-A 和 B 钢，因这两种牌号的钢材不保证低温冲击韧性的合格。

（2）杆件截面形式

杆件的截面形式很多，但以空腹截面为最优，如圆钢管、方钢管等。其他截面形式如轧制型钢、冷弯薄壁型钢等也可以采用。圆钢管截面有高频电焊钢管及无缝钢管两种。在设计中应尽量采用高频电焊钢管，因为它较无缝钢管造价便宜且管壁较薄，壁厚一般在5mm以下，无缝钢管多为壁厚在5mm以上的厚壁管。根据资料分析表明，当在截面面积相等的条件下，圆钢管的轴压承载力是两个等肢角钢组成T型截面的1.2～2.75倍。而且圆钢管的各方向惯性矩相同、截面封闭、回转半径大，对受压受扭有利。此外，圆钢管的端部封闭后，内部不易锈蚀，表面也难以积灰和积水，具有较好的防腐性能。薄壁方钢管具有回转半径大、两个方向回转半径相等的特点，也是一种较为经济的截面。由于它在屋面上可以使屋面板直接搁置其上，在国外有着广泛的应用，在国内因为无适合这种截面的节点形式，应用还不广泛。角钢组成的T型截面适合板节点连接，因为在工地焊接工作量大，制作复杂，也较少采用。在国外的大跨度网架结构中也有采用槽钢、工字钢等作为杆件的。

2. 杆件的计算长度和容许长细比

（1）杆件的计算长度

焊接网架与平面桁架相比，由于网架节点处汇集了较多的杆件，节点的嵌固作用较大，可增强受压杆件的稳定性。因此焊接网架杆件的计算长度如按平面桁架的有关规定采用，显然是偏于保守的。螺栓球节点网架因节点构造的特殊性，节点对杆件的约束很小，近似于铰节点，杆件计算长度可按几何长度计算。《网架结构设计与施工规程》(JGJ7-91)中规定的计算长度取值是经过模型试验和分析研究确定的。根据网架节点的不同连接形式可按表5.20采用。

表 5.20 网架杆件计算长度

杆件种类	节 点		
	螺栓球	焊接空心球	板节点
上下弦杆及支座腹杆	l	$0.9l$	$0.8l$
腹　杆	l	$0.8l$	$0.8l$

注：l 为杆件几何长度（节点中心间距离）。

（2）杆件的容许长细比

网架杆件的长细比有一个限值即容许长细比，在设计网架的杆件截面时，杆件的长细比不应该超过容许长细比。对于受压的杆件，容许长细比主要是防止杆件过于细长容易产生初弯曲。而该初弯曲对于压杆稳定极限承载力有较大的影响；对于受拉的杆件，容许长细比主要是保证杆件在制作、运输、安装和使用过程中有一定的刚度。《网架结构设计与施工规程》(JGJ7-91)中规定的容许长细比按表5.21采用。

表 5.21 网架杆件长细比

杆　件　种　类		容许长细比
受　压　杆　件		180
受　拉　杆　件	一般杆件	400
	支座附近处杆件	300
	直接承受动力荷载杆件	250

3. 杆件的截面选择和构造要求

(1) 杆件的截面选择

除杆件的强度计算和稳定性验算之外,杆件的选取应该注意以下几点:

1) 一个网架所选杆件的截面规格不宜过多,一般较小跨度网架以 2～3 种为宜,较大跨度的网架也不宜超过 6～7 种。

2) 对相同截面面积的杆件,宜选择薄壁截面,以增大回转半径对稳定有利。

3) 杆件截面规格的选择宜用市场上经常供应的规格。设计手册上所载的规格不一定都能供应。常用的钢管规格有:$\phi48\times3.5$,$\phi60\times3.5$,$\phi75.5\times3.75$,$\phi88.5\times4$,$\phi114\times4$,$\phi133\times6$,$\phi140\times4.5$,$\phi159\times10$,$\phi159\times12$,$\phi165\times4.5$,$\phi180\times14$ 等。

4) 杆件长度与网架网格尺寸有关,确定网格尺寸时,除考虑最优尺寸及屋面板制作条件等因素外,也应考虑一般常用的定尺长度,以避免剩头过长造成浪费。

5) 钢管出厂一般均有负公差,所以在选择截面时应当适当留有余地。

(2) 杆件的构造要求

杆件截面过小,容易产生对受力不利的初弯曲,所以对网架的杆件有最小截面的规定。普通角钢不宜小于 50×3,圆钢管不宜小于 $\phi48\times2$,较大跨度的网架杆件的外径不宜小于 $\phi60$。此外,为了便于施焊和防腐要求,圆钢管的壁厚不宜太薄,一般不小于 2mm。由于网架的杆件为轴向受力杆,因此,杆件上不可承受横向荷载。

网架杆件在构造设计时,宜避免难于检查、清刷、油漆及积留湿气或灰尘的死角或凹槽。对于管形截面,应将两端封闭。

受拉杆件一般不宜设有接头,受压杆件也只容许有一个接头,且该接头应设在受力较小区域,并避免接头过于集中。

4. 杆件的设计计算

网架杆件主要承受轴向拉力和轴向压力,因此,杆件的截面设计计算根据《钢结构设计规范》(GB 50017-2003)按轴心受拉或轴心受压进行,应满足强度和稳定的要求。

(1) 轴心受拉

$$\sigma = \frac{N}{A} \leqslant f \tag{5.75}$$

$$\lambda = \frac{\mu l}{i_{\min}} \leqslant [\lambda] \tag{5.76}$$

(2) 轴心受压

$$\sigma = \frac{N}{\varphi A} \leqslant f \tag{5.77}$$

$$\lambda = \frac{\mu l}{i_{\min}} \leqslant [\lambda] \tag{5.78}$$

上述式中:N——杆件轴力设计值;

A——杆件截面面积;

λ——杆件长细比;

l——杆件的几何长度；

i_{min}——杆件的最小回转半径；

μ——计算长度系数；

f——压杆的稳定系数，可由附录表查得；

f——钢材强度设计值。

当杆件截面不能满足强度或稳定性的要求时，应当加大截面的规格，通常说来，截面的规格改变将引起杆件内力的改变，因此，杆件截面的计算由计算机完成，截面的选择也是根据提供的截面规格，按满应力原则选择最经济截面。

5.5.2 网架节点的特性和类型

在网架设计中，节点起着连接杆件、传递杆件内力的作用，同时也是网架与屋面结构、吊顶、灯具、管道、悬挂吊车等构件和设施的连接之处，起着传递屋面和悬挂荷载的作用。因此，节点是网架的重要组成部分。

由于网架属空间杆系结构，交汇于单个节点上的杆件至少有 6 根（如蜂窝形三角锥网架），最多的可达 13 根以上（如三向网架）。其构造要比平面桁架复杂得多，给节点设计增加了一定难度。同时，网架的网格尺寸相对较小，节点数目较多，节点用钢量占整个网架用钢量的 $\frac{1}{5} \sim \frac{1}{4}$。因此，合理设计节点对网架的受力性能、安全度、制作安装、用钢量指标及工程造价都有直接影响。

网架的节点构造应满足以下基本要求：

1）受力合理，传力明确。

2）尽量使杆件交汇于节点中心，使节点构造与所采用的计算假定基本相符。

3）构造简单，制作简便，安装方便。

4）用钢量省，造价低廉。

网架节点型式很多，按节点连接方式划分有：

1）焊接连接，分为对接焊缝连接和角焊缝连接。

2）螺栓连接，采用拉力高强螺栓连接。

按节点的构造形式划分有：

1）十字交叉钢板节点，它是从平面桁架节点的基础上发展而成，杆件由角钢组成，杆件与节点板连接可采用角焊缝。

2）焊接空心球节点，它由两个热压成型的半球焊接而成。钢管通过对接焊缝或角焊缝焊在球面之上。

3）螺栓球节点，它是通过螺栓、套筒等零件将钢管与实心球连接起来。

4）自相贯节点，它是将网架中腹杆（支管）端部经机械切削成相贯面后，直接焊在弦杆（主管）管壁上，或将一个方向弦杆焊在另一个弦杆管壁上。杆件可以是钢管或方管。

5）钢管节点，它是把垂直空心圆柱体作为连接件，将钢管直接焊在圆柱表面之上的节点。网架节点的型式要根据网架类型、受力性质、杆件截面、制造工艺和安装方法等因素来确定。本节只介绍国内最常用的两种节点：焊接空心球和螺栓球节点。

5.5.3 焊接空心球节点

焊接空心球节点是目前国内应用最多的节点之一。它是将两块圆钢板加热后压成两个半球,再采用对接焊缝焊接而成的空心球节点,如图 5.55 所示。

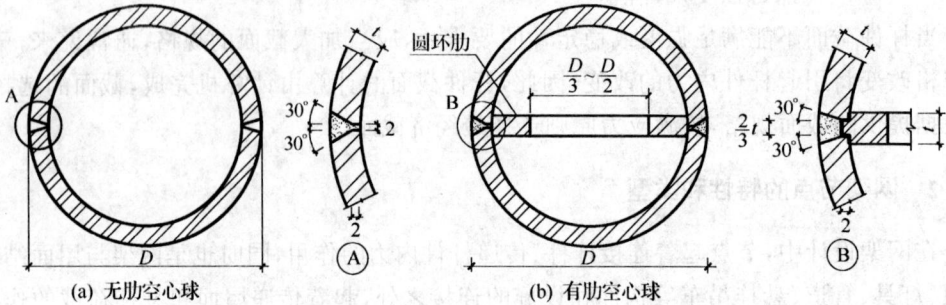

图 5.55 焊接空心球节点

热压成型流程见图 5.56,先将钢板裁成圆板——圆板加热后放在模具上——用冲压机压成半圆球——对半圆球进行机械加工。

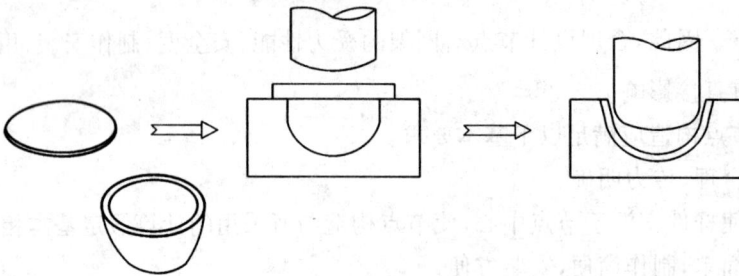

图 5.56 空心球加工流程

杆件内力较大需要提高节点承载力时,球内可加环肋并与两个半球焊成一体。内力较大的杆件应位于肋板的平面内。加环肋后,其受压承载力可提高 40% 以上,受拉承载力可提高 10% 以上。

这种节点主要适用于钢管网架结构,具有造型美观、体型小巧、构造简单、传力明确、工厂生产、施工方便等特点,特别适用于焊工成本低的地区。对于圆钢管,只要切割面垂直杆件轴线,杆件就能在空心球体上自然对中而不产生偏心。由于球体的万向性,可与任意方向的杆件相连;当汇交杆件较多时,其优点更为突出。可用于各种形式、各种跨度的网架结构和其他钢管杆系结构。图 5.57(a)、(b)分别表示四角锥和三向网架的焊接空心球节点构造。

除了具有上述优点外,焊接空心球节点尚有下列缺点:球体在制作中需要将钢板切割成圆形,钢材的利用率较低;在总用钢量中焊接空心球节点约占整个网架的 20%~25%,比率较大;在网架施工时,杆件与球体的连接多采用现场焊接,造成仰焊和立焊较多,焊接难度较大;因大量的现场焊接引起较大的焊接变形,致使较难控制网架尺寸的偏差,同时

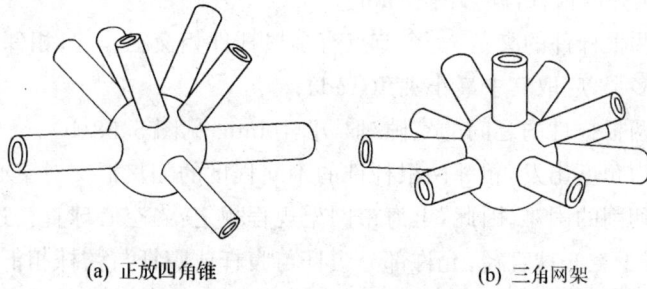

(a) 正放四角锥　　　　　(b) 三角网架

图 5.57　焊接空心球节点大样图

还会在网架杆件中产生一定的残余应力,并使焊缝附近的金属变脆,容易产生脆性断裂的工程事故。

1. 空心球的构造要求

(1) 材料和质量要求

焊接空心球的钢材宜采用国家标准《碳素结构钢》(GB 700-88)规定的 Q235-B 钢或国家标准《低合金结构钢技术条件》(GB 1591-88)规定的 Q345 钢。产品质量应符合行业标准《钢网架焊接球节点》(JGJ 75.2-91)的规定。

(2) 空心球壁厚

空心球的壁厚应根据杆件内力由计算确定。空心球外径(D)与壁厚(δ)的比值一般可取为 $25\sim45$。球体壁厚与钢管最大壁厚的比值一般为 $1.2\sim2.0$,空心球壁厚不宜小于 4mm。

(3) 空心球外径 D

球体外径 D 主要根据构造要求确定。为便于施焊,在构造上要求连接于同一球节点的各杆件之间的空隙不宜小于 10mm[见图 5.58(a)],按此条件可近似取球径为

$$\frac{D}{2} \times \theta \approx \frac{d_1}{2} + \frac{d_2}{2} + a \tag{5.79}$$

$$D \geqslant \frac{d_1 + d_2 + 2a}{\theta}$$

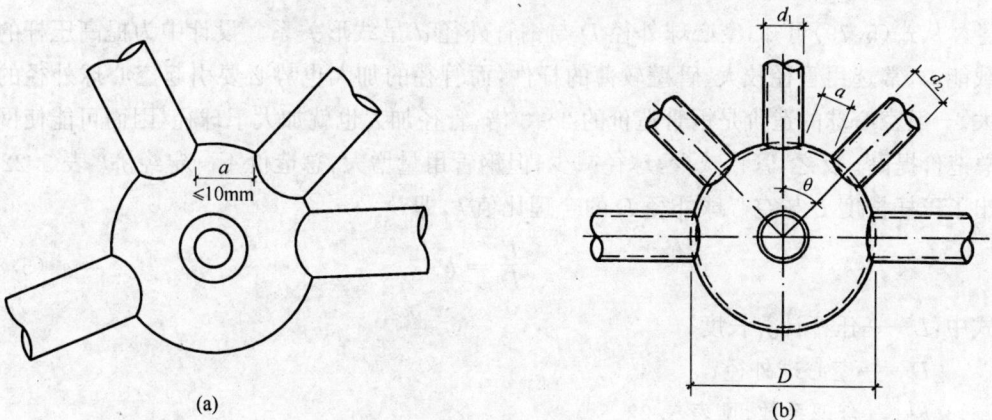

(a)　　　　　　　　　　　(b)

图 5.58　汇交钢管构造图

式中:d_1、d_2——相邻两根杆件的外径(mm);

θ——相邻两根杆件的夹角,一个节点有多根杆件相交在一起,相邻两根杆件的的夹角有多个,应取其中最小夹角(rad);

a——相邻两根杆件的之间的空隙,取 $a \geqslant 10$mm,见图 5.58(b)。

从空心球受力角度出发,相邻两根杆件的不同程度的相贯汇交对空心球受力有利,但增加了钢管端部切削的困难。因此,上海市网架规程规定:当空心球直径过大,且连接杆件又较多时,为了减少空心球直径,允许部分腹杆与腹杆或腹杆与弦杆相汇交。汇交杆件的轴线必须通过空心球形心,汇交两杆中,截面积大的杆件必须全截面焊在球上(当两杆截面面积相等时,取拉杆为主杆),另一杆开坡口焊在主杆上,但必须保证有 $\frac{3}{4}$ 截面焊在球上。如果汇交杆件受力较大,可按图 5.59 设置加劲肋。

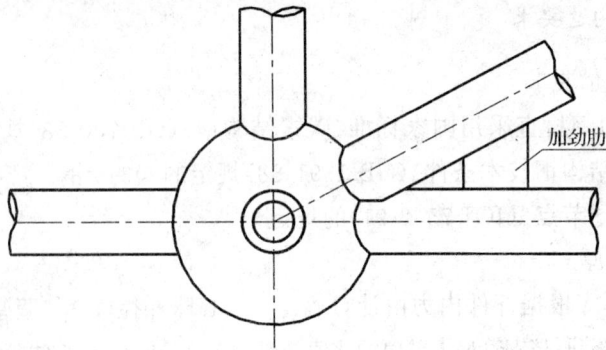

图 5.59 相交钢管构造图

(4) 空心球环肋

当球径不小于 300mm,且杆件内力较大需要提高承载力时,球内可加环肋并与两个半球焊成一体,肋板的厚度不应小于球壁的厚度,肋板的宽度不小于 $\frac{1}{4} \sim \frac{1}{3}$ 球径。内力较大的杆件应位于肋板的平面内。

(5) 空心球径的优化

从式(5.79)可知,空心球外径 D 与钢管外径 d 呈线形关系。设计中为提高压杆的承载能力,常选用管径较大、管壁较薄的杆件,而管径的加大也势必要引起空心球外径的增大。一般空心球的造价是钢管造价的 $2 \sim 3$ 倍,管径加大也就加大了球径,因而可能使网架总造价提高。反之,管径减少,球径减少,但钢管用量增大,总造价不一定经济。表 5.22 给出了压杆长度 L 与空心球外径 D 的合理比值 k,即

$$\frac{L}{D} = k \tag{5.80}$$

式中:L——压杆计算长度;

D——空心球外径;

k——合理系数,见表 5.22。

表 5.22　合理的 $\dfrac{L}{D}$ 值

N/t L/m	10	20	30	40	50	60	70	80	90
2.0	10.29	8.44	8.32	8.33	8.16	8.16			
2.5	12.32	9.02	8.46	8.29	8.30	8.33	8.15		
3.0	12.89	10.75	9.00	8.43	8.29	8.20	8.23	8.14	
3.5	13.56	11.86	10.08	9.04	8.87	8.60	8.32	8.16	8.19
4.0	14.30	12.70	11.38	9.90	9.03	9.07	8.90	8.33	8.18
4.5	14.83	13.74	12.44	11.17	9.98	9.69	9.41	8.74	8.15
5.0	15.44	13.86	12.60	12.28	10.94	9.97	9.60	9.60	8.89
5.5	15.57	14.29	13.16	12.44	11.88	10.73	10.03	9.71	9.43
6.0	16.14	14.86	13.73	12.99	12.44	11.87	11.00	10.28	10.19

注:粗线右上方应加环肋。

从式(5.80)确定合理的空心球外径后,再根据构造要求或式(5.81)确定钢管外径。

$$d = \frac{D}{2.7} \tag{5.81}$$

2. 空心球体设计承载力计算

(1) 受压空心球

焊接空心球节点是一个闭合的球形薄壳结构,由于汇交杆件的万向性,球体要承受和传递多个环形剪切荷载,受力情况非常复杂,以受压为主的空心球,其破坏机理属于薄壳稳定问题,应采用非线性分析方法进行极限承载力分析,计算工作量相当大,难以在设计中应用。目前的规程是以大量试验数据为依据,利用回归分析方法确定其承载力计算公式。试验表明,球节点在单向受力和双向受力时,它们的极限荷载基本接近。因此,球体设计承载力都以单向受压试验为依据。根据试验结果,得出如下结论:

1) 试验分析表明,受压空心球的破坏荷载(N_c)与空心球壁厚 t、空心球外径 D 和连接钢管外径 d 有关。当 D、d 不变时,随 t 增大,N_c 也相应增大;当 D、t 不变时,随 d 增大,N_c 也相应增大;当 t、d 不变时,随 D 增大,N_c 也相应增大,但幅度较小;钢管的壁厚对 N_c 的影响很小,可忽略不计。

2) 试验还表明,空心球采用不同钢种(如 Q235 钢或 Q345 钢)对 N_c 值无显著影响。

3) 加肋空心球比不加肋空心球承载力提高 1.4 倍。

在大量试验数据的基础上,采用回归分析方法,当空心球外径 $D=120\sim500$mm 时,其受压承载力设计值按式(5.82)计算为

$$N_c \leqslant \eta_c \left(400td - 13.3\frac{t^2 d^2}{D} \right) \tag{5.82}$$

式中:N_c——受压空心球的轴向压力设计值(N);

　　　D——空心球外径(mm);

　　　t——空心球壁厚(mm);

　　　d——钢管外径(mm);

　　　η_c——受压空心球加肋承载力提高系数,不加肋 $\eta_c=1.0$;加肋 $\eta_c=1.4$。

（2）受拉空心球

受拉空心球与受压空心球不同，它的破坏机理属于强度破坏。经试验表明，受拉空心球具有冲剪破坏特征。根据试验结果，得出如下结论：

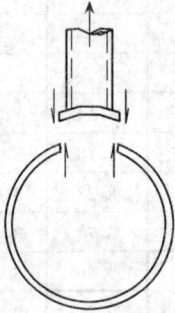

1）试验表明，破坏是由于钢管和球体相贯线附近，球壁内的复杂组合应力过大所致，见图 5.60。

2）加肋对受拉空心球承载力提高 1.1 倍。根据受拉空心球受力特点，提出计算模式为

$$N_t = td\pi f_v$$

根据材料力学 $f_v = \dfrac{1}{\sqrt{3}} f$，因剪切面受力复杂，取 $f_v = 0.55f$。

当空心球外径 $D = 120 \sim 500\text{mm}$ 时，其受拉承载力设计值按式（5.83）计算为

图 5.60　空心球受
拉破坏状态

$$N_t \leqslant 0.55\eta_t td\pi f \tag{5.83}$$

式中：N_t——受压空心球的轴向拉力设计值（N）；

　　　t——空心球壁厚（mm）；

　　　d——钢管外径（mm）；

　　　f——钢材强度设计值（N/mm²）；

　　　η_t——受拉空心球承载力加肋提高系数，不加肋 $\eta_t = 1.0$；加肋 $\eta_t = 1.1$。

对于外径 $D = 120 \sim 500\text{mm}$ 以外的焊接空心球节点，其承载力可通过试验或有限元数值分析确定。

3. 钢管与空心球的连接

钢管与空心球间通常采用对接焊缝连接，质量要求达到 II 级以上标准，以实现焊缝与钢管等强。当钢管壁厚大于 4mm 时，钢管端面应剖口，对于受力较大的压杆和所有拉杆，还应在焊接处的钢管内加衬管，其构造见图 5.61。但根据国家标准《钢结构工程施工质量

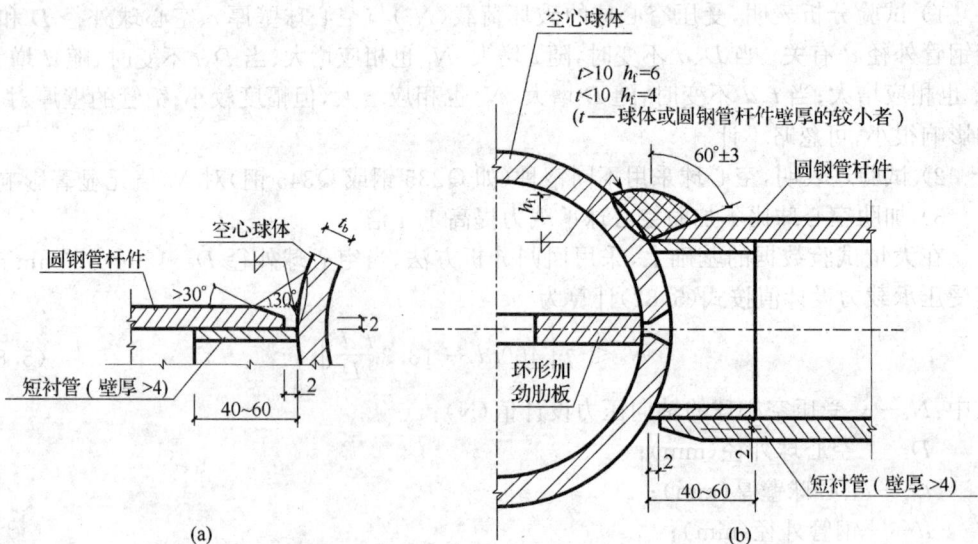

图 5.61　衬管连接构造

验收规范》(GB 50205-2001)的规定，厚度小于 8mm 的钢管对接焊缝的质量等级宜定为三级，其受拉对接焊缝按式(5.84)计算

$$\sigma = \frac{N}{\pi \cdot d \cdot t} \leqslant f_t^w \tag{5.84}$$

当无条件采用对接焊缝连接时，可采用图 5.62 所示的斜角角焊缝。斜角角焊缝按式(5.85)计算

$$\tau = \frac{N}{h_e d \pi \beta_f} \leqslant f_t^w \tag{5.85}$$

式中：N——钢管轴向力；

d——钢管外径(mm)；

β_f——端缝强度设计值增大系数，对承受静力荷载：$\beta_f = 1.22$；对直接承受动力荷载 $\beta_f = 1.00$；

h_e——角焊缝有效厚度，$h_e = h_f \cos \frac{\alpha}{2}$；

f_t^w——角焊缝强度设计值。

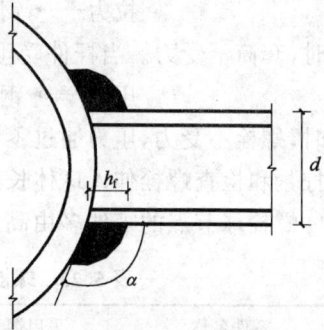

5.5.4 螺栓球节点

螺栓球节点也是国内应用最多的节点形式之一，它由五个部件组成：钢球、螺栓、销子、套筒、锥头或封板，如图 5.63 所示。

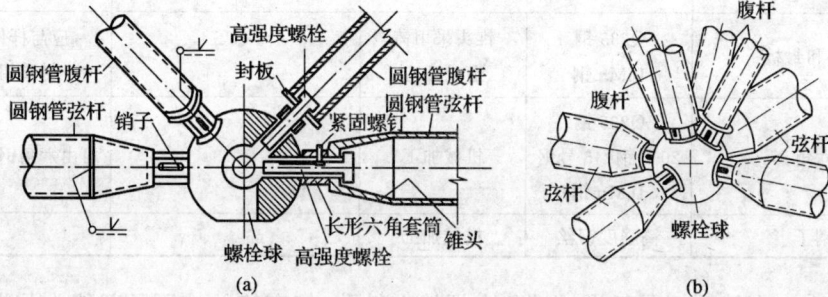

图 5.62　钢管与空心球连接焊接

（h_f 为焊角尺寸；α 为管壁与球壁夹角）

图 5.63　螺栓球连接节点

螺栓球节点需根据网架杆件的方向设置螺栓孔的方位，因此需要定做。但其仍具有焊接空心球节点所具有的对汇交空间杆件的适用性，而且杆件对中方便和连接不产生偏心。和焊接球相比可避免大量的现场焊接工作量；同时球体与杆件的规格便于系列化、标准化、工厂化生产；施工中易保证工程质量，运输和安装方便，还可根据工地情况，采用散装、分条拼装和整体拼装等安装方法。它既可用于永久性建筑，也可用于临时性建筑，便于装拆、扩建。

1. 节点的构造原理、受力特点和零件的材料选用

螺栓球节点的连接构造原理是：先将置于螺栓的锥头或封板焊在钢管杆件的两端，在伸出锥头或封板的螺栓上套有长形六角无纹螺母（或称长形六角套筒），并以销子或紧固螺钉将螺栓与套筒连在一起。拼装时直接拧紧六角套筒，通过销钉或紧固螺钉带动螺栓转动，从而使螺栓旋入球体，直至封板或锥头与螺栓球贴紧为止，各汇交杆件均按此连接后即形成节点，见图 5.63。螺栓拧紧程度靠销钉或螺钉来控制。

螺栓球节点根据杆件受力不同（受拉或受压），传力路线和零件作用也不同。当杆件受拉时，其传力路线为

$$\text{拉力} \longrightarrow \text{钢管} \longrightarrow \text{锥头或封板} \longrightarrow \text{螺栓} \longrightarrow \text{钢球}$$

这时，套筒不受力。当杆件受压时，其传力路线为

$$\text{压力} \longrightarrow \text{钢管} \longrightarrow \text{锥头或封板} \longrightarrow \text{套筒} \longrightarrow \text{钢球}$$

这时，螺栓不受力，压力通过零件之间接触面来传递。销钉或紧固螺钉仅在安装过程中发挥拧紧和检查螺栓伸入球体长度是否到位的作用，当安装完毕后，它的作用也终止。

螺栓球节点的零件多由高强度钢材制成，其成型方法和所用钢号列于表 5.23。

表 5.23　螺栓球节点组合零件所用型号及加工方法选用表

零件名称	采用钢号	成型方法	机械性能要求		备　注
钢　球	45 号钢	机械加工			原胚球由锻压或铸造而成
高强度螺栓和开槽圆柱端紧固螺钉	45 号钢 40Cr 钢 40B 钢 20MnTiB 钢	与一般的高强度螺栓加工方法相同	经热处理后的硬度（HRC）	24～30 32～36 34～38 34～38	
锥头和封板	Q235 钢 16Mn 钢	锥头采用铸造或锻造			应与杆件所用材质相适应
长形六角套筒	Q235 钢 20 号钢、45 号钢 16Mn 钢	机械加工			可由六角钢直接加工
销子	高强度钢丝	机械加工			

考虑到在套筒两侧需开设长槽和在螺栓上钻孔，使套筒的抗压承载能力与螺栓的抗拉承载能力均受影响。为此，在国内生产的螺栓球节点中，有的已将滑槽由套筒上改设在螺栓的无螺纹段上。在拧紧过程中，螺钉沿螺栓上的滑槽移动，当螺栓拧紧至设计位置时，螺钉也到达滑槽端头的深槽，将螺钉旋入深槽固定，即完成其拼装过程。

在安装过程中，当拧紧套筒时，杆件与球体的相对位置始终保持不变，这种节点在震动荷载作用下，螺栓也不会松动。

拧紧螺栓的过程，也就相当于对节点施加预应力的过程。预应力大小显然与拧紧程度成正比，此时螺栓受预拉力，套筒受预拉力；在节点上形成平衡内力，而杆件不受力。当网架承受荷载后，拉杆内力通过螺栓受拉传递。随着荷载的增加，套筒预压力也随之减少；到

破坏时杆件拉力全由螺栓承受。对于压杆，则通过套筒受压来传递内力，螺栓预应力随荷载的增加而减少；到破坏时，杆件压力全由套筒承受。

2. 螺栓球节点的设计

(1) 高强螺栓设计

高强螺栓在整个节点中是最关键的传力部件，合理的设计对保证节点的安全和减轻节点重量都有密切关系。螺栓应达到 8.8 级至 10.9 级的要求，螺栓头部为圆柱形，便于在锥头或封板内转动。为提高节点强度，螺栓常采用高强度钢材制作，并要求热处理。螺栓材料试件机械性能见表 5.24。

表 5. 24　螺栓材料机械性能

性能等级	抗拉强度/(N/mm²)	屈服强度/(N/mm²)	伸长率 δ_5/%	收缩率 Ψ/%
10.9S	1040～1240	≥940	≥10	≥42
9.8S	900～1100	≥720	≥10	≥42
8.8S	830～1030	≥660	≥12	≥45

一般在跨度小于 30m 的网架结构中，所有杆件宜采用同一规格的螺栓，以免拼装差错。因此螺栓直径由网架中最大受拉杆件的内力控制。

每个高强螺栓的受拉承载力设计值应按式(5.86)计算

$$N_t^b \leqslant \psi A_{eff} f_t^b \tag{5.86}$$

式中：N_t^b——高强螺栓拉力设计值；

ψ——螺栓直径对强度影响系数，当 $d < 30$mm 时，$\psi = 1.0$；当 $d \geqslant 30$mm 时，$\psi = 0.93$；

f_t^b——高强螺栓经热处理后的抗拉强度设计值，对 40Cr 钢、40B 钢、20MnTiB 钢为 430N/mm²；对 45 号钢为 365 N/mm²(一般不用)；

d——螺栓直径；

A_{eff}——螺栓的有效截面面积：

$$A_{eff} = \frac{\pi}{4}(d - 0.9382p)^2 \tag{5.87}$$

p——螺距，随直径变化而变化，查表 5.25。

表 5. 25　螺栓拉力载荷试验值

d/mm	M12	M14	M16	M20	M22	M24
A_{eff}/mm²	84	115	157	245	303	353
拉力荷载/kN	88～105	120～143	163～195	255～304	315～376	367～438
p/mm	1.75	2.0	2.0	2.5	2.5	3.0
d/mm	M27	M30	M33	M36	M39	M42
A_{eff}/mm²	459	561	694	817	976	1121
拉力荷载/kN	477～569	583～696	722～861	850～1013	878～1074	1008～1232
p/mm	3.0	3.5	3.5	4.0	4.0	4.5
d/mm	M45	M48	M52	M56×4	M60×4	M64×4
A_{eff}/mm²	1310	1473	1758	2030	2362	2676
拉力荷载/kN	1179～1441	1323～1617	1584～1936	1930～2358	2237～2734	2566～3136
p/mm	4.5	5.0	5.0	5.5	5.5	6.0

A_{eff}也可查表 5.28 取得。当螺栓上钻有销孔或键槽时,A_{eff}应取螺纹处和销孔键槽处或钉孔处两者中的较小值,即

① 销孔处面积

$$A_{np} = \frac{\pi d^2}{4} - dd_p \tag{5.88}$$

② 钉孔处面积

$$A_{ns} = \frac{\pi d^2}{4} - d_{se}h_{se} \tag{5.89}$$

③ 螺纹处面积

$$A_e = \frac{\pi}{4}(d - 0.9382p)^2 \tag{5.90}$$

式中:d_p——销子孔的直径;

$\quad d_{se}$——开槽圆柱端的钉孔直径;

$\quad h_{se}$——开槽圆柱端的钉孔深度。

螺栓外形见图 5.64。

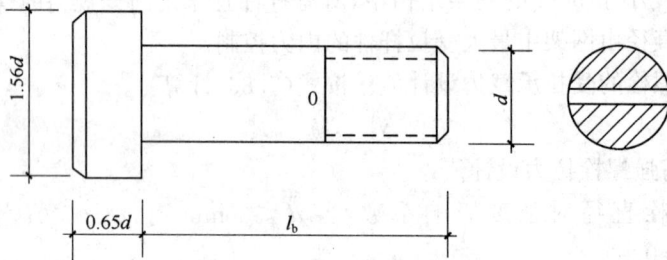

图 5.64　高强螺栓的几何尺寸

采用销孔时

$$A_{eff} = \min(A_{np}, A_e)$$

采用钉孔时

$$A_{eff} = \min(A_{ns}, A_e)$$

螺栓长度 l_b 由构造决定,其值为

$$l_b = \xi d + S + \delta \tag{5.91}$$

式中:ξ——螺栓伸入钢球的长度与螺栓直径之比,$\xi = 1.1$;

$\quad d$——螺栓直径;

$\quad S$——套筒长度;

$\quad \delta$——锥头板或封板厚度。

对于受压杆件的连接螺栓,可根据其内力按轴心受力构件的强度求得螺栓直径后,降低一个规格采用。

(2) 钢球的设计

钢球按其加工成型方法可分为锻压球和铸钢球两种。铸造钢球质量不易保证,故多用锻制的钢球,其受力状态属多向复杂受力。试验表明,节点受力过程中不存在钢球破坏问题。

钢球的大小取决于螺栓的直径、相邻杆件的夹角和螺栓伸入球体的长度等因素,同时要求伸入球体的相邻两个螺栓不相碰。通常情况下,两相邻螺栓直径不一定相同,图5.65所示,如使螺栓不相碰,最小钢球直径 D 为

$$OE^2 = OC^2 + CE^2 \tag{5.92}$$

$$OE = \frac{D}{2}$$

$$OC = OA + AB + BC = \frac{d_1}{2}\cot\theta + \frac{d_2}{2}\frac{1}{\sin\theta} + \xi d_1$$

$$CE = \frac{nd_1}{2}$$

将 OE、OC、CE 值代入式(5.92)得

$$\left(\frac{D}{2}\right)^2 = \left(\frac{d_1}{2}\cot\theta + \frac{d_2}{2}\frac{1}{\sin\theta} + \xi d\right)^2 + \left(\frac{\eta d_1}{2}\right)^2$$

$$D \geqslant \sqrt{\left(\frac{d_2}{\sin\theta} + d_1\cot\theta + 2\xi d_1\right)^2 + \eta^2 d_1^2} \tag{5.93}$$

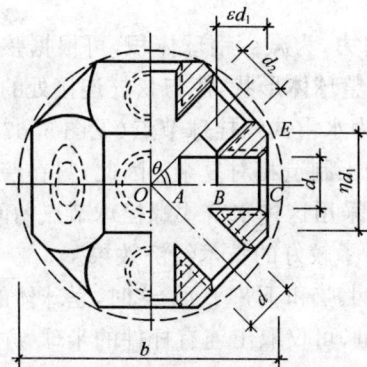

图 5.65　钢球的有关参数　　　　　图 5.66　钢球的切削面

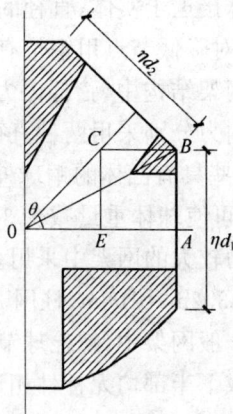

另外,还应保证相邻两根杆件的套筒不相碰,如图5.66所示。

$$OB^2 = AB^2 + OA^2 \tag{5.94}$$

$$OB = \frac{D}{2}$$

$$AB = \frac{\eta d_1}{2}$$

$$OA = OE + EA = \frac{\eta d_1}{2}\cot\theta + \frac{\eta d_2}{2}\frac{1}{\sin\theta}$$

将 OA、OB、AB 代入式(5.94)得

$$\left(\frac{D}{2}\right)^2 = \left(\frac{\eta d_1}{2}\right)^2 + \left(\frac{\eta d_1}{2}\cot\theta + \frac{\eta d_2}{2\sin\theta}\right)^2$$

$$D \geqslant \sqrt{\left(\frac{\eta d_2}{\sin\theta} + \eta d_1\cot\theta\right)^2 + \eta^2 d_1^2} \tag{5.95}$$

式中：D——钢球直径；

d_1、d_2——相邻两螺栓直径，$d_1 > d_2$；

θ——相邻两个螺栓之间的夹角；

η——套筒外接圆直径与螺栓直径之比，一般取 $\eta = 1.8$。

钢球外径 D 由式(5.93)和式(5.95)中取最大值。当相邻两杆夹角 $\theta < 30°$时，由式(5.95)求出钢球外径虽然能保证相邻两个套筒不相碰，但不能保证相邻两根杆件（采用钢管和封板时）不相碰，故当 $\theta < 30°$时，还需满足式(5.96)要求

$$D \geqslant \sqrt{\left(\frac{D_2}{\sin\theta} + D_1\cot\theta\right)^2 + D_1^2} - \sqrt{S^2 + \left(\frac{D_1 - \eta d_1}{2}\right)^2} \tag{5.96}$$

式中：D_1、D_2——相邻两根杆件的钢管外径 $D_1 > D_2$；

d_1——相应于 D_1 钢管所配螺栓直径；

θ——相邻两根杆件的夹角；

η——套筒外接圆直径与螺栓直径之比；

S——套筒的长度。

钢球接近于实体，直径的增大将使节点用钢量迅速增加，因此，减少球体直径，改进球体形式，对降低节点用钢量有很大影响。

在网架结构中，弦杆内力一般均大于腹板内力，为减少钢球体积，可根据弦杆和腹板的最大内力分别采用两种直径不同的螺栓，并调整球体形状，使与弦杆连接处的球体做成凸体。这些具有凸体的钢球外形颇似水雷，故称为水雷式螺栓球节点（见图5.67）。采用这种节点，可使球体重量减少35%～40%。但其加工制造相对复杂。因此，只在跨度较大或杆件内力较大的网架中采用。芜湖某厂总装车间采用这种水雷式螺栓球节点的网架（平面尺寸为43.2m×108m，柱网39.6m×36m），取得了较好的技术经济效果。

在一般网架中，螺栓球节点分别位于网架的上弦和下弦平面。这时，呈球体的钢球，其上半部或下半部均无杆件相连。为减少钢球重量，可仅取出连有杆件的半球，并将其简化为图5.68所示的多面体，从而形成半螺栓球节点。目前国内研制的这种节点的半球体，采用精密铸造工艺，一次成型。在角锥体系的网架中已有大量应用，也取得了较好的技术经济效果。

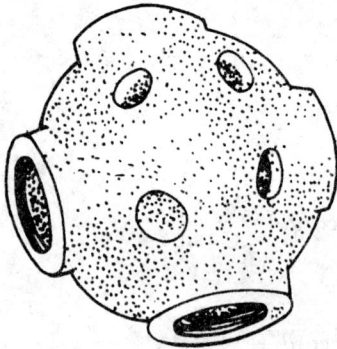

图5.67 水雷式螺栓球

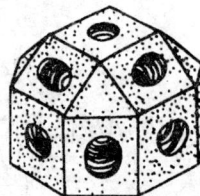

图5.68 半螺栓球

水雷式螺栓球（见图5.67）和半螺栓球（见图5.68）都是在螺栓球节点的基础上，从不

同的角度对球体形式作了改进而成。因此,它们的连接机理仍与螺栓球节点相同。

(3) 套筒的设计

套筒是六角形的无纹螺母,主要用以拧紧螺栓和传递杆件轴向压力。设计时其外形尺寸应符合扳手开口尺寸系列,端部应保持平整。套筒内孔径一般比螺栓直径大 1mm。

套筒形式有两种,一种沿套筒长度方向设滑槽,见图 5.69(a);另一种在套筒侧面设螺钉孔,见图 5.69(b)。滑槽宽度一般比销钉直径大 1.5~2mm。套筒端部到槽端(或钉孔端)距离不小于 1.5 倍滑槽宽度或 6mm。

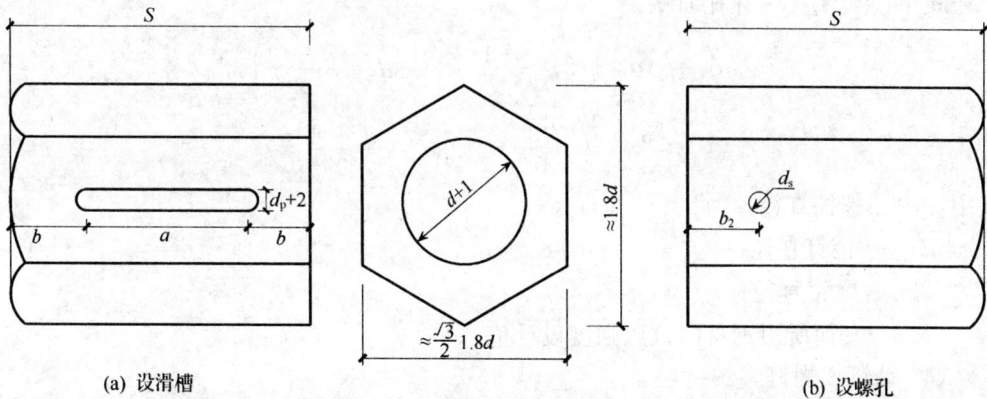

(a) 设滑槽 (b) 设螺孔

图 5.69　套筒的几何尺寸

套筒长度可按下式计算:

1) 当采用滑槽时

$$S = a + 2b \tag{5.97}$$

式中:b——套筒端部到滑槽端部距离。

a——套筒上的滑槽长度。

$$a = \xi d - c + d_\mathrm{p} + 4(\mathrm{mm})$$

式中:d——螺栓直径;

c——螺栓露出套筒的长度,可取 $c=4\sim5\mathrm{mm}$,但不应小于 2 个丝扣(螺距);

d_p——销钉直径。

2) 当采用螺钉时

$$S = a + b_1 + b_2 \tag{5.98}$$

式中:b_1——套筒右端至螺栓杆上滑槽右端距离,通常取 $b_1=4\mathrm{mm}$;

b_2——套筒左端至螺钉孔距离,通常取 $b_2=6\mathrm{mm}$;

a——螺栓杆上的滑槽长度。

$$a = \xi d - c + d_\mathrm{s} + 4(\mathrm{mm})$$

式中:d_s——紧固螺钉直径。

采用螺栓上开槽方法使螺栓在开槽处承受附加偏心弯矩,对螺栓受力不利。

套筒作用是将杆件轴向压力传给钢球,套筒应进行承压验算,其演算公式为

$$\sigma_\mathrm{c} = \frac{N_\mathrm{c}}{A_\mathrm{n}} < f \tag{5.99}$$

式中：N_c——被连接杆件的轴向压力；

A_n——套筒在开槽处或螺钉孔处的静截面面积，对于套筒开槽时，其值为

$$A_n = \left[\frac{3\sqrt{3}}{8} \times (1.8d)^2 - \frac{\pi(d+1)^2}{4} \right] - A_1$$

对于套筒开螺钉孔时，其值为

$$A_n = \left[\frac{3\sqrt{3}}{8} \times (1.8d)^2 - \frac{\pi(d+1)^2}{4} \right] - A_2$$

上述式中：A_1、A_2——开孔面积。

$$A_1 = (d_p + 2)\left(\frac{\sqrt{3}}{4} \times 1.8d - \frac{d+1}{2} \right)$$

$$A_2 = d_s \times \left(\frac{\sqrt{3}}{4} \times 1.8d - \frac{d+1}{2} \right)$$

式中：d——螺栓直径；

d_p——销钉直径；

d_s——螺钉直径；

f——套筒所用钢材的抗压强度设计值。

（4）销钉或螺钉

销钉或螺钉是套筒和螺栓联系的媒介，通过它使旋转套筒时推动螺栓伸入钢球内。在旋转套筒过程中，销钉或螺钉承受剪力，剪力大小与螺栓伸入钢球的摩阻力有关。为减少销孔对螺栓有效截面的削弱，销钉或螺钉直径应尽可能小些，并宜采用高强钢制作。其销钉直径一般取螺栓直径的 0.16～0.18 倍，且不小于 3mm，也不宜大于 8mm。采用螺钉的直径为螺栓直径的 0.25～0.33 倍，不宜小于 4mm，也不宜大于 10mm。

（5）锥头和封板

锥头和封板主要起连接钢管和螺栓的作用，承受杆件传来的拉力或压力。它既是螺栓球节点的组成部分，又是网架杆件的组成部分。

当杆件管径大于或等于 76mm 时，宜采用锥头连接（见图 5.70）。当杆件管径小于76mm 时，可直接在杆件端部焊上封板，采用封板连接。

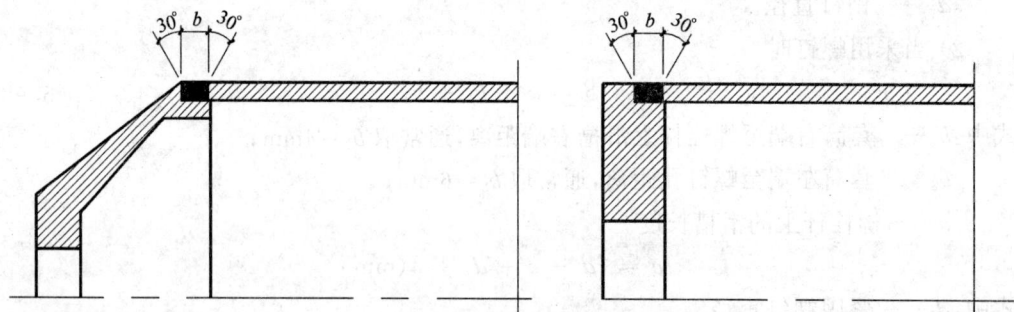

图 5.70　锥头或封板与钢管连接构造

锥头任何截面上的强度应与连接钢管等强。封板或锥头与杆件的连接焊缝，应满足图5.70 构造要求。其焊缝宽度 b 可根据连接钢管壁厚取 2～5mm。

1）封板的计算和构造。

如图5.71所示，假定封板周边固定，按塑性理论进行设计。

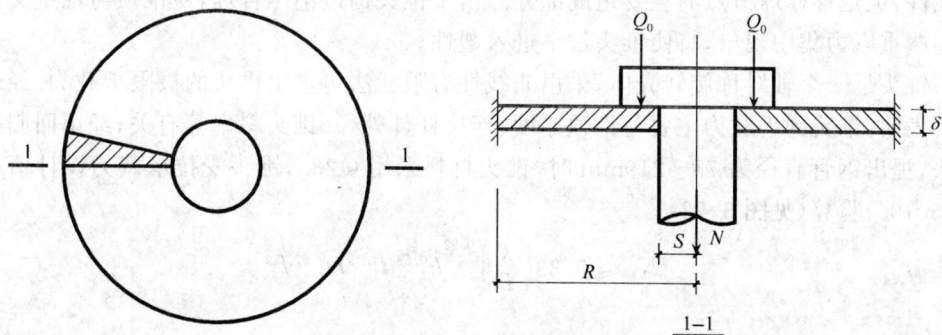

图 5.71　封板计算简图

假定封板为一开口圆板，螺栓受力 N 通过螺头，均匀地传给封板开口圆周。其值 Q_0 为

$$Q_0 = \frac{N}{2\pi S} \tag{5.100}$$

式中：S——螺栓中心至板的中心距离；

　　　N——钢管的拉力；

　　　Q_0——单位宽度上板承受的集中力。

封板周边径向弯矩 M_r 为

$$M_r = Q_0(R - S) \tag{5.101}$$

式中：R——封板的半径。

当周边径向弯矩 M_r 达到塑性铰弯矩 M_T 时，封板才失去承载力，即

$$M_r = M_T \tag{5.102}$$

式中：M_T——封板单位宽度的塑性弯矩。

$$M_T = \frac{\delta^2}{4} f_y \tag{5.103}$$

式中：δ——封板厚度。

将式(5.102)和式(5.101)代入式(5.102)，得

$$Q_0(R - S) = \frac{\delta^2}{4} f_y$$

$$\frac{N}{2\pi S}(R - S) = \frac{\delta^2}{4} f_y$$

当考虑了材料抗力分项系数，封板厚度 δ 与拉力 N 关系为

$$\delta = \sqrt{\frac{2N(R - S)}{\pi R f}} \tag{5.104}$$

式中：f——钢板强度设计值。

《网架结构设计与施工规程》(JGJ7-91)规定封板厚度不宜小于钢管外径的 $\frac{1}{5}$。这是考虑式(5.104)求出板厚，对小管径杆件偏小，故加以最小厚度限制。

2) 锥头的计算和构造。

锥头主要承受来自螺栓的拉力或来自套筒的压力,是杆件与螺栓(或套筒)之间过渡零配件,也是螺栓球节点的重要组成部分。由于锥头构造不尽合理,使锥顶与锥壁交界处产生严重应力集中现象,将使锥头过早进入塑性。

锥头是一个轴对称旋转壳体,采用非线性有限元法可求出锥头的极限承载力。经理论分析表明:锥头的承载力主要与锥顶厚度、连接杆件外径、锥头斜率等有关,经用回归分析方法,提出钢管直径为75~219mm时,锥头材料采用Q235,锥头受拉承载力设计值可按式(5.105)验算(见图5.72)。

$$N_t \leqslant 0.33 \left(\frac{k}{D}\right)^{0.22} h_1^{0.56} d_1^{1.35} D_1^{0.67} f \qquad (5.105)$$

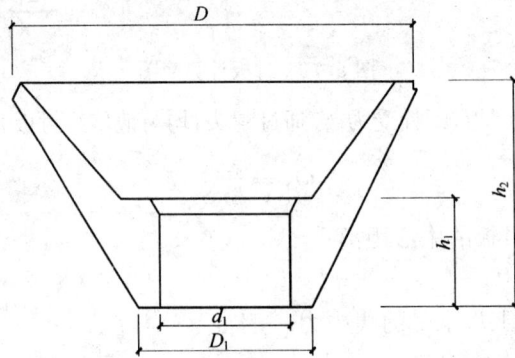

图 5.72　锥头

式中:N_t——锥头受拉承载力设计值(kN);

　　　D——钢管外径(mm);

　　　D_1——锥顶外径(mm);

　　　h_1——锥顶厚度(mm);

　　　h_2——锥头高度(mm);

　　　d_1——锥头顶板孔径(mm);

$$d_1 = d + 1 \text{(mm)}$$

式中:d——螺栓直径(mm);

　　　f——钢材强度设计值(kN/mm^2);

　　　k——锥头斜率。

$$k = \frac{D - D_1}{2h_2}$$

上式必须满足 $D > D_1$,且 $5 \geqslant r \geqslant 2 \left(r = \frac{1}{k}\right)$,$\frac{h_2}{D_1} \geqslant \frac{1}{5}$。

式(5.105)是经过理论计算,选用实际工程中14个标准锥头,用回归分析方法获得,可参考使用。

5.5.5　支座节点

网架支座节点一般都支承在柱、圈梁或周边桁架等下部结构上。它是联系屋盖结构和下部支承结构的纽带,也是整个结构的重要部位。为了安全而准确地传递支承反力,支座节点应力求构造简单、传力明确,安装方便,安全可靠,经济合理。

支座节点一般采用铰支座,在构造上能允许转动,否则网架的实际内力和变形就可能与计算值有较大出入而危及结构的安全。为了消除或减少温度应力的影响,在构造上应采取措施,允许支座能作转动和侧移。因而支座节点在设计时除考虑由于竖向荷载引起的压力、拉力、扭矩的作用外,还要考虑由于温度、荷载变化而产生不同方向的线位移和角位移的影响。所以网架结构的支座节点要比平面桁架的支座节点复杂得多。尤其是跨度较大、平面形状比较复杂的网架,更应对其支座节点的设计尽可能与计算简图中的假定一致。

1. 支座节点的形式和选用

支座节点形式选用应根据网架的类型、跨度的大小、作用荷载情况、杆件截面形状和节点形式等情况,合理选择支座节点形式。

根据受力状态,支座节点一般分为压力支座节点和拉力支座节点两大类。

(1) 压力支座节点

这类支座节点主要传递支座反力。其构造比较简单,类似于平面桁架的支座节点。一般有下列几种常见的形式。

1) 平板压力支座节点。

如图 5.73 所示,用于球节点(焊接空心球或螺栓球)的网架,通过十字节点板及底板将支座反力传给下部结构。这种节点构造简单,加工方便,用钢量省。该节点的预埋锚栓仅起定位作用,安装就位后,应将底板与下部支承面板焊牢。因支座不能转动或移动,受力后会产生一定的弯矩,支承板下的应力分布也不均匀,当跨度较大时与计算假定的铰支点相差较大,一般只适用于较小跨度的网架。

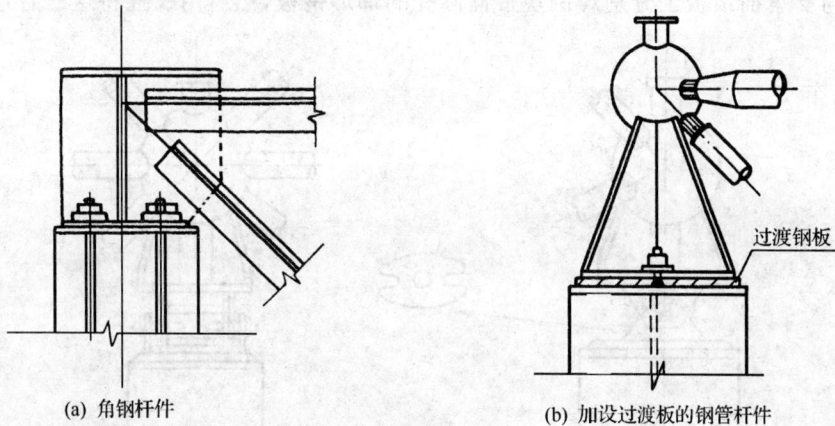

(a) 角钢杆件　　　　　　　　　(b) 加设过渡板的钢管杆件

图 5.73　平板压力支座

2) 单面弧形压力支座节点。

如图 5.74 所示,这种支座的构造与平板压力支座相似,只是在支座板与柱顶板之间加一弧形支座垫板,使其沿弧形方向可以转动。

弧形垫板的材料一般用铸钢,也可用厚钢板加工而成。支座垫板下的反力比较均匀,但摩擦力仍较大。为使支座转动灵活,一般在弧形垫块中心线设两个锚栓,并将支承垫板的锚栓孔作成椭圆形,使支座能有微量移动。

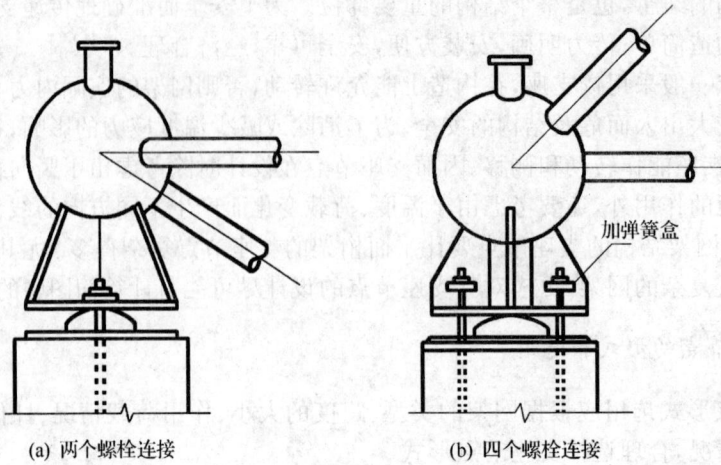

(a) 两个螺栓连接　　　　　　　　　(b) 四个螺栓连接

图 5.74　单面弧形压力支座

当支座反力较大时,锚栓数目需要 4 个;为了使锚栓锚固后不影响支座的转动,可在置于支座四角的锚栓上部加设弹簧,如图 5.74(b)所示,弹簧的作用是当支座在弧面上移动时可作调节。

这种支座节点的构造比较符合不动圆柱铰支承的约束条件。它适用于周边支承的中、小跨度网架。

3) 双面弧形压力支座节点。

如图 5.75 所示,这种节点又称摇摆支座节点,适用于跨度大、下部支承结构刚度大的网架。它是在支座底板与柱顶板之间设一块上下均为弧形的铸钢块。在它两侧设有从支座底板与支承面顶板上分别焊两块带椭圆孔的梯形钢板,然后用螺栓将这三者连成整体。

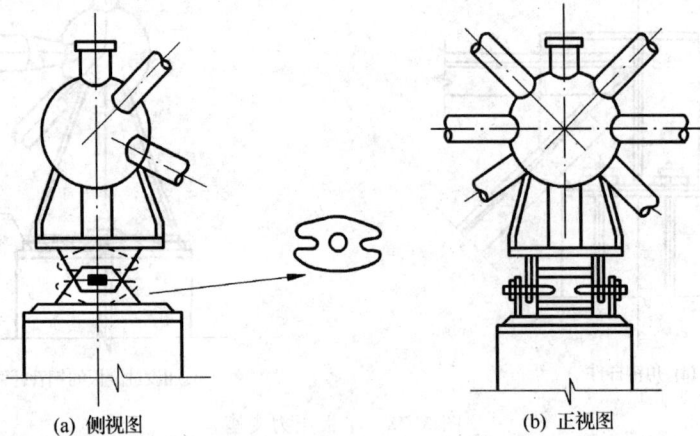

(a) 侧视图　　　　　　　　　　　(b) 正视图

图 5.75　双面弧形压力支座

这种节点既可沿铸钢块的两个弧面作一定的转动,又可产生水平移动。但其构造较复杂,加工麻烦,成本较高,且只能在一个方向转动,对下部结构抗震不利。

4) 球铰压力支座节点。

如图 5.76 所示,适用于多跨或有悬臂的大跨度网架。它是由一个置于支承面上半圆球与一个连于节点底板上凹形半球相互嵌合,用四个螺栓相连而成,并在螺帽下设弹簧。

这种节点可沿两个方向转动,不产生线位移。比较符合不动球铰支承的约束条件,且有利于抗震。但做法较为复杂,加工也麻烦。在构造上凸面球的曲率半径应较凹面球的曲率半径小些,以便接触面呈点接触,以利于支座自由转动。

5)板式橡胶支座节点。

如图 5.77 所示,其适用于大、中跨度网架。它是在支座底板与支承面之间设置一块橡胶垫板。橡胶垫板是由多层橡胶片与薄钢板粘合、压制而成。在底板与支承面之间用锚栓相连。

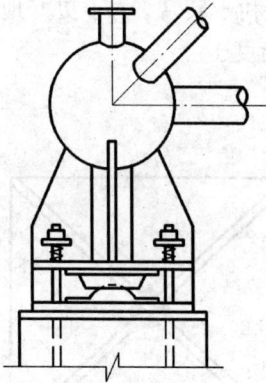

图 5.76 球铰压力支座　　　　　　　图 5.77 板式橡胶支座

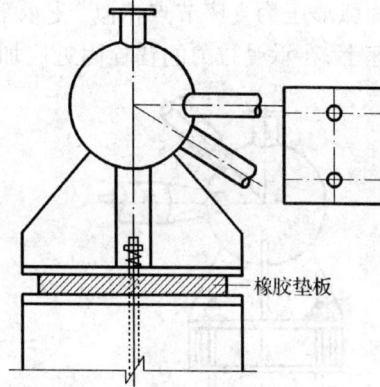

橡胶垫板具有良好弹性,也可产生较大的剪切变形,因而既可适用于网架支座节点的转动要求,又可在外界水平作用下产生一定变位。

这种节点具有构造简单、安装方便、节省钢材、造价较低等优点,目前常用的橡胶垫板的长边应顺网架支座切线方向平行放置,与支柱或基座的钢板用 502 胶等胶结剂粘结固定。橡胶垫板的螺栓孔直径应大于螺栓直径 10mm,设计时宜考虑长期使用后因橡胶老化而需要更换的条件,在橡胶垫板四周可涂以防止老化的酚醛树脂,并粘结泡沫塑料。

以上各种压力支座节点的主要构造特征及适用范围如表 5.26 所示。

表 5.26 压力支座节点的构造特征及适用范围

形　　式	平板压力支座	单面弧形压力支座	双面弧形压力支座	球铰压力支座	板式橡胶支座
图示					
支承垫板		单面弧形垫板	双面弧形垫板	上凹、下凸球相嵌	橡胶垫块
计算支承条件	铰支承	不动圆柱铰支承	不动圆柱铰支承	不动球铰支承	可动铰支承
移动与转动情况	微量移动、转动	沿弧面单向转动	上、下转动	两个方向均可转动	移动、转动
主要优缺点	构造简单,用钢量省	构造较复杂	构造较复杂,造价较高	构造较复杂	构造简单,安装方便,专业工厂生产制作
适用范围	小跨度	中、小跨度	大跨度	点支承	大、中跨度

（2）拉力支座节点

有些周边支承的网架在角隅处的支座上往往产生拉力,故应根据承受拉力的特点设计成拉力支座。常用的拉力支座有下列两种形式。

1）平板拉力支座节点。当支座拉力不大,可采用图5.73形式,此时锚栓承受拉力,这种节点的构造比较简单,钢材也省,适用于小跨度网架。

2）单面弧形拉力支座节点。如图5.78所示,适用于较大跨度网架。这种支座节点构造与单面弧形压力支座节点相似。支承平面做成弧形,以利于转动。为了更好地将拉力传递到支座上,在承受拉力的锚栓附近应加肋以增强节点刚度。

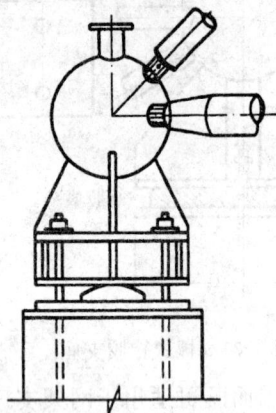

图5.78 单面弧形拉力支座   图5.79 底板尺寸

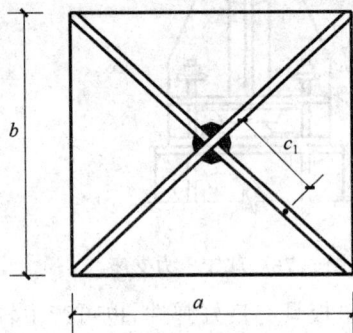

2. 支座节点的设计

（1）平板支座节点的设计

平板支座节点与平面桁架支座节点相类似,其设计内容如下:

1）确定底板尺寸和厚度(见图5.79)。设支座反力为R,支座底板面积按式(5.106)计算。

$$A_n = \frac{R}{1.5\beta f_c} \tag{5.106}$$

式中:f_c——钢筋混凝土轴心受压强度设计值;

　　A_n——支座底板净面积。

$$A_n = a \times b - A_0$$

式中:A_0——锚栓孔面积,按实际开孔形状计算;

　　a、b——底板的长度和宽度;

　　β——混凝土局部受压时的强度提高系数。

底板最小一般不小于200mm,底板厚度按式(5.107)计算。

$$\delta \geqslant \sqrt{\frac{6M}{f}} \tag{5.107}$$

式中:M——带加劲肋底板弯矩,其值为

$$M = \beta_1 q a_1^2 \tag{5.108}$$

式中：β_1——系数，由 $\dfrac{b_1}{a_1}$ 查表 5.27 求得。

$$q = \frac{R}{A_n}$$

表 5.27　两相邻支承边的矩形板 β_1 系数

	$\dfrac{b_1}{a_1}$	0.3	0.4	0.5	0.6	0.7
	β_1	0.028	0.042	0.058	0.072	0.085

注：a_1——两相邻支承边的对角线长度；b_1——内角顶点至对角线的垂直距离。

2）十字板之间的焊缝计算。十字板的焊缝（见图 5.79）按式（5.109）计算。

$$\sqrt{\tau_f^2 + \left(\frac{\sigma_f}{\beta_f}\right)^2} = \sqrt{\left(\frac{V}{2 \times 0.7 h_f l_w}\right)^2 + \left(\frac{6M}{2 \times 0.7 h_f l_w^2 \beta_f}\right)^2} \leqslant f_f^w \qquad (5.109)$$

$$V = \frac{R}{4}$$

$$M = \frac{R}{4} c_1$$

式中：h_f——十字板竖向焊缝的焊角尺寸；

$\qquad l_w$——十字板竖向焊缝长度；

$\qquad c_1$——作用点至竖向焊缝距离，见图 5.79；

$\qquad \beta_f$——端缝提高系数，对于净荷载作用时，$\beta_f = 1.22$；对于直接承受动力荷载时，
$\qquad\qquad \beta_f = 1.0$。

3）十字节点板的计算。十字节点板的主要作用是提高支座节点的侧向刚度，减少底板弯矩，改善底板受力。一般十字节点板不受强度控制，但它的自由边可能在底板向上压力的作用下受压而屈曲。对于 Q235 钢十字板的尺寸可按式（5.110）和式（5.111）确定（见图 5.80）。

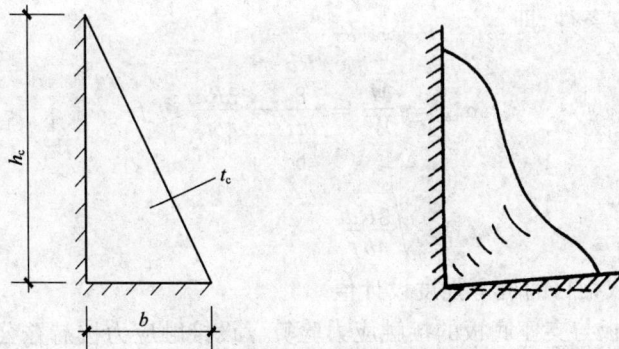

图 5.80　十字节点板的受压屈曲

① 当 $\dfrac{b_1}{h_c} \leqslant 1.0$ 时：

$$\frac{b_1}{t_c} \leqslant 42.8 \qquad (5.110)$$

② 当 $1.0 \leqslant \dfrac{b_1}{h_c} \leqslant 2.0$ 时：

$$\frac{b_1}{t_c} \leqslant 42.8 \frac{b_1}{t_c} \tag{5.111}$$

4）十字板与底板连接焊缝计算。

$$\sigma_f = \frac{R}{0.7 h_f \sum l_w \beta_f} \leqslant f_f^w \tag{5.112}$$

式中：$\sum l_w$——十字板与底板连接焊缝总长。

5）拉力支座锚栓计算。平板拉力支座一个拉力锚栓的净截面面积按式(5.113)计算。

$$A_n \geqslant \frac{1.25 R_t}{n f_t^a} \tag{5.113}$$

式中：R_t——支座拉力；

　　n——锚栓个数；

　　f_t^a——锚栓的抗拉强度设计值。

（2）单面弧形支座的设计

单面弧形支座的底板尺寸和厚度、焊缝计算同平板支座一样。弧形支座板按下列内容进行。

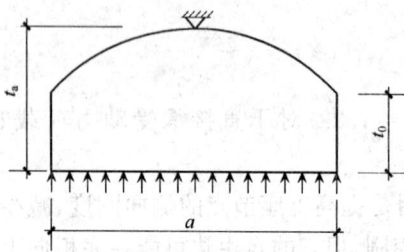

图 5.81　弧形支座板计算简图

1）确定弧形支座板的平面尺寸（见图 5.81）。

$$ab \geqslant \frac{R}{f} \tag{5.114}$$

式中：a、b——支座板的宽度和长度。

2）确定弧形支座板的厚度 t_a。设支座板均布反力为 $\dfrac{R}{ab}$，按双悬臂梁计算支座板中央截面弯矩，即

$$M_a = \frac{1}{2}\left(\frac{R}{ab}\right)\left(\frac{a}{2}\right)^2 b = \frac{Ra}{8}$$

该截面应满足强度条件，即

$$\sigma_{max} = \frac{M_a}{W} = \frac{\dfrac{Ra}{8}}{\dfrac{bt_a^2}{6}} = \frac{3Ra}{4bt_a^2} \leqslant f$$

$$t_a \geqslant \sqrt{\frac{3Ra}{4bf}} \tag{5.115}$$

式中：f——铸钢或钢材的抗弯强度设计值。

3）弧形支座板与支座底板的接触应力验算。设接触应力按赫兹公式计算，其强度条件为

$$\sigma = 0.418 \sqrt{\frac{ER}{rb}} \leqslant f_{lb}$$

式中：r——弧面半径；

　　f_{lb}——铸钢或钢材自由接触时局部挤压强度设计值。

除满足上式要求外，《钢结构设计规范》(GB50017-2003)还规定：

$$r \geqslant \frac{25R}{2bf} \tag{5.116}$$

弧形支座两侧的竖直面高度通常宜小于 15mm。双面弧形支承板可参考上述方法进行计算。

（3）球铰支座的计算

球铰支座板的凸球面与支座板上的凹球面之间相互接触，当两个球面的半径基本相同时，接触面的承压力可按有滑动的面接触来计算。当两者曲率半径不同时，则呈局部接触，借助于滚动作用而转动，摩擦较小，可按赫兹公式计算。此时最大接触应力要满足式(5.117)。

$$\sigma_{\max} = 0.388\left[RE^2\left(\frac{r_1 - r_2}{r_1 r_2}\right)^2\right]^{\frac{1}{3}} \leqslant f_{tb} \tag{5.117}$$

式中：r_1、r_2——分别为上凹面、下凸面的半径($r_1 \geqslant r_2$)，见图 5.82；

　R——支座反力设计值；

　E——铸钢或钢材的弹性模量；

　f_{tb}——铸钢或钢材自由接触时局部挤压强度设计值。

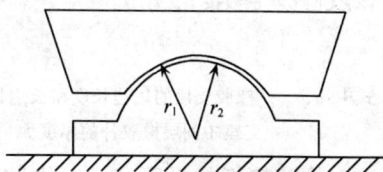

图 5.82　球铰支座板

当对节点转动的要求不高时，可以采用不同半径的球铰支座，但两者半径相差越大，节点承载力越低，对钢材的要求就越高。

（4）橡胶支座的设计

橡胶支座的底板和加肋板计算与平板支座一样，橡胶垫板除有足够的承压强度外，还需对其压缩变位、抗剪、抗滑性能进行验算。计算简图见图 5.83。

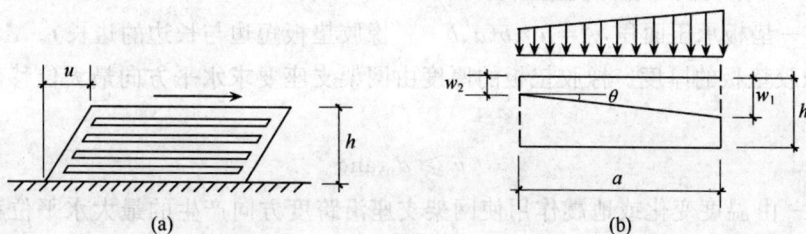

图 5.83　板式橡胶支座计算简图

目前国内的橡胶垫板采用的胶料主要有氯丁橡胶和天然橡胶等，其物理机械性能应满足表 5.28 要求，其物理力学性能应满足表 5.29 要求。

表 5.28　橡胶支座所用胶料的物理机械性能指标

胶料类型	硬度(邵氏)	拉伸强度/(N/mm²)	扯断伸长率/%	扯断永久变形/%	300%定伸强度/(N/mm²)	脆性温度℃(不低于)
氯丁橡胶	60°±5°	≥18.63	≥450	≥25	≥7.84	−25
天然橡胶	60°±5°	≥18.63	≥500	≥20	≥8.82	−40

表 5.29 橡胶支座(成品)的物理力学性能指标

容许抗压强度		极限破坏强度 /(N/mm²)	抗压弹性模量 E_R/(N/mm²)	抗剪弹性模量 G_R/(N/mm²)	容许最大剪切角正切值 ($\tan\alpha$)	摩擦系数 μ	
$[\sigma]_{max}$ /(N/mm²)	$[\sigma]_{min}$ /(N/mm²)					与钢板	与混凝土
7.84～9.80	1.96	＞58.82	由形状系数 β 按表 5.8 采用	0.98～1.47	0.7	0.2	0.3

橡胶支座的抗压弹性模量随支座形状系数而变化,具体可按表 5.30 采用。

表 5.30 橡胶支座抗压弹性模量 E_R 和形状系数 β 值

β	4	5	6	7	8	9	10	11	12	13	14	15
E_R/(N/mm²)	196	265	333	412	490	579	657	745	843	932	1040	1157

注:支座形状系数按下式计算:

$$\beta = \frac{ab}{2(a+b)t_{Ri}}$$

式中:a、b——橡胶支座的短边长度和长边长度;

t_{Ri}——支座中间层橡胶片的厚度。

1)橡胶垫板的平面尺寸。橡胶垫板的平面尺寸按下式计算:

$$\sigma_m = \frac{R}{A} \leqslant [\sigma] \tag{5.118a}$$

或

$$A \geqslant \frac{R}{[\sigma]} \tag{5.118b}$$

式中:R——最大支座反力;

$[\sigma]$——橡胶板的容许抗压强度,由表 5.32 取得;

A——垫板承压面积,$A=a\times b$(a、b——橡胶垫板短边与长边的边长)。

2)橡胶垫板的厚度。橡胶垫板的厚度由网架支座要求水平方向最大位移确定,其表达式为

$$u \geqslant d_0\tan\alpha \tag{5.119}$$

式中:u——由温度变化或地震作用使网架支座沿跨度方向产生的最大水平位移(由计算确定),由温度变化产生 u 值近似取

$$u = \Delta t \alpha E l \tag{5.120}$$

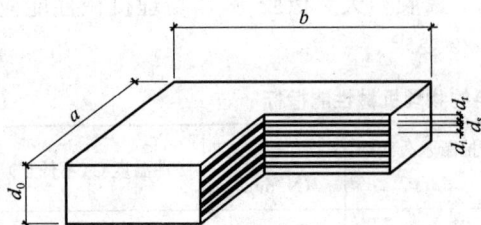

图 5.84 橡胶垫板

式中:Δt——气温变化值;

α——钢材的线膨胀系数,$\alpha=0.00001/℃$;

E——钢材的弹性模量;

l——验算方向跨度;

$\tan\alpha$——橡胶垫板容许剪切角,取 $\tan\alpha=0.7$;

d_0——橡胶垫板的厚度(见图 5.84)。

$$d_0 = 2d_t + nd_i \qquad (5.121)$$

式中：d_t、d_i——分别为上（下）表层及中间层橡胶片厚度；

$\quad n$——中间橡胶片层数。

根据构造要求，d_0 应满足式（5.122）要求：

$$0.2a \geqslant d_0 \geqslant 1.43u \qquad (5.122)$$

3）橡胶垫板的压缩变形验算。橡胶垫板的弹性模量较低，在外力作用下支座会发生转动，而引起较大压缩变形，根据构造要求，需满足式（5.123）要求：

$$0.05d_0 \geqslant w_m \geqslant \frac{1}{2}\theta a \qquad (5.123)$$

式中：w_m——橡胶垫板的平均压缩变形。

$$w_m = \frac{\sigma_m d_0}{E} \qquad (5.124)$$

式中：σ_m——平均压应力，$\sigma_m = \dfrac{R}{A}$；

$\quad \theta$——结构在支座处的最大转角（rad）。

式（5.123）物理意义是：平均压缩变形不应超过橡胶垫板总厚度 $\dfrac{1}{20}$，过大压缩变形会破坏橡胶与薄板连接构造；也不应小于 $\dfrac{1}{2}\theta a$，这是避免压缩变形后，使橡胶垫板与支座底板局部脱空，而形成垫板局部承压。

4）橡胶垫板的抗滑验算。橡胶垫板在水平力作用下不会发生滑移，此时按式（5.125）进行抗滑移验算。

$$\mu R_g \geqslant GA \frac{u}{d_0} \qquad (5.125)$$

式中：μ——橡胶垫板与接触面之间的摩擦系数，与钢接触时取 $\mu=0.2$，与混凝土接触时取 $\mu=0.3$；

$\quad R_g$——乘以荷载分项系数 0.9 的永久荷载标准值引起支座反力；

$\quad G$——橡胶垫板的抗剪弹性模量，查表 5.32。

橡胶支座的锚栓按构造取用，其直径不应小于 $20\sim25\text{mm}$。

5.5.6　其他类型节点

1. 悬挂吊车的节点

对于设有悬挂吊车的工业房屋、吊车轨道与网架下弦节点的连接见图 5.85。

2. 屋面支托节点

网架结构的屋面支托节点，一般均采用加钢管小立柱的方法。在钢管上短焊一块托板，钢管下端焊在球节点上，屋面板或檩条安装在托板上，见图 5.86。利用小立柱的长度差异形成所需的屋面坡度。

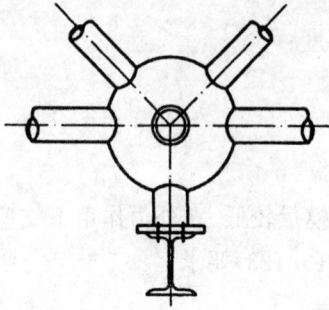

图 5.85　悬挂吊车节点

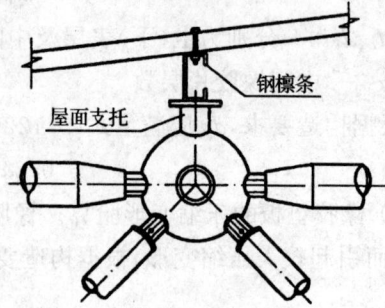

图 5.86　屋面支托节点

5.6　设 计 实 例

【例 5.1】　设计平面为 21m×30m 的斜放四角锥网架。

1. 设计资料

平面尺寸 21m×30m 的斜放四角锥网架,屋面为油毡防水,屋面板为承重保温太空网架板。网架搁置于网架上弦球节点的钢管支托上。为了便于屋面排水,钢管支托按一定高差做成不同高度,形成四坡屋面,坡度为 2%。

网架上弦节点支承在周边圈梁上。

网架采用的材料:钢板为 Q235b 钢,焊接钢管及焊接钢球为 16Mn 钢,焊条为 E50型。

2. 网架形式及几何尺寸

1)网架高度。取跨度(短边)的 $\frac{1}{12}$(根据《网架结构设计与施工规定》(JGJ 7-91)第 2.0.10 条)。

$$h = \frac{21}{12} = 1.750\text{m(采用 } h = 1.700\text{m)}$$

2)网格尺寸。下弦网格 3.000m×3.000m,上弦网格 2.121m×2.121m。
在弦杆竖向平面上弦杆与腹杆的投影夹角:

$$\text{arctan}\alpha = 1.7/0.5 \times 3 = \text{arctan}1.13333$$

$$\alpha = 48°35' \approx 45°$$

3)网架平面布置。见图 5.87。

3. 荷载(见表 5.31)

1)恒载。计算见表 5.31a。

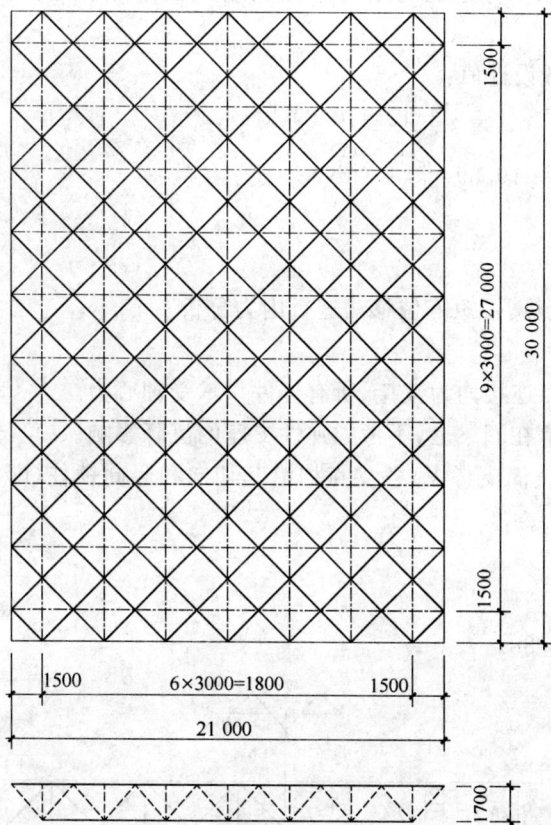

图 5.87　网架平面布置图

表 5.31a　恒载

屋面做法	标准值/(kN/m²)	设计值/(kN/m²)	屋面做法	标准值/(kN/m²)	设计值/(kN/m²)
防水层(含预留)	0.40	0.40×1.2＝0.48	承重保温太空网架板	0.45	0.45×1.2＝0.54
局部水泥砂浆找平	0.20	0.20×1.2＝0.24	网架自重	0.15	0.15×1.2＝0.18
合计				1.20 kN/m²	1.44 kN/m²

2）活载。计算见表 5.31b。

表 5.31b　活荷载

活荷载	标准值/(kN/m²)	设计值/(kN/m²)
屋面活载	0.50	0.50×1.4＝0.70
雪荷载	0.70	0.70×1.4＝0.98
取值	0.70	0.98

3）荷载组合。

$$恒＋活＝1.20＋0.70＝1.90 \ kN/m^2（标准值）$$
$$1.44＋0.98＝2.42 \ kN/m^2（设计值）$$

4）7度地震设防,不考虑竖向地震作用（根据《网架结构设计与施工规程》(JGJ 7-91 第3.4.1条）。

5）上弦节点荷载设计值：

中间节点：$P_1 = 3 \times 1.5 \times 2.42 = 10.89$(kN)

端节点：$P_2 = \dfrac{1}{2} \times 10.89 = 5.45$(kN)

4. 内力分析

内力分析采用电算,按矩阵位移法进行内力分析。

分析假定：

1）空间网架节点连接均为铰接,所有杆件只承受轴心力。

2）网架周边支承在圈梁上,不考虑弹性支座的沉降影响。

3）网架边界处按简支考虑,各支点均沿其切向和竖向锁住（即沿网架周边支承点切向和竖向无变位）。

5. 杆件内力

杆件内力见图5.88。

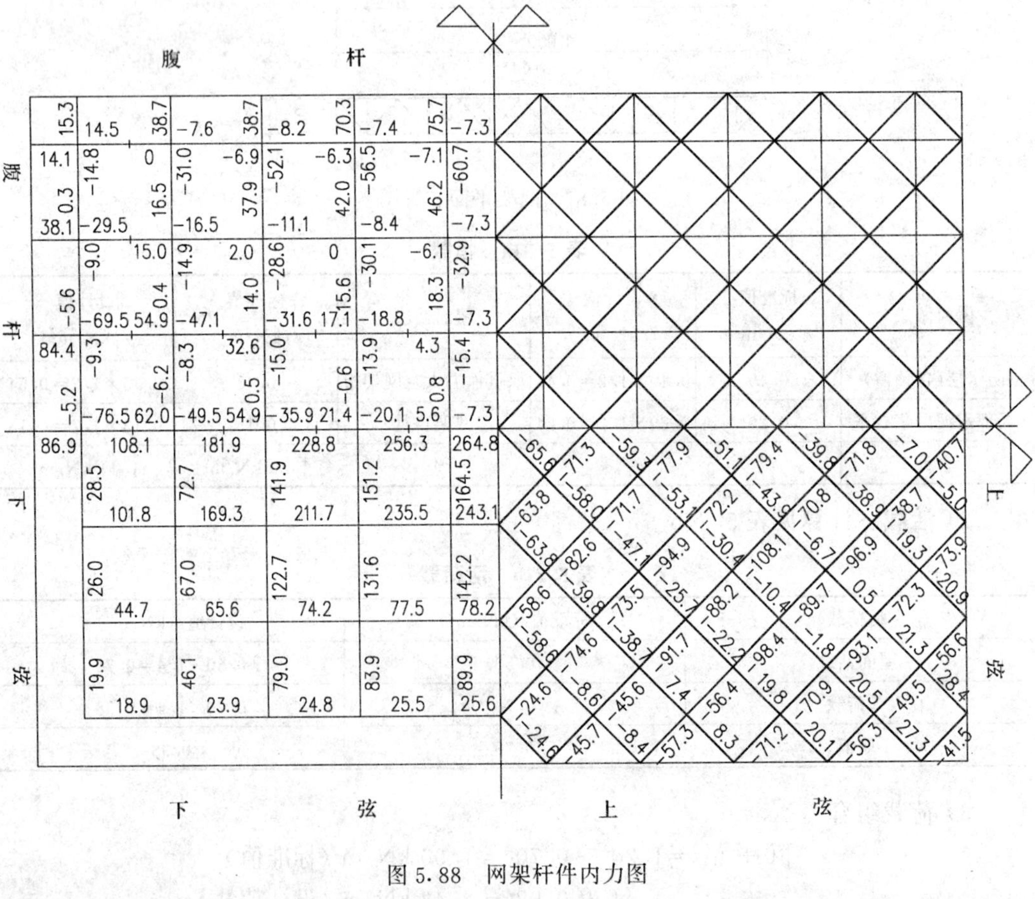

图 5.88　网架杆件内力图

6. 截面选择

1) 杆件计算长度 l_0[根据《网架结构设计与施工规程》(JGJ 7-91)第4.1.2条]:

$$上弦杆:l_0 = 0.9 \times 212 = 191(\text{cm})$$
$$下弦杆:l_0 = 0.9 \times 300 = 270(\text{cm})$$
$$支座斜腹杆:l_0 = 0.9 \times 226.7 = 204(\text{cm})$$
$$一般腹杆:l_0 = 0.8 \times 226.7 = 181(\text{cm})$$

2) 杆件承载力设计值:见表5.32。

3) 杆件截面的选择。

表5.32 杆件承载力设计值

杆件编号	截面规格 /mm	截面面积 A/cm²	回转半径 i/cm	长细比		稳定系数		承载力设计值 $N=A\varphi f$/kN		
				上弦杆	腹杆	上弦杆	腹杆	上弦杆受压	腹杆受压	抗拉
				λ_s	λ_f	φ_s	φ	N_s	N_f	N_1
1	$\phi 51 \times 2$	3.08	1.73	110	105 (118)	0.373	0.4 (0.333)	36.19	38.81 (32.31)	97.02
2	$\phi 60 \times 2.5$	4.52	2.04	94	89 (100)	0.47	0.506 (0.431)	66.92	72.05 (61.37)	142.38
3	$\phi 76 \times 2.5$	5.77	2.60	73	70 (78)	0.632	0.656 (0.591)	114.87	19.23 (107.42)	181.76
4	$\phi 114 \times 3$	10.46	3.93	49	46 (52)	0.811	0.829 (0.791)	267.22	273.15 (260.63)	329.49

注:括号内数字仅用于支座斜腹杆。本例按上表的承载力设计值选择杆件截面时应再留有15%的裕量,以策安全。

按图5.89中的编号及表5.32中相应截面规格。

4) 球截面选择。

采用16Mn钢板加热压成半球,再拼装焊成的。球内不设环形肋。

根据网架杆件内力最大处,弦杆和腹杆的排列夹角情况,并考虑焊缝位置,决定钢球直径,$\dfrac{D \geqslant d_1 + 2a + d_2}{\theta} = \dfrac{51 + 20 + 114}{0.8465} = 218.5(\text{mm})$,取 $D = 220\text{mm}$,壁厚 $t = 5\text{mm}$,弦杆和腹杆的最大内力一般不在同一位置,应分别考虑。

按式(5.82)和式(5.83)计算受拉空心球的轴向压力和拉力设计值:

$$N_c = \eta_c \left(400td - 13.3 \frac{t^2 d^2}{D} \right) = 1.0 \times (400 \times 5 \times 114 - 13.3 \times 5^2 \times 114^2/220)$$

$$= 208.4(\text{kN}) > 108.1\text{kN}$$

$$N_t = 0.55\eta_t d\pi f = 0.55 \times 1.0 \times 5 \times 114 \times 3.14 \times 315 = 310.08(\text{kN}) > 264.77\text{kN}$$

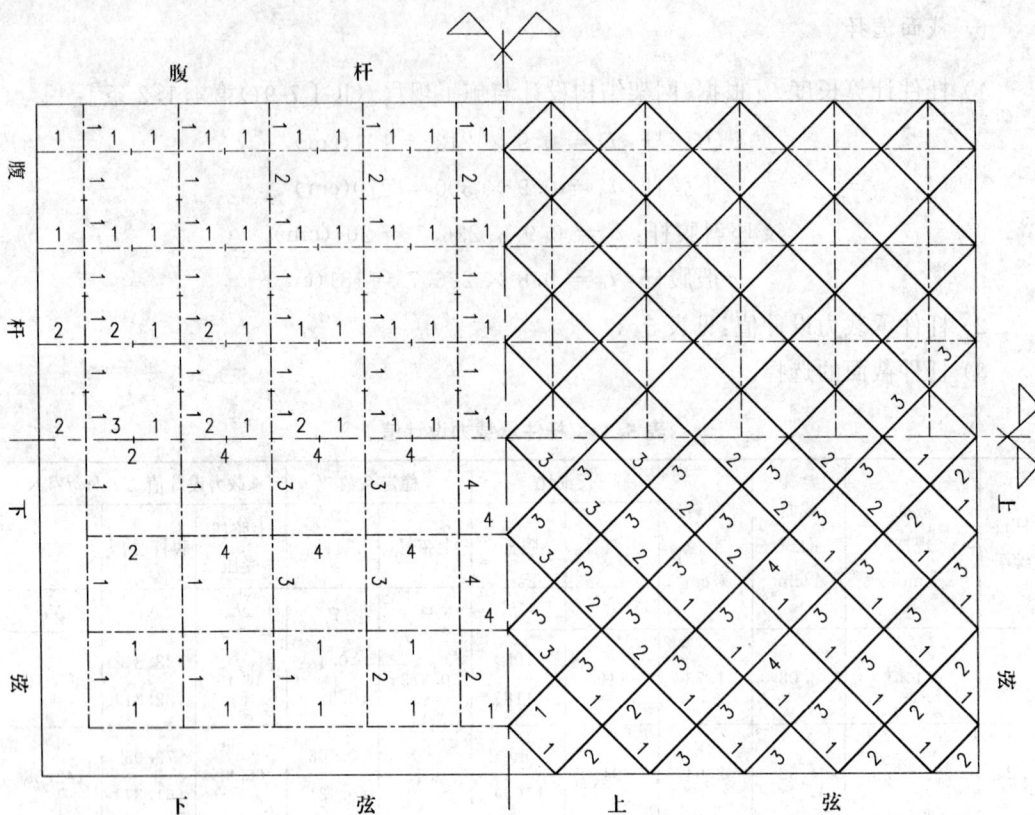

图 5.89　杆件截面编号图

7. 节点连接计算

16Mn 钢,用 E50XX 型焊条角焊缝抗拉,抗压和抗剪的强度设计值 $f_f^w = 200\text{N/mm}^2$。

(1) 支座节点

支座节点见图 5.90。

屋面节点荷载: $P = 5.54\text{kN}$。

1) 支座斜腹杆钢管与球体的连接焊缝。

$$N = 75.69\text{kN}$$

支座斜腹杆钢管 $\phi 51 \times 2$,焊缝厚度取: $h_f = 1.5 \times 2 = 3\text{mm}$,焊缝强度为

$$\sigma_f = \frac{N}{h_e l_w} = \frac{75\,690}{0.7 \times 3 \times 2 \times 3.14 \times 25.5}$$

$$= 225(\text{N/mm}^2) < f_f^w = 200 \times 1.22 = 244(\text{N/mm}^2)$$

2) 支座竖板的连接焊缝。

支座的垂直反力

$$N = 75.69 \times \cos\alpha + 5.45$$

$$= 75.69 \times 0.7498 + 5.45 = 62.20(\text{kN})$$

设支座底板厚度 $\delta = 12\text{mm}$,支座竖板厚度 $\delta = 6\text{mm}$,支座竖板的连接焊缝,焊缝厚度

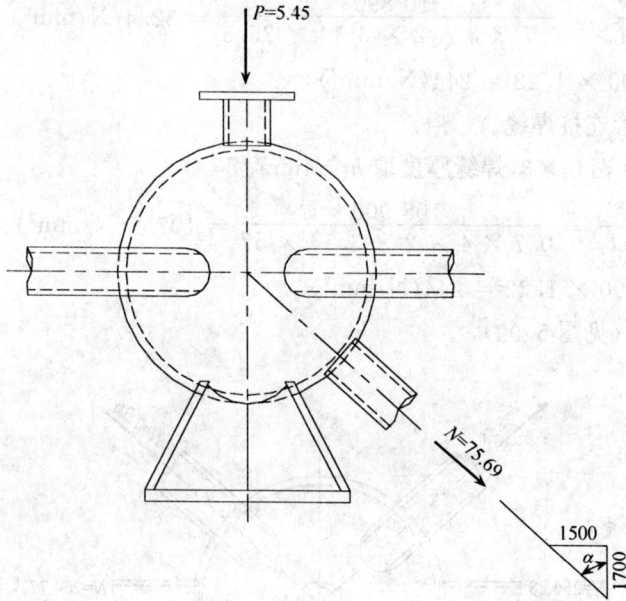

图 5.90　支座节点(内力单位 kN)

取 $h_f = 6mm$，每条焊缝长度 $l_f = 60mm$。

$$\tau_f = \frac{N}{h_e l_w} = \frac{62\ 200}{0.7 \times 6 \times 4 \times 60} = 61.7(\text{N/mm}^2) < f_f^w$$
$$= 200\text{N/mm}^2$$

(2) 上弦节点(见图 5.91)

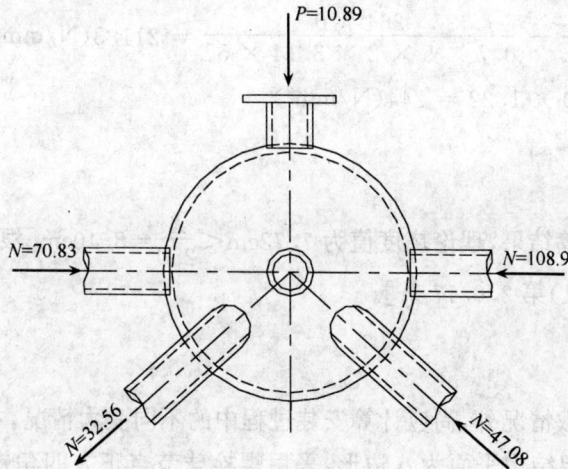

图 5.91　上弦节点(内力单位:kN)

1) 支托钢管连接焊缝。

已知：$P = 10.89kN$。

支托钢管为 $\phi 51 \times 2$，焊缝厚度取 $h_f = 3mm$。

$$\tau_{\mathrm{f}} = \frac{N}{h_{\mathrm{e}}l_{\mathrm{w}}} = \frac{10\ 890}{0.7 \times 3 \times 2 \times 3.14 \times 25.5} = 32.4(\mathrm{N/mm^2}) < f_{\mathrm{f}}^{\mathrm{w}}$$

$$= 200 \times 1.22 = 244(\mathrm{N/mm^2})$$

2）上弦杆钢管连接焊缝。

上弦杆钢管为 $\phi 114 \times 3$，焊缝厚度取 $h_{\mathrm{f}} = 4\mathrm{mm}$。

$$\sigma_{\mathrm{f}} = \frac{N}{h_{\mathrm{e}}l_{\mathrm{w}}} = \frac{108\ 900}{0.7 \times 4 \times 2 \times 3.14 \times 57} = 107.9(\mathrm{N/mm^2}) < f_{\mathrm{f}}^{\mathrm{w}}$$

$$= 200 \times 1.22 = 244(\mathrm{N/mm^2})$$

（3）下弦节点（见图 5.92）

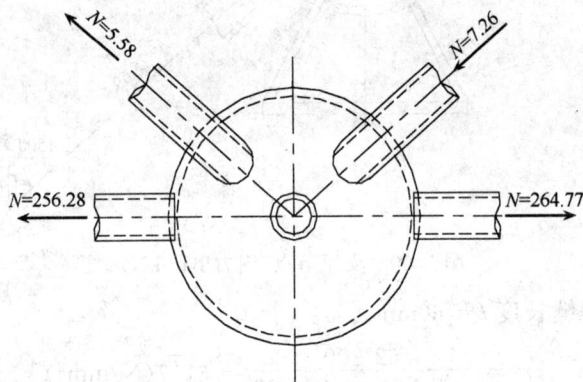

图 5.92 下弦节点（内力单位:kN）

下弦杆内力 $N = 264.77\mathrm{kN}$，采用钢管 $\phi 114 \times 3$，焊缝厚度取 $h_{\mathrm{f}} = 5\mathrm{mm}$。

$$\sigma_{\mathrm{f}} = \frac{N}{h_{\mathrm{e}}l_{\mathrm{w}}} = \frac{264\ 770}{0.7 \times 5 \times 2 \times 3.14 \times 57} = 211.3(\mathrm{N/mm^2}) < f_{\mathrm{f}}^{\mathrm{w}}$$

$$= 200 \times 1.22 = 244(\mathrm{N/mm^2})$$

8. 挠度

根据计算机计算结果,理论挠度值为 $7.72\mathrm{cm} < \dfrac{L}{250} = 8.40\mathrm{cm}$[根据《网架结构设计与施工规程》(JGJ 7-91)第 2.0.17 条]。

9. 其他

除了计算满荷载情况外,尚应计算安装过程中的不同受力情况,本书从略。

【例 5.2】 网架结构平面为八边形,采用螺栓球节点正方四角锥网格。形式双面起坡,坡度为 5%。上弦静荷载 $0.5\mathrm{kN/m^2}$,下弦静荷载 $0.3\mathrm{kN/m^2}$,上弦活荷载 $0.5\mathrm{kN/m^2}$,网架自重由软件自动考虑。上弦周边圈梁支承。钢管材料选用 Q235 钢。

荷载工况组合:①1.2 静荷载;②1.2 静荷载＋1.4 活荷载。

计算过程从略。网架施工图如图 5.93 所示。

结构设计总说明

一、工程概况：

1. 结构形式：正方四角锥螺栓球节点网架；
2. 网架平面尺寸：30m×24m；覆盖面积648m²；
3. 支承形式：上弦周边支承。

二、设计与施工必须遵照以下规范：

1.《网架结构设计与施工规程》(JGJ 7-91)；
2.《钢结构工程施工质量验收规范》(GBJ 50205-2001)；
3.《钢网架行业标准》(JGJ 75.1~75.3-91)；
4.《钢网架螺栓球节点用高强度螺栓》(GB/T 16939)。

三、材料：

1. 钢管：选用 GB 700 中的 Q235B 钢，采用高频焊管或无缝钢管；
2. 高强螺栓：选用 GB 3077 中的 40Cr；等级符合 GB/T 16939；
3. 钢球：螺栓球选用 GB 699 中的 45 号钢；
4. 封板锥头：选用 Q235 钢，钢管直径大于等于 75 时需采用锥头，连接焊缝及锥头的任何截面应与连接的钢管等强，厚度应保证强度和变形的要求，并有试验报告；
5. 套筒：选用 Q235 钢，截面与相应杆件截面等同；
6. 焊条：Q235 钢与 Q235 钢之间焊接选用 E43；Q235 钢与 45 号钢之间焊接选用 E50；
7. 材料应有质量证明及验收报告，钢球需打上工号，所有焊件应编焊工工号，所有产品的质量应符合《钢网架行业标准》(JGJ 75)。

四、设计技术参数：

1. 静荷载：
   上弦层：0.50kN/m²；下弦层：0.30kN/m²；
2. 活荷载：0.50kN/m²；
3. 基本风压：0.40kN/m²；
4. 计算机程序自动形成网架自重；
5. 荷载必须作用在节点上，杆件不承受横向荷载。

五、本网架工程采用空间网格结构计算机辅助设计系统(MSTCAD2003)进行满应力优化设计。

六、网架总平面图中标"□"为支座位置。

七、图中几何尺寸为毫米制。

八、材料表中，所选用规格不得任意替换，若备料确有困难时，需经设计单位同意。

九、所有构件需作除锈处理，出厂前和安装后分别涂一层红丹防锈漆。

十、网架安装需在下部结构轴线及预埋板验收合格后进行安装，顺序可由安装单位与设计单位商量确定。

十一、安装完成后，所有接键和多余的螺孔应用油腻子密塞

网架杆件明细表

杆件编号	规格	几何长度	焊接长度	下料长度	数量	杆重	高强螺栓	杆件编号	规格	几何长度	焊接长度	下料长度	数量	杆重	高强螺栓
1A	60×3.50	2782	2591	2567	8	102	2M22	1S	60×3.50	3092	2909	2885	8	57	2M22
1B	60×3.50	2782	2612	2588	16	206	2M22	1T	60×3.50	3092	2922	2898	68	981	2M22
1C	60×3.50	2881	2690	2666	12	159	2M22	1U	60×3.50	3092	2930	2906	4	58	2M22
1D	60×3.50	2881	2711	2687	40	535	2M22	1V	60×3.50	3203	3033	3009	36	539	2M22
1E	60×3.50	2985	2794	2770	4	55	2M22	1W	60×3.50	3203	3041	3017	4	6	2M22
1F	60×3.50	2985	2802	2778	12	166	2M22	2A	75.5×3.75	2881	2680	2588	4	70	2M24
1G	60×3.50	2985	2815	2791	40	556	2M22	2B	75.5×3.75	3000	2812	2720	18	332	2M24
1H	60×3.50	2985	2832	2799	16	223	2M22	2C	75.5×3.75	3000	2828	2736	6	111	2M24
1J	60×3.50	3000	2817	2793	24	334	2M22	2D	75.5×3.75	3000	2816	2724	18	332	2M24
1K	60×3.50	3000	2822	2798	28	390	2M22	2E	75.5×3.75	3004	2824	2732	8	148	2M24
1L	60×3.50	3000	2830	2806	14	195	2M22	2F	75.5×3.75	4243	4029	3937	4	213	2M24
1M	60×3.50	3000	2838	2814	92	1288	2M22	2G	75.5×3.75	4245	4057	3965	4	215	2M24
1N	60×3.50	3004	2826	2802	4	56	2M22	3A	88.5×4.00	3000	2812	2700	14	322	2M24
1P	60×3.50	3004	2834	2810	12	168	2M22	3B	88.5×4.00	3004	2816	2704	18	414	2M24
1Q	60×3.50	3004	2842	2818	4	56	2M22	4A	114×4.00	3000	2816	2704	12	359	2M24
1R	60×3.50	3092	2901	2877	4	57	2M22	总计	60×3.50				560	8757	

图名	结构设计总说明 网架杆件明细表	工程号	
		图号	

(a)

图 5.93　网架施工图

高强螺栓、封板、锥头、套筒和销钉明细表

杆件编号	高强螺栓					封板			锥头			套筒			销钉		
	杆件截面	高强螺栓	L	数量	重量/kg	D×L/H	数量	重量/kg	D×L/H	数量	重量/kg	内孔/长/对边	数量	重量/kg	销钉	数量	重量/kg
1	60×3.50	M22	75	892	585	6/12/16	892	321				23/35/36	892	277	M6	892	2
2	75.5×3.75	M24	82	140	57				75/46/16	140	168	25/40/41	140	64	M6	140	0
3	88.5×4.00	M24	82	64	26				88/56/16	64	109	25/40/41	64	29	M6	64	0
4	114×4.00	M24	82	24	10				114/56/16	24	60	25/41/40	24	11	M6	24	0
总计				1120	379		892	321		228	337		1120	381		1120	3

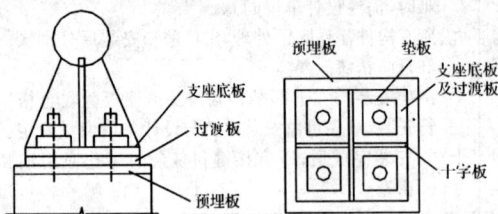

网架球节点材料表

代号	球径	数量	重量/kg	单边劈面量	工艺螺孔
A	BS100	70	294	4	M20
B	BS120	73	529	6	M20
C	BS150	12	170	8	M20
总计		155	993		

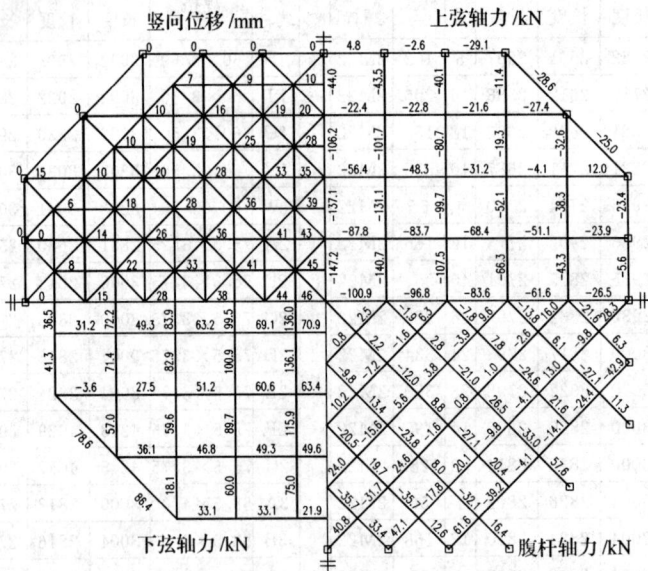

支座示意图

内力和节点位移图

图名	高强螺栓封板锥头套筒销钉明细表球节点材料表、内力和节点位移图	工程号	
		图 号	

(b)

图 5.93 网架施工图(续)

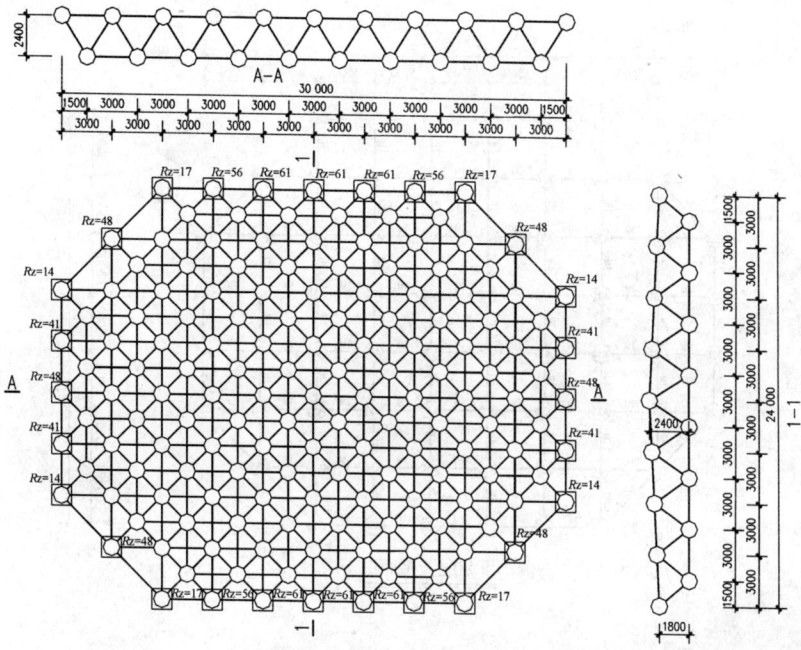

总平面图、剖面图

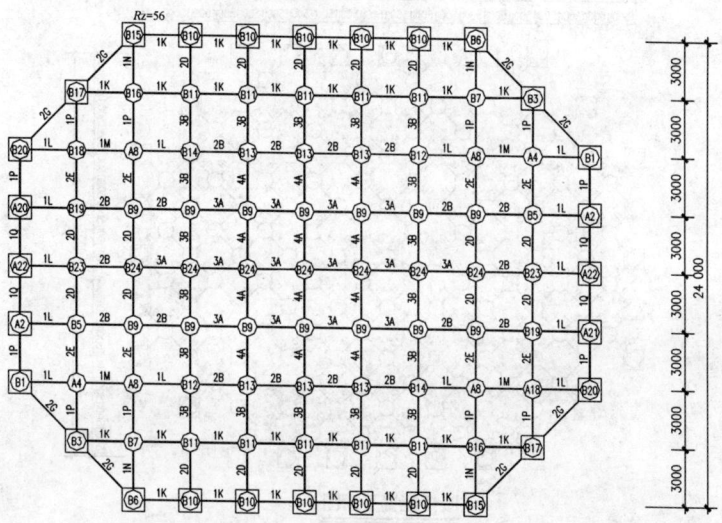

上弦配置平面图

图名	总平面、剖面图 上弦配置平面图	工程号	
		图号	

(c)

图 5.93 网架施工图(续)

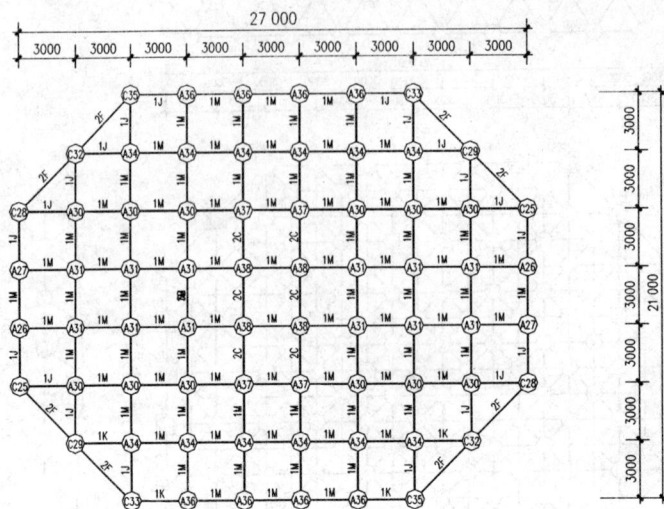

下弦配置平面图

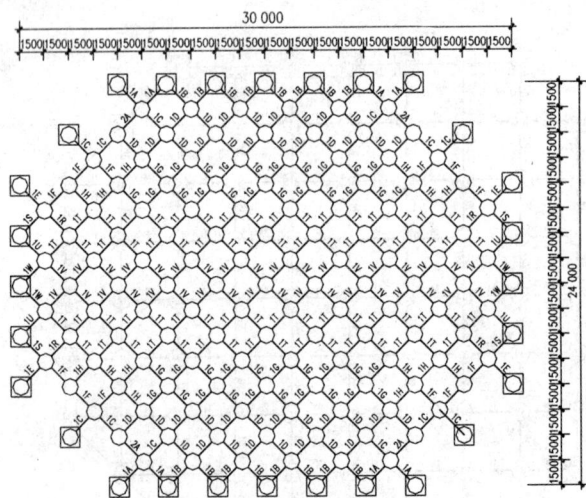

腹杆配置平面图

图名	下弦配置平面图 腹杆配置平面图	工程号	
		图　号	

(d)

图 5.93　网架施工图(续)

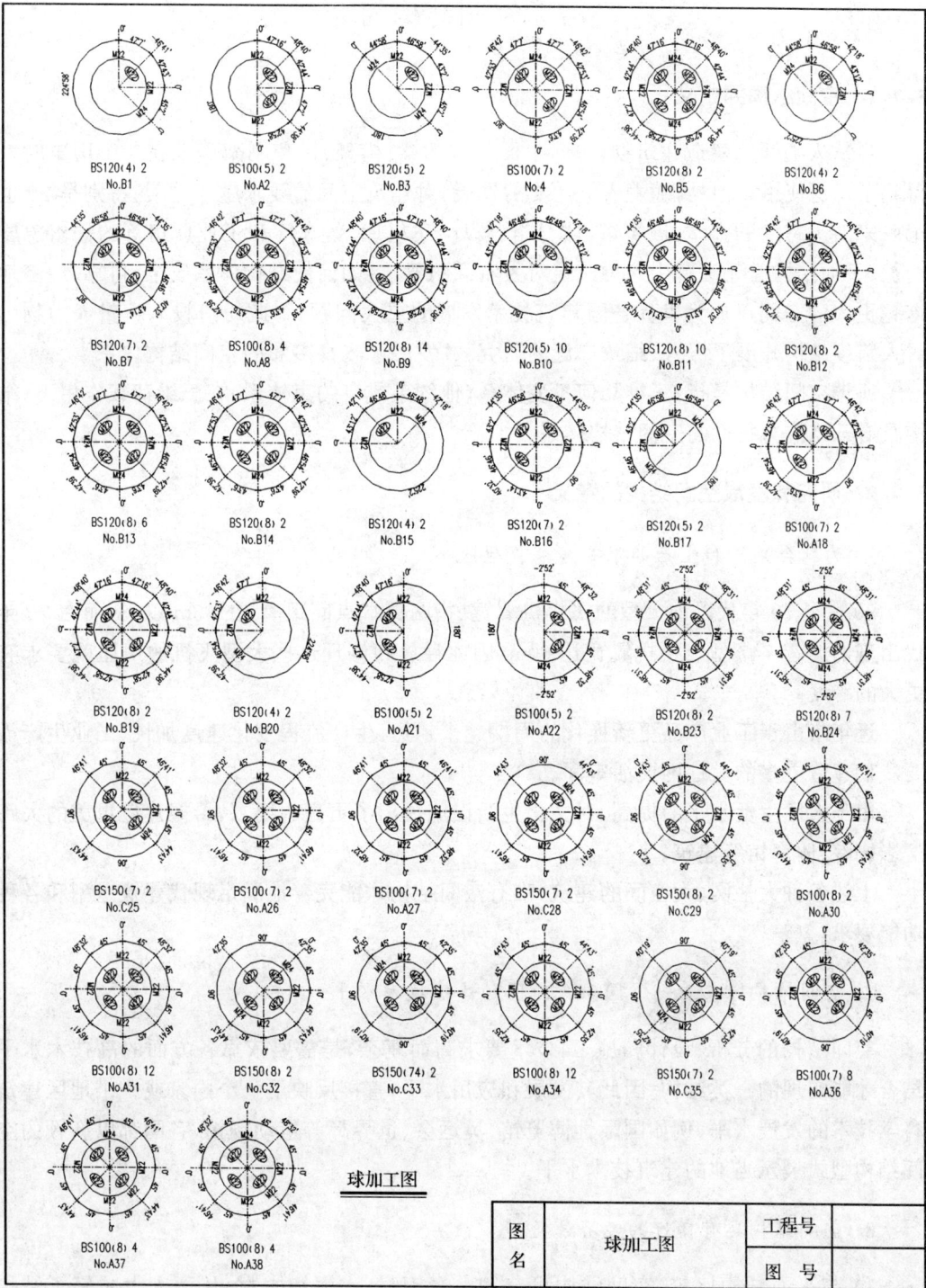

球加工图

图名	球加工图	工程号	
		图 号	

(e)

图 5.93 网架施工图(续)

5.7 空间结构简介

5.7.1 空间结构的定义

自从人类开始营造建筑物以来,平面结构如梁、桁架、拱和刚架等就在各个历史时期得到了广泛使用。但是,随着人类历史的发展,对建筑空间的要求越来越大,特别是20世纪以来对大跨度的会堂、展览馆、体育馆、餐厅、飞机库、候车厅和工业厂房等的需求急剧增长,平面结构已无法解决这类建筑对大空间的要求。如何使结构体系安全、可靠、经济地跨越更大的空间已成为世界各国建筑技术发展的重大问题,为此纷纷投入大量人力物力对大跨度结构开展了深入、细致广泛的研究,并发展了丰富多彩的空间结构体系。

所谓空间结构是指:三维几何不变体系(他约束或自约束体系)在三维荷载作用下,结构具有三维抗力特性的空间结构体系。

5.7.2 研究和发展空间结构的意义

1. 为社会生活和生产的不断发展提供服务

20世纪70年代以前大型的飞机机翼宽(指两翼端点间距离)在45m以下,而在70年代出现的波音747型飞机机翼宽达60m,因此存放和修理这些大型飞机的房屋就要求有更大的跨度。

近年来由于工业产品更新换代的周期越来越短,生产流程变化速度加快,工业生产需要我们建造更多的大柱网灵活车间。

由于人民生活水平的提高,对文化生活设施提出了更高的要求,希望建造更美的大跨度影剧院、体育馆等建筑。

上述各种大柱网、大空间的建筑,唯有空间结构才能完善地满足现代建筑造型和各种功能要求。

2. 空间结构标志着一个国家或地区的建筑技术水平

空间结构的分析、设计和施工,技术要求高而复杂,是需要依靠各方面的高技术水平结合才能实现的一类结构。因此其发展和应用水平,直接反映了一个国家或一个地区建筑科学技术的发展水平,例如国际性博览馆、奥运会、世界杯等运动场馆,各国都以新颖的空间结构型式展示当地的建筑技术水平。

3. 空间结构具有良好的经济效益

1) 与平面结构比较,空间结构可节约大量钢材、水泥和木材,从而大大减轻了结构自重。

2) 大部分空间结构具有良好的抗震性能。

3) 空间结构具有良好的力学性能。例如薄壳结构由于传力结构与承重结构合而为一,内力传递简捷,结构整体性能极好;又如对大多数网架结构而言,由于是高次超静定体系,即使抽去其中某些杆件也不会立即破坏等。

5.7.3 空间结构分类

所谓空间结构,应该包括屋盖结构和墙体、柱等支承系统,换句话说,空间结构不仅可作为屋盖和楼层结构,而且还可以将屋盖及其支承系统合为一体。

空间结构是一种不断发展着的结构体系,特别是本世纪以来,取得了长足的进步,新的空间结构形式不断涌现,从而推动了结构理论的发展。空间结构发展至今已形成了一个相当广阔的领域,在这个大领域里,空间结构类型繁多,各个结构的个性强烈,使人有眼花缭乱之感。因此,欲给以一个合理的统一分类较困难,现不妨按空间结构刚性差异来区分,可分为刚性空间结构、柔性空间结构和组合空间结构三大类。

1. 刚性空间结构

刚性空间结构的特点是结构构件具有很好的刚度,结构的形体由构件的刚度形成;属于这一类体系的结构有:薄壳结构、折板结构、空间刚架结构、网架结构和网壳结构等。图5.94是新疆某机械厂金工车间采用的薄壳结构,直径为60m。

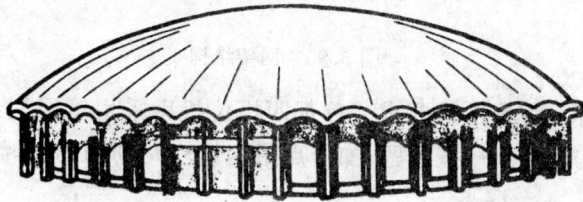

图 5.94　薄壳结构

薄壳结构主要受压,多为钢筋混凝土结构,可以合理地利用混凝土材料抗压性能好的特点,已在大跨度的屋盖结构中得到广泛应用。法国巴黎的国家工业与技术展览中心采用钢筋混凝土双层波形薄壁拱壳,已达到206m的跨度。薄壳结构的形状复杂,一般多采用钢筋混凝土整体浇灌而成,因而施工中耗用模板及脚手架较多,所需劳动量也较大,往往使其应用受到限制。

折板结构是一种连续折平面的薄壁空间结构,构造简单,施工方便,在我国已得到广泛应用。目前跨度一般用到18~24m。

图5.95是我国上海体育馆采用的网架结构,直径为110m。网架结构大多由钢杆件组成,具有多向受力的性能,空间刚度大,整体性强,并有良好的抗震性能,制作安装方便,是我国空间结构中发展最快,应用最广的结构形式。它具有下列一系列的优点:结构组成灵活多样但又有高度的规律性,便于采用,并可适应各种建筑方面的要求;节点连接简便可靠,近年来网架节点及其部件已逐步做到定型化、工厂化和商品化,不仅简化了节点连接的制作与安装,而且保证了节点的受力性能,质量可靠;分析计算成熟已采用计算机辅助设计;加工制作机械化程度高,并已全部工厂化;用料经济,能用较少的材料跨越较大的跨

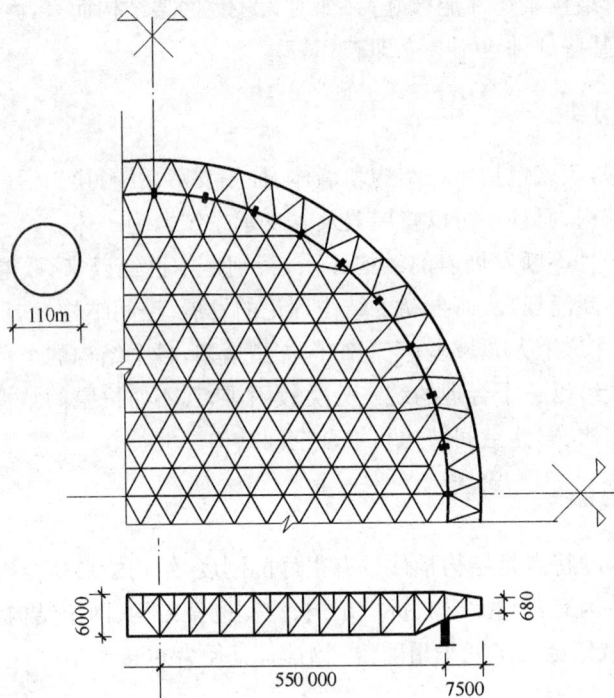

图 5.95　网架结构

度;适应建筑工业化、商品化的要求。首都四机位机库采用钢网架结构,跨度达 90m×
153m。但网架结构也存在一些问题,如节点用钢量较大,加工制作费用仍较平面桁架为
高等。

图 5.96 是我国吉林某厂仓库采用的肋环形球面网壳,直径为 86m,图 5.97 是我国天
津新体育馆采用的双层球面网壳,直径为 108m。图 5.98 是我国嘉兴电厂干煤棚采用的双
层三心圆柱面网壳,跨度为 103.5m。网壳结构主要由钢杆件组成,也可由钢筋混凝土杆件

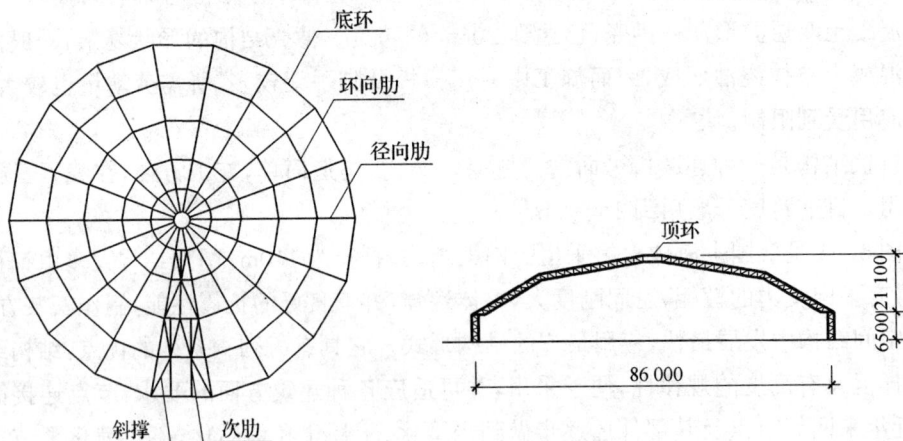

图 5.96　肋环形球面网壳

或木杆件等组成。网壳曲面可以根据需要做成各种形状,如球面、柱面和双曲抛物面(马鞍形或扭面形)。网壳平面可以是各种形状,如圆形、椭圆形、扇形、矩形、多边形及各种组合。网壳结构的这种灵活性适应了建筑设计的创造性。网壳结构具有下列优点:具有优美的建筑造型,无论是建筑平面、外形和形体都能给设计师以充分的创作自由;受力合理,可以跨越较大的跨度,节约钢材;可以用较小的构件组成很大的空间,这些构件可以在工厂预制实现工业化生产,安装简便快速,不需要大型设备,因此综合经济指标较好。因此,其应用日益广泛。美国新奥尔良的超级穹顶体育馆采用平行联方型双层球面网壳,直径已达213m。

图 5.97 双层球面网壳

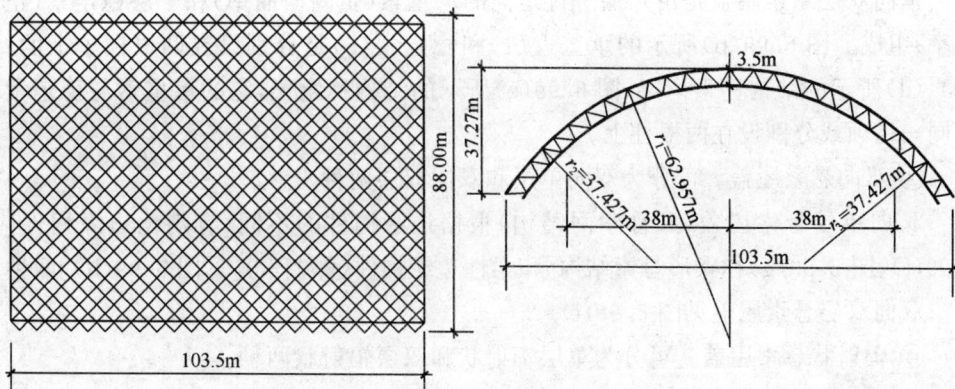

图 5.98 柱面网壳

网壳结构虽然能跨越很大的跨度,但主要为承受压力,存在稳定问题,并不能充分利用材料的强度,因此超过某一定的跨度后就会显得不经济。

2. 柔性空间结构

柔性空间结构的特点是大多数结构构件为柔性构件,如钢缆、钢索、薄膜等,结构的形体必须由体系内部的预应力形成。属于这一类体系的结构有:悬索结构、充气膜结构和张拉整体结构等。

(1) 悬索结构

1) 悬索结构的构成。悬索结构是由一系列高强度钢索组成的一种张力结构。不同的支承结构形式和钢索布置,悬索结构可以有多种形体以适应各种平面形状和外形轮廓的要求。

悬索结构由三部分组成:悬索系统(简称索系)、覆盖系统和支承系统。

索系:是悬索屋盖中跨越水平距离、形成大空间的主要构件。它由一系列按一定规律布置的高强度索及附件组成,索系起着形成屋面、承担屋面荷载并将其传至支承结构的作用。

覆盖系统:一般位于索系之上,由檩条、望板、保温防水材料或钢筋混凝土预制板、钢丝网水泥预制板组成。覆盖系统的作用是形成一个保温、隔热、防水的面层,完成屋盖的建筑功能。

支承系统:是由圈梁或水平横梁、立柱或拱等构件组成。它承受着悬索传来的荷载,并将它们可靠地传向基础。支承系统的合理性、可靠性直接影响着整个屋盖结构的经济与安全。

2) 悬索结构的分类。悬索结构具有造型自由的优点,各个建筑的个性强烈,使分类工作造成一定困难,不妨以钢索为例将屋盖结构按内力的传递方向分为三类:

① 单向悬索屋盖。可分单向单层和单向双层两种。

单向单层悬索屋盖是由一组平行走向的承重索组成[见图 5.99(a)]。

单向双层悬索屋盖是由一层平行走向的承重索(负高斯曲率)和一层稳定索(正高斯曲率)组成。图 5.99(b)所示的承重索(1)和稳定索(5)是分别设在两根柱子上的;5.99(c)、(d)所示的结构称索桁架;图 5.99(e)所示的结构称索梁,它的承重索与稳定索均设于同一柱项或分别设在两根柱上。

② 双向悬索屋盖。可分为双向单层和双向双层两种。

双向单层悬索屋盖(又称索网结构)根据边缘构件的不同,有刚性边缘构件[见图 5.99(f)、图 5.99(g)称碟形悬索结构]和柔性边缘构件(称主索)[见图 5.99(h)]两种。

双向双层悬索屋盖见图 5.99(i)。

③ 辐射状悬索屋盖。可分为单层辐射状和双层辐射状两种。

单层辐射状悬索屋盖,也称碟形悬索结构[见图 5.99(j)]。

双层辐射状悬索屋盖根据中央环受力特点,有拉力环[见图 5.99(k)]和压力环(承重索与稳定索均通常通过环上下面)两种。

图 5.99 所列各种悬索结构形式是典型例子,实际工程则有很多的变化形式。

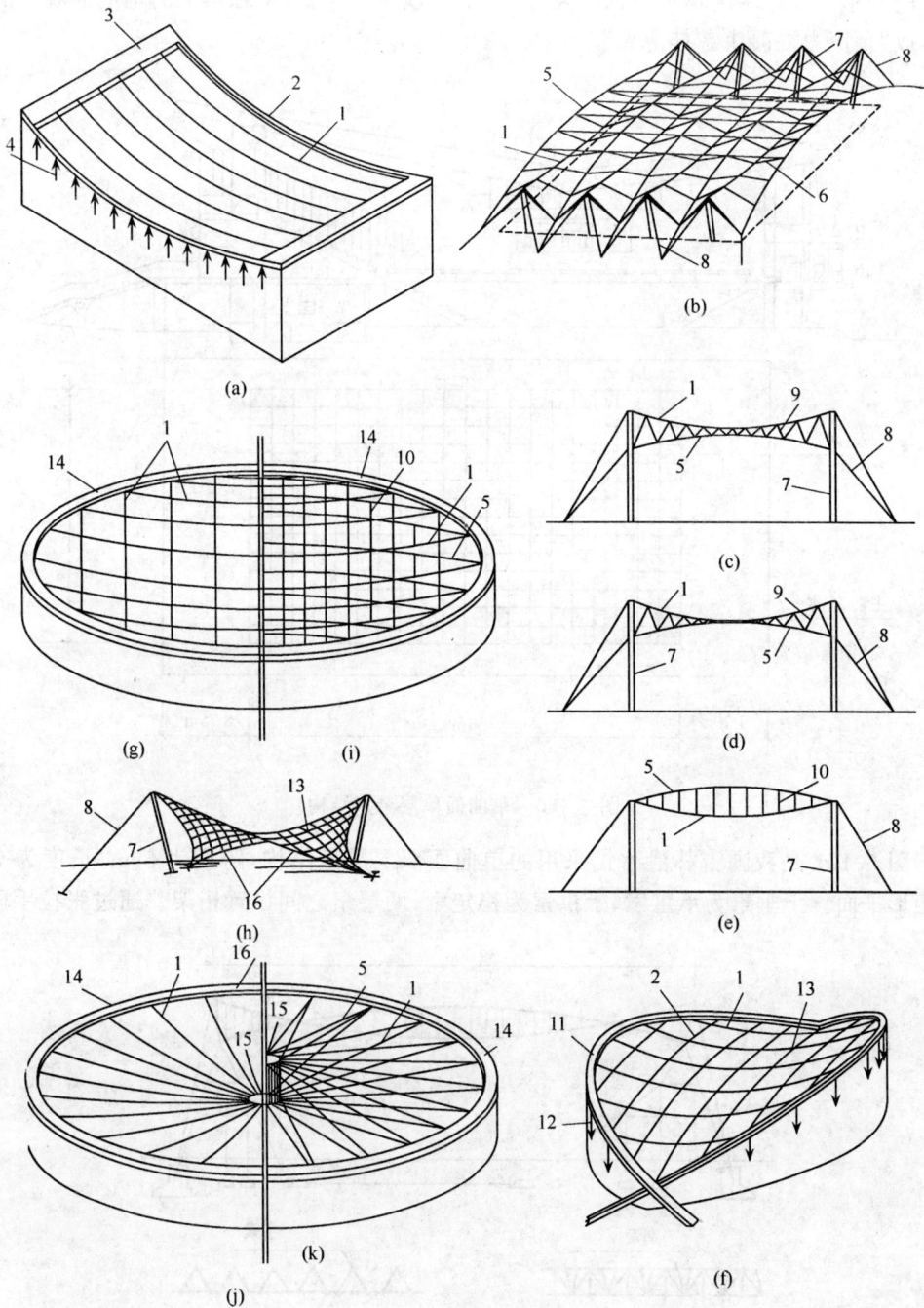

图 5.99　各种悬索结构形成

1. 承重索；2. 压杆；3. 水平梁；4. 柱项附加压力（由弯曲压杆引起）；5. 稳定索；

6. 联系桁架；7. 柱；8. 锚索；9. 拉索腹杆；10. 竖杆；11. 拱；

12. 垂直分力（由承重索引起）；13. 索网；14. 外环；15. 内环；16. 主索

图 5.100 是我国淄博体育馆采用的单曲面单层悬索结构,具有跨度为 54m,宽度为 38m 的矩形平面。为了增加结构的刚度,采用了预应力措施,使悬索上的钢筋混凝土的屋面形成"预应力混凝土悬挂薄壳"。

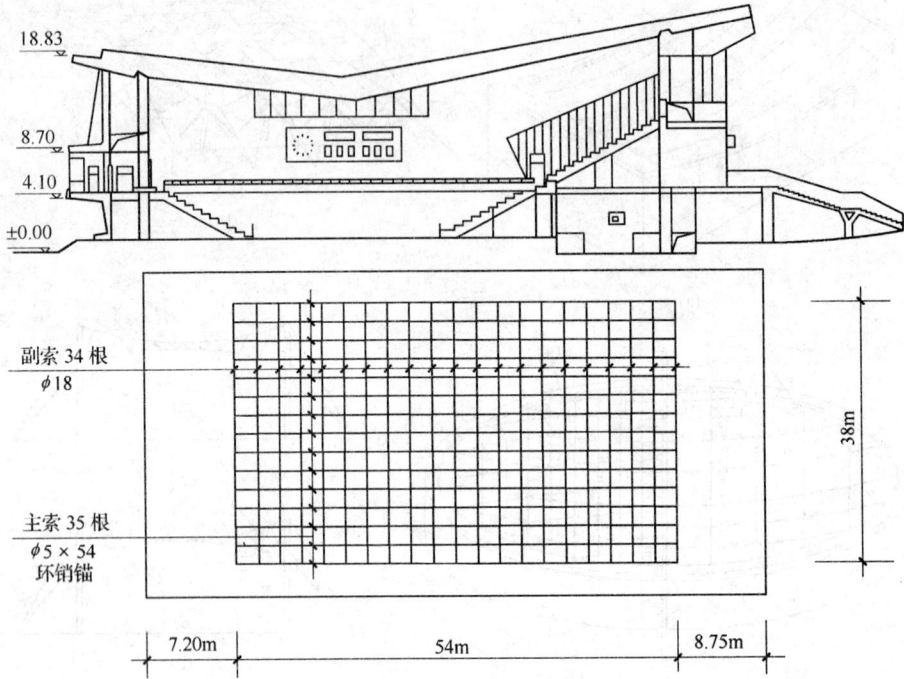

图 5.100 单曲面单层悬索结构

图 5.101 是我国吉林滑冰馆采用的单曲面双层悬索结构,跨度为 59m,长度为 72m 的矩形平面。下垂索为承重索,上拱索为稳定索,两层索之间设置桁架。通过张拉手段对

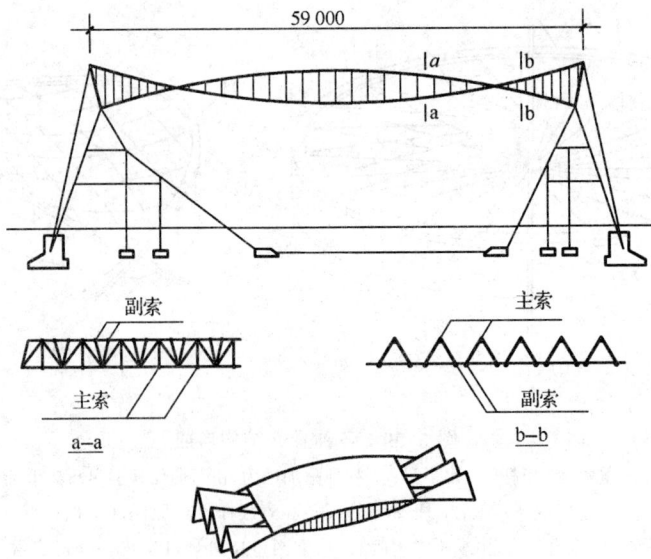

图 5.101 单曲面双层悬索结构

体系建立预应力,使钢索始终保持有足够大的张紧力,保证结构的刚度和稳定性。

图 5.102 是我国北京工人体育馆采用的双曲面双层悬索结构,直径为 94m。对上下层索均施加预应力以保证结构的刚度。

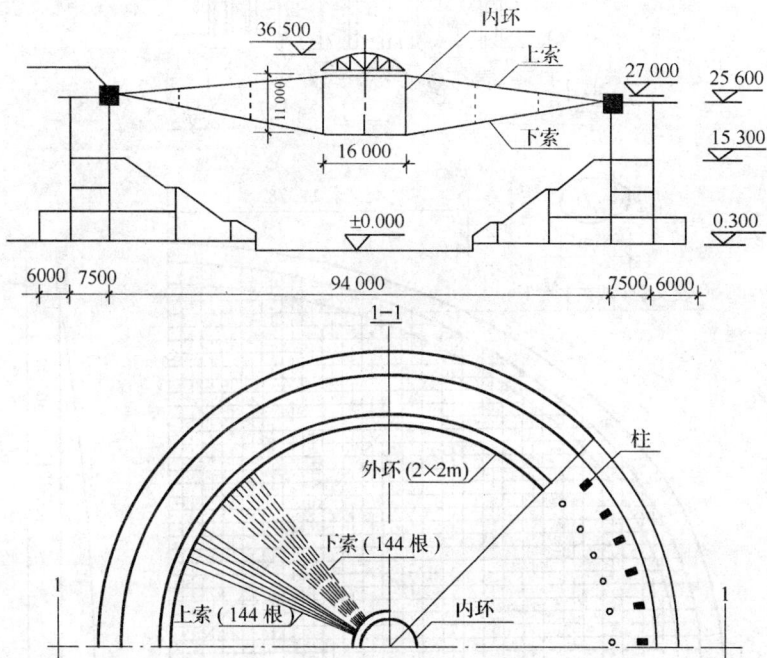

图 5.102 双曲面双层悬索结构

图 5.103 是我国浙江体育馆采用的交叉索网体系得悬索结构,椭圆形平面 80m×60m,下垂索为承重索,上拱索为稳定索,通过对钢索施加预应力,保证结构的刚度和稳定性,前苏联的列宁格勒体育馆采用的悬索结构跨度已达 160m。

3)悬索结构的优点。悬索结构的承重钢索受拉,能够充分发挥材料的强度,因此具有如下的优点:

① 自重轻、节约钢材。

② 屋盖造型活泼新颖,更能发挥建筑师、结构工程师才能。

③ 运输及施工方便。不需要大型起重设备,也不需要大量脚手架,索的张拉类似于预应力混凝构件施工时的张拉方法,已为一般工地所熟悉,在安装屋面构件时可利用已张拉好的索系作为脚手的支承结构,就不需要专门为此搭脚手架。

(2)膜结构

1)膜结构的分类。膜结构分可为张拉式膜结构和充气式膜结构。

① 张拉式膜结构。张拉膜结构(也称帐篷结构)又称预应力膜结构,其受力与索网结构很相似。由于膜很轻,为了保证结构的稳定,必须在膜内引进较大的预应力。因此,膜曲面总有负高斯曲率。图 5.104 所示为张拉膜结构示意图。其边界可用刚性边缘构件[见图 5.104(a)];也可以是柔性索[见图 5.104(b)],这时由于拉力作用,边索曲线总是向膜内部弯曲。

② 充气式膜结构以柔性膜为主要承重材料,采用充气的方式使柔性膜产生预应力而

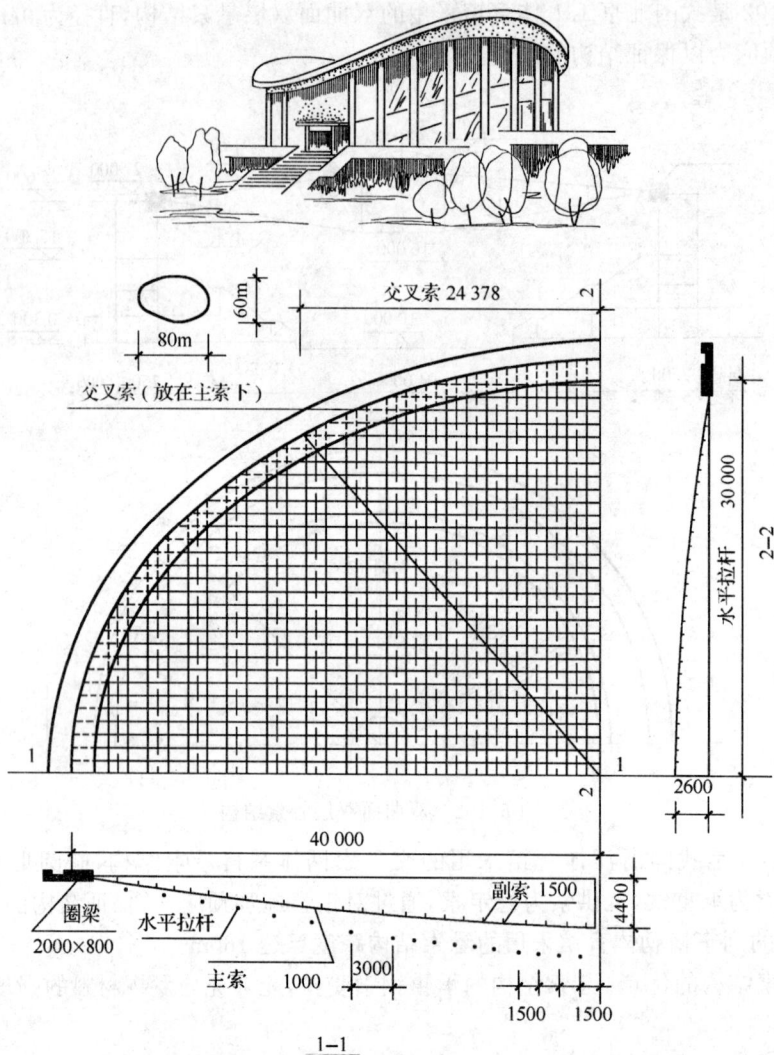

图 5.103　交叉索网体系的悬索结构

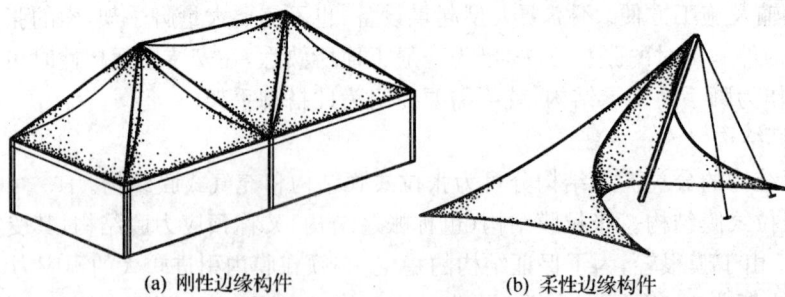

图 5.104　张拉膜结构示意图

张紧形成刚性。它是利用膜内外空气压差来稳定膜以承受外荷载的一种结构。因此充气膜结构具有重量轻、安装快、造价低和便于拆装等优点。

充气式膜结构可分为气承式与气肋式两类。

气承式充气膜结构是在膜覆盖的空间内充气,利用内外部的气压差承受荷载。为保证结构具有稳定的外形,需要配备专用的充气设备以维持正常的气压差,同时也应与地面有可靠的锚固。

气肋式充气膜结构是在一定直径的膜管内充气,并将这些充气管连成构架来承受荷载。为保证结构具有稳定的承载力,应使充气管有严格的气密性。气肋式充气膜结构的造价较气承式高,跨度也受到限制。

目前充气膜结构使用的膜材料主要有塑料膜和涂层织物,其中聚氯乙烯涂层用得很多。

2) 结构的优缺点。膜结构具有如下优点:

① 屋盖自重轻。例如充气结构仅及其他屋盖结构重量的 $\frac{1}{10}$,因而容易构成大跨度结构。

② 透光性好。3mm 厚膜的透光率 65%,白天大部分时间无须人工采光,节约了照明费用及电力。

③ 易于施工。由于质轻,现场装配方便,并可与工厂生产相结合,施工速度快,一般小型充气结构几天就能建成。帐篷结构速度更快。

膜结构存在如下缺点和问题:

① 隔热性差。如果强调透光性,只能用单层膜,隔热性就差,因而冬天冷、夏天热,需要用空调。

② 抵抗局部荷载能力差。屋面会在局部荷载作用下形成局部凹陷,造成雨水和雪的淤积,这就使屋盖在这地方的荷载更增加,可能导致屋盖的撕裂(帐篷结构)或翻转(充气结构)。

③ 充气结构还需要不停地送风,因此维护和管理就特别重要。另外,气承式充气结构必须是密闭的空间,不宜开窗。

(3) 张拉整体结构

张拉整体结构是由一组互相独立的受压杆与一套连续的受拉索构成的空间结构,它的几何形状和刚度与体系内部的预应力大小直接有关。张拉整体结构体系可以设计成由尽可能多的受拉索组成,因此能最大限度地利用材料的特性,以最少的材料建造大跨度空间结构。张拉整体结构是目前国际上正在研究并逐渐推广的一种新结构体系。图 5.105 是美国亚特兰大奥运会主体育馆采用的张拉整体结构,平面为 240m×193m 的椭圆形。美国旧金山体育馆也采用了张拉整体体系的索穹顶结构,直径为 235m。

3. 组合空间结构

组合空间结构可定义为用不同的结构单元或不同的材料组合而成的一种空间结构。"结构单元"有柔性索、刚性杆(直杆或曲杆)、板壳(平面的或曲面的)等;"不同材料"有钢筋混凝土、钢丝网水泥、钢、木、复合板、织物、薄膜、尼龙绳等。由各种结构因素组合的各种组合空间结构示于图 5.106。从图中可知,这种结构是利用原有空间结构"杂交"而成,从

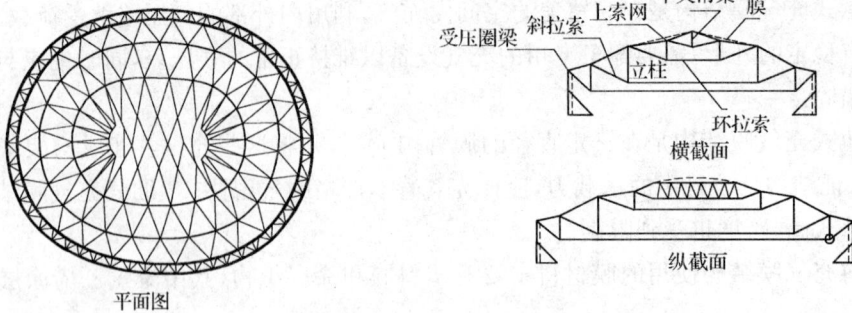

平面图

中央桁架　膜
上索网
斜拉索
受压圈梁
立柱
环拉索
横截面

纵截面

图 5.105　张拉整体结构

而使原有结构性能改善。例如,单层网壳的杆件截面由结构整体稳定控制,因而杆件应力较低,没有充分发挥材料性能。组合网壳是由屋面板和钢杆件共同工作的,充分发挥了钢筋混凝土板和钢杆件的强度,这是组合壳体与连接体薄壳类同之处。

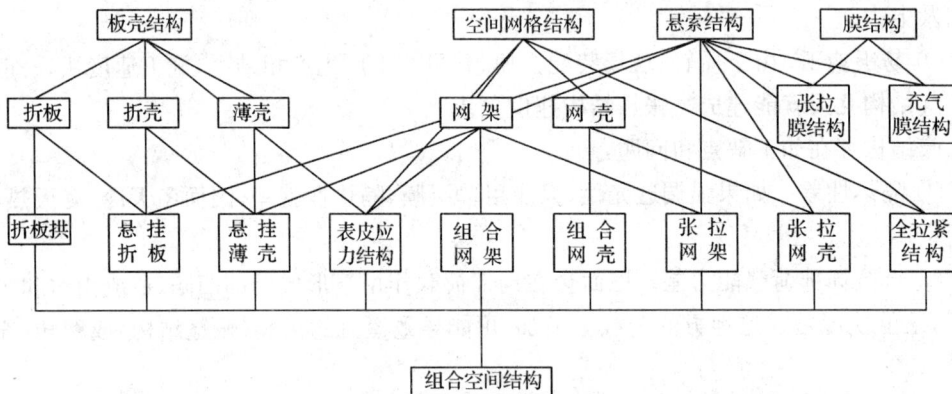

图 5.106　各种空间结构组合图

组合网架并非简单地仅是用板代替上弦的问题,而板的抗弯刚度和面内刚度对结构起重要作用,设计时应根据荷载大小合理调整板厚和肋截面。

简支网架在跨度较大时,并非是唯一的方案,如果在跨中用索吊住,增设若干弹性支点其力学性能将大有改善。张弦网架是用索及短杆支托于网架下部,通过对索施加预应力而给予网架以向上的力,从而抵消了一部分向下的竖向荷载,达到降低网架内力的目的。

钢结构的缺点在于屋面刚度较差,为了加强屋面刚度就要施加较大的预应力,而导致支承结构需要处理大量水平力问题,如用具有正高斯曲率的空间拱或网壳和负高斯的索网相组合,形成索拱、索网壳体系,使结构既有一定屋面刚度,而水平力则有所减小。

张拉膜结构是一种组合空间结构,它一般由支架子(网格结构或金属拱)、索和膜组成。

图 5.107 是我国江西抚州体育馆采用的混凝土屋面与网架结合的组合网架,平面尺寸为 58m×45.5m。图 5.108 是我国北京石景山体育馆采用的三叉拱支双曲抛物面网壳,平面为正三角形,边长 99.7m。图 5.109 是日本东京都室内棒球场采用的钢索与气承膜组合的索膜结构,平面尺寸为 201m×201m。图 5.110 是我国北京北郊体育中心综合体育馆

采用的斜拉网壳,平面尺寸为 112m×80m。图 5.111 是我国丹东体育馆采用的刚架支承单曲面悬索结构,平面尺寸为 80m×45m。图 5.112 是我国安徽省体育馆采用的桁架加劲的单曲面悬索结构,平面尺寸为 72m×53m 的六边形。

图 5.107 组合网架

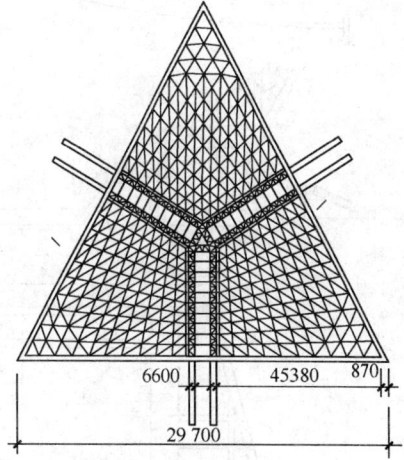

图 5.108 拱支网壳

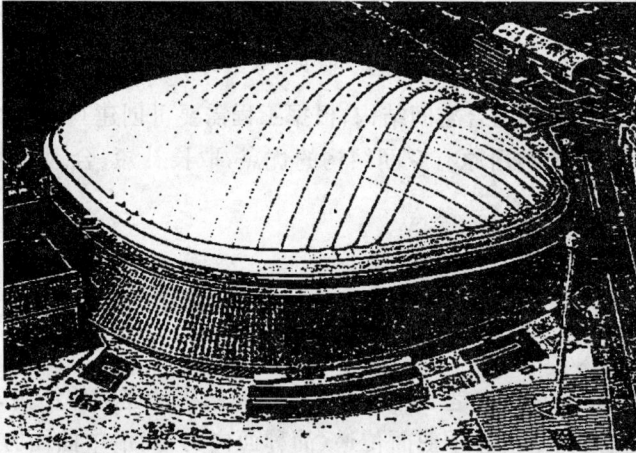

图 5.109 索膜结构

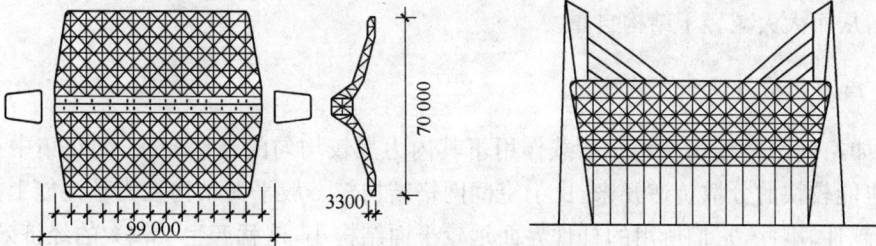

图 5.110 斜拉网壳

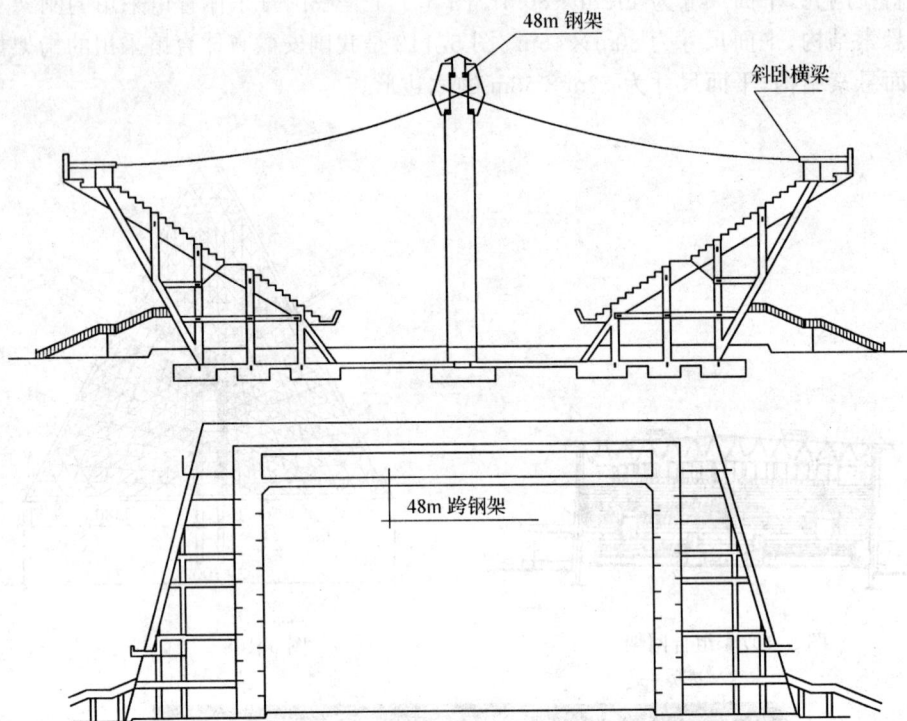

48m 钢架

斜卧横梁

48m 跨钢架

图 5.111　框支悬索结构

以上仅举例讨论若干种组合空间结构,根据工程需要可创建其他种类的新结构。

由于组合空间结构能利用原有空间结构的优点,取长补短、合理组合,因而结构性能优越,将具有较大的发展前途。

5.7.4　空间结构特点

1. 内力称三维传递并以面内力或轴力为主

典型的例子如薄壳结构,这是一种具有三维空间结构的连续体结构,它的厚度远比其他方向小,其大部分内力是沿着中曲面传递(简称面内力,如沿中曲面方向的拉力、压力、顺剪力),仅在边界附近$\left(约\dfrac{1}{10}跨度长的范围内\right)$存在着面外力(如弯矩、竖向剪力)。

又如悬索结构,是用只承受拉力的钢索来代替受弯的梁式结构,因此充分发挥了钢材的材性,从而大大减轻了结构自重。

2. 内力的均匀性和分散性

例如空间网格结构在均布荷载作用下其内力呈较均匀的连续变化,如在集中荷载作用下,也能较快的分散传递开来。由于空间网格结构较一般平面结构在力学性能上具有明显的优越性,因此,它们所用的杆件界面远较平面结构小,这就产生了较大的经济效益。但当结构跨度大到一定程度,某些类型空间结构的结构刚度就会下降,这就带来了轻型结构所特有的大变形问题,即有引起结构失稳(整体屈曲或共振现象)的危险性。特别是张拉结

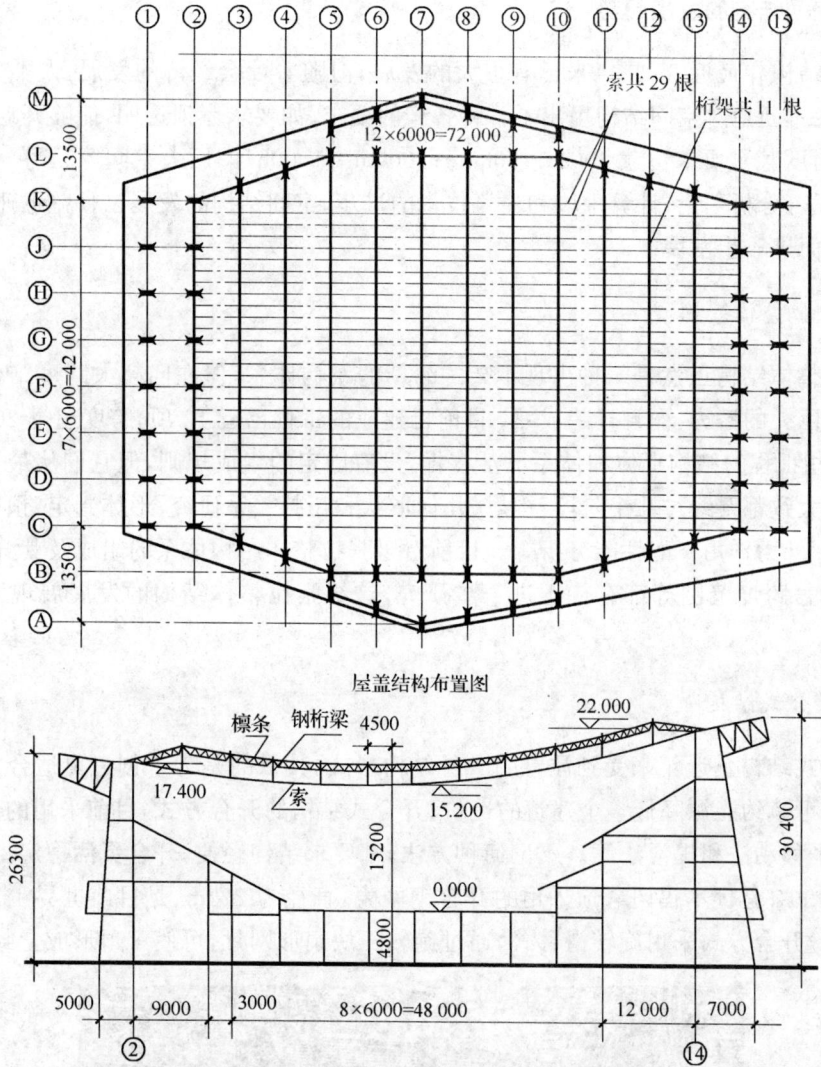

图 5.112　桁架加劲悬索结构

构(例如悬索结构),必须予以预加应力来确定结构的初始态。又如单层网壳结构设计时要研究其曲面形状、杆件的配列(网格单元形式、大小、方向)等条件,而确定是否有失稳的可能性。

3. 立体性

从整体来看,空间结构是由一个整体连续空间体构成,或者是由许多杆件扩展而成,不管何种构成方式,空间结构都是以整个结构形体来抵抗外荷载的,因此它的工作具有明确的立体性的特点。反过来说,如果在结构分析的基本概念上可以忽略结构上的立体性,则它就不是空间结构。

5.7.5 空间结构的发展趋势

空间结构在最近 30 几年来已有很大的发展,但随着社会经济的发展,人类生活质量的提高,又不断地对空间结构提出了各种各样的要求,如要求屋顶透明,能够开启,能够折叠,增大跨度甚至要求覆盖 500m×500m～1000m×1000m 的巨大空间等。另一方面,由于材料科学、分析理论、计算手段和建筑技术的进步,空间结构的发展已日益迅速,并将在以下几方面进一步发展。

1. 张拉整体结构

张拉整体结构虽然是一种出现不久的崭新的结构体系,但在向超大跨度结构发展中已显示了巨大的潜力,而且日趋成熟。目前已建成的工程已近 10 项,跨度超过 200m 的有5 项。这些工程的结构形体和体系灵活多样,没有固定的组成规则,但它们从最初设想到最终完成大致都要经过几个阶段:构思、几何形状和拓扑关系研究、形体判定、预应力状态及其实现、外力作用下的性能分析等。目前对于张拉整体结构体系的组成及其分类,各自适宜的覆盖跨度范围等都有待于进一步研究,这给张拉整体结构的发展展现了广阔的前景。

2. 开合式结构

开合式结构是近年来受到注意的一种结构形式,其目的是为了创造更适合人们需要的环境并可节约能源降低整个建筑的造价。开合式结构的开合方式,目前采用的有旋转滑移法、水平移动法和提滑法等。不论何种方法,都要求结构轻便,开合灵活稳定。

图 5.113 是日本福冈穹顶采用的开合钢网壳,直径为 222m,是目前世界上最大的可开合结构。开合方式采用旋转滑移式,通过旋转三块扇形网片,可使穹顶形成全封闭、半开

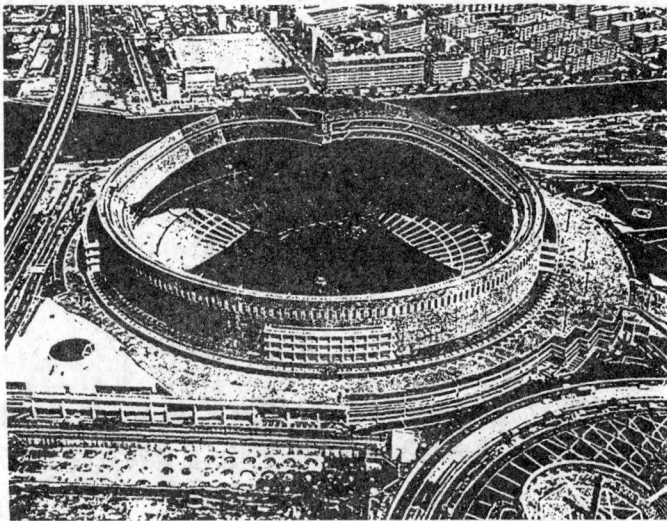

图 5.113 开合式结构

敞和全开敞三种状态。

目前开合式结构主要出现在网壳结构中,如何在其他结构体系中应用还有待于进一步研究。

3. 组合结构

组合结构是一种非常灵活的结构形式,可以在各种跨度结构中显示它的优越性。目前除了索膜结构外,组合结构的跨度最大都在100m左右。在组合结构中,柔性拉索是一个非常活跃的结构体系,它与其他结构体系的合理组合能够起着画龙点睛的作用,使结构的跨度大幅度的增加。目前较活跃的组合结构有斜拉桁架、框架、斜拉网架、斜拉网壳等。这种斜拉结构在扩大跨度上具有十分巨大的潜力,斜拉桥结构的新发展可以提供丰富的启迪。

思 考 题

5.1 网架结构的主要特点是什么?在受力上是否有不尽合理的地方?

5.2 网架结构一般分为哪几大类?包括哪几种形式?在受力上各有什么特点?

5.3 网架的几何尺寸如何确定?评价其优劣的主要指标是什么?

5.4 网架结构杆件材料的选取有何特殊要求?

5.5 网架节点构造的基本要求是什么?

5.6 网架节点的分类及特性是什么?

5.7 焊接空心球节点的优缺点及适用范围?

5.8 焊接空心球球径 D 如何确定?

5.9 焊接空心球承载力如何计算?

5.10 螺栓球节点根据杆件受力的不同,其传力路线及零件作用有何差异?

5.11 螺栓球节点设计主要包括哪几部分?

5.12 试述支座节点的特点及构造要求。

5.13 支座节点的分类及适用范围是什么?

5.14 平板支座底板尺寸和厚度如何确定?

5.15 单面弧形支座如何设计?

5.16 球铰支座接触面的最大接触应力如何计算?

5.17 板式橡胶支座计算简图如何选取?

5.18 悬挂吊车节点有何特点?

5.19 简述屋面支托节点的构造?

习 题

5.1 如图 5.114 所示网架结构,设 $EA=10^5$kN,网架高度为 2.5m,坐标原点设在 o 点,支座节点 o、a、b、c 处不产生任何位移,即

$u_0=v_0=w_0=u_a=v_a=w_a=u_b=v_b=w_b=u_c=v_c=w_c=0$ 上弦节点 1 处作用有集中荷载 $P=30\text{kN}$，用空间杆系有限元法求节点挠度和杆件内力。

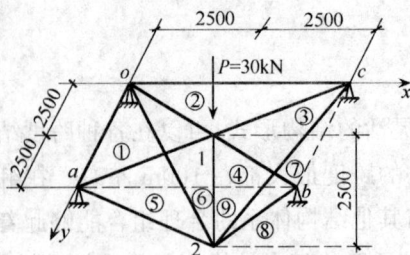

图 5.114　习题 5.1 图

第六章　钢结构设计软件介绍

6.1　钢结构设计软件 STS

6.1.1　STS 的基本功能特点

钢结构 CAD 软件 STS 是 PKPM 系列的一个模块,既能独立运行,又可以与 PKPM 其他模块数据共享,可以完成钢结构的模型输入、优化设计、结构计算、连接节点设计与施工图辅助设计。它具有如下特点:

1) 专业钢结构一体化 CAD 软件,可完成钢结构的模型输入,结构计算,强度和稳定性验算,节点设计,以及绘制施工图。

2) 可以设计多、高层钢框架,轻钢门式刚架,钢桁架,钢支架,钢排架,以及钢-混凝土混合结构。软件自动化程度高,易学易用。

3) 施工图包括多高层钢框架,轻钢门式刚架,钢桁架,钢支架,钢排架柱、吊车梁等。节点类型丰富,全部可以自动设计。施工图有构件图和节点详图,可达到施工详图的深度。

4) 截面类型有 70 多种,包括各类型钢截面、焊接截面、实腹式组合截面、格构式组合截面等截面类型。程序自带型钢库,包含了世界各国的标准型钢。

5) 空间建模可以接口 TAT、SATWE 或 PMSAP 完成钢结构空间计算和应力验算,也可以由空间建模数据形成平面框架、连梁数据文件进行钢结构平面计算和应力验算。可以分别接空间、平面计算结果进行节点设计和绘图。

6) 平面建模灵活方便,框架、桁架、门式刚架快速建模,各种荷载类型全面,吊车荷载(包括抽柱排架吊车荷载)地震参数等数据交互输入。

7) 轻钢门式刚架,刚桁架的截面优化设计,以结构重量最轻为目标函数。

8) 钢结构平面杆系计算程序可以设计"单拉杆件",完成平面杆系钢结构的内力分析,位移和梁挠度的计算活荷不利布置,荷载效应自动组合,可采用《钢结构设计规范》(GB 50017-2003)、《门式刚架轻型房屋钢结构技术规程》(CECS 102:2002)等标准进行杆件的强度和稳定性验算。

9) STS 工具箱提供了常用的一些钢结构基本构件的设计与施工图,包含吊车梁计算与施工图,檩条(包含连续檩条)、墙梁、隅撑、屋面支撑、柱间支撑计算与施工图,抗风柱计算,连接节点计算,组合梁计算、蜂窝梁计算,简支梁计算,钢梯施工图等程序模块。

10) 可以进行复杂的空间结构建模及分析,可以完成复杂的空间杆系结构(如空间桁架、塔架等)的模型分析。

6.1.2　STS 的主菜单

STS 的包含的功能模块有:门式刚架、框架、桁架、支架、框排架、工具箱及其他结构。各模块的主要功能如下:

1. 门式刚架结构

用于门式刚架结构类型的三维模型的输入,屋面、墙面的设计,钢材统计和报价;门式刚架二维模型的输入,截面优化,结构计算,节点设计和施工图绘制。

门式刚架可以采用三维模型输入的方法。执行本模块的1~5是用三维模型输入的方法输入门式刚架结构整体模型,布置屋面、墙面构件,统计用钢量和报价,可以在布置图中点取檩条、墙梁、隔撑、屋面支撑、柱间支撑等构件单独进行计算或绘图。对于三维模型,可以通过形成PK文件菜单,形成任意一轴线的二维刚架模型,采用平面杆系结构分析,用《门式刚架轻型房屋钢结构技术规程》(CECS 102:2002)规程来验算。

也可以直接采用二维模型输入方法。执行菜单A建立二维门式刚架模型,完成截面优化,结构分析计算,节点设计和施工图。

2. 框架结构

用于多、高层框架结构类型的三维模型输入,为TAT、SATWE或PMSAP三维计算提供建模数据,可以接三维计算软件的设计内力完成全楼节点的连接设计,绘制节点施工图、构件施工详图、平面、立面布置图和结构三维模型图,还可以进行框架二维模型的输入、构件计算、节点设计和施工图绘制。

三维框架节点设计可以单独修改各节点的连接螺栓直径、连接方式等参数,做到各个节点可以有不同的设计参数和连接方式,对节点设计结果可以进行修改和重新归并,设计结果文件详细地输出了节点计算的过程和校核结果。

三维框架施工图部分可以绘制节点施工图、构件施工详图、结构平面和立面布置图,提供的实际结构三维模型图可以从各个角度观察节点的实际连接形式和效果,可以精确的统计整个结构最终的用钢量,绘制钢材订货表和高强度螺栓表。

3. 桁架结构

用于桁架结构类型的二维模型的输入、截面优化、结构计算、节点设计和施工图绘制,人机交互桁架纵向垂直支撑、屋面水平支撑施工图,可以绘制纵向垂直支撑、屋面水平支撑的施工图。

4. 支架结构

用于支架结构类型的二维模型的输入、结果计算、节点设计和施工图绘制。

5. 排架结构

用于排架、框排架结构的二维模型的输入,结构计算。可以进行实腹式组合截面、钢管混凝土截面等复杂截面的输入。对于焊接H形截面柱,可以进行牛腿设计和柱脚设计,绘制排架柱施工图。

6. 工具箱

包括檩条,墙梁,隔撑,吊车梁计算和施工图绘制,吊车梁平面布置与节点图,屋面支撑、柱间支撑计算与施工图,钢梯施工图,交互式框架节点计算工具,抗风柱计算,组合梁计算,蜂窝梁计算,简支梁计算,梁柱构件计算等功能。

交互式框架节点计算工具用于交互式输入框架节点连接的梁、柱截面,设计参数和连接方式,自动计算连接螺栓、焊缝和连接板,输出详细的节点设计结果。

7. 其他结构

6.1.3　STS 的运行环境与使用限制

STS 程序和 PKPM 其他模块的运行环境相同,可以在 Window95 以上(如 95,98,XP, Windows Me,Window NT)操作系统下运行。程序有单机版和网络版。

要完成钢结构的三维空间分析计算和应力验算,必须接口 PKPM 系列软件的 TAT、SATWE 或 PMSAP 来完成。

三维模型输入、节点设计与施工图设计的计算模型容量同 PMCAD。

二维模型输入、节点设计与施工图设计部分的计算容量为:

① 总节点数(包括支座的约束点)≤350。

② 柱子数≤330。

③ 梁数≤300。

④ 支座约束数≤100。

⑤ 地震计算时合并的质点数≤100。

⑥ 吊车跨数(每跨可为双层吊车)≤15。

6.1.4　钢结构模型输入、计算和施工图绘制

1. 概述

PKPM 主菜单中,有"钢结构"页面,钢结构设计软件 STS 的功能按照类型划分为 7个模块。对于要设计的结构类型,用户只要在该结构类型对应的模块内按照菜单顺序操作,就可以完成建模、计算及施工图绘制,基本不需要跳转到其他模块(除了接口 PKPM三维分析软件 TAT、SATWE、PMSAP、基础设计软件 JCCAD,或者其他软件)。

各结构类型对应的模块中有些菜单名称相同,表示调用相同的程序,在不同结构类型模块中调用,区别仅在于程序提供的初始值不同。例如,各模块中均有"PK 交互输入与修改"菜单,在门式刚架中使用该程序,程序的设计参数采用门式刚架规程中规定的参数;在框架等其他结构中使用该程序,程序的设计参数采用钢结构设计规范中规定的参数。

STS 提供了人机交互输入功能,对于不同类型的钢结构工程,用户可采用不同的建模方法,例如:

对于多高层钢框架,采用三维模型分析时,应采用空间建模:框架——三维模型输入。

框架采用二维平面分析时,可以采用平面建模直接计算;也可以用空间建模,形成单榀框架数据文件,然后再进入平面交互输入与修改菜单中进行修改并计算。

对于桁架、支架、排架、框排架、连续梁等,采用平面分析时,应采用平面杆系输入:相应菜单对应 PK 交互输入与修改。

对于门式刚架,一般采用平面分析,可以用平面建模直接计算;也可以用空间建模,完成屋面墙面布置及施工图后,形成单榀框架数据文件,然后再进入平面交互输入与修改中进行修改并计算。

在平面建模中,框架、桁架、门式刚架可以采用快速建模。

PKPM 提供的一些常用热键见表 6.1。

表 6.1　PKPM 热键表

图形显示热键	图形移动热键:(ScrollLock 打开)
[F5]:重新显示当前图,刷新修改结果 [F6]:显示全图,从缩放状态回到全图 [F7]:放大一倍 [F8]:缩小一倍	[←]:左移显示的图形 [→]:右移显示的图形 [↓]:上移显示的图形 [↑]:下移显示的图形
坐标输入热键	
[F4]:角度和正交捕捉开关 [Tab]:输入参考点 [Insert]:绝对坐标	[Home]:相对坐标 [End]:相对极坐标

2. 二维建模、计算和施工图绘制

二维建模在 STS 的门式刚架、框架、桁架、支架、框排架程序项中均有,程序菜单为:PK 交互输入与修改。

二维建模的基本过程如图 6.1 所示。

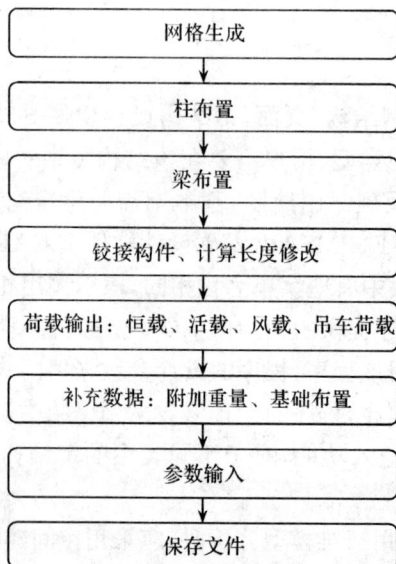

网格生成

↓

柱布置

↓

梁布置

↓

铰接构件、计算长度修改

↓

荷载输出:恒载、活载、风载、吊车荷载

↓

补充数据:附加重量、基础布置

↓

参数输入

↓

保存文件

图 6.1　STS 二维建模流程图

对于新建工程,用户基本上应按上述过程操作,没有或不需要的项(如【补充数据】)可以跳过。对于已有工程,用户可以根据需要,直接进入某项操作。程序输入的尺寸全部为毫米(mm)。

模型输入完成后,接着运行相应的二维计算模块和施工图绘制模块,桁架设计流程图如图6.2所示。支架设计流程图如图6.3所示。框排架设计基本流程图如图6.4所示。

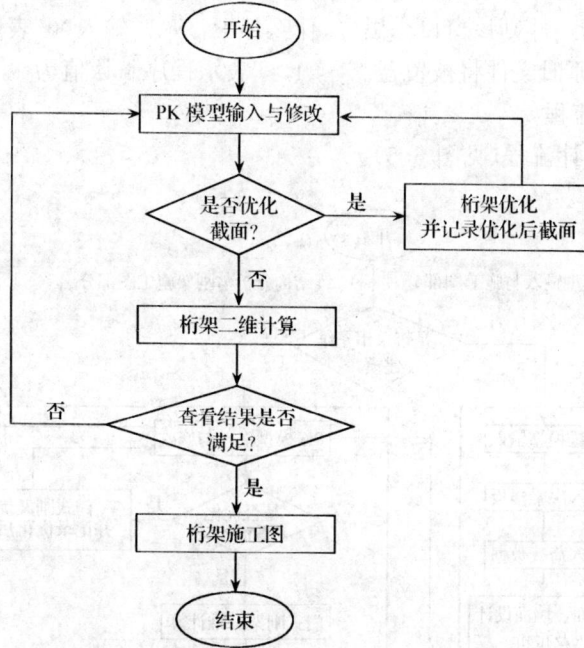

图 6.2　桁架设计流程图

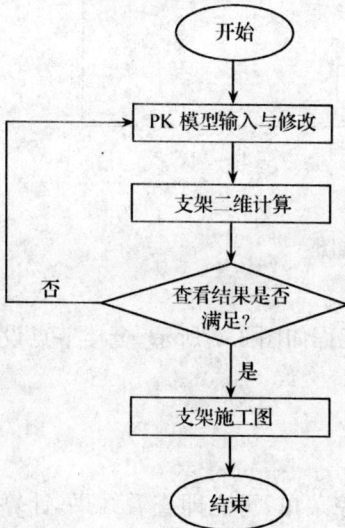

图 6.3　支架设计流程图

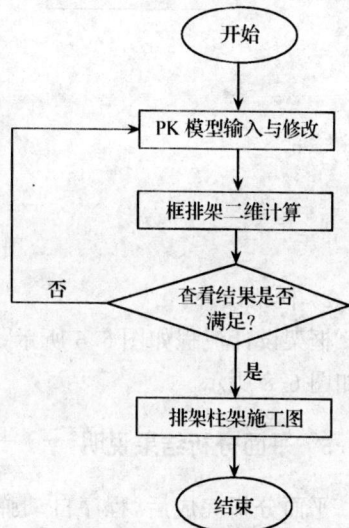

图 6.4　框排架设计流程图

3. 全楼三维建模、计算和施工图绘制

（1）界面环境

在门式刚架、框架、其他结构程序项中,均有三维模型输入菜单,用鼠标将光标移至菜单三维模型输入上双击鼠标左键则进入了钢结构数据交互输入界面。

此时程序要求输入文件名或按〈Tab〉键查找文件或按〈Esc〉键由建筑软件 APM 传递数据。键入文件名(不带扩展名),例如,我们输入 ex2,此时屏幕左下角提示"旧文件/新文件(1/0)<1>",同时屏幕左边有一个小窗口,若该文件为旧文件则在小窗口中会显示该工程平面图,若为新文件则该窗口为黑屏,什么都不显示。输入"0"表示新文件,若为旧文件应输入"1",否则原旧文件将被覆盖。"<1>"表示程序默认值为 1,即默认是旧文件。

(2)三维设计流程

1)门式刚架设计流程(见图 6.5)。

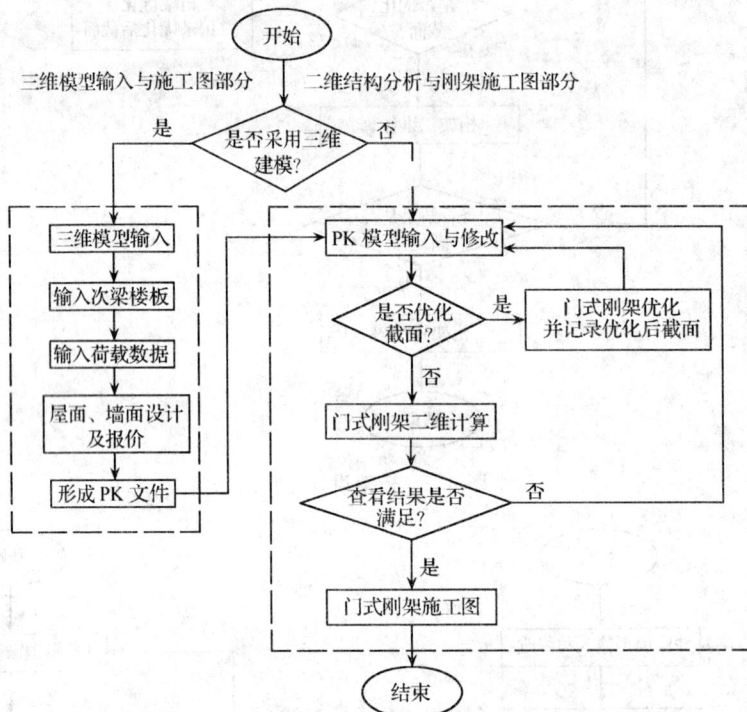

图 6.5　门式刚架设计流程图

2)框架设计。

框架设计流程如图 6.6 所示,其中 SATWE 计算流程如图 6.7 所示。全楼节点设计流程如图 6.8 所示。

6.1.5　平面分析结果说明

平面分析完成后,程序自动弹出计算结果查看主控菜单,可立即查看结果,计算结果包括图形输出和文本文件输出两部分,图形输出包括梁柱内力图、强度和稳定内力图、配筋包络图、节点位移与钢梁挠度图等。

文本文件包括计算结果文件 PK11.out,基础计算文件 Jcdata.out,计算长度信息文件 Memberinfor.out 与超限信息文件 Stscpj.out。

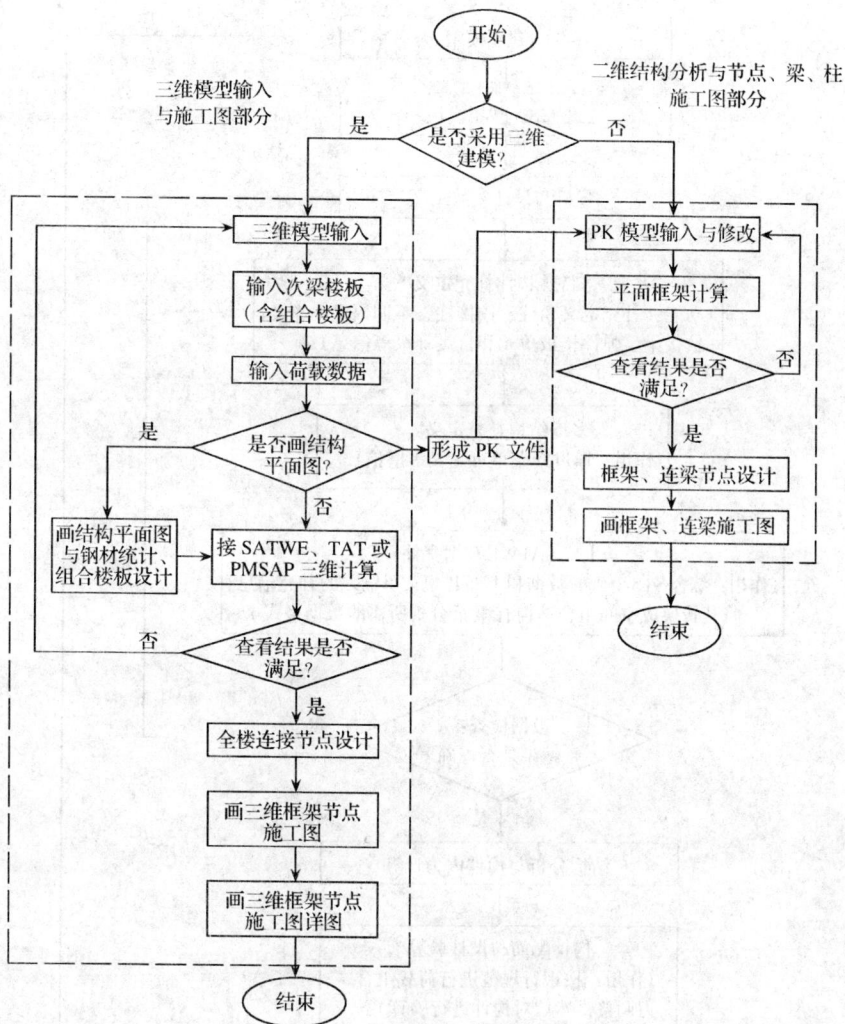

图 6.6 框架设计流程图

流程图内容：

开始

是否采用三维建模？

三维模型输入与施工图部分（是）

三维模型输入 → 输入次梁楼板（含组合楼板）→ 输入荷载数据 → 是否画结构平面图？

是否画结构平面图？（是）→ 画结构平面图与钢材统计、组合楼板设计

是否画结构平面图？（否）→ 接 SATWE、TAT 或 PMSAP 三维计算

形成 PK 文件

查看结果是否满足？（否返回，是）→ 全楼连接节点设计 → 画三维框架节点施工图 → 画三维框架节点施工图详图 → 结束

二维结构分析与节点、梁、柱施工图部分（否）

PK 模型输入与修改 → 平面框架计算 → 查看结果是否满足？

查看结果是否满足？（否返回，是）→ 框架、连梁节点设计 → 画框架、连梁施工图 → 结束

1. 分析结果的图形输出

（1）构件立面图

构件立面图图形文件为 KLM.T，给出了结构计算简图、梁柱截面信息（图中白色）、梁构件编号（绿色）、柱构件编号（黄色）、节点编号（紫色）。编号与计算结果文本文件输出相对应。

（2）配筋包络与钢结构应力图

图形输出文件为 AS.T，包含的内容有：钢结构梁柱构件的强度、稳定应力比计算结果、长细比、混凝土梁柱的配筋包络。

应力图中简要的反映了构件验算结果，有些演算项目如局部验算、格构式构件的单肢验算、缀材验算等在本应力图中没有反映，全面的计算结果应查看设计结果文件。

（3）内力包络图

1）弯矩包络图。绘制各构件基本组合的弯矩包络图，单位为 kN·m。

```
        ┌─────────────────────────────┐
        │       STS 建立模型          │◄──────────────────────┐
        └──────────────┬──────────────┘                       │
                       ▼                                       │
        ┌─────────────────────────────┐                       │
        │      进入 SATWE 模块         │                       │
        └──────────────┬──────────────┘                       │
                       ▼                                       │
        ┌─────────────────────────────┐                       │
        │     分析与设计参数定义      │◄──────────────────┐  │
        └──────────────┬──────────────┘                    │  │
                       ▼                                    │  │
   ┌────────────────────────────────────────┐              │  │
   │         特殊构件补充定义               │              │  │
   │ (功能：补充定义角柱、铰接柱、不调幅梁、连梁、 │     │  │
   │  铰接梁、弹性楼板单元和抗震等级等信息)  │              │  │
   └──────────────────┬─────────────────────┘              │  │
                      ▼                                     │  │
   ┌────────────────────────────────────────┐              │  │
   │        多塔结构补充定义                │              │  │
   │ (作用：通过此菜单可定义多塔信)         │              │  │
   └──────────────────┬─────────────────────┘              │  │
                      ▼                                     │  │
   ┌────────────────────────────────────────────┐          │  │
   │         生成 SATWE 数据文件                │          │  │
   │ (作用：综合 STS 生成的数据和上面几项菜单输入的补充信息， │ │
   │  将其转换成空间组合结构有限元分析所需的数据格式) │   │  │
   └──────────────────┬─────────────────────────┘          │  │
                      ▼                                     │  │
              ◇─────────────────◇        否                │  │
             ╱   数据检查：       ╲──────────────────────────┘
             ╲   结果是否正确？   ╱
              ◇────────┬────────◇
                       │ 是
                       ▼
   ┌────────────────────────────────────────┐
   │      结构分析与构件内力计算            │
   └──────────────────┬─────────────────────┘
                      ▼
   ┌────────────────────────────────────────┐
   │        构件配筋与设计验算              │
   │ (作用：按现行规范进行荷载组合、         │
   │  力调整，然后对构件进行验算)           │
   └──────────────────┬─────────────────────┘
                      ▼
   ┌────────────────────────────────────────┐
   │      分析结果图形与文本显示            │
   │ (作用：包括图形文件与文本文件两部       │
   │  分，可以以图形方式查阅内力配筋结        │
   │  果及文本方式输出的内力、配筋等)       │
   └──────────────────┬─────────────────────┘
                      ▼
              ◇─────────────────◇        否
             ╱   查看结果         ╲──────────────────────────┘
             ╲   是否满足？       ╱
              ◇────────┬────────◇
                       │ 是
                       ▼
                   ╭────────╮
                   │  结束  │
                   ╰────────╯
```

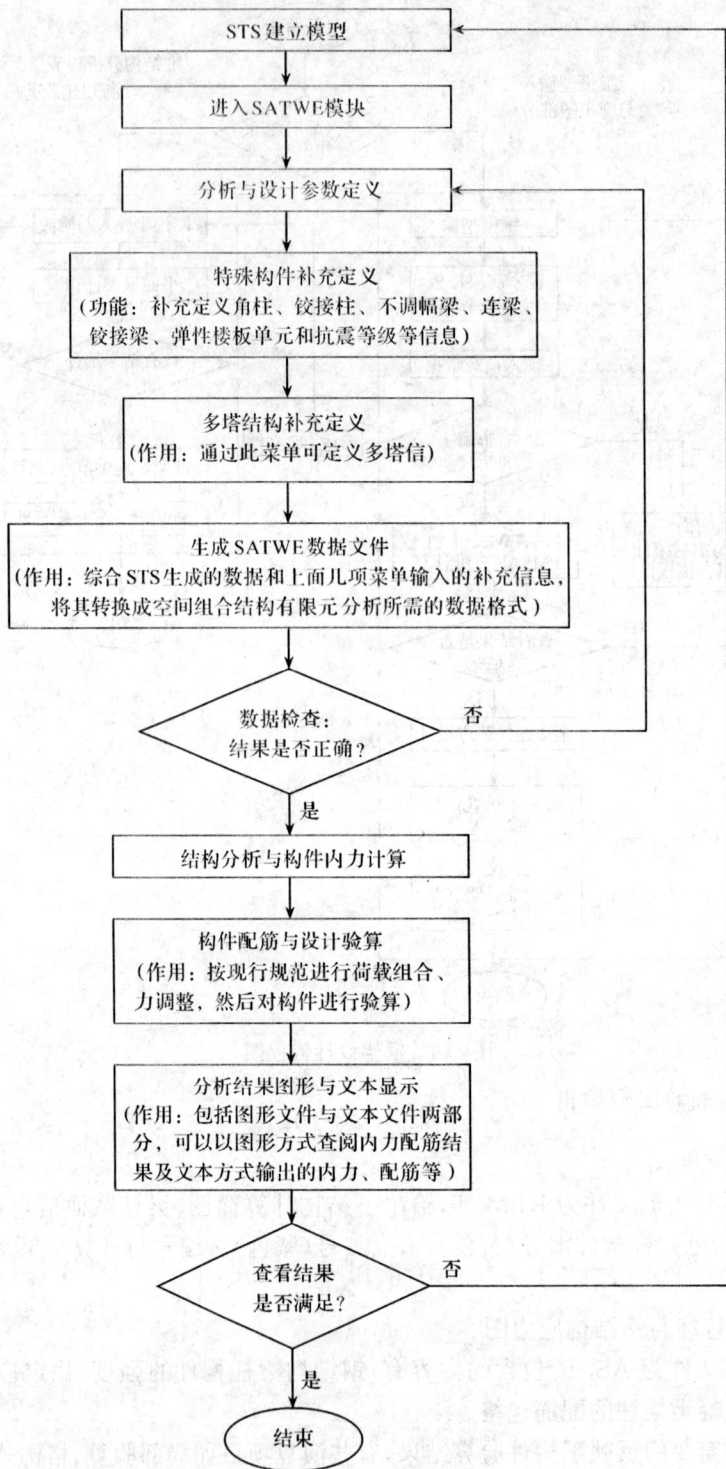

图 6.7　SATWE 计算流程图

　　对于柱构件,程序只纪录了柱的上下两个断面的内力,断面之间的弯矩包络图用直线

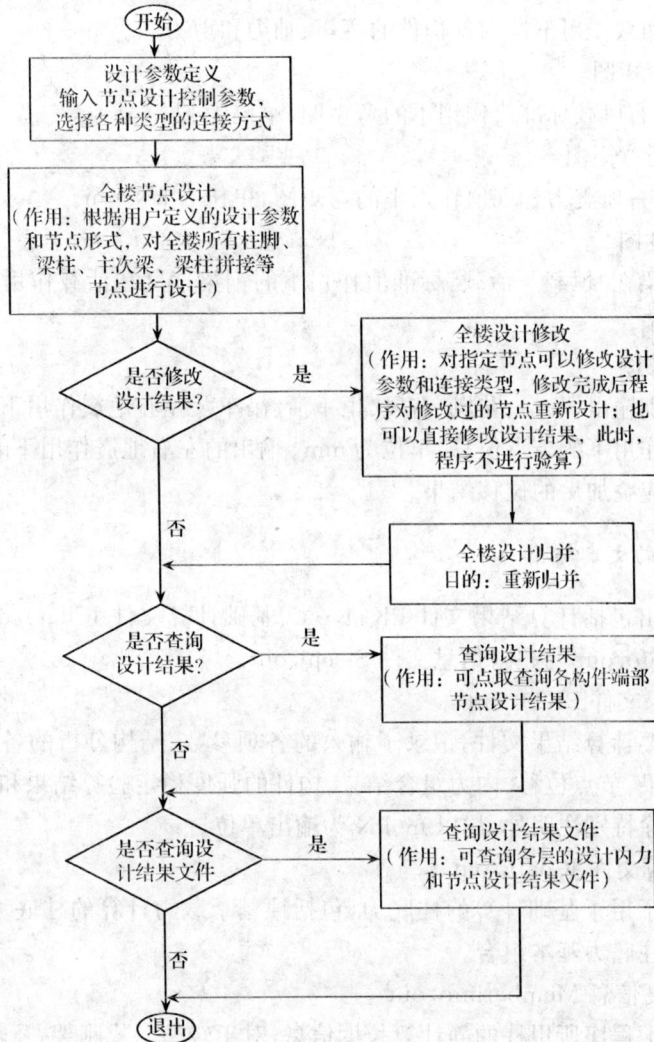

图 6.8　全楼节点设计流程图

相连,因此对于柱的弯矩包络图有可能出现突然拐点情况,只要记录断面包含最不利断面情况,对验算结果不会产生影响;梁构件记录了 13 个断面的内力情况,包络图相对比较平滑。

2) 轴力包络图。绘制各构件基本组合的轴力包络图,单位为 kN。

3) 剪力包络图。绘制各构件基本组合的剪力包络图,单位为 kN。

剪力包络图绘出的图形为绝对值最大情况。

(4) 恒载内力图

恒载内力图分别输出了荷载标准值作用下结构的弯矩、轴力与剪力图,对应单位分别为 kN·m、kN、kN。

(5) 活载内力包络图

如果考虑活荷载的不利布置,本项输出的为活荷载标准值在不利布置作用下结构各构件的弯矩、轴力和剪力包络图,对应单位分别为 kN·m、kN、kN。

如果不考虑活荷载的不利布置,程序将按所有活荷载一次加载考虑,本项输出的为活荷载标准值一次加载作用下结构各构件的弯矩、轴力和剪力图。

（6）风荷载弯矩图

本项输出左、右风载标准值作用下的弯矩图,单位为 kN·m。

（7）地震作用弯矩图

本项输出左、右地震力标准值作用下的弯矩图,单位为 kN·m。

（8）钢梁挠度图

本项输出钢梁在"恒载+活载"标准值作用下的钢梁挠度和活载作用下的钢梁挠度,超限时以红色显示。

（9）节点位移图

本项可以分别输出恒、活、左风、右风、恒+活、吊车及左右地震作用下的节点位移图,均为各项标准值作用下的节点位移,单位为 mm。输出的左右地震作用下的节点位移为考虑各振型位移效应叠加后的位移结果。

2. 分析结果的文本输出

文本文件输出包括计算结果文件 PK11.out、基础计算文件 JCdata.out、计算长度信息文件 Memberinfo.out 与超限信息文件 Stscpj.out。

（1）计算结果文件 PK11.out

该文件为主要计算结果文件,记录了输入的各项参数、结构分析的各项控制信息、各单项内力计算结果、节点位移、内力组合结果、构件的强度稳定验算结果和钢梁挠度等。该文件输出的数据除特别注明外,均以 m、kN 为输出单位。

（2）基础计算文件 JCdata.out

该文件输出了用于基础计算的柱底力,包括地基承载力计算的柱底力标准值组合和用于基础计算的柱底力基本组合。

（3）计算长度信息 Memberinfo.out

该文件输出了程序所用柱的静计算长度信息,对于轻型门式刚架,还输出梁的计算长度信息。

（4）超限信息文件 Stscpj.out

程序认为不满足相关规定或超过用户指定限值条件的验算项,即视为超限。

【例 6.1】 设计一个六层钢框架结构,长度 25.2m,宽度 18m,两个结构标准层,标准层平面图如图 6.9 所示。各层层高 3.3m,楼面恒荷载 4.0kN/m²,楼面活荷载 2.0kN/m²,屋面恒载和活载均为 2.0kN/m,基本风压 0.35kN/m²,抗震烈度 7 度。

1）钢框架三维建模。首先,设定工作目录,进入三维建模主菜单,见图 6.10 和图 6.11。进入主菜单后,输入工程名:ex2,新文件输入 0,回车后就进入三维模型交互输入,见图 6.12 和图 6.13。

三维模型交互输入中依次通过轴线输入（定义平面网格）,构件定义（定义结构中采用的梁、柱、支撑标准截面）,楼层定义（将量、柱、支撑这些构件布置到平面网格上,形成和编辑标准层）,荷载定义（定义荷载标准层）,楼层组装（将结构标准层和荷载标准层对应,形成整个结构的实际模型,定义设计参数）,就完成了本菜单的主要功能。

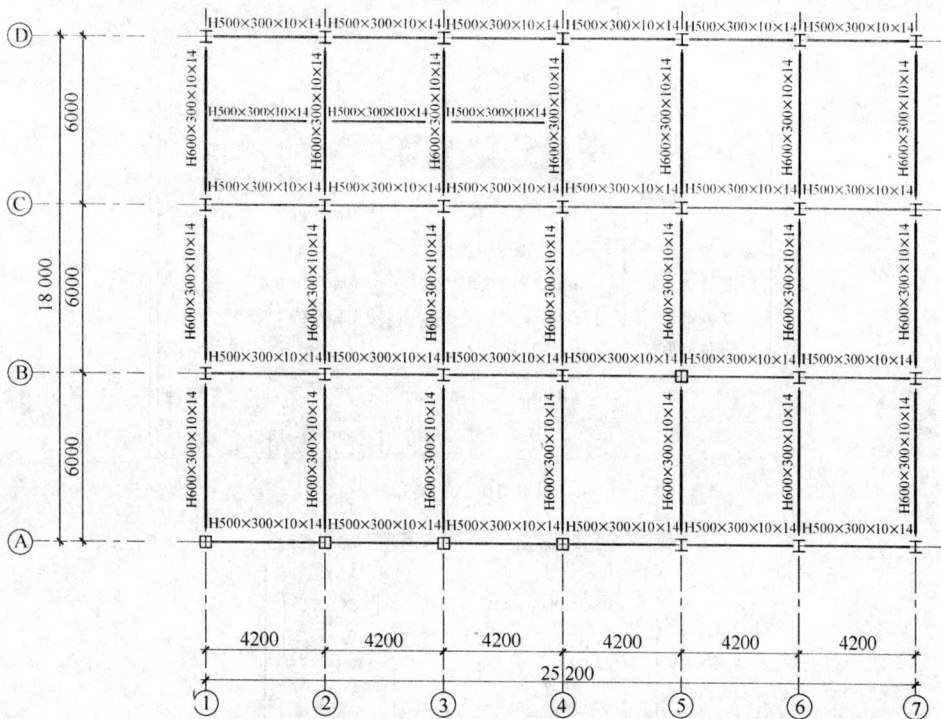

第一标准层布置 1:100

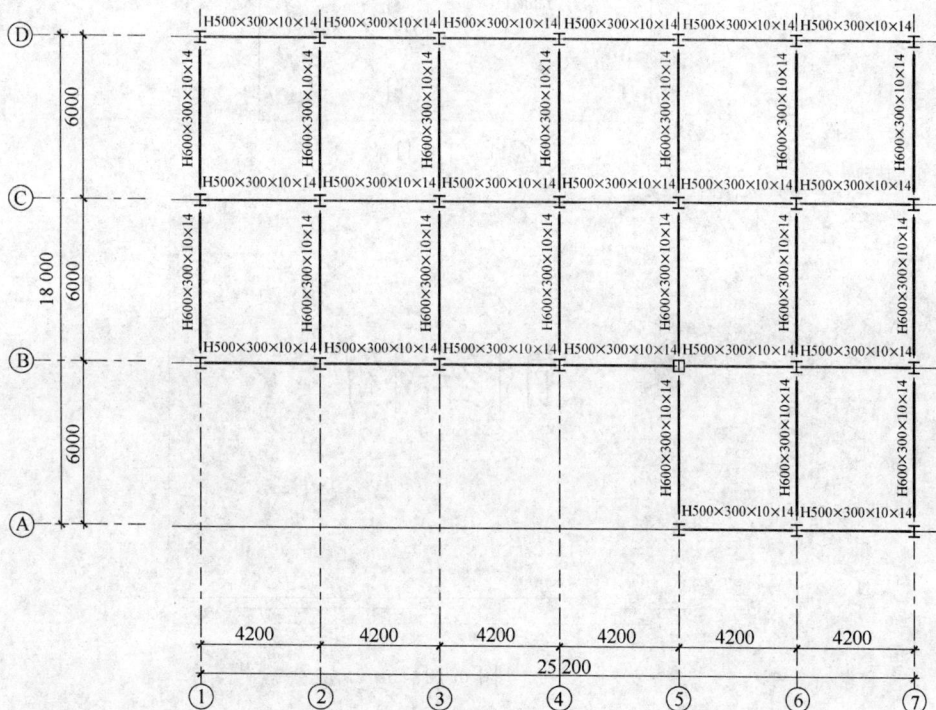

第二标准层布置 1:100

图 6.9　例题 6.1 图

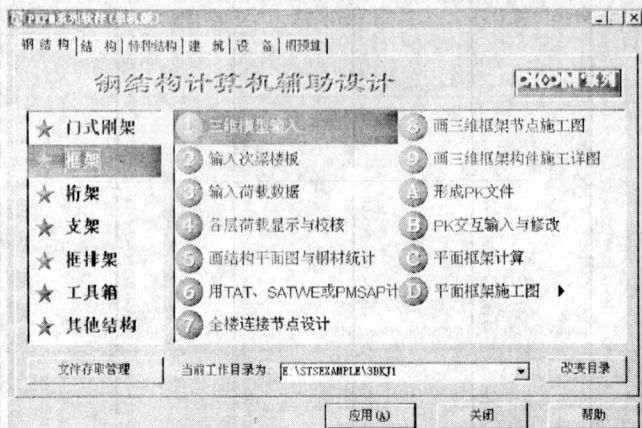

图 6.10　主菜单

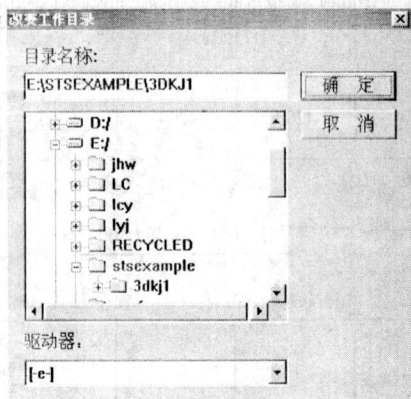

图 6.11　工作目录

图 6.12

　　进入"轴线输入"菜单,点取正交轴网,轴网输入,进入图 6.14 所示对话框,按照平面布置图输入开间和进深,形成平面网格。确定后即可将建立的平面网格插入到交互界面内。可以对平面网格编辑,或补充输入。

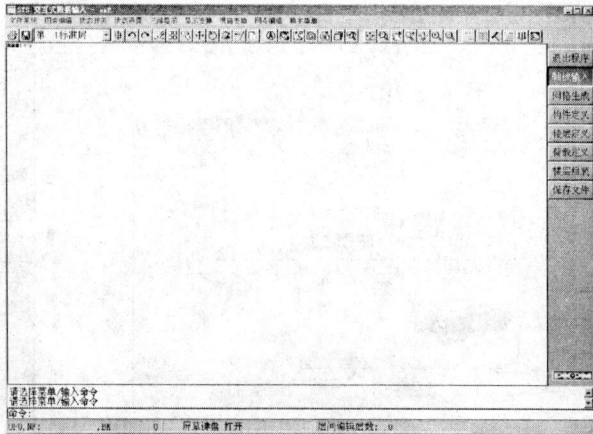

图 6.13　界面

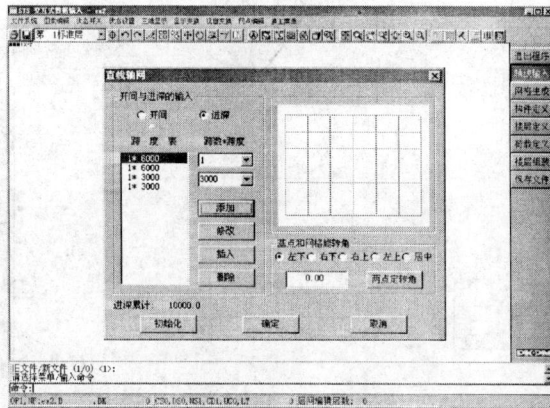

图 6.14

点取"轴线命名",进行轴线命名,如图 6.15 所示。

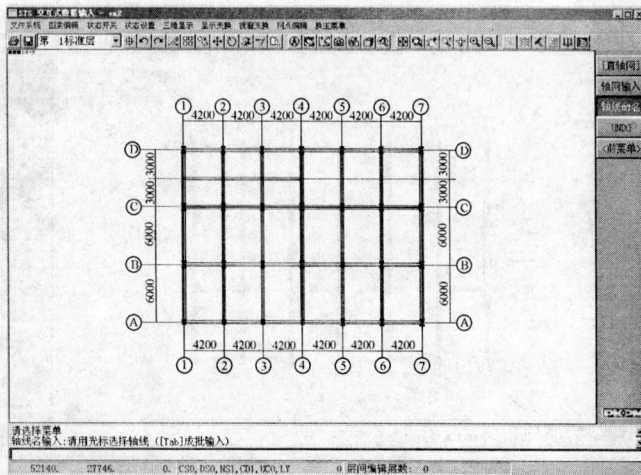

图 6.15　界面

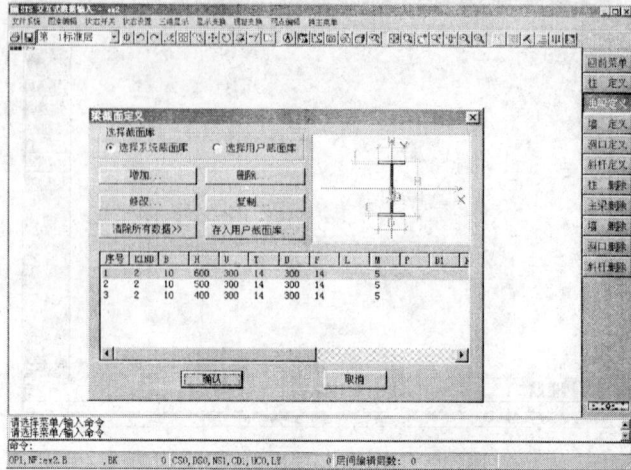

图 6.16

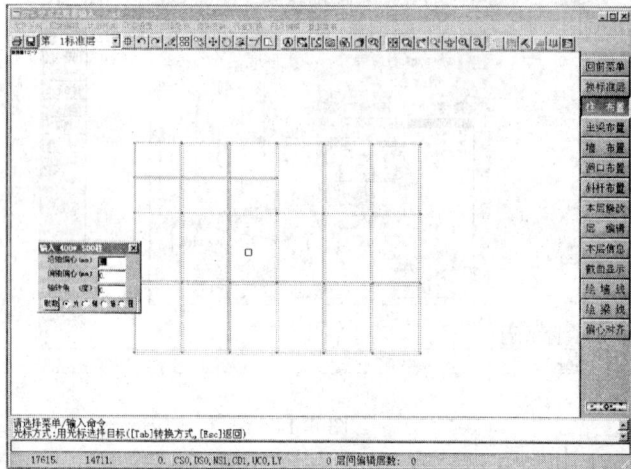

图 6.17

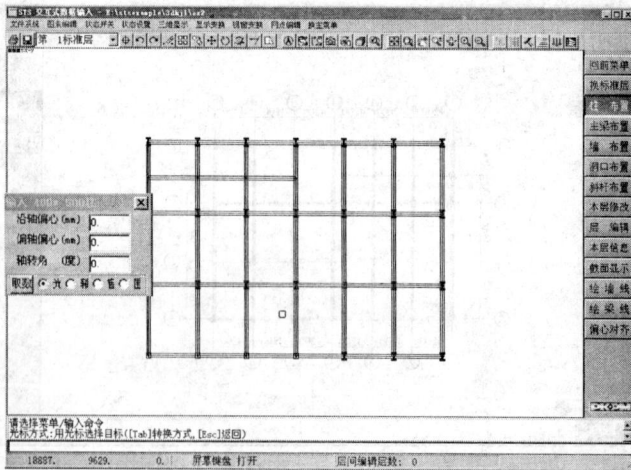

图 6.18

点取"构件定义",进行柱、梁、支撑等标准构件定义和修改,删除等编辑,如图 6.16 所示。

点取"楼层定义",将"构件定义"中所定义的构件布置到平面网格上,如图 6.17 所示。

根据平面布置图,将柱构件布置在节点上(可以输入偏心和布置角度),将梁构件布置在网格上(可以输入偏轴,错层梁可以输入两端相对于标准层的高差),如图 6.18 所示。

可以选择轴线、窗口等方式实现成批布置。

支撑可以根据网格或节点输入,点取支撑的输入位置,定义两端的高度即可。本例中没有支撑,读者可以自己尝试支撑的输入。

点取"本标准层信息",输入本标准层信息,如图 6.19 所示。板厚是混凝土板厚度(只用于楼板设计,或弹性楼板时使用,不用于计算楼板重量产生的荷载),对于组合楼板板厚是指从压型钢板顶面到楼板顶面的厚度,不包含凹槽部分。

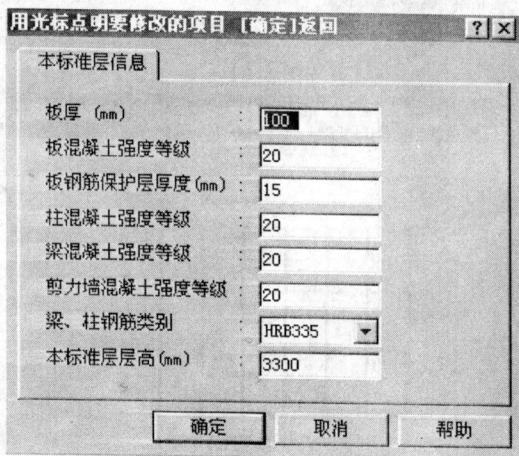

图 6.19

布置完第一结构标准层的构件后,可以点取"换标准层",添加新标准层,选择全部复制、局部复制和只复制网格的方法,输入第二结构标准层,如图 6.20 所示。

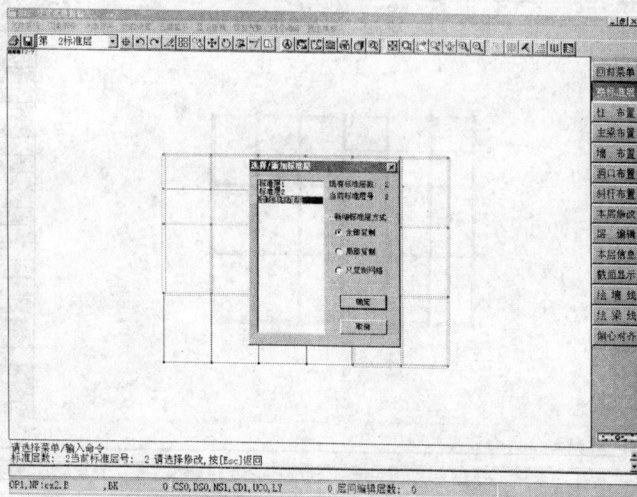

图 6.20

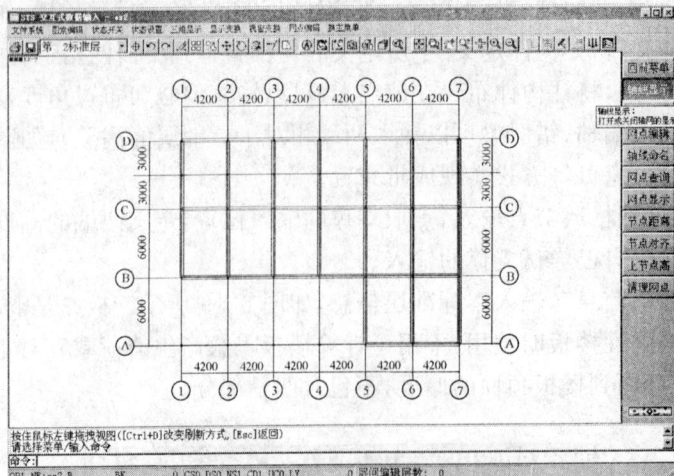

图 6.21

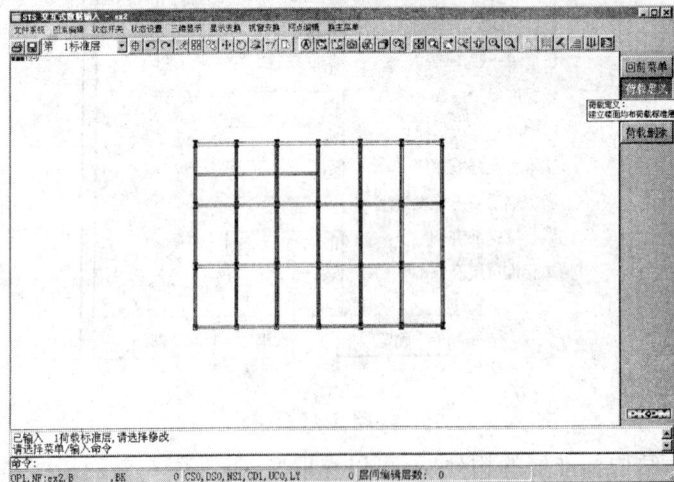

图 6.22

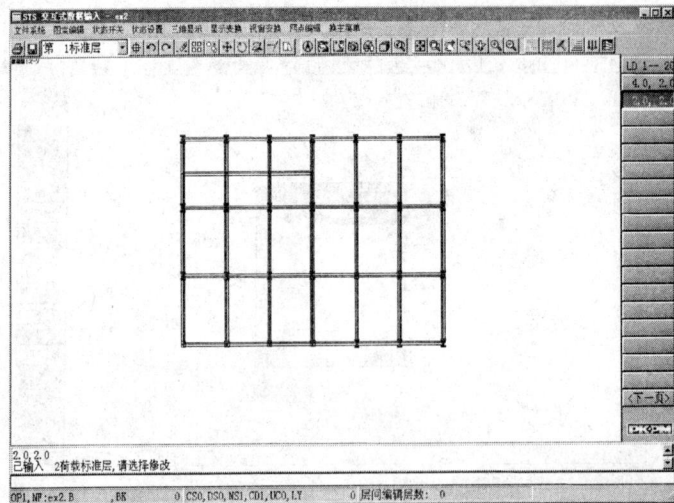

图 6.23

点取"荷载定义",输入楼面均布恒荷载、活荷载,形成荷载标准层,楼板重量要作为楼面恒荷载输入,本例只有两个荷载标准层,输入 4.0、2.0 和 2.0、2.0,如图 6.21~图 6.23 所示。

点取"楼层组装",将结构标准层和荷载标准层对应,形成结构的实际模型,如图 6.24 和图 6.25 所示。

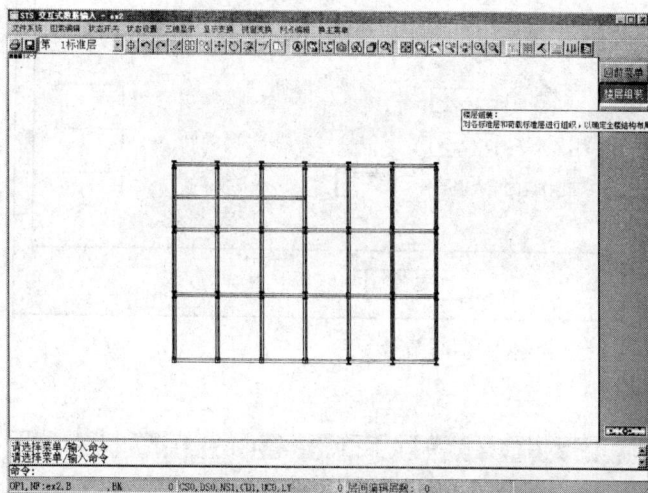

图 6.24

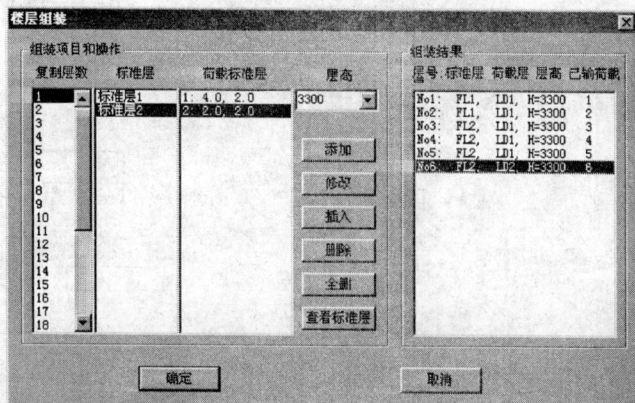

图 6.25

点取"设计参数",定义结构类型、材料、地震、风荷载等计算和绘图参数见图 6.26。本例结构主材为钢材,可以忽略混凝土构件信息,见图 6.27。

点取"退出程序",存盘退出,并生成接后续菜单的数据文件,如图 6.28 和图 6.29 所示。如果是对已经存在的工程数据进行修改,如不想保存修改结果,可选择不存盘退出。

接下来,程序自动对输入的模型进行数据检查,可以选择逐层显示各平面和网格(可以显示各层网格,查询节点编号,构件编号,打印各层平面简图;如果有错误则程序进行提示),或者选择显示工程整体轴测图(图 6.30 和图 6.31),或者选择直接退出(直接退出程序),无论从哪个选项退出,都将生成接下一步菜单的数据文件。

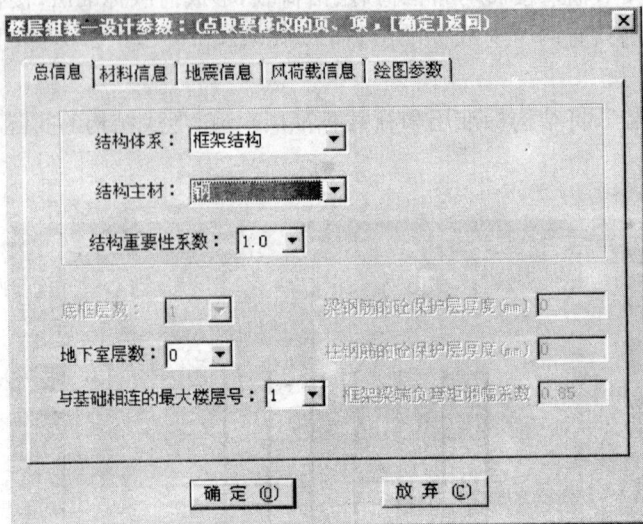

图 6.26

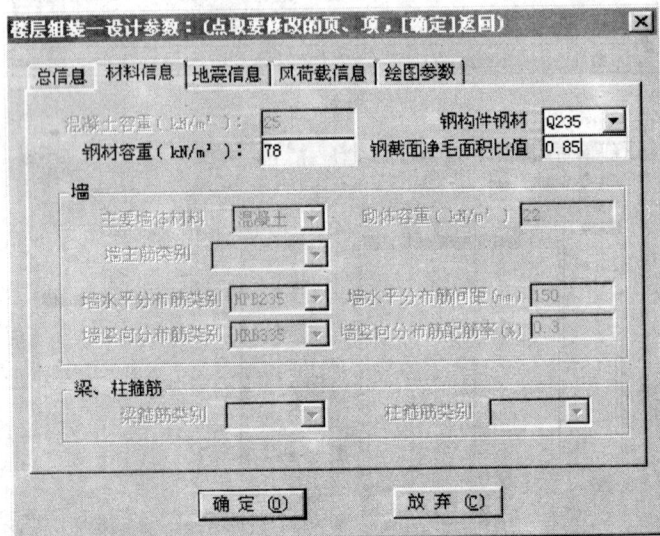

图 6.27

执行完这一步菜单,就完成了三维模型输入的基本功能。

2) 钢框架输入次梁楼板。本例为新建工程,选择"1 本菜单是第一次执行",进入次梁楼板布置菜单,如图 6.32 所示。

点取"次梁布置",选择要布置次梁的房间,输入恒、竖两个方向要放置次梁的根数,输入次梁间距即可。本例要布置恒次梁 3 根,间距 1.5m,没有竖次梁,则按照提示依次输入 3、0,选择次梁截面为第 3 个标准截面,间距为 1.5、1.5、1.5,如图 6.33 所示。

次梁布置的过程中可以变化截面,可以根据程序的提示选择不同的截面。

相同的房间可以使用次梁复制功能,选择已经布置次梁的房间,在逐个点取布置方式相同的房间,即可完成复制。

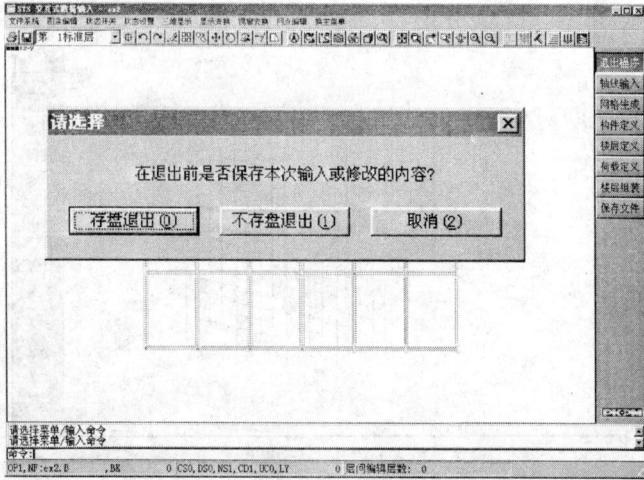

图 6.28

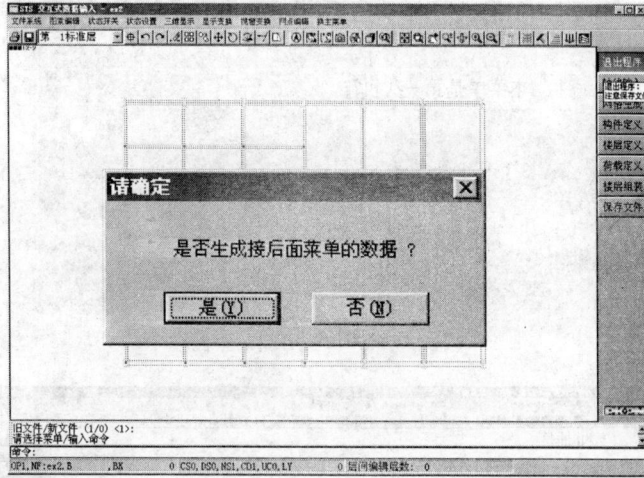

图 6.29

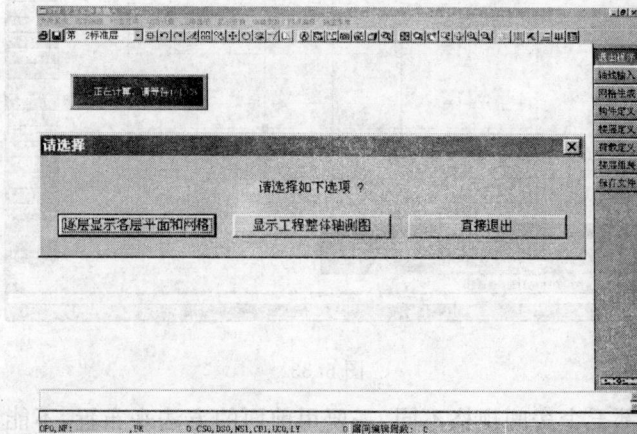

图 6.30

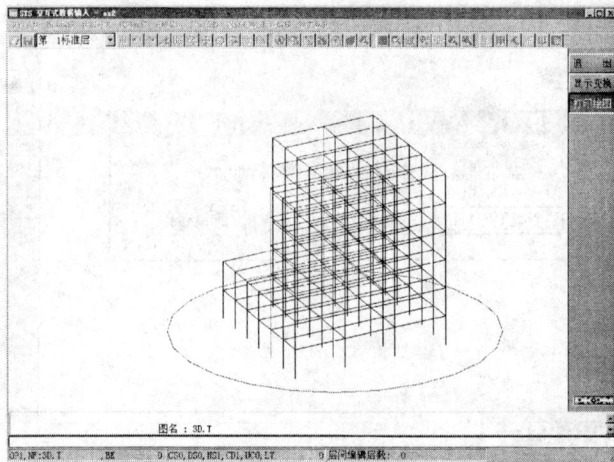

图 6.31 三维模型

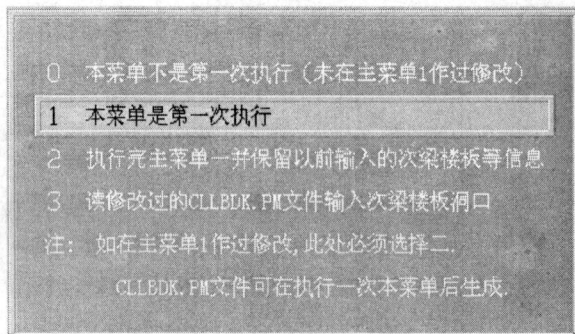

图 6.32

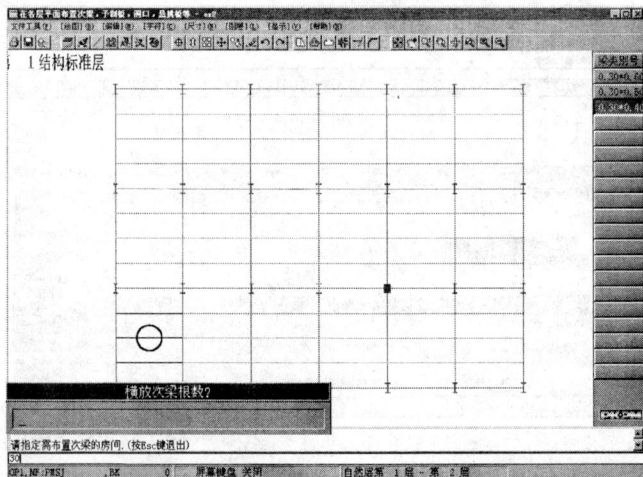

图 6.33

本例中,左上部三个房间规格不同,需要用前面的方法来布置,不能直接将下部的次梁布置复制到该房间中。

点取"楼盖组合",布置组合楼板(图 6.34~图 6.39)。

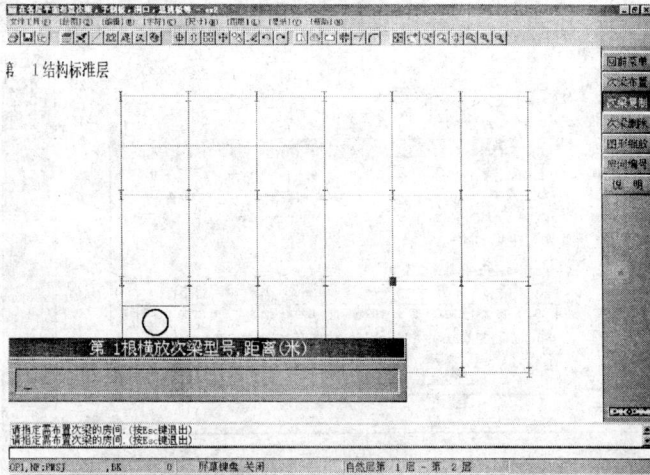

图 6.34

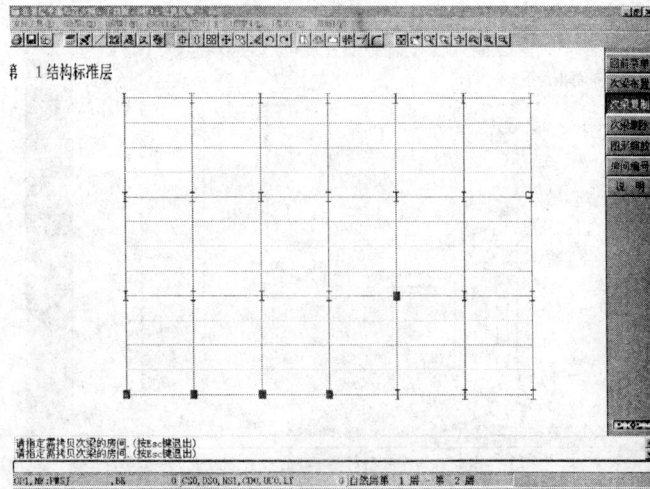

图 6.35

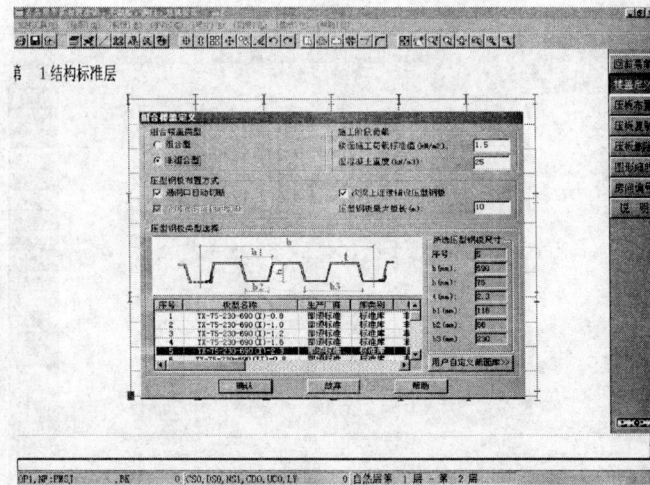

图 6.36

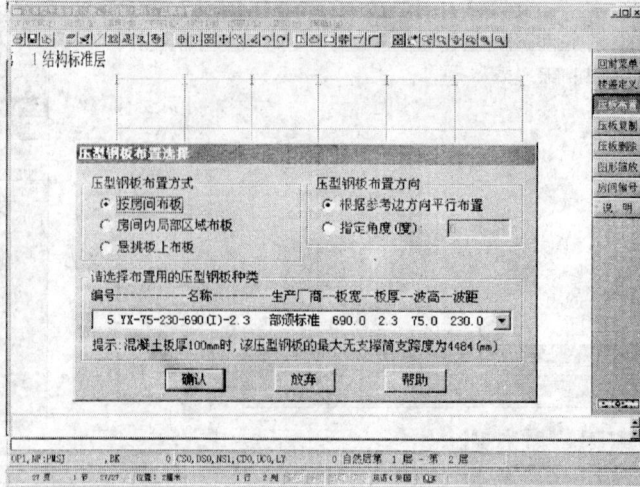

图 6.37

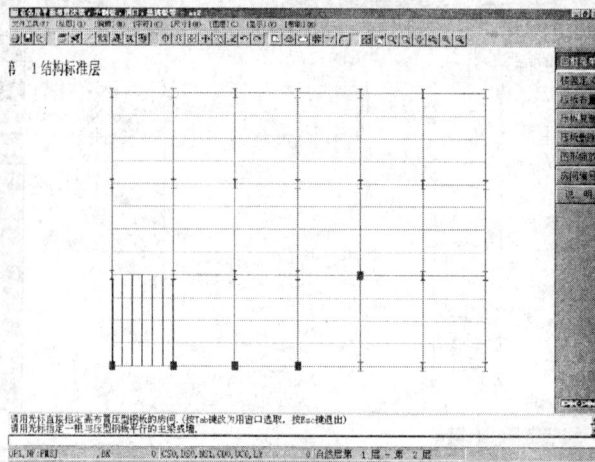

图 6.38

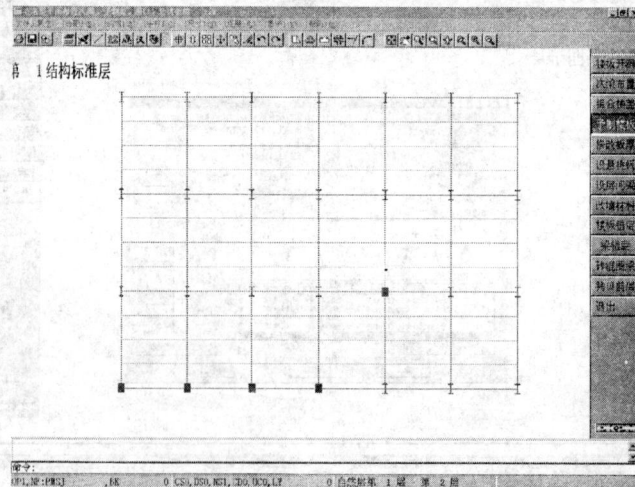

图 6.39

定义组合楼板信息,再将定义过的组合楼板布置在指定的房间内。

和次梁复制的操作类似,可以在具有相同布置方式的房间内进行组合楼板的复制。

其他构件的布置过程可以参照上面的方式掌握。

3)钢框架输入荷载数据。本工程是新建工程,选择"1 第一次输入",如图 6.40 所示,进入楼面荷载、梁间荷载、柱间荷载、节点荷载、次梁荷载等输入菜单。

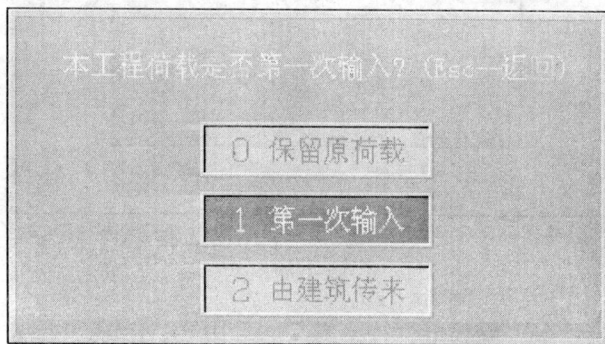

图 6.40

可以查询和修改在三维建模中输入的楼面恒荷载和楼面活荷载,如图 6.41～图 6.43 所示。

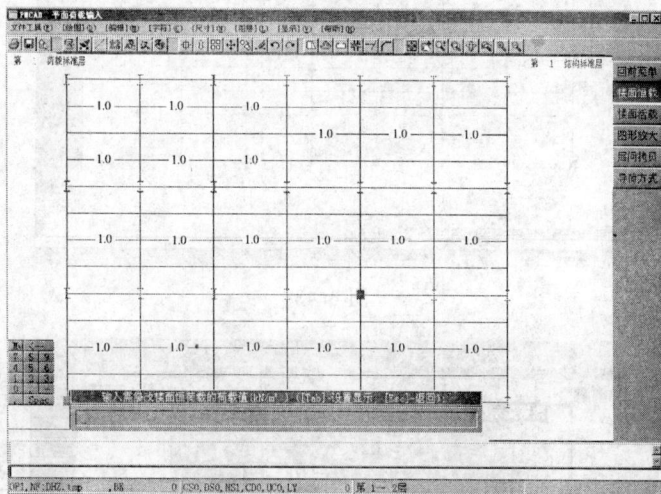

图 6.41

本例中有填充墙,其荷载要作为梁间荷载布置,定义均布梁间恒荷载 20kN/m,布置到有填充的梁上。可以通过数据开关显示荷载数据,查询输入的荷载是否正确,如图 6.44 所示。

本例中其他荷载不做修改。

4) 接 TAT、SATWE 完成结构内力分析和构件验算。

这部分需要转到"结构"软件内,调用相应的菜单完成。

计算程序涉及到较多的设计参数和技术条件,而且参数选择不当对计算结果的影响较大。

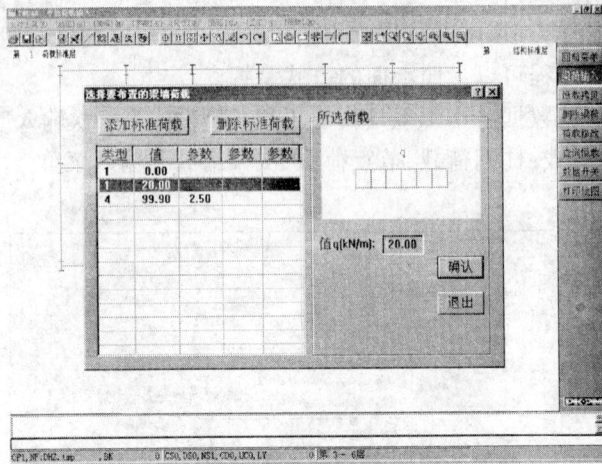

图 6.42

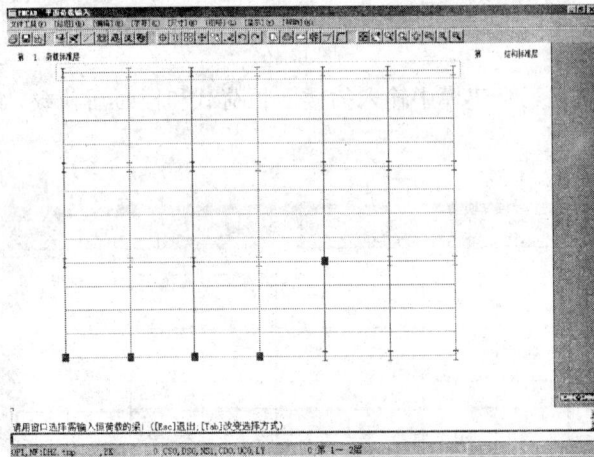

图 6.43

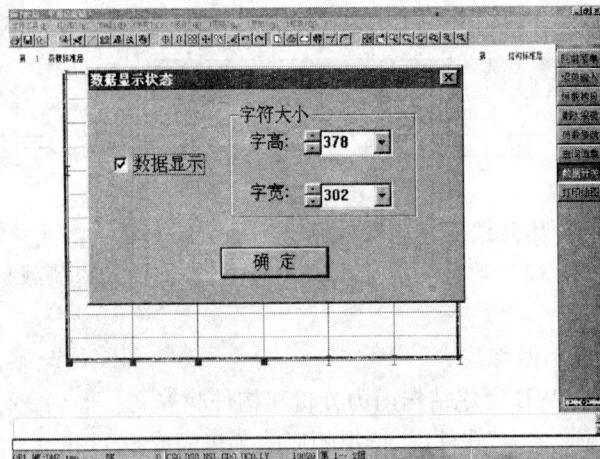

图 6.44

5）在计算满足的前提下，进行全楼连接节点设计。

6）根据设计要求，选择画三维框架接点施工图，或者选择画三维框架构件施工详图（图 6.45）。

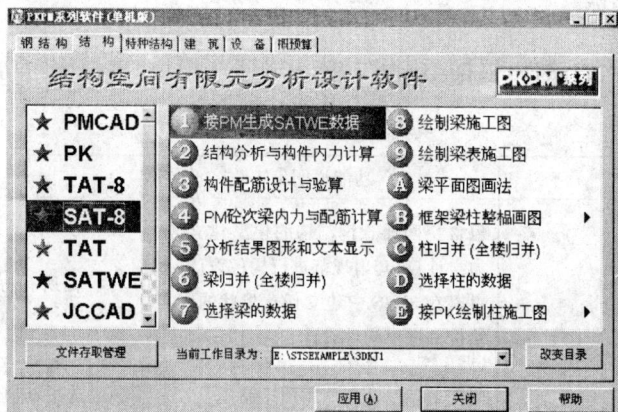

图 6.45

6.2 钢结构设计软件（3D3S）

6.2.1 3D3S7.0 简述

1. 使用环境

3D3S 7.0 在 AutoCAD 2000、AutoCAD 2002 环境下运行，操作系统为 WIN9X，WIN 2000，WINXP；内存至少 8MB，建议由系统自行管理虚拟内存；容量适量的硬盘，对于较大结构则要求相应大的硬盘空间；与 WIN9X、WINNT、WINXP 兼容的 SVGA 或更高级的显示卡，高分辨率的显示器更能发挥软件的优势；3D3S v5.0 以上的版本开发基于 AutoCAD 的 ObjectARX。

2. 安装步骤

1）将软件光盘放入光驱，在开始/程序/Windows 资源管理器中双击光驱盘符（如 G：）。

2）双击光驱 G：中的 setup 应用程序图标，屏幕弹出欢迎框。

3）单击 next 按钮，在欢迎框与软件注册框之后输入用户信息。

4）单击 next 按钮，屏幕弹出安装目标目录对话框，在对话框中按 browse 按钮选择安装目录，和 3D3S6.0 及 3D3S5.0 不同，3D3S 7.0 可以安装在任何目录下。

5）安装程序执行文件复制。

6）FINISH 表示安装成功，不必重新启动电脑，直接可以使用 3D3S（双击 3D3S 7.0 图标）。

7）第一次使用 3D3S 时，如果没有出现 3D3S 菜单，则使用 MENU 命令人工调用

3D3S 菜单(ACAD 使用的是上次正常退出时的菜单)。选择 3D3S 安装目录下的 3D3S空间任意结构设计菜单. mnc。需要切换回 ACAD2000 的菜单可以直接使用 3D3S 的菜单切换或仍旧使用 MENU，选 ACAD\SUPPORT 下的 ACAD. MNC。

3. 软件功能组成

3D3S 是模块化的软件，根据不同的功能分若干个模块，各模块的功能说明见表 6.2。

表 6.2　模块功能表

模块名称	功能说明	备注
基本模块	包含空间任意钢结构的模型建立、力学计算、套用规范进行构件设计；可以在 3D3S 中建立任意形状的钢结构并进行构件设计	是所有功能模块的基础
门式刚架	门架节点设计和施工图绘制	可独立选用，但必须有基本模块的支持
框架、屋架、桁架	框架、屋架、桁架的节点设计和框架、屋架施工图绘制	
预应力钢结构及非线性分析模块	预加应力的拉索结构的分析、幕墙拉索支承体系，预应力的钢结构设计、大型结构的几何非线性力学分析	
网架网壳	网架网壳节点设计和施工图绘制	
点支玻璃幕墙分析	预加应力的拉索结构分析、预应力的钢结构设计、点支幕墙拉索设计、玻璃板块设计(必须有"预应力钢结构及非线性分析模块"的支持)	
塔架节点设计	角钢塔架节点设计和施工图绘制	
建筑膜结构设计	建筑索膜结构找型、裁剪及荷载分析(考虑索、膜、支撑结构共同作用)(必须有"预应力钢结构及非线性分析模块"的支持)	

4. 基本模块设计流程

基本模块设计流程如图 6.46 所示。

5. 注意事项

(1) 3D3S 坐标系统

关于坐标系统的解释：3D3S 7.0 版软件在 AutoCAD 2000 或 AutoCAD2002 环境下

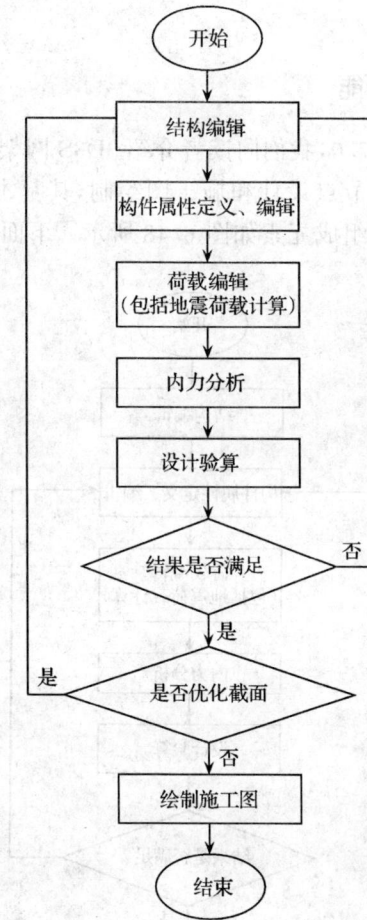

图 6.46 基本模块设计流程

运行。AutoCAD 本身存在一套坐标系统,即世界坐标(WCS)和用户坐标(UCS),当坐标系显示 W 时表示当前为世界坐标系;3D3S 软件中的坐标系统和 ACAD 中的世界坐标系统重合,并且 Z 方向一定要求为建筑物高度方向。当坐标系显示不出现 W 时,表示当前坐标系为用户坐标,它只是表示用户在建模过程的坐标输入方式,它的 X、Y 方向和 3D3S 的坐标系统规定是不一样的,例如 3D3S 软件中的 LEFTVIEW 在世界坐标系统下应该是 X-Z 平面内的,但 ACAD 的用户坐标系统仍旧显示为 X-Y 平面。由于 3D3S 坐标系统没有直接显示,而是依靠 ACAD 的坐标,所以对于 3D3S 的坐标系统,使用者应该有一个比较清楚的了解,这样在输入荷载方向、K 节点坐标定义、约束方向等时不会出错。

(2)怎样永久保存工程截面

步骤一:新建立工程,取名 SEC。

步骤二:菜单《构件属性》-《建立截面库》,在相应的截面类型双击打勾后输入您的截面尺寸,确定后退出,存盘退出。

步骤三:在您的硬盘中找到 SEC 目录,在该目录下找到 SECTOR 子目录,把该子目录下的 DAT 文件拷贝到您的 3D3S 安装目录下的 TJ3D3S 下,覆盖原来的文件即可。

下次新建任何工程，截面库中将存在您所输入的截面尺寸；当要求恢复最初的截面时可以重新安装 3D3S。

6.2.2　网架、网壳模块菜单功能

为了便于读者学习 3D3S 7.0，我们向读者介绍 3D3S 网架、网壳模块的使用。网架、网壳模块功能主要是网架、网壳节点设计和施工图绘制，其基本设计流程如图 6.47 所示，3D3S 7.0 网架、网壳模块界面组成元素如图 6.48 所示。下面逐一介绍各菜单的功能。

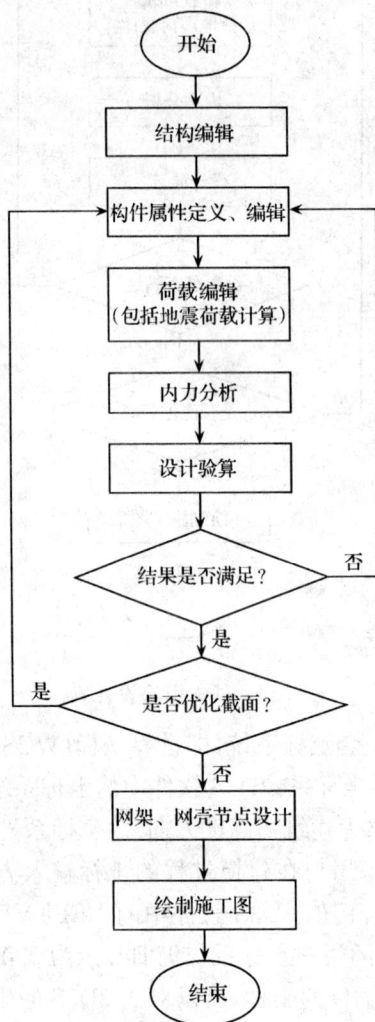

```
          ( 开始 )
             │
        ┌─────────┐
        │ 结构编辑 │
        └─────────┘
             │
  ┌─→ 构件属性定义、编辑 ←─┐
  │          │           │
  │   ┌────────────┐      │
  │   │   荷载编辑   │      │
  │   │(包括地震荷载计算)│  │
  │   └────────────┘      │
  │          │           │
  │     ┌─────────┐       │
  │     │ 内力分析 │       │
  │     └─────────┘       │
  │          │           │
  │     ┌─────────┐       │
  │     │ 设计验算 │       │
  │     └─────────┘       │
  │          │           │
  │      ◇ 结果是否满足? ◇ ─否─┘
  │          │是
  是      ◇ 是否优化截面? ◇
  └──────────│否
        ┌──────────────┐
        │ 网架、网壳节点设计 │
        └──────────────┘
             │
        ┌─────────┐
        │ 绘制施工图 │
        └─────────┘
             │
          ( 结束 )
```

图 6.47　网架网壳模块基本设计流程

1. 结构编辑

（1）网架、网壳建模

按"新建网架网壳"菜单，弹出如下对话框，选择一种网架或网壳类型，输入相应参数，按确定即完成结构建模，如图 6.49 所示。

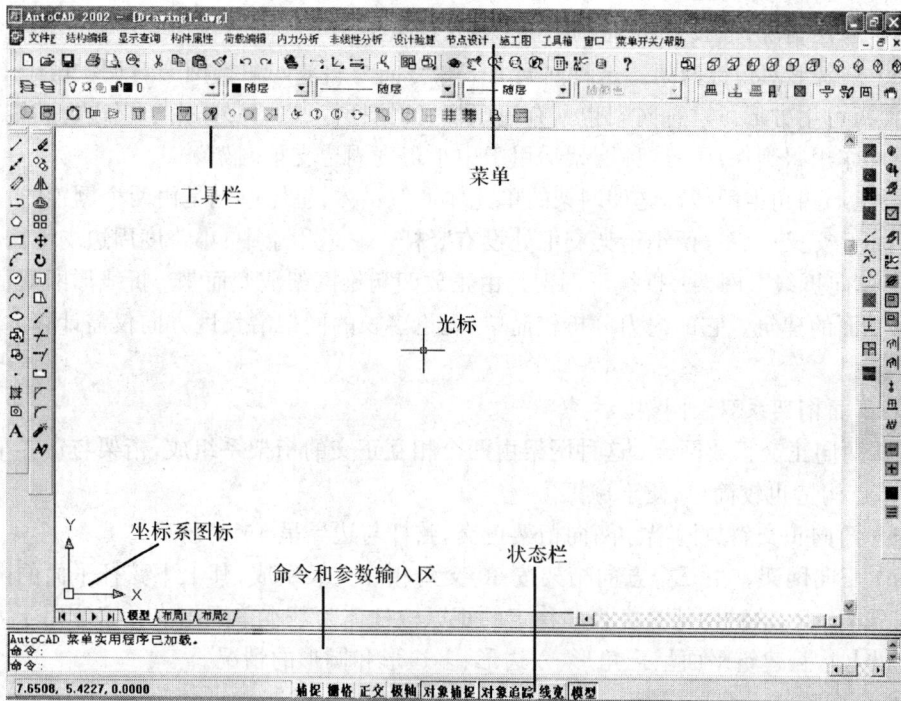

图 6.48　3D3S 7.0 网架网壳模块界面组成元素

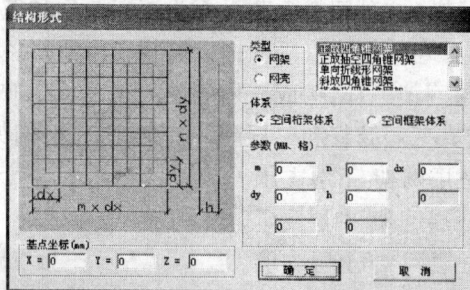

图 6.49　"新建网架网壳"对话框

1）网架结构的形式。

① 四角锥体系双层网架。

（a）正放四角锥网架。这种网架受力均匀，空间刚度好。它适用于较大屋面荷载、大柱距点支撑及设有悬挂吊车工业厂房等建筑。

（b）正放抽空四角锥网架。这种网架是将正放四角锥除周边外，相间地抽去锥体的腹杆及下弦杆，使下弦网格扩大一倍。这种网架杆件较少，经济效果好，可利用抽空处作采光窗，但下弦内力较正放四角锥网架约大一倍，内力的均匀性和刚度有所下降，不过仍能满足工程要求。它适用于屋面荷载较轻的中、小跨度网架。

（c）斜放四角锥网架。这种网架的上弦与边界轴线成 45°交角，下弦正放，腹杆与下弦在同一垂直面内。在接近正方形周边支承时用钢量指标较好，适用于中小跨度的建筑。由于上弦网格斜放,屋脊处宜用三角形屋面板。当周边无刚性联系杆时,会出现锥体绕 Z 轴旋转的不稳定情况,故设计和施工时应注意此特点。

(d) 棋盘形四角锥网架。这种网架上下弦方向与斜放四角锥网架对调。由于上弦正放,屋面板可用方形。这种网架也具有短压杆、长拉杆特点。另外,由于周边为满锥,因此它的空间作用得到保证。这种网架适用于中小跨度周边支承网架。

(e) 星形四角锥网架。这种网架的单元体形似星体,星体单元是由两个倒置的三角形小桁架相互交叉而成。两小桁架交汇处设有竖杆。它适用于中、小跨度周边支承网架。

② 单向折线形网架。折线形网架是由正放四角锥网架演变而来。折线形网架适合狭长矩形平面的建筑。它的内力分析较简单,无论多长的网架沿长度方向仅需计算 5~7 个节间。

③ 平面桁架系双层网架。

(a) 两向正交正放网架。这种网架由两个相互正交的桁架系组成,桁架与边界平行或垂直,节点构造也较简单,便于施工。

(b) 两向正交斜放网架。两向桁架正交,弦杆与边界呈 45°交角。

(c) 三向网架。由三个方向桁架按 60°交叉相互交叉组成,其上下弦杆平面的网格呈正三角形,因此,这种网架是由许多稳定的正三棱柱体为基本单元组成。它适用于大跨度(60m 以上),且建筑平面呈三角形、六边形、多边形和圆形的情况。

④ 三角锥体系双层网架。

(a) 三角锥网架。这种网架上下弦均为三角形网格,下弦节点位于上弦三角形网格的形心。如果尺寸选择得当,可使所有杆件等长。

(b) 蜂窝形三角锥网架。这种网架上弦平面为正三角形和正六边形网格,下弦平面为正六边形网格,腹杆与下弦在同一垂直平面内。可用于六边形、圆形或矩形平面。

⑤ 三层网架。与双层网架一样,构成三层网架的基本单元有平面桁架、四角锥和三角锥,所不同的是三层网架有三层弦杆和二层腹杆。3D3S 三层网架有以下结构型式:

(a) 两向正交正放三层网架-下层支承。

(b) 两向正交正放三层网架-中层支承。

(c) 两向正交正放三层网架-上层支承。

(d) 正放四角锥三层网架。

(e) 正放抽空四角锥三层网架。

(f) 斜放四角锥三层网架。

(g) 上正放四角锥下正交正放三层网架。

注意事项:

(a) 某些形式的网架本身来讲是几何可变的,需要选用合适的支座形式,点支承和周边支承等。必要时三层网架还要添加合适的边桁架,以保证网架的几何不变性。

(b) 两向正交正放网架的两个方向网格数宜布置为偶数,如为奇数,桁架中部节间为交叉腹杆,相交处节点应为刚接,否则为机构。某些网架在支承平面设置水平斜杆时也同理。

(c) 3D3S 网架软件提供了七种形式的三层网架,三层网架的形式还可以有很多。使用者可以根据需要分别建立两个相同或不同类型的双层网架,然后将它们合并到一起,当然第一个网架的下弦布置应与第二个网架的上弦布置吻合,得到一个新的三层网架形式。

2) 网壳结构的形式。

① 单层网壳。

(a) 弗普网壳。m 为母线方向的分段数,为偶数,n 为圆弧的分段数,也为偶数,a 为母线的长度,r 为网壳的曲率半径,f 为圆柱面网壳的矢高。

(b) 凯威特型球面网壳。m 为同心圆的个数,n 为把球面分为 n 个对称的扇形曲面,为偶数,r 为网壳的曲率半径,f 为网壳的矢高。

(c) 肋环型球面网壳。m 为把球面分成 m 个对称的扇形曲面,n 为同心圆的个数,r 为曲率半径,f 为网壳的矢高。

(d) 联方网格型圆柱面网壳。m 为母线方向的分段数,n 为圆弧的分段数,a 为母线的长度,r 为网壳的曲率半径,f 为圆柱面网壳的矢高。

(e) 联方型球面网壳。该类型又分为两种,type=1 为环向无杆件,type=2 为有环杆,m 为将圆环向分成 m 等分,n 为同心圆的个数,r 为曲率半径,f 为矢高。

(f) 三向网格型球面网壳。m 为圆弧的分段数,为偶数,r 为曲率半径,f 为网壳的矢高。

(g) 三向网格型圆柱面网壳。m 为母线方向的分段数,n 为圆弧的分段数,a 为母线的长度,r 为曲率半径,f 为矢高。

(h) 施威德勒型球面网壳。根据斜杆布置不同,又分为四种类型,type=1 为无环杆的交叉斜杆,type=2 为交叉斜杆,type=3、4 为单斜杆。m 为把球面分成 m 个对称的扇形曲面,为偶数,n 为同心圆的个数,r 为曲率半径,f 为矢高。

(i) 双斜柱面网壳。m 为母线方向的分段数,n 为圆弧的分段数,a 为母线的长度,r 为曲率半径,f 为矢高。

(j) 单斜杆柱面网壳。m 为母线方向的分段数,n 为圆弧的分段数,为偶数,a 为母线的长度,r 为曲率半径,f 为高。

② 双层网壳。

(a) 抽空三角锥圆柱面网壳。m 为上弦杆母线方向的分段数,为奇数,n 为上弦杆圆弧的分段数,为偶数,a 为上弦杆母线的长度,r 为上弦杆曲率半径,f 为上弦杆矢高,$r1$ 为下弦杆曲率半径,d 为上下弦杆圆心的高差,当下弦杆圆心在上弦杆圆心上方,则 d 为正,当下弦杆圆心在上弦杆圆心下方时,d 为负,如果上下弦杆为同心圆,则 $d=0$。

(b) 抽空正放四角锥圆柱面网壳。参数意义同上,m、n 都为奇数。

(c) 肋环型交叉桁架球面网壳。m 为把球面分成 m 个对称的扇形曲面,为偶数,n 为上弦杆同心圆的个数,其余参数 r、f、$r1$、d 意义同上。根据腹杆布置不同,又分为 $t=1$、2 两种。

(d) 肋环型四角锥球面网壳。参数意义同上。

(e) 联方型交叉桁架球面网壳。根据有无环杆分为两种类型,type=1 为环向无杆件,type=2 为有环杆,其余参数意义同上,m 为偶数。根据腹杆布置不同,又分为 $t=1$、2 两种。

(f) 联方型四角锥球面网壳。参数意义同上。

(g) 三角锥圆柱面网壳。m 为上弦杆母线方向的分段数,n 为上弦杆圆弧的分段数,为奇数,a 为上弦杆母线的长度,其余参数意义同上。

(h) 斜置正放四角锥圆柱面网壳。参数意义同上。

(i) 正放四角锥圆柱面网壳。参数意义同上。

(j) 正交斜放交叉桁架圆柱面网壳。参数意义同上。

(k) 正交正放交叉桁架圆柱面网壳。参数意义同上，m、n 均为偶数。

(l) 施威德勒型球面网壳。根据斜杆布置不同，又分为四种类型，type=1 为无环杆的交叉斜杆，type=2 为交叉斜杆，type=3、4 为单斜杆。m 为把球面分成 m 个对称的扇形曲面，为偶数，n 为上弦杆同心圆的个数，其余参数意义同上。

(m) 凯威特型球面网壳。m 为上弦杆同心圆的个数，n 为把球面分为 n 个对称的扇形曲面，为偶数，其余参数意义同上。

(n) 凯威特 A-6 型球面网壳。m 为把球面分成 m 个对称的扇形曲面，为奇数，n 为上弦杆同心圆的个数，其余参数意义同上。

(2) 节点自重(15%～25%)

输入节点自重占杆件重的比例，在内力分析时用于考虑节点自重的影响。

(3) 起坡

该命令用于将选中的节点按指定方向起坡。按"起坡"菜单，选择起坡的节点，再点取基点，最后点取起坡方向，按鼠标右键结束此操作。起坡前可先作一条辅助线，易于选取基点和起坡方向。

(4) 移动节点到直线或曲线上

该命令用于将选中的节点按指定方向移动到指定直线或曲线所代表的视平面上。按了该命令后，首先选择直线、圆、椭圆、圆弧、SPLINE，然后选择要移动的节点，最后通过输入两个点来指定移动的方向。

(5) 沿径向移动节点到圆、椭圆上

该命令用于将选中的节点沿所选择圆或椭圆的径向移动到该圆或椭圆所代表的圆柱体或椭圆柱体上。按了该命令后，首先选择圆或椭圆，然后选择要移动的节点即可。

2. 显示查询

参见图 6.50"显示查询"下拉菜单。

(1) 总体信息

查询总体信息，包括节点总数、单元总数、受约束点总数、最长最短杆件长度等，其中通过查询最长最短杆件长度可以检查当前模型是否有误。

(2) 构件查询

选择节点、杆件或板单元，按鼠标右键结束选择后，根据选择的是节点、杆件还是板单元分别弹出对应的节点信息框、杆件信息框、板单元信息框，在弹出的信息对话框内为构件的各项信息，用户可双击各项进行修改。用户也可不选择构件而直接右键，这时会弹出对话框要求输入构件号来进行查询，用户这时可以通过输入节点号、杆件单元号或板单元号来查询构件，图形界面中所查询的节点、杆件或板单元会被标识符标出。

(3) 总用钢量

选择几根杆件(直接按回车键或右键表示全选)，按鼠标右键结束选择后，弹出所选择杆件的用钢量，该值是为单元的长度、横截面积和材料重量密度相乘而得到的，这里单元的长度是指得到的单元两端点间的轴线长。在弹出的用钢量对话框内按各种截面分别用行分开,用户可双击各行来查询选用该截面的各单元。

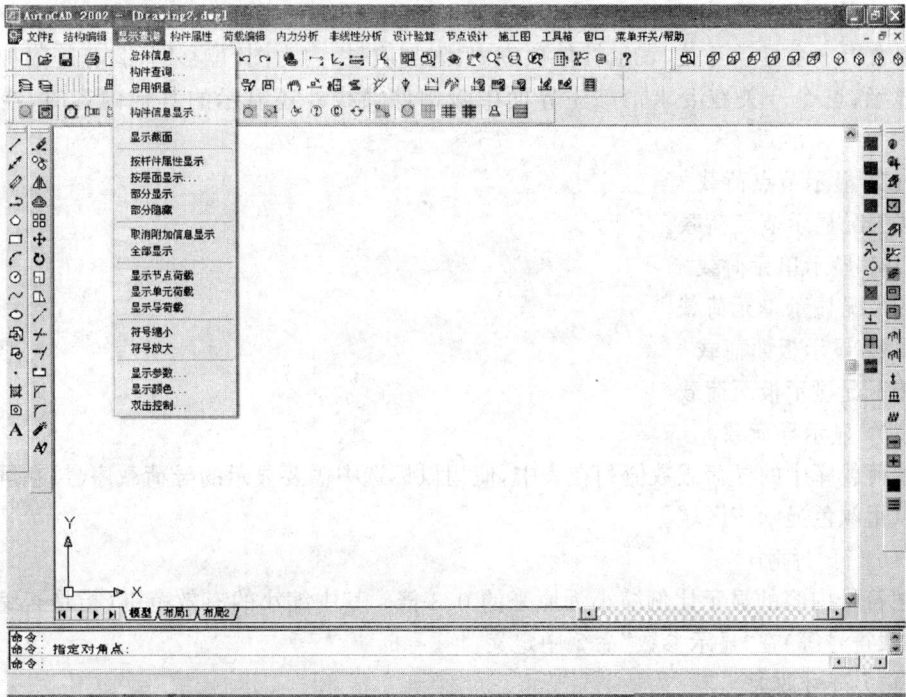

图 6.50 "显示查询"下拉菜单

(4) 构件信息显示

用于控制是否显示节点号、节点约束、节点附加质量、单元号、单元释放、单元附加质量、单元预应力、只拉单元、膜单元号、板单元号。

(5) 显示截面

显示选中杆件的截面,截面显示参数(截面放大比例、是否标注截面等)在"显示参数"命令中定义。

(6) 按杆件属性显示

选择一根杆件,右键表示选择结束后弹出以下对话框:用于显示或隐藏与所选杆件属性相同的杆件。

(7) 按层面显示

按层面、轴线号或弦杆类型显示。在弹出的对话框上右方列表框列出了各层面号、轴线号或弦杆类型,用鼠标单击打勾表示选中,按确定后主界面中只显示选中了的层面或轴线上的杆件。

(8) 部分显示

选择部分杆件,视图将只显示该部分杆件,在构件比较多,为便于观察时常被使用。

(9) 部分隐藏

选择部分杆件,视图将不显示该部分杆件,在构件比较多,为便于观察时常被使用。

（10）全部显示

与上述两个命令对应，按此图标，所有杆件均显示；这个显示开关在主界面中只显示部分构件，而要求恢复全部单元显示时经常被使用。

（11）取消附加信息显示

相当于一个显示开关，表示杆件预应力、附加质量、内力图、位移图、验算等附加信息将不显示；这个开关在要求消除主界面中除构件轴线外还显示的其他内容时，经常被使用。

（12）显示节点荷载

按工况显示节点荷载。

（13）显示单元荷载

按工况显示单元荷载。

（14）显示板面荷载

按工况显示板面荷载。

（15）显示导荷载

把荷载库中的导荷载数值列在表中，使用鼠标选中需要显示的导荷载序号，在屏幕上则可以用颜色显示该区域。

（16）符号缩小

把符号内容的显示比例缩小为原来的 0.8 倍。其中缩小的有效范围（指是否缩小字符、荷载符号等）在"显示参数"命令中定义。

（17）符号放大

把符号内容的显示比例放大为原来的 1.25 倍。其中放大的有效范围（指是否放大字符、荷载符号等）在"显示参数"命令中定义。

（18）显示参数

定义字符大小、杆件颜色等参数；其中建模允许误差是作为删除重复节点和线的判断重复的标准，如果两节点间距小于建模允许误差则认为是重复节点。显示参数对话框左下角的"UNDO 功能"选项：用于在杆件较多时取消该选项能加快速度。

（19）显示颜色

定义单元号、节点号、内力图等颜色，便于打印或屏幕抓图。

（20）双击控制

设定鼠标双击功能。

注意事项：在软件中，一些查询修改命令可直接通过鼠标双击来实现。

1）在标准层编辑中。

若鼠标双击当前标准层中的梁、柱、墙、板、轴线，会弹出被双击的梁、柱、墙、板或轴线的属性对话框，用户可双击对话框内的各项属性对其进行修改，相当于"显示查询→查询修改"命令。

2）双击节点时。

① 当节点处于显示节点荷载状态时，双击该节点相当于"荷载编辑→查询、删除荷载→查询节点荷载"命令。

② 当节点处于显示支座反力状态时，双击该节点相当于"内力分析→查询支座反力"命令。

③ 当节点不处于以上状态时,双击该节点相当于"显示查询→构件查询"命令。

3) 双击杆件时。

① 当杆件处于显示单元荷载状态时,双击该杆件相当于"荷载编辑→查询、删除荷载→查询单元荷载"命令。

② 杆件处于显示位移图状态时,双击该杆件弹出位移图对话框,对话框内显示的位移是杆件上各点沿垂直于杆件方向的偏离值。

③ 杆件处于显示内力图状态时,双击该杆件弹出内力图对话框。

④ 当杆件处于显示内力包络图状态时,双击该杆件弹出内力包络图对话框。

⑤ 当杆件处于显示最大组合内力状态时,双击该杆件相当于"内力分析→查询内力"命令。

⑥ 当杆件处于显示验算结果状态时,双击该杆件相当于"设计验算→验算结果查询"命令。

⑦ 当杆件处于显示截面状态时,双击该杆件显示该杆件截面信息,用户可直接在里面更改该种截面参数。

⑧ 当杆件不处于以上状态时,双击该杆件相当于"显示查询→构件查询"命令。

4) 双击膜三角单元时

双击膜三角单元,弹出该单元的属性对话框,用户可双击对话框内的各项属性对其进行修改。

5) 双击膜边界时

直线或曲线通过"结构编辑→膜定义→定义膜边界"命令后成为膜边界,双击膜边界后弹出对话框,可在对话框内对该边界的分段数等进行修改。

3. 构件属性

参见图 6.51"构件属性"下拉菜单。

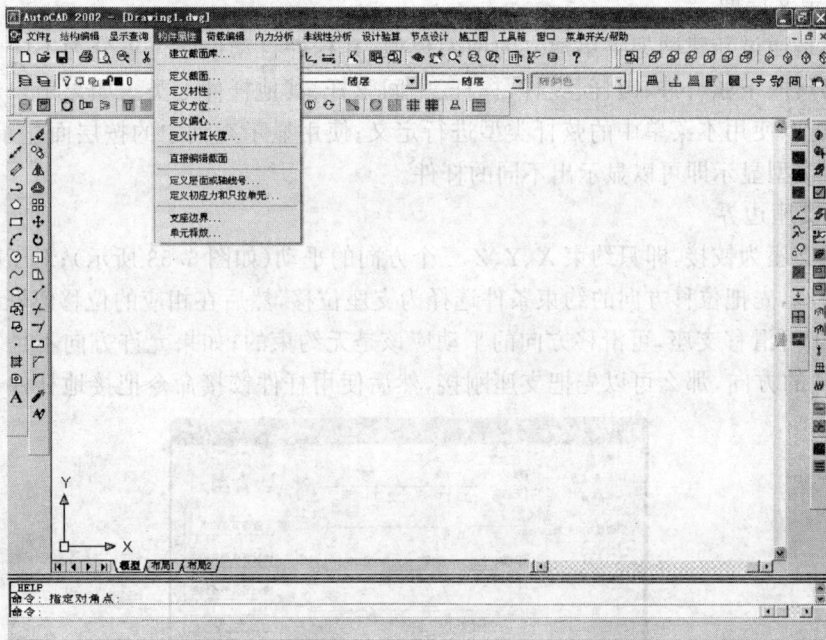

图 6.51 "构件属性"下拉菜单

（1）截面库

截面库中列出了热扎无缝钢管和电焊钢管的型号，最小截面尺寸为 48×3.5，这些型号是针对网架结构专门设定的；如果把菜单开关切换到非网架网壳菜单下，那么同样是钢管截面表，表中的截面类型会发生变化，最小截面尺寸为 32×2.5。

（2）定义截面

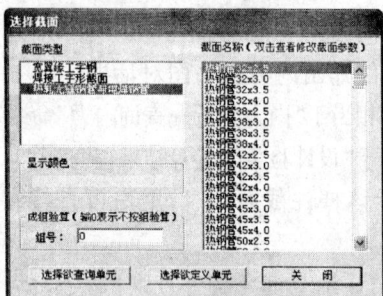

图 6.52 "定义截面"对话框

通过新建网架产生的网架结构的所有构件都是由钢管组成的，如果用户额外添加了新构件，就需要重新定义新增杆件的截面，如图 6.52 所示。

（3）定义材性

新建网架得到的结构默认的材料性质为 Q235 钢。

（4）定义方位

针对圆管截面，由于截面本身是轴对称的，K 节点只要不在杆件轴线及其延长线上即可，它可以为空间任何一点。比如一根沿 Z 方向的钢管杆件（圆柱），K 节点可以是 X 或 Y 无穷，结果都是相同的；但 Z 方向的杆件 K 节点不能是 Z 无穷。

（5）定义计算长度

网架本身的杆件软件会根据设计验算菜单下的验算参数选择中的节点类型自动选取（详见《网架结构设计与施规程》中杆件计算长度的取法），所以网架本身的杆件可以不定义计算长度系数，同时也可以直接定义所有杆件的计算长度系数为1（焊接球节点的网架腹杆可以取 0.9，直接定义为1略为保守）；对于非网架构件，对没有定义计算长度的杆件一律按照框架计算长度的取法自动选取。

（6）定义层面

如果是通过新建网架菜单建立的网架模型，其杆件自动按照位置分为不同的弦杆类型：上弦杆件、下弦杆件、腹杆、竖杆、撑杆、中间弦杆、其他杆件七类。如果用户新添了杆件，那么可以使用本菜单中的弦杆类型进行定义；使用显示查询中的按层面显示菜单，选择按弦杆类型显示即可以显示出不同的杆件。

（7）支座边界

网架支座为铰接，即只约束 X、Y、Z 三个方向的平动（如图 6.53 所示）；对于存在强制位移的支座，先把位移方向的约束条件选择为支座位移，然后在相应的位移值框内添入位移值；对于可滑移支座，可滑移方向的平动应该是无约束的；如果允许方向不是正好沿 X 或 Y 或 Z 的方向，那么可以先把支座刚接，然后使用杆件铰接命令把接地杆件下端相应

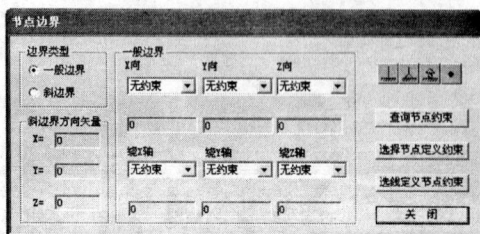

图 6.53 "节点边界"对话框

的平动释放掉。

(8) 结构体系

当结构为纯网架时,结构体系为空间桁架;当出现非网架构件时,比如柱,一般选为空间框架后把网架构件的两端杆件铰接(绕 2、3 轴转动释放)。

4. 荷载编辑

网架一般承受节点荷载,多数情况下可以使用杆件导荷载中的双向导到节点来得到节点荷载。导荷载前可以先按层面中的弦杆显示,当屏幕中仅出现上弦时,输入屋面面荷载值;仅出现下弦杆时,输入吊挂荷载。

5. 内力分析

网架杆件为只承受节点荷载的二力杆,软件把杆件本身的自重也作为节点荷载作用到两端节点上,内力分析的结果中杆件只有轴力而没有弯矩和剪力。

6. 设计验算

直接套用《网架结构设计与施工规程》,软件自动按照杆件的性质(弦杆还是腹杆)和节点类型计算每根网架杆件的计算长度,其中螺栓球节点取杆件的计算长度系数为:弦杆 1,腹杆 1;焊接球节点为:弦杆 0.9,腹杆 0.8;板件节点为:弦杆 1,腹杆 0.8;软件对长细比限制为压杆 180,拉杆 250。对于非网架构件,选用《钢结构设计规范》(GB 50017-2003)进行设计。

7. 节点设计

参见图 6.54"节点设计"下拉菜单。

(1) 焊接球节点设计

1) 焊接球型号库。

焊接球型号库中内置了常用的不加劲空心球和加劲空心球,用户可通过增加和删除对该库进行管理;当增加了新的球螺栓球时,软件能根据球径自动进行重新排列,如图6.55 所示。

2) 焊接球节点设计。

软件将所选网架杆件所连节点作为焊接空心球进行设计。杆件之间的最小允许间隙越大,设计出的球也越大。

3) 设计结果查询。

该项列出了设计结果:空心球的型号及角焊缝要求的高度。若焊缝形式是角焊缝,可手工改变焊缝的高度。

4) 节点球的定义。

通过选择欲查询节点可以查询任意节点的空心球型号,即对话框右侧蓝条所指示的型号。使用欲定义节点按钮可以人为的指定该节点使用哪号球(若指定球小于软件设计出的球,则一定没有满足强度或碰撞要求)。

5) 显示节点球大小编号。

软件将所有空心球按直径和厚度进行了编号,可通过该菜单显示出来;同个编号的球直径相同。

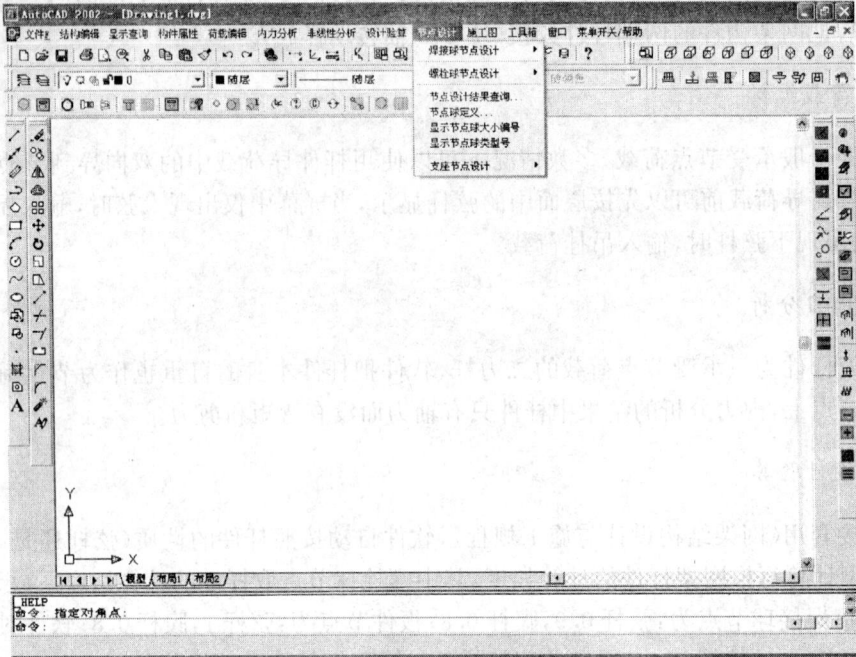

图 6.54 "节点设计"下拉菜单

(2)螺栓球节点设计

1)螺栓球型号库。

螺栓球型号库中内置了常用的螺栓球,用户可通过增加和删除对该库进行管理;当增加了新的球型号时,软件能根据球径自动进行重新排列,如图 6.56 所示。

2)螺栓库。

螺栓库中列出了螺栓对应的套筒及螺钉,用户可通过增加和删除对该库进行管理,软件将自动按型号重新排列,如图 6.57 所示。

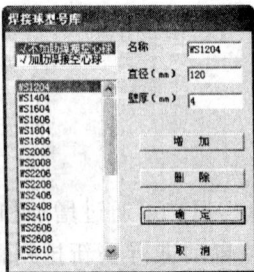

图 6.55 "焊接球型号库"对话框

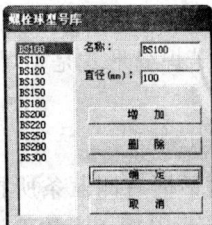

图 6.56 "螺栓球型
号库"对话框

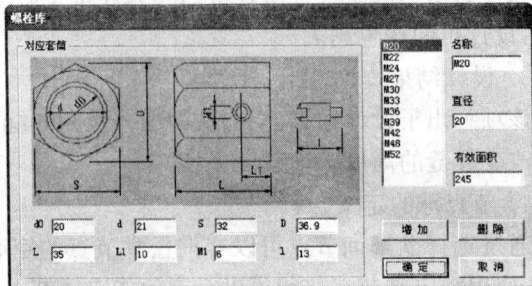

图 6.57 "螺栓库"对话框

3）锥头库。

锥头库中列出了各钢管及螺栓对应的锥头尺寸，用户可通过增加和删除对该库进行管理，软件将自动按型号重新排列，如图 6.58 所示。

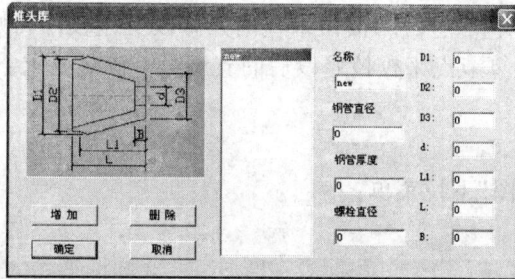

图 6.58 "锥头库"对话框

4）定义与显示球基准孔方向。

软件默认基准孔方向为 Z 正向。用户可通过选择数值输入方向矢量或在屏幕上指定方向矢量的方法人为确定每个球基准孔方向，并通过显示进行直观的观察；特殊的曲面，如圆柱面和球面可以按提示直接指定。

5）螺栓球设计。

软件将所选网架杆件所连节点作为螺栓球进行设计。杆件之间的最小允许间隙越大，设计出的球也越大。

6）设计结果查询。

该项列出了设计结果：即螺栓球的型号、对应的封板或锥头的型号。封板和锥头尺寸可人工修改。

7）节点球的定义。

通过选择欲查询节点可以查询任意节点的螺栓球型号，即对话框右侧蓝条所指示的型号。使用欲定义节点按钮可以人为的指定该节点使用哪号球（若指定球小于软件设计出的球，则一定没有满足强度或碰撞要求）。

8）显示节点球大小编号。

软件将所有节点球按直径进行了编号，可通过该菜单显示出来；同个编号的球直径相同。

9）显示节点球类型号。

软件将所有螺栓球按直径、开孔位置、基准孔方向及孔径进行了分类，可通过菜单将分类号显示出来；同个编号的球加工完全一样。

（3）支座节点设计

1）定义支座方向。

支座局部坐标系 1-2-3 根据右手螺旋得到；该菜单使用户可以通过指定局部坐标系在整体坐标系下的位置来指定每个支座的空间放置方向；指定 1-2-3 坐标在整体坐标系下的位置是通过输入 1 和 3 轴的空间矢量 X-Y-Z 来实现的。

2）支座分类。

选择同一类型的支座节点，输入支座节点分类号，指定对应的支座类型，那么所选择的那些支座的形式和尺寸相同；即同一分类号下的支座形式及尺寸相同，对于受力特性差别比较大的支座可编成不同的分类号以得到不同尺寸的支座。

3）支座设计。

对支座的板件和焊缝进行设计。

4）支座修改。

可以通过该菜单查询和修改支座的设计结果；双击对话框上方的支座编号栏或点中支座编号栏后点击"修改节点尺寸"按钮来查询并修改支座板件和螺栓的尺寸；经过修改后的支座节点可使用验算节点来校核修改后的支座是否满足要求。

8. 施工图

参见图 6.59"施工图"下拉菜单。

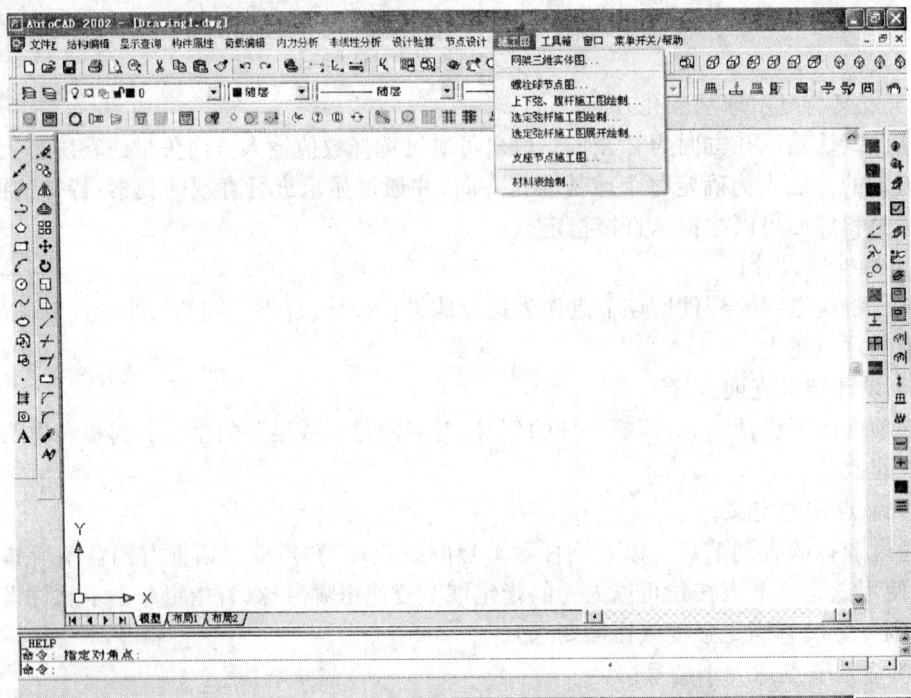

图 6.59 "施工图"下拉菜单

（1）三维实体图

可以选择一个构件或一个节点单独显示，也可指定一批对象进行显示；显示的实体图可以通过 AutoCAD 中的 Shade 和 3D Orbit 来观察；如果没有进行支座设计，那么支座处的板件将不能显示；通过取消附加信息显示来恢复有限元模型图。

（2）螺栓球加工图

绘制所设计部分的螺栓球加工图，该命令只能用于螺栓球节点。

（3）上下弦、腹杆施工图绘制

根据所设计网架杆件的属性（上弦杆、下弦杆、腹杆）绘制整体布置图及编号图。

（4）选定投影方向施工图绘制

根据指定的投影方向绘制所设计网架部分的布置图及编号图；指定投影方向有两个方法：键入 P 可以在屏幕上点取方向矢量，或者手工输入 X-Y-Z 来定义空间方向矢量。

（5）施工图展开绘制

它的作用和上面两个菜单的功能相似，只是对于空间曲面形体，用一个方向的投影表示构件布置图会由于构件的重叠而无法辨认，展开图可以将构件位置展开以便观察。

（6）支座节点施工图

绘制各类型的支座节点施工图。

（7）材料表绘制

材料表统计仅包含所设计的网架部分，节点设计中未选中的部分不进行统计。

下面举两个例题说明网架结构功能模块的使用。

【例6.2】 螺栓球网架设计。

（1）添入建模数据

运行结构编辑→新建网架网壳。新建一 10×10 的正放四角锥网架，网格尺寸3m，网架高度2m。按"新建网架网壳"菜单，弹出如图6.60所示对话框，选择正放四角锥网架，添入响应参数，按确定后屏幕显示建模图形，见图6.61。

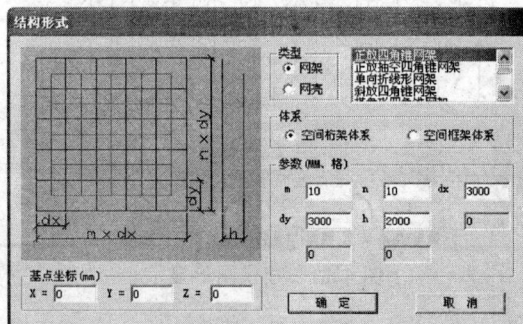

图6.60 "新建网架网壳"对话框

（2）输入节点自重

运行结构编辑→节点自重。

本例题将节点自重占杆件重的比例输为20%，如图6.62所示对话框。

（3）定义边界

运行构件属性→支座边界。

定义上弦周边支撑，所有边界均为 Z 向刚性约束。完成后显示支座边界如图6.63所示。

（4）施加荷载

运行荷载编辑→施加杆件导荷载。

将恒载、活载、风载分别输为 $0.3kN/m^2$、$0.5kN/m^2$、$0.5kN/m^2$，均以"双向导到节点"方式导到网架上弦，见图6.64。

运行荷载编辑→自动导荷载。

（5）内力分析

运行内力分析→按工况和效应组合计算。

（6）选择规范

运行设计验算→选择规范(选择"网架规范")。

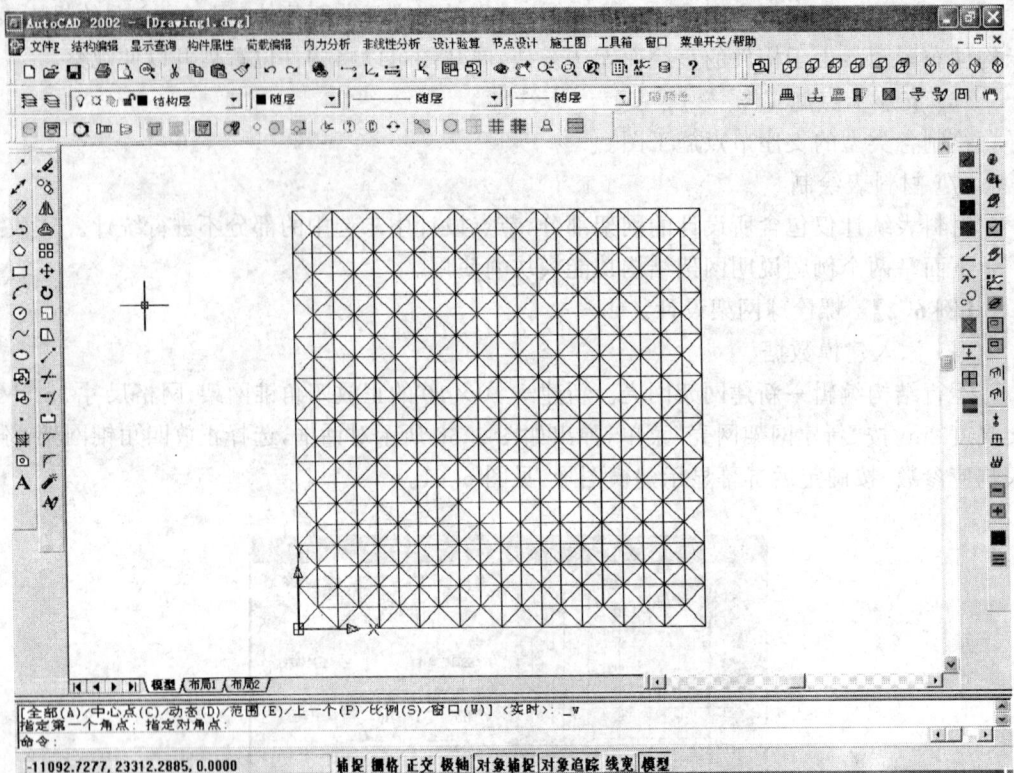

图 6.61　建模图形显示

图 6.62　"节点自重"对话框

图 6.63　"节点边界"对话框

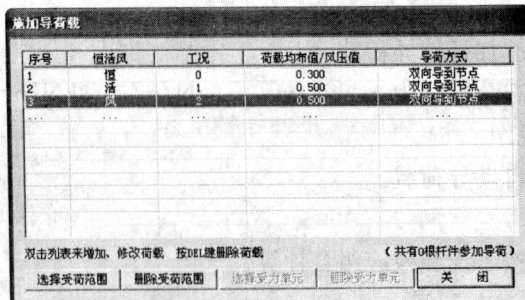

图 6.64　"施加导荷载"对话框

（7）截面优选

运行设计验算→单元验算。

选择截面优选，下限输入 0，上限输入 1，按"验算"按钮后进行截面优选。

（8）定义基准孔方向

运行节点设计→螺栓球节点设计→定义螺栓球基准孔方向。

因软件默认基准孔方向均为 Z 正向，故上弦节点基准孔方向无须改变，只需改变下弦节点。过程如下：将当前试图变为 Front View，点击该菜单，选择所有下弦节点，Command 命令行提示选择曲面类型，回车默认平面类型，再回车默认方向矢量 〈0,0,−1〉，即 Z 负向，操作完成。用"显示螺栓球基准孔方向"命令可显示基准孔方向，如图 6.65 所示。

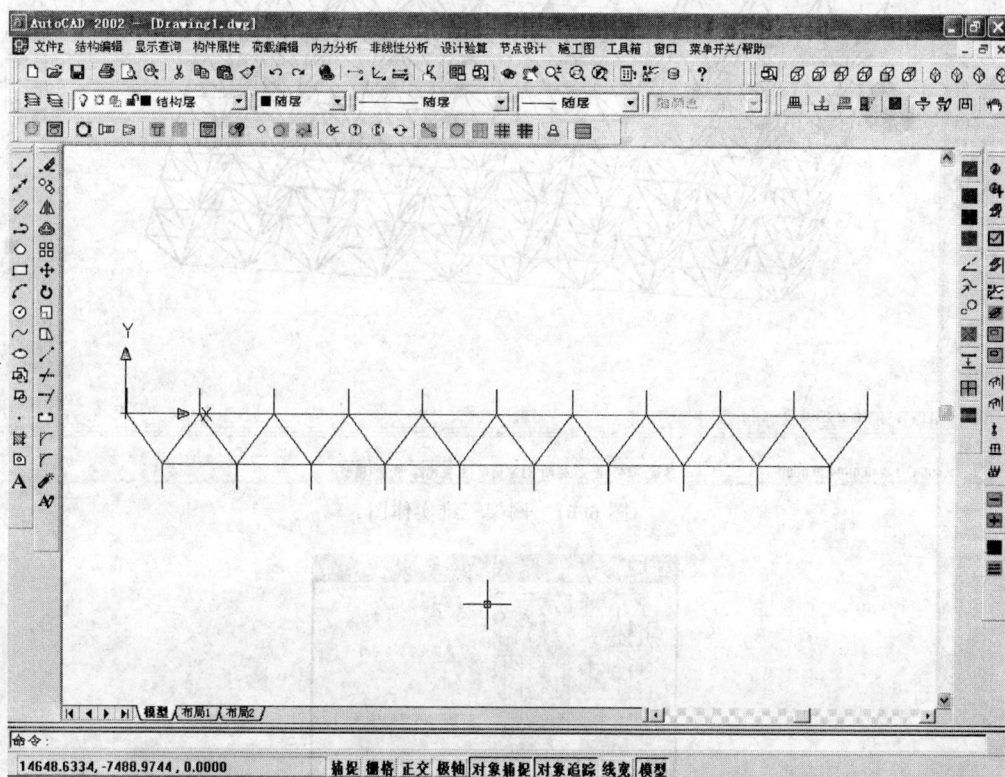

图 6.65 显示螺栓球基准孔方向

（9）螺栓球节点设计

运行节点设计→螺栓球节点设计→螺栓球节点设计。选择全部网架杆件，弹出图 6.66 对话框，按"设计"按钮后进行螺栓球节点设计，完成后可查看设计结果。

（10）显示网架三维实体图

显示网架三维实体图参见图 6.67。

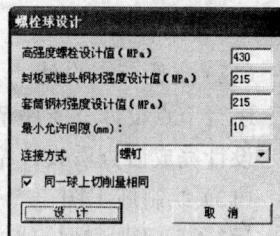

图 6.66 "螺栓球节点设计"对话框

（11）支座节点分类

运行节点设计→支座节点设计→支座节点分类。

将所有的支座节点均定义为类型 1，节点分类号定为 1，如图 6.68 所示。

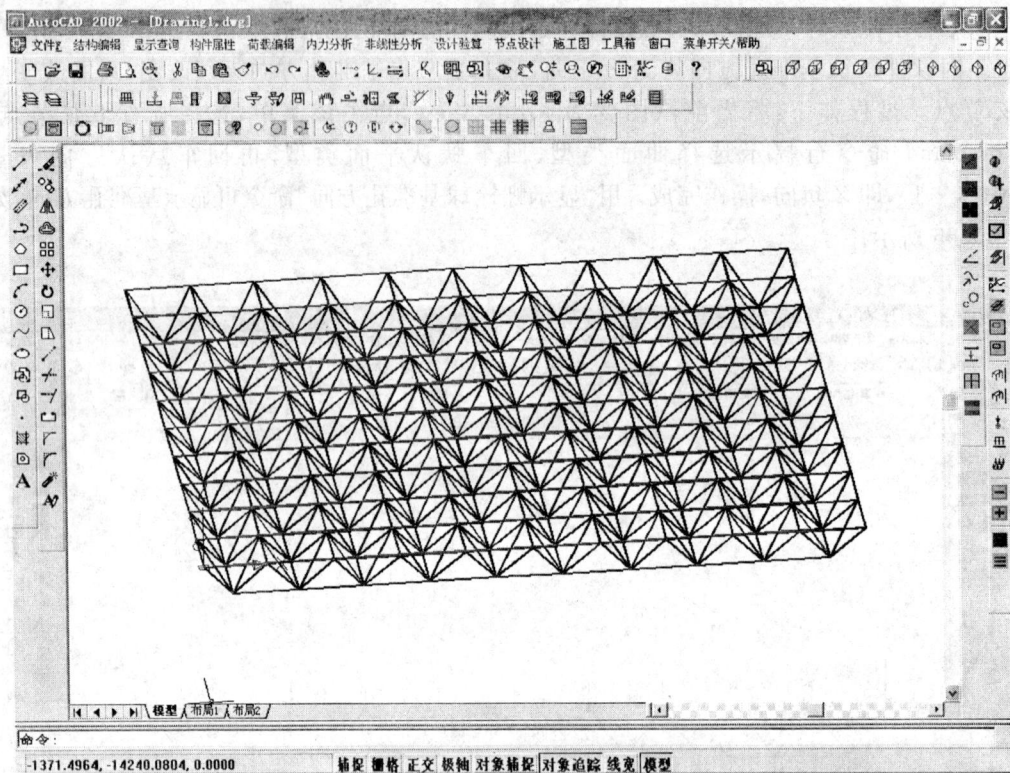

图 6.67　网架三维实体图

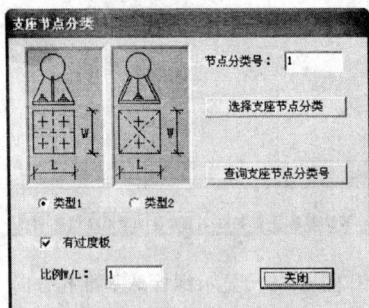

图 6.68　"支座节点分类"对话框

（12）支座节点设计

运行节点设计→支座节点设计→支座节点设计。

设计完成后查看设计结果，也可修改设计结果重算。

（13）绘制施工图

运行施工图→螺栓球加工图。按提示操作将图形保存到一文件中。

运行施工图→上下弦、腹杆图施工图绘制。按提示操作将图形保存到文件中，见图 6.69。

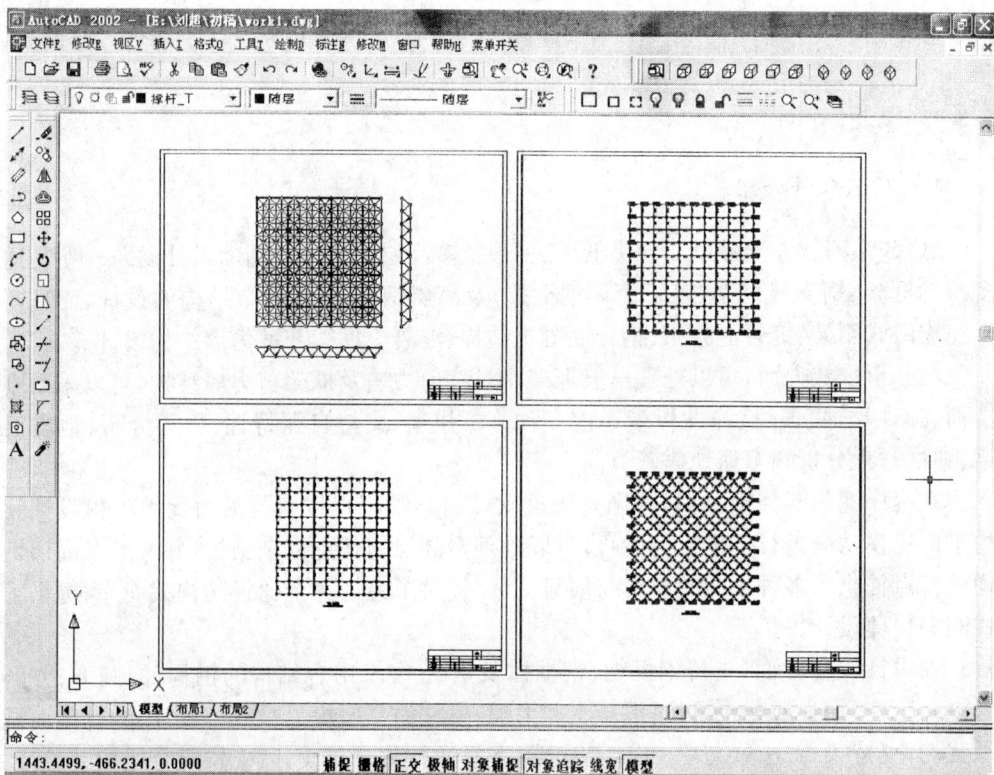

图 6.69 上下弦、腹杆图施工图

运行施工图→材料表绘制。按提示操作将图形保存到一文件中。

运行施工图→支座节点施工图。按提示操作将图形保存到一文件中。

【例 6.3】 焊接球网架设计。

节点设计前的步骤同螺栓球网架。以下步骤从焊接球节点设计开始。

（1）焊接球节点设计

运行节点设计→焊接球节点设计。

选择网架杆件，弹出如图 6.70 所示对话框，按"设计"按钮后进行焊接球节点设计，完成后可查看设计结果。

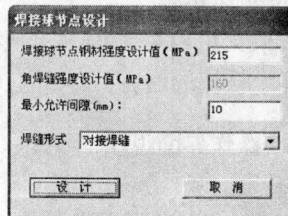

（2）支座节点分类及设计

同螺栓球网架。

（3）绘制施工图

运行施工图→上下弦、腹杆图施工图绘制。按提示操作将图形保存到一文件中。

图 6.70 "焊接球节点设计"对话框

运行施工图→材料表绘制。按提示操作将图形保存到一文件中。

运行施工图→支座节点施工图。按提示操作将图形保存到一文件中。

焊接球节点没有球节点施工图。

6.3 钢结构设计软件 MTS

6.3.1 概述

1. MTS 软件介绍

MTS 系列软件能够全面解决低层、多层及多高层钢结构的辅助设计问题。尤其适合多层钢框架、钢支撑框架(以下简称钢框撑)及高层钢-混凝土混合结构的设计,而且还可以完成门式刚架、钢管混凝土、钢骨混凝土结构、混凝土框架及剪力墙结构设计。

在分析内核方面,可以处理一般框架、框撑、剪力墙及框架剪力墙结构,可以采用刚性楼面、弹性楼面、多塔、弹性板带连接多种分析模型,支持自振特性、静力分析、地震反应谱、弹性时程分析和罕遇地震验算。

在程序建模与回显方面,将国外先进软件的三维可视技术与国内优秀工程设计软件的平面建模功能进行了极好的融合,可以处理多高层的任意复杂结构,并考虑多高层钢结构的特点提供了多种便捷的建模与回显工具,提供了最为齐全的钢结构截面库,提供了门式刚架快捷设计。

在设计验算方面,支持钢框架、钢框撑及钢-混凝土组合结构的钢构件、圆形、方形钢管混凝土柱、钢骨混凝土梁柱、混凝土剪力墙、梁柱的全面规范验算与设计、构件截面调整及优选;支持梁与柱、梁与墙、主梁与次梁、支撑及柱脚节点设计;支持组合梁栓钉设计、压型钢板组合楼板设计,可有效降低楼面用钢量;支持基于有关上海市钢结构防火技术规程的钢构件防火材料厚度设计;支持桩群承载力及桩心验算。

在设计图形与文档输出方面,可以自动生成结构平立面图、节点设计详图、楼板布板及配筋图、混凝土构件配筋简图,支持任意屏幕视图的打印输出、DXF 导出和 BMP 输出(便于电子文档备份)。可以生成所有准备、分析、设计及经济统计结果的文档,并可以提供图文并茂的 WORD 文档。

在对外接口方面,MTS 支持所有文档的 TXT 及 WORD 输出,对于比较结果提供 EXCEL 输出;支持所有图纸的 DXF 导出及结构模型的 DXF 导入。MTS 软件的模块划分如图 6.71 所示。

各模块可以用工程菜单及左侧工具条下的 MTS 系列下的工具按钮相互切换,但不允许多个模块同时打开一个工程。

6.3.2 操作界面说明

1. MTS 的界面特点

MTS 秉承了早期结构设计软件的优点,借鉴国外先进软件的设计思想,充分结合了工程师的工作习惯,针对钢结构的特点,为结构工程师创造了一个合理、友好的操作环境。

1) MTS 继承了传统结构设计软件"前处理-计算分析-后处理-节点设计(基础设计)-出图"的划分方式,并使这些模块的衔接更为紧密。在 MTS 前处理中,用户在任何时候都可自由的切换到后处理模块及出图模块,而不必进行结构计算即可使用楼板设计、

```
                  ┌──────────────────────┐
                  │      前处理模块        │
                  ├──────────────────────┤
                  │  生成结构集合模型、布置属性 │
                  │   集合准备计算文件      │
        ┌─────────┴──────────┬───────────┴─────────┐
        │      平面结构       │      空间结构        │
        ├────────────────────┼─────────────────────┤
        │ 提供二维平面建模，提供门式 │                     │
        │ 架结构的快速生成功能  │    仅提供三维空间建模  │
        └────────────────────┴─────────────────────┘
                         │
                  ┌──────────────┐
                  │   计算模块     │
                  ├──────────────┤
                  │ 读取计算准备文件进行计│
                  │ 算，生成计算结果文件  │
        ┌─────────┴────────┬──────────────────────┐
┌───────────────┐  读入计算结果文件  ┌─────────────────┐
│  多高层系统     │                   │   厂房系统       │
│  后处理模块     │                   │   后处理模块     │
├───────────────┤                   ├─────────────────┤
│ 提供多高层系统后处 │                   │ 提供厂房系统的后处理 │
│ 理功能，如时程分析、│                   │ 功能，如时程檩条设计、│
│ 楼板设计等      │                   │ 抗风柱设计等     │
└───────────────┘                   └─────────────────┘
        │
┌─────────────┐   ┌─────────────┐   ┌─────────────┐
│ 基础设计模块  │──▶│  节点设计模块 │──▶│  出图模块    │
└─────────────┘   └─────────────┘   └─────────────┘
```

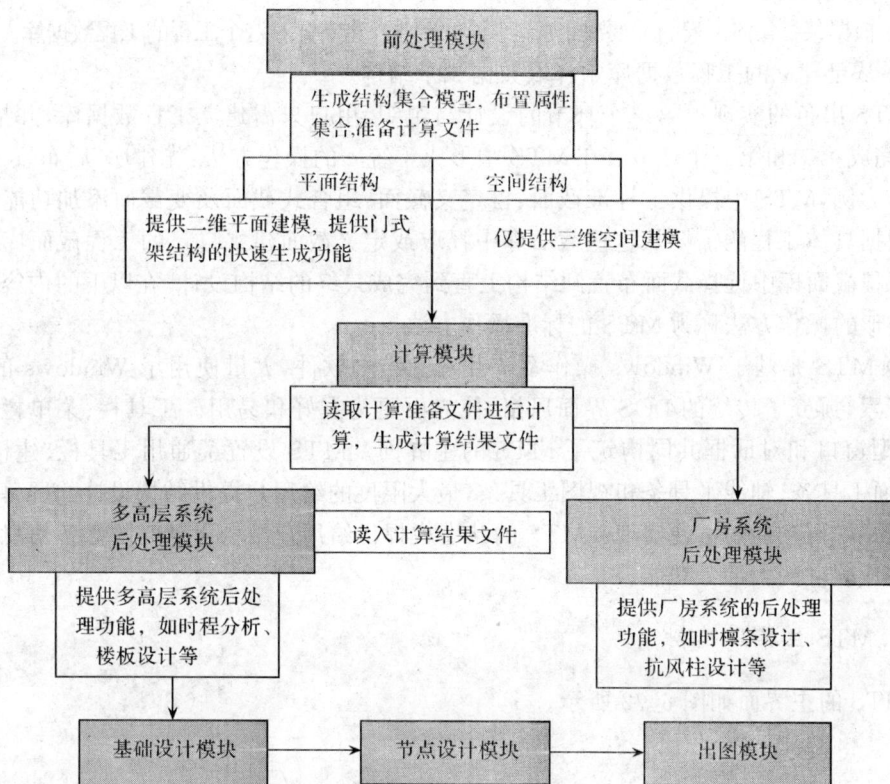

图 6.71　模块划分图

结构布置出图、结构经济统计等功能。鉴于结构设计本身即是一个螺旋式的过程,这种灵活的操作流程控制将更贴近真实的结构设计。

2) MTS 借鉴国外先进 CAD 软件三维表达的思想,同时充分吸收了国内优秀结构设计软件的平面建模的优势,在结构设计的全过程中,给用户提供了三维与二维相结合的视图。用户可分别在三维、二维状态下建模、同时可以方便地在三维和二维视图状态切换,MTS 的三维视图最大限度的满足用户的需要,MTS 的二维视图(楼面视图)为用户提供了类似于标准层的便利。

3) 在 MTS 中,统一的操作界面和操作思想将使用户更快的掌握软件的使用方法,更合理的调配工程资源。无论是前处理还是后处理,用户始终在同一个风格的界面下、使用同一套工具进行工作,也许只需要很少的时间,用户就能熟悉并掌握这种界面的特点。在这里,我们把这种界面简单归纳为"模型窗口＋右侧对话框"。MTS 仔细研究了有关规范,结合工程实例,把各种在工程设计过程中用到的功能进行归类整理,以"右侧对话框"的形式体现在软件中,并在模型窗口中显示结构的三维结构图。用户使用"右侧对话框"能完成结构设计的绝大部分功能,对"右侧对话框"进行操作往往能即时在模型窗口中看到相应变化。"模型窗口＋右侧对话框"体系构成了 MTS 的主要操作风格。

MTS 针对结构设计的特点,把各种工程数据以库的形式组织起来,向用户提出了一种新型、统一的操作理念。MTS 认为工程数据的采集往往经历了三个环节:

① 结构设计因素的确定与组织。

② 根据某个具体工程的需要决定可能用到的数据,建立针对这个工程的工程数据库。

③ 从已建立的工程数据库中择取数据赋予结构。

MTS 出色的实现了第一个环节的设计与组织,用户只需建立工程数据库,并指定给结构,完成第二和第三个环节。在 MTS 中形成了统一的操作方法:先建库,后布置。以截面布置为例,MTS 中提供了标准截面、自定义截面、组合式截面及变截面添加功能,用户可以根据具体工程的需要从这些截面库中择取或定义截面建立自己的工程截面库,然后再从工程截面库中选择截面布置到结构上直到完成最终的结构设计。在以下的内容中,我们把类似的操作方法称为 MTS 的标准操作方法。

4) MTS 是基于 Windows 操作系统开发的结构软件,大量使用了 Windows 的标准界面元素,摒弃了传统的 DOS 界面风格,使界面更为友好和易用。工具栏、菜单栏、状态栏、模型窗口和对话框共同构筑了 MTS 的主界面。MTS 设置了通用工具栏、建模工具条、楼面工具条、轴线工具条和视图工具条,最大限度的给用户提供结构设计的屏幕空间,同时又不妨碍功能的方便实现。MTS 的状态栏提供给用户结构设计时的必备信息,引导用户完成软件的大部分功能。

2. MTS 主界面介绍

MTS 的主界面如图 6.72 所示。

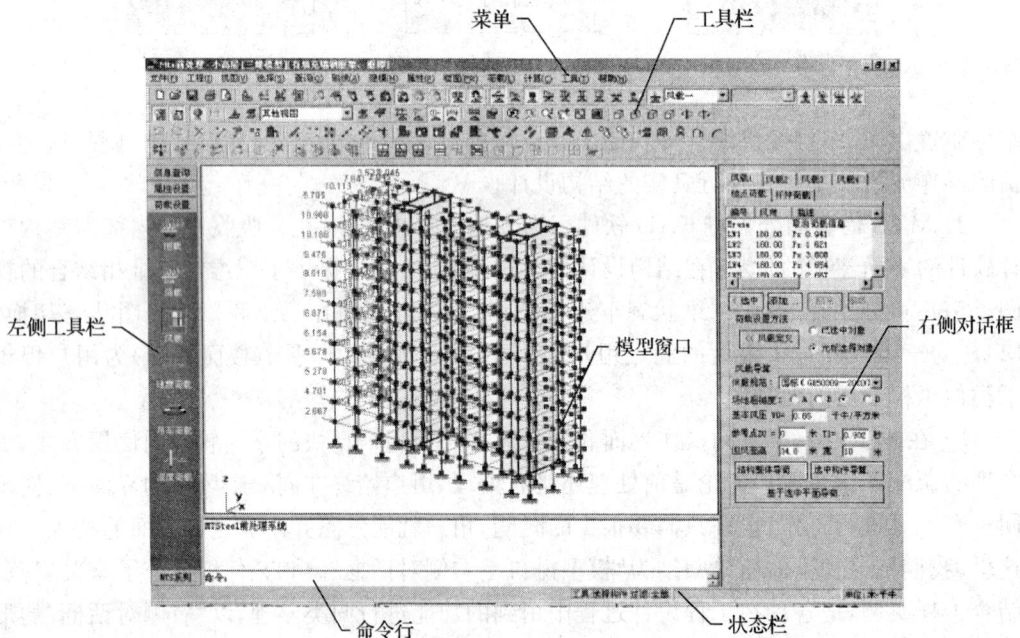

图 6.72　MTS 主界面

（1）菜单栏

MTS 对不同的模块提供了不同的菜单栏。

（2）工具栏

MTS 对不同的模块提供了不同的工具栏,工具栏可自由移动。

（3）模型窗口

在主界面中显示结构模型的窗口称为模型窗口。

（4）左侧工具栏

MTS组织整理了结构设计中的常用功能，用左侧工具栏的形式提供给用户。

（5）右侧对话框

MTS中的功能常能通过右侧对话框实现，MTS提供了一整套右侧对话框，可以使用菜单或者左侧工具栏切换至不同的右侧对话框。

（6）状态栏

MTS的状态栏划分为四栏。

第一栏显示程序使用过程中的提示信息，包括操作提示与菜单功能详细说明。

第二栏显示当前使用的工具及杆件当前的选中集，有关工具状态请参见稍后的介绍。

第三栏显示的信息在测量两点距离时，显示两点距离的信息；在后处理时，第三栏显示当前内力位移的工况或当前振型，有关当前工况等概念用户可以参见后处理功能中的内力位移回显部分的说明。

第四栏显示工程的当前单位，包括长度单位和力的单位，如果要改变当前单位，请用户参见当前单位定义。

（7）命令行

MTS命令行在模型窗口下方，用户可用键盘输入命令后执行，有关命令行的操作，用户可参考相应建模操作的具体说明。

3. MTS的视图状态说明

在MTS中，为了方便用户灵活编辑结构，定义了若干种不同的视图状态，如表6.3所示。

表6.3 视图状态名称与特征

视图状态名称	触发方式	特征
整体视图	菜单选项：视图→整体视图 通用工具栏→整体视图	模型窗口左下角显示坐标系图形。结构模型显示为三维图形
选中视图	前提：选中部分结构杆件 菜单选项：视图→选中视图 通用工具栏→选中视图	模型窗口左下角显示坐标系图形。结构模型显示为三维图形
楼面视图	进入楼面对话框，选中一个楼层，按"显示"按钮进入楼层下拉框 通过菜单栏上的楼层下拉框切换至楼层视图 从配筋简图切换回来，通过菜单选项：视图→楼面视图	模型窗口左下角显示楼层号，表达本楼面的梁与其上面的柱与墙。提供平面二维或空间三维图形表达
轴线视图	进入轴线对话框，选中一个轴线，按"显示"按钮	模型窗口左下角显示圆圈，圆圈中显示轴线号。结构模型可以是平面投影图或空间三维图形

此外，整体视图或选中视图的俯视图状态（侧视图状态）和楼面视图（轴线视图）在选

择构件时是有所不同的。在俯视图上表面上都是选择一根杆件,但在总体视图下选到了俯视图相同投影的多根杆件,在楼面视图下选到当前楼面的一根杆件。用户可以充分利用这个特点灵活建模。

4. MTS 的工具状态

使用 MTS 的某些功能将激发相应工具(工具一般均含有运用鼠标的用户交互操作),使程序进入当前工具状态,在状态栏的第三栏中前面部分给出了当前工具的名称。在工具使用时,用户或者功能完成程序自动退出当前工具状态,或者用户按 Esc 键直接退出当前工具状态进入缺省工具。

5. MTS 的杆件过滤

使用 MTS 的选择杆件功能时,可以设定杆件过滤来方便定义当前不同的操作目标集,在状态栏的第三栏中后面部分给出了当前的杆件过滤范围。缺省情况为全部杆件集,用户可以设定当前过滤为柱集合、组合梁集合等,来针对目标集合进行选择,提高操作的便捷性与准确性。

6.3.3 MTS 模块简介

1. 前处理模块 MTSPre

MTSPre 为用户提供了方便快捷的建模功能:采用空间三维建模和平面建模相结构的方式,打破了传统结构设计软件平面建模的束缚;支持多种荷载定义方式(点、线、面)及程序自动导算荷载功能(风载、吊车荷载);提供了丰富的材料库和截面库,以及强大的材料库和截面库自定义功能;另外 MTS 的建模还和 AutoCAD 平台兼容,支持 DXF 的导入导出,并能提供命令行、捕捉、打断等建模工具。

(1) 结构模型

MTS 软件中,结构分为平面(二维)模型和空间(三维)模型两大类,而每个大类下又划分为若干结构类型,如图 6.73 所示。

MTSPre 中可选择多种结构模型的生成方式:DXF 文件导入,即在 AutoCAD 中建立好相应的结构模型(或在其他软件中将模型文件导出成 DXF 格式),选择正确的单位后即可在 MTS 程序中导入自动生成,对于复杂布置结构,可采用这种方式(见图 6.74);手工生成,即利用程序提供的各种建模工具,逐步建立至整个结构,对于简单形式结构,可采用这种方式;快捷生成,即通过输入结构的几何参数生成整体结构,对于规则结构,可采用这种方式(见图 6.75)。当然,更多的时候,结构的建立,需要多种建模方式相结合。

(2) 材料与截面

MTSPre 提供了齐全的型钢截面库(见图 6.76),其中包括了中、美、日、英四个国家超过 100 种计 8000 多个规格的型钢截面供用户使用,同时还涵盖了国内知名厂家生家的各类热轧、冷弯、冷弯薄壁型钢截面。用户还可在 MTSPre 中通过多种方式自定义钢截面、混凝土截面,通过几何、尺寸参数的输入,用户可定义各类型的常见钢截面(工字形、角钢、槽形、圆管、箱形、C 形、Z 形)及混凝土截面(圆形、方形);同时,MPSPre 也支持用户定义钢管混凝土截面(见图 6.77)、钢骨混凝土截面(见图 6.78)、组合/格构式截面(见图 6.79)及变截面。

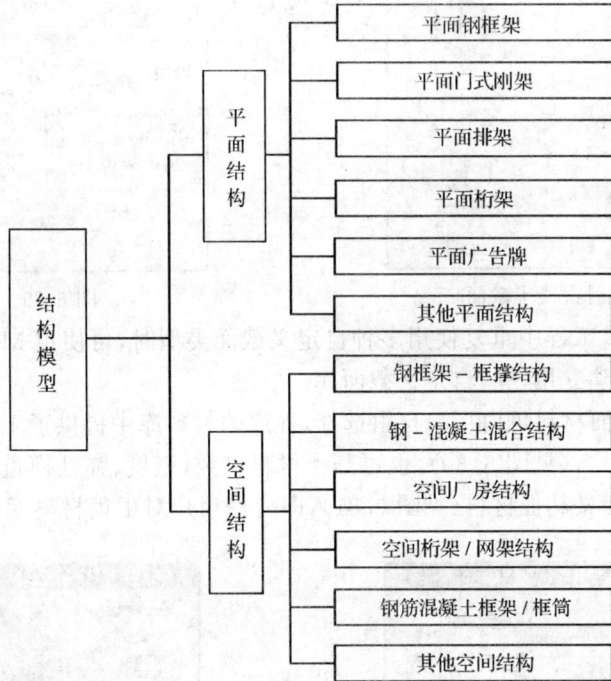

图 6.73 MTS 结构框架图

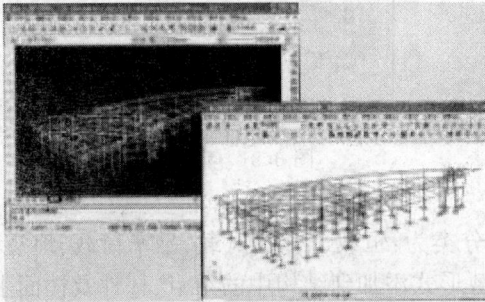

图 6.74 复杂结构的 DXF 导入

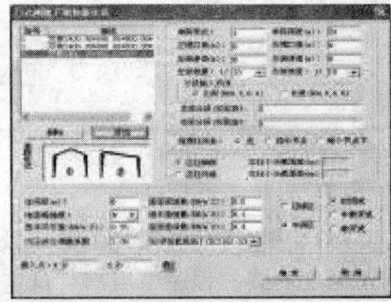

图 6.75 规则结构的快捷生成

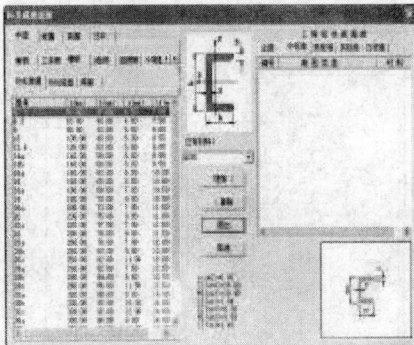

图 6.76 MTSPre 中型钢截面库

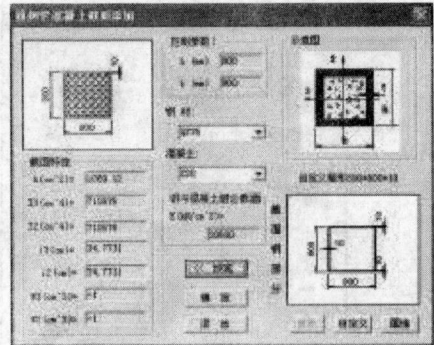

图 6.77 方形钢管混凝土截面

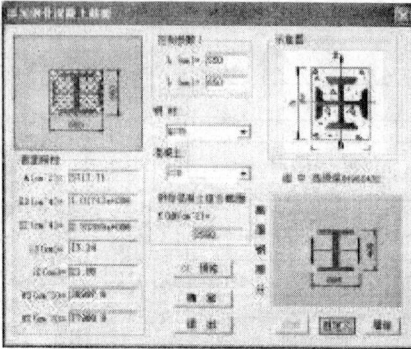

图 6.78　钢骨混凝土截面

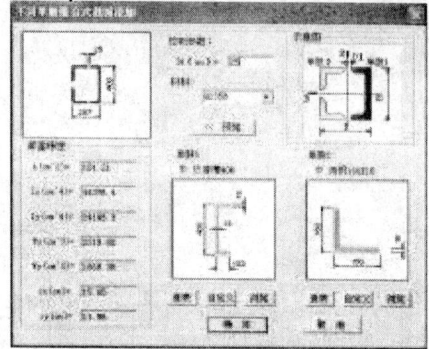

图 6.79　格构截面

当用户在多个工程中重复使用多种自定义截面类型时,可使用 MTSPre 提供的截面库导入/导出功能建立用户的自定义截面库。

MTS 中的截面材料可由用户自由选择,程序的材料库中提供了工程中经常使用的各类钢材和混凝土材料(见图 6.80),也可基于材料参数(密度、弹性模量、屈服强度、线膨胀系数、泊松比等)定义其他材料(见图 6.81),即允许用户对工程材料库进行扩充。

图 6.80　MTSPre 工程材料库

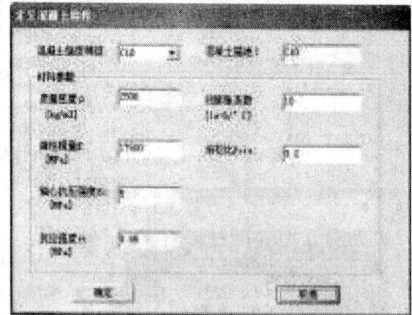

图 6.81　定义材料特性

(3) 荷载导算与布置

MTS 中,将荷载按规范要求及工程实际分类为:恒载、活载、风载、吊车荷载、地震荷载及温度荷载。程序中用户可自定义各种荷载形式添加到结构中的结点、杆件及楼面上,包括点荷载、杆件荷载及面荷载(见图 6.82)。

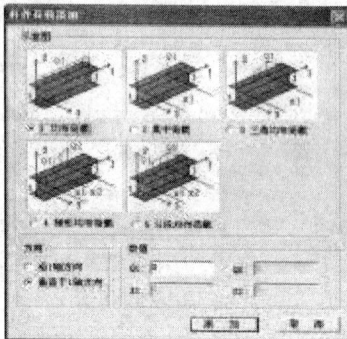

图 6.82　多种杆件荷载形式

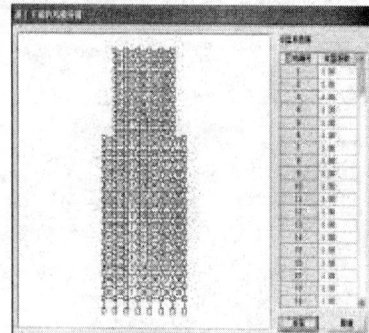

图 6.83　基于选中平面的风载导荷

风载、吊车荷载及地震荷载，MTSPre 中提供了程序自动导算的功能。对于风载，MTSPre 能基于结构整体进行导算或基于选中结构平面进行导算（见图 6.83）；对于吊车荷载，程序提供了多跨吊车的自动导算功能（见图 6.84）；对于地震荷载，程序则可导算水平及竖直两个方向地震作用，并能根据规范提供偶然偏心作用及双向地震作用。

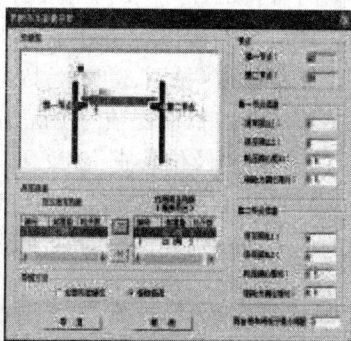

图 6.84　吊车荷载导荷

2. 计算模块（MTSCAD）

MTSCal 中对结构的计算采用空间三维整体分析力学模型，可以计算空间三维结构的内力及变形、结构的三维振型及响应和输入地震作用的时程反应。按《建筑抗震设计规范》（GB 50011-2001）规定提供方法和参数计算结构的地震反应谱内力和变形。

程序提供刚性楼板、非刚性楼板、局部刚性楼板等多种模拟楼板作用的计算模型。非刚性楼板的计算采用具有平面内转角自由度的空间壳单元。通过建立在结点层次上的主从结点关系实现刚性楼板与非刚性楼板的衔接。梁、柱、支撑等采用三维杆件单元，可以计算各种杆端铰和各种支座形式，考虑杆端三维偏心，可以计算沿杆轴向、横向多种分布荷载。剪力墙单元采用空间壳单元，在单元平面内具有结点平面内转角刚度，在单元平面外具有板单元的弯曲刚度。连梁计算可选用剪力墙或杆件单元。

程序中，总刚矩阵采用一维变带宽分块存储，总刚矩阵及荷载矩阵根据内存大小分块，按 LDLT 方法分块求解。其计算速度快，在计算机硬盘足够大的情况下，计算容量不受限制。

同时在 MTSCal 中，采用了多线程技术，可允许用户自主控制程序的计算进程，随时暂停或中断结构计算（见图 6.85）。

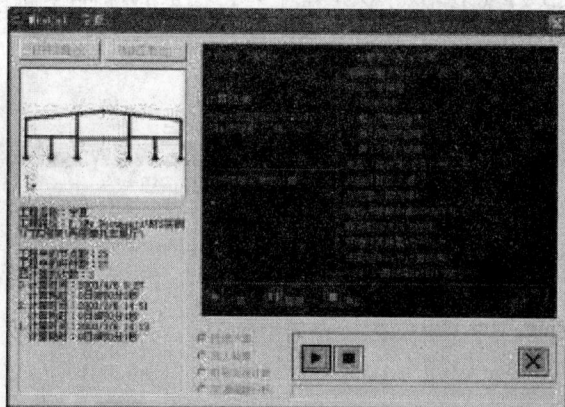

图 6.85　MTSCal 模块

3. 多高层后处理模块 MTSPost/厂房后处理模块 MPSPost

（1）荷载组合

MTSPost 及 MPSPost 都提供了荷载组合自动生成功能，程序将根据规范要求生成不同的荷载组合对应的验算:承载力验算、变形验算及裂缝与沉降验算。当然,荷载组合集成了自动与手动相结合的特点,用户可以指定某类荷载组合成组添加,也可针对某个荷载组合进行修改(见图 6.86)。因此,MTSPost/MPSPost 中的荷载组合功能可以方便地解决结构设计中各种复杂的工况组合问题,如风载、地震荷载及吊车荷载等。

（2）内力及位移查询

MTSPost 及 MPSPost 中都提供了结构内力及位移查询功能,用户可方便地查询结构的内力、位移,并能针对某一设定工况显示具体数值(见图 6.87)。

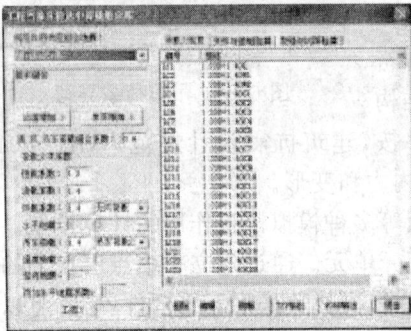

图 6.86　荷载组合

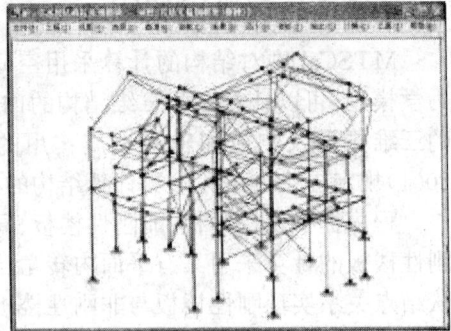

图 6.87　结构在荷载作用下位移图

（3）规范验算与设计

MTSPost 及 MPSPost 模块都可以进行规范验算与设计,提供了各个规范规定的不同类型的验算:拉、压、弯、剪、扭及其组合。通过不同颜色显示的不同范围应力比结果,用户可方便地观察整个结构的验算结果,同时,对于混凝土结构中的混凝土柱、楼板(包括压型钢板组合楼板)及剪力墙,MTSPost/MPSPost 还可以进行配筋设计,给出了满足规范要求的配筋结果。

除此之外,MTSPost/MPSPost 还提供了验算结果的统计与输出功能,对所有杆件的验算结果可自动输出计算书并支持列表统计最大、最小值,进一步方便了工程应用(见图6.88)。

图 6.88　内力结果列表统计

（4）地震分析

MTSPost 模块中可对结构进行地震反应分析，分析过程方便、快捷。MTSPost 中地震分析包括了以下三个方面：结构各阶振型结果（周期、频率、扭转因子等）、结构弹性时程分析、结构罕遇地震验算。用户只需输入地震作用参数即可得到相应的验算结果。图 6.89 为某高层结构的前 3 阶振型显示，图 6.90 为该结构在水平地震作用下的层间位移曲线。

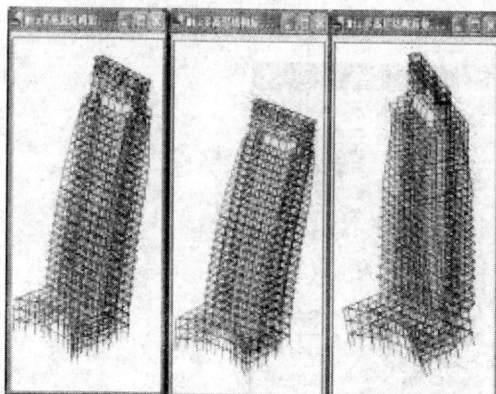

图 6.89　某高层结构的前 3 阶主振型　　　　图 6.90　某高层结构水平地震作下层间位移曲线

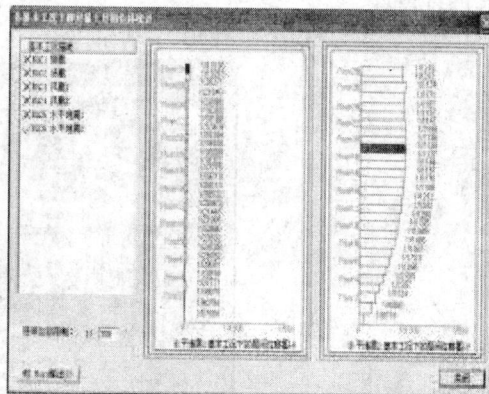

（5）独立构件设计

MPSPost 模块中整合了门式刚架厂房结构中常用的构件设计功能，用户可对构件进行独立设计，包括：吊车梁、檩条、墙梁、抗风柱、屋面支撑及柱间支撑的设计（见图 6.91），并能针对设计结果生成详细的计算书。MTSPost 模块中，则整合了简支组合梁等构件独立设计功能（见图 6.92）。

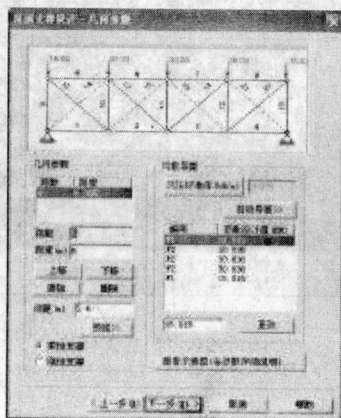

图 6.91　屋面支撑设计　　　　　　　图 6.92　简支组合梁设计

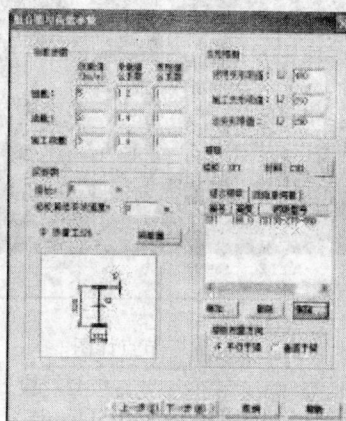

4. 节点设计模块 MTSLink

MTSLink 模块中支持对门式刚架厂房中所有的常用节点类型和多高层结构中绝大多数节点类型的设计，包括梁柱连接、梁梁（主次梁）连接、柱柱（牛腿）连接、柱脚连接、钢梁-剪力墙连接，而每种连接类型中又包括多种连接的形式，如全焊连接、全螺栓连接、栓焊混合连接等,图 6.93 为门式刚架厂房结构中常用的梁柱连接形式。同时 MTSLink 也结合工程实际对程序节点库进行不断地扩充与完善。

MTSLink 模块中,节点的设计方法分为三种:常用设计法、精确设计法和等强度设计法,以满足不同的工程设计需要,除此之外,还可以对节点进行抗震设计。用户在节点设计时,可使用自动设计功能,程序将给出最优的设计结果;也可人工干预设计过程,按工程需求进行设计。

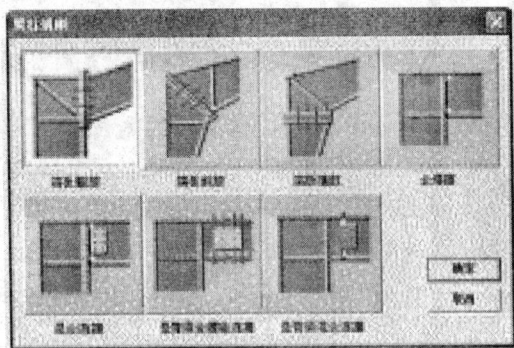

图 6.93 轻刚厂房常用梁柱连接节点形

对于设计结果,MTSLink 可生成详细的供施工放样使用的节点详图(见图 6.94),也可生成供设计审核使用的节点大样图(见图 6.95),图形均能导出至 AutoCAD 格式。同时,能生成设计过程的计算书以供用户查看。

图 6.94 节点详图

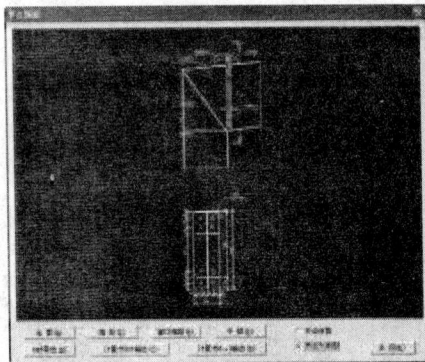

图 6.95 节点大样图

5. 自动出图模块 MTSDraw

(1) 全自动出图

在用户使用以上模块完成结构的全部设计以后,可使用 MTSDraw 模块对结构进行设计/施工图形的输出,包括:结构布置图、节点图、构件图、基础图及结果简图。对于多高层结构,MTSDraw 还支持楼板及剪力墙图的生成,MTSDraw 的出图功能,对多高层结构可以满足设计图的出图要求,对厂房结构可以满足设计图与加工图的出图深度。图 6.96 为某厂房结构的主立面图及屋面支撑布置图。

（2）与 AutoCAD 的全面兼容

MTSDraw 模块与 AutoCAD 软件全面兼容，表现在以下三方面：

1) MTSDraw 所出的所有图形均能导出至 AutoCAD 通用 dxf 格式。

2) 在 MTSDraw 中，用户可针对所出图形的图层、线型、颜色、标注、比例等参数进行修改，导出至 AutoCAD 中仍然有效（见图 6.97）。

3) 兼容 AutoCAD 的各个版本，包括 R14/2000/2002/2004。

图 6.96　某厂房结构主立面图及屋面支撑布置图

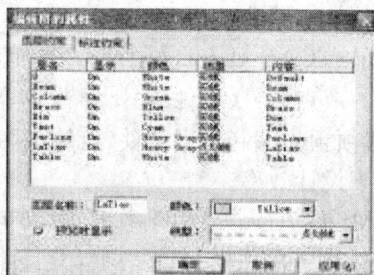

图 6.97　图层属性设定

6. 基础设计模块 MTSBase

（1）底层内力查询

MTSBase 模块中，提供了结构的底层内力查询功能，一方面，用户可查询每个杆件和每片剪力墙的某项最大/最小内力（N_{max}、N_{min}、M_{max}、V_{max} 等）；另一方面，用户也可查询在某一工况下结构的每个杆作和每片剪力墙的内力及这些内力的合力大小/位置信息（见图 6.98）。所有的查询结果均能以图形和文本形式输出。

（2）独立基础/条形基础设计

MTSBase 模块支持结果的独立基础及条形基础的设计，能根据基础内力大小及沉降、倾斜变形要求确定基础的尺寸大小和配筋结果，并能绘制基础详图（见图 6.99）及基础大样图。同时能生成基础设计的计算书以供用户查看。

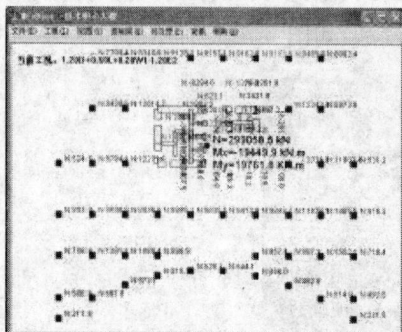

图 6.98　结构底层内力及合力信息

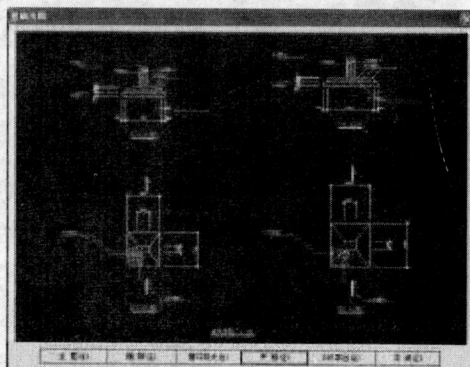

图 6.99　基础详图

6.4 钢结构设计软件 MSTCAD

6.4.1 MSTCAD 简述

MSTCAD 是用于空间网格结构的前处理、图形处理、杆件优化设计、球节点设计,以及绘制设计施工图和机械加工图的专业 CAD 系统。它能完成各种复杂体形的空间网格结构计算机辅助设计任务。

MSTCAD 具有良好的用户界面,提供了大量菜单命令。菜单按功能分类,操作方便。结构的节点编号、杆件编号、导荷载等均可由计算机自动完成。用户直接进行图形交互操作,毋须预先编制数据文件,从输入图形到绘制施工图,直至机械加工图一气呵成,极大地提高了设计效率。

MSTCAD 软件提供数据接口,可以将用户数据转换为 MSTCAD 数据,反之亦可。另外,MSTCAD 提供 SAP 数据接口,能快速、直接生成 AutoCAD 的图形文件(即 DWG 文件)。也可以将 AutoCAD 生成的图形转换成 MSTCAD 数据文件。MSTCAD 适用范围如表 6.4 所示。

表 6.4 MSTCAD 适用范围

	主要适用	一般适用
结构类型	网架、网壳、塔架	组合网架、空腹网架、一般杆(梁系结构)
节点类型	螺栓球、焊接球	
截面类型	圆管	矩形、圆形、工字型、方管、一般形状截面
杆件材料	Q235 钢、16 锰钢	钢筋混凝土
单元类型	杆单元	梁单元

MSTCAD 在 AutoCAD 2000、AutoCAD 2002 环境下运行,操作系统为 WIN9X,WIN 2000,WINXP。MSTCAD 安装方法是执行 SetUp. exe 文件,选择 AutoCAD 2000 或 AutoCAD2002 的根目录作为安装目录。

6.4.2 MSTCAD 主菜单

MSTCAD 是完全图形化的 CAD 系统,以中文菜单、图形交互方式,用户毋须预先编制数据文件。进入系统后,屏幕上就会提示主菜单目录,如图 6.100 所示。每一菜单项是

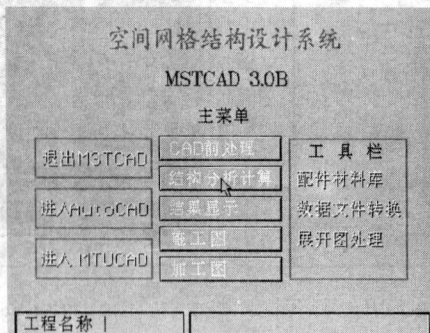

图 6.100　MSTCAD 主菜单

相对独立的功能块。对于一个新的工程通常都需逐一进入 CAD 前处理、结构分析、结果显示、施工图、加工图功能块。

6.4.3 MSTCAD 工作流程图

MSTCAD 工作流程图 6.101 所示。

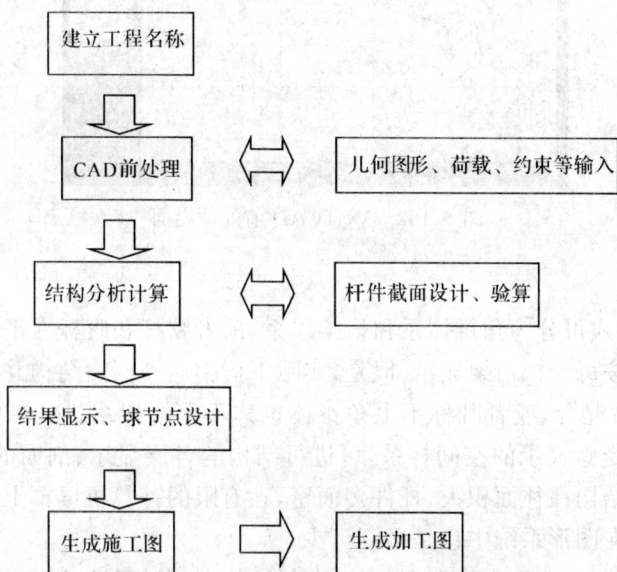

图 6.101 MSTCAD 工作流程图

6.4.4 CAD 前处理模块

MSTCAD 按结构体型分类,提供了八大类几十种网格基本形式,包括二层网架、三层网架、单双层球壳、圆柱壳等(见表 6.5)。对于这些网格图形,MSTCAD 用户只需要输入少量的信息,程序自动计算几何坐标,并且进行节点编号、杆件编号。提供了近百项菜单命令,包括图形显示类、修改类、图形编辑类及文件操作和图形绘制等。CAD 前处理是特别为网格结构建模而编制的,目的是为分析计算准备数据。在此提供了大量菜单用于不规则、复杂网格结构的处理,如图 6.102 所示。

表 6.5 MSTCAD 基本网格结构形式

体 形	结构层数	形 式
矩形平板网架	双层,三层	正放四角锥、斜置四角锥、斜放四角锥、二向正放交叉桁架、二向斜放交叉桁架、三向交叉桁架、抽空四角锥、棋盘型四角锥、三角锥
圆形平板网架	双层	经纬线型、联放网格、凯威特型
单层球面壳	单层	短程线型、凯威特型、联方网格、肋环型、施威德勒型
双层球面壳	双层	经纬线型、联放网格、凯威特型
单层柱面壳	单层	弗普尔型、单斜杆型、双斜杆型、联方网格型、三向网格型
双层柱面壳	双层	圆柱、正放四角锥、斜放四角锥、正放交叉桁架、斜放交叉桁架
扭面壳	单层,双层	正交正放、正交斜放、单斜杆型、双斜杆型、三向网格型
移动曲面	单层	双向杆网格型

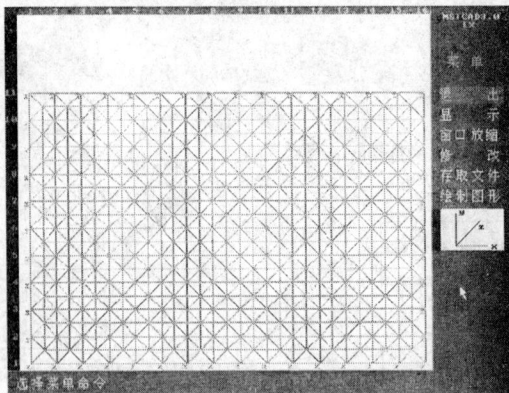

图 6.102　MSTCAD 前处理界面

1. 图形显示

网架通常按形式可分为角锥体系和桁架体系,前者弦杆和腹杆在平面图上不重合,而后者会重合,可以按每一榀桁架显示。但是,实际工程中遇到网格结构并非这么简单,可能是角锥体和桁架系混合,或者既称不上角锥体也称不上桁架系。MSTCAD 在处理图形时,把结构视为广泛意义上的空间杆系,可进行结构的各层显示、剖面的随意"拾取"。其次,因为空间网格结构往往面积大、杆件多而密,在有限的计算机屏幕上无法看清楚,所以窗口的放缩、移动在图形系统中也是必不可少。

MSTCAD 提供了丰富图形显示功能,其中有平、立、剖面显示,各弦层、腹层显示,三维图形显示;提供了图形放缩、平移、恢复功能,并可在各种显示状态下(不论平面、立面、剖面,或 3D)进行修改、编辑。

2. 修改、编辑(见图 6.103)

修改、编辑命令是 CAD 前处理中处理各种非规则网架或网壳的菜单命令,有节点坐标修改、起坡、增删节点、增删杆件、加层、各种荷载和约束处理、图形复制、镜像等。

(1) 节点坐标修改(见图 6.104)

可进行节点拖动、轴线定位、函数求交等。

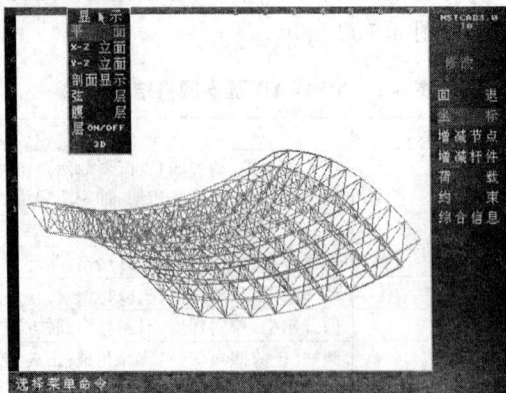

图 6.103　前处理"修改"菜单

（2）起坡

MSTCAD提供单坡、双坡、局部起坡，并且按起坡前后关系有不同的处理方式，供用户选择。对于圆形平面或椭圆形平面，也很方便地形成圆锥面或椭圆锥面。

（3）增加节点

可"随心所欲"增加，不用顾及节点如何编号，可以在这些增加节点上增加杆件、约束，并且同样可以进行均布荷载自动处理。增加节点的方式提供许多种，如直接法、步长法、三点一面、四点一面、等分点等。

（4）增减杆件（见图6.105）

用鼠标点取杆件或开设窗口，即可删去杆件。连接两节点即可增加杆件。

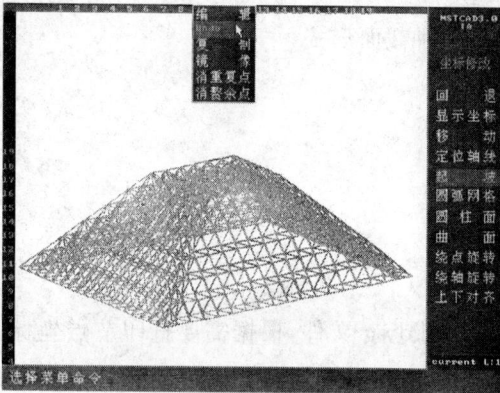

图6.104　前处理"坐标修改"菜单　　　图6.105　前处理"增减杆件"菜单

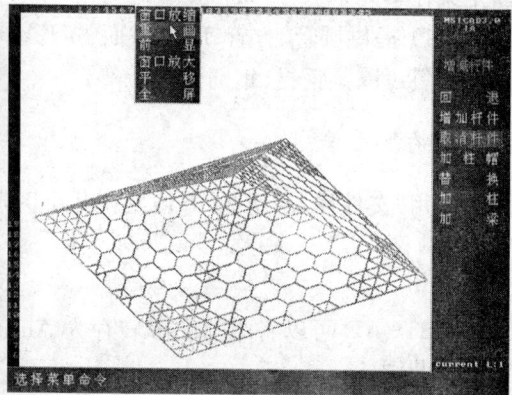

（5）加层

MSTCAD提供向上加层、向下加层，可以处理柱帽、任意多层网架。

（6）荷载输入

MSTCAD荷载输入也在图形状态下进行，可按整体或局部输入集中荷载、均布荷载、线荷载及加预应力等。荷载分为静载、活载、风载及吊车荷载，可以输入多组活载和风载。吊车荷载输入非常方便，输入吊车台数，每台吊车选择单轨道或双轨道，在图上指定轨道轨迹。在均布荷载处理中，MSTCAD可针对任意形状、任意结构布置形式，根据各节点的相互关系，合理分配给每个节点，并且提供三种方式：水平竖向均布荷载、切平面竖向均布荷载、曲面法向均布荷载。

（7）约束信息输入

MSTCAD约束处理仍在图形状态下。只需用鼠标点中节点，随后输入约束信息，可以是简支承、固定支承、弹性支承、柱支承、强迫位移、斜边界约束。

斜边界处理方法（MSTCAD采用后一种方法）：

1）加短杆，但这样增加不少节点和杆件，增加计算单元，数据处理较为复杂。

2）通过坐标变换的方法，在集成刚度矩阵时，斜边界的点作适当的坐标变换即可。

（8）图形复制、镜像

该功能比在纯图形中处理难度要大，因为线或点在纯图形中可以重合。但对于有限元分析的实物结构，节点和杆是不能重合的，所以图形处理系统应能判断不符合实际的情形,做到图形数据和结构数据很完好的统一。

MSTCAD 可以由用户选取对象进行平移或旋转复制及镜像处理,系统自动处理不符合实际的节点和杆件,并不需要顾及节点编号和杆件编号,同时可复制荷载和约束信息。

(9) 温度差、温度场

MSTCAD 可进行温度差、温度场引起的受力分析。软件允许用户提供不同区域的温度变化,模拟温度场的分布。

(10) 计算模式

节点可假定为铰接,也可以是刚接或部分铰接、部分刚接。杆件可假定为杆单元,也可以是梁柱单元。

(11) 提供圆管、方管、H 型截面、矩形截面等多种截面形式

材料可以是钢材、钢筋混凝土等。

3. 存取文件

利用"文件插入"功能,方便实现几个图形的拼接。

4. 绘制图形

MSTCAD 可以将当前图形转存为 AutoCAD 的 dwg 文件,根据需要打印节点坐标、节点荷载图。

6.4.5 结构分析计算模块

MSTCAD 结构分析计算包括有限元静力计算和满应力优化杆件截面设计(见图 6.106)。计算方式包括:满应力分析(杆件截面未确定)、结构验算(杆件截面已确定)。系统依据满应力设计原则自动设计杆件截面。对于已经配置好杆件截面的网格结构,可进行结构验算。系统能自动进行各种工况下组合分析,用户可以干预工况组合系数、锁住某些工况不进行组合,还可以指定主工况。满应力优化设计,可使大部分杆件达到"满应力",材料最省。

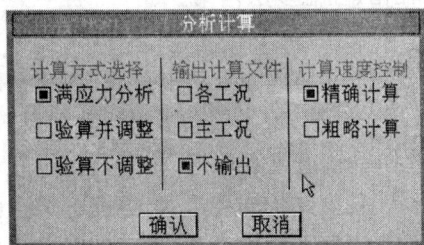

图 6.106 "分析计算"对话框

在刚度方程求解过程中,首先对节点编号进行优化,使刚度矩阵带宽最小。其次,采用一维压缩存贮,除去不必要的零元素,做到刚度矩阵所占空间最少,求解速度最快。当遇到刚度方程特别大时,程序自动进行分块求解。系统在计算过程中,会提示以下信息:结构受力情况,杆件超应力信息,结构几何可变信息。

注意:一般刚形成的数据文件首先进行"满应力分析计算";在"结果显示"功能块中,当某些杆件截面局部调整后,有时需作重新验算,以避免由于杆件截面的局部调整,引起对有些杆件产生不利影响,此时应选择"验算并调整";对于已配好杆件截面的网架,当荷载、约束等条件发生变化时,想知道有没有杆件超应力,可选择"验算不调整",系统会提示"未超应力"或哪根杆件超应力。

6.4.6　结果显示与节点设计模块

结果显示模块主要包括三个方面功能：一是将分析计算的结果用图形方式显示；二是当杆件截面确定后，进行球节点设计；三是对杆件截面和球节点配置进行调整。

MSTCAD以图形方式显示计算结果，并可输出结构结果图形。结果显示的内容有：杆件配置显示、杆件尺寸、球节点设计及配置显示、杆件内力值、节点位移值显示、支座反力值显示，以及各工况下杆件轴力图、梁柱弯矩、剪力、扭矩图和节点位移曲线，并可输出打印（见图6.107）。

MSTCAD可根据设计需要，自动设计计算螺栓球、焊接球的大小。在同一工程中既有螺栓球又有焊接球，也能自动设计。最后把计算得到的球径取整归类。螺栓球球径计算时除考虑螺栓间碰撞验算，还考虑套筒、封板、锥头间的碰撞验算。在设计高强螺栓时，提供了三种计算模式（见图6.108），即根据杆件等强原则设计、杆件最大拉力设计、各个杆件内力设计。如果有悬挂吊车荷载，还可以进行疲劳验算。由计算得到的杆件配置、球节点配置存在不均匀性，比如同一节点上杆件管径相差十分悬殊，所以从构造上需适当调整。用户可根据具体情况对杆件及球节点配置进行人工交互调整或系统自动调整。

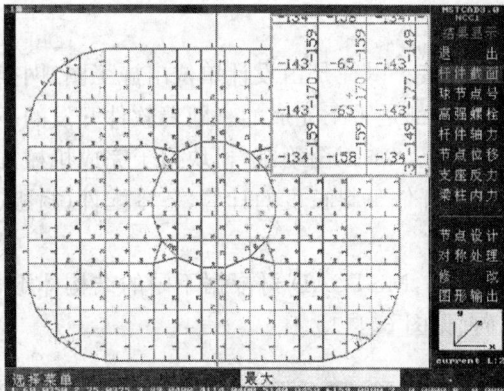

图6.107　"结果显示"菜单

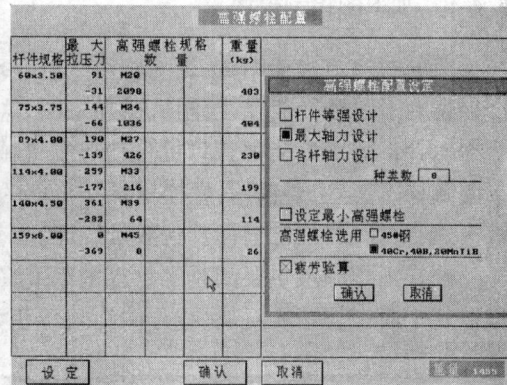

图6.108　"高强螺栓配置"对话框

6.4.7　施工图绘制模块

空间网格结构图纸表达与其他结构（如钢筋混凝土框架结构、高层混凝土结构等）有所不同，内容涉及平面布置、立面布置、剖面、尺寸标注、杆件配置、球节点配置、支座详图、节点详图、杆件材料表（包括编号、规格、数量、尺寸、重量）、球节点材料表（包括编号、球径、数量、重量）、高强螺栓材料表（包括规格、数量、重量），以及支座材料表、施工设计说明等。所有上述内容，早期都由人工来完成——先由计算机把计算结果打印出来，再根据节点编号、杆件编号一一对应关系描图、标注杆件截面，随后统计数量，制材料表，工作量非常大，耗时须几天甚至几个星期，且很容易出错。

现在，绘图的工作都可以由计算机来完成，而且内容表达完整，图面清晰。MSTCAD首先根据所分析网格结构的平面尺寸、对称性、层数等，自动按给定比例排图，计算出图纸张数，提供每张图图面布置情况。用户可以根据自身的需要进行调整，如比例调整、移位、删除、恢复、翻转等(见图 6.109)。施工图图纸内容:包括总平面图,各弦层杆件截面配置和球节点配置平面布置图,各腹层杆件截面配置平面布置图、剖面图、支座节点示意图、各层节点示意图、材料表、设计与施工说明等(见图 6.110)。

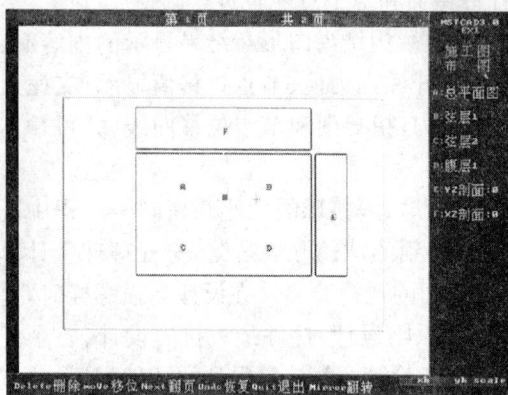

图 6.109　MSTCAD 布施工图界面

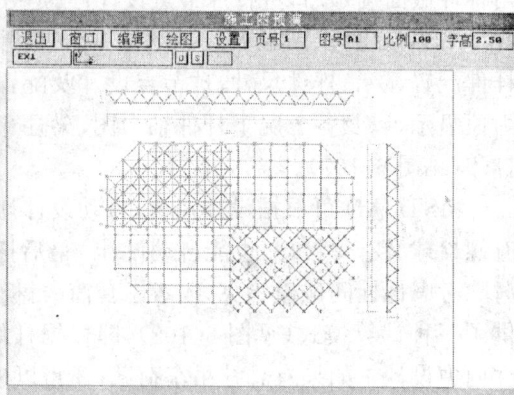

图 6.110　MSTCAD 施工图

6.4.8　加工图绘制模块

空间网格结构首先在工厂制造,然后在现场安装。以往是由设计单位出施工图,网架厂根据施工图进行翻样,绘制机械加工图,这些工作都是手工完成的。随着软件开发的不断深入,MSTCAD 能由计算机自动形成机械加工图。"加工图绘制"模块用于完成机械加工图翻样工作,主要包括:螺栓球螺孔角度的计算、杆件下料长度的计算、各零配件(封板、锥头、套筒等)的规格选择及其数量统计。

翻样工作中最主要的是螺栓球的螺孔角度计算,MSTCAD 可根据不同的结构体形,选取切平面作为基准面,法线方向为基准孔方向(见图 6.111)。

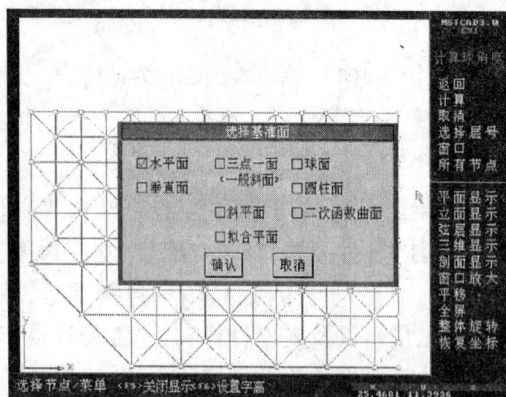

图 6.111　基准面选取

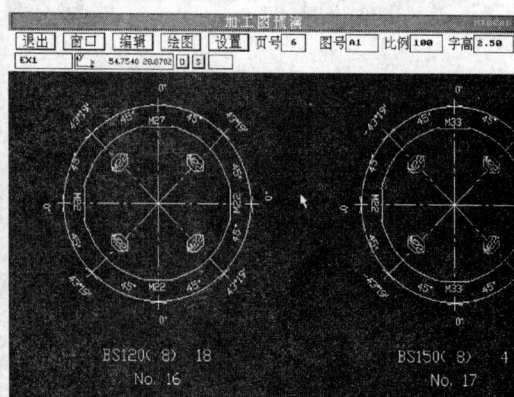

图 6.112　螺栓球加工图

第一步:基准孔的确定。对于平板网架可以选取水平面作为基准面,垂直地面方向作为基准孔方向,但对于弦层不是水平面的网架,选取法线方向更为合理。当同一网格结构中有多个函数曲面情形,MSTCAD 可分别根据不同的函数曲面按法线方向选取基孔。

第二步:计算各螺孔与法线的夹角。

加工图中除了螺栓球图外,还需计算杆件的下料长度、组合长度,设计套筒、锥头、封板规格、球的削面量,以及各零配件的统计的数量和重量等(见图 6.112)。

6.4.9 其他

1. 数据文件转换模块(见图 6.113)

该模块能帮助用户实现 MSTCAD 与一些其他软件(如 SAP、AUTOCAD)的数据交换,以及与一般文本文件(按照系统规定的格式)的数据交换。

2. 展开图处理模块(见图 6.114)

该模块的目的:当遇到如球面网壳、折面网架等网格结构时,如果不进行图形展开(展平)处理,在绘制图形时平面布置图上线条和文字可能出现重叠,不易表达清楚。此时可以将图形展开后再进行出图。

该模块的原理:对结构图形重新编辑,形成新的节点坐标,新的几何布置,在新的几何关系下,试图保证杆件和标注文字不重叠。

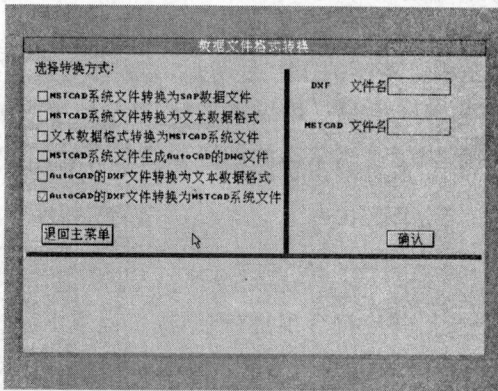

图 6.113 "数据文件格式转换"对话框

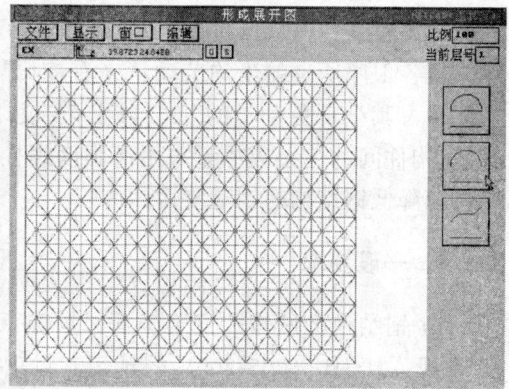

图 6.114 形成展开图

3. MTUCAD 模块

MTUCAD 的处理对象是纯图形元素,类似于一个小型的 AutoCAD 软件。MTUCAD 提供了一些常用的图形编辑菜单命令,而且其中一些功能专为网格结构出图特点而设置的。例如:标注功能,文件等插入功能,将当前图形转存为 DWG 文件。

第七章 钢结构的制作、安装与防护

7.1 钢结构制作的主要工序

由于钢材的强度高,硬度大,对钢结构的制造精度要求较高,因而钢结构构件的制造必须在具有专门机械设备的金属结构制造厂中进行。

钢结构的制造从钢材进厂到构件出厂,一般要经过生产准备、零件加工、装配和油漆装运等一系列工序。因而金属结构制造厂通常由钢材仓库和准备车间,放样间、零件加工车间、半成品仓库、装配车间和油漆装运车间等组成。在钢材仓库和准备车间内进行材料验收、分类存放,并在供料前进行矫正。在放样间根据施工图制成实际尺寸的样板,以供加工车间号料用。在加工车间进行号料、切割、制孔、边缘加工和弯曲等工序并送入中间仓库存放。在装配车间进行装配,焊接,铆前扩孔,铆接,铣端和钻安装孔等工序。在整个制造过程中,必须及时对零件或构件进行矫正,以满足设计要求。在装配,焊接及铆接过程中,必须对结构进行全面的技术检查和验收。验收合格的构件或运输单元送到油漆装运车间进行油漆和编号,然后运往安装工地。

从各工序所费的平均劳动量来看,对焊接结构最费工的工序是切割,装配和焊接;它们几乎占其全部劳动量的 60% 以上,在设计时构件应尽量采用焊接,但应尽量减少焊缝总量,构件间的连接应尽量采用高强度螺栓连接,以提高钢结构的制造和安装质量,节约钢材和降低钢结构的制造费用。

7.1.1 一般要求

1) 钢结构的制作和安装必须根据施工图进行,并应符合现行《钢结构工程施工质量验收规范》(GB 50205-2001)的规定。对钢结构和焊接,应符合《建筑钢结构焊接技术规程》(JGJ 81-2002)的规定。对高层钢结构应符合现行《高层民用建筑钢结构技术规程》(JGJ99-98)的规定。

2) 施工图应按设计单位提供的设计图及技术要求编制。如需要修改设计图时,必须取得原设计单位同意,并签署设计变更文件。

3) 钢结构的制作和安装单位在施工前,应按设计文件和施工图要求编制工艺流程和安装的施工组织设计(或施工方案),并认真贯彻执行。

4) 在制作和安装过程中,应严格按工序检验,合格后,下道工序方能施工。

5) 钢结构的制作和安装工作,应遵守国家现行的劳动保护和安全技术等方面的有关规定。

6) 钢材应附有质量保证书,并符合设计文件的要求。如对钢材的质量有疑义时,应抽样检验,其结果符合国家标准的规定和设计文件的要求时方可采用。

7) 钢材表面锈蚀、麻点或划痕的深度不得大于该钢材厚度负偏差值的一半;断口处如有分层缺陷,应会同有关部门研究处理。

8）连接材料（焊条、焊丝、焊剂、高强度螺栓、圆铸头焊钉、精制螺栓、普通螺栓等）和涂料（底漆及面漆等）均应附有质量保证书，并符合设计文件的要求和国家标准的规定。

9）严禁使用药皮脱落或焊芯生锈的焊条，受潮结块或已熔烧过的焊剂及锈蚀、碰伤或混批的高强度螺栓。

7.1.2 钢结构制作的主要工序

钢结构制造的各工序简述如下。

1. 钢材矫正

从轧钢厂运到钢结构制造厂的钢材，常因长途运输，装卸不慎而产生较大的变形，主要表现为线材的弯曲和板材的起拱、翘曲等，给加工造成困难，影响制造的精度。为保证制作精度，减少构件初弯曲对承载力的影响，在加工前必须进行矫正使之平直。

钢材的变形矫正有手工、机械和热加工三种方法。手工矫正是以锤击的方法使金属粒子发生位移重新排列而达到矫正的目的，一般仅用于尺寸较小构件的局部变形的矫正；机械矫正法是利用机械施力给变形部位的作用，迫使钢材反向变形与原变形相抵，来达到矫直轧平的目的。机械矫正有拉力机、压力机和辊压机三种，分别用于不同材料的矫正，如表7.1所示。钢结构加工厂一般采用辊床对大型钢板进行矫正，其工作简图见图7.1；槽钢和工字钢一般用水平直弯机矫正，工作简图见图7.2。热加工矫正是利用可燃气体（乙炔）与助燃气体（氧气）混合燃烧所释放出的热量使钢材变形部位升温（至1000℃左右），从而使钢材变形得到矫正。

表 7.1 机械矫正的分类及适用范围

类别		适用范围
拉伸机矫正		1）薄板凹凸及翘曲的矫正 2）型材扭曲的矫正 3）管材、带材、线材的校直
压力机矫正		板材、管材、型材的局部矫正
辊式机矫正	正辊	板材、管材、型材的矫正 角钢的矫正
	斜辊	圆结脉内管材、板材的矫正

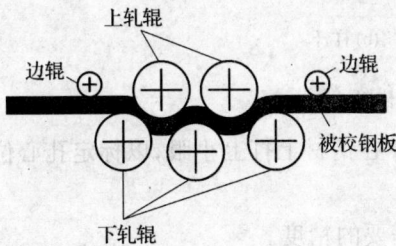

图 7.1 钢板矫正辊床工作简图

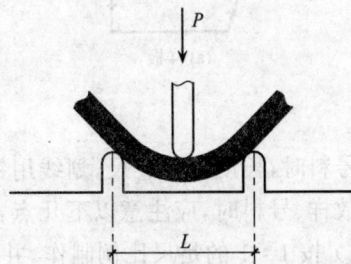

图 7.2 水平直弯机工作简图

钢材矫正后的允许偏差应符合要求，表面不应有明显的凹槽和损伤，表面划痕深度不宜大于 0.5mm。对于碳素结构钢工作地点温度低于 -16℃、低合金结构钢工作地点温度低于 -12℃，不得冷矫正。

值得注意的是，如果冷矫正的弯曲半径过小，冷弯时钢材可能进入塑性状态，在其内部留下残余应力，影响构件的受力。因此绝不允许将变形过大的构件矫正后用于受力构件。常用型钢冷矫正时的最小半径及适用的最大挠曲值如表 7.2 所示。

表 7.2　型钢冷矫正最小曲率半径及最大挠度

型钢名称	扁钢		角钢	槽钢		工字钢	
尺寸	宽度 b，厚度 S		肢宽 b	翼缘宽度 b，高度 h		翼缘宽度 b，高度 h	
中性轴	厚度方向	宽度方向		强轴	弱轴	强轴	弱轴
最小曲率半径	$50S$	$100b$	$90b$	$50h$	$90b$	$50h$	$50b$
最大挠度	$\dfrac{L^2}{400S}$	$\dfrac{L^2}{800b}$	$\dfrac{L^2}{720b}$	$\dfrac{L^2}{400h}$	$\dfrac{L^2}{720b}$	$\dfrac{L^2}{400h}$	$\dfrac{L^2}{400b}$

2. 放样、号料

在一个结构中往往有很多完全相同的构件，而每一构件又由各种零件组成，所以一个结构工程中各种零件的数量一般是很多的。为了保证构件的制作质量和提高工作效率，应按施工图上的图形和尺寸，在放样台上用 1∶1 比例绘出大样，并做成足尺寸的样板，并按此大样复制出与零件尺寸相同的样板或样杆，这一工序叫放样。然后利用样板在钢材上划线，以得到所需要的切割线和孔眼位置，这一工序叫号料。样板一般用质轻、价廉且不易伸缩变形的材料做成，最常用的有铁皮、纸板和油毡等，也可用薄木板或胶合板。样板材料应根据零件要求的精度和重复使用的次数进行选择。图 7.3(a)是某钢屋架的一个上弦节点板的样板。钢板厚度为 12mm，共 96 块。对于型钢则用样杆，它的作用主要是用来标定螺栓或铆钉的孔心位置，图 7.3(b)是某钢屋架上弦杆的样杆。

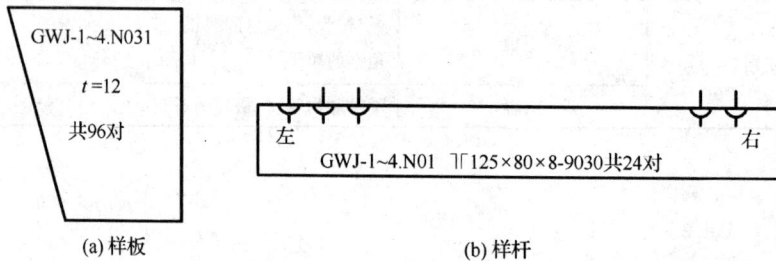

(a) 样板　　　　　　　　　　(b) 样杆

图 7.3　样板及样杆

号料时，长度用钢卷尺，划线用钢针，用梅花冲在钢材上打上小眼，以标定孔心位置。放样、号料时，应注意以下几点：

1) 按 1∶1 的足尺比例制作，并保证构件所需要的精度。

2) 样板或样杆材料应不易变形，能多次重复使用。

3) 样板或样杆上应标注规格、定位尺寸、角度、所需数量和中心线等。

4）样板或样杆应根据工艺要求预留焊接收缩余量及切割、刨边和铣平等的加工余量。

5）当构件数量较少，从经济上讲没有制作样板或样杆的必要时，可直接在钢材上划线定位。

3. 切割

钢材放样号料完成后，便可进行切割下料。钢材的切割方法有剪切、锯切和气割等，切割方法分类见表 7.3。一般情况下用剪切机切割最方便。图 7.4 是钢板剪切机的工作简图。薄钢板可以用一般的压力剪切机切割，厚钢板要用强大的龙门剪床切割，圆弧剪切机可以把钢板的边缘切割成圆弧形。钢板的最大剪切厚度根据剪床的功率而定，目前一般制造厂可以剪切 14～25mm 厚的钢板。角钢等小号型钢在型钢剪切机上用特殊的刀刃切割。

钢材经剪切后在距剪切边缘 2～3mm 范围内产生严重的冷作硬化，使这部分钢材变脆。因此，对于厚度较大且直接承受动力荷载作用的重要结构，剪切后应将已冷作硬化的钢材刨去。

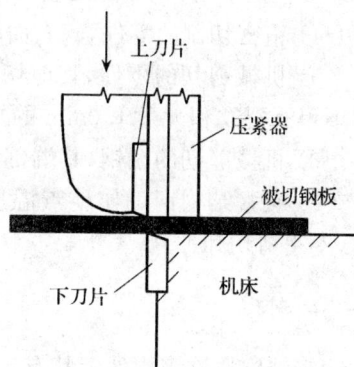

图 7.4　钢板剪切机工作简图

对于工程中的线材，如工字钢、槽钢、钢管和大号角钢可以用机械锯锯切，通常采用无齿圆盘摩擦锯或砂轮锯，其切割质量好而且效率高，缺点是噪声大。

气割也是经常使用的一种方法。他是利用高速乙炔气流燃烧产生的高温使金属局部熔化的原理切割金属的，特别适用于板厚大于 25mm 的切割工序。其优点是使用方便、灵活、经济，生产效率高，可以切任何厚度和任何长度的钢板和型钢，既能切直线也能切曲线，还可以切割形状复杂的配件，并且能直接做成 V 形和 X 形焊缝的坡口，因而在工程中得到广泛的应用。

气割分手工切割、自动和半自动切割，以及精密切割（如多头控制自动气割）。其中，手工气割设备简单、灵活性大，但气割边缘质量较差，一般只适用于量少或形状复杂的构件切割；半自动和自动气割质量好、速度快，多用于量大或形状较规则的构件切割；数控多头自动气割由计算机纸带或程序控制，不用制作样板，可实现放样、下料一次完成，并可多头同时作业，其效率高，切割质量好，但设备较贵，一般仅用于大型的生产，一般工程采用自动和半自动切割已能满足制造精度要求。

表 7.3　钢材切割方法分类比较表

类别	使用设备	特 点 及 适 用 范 围
机械切割	剪板机 型钢剪断机	切割速度快，切口整齐，切割成本低；设备投资高，切割型材时，要根据截面形状、尺寸的不同更换剪刀，适用于制造厂
	砂轮锯，无齿锯 （摩擦锯）	切割速度快，切口整齐（后者易出毛刺），切割成本低；设备投资较低，可切割不同形状、不同尺寸的型材，但噪声高，灰尘大，适用于制造厂小批量生产
	锯　床	切口整齐，速度慢，效率低；设备投资低
锯割	自动切割机	利用氧气或等离子流，按仿形或数控进行切割；切口整齐，速度快，成本较高；设备投资较高，适用于钢板切割
	手工切割	方法简单，操作方便，成本低；切口精度较差，适用于施工现场

切割时,应注意以下几个问题:

1) 零件的切割线与号料线的允许偏差应符合有关规定,一般情况下:对于手工切割的允许偏差为±2.0mm;自动、半自动切割的允许偏差为±1.5mm;精密切割的允许偏差为±1.0mm。

2) 切割截面与钢材表面不垂直度应不大于钢材厚度的10%,且不得大于2.0mm。

3) 切割前,应将钢材表面切割区域内的铁锈、油污等清除干净,切割后,断口上不得有裂纹和大于1.0mm的缺棱,并应清除边缘上的熔瘤和飞溅物等。

4) 精密切割的零件,其表面粗糙度不得大于0.03mm。

5) 机械剪切的零件,其剪切线与号料线的允许偏差不得大于2.0mm;断口处的截面上不得有裂纹和大于1.0mm的缺棱,并应清除毛刺。

6) 机械剪切的型钢,其端部剪切斜度不得大于2mm,并应清除毛刺。

7) 碳素结构钢工作地点温度低于−20℃、低合金结构钢工作地点温度低于−15℃时,不得剪切和冲孔。

4.制孔

钢结构的许多构件上都有各种形状和尺寸的孔洞,以便螺栓连接或穿各种管线。制孔的方法有冲孔和钻孔两种。冲孔在冲孔机或冲床上进行,一次可冲一个(单头冲床)或多个(多头冲床)孔眼,生产速度快,生产效率高,且能冲出多种形状的孔形;冲孔简图见图7.5。冲孔的原理是剪切,因此在冲孔过程中,在孔壁周围2~3mm内将产生严重的冷作硬化,冲孔质量较差,对钢板厚度和冲孔直径也有一定限制,一般只能冲较薄的钢板,直径一般不小于钢板的厚度,所以,当对孔的质量要求不高时,可以采用,如普通螺栓孔眼等。

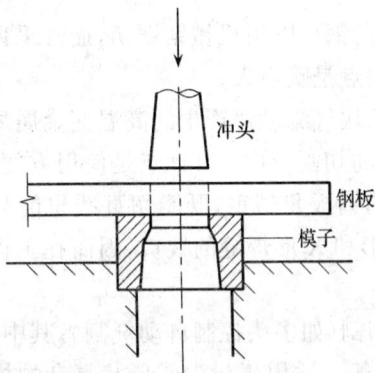

图7.5 冲孔简图

钻孔在钻床上进行,可以钻任何厚度的钢材。钻孔的原理是切削,故孔壁损伤较小,质量较好,但生产效率较低,仅用于厚钢板以及直接承受动力荷载作用的结构中。为了避免拼装时孔眼对不齐和加快钻孔速度,有时先在零件上冲成或钻成比设计孔径小3mm的孔,待结构预总装时再将孔扩钻到设计孔径。这样制成的栓孔属于Ⅰ类孔。

5.边缘加工

有些构件根据其受力特点,常需经过刨边和铲边的工序。例如当钢板采用对接焊缝时,或在吊车梁等直接承受动荷载作用的钢梁翼缘缝采用K型焊缝时,或网架结构中焊接球的两个半球之间、钢管与球体之间的连接焊缝需坡口时,或柱头、柱脚或加劲肋需刨平顶紧时,以及制作过程中板边缘有严重冷作硬化时,均需进行边缘加工。

边缘加工有刨边、铲边和切削等方法。刨边通常在刨边机、铣边机、滚边机、倒角机等上进行,对于几米长的钢板需要用大型龙门刨边机。刨边加工质量较好,但生产效率低、速度慢,成本高,因此,非特别要求时不宜使用,对一般的要求使用手持式角磨机即可。

铲边常用风铲进行,但质量较差,工作噪声大,目前仅一些小厂使用。对截面图形如钢管、网架半球等采用切割方式。

对于重级工作制吊车梁,翼缘板切割边的冷作硬化部分应在零件装配前先行刨掉。有时为使零件的端部能直接传力,也要将其端部在刨床上刨平。

对于工作量不大,且加工质量要求不高的边缘加工,例如屋架连接角钢的铲棱可用风铲。风铲是一种利用高压空气作为动力的风动机具。其优点是设备简单,使用方便,成本低,缺点是噪声大,质量不如刨的好。

焊接坡口加工尺寸的允许偏差应符合国家标准《气焊、手工电弧焊及气体保护焊缝坡口的基本型式与尺寸》、《埋弧焊焊缝坡口的基本型式与尺寸》中有关规定。

6.冷弯及热弯

钢结构工程中,有些结构需由钢材弯曲制成。如储液(气)罐、网架节点球等。当钢板或型钢需要弯成某一角度或弯成某一圆弧时,就需要经过弯曲这道工序。弯曲有冷弯和热弯两种。冷弯是在常温下直接将钢材弯曲成所需形状。也可在热塑状态下进行,称为热弯。钢板和型钢的冷弯一般可在三芯或多芯弯曲辊压机上进行。工作简图见图7.6。当需将钢板制成某截面形状的构件时,可采用模压机。图7.7是模压机的工作简图。模压机可根据要弯成的形状设置相应的上下冲模。冷弯加工设备简单,加工方便,成本较低,其曲率半径也不宜过小,以免钢材的塑性损失过大和导致出现裂纹,影响使用,甚至危及结构安全。因此,一般仅用于曲率半径大或尺寸较小的构件弯曲。

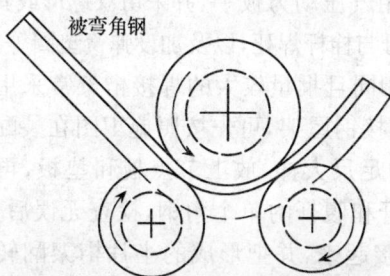

图 7.6 角钢辊弯机工作简图

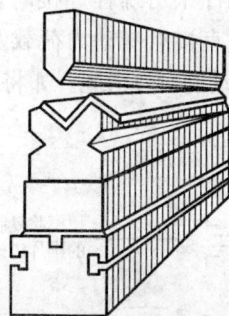

图 7.7 模压机工作简图

零件、部件冷弯曲时,其曲率半径和最大弯曲矢高如设计无要求,应参照有关规定,满足冷弯曲的最小曲率要求。

对于厚钢板或型钢,当弯曲的角度过大或弯曲的曲率半径较小时,一般都需要将钢材加热至呈浅黄色(1000～1100℃),然后放入模具内弯曲成型,此即热弯。碳素结构钢温度下降到500～550℃之前(钢材表面呈现蓝色)和低合金钢结构温度下降到800～850℃之前(钢材表面呈现红色)应结束加工,并应使加工件缓慢冷却,以防钢材变脆。热加工使钢结构制造工序复杂化,制作成本高,提高了工程造价,因此在设计时应尽量避免,热弯仅用于工字钢、槽钢、大角钢等截面尺寸较大构件的弯曲成型。

碳素结构钢和低合金结构钢加工过程中,零件可能扭曲,必须在装配前允许加热矫正,其加热温度严禁超过正火温度(900℃)。加热矫正后的低合金钢结构必须缓慢冷却,然后进行验收。验收合格的零件送到半成品仓库分类存放以备后面的工序使用。

7. 装配

装配是把加工好的零件按照施工图纸拼装成构件,并点焊固定成形准备焊接。在构件最后装配前,必须再次检查各组装构件的外形尺寸、孔位、垂直度、平整度、弯曲构件的曲率等,符合要求后应将零件上的铁锈、毛刺和油污等消除干净。

有的构件在装配时,为了固定零件的相对位置常需用模架。例如装配工字形截面的焊接组合梁所用模架见图7.8。在构件试装配时,应先将各零件配件用夹具固定在支架(或模架)上,然后对照施工图进行检查,合格后即用螺栓或焊缝将其固定成型。装配支架一般由型钢制成,个别也用硬质木材制成。支架必须牢固、不变形且便于夹具固定和施工。

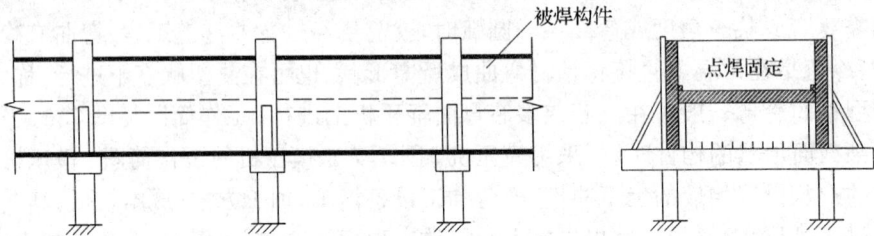

图7.8 拼装焊接工字梁的模架

当零配件采用螺栓连接时,对次要的、非受力构件可用扳手或套筒将其拧紧;对重要受力构件或直接承受动力荷载及高强螺栓必须使用气压动力扳手,并采用双螺母或其他能防止螺母松动的有效措施。如将外露螺纹打毛或螺母与栓杆焊死,以及加设弹簧垫圈等。

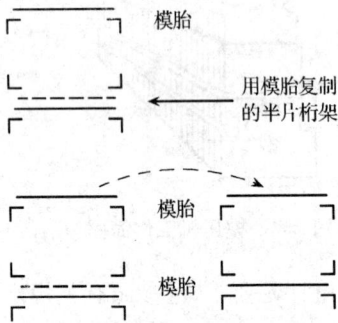

图7.9 复制法拼装桁架

对于型号相同且批量较大的焊接桁架常采用复制法装配。例如焊接钢屋架,可先按照施工图在装配平台上放出1:1的足尺大样,放上节点板和垫板,再在其上放上上下弦杆和腹杆的单个角钢,检查无误后,通过点焊将它们连接起来,并把形成的半片桁架翻转180°就成了这些钢屋架的临时专用模胎[图7.9(a)],然后在这模胎上再装配与其相同的另一个半片桁架[图7.9(b)中的虚线部分]点焊好,之后把这配好的这半片桁架同样翻转180°[图7.9(c)中的右图],再在其上焊上另半片桁架的杆件即成整个钢屋架[图7.9(d)中的右图],这样重复使用原模胎[图7.9(d)中的左图],便可复制出其余的桁架。复制法生产效率高,但要注意防止复制走样以保证装配质量。

8. 焊接

钢结构的焊接通常采用电弧焊。电弧焊分手工、半自动和自动焊三种。其中,手工焊方便灵活,但焊接质量不稳定、波动大,一般仅用于短焊缝、曲边形或其他不规则焊缝,以及工地安装焊等。半自动和自动焊缝质量好、速度快,多用于长而直的焊缝及其他规则焊缝。焊接时采用适宜的焊接规范,而且应采取必要的技术措施以减小焊接残余应力和焊接残余变形。

构件焊缝的施焊常在焊接工作台或专门支架或转胎上进行,以取得最有利的船形施焊位置。图7.10为焊接工字形截面构件用的支架简图。

构件焊完后,应及时清除焊缝表面的熔渣,并应按钢结构工程施工和验收规范的有关规定对焊缝质量进行检查,以满足设计要求。对于达不到设计要求的焊缝应铲掉重新补焊。当焊接后的残余变形超过规范规定的限值时,应采取相应的措施予以矫正。最合理的方法是采取合适的施焊次序,或在施焊前对构件给予反向变形,从而达到减小残余变形的目的。

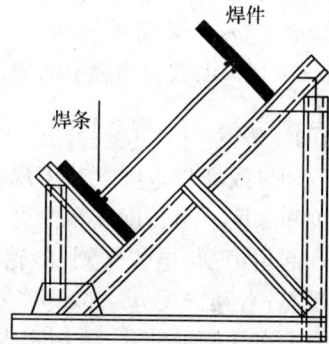

图7.10 焊接工字形截面用的支架

焊接要求及注意事项:

1)焊条(焊剂)的选择应与钢材的强度和化学成分、结构的受力特点相适应。如Q235(碳素钢)应采用E43系列,Q345钢应采用E50系列,Q390、Q420钢应采用E55系列;承受荷载构件对塑性、韧性和抗裂性要求高,宜用低氢型。首次采用的钢种和焊接材料,必须进行焊接工艺性能和力学性能试验,符合要求后方可采用。

2)焊接电流要适中,电流太小则熔深不够,难以焊透构件且气孔夹渣多;电流太大时易形成焊坑,导致疲劳破坏和应力集中。

3)焊条、焊剂和药芯焊丝在使用前,必须按产品说明书及有关工艺文件规定的技术要求进行烘干。低氢型焊条烘干后必须存放在保温箱(筒)内,随用随取。焊条由保温箱(筒)取出到施焊地时间不宜超过2h(酸性焊条不宜超过4h)。不符合上述要求时,应重新烘干后再用,但焊条烘干次数不宜超过2次。

焊丝应除净锈蚀和油污。

4)选择合理的焊接顺序和方法,减少残余应力和焊接变形,如分段退焊、分层对角焊、分块拼焊等,尽量避免交叉焊、堆焊等。

5)施焊前应复查组装质量和焊缝区的处理情况,如不符合要求,应修整合格后方能施焊。焊接完毕后应清除熔渣及金属飞溅物。

6)碳素结构钢厚度大于34mm和低合金结构钢厚度大于或等于30mm,工作地点温度不低于0℃时,应进行预热,其预热温度及层间温度宜控制在100~150℃,预热区在焊接坡口两侧各80~100mm范围内,工作地点温度低于0℃时,其需要预热温度应按试验确定。

7)露天操作时,应沿顺风方向操作;在封闭环境下操作时,要有通风措施。雨雪天气时,禁止露天焊接,构件焊区表面潮湿或有冰雪时,必须清除干净方可施焊;在4级以上风力焊接时,应采取防风措施。

8)T形接头角焊缝和对接接头的平焊缝,其两端必须配置引弧板和引出板,其材质和坡口形式应与被焊工件相同。手工焊引弧板和引出板长度应≥60mm,宽度应≥50mm;焊缝引出长度应≥25mm。自动焊引弧板和引出板长度应≥150mm,宽度应≥80mm;焊缝引出长度应≥80mm。

焊接完毕后，必须用火焰切除被焊工件上的引弧板、引出板和其他卡具，并沿受力方向修磨平整，严禁用锤击落。

9）切口或坡口边缘上的缺棱，当其为 1～3mm 时，可用机械加工或修磨平整，坡口不超过 $\frac{1}{10}$；当缺棱或沟槽超过 3mm 时则应用直径 $\phi3.2$ 以下的低氢型焊条补焊，并修磨平整。

切口或坡口边缘上若出现分层性质的裂纹，需用 10 倍以上的放大镜或超声波探测其长度和深度。当长度 a 和深度 d 均在 50mm 以内时，在裂纹的两端各延长 15mm，连同裂纹一起用铲削、电弧气刨、砂轮打磨等方法加工成坡口，再用 $\phi3.2$ 低氢型焊条补焊，并修磨平整；当其深度 $d>50mm$ 或累计长度超过板宽的 20％时，除按上述方法处理外，还应在板面上开槽或钻孔，增加塞焊。

当分层区的边缘与板边的距离 $b\geqslant20mm$ 时，可不做处理，但当分层的累计面积超过板面积的 20％，或累计长度超过板边缘长度的 20％时，则该板不宜使用。

10）对非密闭的隐蔽部位，应按施工图的要求进行涂层处理后，方可进行组装，对刨平顶紧的部位，必须经质量部门检查合格后才能施焊。

11）在组装好的构件上施焊，应严格按焊接工艺规定的参数及焊接顺序进行，以控制焊后的构件变形。

控制焊接变形，可采用反变形措施。

在约束焊道上施焊，应连续进行，如因故中断，在焊时应对已焊的焊缝局部做预热处理。

12）因焊接而变形的构件，可用机械（冷矫）或在严格控制温度的条件下加热（热矫）进行矫正。低合金结构钢冷矫时，工作地点温度不得低于 −16℃；加热矫正时，其温度值应控制在 750～900℃之间。碳素结构钢冷矫时，工作地点温度不得低于 −20℃；加热矫正时，温度不得超过 900℃。同一部位加热矫正不得超过 2 次，并应缓慢冷却，不得用水骤冷。

13）采用碳弧气刨进行刨削时，应根据钢材的性能和厚度，选择适当的电源极性、碳棒直径和电流。一般情况下，碳弧气刨应采用直流电，并要求反接电极（即工件接电源负极）。

为避免产生"夹碳"或"贴渣"等缺陷，除采用合适的刨削速度外，并应使碳棒与工件间具有合适的倾斜角度。操作时，应先打开气阀，使喷口对准刨槽，然后再引弧起刨。

如发现"夹碳"，应在夹碳边缘 5～10mm 处重新起刨，深度要比夹碳处深 2～3mm；"贴渣"可用砂轮打磨。

9. 铣端、钻安装孔及总检查

对于需要靠端面承压传力的构件的传力端应进行铣端。铣端一般应在专门的铣床上进行。当传力端是某一零件（如梁端支座加劲肋）时，可将该端面刨平或用风铲铲平。刨平在刨床上进行。对于大而重的构件作铣端处理是很困难的，设计时应尽量避免。

钻安装孔一般都是在构件焊好之后进行，以保证它有较高的精确度，为便于安装时的调整，安装螺孔径可比螺杆直径大 1～2mm。制安装孔有两种方法：一是在构件的相应零件上先冲成或钻成比设计孔径小 3mm 的孔，待各构件出厂前进行整个结构的预总装时，再扩钻到设计孔径；二是利用钻模在各构件上钻安装孔，这样就可免去预总装工序，比较简便。但钻模的制作比较费工，只在制作定型化或大量性构件的安装孔时采用。

通过以上各道工序便完成了构件或运输单元的制造，然后对制好的构件进行验收。为

了保证质量,安装螺孔钻完后,应对照施工图进行构件的彻底全面检查,主要内容有:

1) 几何尺寸及孔位检查。

2) 焊缝有无脱落、虚焊,焊脚尺寸是否符合要求。

3) 螺杆有无松动。

4) 除锈、除污是否彻底。

验收检查合格的构件,应送到油漆装运车间进行油漆,在油漆时应注意以下各点:

1) 在安装焊缝处留 30～50mm 宽范围暂不油漆。

2) 按设计要求,某些摩擦型高强螺栓连接处的构件接触面不油漆。

3) 要求喷涂防火涂料的构件,出厂前仅涂红丹防锈漆。

油漆结束后,应按施工图进行编号,然后即装运上车,发运到安装工地。待工地施焊后再补刷油漆,以免影响预留部分质量。

为了保证质量,除最后一次验收外,在各个制造阶段都应进行质量检查。关于对制造质量的要求,在钢结构工程施工及验收规范中都有详细规定,可参照执行。

7.1.3 钢结构制造对设计的要求

为了保证钢结构质量,金属结构制造厂应按《钢结构工程施工质量验收规范》(GB 50205-2001)的要求,严格按照施工图纸进行施工,建设单位也应按此要求进行验收;作为设计单位,在设计钢结构时,除了要注意选择经济合理的结构型式以满足使用要求外,还必须全面考虑制造、运输和安装等条件,只有这样,才能真正达到既安全又经济合理的目的。为此,在设计时应注意如下几个方面的问题:

1) 设计时在充分调查了解制造厂家的技术条件和施工设备能力,既要从实际出发,又要保证结构质量。根据实际情况,实事求是地提出结构的制作精度和质量要求,要求过高会大量增加制作费用,同时施工难以达到的过高要求也可能使质量反而得不到保证而影响结构安全与使用;但不宜过分迁就落后的技术条件。

2) 构件的型式、截面的组合及构件间的连接形式都要有利于构件的制造和安装。在不影响结构的受力和使用前提下,尽量减少刨边、铣端等需大量设备的工序;在保证结构安全的前提下,尽量采用型钢或加工方便、截面规则的构件,减少连接构造,尽量避免热加工。

3) 尽可能减少节点和构件的类型。同一种构件,采用的型钢和钢板的规格也不宜过多,对计算截面相近的应力求归并统一,以便施工。

4) 在划分结构和运输单元时,要考虑互换,要便于安装,要符合工厂和安装工地的起吊和当地交通运输条件。

5) 尽量减少焊缝的总长度,除非必要,不宜增加焊脚的尺寸。

6) 在同一运输单元中,最好用一种直径的螺栓,在整个结构中也不宜多于 2～3 种直径。

7) 施于图设计和备料应配合好,以免造成浪费和影响施工进度。

8) 尽量采用工厂制作,减少工地焊接,如必须进行工地焊接,在受力计算时,考虑到工地施工实际,应将焊缝设计强度适当降低或将设计荷载提高。在进行焊缝设计时,应力求避免易产生焊件变形的交叉焊或焊缝集中,同时应避免施工质量难以保证的仰焊或凹弧焊。尽量降低工人的劳动强度,力求避免封闭截面或肢距较小的格构式构件的内部工作。

9) 尽量减轻结构自重,尤其是减轻屋盖结构和墙体结构的自重,不仅节约钢材,提高结构抗震能力,也是提高钢结构设计质量的关键。

7.2 钢结构防腐蚀

钢结构纵然有许多优点,但生锈腐蚀是一个致命的缺点,裸露的钢结构在大气作用下会产生锈蚀。若使用环境湿度大、有腐蚀性介质存在则锈蚀速度将更快。国内外因锈蚀导致的钢结构事故时有发生。生锈腐蚀将会引起构件截面减小,承载力下降,影响钢结构的使用寿命,特别是对轻型钢结构的影响更大,因腐蚀产生的"锈坑"将使钢结构的脆性破坏的可能性增大。再者,在影响安全性的同时,也将严重地影响钢结构的耐久性,使得钢结构的维护费用昂贵。据有关资料统计,世界钢结构的产量约十分之一因腐蚀而报废。据某些先进工业国家对钢铁腐蚀损失的调查,因腐蚀所损耗的费用就约占总生产值的2%～4.2%。因此,开展钢结构锈蚀事故的分析研究有重要意义,腐蚀也是钢结构设计、施工、使用中必须解决的重要问题,它牵涉到钢结构的耐久性、造价、维护费、使用性能等诸多问题。

因此《工业建筑防腐蚀设计规范》(GB 50046-95)中规定:桁架、柱、主梁等重要钢构件不应采用薄壁型钢和轻型钢结构;腐蚀性等级为强腐蚀、中等腐蚀时,不应采用格构式钢结构;由角钢组成的 T 形截面,由槽钢组成的工字形截面,当腐蚀性等级为中等腐蚀时,不宜采用,当腐蚀性等级为强腐蚀时,不应采用;采用角钢组合的屋架、托架、天窗架的弦杆和端部斜杆等重要杆件及节点板的厚度,不应小于 8mm,其他杆件的厚度不应小于 6mm;采用钢板组合的杆件厚度,不应小于 6mm;闭口截面杆件的厚度,不应小于 4mm。

7.2.1 锈蚀的类型及机理

通常,我们将钢材由于和外界介质相互作用而产生的损坏过程称为"腐蚀",有时也叫"钢材锈蚀"。钢材锈蚀按其作用可分为化学腐蚀和电化学腐蚀两种。

1. 化学腐蚀

化学腐蚀是指钢材直接与大气或工业废气中含有的氧气、碳酸气、硫酸气或非电介质液体发生表面化学反应而产生的腐蚀。它是气体及非电解质液体共同作用于金属表面而产生的,这种腐蚀常发生于化工厂及其附近的钢结构建筑,其腐蚀源来自化工厂的跑、冒、滴、漏等。这种腐蚀在干燥的环境中(如相对湿度小于 50%)进展缓慢,但在潮湿的环境中腐蚀速度很快。这种腐蚀也可由空气中的 CO_2、SO_2 的作用而产生 FeO 或 FeS。腐蚀程度随时间而逐步加深。

2. 电化学腐蚀

电化学腐蚀是由于钢材内部有其他金属杂质,它们具有不同的电极电位,在与电介质或水、潮湿气体接触时,产生原电池作用,使钢材腐蚀。钢材的电化学腐蚀是最重要的腐蚀类型。

电化学腐蚀的机理,简单来讲是指铁与周围介质之间发生氧化还原反应的过程。腐蚀的原因与钢材并非绝对纯净有关,它总是含有各种杂质,其化学组成除铁(Fe)外,还含有少量其他金属(如 Mn、V、Ti)和非金属(如 Si、C、P、S、O、N)元素并形成固溶体、化合物或机械混合物的形态共存于钢材结构中。同时,还存在晶界面和缺陷。因此,当钢材表面从空气中吸附溶有 CO_2、O_2 或 SO_2 的水分时,就产生了一层电解质水膜,这层水膜的形成,使钢材表面与电解质溶液产生电流,即钢材表层的不同成分或晶界面之间构成了千千万万个微电池,称为腐蚀电池,使钢材产生腐蚀的现象。产生这种腐蚀的条件是水和氧气共同存在。铁素体比较活泼,易失去电子,和水的氢氧根 OH^- 相结合生成氢氧化亚铁,且溶于水。反应式为

$$Fe^{2+} + 2OH^- = Fe(OH)_2$$

反应生成的氢氧化亚铁沉积于钢材表面,在富氧条件下,氢氧化亚铁与水和氧结合进一步被氧化生成赤锈,即氢氧化铁。反应式为

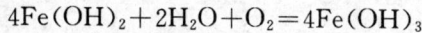

$$4Fe(OH)_2 + 2H_2O + O_2 = 4Fe(OH)_3$$

钢材中的 Fe 氧化生成 Fe_2O_3,体积膨胀 4 倍。在少氧条件下,$Fe(OH)_2$ 氧化不是很完全,部分形成 Fe_3O_4(黑锈),其体积膨胀 2 倍。

若水中有 NaCl 等盐类物质存在,还极易在钢材表面形成锈坑,对结构受力极为不利。表面不平也会使腐蚀速度加快。

实际工程中,绝大多数钢材锈蚀是电化学腐蚀或化学腐蚀与电化学腐蚀同时作用的结果。

7.2.2　防腐的方法

一方面,钢结构腐蚀会减小构件截面,影响其承载力,另一方面,《钢结构设计规范》(GB 50017-2003)中规定,除有特殊需要外,设计中一般不应因考虑锈蚀而加大钢材截面或厚度。为此,不得不采取措施防止钢结构腐蚀。采取措施的依据是钢结构抗腐蚀机理。措施之一是改变钢材成分,使之不易腐蚀;其二是避开腐蚀介质,在钢材表面加一层保护层。于是就产生了如下的防腐方法。

1. 制成合金钢

从钢材本身提高抗腐蚀能力,即采用耐候钢。例如在钢材冶炼过程中,增加铜、铬、镍等元素以提高钢材的抗锈蚀能力。尤其是加入铬、镍合金元素,可制成不锈钢,具有很强的抗锈蚀能力。

2. 金属镀层保护

在钢材表面施加金属镀层保护,如电镀或热镀锌等方法,以提高钢材的抗锈蚀能力。用热浸锌、热喷铝(锌)复合涂层进行钢材表面处理,使钢结构在露天条件下的防腐蚀年限达到 20～30 年,甚至更长,它是长效防腐蚀的方法。

3. 非金属涂层保护

在钢材表面涂以非金属保护层,例如在钢材表面喷(涂)油漆或其他防腐蚀涂料,使钢材不受空气中有害介质的侵蚀。这是钢结构防腐最常用的一种方法,一般用于室内钢结构的防腐蚀。目前,我国涂料品种多,价格便宜,施工方便,所以本节讨论的重点就是非金属

涂层保护方法。

4. 阴极保护

阴极保护主要用于水下或地下钢结构,例如船闸结构,本节不予讨论。

5. 构造措施

钢结构除必须采取防锈措施外,尚应在构造上尽量避免出现难于检查、清刷和油漆之处,以及能积留湿气和大量灰尘的死角或凹槽。闭口截面构件应沿全长和端部焊接封闭。这些构造措施虽然没有直接防锈的作用,但它给钢结构造成了一个良好的环境,可减缓钢结构的锈蚀速度,对钢结构防锈也起到了积极的作用。在从事钢结构设计时,不容忽视。

7.2.3 环境分类

钢结构锈蚀的条件是:环境中有化学腐蚀介质存在或空气中的湿度较大。在干燥环境中的钢结构,若无化学介质存在,几乎不会锈蚀。第二汽车厂于 1975 年对干燥钢管进行锈蚀试验,试验条件是将干燥钢管两端封闭,内壁不刷防锈涂料。两年后,打开钢管,内壁无锈蚀。华东建筑设计院做同样的试验,1966 年将干燥钢管封闭,1973 年剖开,管内也无锈蚀,但钢管内放水且两端封闭进行试验,其结果是"第一年锈蚀 0.000 915mm,第二年锈蚀 0.000 893mm,可见环境对钢结构锈蚀影响有很大影响。一般来说,空气中存在腐蚀介质,且湿度较大,钢结构就易于腐蚀。为了经济合理地做好钢结构防腐工作,首先应对钢结构所处的环境进行分类。

《工业建筑防腐蚀设计规范》(GB 50046-95)中将钢结构腐蚀等级按所处环境的腐蚀介质含量和空气中的相对湿度分为无、弱、中、强四类。如空气中的氯含量在 $1\sim5mg/m^3$,当相对湿度大于 75% 时,对钢结构为强腐蚀环境,当相对湿度小于 75% 时,为中等腐蚀环境。空气中的氯化氢含量在 $0.05\sim1.00mg/m^3$,当相对湿度小于 60% 时,对钢结构为弱腐蚀环境。

冷弯薄壁型钢,一般用于中等腐蚀、弱腐蚀及无腐蚀的环境中,其环境分类见表 7.4。

表 7.4 外界条件对冷弯薄壁型钢结构的侵蚀作用分类

序号	地区	相对湿度/%	对结构的侵蚀作用分类		
			室内(采暖房屋)	室内(非采暖房屋)	室外
1	农村、一般城市的商业区及住宅区	干燥,<60	无侵蚀性	无侵蚀性	弱侵蚀性
2		一般,60~75	无侵蚀性	弱侵蚀性	中等侵蚀性
3		潮湿,>75	弱侵蚀性	弱侵蚀性	中等侵蚀性
4	工业区,沿海地区	干燥,<60	弱侵蚀性	中等侵蚀性	中等侵蚀性
5		一般,60~75	弱侵蚀性	中等侵蚀性	中等侵蚀性
6		潮湿,>75	中等侵蚀性	中等侵蚀性	中等侵蚀性

7.2.4 防腐涂料

对处于强腐蚀环境中的钢结构,钢材宜采用耐候钢,如 10 磷铜稀土等。工程调查和试验表明,在气体介质作用下,耐候钢比普通碳素钢有较高的耐腐蚀性,使用寿命为 Q235 和 Q345 钢的 2.5 倍。对于处在中等以下腐蚀环境中的钢结构,大多只要用适当的防腐涂料加以保护即可。

防腐涂料一般由底漆和面漆组成。底漆中含粉料多,基料少,成膜粗糙,与钢材表面的粘接附着力强,并与面漆结合好,主要功能是防锈,故称防锈底漆;而面漆则粉料少,基料多,成膜后有光泽,主要功能是保护下层底漆,对大气和湿气有高度的不渗透性,具有防锈性能,因漆膜光泽,能增强建筑的美观。常用防锈底漆和面漆种类较多,性能和用途各异,选用时应视结构所处环境、有无侵蚀介质及建筑物的重要性而定,其选用原则如下。

(1) 具有良好的耐腐蚀性

不同的防腐涂料,其耐酸、耐碱、耐盐性能不同,如醇酸耐盐涂料,耐盐性和耐候性很好,耐酸、耐水性次之,而耐碱性性能很差。

(2) 具有良好的附着性

底漆附着力的好坏,直接影响防锈蚀涂料的使用质量。附着力差的底漆,涂膜容易发生锈蚀、起皮、脱落等现象。在钢基层表面上,应涂刷按现行国家标准《涂膜附着力测定法》测定附着力为 1 级的底漆。

(3) 具有良好的耐候性

室外钢结构,在风吹、雨淋、紫外线照射下,若其表面防锈涂层耐大气腐蚀性较差,不宜采用。特别在我国东南沿海地区,空气湿度大,更应该注意这个问题。

(4) 易于施工

涂料易于施工表现在两个方面。一是涂料的配制及其适应的施工方法(如刷涂、喷涂等),另一个是涂料的干燥性。干燥性差的涂料影响施工进度。毒性高的涂料影响施工操作人员的健康,不应采用。

(5) 应具有色泽

防腐涂料分底漆和面漆,面漆不仅应具有防腐作用,还起到装饰作用,因此应具备一定的色泽,使建筑物更加美观。

(6) 防腐涂料的底漆、中间漆、面漆应配套

选用涂料时,应注意涂料的配套性。使用时最好选用同一厂家相同品种及牌号的产品配套使用,以使底漆与面漆良好结合。

目前,国内防腐涂料种类繁多,其中底漆的功能主要是使漆膜与基层结合牢固,表面又易被面漆附着,它渗水性要小,底漆要有防锈蚀性能好的颜料和填料,阻止锈蚀发生。面漆的主要功能是保护下层底漆,所以面漆要有良好的耐气候作用,抗风化、不起泡、不易粉化和渗透性小等特点;此外,面漆尚应与底漆有良好的结合性能。为了便于学习和了解各种涂层的性能,现将常用的防锈底漆、面漆和防腐蚀漆等要求列于表 7.5 和表 7.6。

此外,尚有简化钢铁基层处理方法,即在带锈钢铁表面上直接涂刷带锈底漆(或叫不去锈涂料)。带锈底漆有稳定型和转化型两大类,这种底漆涂刷在钢铁表面能抑制锈蚀的发展,且能逐步将铁锈转化为有益的保护物质,节省除锈繁重劳动,是受欢迎的。但实际上因锈层厚度不一,所以转化反应效果不一,不是用量不足就是过剩,影响底漆的附着力。对于已有钢结构的维修,由于旧漆膜和锈蚀面的存在,情况更为复杂,故带锈底漆效果尚有待进一步研究和总结。近年来不少单位正在试制,有一些较好的经验,如杭州油墨油漆厂

生产的稳定性带锈底漆、武昌造船厂等单位生产的稳定性带锈底漆、广州电器研究所研制的水膜不去锈涂料,都有较好的性能。

表7.5　常用防锈底漆

名　称	性　能	用　途	涂施方法	配套要求
红丹油性防锈漆	防锈性能好,漆膜坚固,附着力强,但干燥较慢	适用于钢结构表面防锈打底,但不能用于铝、锌的表面,因红丹与铝、锌起电化学作用	刷涂为主	与酯胶磁漆、酚醛磁漆、醇酸磁漆配套使用
铁红油性防锈漆	附着力强,防锈性较好,但次于红丹油性防锈漆	适用于防锈要求不高的钢结构表面防锈打底	刷涂为主	与酯胶磁漆、酚醛磁漆配套使用
红丹酚醛防锈漆	防锈性能好,漆膜坚固,附着力强,干燥较快	同红丹油性防锈漆	刷涂为主	与酚醛磁漆、醇酸磁漆配套使用
铁红酚醛防锈漆	附着力强、漆膜较软,耐磨性差,防锈性能次于红丹酚醛防锈漆	适用于防锈要求不甚高的钢结构表面防锈打底	刷涂或喷涂	与酚醛磁漆配套使用
铁红、灰酚醛底漆	漆膜有良好的附着力和一定的防锈性能	适用于防锈要求不甚高的钢结构表面防锈打底	刷涂或喷涂	与醇酸磁漆、纯酚醛磁漆配套使用
铁红纯酚醛底漆	有一定的防锈性能,耐水性好	适用于防锈要求不甚高的钢结构表面防锈打底	刷涂或喷涂	与醇酸磁漆、纯酚醛磁漆配套使用
各色硼钡酚醛防锈漆	具有良好的抗大气锈蚀性能,干燥快,施工方便。逐步代替一部分红丹防锈漆使用,节约铅,无毒	适用于钢结构表面防锈打底	刷涂或喷涂	与酚醛磁漆、醇酸磁漆配套使用
铁红、灰酯胶底漆	漆膜坚硬,易打磨,并有良好的附着力	适用于防锈要求不甚高的钢结构表面打底	刷涂或喷涂	与调和漆、酚醛磁漆配套使用
红丹醇酸防锈漆	防锈性能好,漆膜坚固,附着力强,干燥较快	同红丹油性防锈漆	刷涂或喷涂	与醇酸磁漆、酚醛磁漆、酯胶磁漆配套使用
铁红醇酸底漆	具有良好的附着力和一定的防锈能力,在一般气候条件下耐久性好,但在湿热带气候和潮湿条件下耐久性差一些	适用于一般钢结构表面防锈打底	刷涂或喷涂	与醇酸磁漆、硝基磁漆、沥青漆、过氯乙烯漆等配套使用
乙烯磷化底漆	对钢材表面附着力极强,漆料中的磷酸盐可使钢材表面形成磷化膜,延长有机涂层的寿命	适用于钢结构表面防锈打底,可省去磷化或钝化处理,但不能代替一般底漆,不适用于碱性介质的环境中	刷涂或喷涂	其他防锈漆、底漆和面漆配套使用
铁红过氯乙烯底漆	有一定的防锈性及耐化学性,但对钢材的附着力不太好,若与磷化底漆配套使用能耐海洋性及湿热带气候	适用于沿海地区和湿热条件下的钢结构表面防锈打底	喷涂或刷涂	与磷化底漆和过氯乙烯防腐漆配套使用
铁红环氧酯底漆	漆膜坚硬耐久,附着力良好,若与磷化底漆配套使用时,可提高漆膜的耐潮、耐盐务和防锈性能	适用于沿海地区和湿热带气候的钢结构表面打底	喷涂或刷涂	与磷化底漆和环氧磁漆、环氧防腐漆配套使用
云母氧化铁底漆	具有良好的热稳定性、耐碱性,防锈性能超过红丹和硼钡防锈漆,无毒,而且价廉和原料来源丰富	适用于热带气候和湿热条件下的钢结构表面防锈打底	刷涂或喷涂	与各类面漆配套使用
无机富锌底漆	具有较好的耐水性、耐油性、耐溶剂性、耐热性及耐干湿交替的盐雾的性能,有阴极保护作用,长期曝晒不老化	适用于水塔、水槽、油罐及海洋钢构筑物表面防锈打底	刷涂或喷涂	可兼作面漆,如与环氧磁漆、乙烯磁漆配套使用,效果更好

表 7.6 常用面漆

名称	性能	用途	涂施方法	配套要求
各色油性调和漆	耐候性较酯胶调和漆好,但干燥时间较长,漆膜较软	适用作室内一般钢结构的面漆	刷涂为主	
各色酯胶调和漆	干燥性能比油性调和漆好,漆膜较硬,有一定的耐水性	适用作一般钢结构的面漆	刷涂或喷涂	
各色酚醛磁漆	漆膜坚硬、光泽附着力较好,但耐候性差	适用作室内一般钢结构的面漆	刷涂或喷涂	与酯胶底漆、红丹防锈漆、灰防锈漆和铁红防锈漆配套使用
各色纯酚醛磁漆	漆膜坚硬,耐水性、耐候性较好	适用作防潮和干湿交替的钢结构面漆	刷涂或喷涂	与各种防锈漆、酚醛底漆配套使用
各色醇酸磁漆	具有良好的耐候性和较好的附着力,但干燥较慢	适用作钢结构的面漆	刷涂或喷涂	先涂1~2道C06-1铁红醇酸底漆,再涂C06-10醇酸2道底漆,最后涂该漆
灰酚醛防锈漆	耐候性较好,有一定的防水性和防锈性能	适用作钢结构的面漆	刷涂或喷涂	与红丹或铁红类防锈漆配套使用
各色过氯乙烯防腐漆	具有优良的耐腐蚀性和耐潮性。但附着力较差,如配套得好,可以弥补。若经6065℃烘烤1~3小时,其各种力学性能比硝基漆优越	适用于钢结构防酸雾介质腐蚀的面漆	刷涂或喷涂	与X06-1乙烯磷化底漆、C06-4铁红过氯乙烯底漆配套使用
各色环氧硝基磁漆	耐候性良好,有较高的物理机械强度,耐油性良好	适用于湿热气候的钢结构防工业大气腐蚀的面漆	刷涂或喷涂	与环氧底漆配套使用
沥青清漆	具有良好的耐水、耐潮、耐腐蚀性能,但力学性能差,耐候性不好	适用于钢结构防酸气腐蚀的打底和作面漆	刷涂或喷涂	底漆兼作面漆,一般涂2道
沥青耐酸漆	具有耐硫酸腐蚀的性能,并有良好的附着力	适用于室内钢结构防腐蚀的打底和作面漆	刷涂或喷涂	底漆兼作面漆,一般涂2道

7.2.5 钢基材处理

实验研究表明,影响钢结构防腐涂层保护寿命的诸多因素中,最主要的是钢材涂装前钢材表面除锈质量,据统计分析,该因素影响程度占50%左右,故而提出钢基材表面处理质量等级的要求。我国《涂装前钢材表面锈蚀等级和除锈等级》等效采用国际标准ISO 8501-1,将钢材表面原始锈蚀程度和采用不同方式除锈后的表面质量均分成几个等级,并附有样板照片,供目视比较评定等级。结合建(构)筑物钢结构的实际情况,《钢结构工程施工质量验收规范》(GB 50205-2001)中规定了除锈方法和除锈等级(见表7.7)。考虑到目前施工企业的实际情况,允许有条件地采用化学除锈方法。

表 7.7 钢结构除锈方法和除锈等级

除锈方法	喷射或抛射除锈			手工和动力工具除锈	
除锈等级	Sa2	Sa2$\frac{1}{2}$	Sa3	St2	St3

注:当材料和零件采用化学除锈方法时,应选用具备除锈、磷化、钝化两个以上功能的处理液,其质量应符合《多功能钢铁表面处理液通用技术条件》的规定。

手工和动力除锈的 St2 等级,要求彻底用铲刀铲剖,用钢丝刷子刷擦、用机械刷子刷擦和用砂轮研磨等,除去钢结构表面疏松的氧化皮、浮锈及油污垢,最后用清洁干燥的压缩空气或干净的刷子清理表面,钢材处理后,表面应有淡淡的金属光泽。

St3 等级要求,表面除锈要求与 St2 相同,但更为彻底。除去灰尘后,该表面应具有明显的金属光泽。

Sa2 等级是对喷射或抛射除锈的要求,要求钢材表面几乎所有的氧化皮、锈及污物均应除去,再用清洁干燥的压缩空气或干净的刷子清理表面后,稍呈金属灰色。

Sa2 $\frac{1}{2}$ 等级要求采用较彻底喷砂,完全除去氧化皮、锈和油污垢异物,再用毛刷、压缩空气彻底将表面清理,要求清除到钢材表面仅剩有极少量轻微的点锈或纹锈的程度,处理后表面呈近似灰白色金属面。

Sa3 等级要求较高,应完全清除氧化皮、锈和污物,再用毛刷、压缩空气彻底清理表面,不留任何异物,钢材表面应具有均匀的金属光泽。

手工除锈表面处理不宜低于 St3 级,只有对附着力强的油漆涂层允许放宽到 ST2 级;喷砂除锈在无腐蚀性环境下不低于 Sa1 级(采用快速轻度喷砂,将疏松氧化皮、浮锈及油污垢等异物出去),一般除锈处理要达到 Sa2 级,重腐蚀环境下表面除锈处理最低要达到 Sa2 $\frac{1}{2}$ 级。

经表面处理之后的钢材,将产生凹凸面,称为表面粗度。表面粗度与采用的表面处理方法和喷砂材料有关,粗度影响涂层漆膜防腐蚀的能力。粗度大,有助于涂层膜的附着性,但将减薄钢材表面凸点之间的涂层厚度,容易产生针孔,减小了涂层的防锈能力;反之,如粗度小,将降低涂层的附着性;喷砂材料越细,表面粗度越均匀,除锈率也越好。

设计一般对涂装前表面除锈方法和质量等级不提要求,这种情况将逐渐改变。设计中至于选用哪种除锈等级,应全面考虑技术经济效果,并与涂料相适应。

7.2.6　涂装施工

涂层质量与作业中操作有很大关系,一般涂刷中要注意下列事项:

除锈完毕应清除基层上杂物和灰尘,在 8h 内尽快涂刷第一道底漆,如遇表面凹凸不平,应将第一道底漆稀释后往复多次涂刷,使其浸透入凹凸毛孔深部,防止孔隙部分再生锈。

涂装温度以 5～38℃ 为宜,避免在 5℃ 以下和 40℃ 以上及太阳光下直晒,以免漆膜在高温下产生气泡,降低其与钢材的附着力。另外温度低于 0℃ 时,漆膜会因冻结而难以固化。

涂装时的空气湿度不得超过 85%,否则会因钢材表面结露,降低漆膜附着力。

涂料涂装一般是分遍进行,每遍涂层的厚度应符合设计要求。当无设计要求时,宜涂装 4～5 遍。干漆膜总厚度室外应为 150μm,室内应为 125μm,其允许偏差为 ±25μm。涂装工程由工厂和安装单位共同完成时,每遍涂层干漆膜厚度允许偏差为 ±5μm。一次涂刷厚度不宜太厚,以免产生起皱、流淌现象;力求膜厚均匀,应做交叉覆盖涂刷。

底漆表面充分干燥以后才可涂刷次层油漆,间隔时间一般为 8～48h,第二道底漆尽可能在第一道底漆完成后 48h 内施工,以防第一道底漆之漏涂引起生锈;对于环氧树脂类涂料,如漆膜过度硬化易产生漆膜间附着不良,必须在规定时间内做上面一层涂料。涂刷各道油漆前,应用工具清除表面砂粒、灰尘,对前层漆膜表面过分光滑或干后停留时间过长的,适当用砂布、水砂纸打磨后再涂刷上层涂料。

施工使用的涂料应在当天配制,并不得随意添加稀释剂。涂料黏度过大时才可使用稀释剂,稀释剂在满足操作需要情况下应尽量少加或不加,稀释剂掺用过多会使漆膜厚度不足,密实性下降,影响涂层质量。稀释剂使用必须与漆类型配套。一般来说,油基漆、酚醛漆、长油度醇酸磁漆、防锈漆用 200 号溶剂汽油、松节油;中油度醇酸漆用 200 号溶剂汽油与二甲苯(1:1)混合剂;短油度醇酸漆用二甲苯;过氯乙烯漆采用溶剂性强的甲苯、丙酮。稀释剂用错会产生渗色、咬底和沉淀离析缺陷。

在涂过漆的钢材表面上施焊,焊缝根部会出现密集的气孔,影响焊缝质量。因此,施工图中注明不涂装的部位不得涂装,安装焊缝处应留出 30mm~50mm 暂不涂装。另外在焊接、螺栓的连接处,边角处最易发生涂刷缺陷与生锈,所以应注意,防止漏涂和涂刷不均。

7.2.7　钢结构设计与防腐蚀工艺的相关问题

钢结构设计中的构件尺度划分要与防腐蚀工艺协调。如果采用热浸锌方法作长效防腐蚀处理时,构件长度及高、宽均受热浸锌镀槽尺寸的限制,一般不超过 8m 长,500mm 宽或高。当然,有大型镀槽时可放宽到 14m 长,1500mm 宽或高。

防腐蚀工艺流程对钢构件构造处理有不同要求。如热浸锌时构件整体受高温作用,因而管状构件不允许两端封闭,若有封闭空腔则会在镀锌时由于内部空气膨胀而爆裂,造成安全事故。而采用热喷铝复合涂层或涂层法时,为了避免管状构件内部腐蚀及内部防腐蚀处理的不便,一般要将管状构件两端作气密性焊接封闭。

室外钢结构设计中避免焊接贴合面。室外钢结构构件或钢板焊接连接时,若互相之间有贴合面(贴合边不在其列),则在贴合面内的防腐蚀处理必然不彻底,经长期锈蚀会影响结构的耐久性,因此应该避免。

现场焊缝处防腐蚀涂层的处理。现场焊接之前应将焊缝附近的防腐蚀层清除,因而也就破坏了防腐蚀涂层。对于油漆等涂料,只要重新涂覆即可。对于长效防腐蚀涂层,如热浸锌或热喷铝,则现场很难恢复,因而只能用效果相近的涂料作补救处理,对此设计应有明确的规定。

涂层使用耐久年限,除了表面处理影响外,很大程度上还与涂层结构是否合理有关;在设计涂层上要按 10~15 年来考虑涂刷周期,4~6 年钢结构表面要重做防护涂层是不太经济的。法国埃菲尔铁塔涂刷普通红丹底漆平均 13 年一次,德国门斯登桥平均 16 年涂刷一次。所以除重视涂层选料外,并注意合理的涂层结构、重视施工操作工艺,是能够保持较长维修周期的。

涂层结构要放弃过去一般采用的"一底两度"不变结构。涂层结构由底漆、腻子、2 道底漆(或中涂层)和面漆组成。第一层底漆是保证可靠的粘结,起防锈、防腐、防水作用;第二层腻子是起平整表面的作用;第三层 2 道底漆是在较高要求工程中采用,起填补腻子细孔的作用;第四层面漆是保护底漆,并使表面获得要求的色泽,起装饰效果;第五层罩光面漆,有时为了增加光泽和耐腐蚀等作用,在面漆外再涂一层罩光清漆或面漆。钢结构中全面统刮腻子是很少的,一般采用 2 道底漆和 2~3 道面漆结构,底漆道数增加可起填平基层作用,也可保证漆膜总厚度。

7.3 钢结构的防火

7.3.1 火灾对钢结构的危害

火灾是一种失去控制的燃烧过程,火灾可分为"大自然火灾"和"建筑物火灾"两大类。所谓大自然火灾是指在森林、草场等自然区发生的火灾,而建筑物火灾是指发生于各种人为建造的物体之中的火灾。事实证明,建筑火灾发生的次数最多、损失最大,约占全部火灾的 80%左右。

据不完全统计,1980 年美国发生火灾 300 万起,造成直接经济损失 62.5 亿美元;1989~1991 年 3 年间,美国因火灾造成的直接经济损失分别为 92 亿美元、82 亿美元和100 亿美元,日本为 4 500 亿日元、5 200 亿日元和 7 900 亿日元。我国 20 世纪 50 年代、60年代、70 年代、80 年代,年平均火灾直接经济损失为 0.5 亿元、1.5 亿元、2.5 亿元、3.2 亿元,进入 20 世纪 90 年代至今,火灾损失日趋严重。

钢结构作为一种蓬勃发展的结构体系,其优点有目共睹,但缺点也不容忽视。除耐腐蚀性差外,耐火性差是钢结构的又一大缺点。因此一旦发生火灾,钢结构很容易遭受破坏而倒塌。例如,1967 年美国蒙哥马利市的一个饭店发生火灾,钢结构屋顶被烧塌;1970 年美国 50 层的纽约第一贸易办公大楼发生火灾,楼盖钢梁被烧扭曲 10cm 左右;1990 年英国一幢多层钢结构建筑在施工阶段发生火灾,造成钢柱、钢梁和楼盖钢桁架的严重破坏;我国也有许多因火灾而造成的钢结构事故,其典型实例如下:

1) 1993 年福建泉州的一座钢结构冷库发生火灾,造成 3 600m² 的库房倒塌。

2) 1996 年江苏省昆山市的一座轻钢结构厂房发生火灾,4 320m² 的厂房倒塌。

3) 1998 年北京某家具城发生火灾,造成该建筑(钢结构)整体倒塌。

4) 1984 年 6 月,某体育馆在施工过程中发生了火灾,屋盖为 66m×90m 八边形的两向正交正放网架,火灾范围仅在长跨端头的两个开间,火烧时间约 2h,最高温度达 700~800℃,有几根腹杆弯曲变形,其矢高在火直接燃烧部分超过了计算值,最大超过一倍多。这次火灾事故虽然造成了一些损失,但是由于建设、设计和施工单位的重视,灾后对网架结构杆件在高温下及冷却后的力学性能进行了试验研究和鉴定工作,为修复、加固提供了宝贵的经验和依据。

5) 1995 年某跨度为 47m 单层球面网壳,在工程将竣工交付使用时,由于焊工在补焊一零件时,引起网壳上已涂刷好的油漆着火。火焰从网壳底部向四周蔓延到半个壳体,由于温度不很高,灭火及时,未造成网壳损害。

6) 某体育馆于 1993 年 11 月发生了火灾,大火持续了 1h,屋盖网架由于喷涂了防火涂料,网架未发生变形。

尤其值得一提的是,美国纽约世贸中心大楼在 2001 年"9.11"情景至今记忆犹新,这是历史上火灾给钢结构带来的最大灾难。

随着社会的发展,人们对防火性能越来越重视。从结构设计人员的观点看,火灾的影响是建筑物在使用期间可能遇到的最危险的现象之一。高层建筑火灾危害性在于:建筑物的功能复杂,火灾隐患多,且一旦起火,火势蔓延迅速,人员撤离困难,扑救难度大,造成的损失巨大。因此,建筑物及其构件在设计时,就应采取适当的防火措施,使其能抵御火灾的危害。高层钢结构在发展中需要解决的主要问题之一,就是防火问题。

7.3.2 钢结构在高温下的性能——失效分析

钢材是一种不燃烧材料,但耐火性能差,钢材的力学性能对温度变化很敏感,总的趋势是屈服点、抗拉强度以及弹性模量,随温度的升高而降低,因而出现强度下降、变形加大等问题。试验研究表明,当温度升高到200℃以下时,钢材的屈服强度、抗拉强度和弹性模量变化不大。当温度在250℃左右时,钢材的抗拉强度反而有较大提高,而塑性和冲击韧性下降,此现象称为"蓝脆现象"。当温度超过300℃时,钢材的屈服强度、抗拉强度和弹性模量开始显著下降,应力-应变关系曲线就没有明显的屈服台阶,而塑性伸长率显著增大,钢材产生徐变。当温度超过400℃时,钢材内部再结晶,使强度和弹性模量都急剧降低。达600℃时,屈服强度、抗拉强度和弹性模量均接近于零,其承载力几乎完全丧失。因此,我们说钢材耐热不耐火。

火灾是一种灾难性荷载,当发生火灾后,热空气向构件传热主要是辐射、对流,而钢构件内部传热是热传导。随着温度的不断升高,钢材的热物理特性和力学性能发生变化,钢结构的承载能力下降。火灾下钢结构的最终失效是由于构件屈服或屈曲造成的。

钢结构在火灾中失效受到各种因素的影响,例如钢材的种类、规格、荷载水平、温度高低、升温速率、高温蠕变等。对于已建成的承重结构来说,火灾时钢结构的损伤程度还取决于室内温度和火灾持续时间,而火灾温度和作用时间又与此时室内可燃性材料的种类及数量、可燃性材料燃烧的特性、室内的通风情况、墙体及吊顶等的传热特性及当时气候情况(季节、风的强度、风向等)等因素有关。火灾一般属意外性的突发事件,一旦发生,现场较为混乱,扑救时间的长短也直接影响到钢结构的破坏程度。

如果把钢材高于屈服点直至结构最后破坏的强度储备都考虑进去,并考虑在一场火灾中,结构一般并不承受它的全部设计荷载(活荷载、地震作用、风荷载),所以认为火灾招致结构发生破坏的临界温度,将依钢种和结构的不同而不同。对由低碳钢组成的结构在500~550℃,对于低合金钢结构的临界温度稍高一些,假定此时构件应力只是设计强度的一半左右。在火灾下钢结构的温度可达900~1000℃,所以钢结构应采取防火保护措施,钢结构防火保护的目的是使钢结构在发生火灾时,能满足防火规范规定的耐火极限时间。

7.3.3 钢构件的耐火极限的确定

钢结构由于耐火性能差,因此为了确保钢结构达到规定的耐火极限要求防火保护措施。通常不加保护的钢构件的耐火极限仅为10~20min。

1. 耐火极限的概念

就钢结构整体的耐火极限而言,定义为:建筑确定的区域发生火灾,受火灾影响的有关结构构件在标准升温条件下,使整体结构失去稳定性所用的时间,以小时(h)计。

钢构件的耐火极限定义为:钢构件受标准升温火灾条件下,失去稳定性、完整性或绝热性所用的时间,一般以小时(h)计。

失去稳定性是指结构构件在火灾中丧失承载能力,或达到不适宜继续承载的变形。对于梁和板,不适于继续承载的变形定义为最大挠度超过$\frac{L}{20}$,其中L为梁板构件的计算跨度。对于柱,不适于继续承载的变形可定义为柱的轴向压缩变形,速度超过$3h(\text{mm/min})$,其中h为柱的受火高度,单位以 m 计。

失去完整性是指分隔构件(如楼板、门窗、隔墙等)一面受火时,构件出现穿透裂缝或穿火孔隙,使火焰能穿过构件,造成背火面可燃物起火燃烧。

失去绝热性是指分隔构件一面受火时,背火面温度达到 220℃,可造成背火面可燃物(如纸张、纺织品等)起火燃烧。

当进行结构抗火设计时,可将结构构件分为两类,一类为兼作分隔构件的结构构件(如承重墙、楼板),这类构件的耐火极限应由构件失去稳定性或失去完整性或失去绝热性三个条件之一的最小时间确定;另一类为纯结构构件(如梁、柱、屋架等),该类构件的耐火极限则由失去稳定性单一条件确定。

2. 耐火极限的确定

钢结构整体的耐火极限可按该建筑中所有构件的耐火极限的最大值确定。

(1) 耐火极限确定因素

当确定钢结构构件的耐火极限时,应着重考虑以下因素:

1) 建筑的耐火等级。建筑的耐火等级是建筑防火性能的综合评价或要求。目前我国《建筑设计防火规范》(GBJ 16-87,2001 版)将建筑物耐火等级分为一、二、三、四级。显然建筑耐火等级越高,构件的耐火极限要求应越高。

2) 构件的重要性。越重要的构件,耐火极限要求应越高。通常来讲,梁比楼板重要,而柱比梁更重要。

3) 构件在建筑物中的部位。例如,高层建筑的下部构件比上部构件更为重要。

(2) 我国结构构件的耐火极限

目前我国结构构件耐火极限的确定仅考虑上述 1)、2)两个因素,如表 7.8 所示。

表 7.8 建筑结构构件的燃烧性能和耐火极限

构件名称		耐火等级 一级	二级	三级	四级
墙	防火墙	非燃烧体 4.00	非燃烧体 4.00	非燃烧体 4.00	非燃烧体 4.00
	承重墙、楼梯间、电梯井墙	非燃烧体 3.00	非燃烧体 2.50	非燃烧体 2.50	难燃烧体 0.50
柱	支承多层的柱	非燃烧体 3.00	非燃烧体 2.50	非燃烧体 2.50	难燃烧体 0.50
	支承单层的柱	非燃烧体 2.50	非燃烧体 2.00	非燃烧体 2.00	燃烧体
梁		非燃烧体 2.00	非燃烧体 1.50	非燃烧体 1.00	难燃烧体 0.50
楼板		非燃烧体 1.50	非燃烧体 1.00	非燃烧体 0.50	难燃烧体 0.25
屋顶承重构件		非燃烧体 1.50	非燃烧体 0.50	燃烧体	燃烧体
疏散楼梯		非燃烧体 1.50	非燃烧体 1.00	非燃烧体 1.00	燃烧体

耐火极限的划分是以楼板为基准的。耐火等级为一级的楼板的耐火极限定为 1.5h，二级为 1.0h，三级为 0.5h，四级为 0.25h。确定梁的耐火极限时，考虑梁比楼板耐火极限相应提高，一般提高 0.5h。而柱和承重墙比楼板重要，则将它们的耐火极限在梁的基础上进一步提高。

《高层民用建筑设计防火规范》(GB 50045-95)根据各种高层民用建筑使用的性质、火灾危险性、疏散和补救的难易程度，将高层民用建筑分为两类，以确定建筑物的耐火等级。高层民用建筑的耐火等级分一、二两级，一类高层建筑的耐火等级为一级，二类高层建筑的耐火等级不低于二级。而《高层民用建筑钢结构技术规程》(JGJ99-98)又作了补充规定，要求高层建筑钢结构构件的燃烧性能和耐火极限应不低于表 7.9 的规定。

表 7.9 高层建筑钢结构构件的燃烧性能和耐火极限

构件名称		燃烧性能和耐火极限	
		一级	二级
墙	防火墙	不燃烧体,3.00	不燃烧体,3.00
	承重墙、楼梯间墙、电梯井墙及单元之间的墙	不燃烧体,2.00	不燃烧体,2.00
	非承重墙、疏散走道两侧的隔墙	不燃烧体,1.00	不燃烧体,1.00
	房间的隔墙	不燃烧体,0.75	不燃烧体,0.50
柱	自楼顶算起(不包括楼顶的塔形小屋)15m 高度范围内的柱	不燃烧体,2.00	不燃烧体,2.00
	自楼顶以下 15m 算起至楼顶以下 55m 高度范围内的柱	不燃烧体,2.50	不燃烧体,2.00
	自楼顶以下 55m 算起在其以下高度范围内的柱	不燃烧体,3.00	不燃烧体,2.50
其他	梁	不燃烧体,2.00	不燃烧体,1.50
	楼板、疏散楼梯及吊顶承重构件	不燃烧体,1.50	不燃烧体,1.00
	抗剪支撑,钢板剪力墙	不燃烧体,2.00	不燃烧体,1.50
	吊顶(包括吊顶搁栅)	不燃烧体,0.25	不燃烧体,0.25

注:1) 设在钢梁上的防火墙,不应低于一级耐火等级钢梁的耐火极限。

2) 中庭桁架的耐火极限可适当降低,但不应低于 0.50h。

3) 楼梯间平台上部设有自动灭火设备时,其楼梯的耐火极限可不限制。

表 7.8 和表 7.9 中非燃烧体指受到火烧或高温作用时不起火、不燃烧、不炭化的材料。例如,钢材、混凝土、砖、石等。难燃烧体指在空气中受到火烧或高温作用时难起火,当火源搬走后,燃烧立即停止的材料。例如,经阻燃、难燃处理后的木材、塑料等。燃烧体指在明火和高温下起火,在火源搬走后能继续燃烧的材料。例如,天然木材、竹子等。

表 7.9 与《高层民用建筑设计防火规范》(GB 50045-95)稍有不同,将构件的耐火极限按其所处的位置提出不同要求。下面的柱支承上面的柱,如下面的柱发生意外,则影响上面柱的安全,下面的柱比上面的更重要,尤其是底部十几层的柱更加重要。

同样,其他构件耐火极限也是根据其重要性确定的。楼板与屋顶结构是水平承重构件,根据火灾统计资料和建筑构件设计构造情况,其耐火极限一级定为 1.5h,二级定为 1.0h 是合适的。楼板将荷载传给梁,梁的耐火极限比楼板应略高一些。

抗剪支撑和钢板剪力墙是按风荷载和地震组合内力设计的,火灾与大风或地震同时发生的几率很小,它们的耐火极限实际可以更低一些。

《高层民用建筑设计防火规范》(GB50045-95)规定的建筑构件耐火极限,大大缩小了允许人员主观决定的范围。但在实际结构中,当个别截面达到破坏温度时,通常并不一定会引起这个结构构件的破坏,按弹性理论设计的超静定结构仍然具有强度储备,一根连续梁中某个别截面首先达到破坏温度时,在那个截面上便产生了一个塑性铰,但梁仍保持承载力。

一个结构构件在达到破坏温度前所经历的时间,是按吸热的比值确定的。一个大截面构件要达到某一确定的温度需要吸收更多的热量。相反,小截面构件吸收热量就小一些。细而长的开敞式截面,其吸热比和升温比就高。而封闭式的管状截面或箱形截面,由于这些构件的热量只接触到截面的一边,其吸热比和升温比就低一些。

一个空心钢柱用混凝土填实时,有较高的耐火能力,因为钢柱吸热后有若干热量会传递到混凝土部分。同样,组合梁的耐火能力也有类似的提高,因为钢梁的温度会从顶部翼缘把热量传递给混凝土,而自身温度降低。

如果考虑以上关系,就有可能缓和必须满足的严格的耐火要求,采用较薄的防护材料,从而降低防火费用。在有些设计中,已经考虑在封闭型截面柱内灌注混凝土的可能性。混凝土可以吸收热量,减慢钢柱的升温速度,并且一旦钢柱屈服,混凝土可以承受大部分的轴向荷载,防止结构倒塌。

7.3.4 钢结构的防火措施

钢结构构件与其他材料构成的结构构件一样,必须具备要求的耐火能力。未加保护的钢构件的耐火极限一般仅为 0.25h,必须采取适当的防火措施才能达到表 7.8 和表 7.9 的耐火要求。一般来说,依靠适当的保护手段,钢结构构件可以达到任一要求的防火等级。

1.防火保护材料

钢结构常用的防火保护材料有以下 3 种。

(1) 防火涂料

防火涂料在我国众多的涂料品种中属于特种涂料的范畴。钢结构防火涂料是专门用于喷涂钢结构构件表面,能形成耐火隔热保护层,以提高钢结构耐火极限一种耐火材料。在工程中主要用来阻止火焰传播、保护承载构件和减少火灾损失,是建筑防火的重要材料。它主要有以下两个作用:当涂覆于可燃基材上时,除起到与普通装饰涂料相同的装饰、防腐及延长被保护材料的使用寿命外,遇到火焰或热辐射时,防火涂料迅速发生物理、化学变化,隔绝热量,阻止火焰传播蔓延,起到阻燃作用;当涂覆于构件表面除具有防锈、耐酸碱、耐烟雾作用外,遇火时还能隔绝热量,降低构件表面温度,起到耐火作用。按其阻燃作用的原理可分为膨胀型和非膨胀型两种。

膨胀型防火涂料又称为薄涂型涂料,涂层厚度一般为 2~7mm,有一定的装饰效果,所含树脂和防火剂只有在受热时才起保护作用。当温度升高至 150~350℃时,涂层能迅速膨胀 5~10 倍,从而形成适当的保护层,这种涂料的耐火极限一般为 1.0~1.5h。在薄涂型防火涂料下面,钢构件应做好全面的防腐措施,包括底漆涂层和面漆涂层。

非膨胀型涂料为厚涂型防火涂料。它由耐高温硅酸盐材料、高效防火添加剂等组成,是一种预发泡高效能的防火涂料,涂层呈粒状面,密度小,导热率低。涂层厚度一般为 8~50mm;通过改变涂层厚度可以满足不同耐火极限的要求。高层钢结构构件的耐火极限在

1.5h 以上,应选用厚涂型防火涂料。

（2）由厚板或薄板构成的外包层防火板

这种防火板材常用的有石膏板、水泥蛭石板、硅酸钙板和岩棉板等。使用时通过胶结剂或紧固件固定在钢构件上。采用外包金属板时,应内衬隔热材料。

（3）外包混凝土保护层

它可以现浇成型,也可用喷涂法。通常要求在外包层内埋设钢丝网或用小截面钢筋加强,以限制收缩裂缝和遇火爆裂。现浇外包混凝土的容重大,应用上受到一定的限制。

2. 防火涂料的防火机理

1）防火涂料本身具有难燃或不燃性,使被保护的可燃性基材不直接与空气接触,从而延迟基材着火燃烧。

2）防火涂料遇火受热分解出不燃的惰性气体,可冲淡被保护基材受热分解的易燃气体和空气中的氧气,抑制燃烧。

3）燃烧被认为是游离基引起的连锁反应,而含氯、磷的防火涂料受热分解出一些活性自由基团,可与有机游离基化合,中断连锁反应,降低燃烧速度。

3. 选用防火保护材料的基本原则

1）现代建筑对防火材料的阻燃性提出越来越高的要求,应具有良好的绝热性,其导热系数小或热容量大。

2）在火灾升温工程中不开裂,不脱落、能牢固地附着在构件上,本身又有一定的强度和粘结度,连接固定方便,

3）不腐蚀钢材,呈碱性且氯离子的含量低。

4）不含危害人体健康的石棉等物质。

对于材料的上述性能,只有通过其物理化学特别是基本热力学性能的测试数据、耐火试验测试报告,和长期使用情况的调查才能反映出来。生产厂家应提供有关方面技术资料和检测合格报告。

4. 防火保护层的厚度

防火保护材料选好后,确定保护层的厚度就显得十分重要。影响保护层厚度的因素较多。如钢构件的种类、截面形状和尺寸大小,以及要求的耐火极限等,可参照有关规范或规程选用。

1）《钢结构防火涂料应用技术规程》(CECS 24-90)制定了薄涂型和厚涂型防火涂料的耐火极限,见表 7.10。

表 7.10　防火涂料耐火极限

耐火性能	防火涂料类型							
	有 机 薄 涂 型			无 机 厚 涂 型				
涂层厚度/mm	3	5.5	7	15	20	30	40	50
耐火极限/h	0.5	1.0	1.5	1.0	1.5	2.0	2.5	3.0

高层钢结构的梁、柱和其他构件均可根据耐火极限,按表7.10确定涂层厚度。防火涂料产品应具有消防部门认可的、国家技术监督检测机构检测后提出的耐火极限检测报告和理化性能检测报告等,生产厂家须有消防监督部门核发的生产许可证、产品合格证和详细的使用说明。涂料的喷涂,应由经过培训合格的专业队伍施工。

2)《高层民用建筑设计防火规范》(GB 50045-95)附录 A 列出了各类建筑构件的燃烧性能和耐火极限。

3)《建筑设计防火规范》(GBJ 16-87)附录二列出了各类建筑构件的燃烧性能和耐火极限。

5. 防火方法

钢结构的防火方法主要有两种:喷涂防火覆面材料和用防火板围护钢结构构件以及采用水喷淋系统进行防护。水喷淋系统是一种最有效的防火方法,但其造价较贵,一般用在钢结构的公共建筑和人流密集、对人身安全威胁严重的场合,其他场合采用较少。

(1)外包层

钢结构的防火外包层一般可用混凝土现浇成型,也可采用喷涂防火材料或围护防火板材等形式。现浇的实体混凝土外包层通常可用钢丝网或钢筋来加强,以限制收缩裂缝并保证外壳的强度。亦可在钢结构表面涂抹砂浆形成保护层,砂浆可以是石灰、水泥或石膏砂浆,也可以掺入珍珠岩或石棉。同时应根据混凝土的容量、受力状态及耐火极限要求来确定混凝土的最小围护厚度。

外包层还可用珍珠岩、石棉、石膏、石棉水泥或轻质混凝土制成的预制板,并用粘结剂、螺钉或螺栓固定在钢构件上。一般钢柱宜采用混凝土板、石膏板、石棉板、砌块、砖等围护材料;钢梁宜采用石膏板、石棉板等轻质围护材料。

外包层做法通常按照构造形式概括为以下三种:

①紧贴包裹法,一般采用防火涂料,紧贴钢结构的外露表面,将钢构件包裹起来。

②空心包裹法,一般采用防火板、石膏板、蛭石板、硅酸盖板、珍珠岩板将钢构件包裹起来。

③实心包裹法,一般采用混凝土,将钢结构浇注在其中。

当钢结构构件外表面采用喷涂防火材料时,喷涂材料厚度应按材料类型和耐火等级要求确定。

防火材料应在规定的耐火时限内与钢结构构件保持良好的结合,不产生裂缝和剥落,以起到有效地屏蔽火焰和阻隔温度的作用。

当喷涂的防火材料容重较大且其厚度大于 25mm 时,应在梁柱节点和截面变化处设置金属网片以防涂料剥落。

(2)膨胀材料

膨胀材料一般为涂层或板料,它受热后才能起保护作用。受热使材料膨胀,从而形成一定厚度的防火保护层,其耐火极限可达 30min 以上。这种材料一般只适宜于在建筑物的室内使用。使用膨胀材料时,钢结构必须采取防腐措施。

常用的防火涂料主要有:

1) TN-LT 钢结构膨胀防火涂料。该涂料系水溶性有机与无机相结合的乳胶膨胀防火涂料,不含石棉,遇火时能迅速膨胀5～10倍,形成一层较结实的防火隔热层,使钢构件在火灾中受到保护。其涂层4mm厚时,耐火时间在1.5h以上,可用于各类钢结构中。

2) GJ-1型钢结构薄层防火涂料。该涂料涂层薄而耐火极限高,其4mm厚的涂层就相当于厚浆型防火涂料30mm的耐火极限。主要用于大型工字钢、角钢和网架等各种受力钢构件的防火保护。

3) MC-10钢结构防火涂料。该涂料为水性厚浆型双组分防火涂料,遇火膨胀,以隔挡高温火焰对基材的烧蚀,外释气体积烟雾少,无毒性,适用于钢结构建筑物及构件的防火保护。

(3) 充水(水套)

空心型钢组成的钢结构内充水是防火的有效措施,这种方法能使钢结构在火灾时保持较低的温度。水在构件内循环,受热的水可经冷却后再循环,或有支管引入冷水进行循环。这种方法在国外已用在钢柱的保护上。

6.具体结构防火措施及构造

(1) 钢柱

喷涂防火涂料保护是目前钢结构防火最普遍采用的防护措施。钢柱一般采用厚涂型钢结构防火涂料,其涂层厚度应满足构件的耐火极限限值的要求。防火涂料中的底层和面层涂料应相互配套,底层涂料不得腐蚀钢材。喷涂施工时,节点部位宜做加厚处理。对喷涂的技术要求和验收标准均应符合国家标准《钢结构防火涂料应用技术规程》(CECS 24:90)的规定。

防火板材包覆保护,当采用石膏板、蛭石板、硅酸钙板、岩棉板等硬质防火板材保护时,板材可用粘结剂或紧固铁件固定,粘结剂应在预计耐火时间内受热而不失去粘结作用,若柱子为开口截面(如工字形截面),则在板的接缝部位,在柱翼缘之间嵌入一块厚度较大的防火材料作横隔板。当包覆层数等于或大于两层时,各层板应分别固定,板的水平缝至少应错开500mm。用板材包覆具有干法施工、不受气候条件限制、融防火保护和装修为一体的优点。但板的裁剪加工、安装固定、接缝处理等技术要求较高,应用范围不及防火涂料普遍。

外包混凝土保护层,可采用C20混凝土或加气混凝土,混凝土内宜用细箍筋或钢筋网进行加固,以固定混凝土,防止遇火剥落。对于H型钢柱中如在翼缘间用混凝土填实,可大大增加柱的热容量。火灾中可充分吸收热量,减慢钢柱的升温速度。

钢丝网抹灰作保护层,其做法是在柱子四周包以钢丝网,缠上细钢丝,外面抹灰,边角另加保护钢条。灰浆内掺以石膏、蛭石或珍珠岩等防火材料。用抹灰作防火保护层的耐火极限较低。

钢柱包以矿棉毡(或岩棉毡),并用金属板或其他不燃性板材裹起来。

(2) 钢梁

钢梁的防火保护措施可参照钢柱的做法。当采用喷涂防火涂料时,遇到下列情况应在涂层内设置与钢构件相连的钢丝网:

1) 受冲击振动荷载的梁。

2) 涂层厚度等于或大于40mm的梁。

3）腹板高度超过 1.5m 的梁。

4）粘结强度小于 0.05MPa 的钢结构防火涂料。

设置钢丝网时钢丝网的固定间距以 400mm 为宜,可固定在焊于梁的抓钉上,钢丝网的接口至少有 400mm 宽的重叠部分,且重叠不得超过 3 层,并保持钢丝网与构件表面的净距在 3mm 以上。

用防火板材包覆的梁,在固定前,在梁上先用一些防火材料作成板条并将其卡在梁上,然后将防火板材用钉子或螺钉固定在它的上面。

（3）楼盖

楼盖的防火措施可参见《高层民用建筑设计防火规范》(GB 50045-95)附录 A 的有关规定。楼板是直接承受人和物的水平承重构件,起着分隔楼层(竖向防火分隔物)和传递荷载的作用。当采用钢筋混凝土楼板时,应增加钢筋保护层的厚度。简支的钢筋混凝土楼板,保护层厚度为 10mm 时,耐火极限为 1.0h;保护层厚度为 20mm 时,耐火极限为 1.25h;保护层厚度为 30mm 时,耐火极限为 1.5mm。楼板的耐火极限除取决于保护层厚度外,还与板的支承情况及制作等因素有关。

预应力楼板的耐火极限偏低,这主要由于钢筋经过冷拔、冷拉后产生了高强度,在火灾温度作用下,其强度和刚度下降较快;在火灾作用下,钢筋的蠕变要比非预应力钢筋快得多。

当采用压型钢板与混凝土组合楼板时,应视上部混凝土厚度确定是否需要进行防火保护。当混凝土厚度 $h_1 \geqslant 80mm$、板厚 $h \geqslant 110mm$ 时,由于混凝土板的体积比较大,整体升温比较缓慢,钢板的温度基本等同于混凝土板的温度,压型钢板下表面可以不加防火保护。当上部混凝土厚度仅 $\geqslant 50mm$ 时,下部应采用厚度 $\geqslant 12mm$ 的防火板材或防火涂料加以保护。若压型钢板仅作为模板使用,下部可不作防火保护。

此外,吊顶对梁和楼板的防火起一定保护作用,可以把楼盖与吊顶看作是一个防火整体。在高层钢结构中,选用什么样的吊顶十分重要,应考虑使它除起吊顶及其他功能外,还能在增加很少费用即可起到防火保护作用。但即使如此,楼盖构件(梁和板)仍需要作直接的防火保护层。

（4）屋盖与中庭

屋盖与中庭采用钢结构承重时,其吊顶、望板、保温材料等均应采用不燃烧材料,以减少发生火灾时对屋顶钢构件的威胁。屋顶钢构件应采用喷涂防火涂料、外包不燃烧板材或设置自动喷水灭火系统等保护措施,使其达到规定的耐火极限的要求。当规定的耐火极限在 1.5h 及以下时,宜选用薄涂型钢结构防火涂料,并有一定的装饰效果。

7.4 钢结构安装

钢结构的安装与一般结构的安装既有共同点,也有差别。

钢结构的安装机具选择、场地布置、安全措施等方面与预制钢筋混凝土结构安装基本类同,在此不再叙述。所不同的是安装前的某些准备工作,安装中的稳定和连接问题。

7.4.1　钢结构安装的准备

1. 施工组织设计

钢结构安装的施工组织设计应简要描述工程概况、全面统计工程量、正确选择施工机具和施工方法、合理编排安装顺序、详细拟订主要安装技术措施、严格制定安装质量标准和安全标准、认真编制工程进度表、劳动力计划及材料供应计划。

2. 施工前的检查

施工前的检查包括钢构件的验收、施工机具和测量器具的检验及基础的复测。

（1）钢构件的验收

结构安装前应对构件进行全面检查，对钢构件应按施工图和规范要求进行验收，如构件的数量、长度、垂直度、安装接头处螺栓孔之间的尺寸等是否符合设计要求；对制造中遗留下的缺陷及运输中产生的变形，应在地面预先矫正，妥善解决。钢构件运到现场时，制造厂应提供产品出厂合格证及下列技术文件：

1）设计图和设计修改文件。

2）钢材和辅助材料的质保单或试验报告。

3）高强螺栓摩擦系数的测试资料。

4）工厂焊接中一、二类焊缝检验报告。

5）钢构件几何尺寸检验报告。

6）构件清单。

安装单位应对此进行验收，并对构件的实际状况进行复测。若构件在运输过程中有损伤，还须要求生产厂修复。

（2）施工机具及测量器具的检验

安装前对重要的吊装机械、工具、钢丝绳及其他配件均须进行检验，保证具备可靠的性能，以确保安装的顺利及安全。

安装时测量仪器及器具要定期到国家标准局指定的检测单位进行检测、标定，以保证测量标准的准确性。

（3）基础的复测

钢结构是固定在钢筋混凝土基座（基础、柱顶、牛腿等）上的，钢柱与基础一般都采用柱脚锚栓连接，因而安装钢柱前对基座及其锚栓的准确性、强度要进行复测，基座复测要对基座面的水平标高、平整度、柱脚螺栓之间的尺寸、露出基础顶面的尺寸、锚栓水平位置的偏差、锚栓埋设的准确性作出测定，基础顶面的标高是否符合设计要求，以及柱脚锚栓的螺纹是否有损坏等（一般在基础施工时就应采取措施，以保护柱脚锚栓及其螺纹不被碰坏），并把复测结果和整改要求交付基座施工单位。

7.4.2　钢结构安装中的稳定问题

钢结构构件是在特定的状态下使用的。在相对较为随机的施工状态下，其系统或构件的稳定条件会发生较大的变化。所以在安装时，要充分考虑它在各种条件下的构件单体稳定和结构整体稳定问题,以确保施工安全。

构件单体稳定问题是指一个构件在工地堆放、起扳、吊装、就位过程中发生弯曲、弯扭破坏和失稳,因而对于较薄而大的构件均应考虑这一问题。必要时要用临时支撑对构件的弱轴方向进行加固,如单片平面桁架及高宽比相当大的工字梁等。

结构整体稳定问题是指结构在吊装过程中支撑体系尚未形成,结构就要承受某些荷载(包括自重)。所以在拟订吊装顺序时必须充分考虑到这一因素,保证吊装过程中每一步结构都是稳定的。若有问题可加临时缆绳等措施解决。

结构吊装时,应采取适当措施,防止产生过大的弯扭变形,同时应将绳扣与构件的接触部位加垫块垫好,以防刻伤构件。结构吊装就位后,应及时系牢支撑及其他连系构件,以保证结构的稳定性。所有上部结构的吊装,必须在下部结构就位、校正并系牢支撑构件以后才能进行。

7.4.3 钢结构安装连接问题

钢结构的现场连接主要是普通螺栓连接、高强螺栓连接及焊接。

普通螺栓主要用于受弯、受拉的节点。螺栓以受拉为主。加适当预应力后,也大量用于输电塔等结构抗剪连接中。普通螺栓拧紧后,外露丝扣须不少于2~3扣。普通螺栓应有防松措施,如双螺母或扣紧螺母防松。螺栓孔错位较小者可用铰刀或锉刀修孔,不得用气割修孔。

高强螺栓连接一般用于直接承受动力荷载的重要结构中。其主要特点是通过接触面的摩擦来传递剪力。所以在高强螺栓安装时,摩擦面的做法及粗糙度必须按规范要求加工。其次还要进行摩擦系数和扭矩系数试验。在安装时要测定螺栓的初拧扭矩和终拧扭矩。

工地焊接作业条件比工厂焊接条件差。因而设计中应避免工地焊接。若无法避免,则除了要像工厂焊接那样对焊接的全过程进行质量控制而外,还应特别注意克服不良的气候环境和不利的焊接工位的影响。

不良的气候环境指雨天、刮风、低温气候下室外施工。这将严重影响焊接质量。所以应该采取防护措施造成局部的良好环境,以保证焊接质量。

不利的焊接工位指现场操作结构无法转动,只能仰焊,甚至焊接人员落脚也很难。对这种状况,应该尽可能改善作业条件,并让高等级的焊工操作难度较大的部分。

工地焊接的检验同工厂焊接。

钢结构工程安装时应同步实测钢结构安装的准确度,并及时按国家标准进行修正。

7.5 钢结构验收

钢结构工程的竣工验收,应在建筑物的全部或具有空间刚度单元部分的安装工作完成后进行;钢结构工程施工质量的验收,是在施工单位自检合格的基础上,按照检验批、分项工程、分部(子分部)工程进行。验收的方针是"验评分离,强化验收,完善手段,过程控制"。

钢结构验收应按分项工程、分部工程和单位工程三个层次进行。

分项工程按钢结构制作和安装中的主要工序进行划分；分部工程按钢结构制作和安装中的空间刚度单元划分，每个分部工程中有数个分项工程；单位工程指独立而完整的工程单位，其中包含若干分部工程。

1.分项工程的质量等级

分项工程的质量等级按表7.11划分。

表7.11　分项工程质量等级表

等级	合格	优良
保证项目	全部符合标准	全部符合标准
基本项目	全部合格	60%以上优良，其余合格
允许偏差项目	80%及以上实测值在标准规定允许偏差范围内，其余值基本符合标准规定	90%及以上实测值在标准规定允许偏差范围内，其余值基本符合标准规定

2.分部工程的质量等级

分部工程的质量等级按表7.12划分。

表7.12　分部工程质量等级表

等级	合格	优良
所含分项工程	全部合格	包括主体分项工程内的60%及以上分项工程为优良，其余合格

3.单位工程的质量等级

单位工程的质量等级按表7.13划分。

表7.13　单位工程质量等级表

等级	合格	优良
所含分部工程	全部合格	60%以上优良，其余合格
质量保证资料	齐全	齐全
观感质量评分	70%及以上	80%及以上

思　考　题

7.1　钢结构制造主要工序有哪些？各道工序由哪些要求？

7.2　钢材生锈的机理是什么？目前有哪些防锈方法？

7.3　防锈底漆主要有哪几种？其效果如何？

7.4　油漆施工的主要方法有哪些？

7.5　钢结构有哪些防火方法？

7.6　钢结构制造对设计主要要求有哪些？

附　录

附录 I　钢材和连接的设计强度值

表 I.1　钢材的强度设计值（N/mm²）

钢材		抗拉、抗压和抗弯	抗剪	端面承压（刨平顶紧）
牌号	厚度或直径/mm	f	f_v	f_{ct}
Q235 钢	≤16	215	125	325
	>16~40	205	120	
	>40~60	200	115	
	>60~100	190	110	
Q345 钢	≤16	310	180	400
	>16~35	295	170	
	>35~50	265	155	
	>50~100	250	145	
Q390 钢	≤16	350	205	415
	>16~35	335	190	
	>35~50	315	180	
	>50~100	295	170	
Q420 钢	≤16	380	220	440
	>16~35	360	210	
	>35~50	340	195	
	>50~100	325	185	

注：表中厚度系指计算点的钢材厚度，对轴心受拉和轴心受压构件系指截面中较厚板件的厚度。

表 I.2　钢铸件的强度设计值（N/mm²）

钢　号	抗拉、抗压和抗弯	抗　剪	端面承压（刨平顶紧）
	f	f_v	f_{ct}
ZG200-400	155	90	260
ZG230-450	180	105	290
ZG270-500	210	120	325
ZG310-570	240	140	370

表 I.3　焊缝的强度设计值（N/mm²）

焊接方法和焊条型号	构件钢材		对接焊缝				角焊缝
	牌号	厚度或直径/mm	抗压 f_c^w	焊缝质量为下列等级时，抗拉 f_t^w		抗剪 f_v^w	抗拉、抗压和抗剪 f_f^w
				一级、二级	三级		
自动焊、半自动焊和 E43 型焊条的手工焊	Q235 钢	≤16	215	215	185	125	160
		>16~40	205	205	175	120	
		>40~60	200	200	170	115	
		>60~100	190	190	160	110	

焊接方法和焊条型号	构件钢材		对接焊缝				角焊缝
	牌号	厚度或直径 /mm	抗压 f_c^w	焊缝质量为下列等级时,抗拉 f_t^w		抗剪 f_v^w	抗拉、抗压和抗剪 f_f^w
				一级、二级	三级		
自动焊、半自动焊和 E50 型焊条的手工焊	Q345 钢	≤16	310	310	265	180	200
		>16～35	295	295	250	170	
		>35～50	265	265	225	155	
		>50～100	250	250	210	145	
自动焊、半自动焊和 E55 型焊条的手工焊	Q390 钢	≤16	350	350	300	205	220
		>16～35	335	335	285	190	
		>35～50	315	315	270	180	
		>50～100	295	295	250	170	
	Q420 钢	≤16	380	380	320	220	220
		>16～35	360	360	305	210	
		>35～50	340	340	290	195	
		>50～100	325	325	275	185	

注:1) 自动焊和半自动焊所采用的焊丝和焊剂,应保证其熔敷金属的力学性能不低于现行国家标准《埋弧焊用碳钢焊丝和焊剂》(GB/T 5293)和《低合金钢埋弧焊用焊剂》(GB/T 12470)中相关的规定。

2) 焊缝质量等级应符合现行国家标准《钢结构工程施工质量验收规范》(GB/T 50205)的规定。其中厚度小于 8 mm 钢材的对接焊缝,不应采用超声波探伤确定焊缝质量等级。

3) 对接焊缝在受压区的抗弯强度设计值取 f_c^w,在受拉区的抗弯强度设计值取 f_t^w。

4) 表中厚度系指计算点的钢材厚度,对轴心受拉和轴心受压构件系指截面中较厚板件的厚度。

表 I.4　螺栓连接的强度设计值(N/mm²)

螺栓的性能等级、锚栓和构件钢材的牌号		普通螺栓						锚栓	承压型连接高强度螺栓		
		C 级螺栓			A 级、B 级螺栓						
		抗拉 f_t^b	抗剪 f_v^b	承压 f_c^b	抗拉 f_t^b	抗剪 f_v^b	承压 f_c^b	抗拉 f_t^a	抗拉 f_t^b	抗剪 f_v^b	承压 f_c^b
普通螺栓	4.6 级、4.8 级	170	140	—	—	—	—	—	—	—	—
	5.6 级	—	—	—	210	190	—	—	—	—	—
	8.8 级	—	—	—	400	320	—	—	—	—	—
锚栓	Q235 钢	—	—	—	—	—	—	140	—	—	—
	Q345 钢	—	—	—	—	—	—	180	—	—	—
承压型连接高强度螺栓	8.8 级	—	—	—	—	—	—	—	400	250	—
	10.9 级	—	—	—	—	—	—	—	500	310	—
构件	Q235 钢	—	—	305	—	—	405	—	—	—	470
	Q345 钢	—	—	385	—	—	510	—	—	—	590
	Q390 钢	—	—	400	—	—	530	—	—	—	615
	Q420 钢	—	—	425	—	—	560	—	—	—	655

注:1) A 级螺栓用于 $d≤24mm$ 和 $l≤10d$ 或 $l≤150mm$(按较小值)的螺栓;B 级螺栓用于 $d>24mm$ 或 $l>10d$ 或 $l>150mm$(按较小值)的螺栓。d 为公称直径,l 为螺杆公称长度。

2) A、B 级螺栓孔的精度和孔壁表面粗糙度及 C 级螺栓孔的允许偏差和孔壁表面粗糙度均应符合现行国家表中《钢结构工程施工质量验收规范》(GB 50205)的要求。

表 I.5 铆钉连接的强度设计值(N/mm²)

铆钉钢号和 构件钢材牌号		抗拉(钉头拉托) f_t^r	抗剪 f_v^r		承压 f_c^r	
			I 类孔	II 类孔	I 类孔	II 类孔
铆钉	BL2 或 BL3	120	185	155	—	—
构件	Q235 钢	—	—	—	450	365
	Q345 钢	—	—	—	565	460
	Q390 钢	—	—	—	590	480

表 I.6 普通螺栓规格及有效截面面积 A_e(mm²)

公称直径/mm	12	14	16	18	20	22	24	27	30
有效截面面积	0.84	1.15	1.57	1.92	2.45	3.03	3.53	4.59	5.61
公称直径/mm	33	36	39	42	45	48	52	56	60
有效截面面积	6.94	8.17	9.76	11.2	13.1	14.7	17.6	20.3	23.6
公称直径/mm	64	68	72	76	80	85	90	95	100
有效截面面积	26.8	30.6	34.6	38.9	43.4	49.5	55.9	62.7	70.0

表 I.7 锚栓规格

型　式			I			II			III		
锚栓直径 d/mm			20	24	30	36	42	48	56	64	72	88	90
计算净截面面积/cm²			2.45	3.53	5.61	8.17	11.20	14.70	20.30	26.8	34.60	43.44	55.91
锚栓容许 拉力/kN	3 号钢	34.3	49.42	78.54	114.38	156.8	205.8	284.2	375.2	484.4	608.16	782.74
	16Mn	46.55	67.07	106.59	155.23	212.8	279.3	385.7	509.2	657.4	825.36	1062.29
II III 型锚栓	锚板宽度 c/mm					140	200	200	240	280	350	400
	锚板厚度/mm					20	20	20	25	30	40	40

附录 Ⅱ　轴心受压构件的稳定系数

表 Ⅱ.1　a 类截面轴心受压构件的稳定系数 φ

$\lambda\sqrt{\dfrac{f_y}{235}}$	0	1	2	3	4	5	6	7	8	9
0	1.000	1.000	1.000	1.000	0.999	0.999	0.998	0.998	0.997	0.996
10	0.995	0.994	0.993	0.992	0.991	0.989	0.988	0.986	0.985	0.983
20	0.981	0.979	0.977	0.976	0.974	0.972	0.970	0.968	0.966	0.964
30	0.963	0.961	0.959	0.957	0.955	0.952	0.950	0.948	0.946	0.944
40	0.941	0.939	0.937	0.934	0.932	0.929	0.927	0.924	0.921	0.919
50	0.916	0.913	0.910	0.907	0.904	0.900	0.897	0.894	0.890	0.886
60	0.883	0.879	0.875	0.871	0.867	0.863	0.858	0.854	0.849	0.844
70	0.839	0.834	0.829	0.824	0.818	0.813	0.807	0.801	0.795	0.789
80	0.783	0.776	0.770	0.763	0.757	0.750	0.743	0.736	0.728	0.721
90	0.714	0.706	0.699	0.691	0.684	0.676	0.668	0.661	0.653	0.645
100	0.638	0.630	0.622	0.615	0.607	0.600	0.592	0.585	0.577	0.570
110	0.563	0.555	0.548	0.541	0.534	0.527	0.520	0.514	0.507	0.500
120	0.494	0.488	0.481	0.475	0.469	0.463	0.457	0.451	0.445	0.440
130	0.434	0.429	0.423	0.418	0.412	0.407	0.402	0.397	0.392	0.387
140	0.383	0.378	0.373	0.369	0.364	0.360	0.356	0.351	0.347	0.343
150	0.339	0.335	0.331	0.327	0.323	0.320	0.316	0.312	0.309	0.305
160	0.302	0.298	0.295	0.292	0.289	0.285	0.282	0.279	0.276	0.273
170	0.270	0.267	0.264	0.262	0.259	0.256	0.253	0.251	0.248	0.246
180	0.243	0.241	0.238	0.236	0.233	0.231	0.229	0.226	0.224	0.222
190	0.220	0.218	0.215	0.213	0.211	0.209	0.207	0.205	0.203	0.201
200	0.199	0.198	0.196	0.194	0.192	0.190	0.189	0.187	0.185	0.183
210	0.182	0.180	0.179	0.177	0.175	0.174	0.172	0.171	0.169	0.168
220	0.166	0.165	0.164	0.162	0.161	0.159	0.158	0.157	0.155	0.154
230	0.153	0.152	0.150	0.149	0.148	0.147	0.146	0.144	0.143	0.142
240	0.141	0.140	0.139	0.138	0.136	0.135	0.134	0.133	0.132	0.131
250	0.130	—	—	—	—	—	—	—	—	—

表 Ⅱ.2　b 类截面轴心受压构件的稳定系数 φ

$\lambda\sqrt{\dfrac{f_y}{235}}$	0	1	2	3	4	5	6	7	8	9
0	1.000	1.000	1.000	0.999	0.999	0.998	0.997	0.996	0.995	0.994
10	0.992	0.991	0.989	0.987	0.985	0.983	0.981	0.978	0.976	0.973
20	0.970	0.967	0.963	0.960	0.957	0.953	0.950	0.946	0.943	0.939
30	0.936	0.932	0.929	0.925	0.922	0.918	0.914	0.910	0.906	0.903
40	0.899	0.895	0.891	0.887	0.882	0.878	0.874	0.870	0.865	0.861
50	0.856	0.852	0.847	0.842	0.838	0.833	0.828	0.823	0.818	0.813
60	0.807	0.802	0.797	0.791	0.786	0.780	0.774	0.769	0.763	0.757
70	0.751	0.745	0.739	0.732	0.726	0.720	0.714	0.707	0.701	0.694
80	0.688	0.681	0.675	0.668	0.661	0.655	0.648	0.641	0.635	0.628
90	0.621	0.614	0.608	0.601	0.594	0.588	0.581	0.575	0.568	0.561
100	0.555	0.549	0.542	0.536	0.529	0.523	0.517	0.511	0.505	0.499
110	0.493	0.487	0.481	0.475	0.470	0.464	0.458	0.453	0.447	0.442
120	0.437	0.432	0.426	0.421	0.416	0.411	0.406	0.402	0.397	0.392
130	0.387	0.383	0.378	0.374	0.370	0.365	0.361	0.357	0.353	0.349
140	0.345	0.341	0.337	0.333	0.329	0.326	0.322	0.318	0.315	0.311
150	0.308	0.304	0.301	0.298	0.295	0.291	0.288	0.285	0.282	0.279
160	0.276	0.273	0.270	0.267	0.265	0.262	0.259	0.256	0.254	0.251
170	0.249	0.246	0.244	0.241	0.239	0.236	0.234	0.232	0.229	0.227
180	0.225	0.223	0.220	0.218	0.216	0.214	0.212	0.210	0.208	0.206
190	0.204	0.202	0.200	0.198	0.197	0.195	0.193	0.191	0.190	0.188
200	0.186	0.184	0.183	0.181	0.180	0.178	0.176	0.175	0.173	0.172
210	0.170	0.169	0.167	0.166	0.165	0.163	0.162	0.160	0.159	0.158
220	0.156	0.155	0.154	0.153	0.151	0.150	0.149	0.148	0.146	0.145
230	0.144	0.143	0.142	0.141	0.140	0.138	0.137	0.136	0.135	0.134
240	0.133	0.132	0.131	0.130	0.129	0.128	0.127	0.126	0.125	0.124
250	0.123	—	—	—	—	—	—	—	—	—

$\lambda\sqrt{\dfrac{f_y}{235}}$	0	1	2	3	4	5	6	7	8	9
0	1.000	1.000	1.000	0.999	0.999	0.998	0.997	0.996	0.995	0.993
10	0.992	0.990	0.988	0.986	0.983	0.981	0.978	0.975	0.973	0.970
20	0.966	0.959	0.953	0.947	0.940	0.934	0.928	0.921	0.915	0.909
30	0.902	0.896	0.890	0.884	0.877	0.871	0.865	0.858	0.852	0.846
40	0.839	0.833	0.826	0.820	0.814	0.807	0.801	0.794	0.788	0.781
50	0.775	0.768	0.762	0.755	0.748	0.742	0.735	0.729	0.722	0.715
60	0.709	0.702	0.695	0.689	0.682	0.676	0.669	0.662	0.656	0.649
70	0.643	0.636	0.629	0.623	0.616	0.610	0.604	0.597	0.591	0.584
80	0.578	0.572	0.566	0.559	0.553	0.547	0.541	0.535	0.529	0.523
90	0.517	0.511	0.505	0.500	0.494	0.488	0.483	0.477	0.472	0.467
100	0.463	0.458	0.454	0.449	0.445	0.441	0.436	0.432	0.428	0.423
110	0.419	0.415	0.411	0.407	0.403	0.399	0.395	0.391	0.387	0.383
120	0.379	0.375	0.371	0.367	0.364	0.360	0.356	0.353	0.349	0.346
130	0.342	0.339	0.335	0.332	0.328	0.325	0.322	0.319	0.315	0.312
140	0.309	0.306	0.303	0.300	0.297	0.294	0.291	0.288	0.285	0.282
150	0.280	0.277	0.274	0.271	0.269	0.266	0.264	0.261	0.258	0.256
160	0.254	0.251	0.249	0.246	0.244	0.242	0.239	0.237	0.235	0.233
170	0.230	0.228	0.226	0.224	0.222	0.220	0.218	0.216	0.214	0.212
180	0.210	0.208	0.206	0.205	0.203	0.201	0.199	0.197	0.196	0.194
190	0.192	0.190	0.189	0.187	0.186	0.184	0.182	0.181	0.179	0.178
200	0.176	0.175	0.173	0.172	0.170	0.169	0.168	0.166	0.165	0.163
210	0.162	0.161	0.159	0.158	0.157	0.156	0.154	0.153	0.152	0.151
220	0.150	0.148	0.147	0.146	0.145	0.144	0.143	0.142	0.140	0.139
230	0.138	0.137	0.136	0.135	0.134	0.133	0.132	0.131	0.130	0.129
240	0.128	0.127	0.126	0.125	0.124	0.124	0.123	0.122	0.121	0.120
250	0.119	—	—	—	—	—	—	—	—	—

$\lambda\sqrt{\dfrac{f_y}{235}}$	0	1	2	3	4	5	6	7	8	9
0	1.000	1.000	0.999	0.999	0.998	0.996	0.994	0.992	0.990	0.987
10	0.984	0.981	0.978	0.974	0.969	0.965	0.960	0.955	0.949	0.944
20	0.937	0.927	0.918	0.909	0.900	0.891	0.883	0.874	0.865	0.857
30	0.848	0.840	0.831	0.823	0.815	0.807	0.799	0.790	0.782	0.774
40	0.766	0.759	0.751	0.743	0.735	0.728	0.720	0.712	0.705	0.697
50	0.690	0.683	0.675	0.668	0.661	0.654	0.646	0.639	0.632	0.625
60	0.618	0.612	0.605	0.598	0.591	0.585	0.578	0.572	0.565	0.559
70	0.552	0.546	0.540	0.534	0.528	0.522	0.516	0.510	0.504	0.498
80	0.493	0.487	0.481	0.476	0.470	0.465	0.460	0.454	0.449	0.444
90	0.439	0.434	0.429	0.424	0.419	0.414	0.410	0.405	0.401	0.397
100	0.394	0.390	0.387	0.383	0.380	0.376	0.373	0.370	0.366	0.363
110	0.359	0.356	0.353	0.350	0.346	0.343	0.340	0.337	0.334	0.331
120	0.328	0.325	0.322	0.319	0.316	0.313	0.310	0.307	0.304	0.301
130	0.299	0.296	0.293	0.290	0.288	0.285	0.282	0.280	0.277	0.275
140	0.272	0.270	0.267	0.265	0.262	0.260	0.258	0.255	0.253	0.251
150	0.248	0.246	0.244	0.242	0.240	0.237	0.235	0.233	0.231	0.229
160	0.227	0.225	0.223	0.221	0.219	0.217	0.215	0.213	0.212	0.210
170	0.208	0.206	0.204	0.203	0.201	0.199	0.191	0.196	0.194	0.192
180	0.191	0.189	0.188	0.186	0.184	0.183	0.181	0.180	0.178	0.177
190	0.176	0.174	0.173	0.171	0.170	0.168	0.167	0.166	0.164	0.163
200	0.162	—	—	—	—	—	—	—	—	—

注:1) 表Ⅱ.1～Ⅱ.4中的 φ 值系按下列公式算得:

当 $\lambda_n = \dfrac{\lambda}{\pi}\sqrt{f_y/E} \leqslant 0.215$ 时:

$\varphi = 1 - \alpha_1 \lambda_n^2$

当 $\lambda_n \geqslant 0.215$ 时:

$$\varphi = \frac{1}{2\lambda_n^2}\Big[(\alpha_2 + \alpha_3\lambda_n + \lambda_n^2) - \sqrt{(\alpha_2 + \alpha_3\lambda_n + \lambda_n^2)^2 - 4\lambda_n^2}\,\Big]$$

式中 α_1、α_2、α_3 为系数,根据表Ⅱ.5采用。

2) 当构件的 $\lambda\sqrt{f_y/235}$ 值超出表Ⅱ.1～表Ⅱ.4的范围时,则 φ 值按注1)所列的公式计算。

表Ⅱ.5　系数 α_1、α_2、α_3

截面类别		α_1	α_2	α_3
a 类		0.41	0.986	0.152
b 类		0.65	0.965	0.300
c 类	$\lambda_n \leqslant 1.05$	0.73	0.906	0.595
	$\lambda_n > 1.05$		1.216	0.302
d 类	$\lambda_n \leqslant 1.05$	1.35	0.868	0.915
	$\lambda_n > 1.05$		1.375	0.432

附录 Ⅲ 型钢表

表Ⅲ.1 热轧薄钢板（摘自 GB 708-65）

类型	厚度/mm	宽度/mm												
		500	600	710	750	800	850	900	950	1000	1100	1250	1400	1500
		长度/mm												
热轧钢板	2,0, 2.2, 2.5,2.8	500 1000 1500	600 1200 1500	1000 1420 2000	1500 1800 2000	1500 2000	1500 1700 2000	1000 1500 1800 2000	1500 1900 2000	1500 2000 3000	2200 3000 4000	2500 3000 4000	2800 3000 4000	3000 4000
	3,3.2,3.5, 3.8,4	500 1000	600 1200	1420 2000	1000 1500 1800 2000	1500 2000	1500 1700 2000	1000 1500 1800 2000	1500 1900 2000	2000 3000 4000	2200 3000 4000	2500 3000 4000	2800 3000 3500 4000	3000 3500 4000
冷轧钢板	1,1.1,1.2, 1.4,1.5, 1.6,1.8,2	1000 1500 2000	1200 1800 2000	1420 1800 2000	1500 1800 2000	1500 1800 2000	1500 1800 2000	1800 2000		2000	2000 2000	2000 2500	2800 3000 3500	2800 3000 3500
	2.2,2.8, 3,3.2, 3.5,3.8,4	500 1000 1500 2000	600 1200 1800 2000	1420 1800 2000	1500 1800 2000	1500 1800 2000	1500 1800 2000	1800		2000				

表Ⅲ.2 热轧厚钢板（GB 709-65）

厚度/mm	宽度/mm									
	0.6~1.2	>1.2~1.5	>1.5~1.6	>1.6~1.7	>1.7~1.8	>1.8~2.0	>2.0~2.2	>2.2~2.5	>2.5~2.8	>2.8~3.0
	最 大 长 度/mm									
4.5~5.5	12	12	12	12	12	6				
6~7	12	12	12	12	12	10				
8~10	12	12	12	12	12	12	9	9		
11~15	12	12	12	12	12	12	9	8	8	8
16~20	12	12	12	10	10	9	8	7	7	7
21~25	12	11	11	10	9	8	7	6	6	6
26~30	12	10	9	9	9	8	7	6	6	6
32~34	12	9	8	7	7	7	7	7	6	5
36~40	10	8	7	7	6.5	6.5	5.5	5.5	5	
42~50	9	8	7	7	6.5	6	5	4		
52~60	8	6	6	6	5.5	5	4.5	4		

注:1) 钢板厚度4～6mm的,其厚度间隔为0.5mm,钢板厚度6～30mm的,其厚度间隔为1mm;钢板厚度30～60mm的,其厚度间隔为2mm。

2) 钢板宽度间隔为50mm,但不得小于600mm,长度为100mm的倍数,但不得小于1200mm。

表Ⅲ.3 热轧扁钢(GB 704-65)

厚度/mm	理论重量/(kg/m)			宽度规格/mm
	<19	19~60	>60	
	宽度/mm			
3,4,5,6,7,8	10~200			
9,10	16~200			
11,12	20~200			
14	25~170	180~200		
16	25~150	160~200		
18	30~130	140~200		10,12,14,16,18,20,
20	30~120	125~200		22,25,28,30,32,36,
22	40~110	120~200		40,45,50,56,60,63,
25	40~95	100~200		65,70,75,80,85,90,
28	40~85	90~200		95,100,105,110,120,
30	45~80	85~200		125,130,140,150,160,
32	45~75	80~200		170,180,190,200
36	45~65	70~200		
40	60	63~190	200	
45		60~160	170~200	
50		80~150	160~200	
56		80~130	140~200	
60		85~125	130~200	

表Ⅲ.4 方钢管(TJ 18-75)

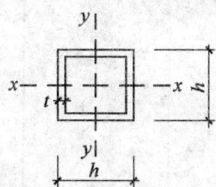

I —— 惯性矩；
i —— 回转半径；
W —— 抵抗矩。

尺寸/mm		截面面积/cm²	重量/(kg/m)	I_x/cm⁴	i_x/cm	W_x/cm³	尺寸/mm		截面面积/cm²	重量/(kg/m)	I_x/cm⁴	i_x/cm	W_x/cm³
h	t						h	t					
25	1.5	1.31	1.03	1.16	0.94	0.92	100	3.0	11.25	8.83	173.12	3.92	34.62
30	1.5	1.61	1.27	2.11	1.14	1.40	120	2.5	11.48	9.01	260.88	4.77	43.48
40	1.5	2.21	1.74	5.33	1.55	2.67	120	3.0	13.65	10.72	306.71	4.74	51.12
40	2.0	2.87	2.25	6.66	1.52	3.33	140	3.0	16.05	12.60	495.68	5.56	70.81
50	1.5	2.81	2.21	10.82	1.96	4.33	140	3.5	18.58	14.59	568.22	5.53	81.17
50	2.0	3.67	2.88	13.71	1.93	5.48	140	4.0	21.07	16.44	637.97	5.50	91.14
60	2.0	4.47	3.51	24.51	2.34	8.17	160	3.0	18.45	14.49	749.64	6.37	93.71
60	2.5	5.48	4.30	29.36	2.31	9.79	160	3.5	21.38	16.77	861.34	6.35	107.67
80	2.0	6.07	4.76	60.58	3.16	15.15	160	4.0	24.27	19.05	969.35	6.32	121.17
80	2.5	7.48	5.87	73.40	3.13	18.35	160	4.5	27.12	21.15	1073.66	6.29	134.21
100	2.5	9.48	7.44	147.91	3.95	29.58	160	5.0	29.93	23.35	1174.44	6.26	146.31

表Ⅲ.5 焊接薄壁钢管(TJ 18-75)

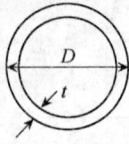

I——惯性矩；

i——回转半径；

W——抵抗矩。

尺 寸/mm		截面面积	重量	I	i	W
D	t	/cm²	/(kg/m)	/cm⁴	/cm	/cm³
25	1.5	1.11	0.87	0.77	0.83	0.61
30	1.5	1.34	1.05	1.37	1.01	0.91
30	2.0	1.76	1.38	1.73	0.99	1.16
40	1.5	1.81	1.42	3.37	1.36	1.68
40	2.0	2.39	1.88	4.32	1.35	2.16
51	2.0	3.08	2.42	9.26	1.73	3.63
57	2.0	3.46	2.71	13.08	1.95	4.59
60	2.0	3.64	2.86	15.34	2.05	5.10
70	2.0	4.27	3.35	24.72	2.41	7.06
76	2.0	4.65	3.65	31.85	2.62	8.38
83	2.0	5.09	4.00	41.76	2.87	10.06
83	2.5	6.32	4.96	51.26	2.85	12.35
89	2.0	5.47	4.29	51.74	3.08	11.63
89	2.5	6.79	5.33	63.59	3.06	14.29
95	2.0	5.84	4.59	63.20	3.29	13.31
95	2.5	7.26	5.70	77.76	3.27	16.37
102	2.0	6.28	4.93	78.55	3.54	15.40
102	2.5	7.81	6.14	96.76	3.52	18.97
102	3.0	9.33	7.33	114.40	3.50	22.43
108	2.0	6.66	5.23	93.6	3.75	17.33
108	2.5	8.29	6.51	115.4	3.73	21.37
108	3.0	9.90	7.77	136.5	3.72	25.28
114	2.0	7.04	5.52	110.4	3.96	19.37
114	2.5	8.76	6.87	136.2	3.94	23.89
114	3.0	10.46	8.21	161.3	3.93	28.30
121	2.0	7.48	5.87	132.4	4.21	21.88
121	2.5	9.31	7.31	163.5	4.19	27.02
121	3.0	11.12	8.73	193.7	4.17	32.02
127	2.0	7.85	6.17	153.4	4.42	24.16
127	2.5	9.78	7.68	189.5	4.40	29.84
127	3.0	11.69	9.18	224.7	4.39	35.39
133	2.5	10.25	8.05	218.2	4.62	32.81
133	3.0	12.25	9.62	259.0	4.60	38.95
133	3.5	14.24	11.18	298.7	4.58	44.92
140	2.5	10.80	8.48	255.3	4.86	36.47
140	3.0	12.91	10.13	303.1	4.85	43.29
140	3.5	15.01	11.78	349.8	4.83	49.97
152	3.0	14.04	11.02	389.9	5.27	51.30
152	3.5	16.33	12.82	450.3	5.25	59.25
152	4.0	18.60	14.60	509.6	5.24	67.05
159	3.0	14.70	11.54	447.4	5.52	56.27
159	3.5	17.10	13.42	517.0	5.50	65.02
159	4.0	19.48	15.29	585.3	5.48	73.62
168	3.0	15.55	12.21	529.4	5.84	63.02
168	3.5	18.09	14.20	612.1	5.82	72.87
168	4.0	20.61	16.18	693.3	5.80	82.53
180	3.0	16.68	13.09	653.5	6.26	72.61
180	3.5	19.41	15.24	756.0	6.24	84.00
180	4.0	22.12	17.36	856.8	6.22	95.20
194	3.0	18.00	14.13	821.1	6.75	84.64
194	3.5	20.95	16.45	950.5	6.74	97.99
194	4.0	23.88	18.75	1078	6.72	111.1
203	3.0	18.85	15.00	943	7.07	92.87
203	3.5	21.94	17.22	1092	7.06	107.55
203	4.0	25.01	19.63	1238	7.04	122.01

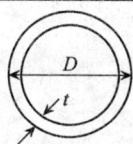

I —— 惯性矩；

i —— 回转半径；

W —— 抵抗矩。

尺 寸/mm		截面面积	重量	I	i	W
D	t	/cm²	/(kg/m)	/cm⁴	/cm	/cm³
219	3.0	20.36	15.98	1187	7.64	108.44
219	3.5	23.70	18.61	1376	7.62	125.65
219	4.0	27.02	21.81	1562	7.60	142.62
245	3.0	22.81	17.91	1670	8.56	136.3
245	3.5	26.55	20.84	1936	8.54	158.1
245	4.0	30.28	23.77	2199	8.52	179.5

表Ⅲ.6 热轧无缝钢管(YB 231-70)

外径/mm	38	42	50	57	60	68	70	76	89
壁厚/mm	4,4.5,6	4,5,6,8	4,5,6,8	3.5,5.0	4,5,6,8	6,8,12	4,6,8,12	5,8,12,16	5,8,12,16
外径/mm	102	108	114	121	127	140	146	152	159
壁厚/mm	6,10,12 14,18	4,6,8,12 14,16	6,10,12, 14,16,20	8,10, 12,16	8,12, 16,22	5,8,12, 18,20,22	6,10,12, 16,20	8,10,16, 20,25	4,5,6,8,10, 12,18,20,25
外径/mm	168	180	194	219	245	273	299	325	351
壁厚/mm	8,16, 20,28	8,16,20	8,16, 20,32	6,8,12,16, 18,25,36	8,12,16, 25 30,40	8,12,16, 32,40,45	10,12,16, 36,50	10,12,16, (38),50	12,20,56

表Ⅲ.7 热轧等边角钢截面特性表(YB 166-155)

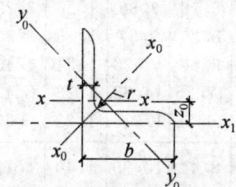

I —— 惯性矩；

i —— 回转半径；

W —— 抵抗矩；

r —— $\dfrac{t}{3}$ 。

尺 寸 /mm			截面 /cm²	重量 /(kg/m)	表面 面积 /mm²	x-x			x₀-x₀			y₀-y₀			x₁-x₁	z₀ /cm
b	t	r				I_x /cm⁴	i_x /cm	W_x /cm³	I_{x_0} /cm⁴	i_{x_0} /cm⁴	W_{x_0} /cm³	I_{y_0} /cm⁴	i_{y_0} /cm	W_{y_0} /cm³	I_{x_1} /cm⁴	
20	3	3.5	1.132	0.889	0.078	0.40	0.59	0.29	0.63	0.75	0.45	0.17	0.39	0.20	0.81	0.60
	4		1.159	1.145	0.077	0.50	0.58	0.36	0.78	0.73	0.55	0.22	0.38	0.24	1.09	0.64
25	3		1.432	1.124	0.098	0.82	0.76	0.46	1.29	0.95	0.73	0.34	0.49	0.33	1.57	0.73
	4		1.859	1.459	0.097	1.03	0.74	0.59	1.62	0.93	0.92	0.43	0.48	0.40	2.11	0.76
30	3		1.749	1.372	0.117	1.46	0.91	0.68	2.31	1.15	1.09	0.61	0.59	0.51	2.71	0.85
	4		2.276	1.786	0.117	1.84	0.90	0.87	2.92	1.31	1.37	0.77	0.58	0.62	3.63	0.89
36	3	4.5	2.109	1.656	0.141	2.58	1.11	0.99	4.09	1.39	1.61	1.07	0.71	0.76	4.68	1.00
	4		2.756	2.136	0.141	3.29	1.09	1.28	5.22	1.38	2.05	1.37	0.70	0.93	6.25	1.04
	5		3.382	2.654	0.141	3.95	1.08	1.56	5.24	1.36	2.45	1.65	0.70	1.09	7.84	1.07

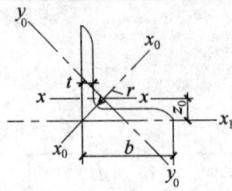

I——惯性矩；
i——回转半径；
W——抵抗矩；
r——$\dfrac{t}{3}$。

尺寸 /mm			截面 /cm²	重量 /(kg/m)	表面面积 /mm²	$x\text{-}x$			$x_0\text{-}x_0$			$y_0\text{-}y_0$			$x_1\text{-}x_1$	z_0 /cm
b	t	r				I_x /cm⁴	i_x /cm	W_x /cm³	I_{x_0} /cm⁴	i_{x_0} /cm⁴	W_{x_0} /cm³	I_{y_0} /cm⁴	i_{y_0} /cm	W_{y_0} /cm³	I_{x_1} /cm⁴	
40	3		2.359	1.825	0.157	3.59	1.23	1.23	5.69	1.55	2.01	1.49	0.79	0.96	6.41	1.09
	4		3.086	2.422	0.157	4.60	1.22	1.60	7.29	1.54	2.58	1.91	0.79	1.19	8.56	1.13
	5		3.794	2.976	0.156	5.53	1.21	1.96	8.76	1.52	3.10	2.30	0.78	1.39	10.74	1.17
45	3	5	2.659	2.088	0.177	5.17	1.40	1.58	8.20	1.76	2.58	2.14	0.90	1.24	9.12	1.22
	4		3.486	2.736	0.177	6.65	1.38	2.05	10.56	1.74	3.32	2.75	0.89	1.54	12.18	1.26
	5		4.292	3.369	0.176	8.04	1.37	2.51	12.74	1.72	4.00	3.33	0.88	1.81	15.25	1.30
	6		5.076	3.985	0.176	9.33	1.36	2.95	14.76	1.70	4.46	3.89	0.88	2.06	8.36	1.33
50	3	5.5	2.971	2.332	0.197	7.18	1.55	1.96	11.37	1.96	3.22	2.98	1.00	1.57	12.50	1.34
	4		3.897	3.059	0.197	9.26	1.54	2.56	14.70	1.94	4.16	3.82	0.99	1.96	16.69	1.38
	5		4.803	3.770	0.196	11.21	1.53	3.13	17.79	1.92	5.03	4.64	0.98	2.31	20.90	1.42
	6		5.688	4.465	0.196	13.05	1.52	3.68	20.68	1.91	5.85	5.42	0.98	2.63	25.14	1.46
56	3	6	3.343	2.624	0.221	10.19	1.75	2.48	16.14	2.20	4.08	4.24	1.13	2.02	17.56	1.48
	4		4.390	3.446	0.220	13.18	1.73	3.24	20.92	2.18	5.28	5.46	1.11	2.52	23.43	1.53
	5		5.415	4.215	0.220	16.02	1.72	3.97	25.42	2.17	6.42	6.61	1.10	2.98	29.33	1.57
	6		8.367	6.568	0.219	23.63	1.68	6.03	37.73	2.11	9.44	9.89	1.09	4.16	47.24	1.68
63	4	7	4.978	3.907	0.248	19.03	1.96	4.13	30.14	2.46	6.78	7.89	1.26	3.29	33.35	1.70
	5		6.143	4.822	0.248	23.17	1.94	5.08	36.77	2.45	8.25	9.57	1.25	3.90	41.73	1.74
	6		7.288	5.721	0.247	27.12	1.93	6.00	43.03	2.43	9.66	11.20	1.24	4.46	50.14	1.78
	8		9.515	7.469	0.247	34.46	1.90	7.75	54.56	2.40	12.25	14.33	1.23	5.47	67.11	1.85
	10		11.657	9.151	0.246	41.09	1.88	9.39	64.85	2.36	14.56	17.33	1.22	6.36	84.31	1.93
70	4	8	5.570	4.372	0.275	26.39	2.18	5.14	41.80	2.74	8.44	10.99	1.40	4.17	45.74	1.86
	5		6.875	5.397	0.275	32.21	2.16	6.32	51.08	2.73	0.32	13.34	1.39	4.95	57.21	1.91
	6		8.160	6.406	0.275	37.77	2.15	7.48	59.93	2.71	2.11	15.61	1.38	5.67	68.73	1.95
	7		9.424	7.398	0.275	43.09	2.14	8.59	68.35	2.69	3.81	17.82	1.38	6.34	80.29	1.99
	8		10.667	8.373	0.274	48.17	2.12	9.68	76.37	2.68	5.43	19.98	1.37	6.98	91.92	2.03
75	5	9	7.367	5.181	0.295	39.97	2.33	7.32	63.30	2.92	11.94	16.63	1.50	5.77	70.56	2.01
	6		8.797	6.905	0.294	46.95	2.31	8.64	74.38	2.90	14.02	19.51	1.49	6.67	84.55	2.07
	7		10.160	7.976	0.294	53.57	2.30	9.93	84.96	2.89	16.02	22.18	1.48	7.44	98.71	2.11
	8		11.503	9.030	0.294	59.96	2.28	11.20	95.07	2.88	17.92	24.86	1.47	8.19	112.97	2.15
	10		14.126	11.089	0.293	71.98	2.26	13.64	113.92	2.84	21.48	30.05	1.46	9.56	141.71	2.22
80	5	9	7.912	6.211	0.315	48.79	2.48	8.34	77.33	3.13	13.67	20.25	1.60	6.66	85.36	2.15
	6		9.937	7.736	0.314	57.35	2.47	9.87	90.98	3.11	16.08	23.72	1.59	7.65	102.50	2.19
	7		10.360	8.525	0.314	65.58	2.46	11.37	104.47	3.10	18.40	27.09	1.58	8.58	119.70	2.23
	8		12.303	9.658	0.314	73.49	2.44	12.83	116.60	3.08	20.61	30.39	1.57	9.46	136.07	2.27
	10		15.126	11.874	0.313	8.43	2.42	15.64	140.09	3.04	24.76	36.77	1.56	11.08	171.74	2.35

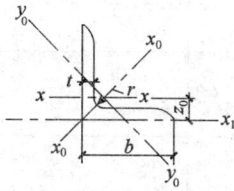

I——惯性矩;
i——回转半径;
W——抵抗矩;
r——$\dfrac{t}{3}$。

尺寸/mm			截面/cm²	重量/(kg/m)	表面面积	x-x			x0-x0			y0-y0			x1-x1	z0/cm
b	t	r			/mm²	I_x /cm⁴	i_x /cm	W_x /cm³	I_{x_0} /cm⁴	i_{x_0} /cm⁴	W_{x_0} /cm³	I_{y_0} /cm⁴	i_{y_0} /cm	W_{y_0} /cm³	I_{x_1} /cm⁴	
90	6	10	10.637	8.350	0.354	82.77	2.79	12.61	131.26	3.51	20.63	34.28	1.80	9.95	145.87	2.44
	7		12.301	9.656	0.354	94.83	2.78	14.54	150.47	3.50	23.64	39.18	1.78	11.19	170.30	2.48
	8		13.944	10.946	0.353	106.47	2.76	16.42	168.97	3.48	26.55	43.97	1.78	12.35	194.80	2.52
	9		17.167	13.476	0.353	128.58	2.74	20.07	203.90	3.45	32.04	53.26	1.76	14.52	244.07	2.59
	10		20.306	15.940	0.352	149.32	2.71	23.57	236.21	3.41	37.12	62.22	1.75	16.49	293.76	2.67
100	6	12	11.932	9.366	0.393	114.95	3.10	15.68	181.98	3.90	25.74	47.92	2.00	12.69	200.07	2.67
	7		13.796	10.830	0.393	131.86	3.09	18.10	208.97	3.89	29.55	54.74	1.99	14.26	233.54	2.71
	8		15.633	12.276	0.393	148.24	3.08	20.47	235.07	3.88	33.24	61.41	1.98	15.75	267.09	2.76
	10		19.261	15.120	0.392	179.51	3.05	25.06	284.68	3.84	40.26	74.35	1.96	18.54	334.48	2.84
	12		22.800	17.898	0.391	208.90	3.03	29.48	330.95	3.81	46.80	86.84	1.95	21.08	402.34	2.91
	14		26.256	20.611	0.391	236.53	3.00	33.73	374.06	3.77	52.90	99.00	1.94	23.44	470.75	2.99
	16		29.627	23.257	0.390	262.53	2.98	37.82	414.16	3.74	58.57	110.89	1.94	25.63	539.80	3.06
110	7	12	15.196	11.928	0.433	177.16	3.41	22.05	80.94	4.30	36.12	73.38	2.20	17.51	310.64	2.96
	8		17.238	13.532	0.433	199.46	3.40	24.95	16.49	4.28	40.69	82.42	2.19	19.39	355.20	3.01
	10		21.261	16.690	0.432	242.19	3.38	30.60	84.39	4.25	49.42	99.93	2.17	22.91	444.65	3.09
	12		25.200	19.782	0.431	282.55	3.35	36.05	48.17	4.22	57.62	116.93	2.15	26.15	534.60	3.16
	14		29.056	22.809	0.431	320.71	3.32	41.31	08.01	4.18	65.31	133.40	2.14	29.14	625.16	3.24
125	8	14	19.750	15.504	0.492	297.03	3.88	32.52	70.89	4.88	53.28	123.16	2.50	25.86	521.01	3.37
	10		24.373	19.133	0.491	361.67	3.85	36.97	73.89	4.85	64.93	149.46	2.48	30.62	651.93	3.45
	12		28.912	22.696	0.491	423.16	3.83	41.17	71.44	4.82	75.96	174.88	2.56	35.03	783.42	3.53
	14		33.367	26.193	0.490	481.65	3.80	54.16	63.73	4.78	86.41	199.57	2.45	39.13	915.61	3.61
140	10	14	27.372	21.488	0.551	514.65	4.34	50.58	817.27	5.46	82.56	212.04	2.27	39.20	915.11	3.82
	12		32.512	25.522	0.550	603.68	4.31	59.80	958.79	5.43	96.85	248.57	2.76	45.02	1099.28	3.90
	14		37.567	29.490	0.550	688.84	4.28	68.75	1093.56	5.40	110.47	284.06	2.75	50.45	1284.22	3.98
	16		43.539	33.393	0.549	770.24	4.26	77.46	1221.81	5.36	23.42	318.67	2.74	55.55	1470.07	4.06
160	10	16	31.502	24.729	0.630	779.53	4.98	66.70	1237.30	6.27	109.36	321.76	3.20	52.76	1365.33	4.31
	12		37.411	29.391	0.630	916.58	4.95	78.98	1455.68	6.24	128.67	377.49	3.18	60.74	1639.57	4.39
	14		43.296	33.987	0.629	1048.36	7.92	90.95	1665.02	6.20	147.17	431.70	3.16	68.34	1917.68	4.47
	16		49.067	38.518	0.629	1175.08	4.89	102.63	1865.57	6.17	164.89	484.49	3.14	75.31	2190.82	4.55
180			42.241	33.159	0.710	1321.35	5.59	100.82	2100.10	7.05	165.00	542.61	3.58	78.41	2332.80	4.89
			48.896	38.383	0.709	1514.48	5.65	116.25	2407.42	6.97	189.14	621.53	3.56	83.38	2723.48	4.97
			55.467	43.542	0.709	1700.99	5.45	131.13	2703.37	6.98	212.20	698.60	3.55	97.83	3115.29	5.05
			61.955	48.634	0.708	1875.12	5.50	145.64	2988.24	6.84	234.78	762.01	3.51	105.14	3502.41	5.13
200	14	18	54.642	42.894	0.788	2103.55	6.20	144.70	3343.26	7.82	236.10	863.83	3.98	111.82	3734.10	5.46
	16		62.013	48.680	0.788	2366.15	6.18	163.65	3760.89	7.79	265.93	971.41	3.96	123.96	4270.39	5.54
	18		69.301	54.401	0.788	2620.64	6.15	182.22	4164.54	7.75	294.48	1076.74	3.94	135.52	4803.13	5.62
	20		76.505	60.056	0.787	2867.30	6.12	200.42	4554.55	7.72	322.48	1180.04	3.93	146.55	5354.51	5.60
	24		90.661	71.168	0.785	3338.25	6.07	36.17	5294.97	7.64	374.41	1381.53	3.90	166.55	6457.16	5.87

表Ⅲ.8 热轧不等边角钢截面特性表(YB 167-155)

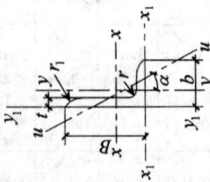

I——惯性矩;
i——回转半径;
W——抵抗矩;
$r_1 = \dfrac{t}{3}$。

尺寸/mm				截面 /cm²	重量 /(kg/m)	表面面积 /mm²	x-x			y-y			x₁-x₁		y₁-y₁		u-u			
B	b	t	r				I_x/cm⁴	i_x/cm	W_x/cm³	I_y/cm⁴	i_y/cm	W_y/cm³	I_{x_1}/cm⁴	y_0/cm	I_{y_1}/cm⁴	x_0/cm	I_u/cm⁴	i_u/cm⁴	W_u/cm³	$\tan\alpha$
25	16	3	3.5	1.162	0.912	0.080	0.70	0.78	0.43	0.22	0.44	0.19	1.56	0.86	0.43	0.42	0.14	0.34	0.16	0.392
		4		1.149	1.176	0.079	0.88	0.77	0.55	0.27	0.43	0.24	2.09	0.90	0.59	0.46	0.17	0.34	0.20	0.381
32	20	3	3.5	1.492	1.171	0.102	1.53	1.01	0.72	0.46	0.55	0.30	3.27	1.08	0.82	0.49	0.28	0.43	0.25	0.328
		4		1.393	1.522	0.101	1.93	1.00	0.93	0.57	0.54	0.39	4.37	1.12	1.12	0.53	0.35	0.42	0.32	0.374
40	25	3	4	1.890	1.484	0.127	3.08	1.28	1.15	0.93	0.70	0.49	6.39	1.32	1.59	0.59	0.56	0.54	0.40	0.386
		4		2.467	1.936	0.127	3.93	1.26	1.49	1.18	0.69	0.63	8.35	1.37	2.14	0.63	0.71	0.54	0.52	0.381
45	28	3	5	2.149	1.687	0.143	4.45	1.44	1.47	1.34	0.79	0.62	9.10	1.47	2.23	0.64	0.80	0.61	0.51	0.383
		4		2.806	2.203	0.143	5.69	1.42	1.91	1.70	0.78	0.80	12.13	1.51	3.00	0.68	1.02	0.60	0.66	0.380
50	32	3	5.5	2.431	1.908	0.161	6.24	1.60	1.84	2.02	0.91	0.82	12.49	1.60	3.31	0.73	1.20	0.70	0.68	0.404
		4		3.177	2.494	0.160	8.02	1.59	2.39	2.58	0.90	1.06	16.65	1.65	4.45	0.77	1.53	0.69	0.87	0.402
56	36	3	6	2.743	2.153	0.181	8.88	1.80	2.32	2.92	1.03	1.05	17.54	1.78	4.70	0.80	1.73	0.79	0.87	0.408
		4		3.590	2.818	0.180	11.45	1.79	3.03	3.76	1.02	1.37	23.39	1.82	6.33	0.85	2.23	0.79	1.13	0.408
		5		4.415	3.466	0.180	13.86	1.77	3.71	4.49	1.01	1.65	29.25	1.87	7.49	0.88	2.67	0.78	1.36	0.404
63	40	4	7	4.085	3.185	0.202	16.49	2.02	3.87	5.23	1.14	1.70	33.30	2.04	8.63	0.92	3.12	0.88	1.40	0.393
		5		4.993	3.920	0.202	20.02	2.00	4.75	6.31	1.12	2.71	41.63	2.08	10.86	0.95	3.76	0.87	1.71	0.396
		6		5.908	4.638	0.201	23.36	1.96	5.94	7.29	1.11	2.43	49.98	2.12	13.12	0.99	4.34	0.86	1.99	0.393
		7		6.802	5.339	0.201	26.53	1.98	6.40	8.24	1.10	2.78	58.07	2.15	15.47	1.03	4.97	0.86	2.29	0.398
70	45	4	7.5	4.547	3.570	0.226	23.17	2.26	4.86	7.55	1.29	2.17	45.92	2.24	12.26	1.02	4.40	0.98	1.77	0.410
		5		5.609	4.403	0.225	27.95	2.23	5.92	9.13	1.28	2.65	57.10	2.28	15.39	1.06	5.40	0.98	2.19	0.407
		6		6.647	5.218	0.225	32.54	2.21	6.95	10.62	1.26	3.12	68.35	2.32	18.58	1.09	6.35	0.98	2.59	0.404
		7		7.657	6.011	0.225	37.22	2.20	8.03	12.01	1.25	3.57	79.99	2.36	21.84	1.13	7.16	0.97	2.94	0.402

续表

· 471 ·

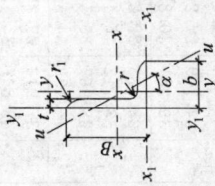

I——惯性矩;
i——回转半径;
W——抵抗矩;
$r_1 = \dfrac{t}{3}$

尺寸/mm				截面面积/cm²	重量/(kg/m)	表面面积/mm²	x-x			y-y			x_1-x_1		y_1-y_1		u-u			tanα
B	b	t	r				I_x/cm⁴	i_x/cm	W_x/cm³	I_y/cm⁴	i_y/cm⁴	W_y/cm³	I_{x_1}/cm⁴	y_0/cm	I_{y_1}/cm⁴	x_0/cm	I_u/cm⁴	i_u/cm⁴	W_u/cm³	
75	50	5	8	6.125	4.808	0.245	34.86	2.39	6.83	12.61	1.44	3.30	70.00	2.40	21.04	1.17	7.41	1.10	2.74	0.435
		6		7.726	5.699	0.245	41.12	2.38	8.12	14.70	1.42	3.88	84.30	2.44	25.37	1.21	8.54	1.08	3.19	0.435
		8		9.467	7.431	0.244	52.39	2.35	10.52	15.33	1.40	4.99	112.50	2.52	34.23	1.29	10.87	1.07	4.10	0.429
		10		11.590	9.098	0.244	62.71	2.33	12.79	21.96	1.38	6.04	140.80	2.60	43.34	1.36	13.01	1.06	4.99	0.423
80	50	5	8	6.375	5.005	0.255	41.06	2.56	7.78	12.82	1.42	3.32	85.21	2.60	21.06	1.14	7.66	1.10	2.74	0.388
		6		7.560	5.935	0.255	49.49	2.56	9.25	14.95	1.41	3.91	102.53	2.65	25.41	1.18	8.85	1.08	3.20	0.387
		7		8.724	6.848	0.255	56.16	2.54	10.58	16.96	1.39	4.48	119.33	2.69	29.82	1.21	10.18	1.08	3.70	0.384
		8		9.867	7.745	0.254	62.83	2.52	11.92	18.85	1.38	5.03	136.41	2.73	34.32	1.25	11.38	1.07	4.16	0.381
90	56	5	9	7.212	5.661	0.287	60.45	2.90	9.92	18.32	1.59	4.21	121.32	2.91	29.53	1.25	10.98	1.23	3.49	0.385
		6		8.557	6.717	0.286	71.03	2.88	11.74	21.42	1.58	4.96	145.59	2.95	35.58	1.29	12.90	1.23	4.13	0.384
		7		9.880	7.756	0.286	81.01	2.86	13.49	24.36	1.57	5.70	169.66	3.00	41.71	1.33	14.67	1.22	4.72	0.382
		8		11.183	8.779	0.286	91.03	2.85	15.27	27.15	1.56	6.41	191.17	3.04	47.93	1.36	16.34	1.21	5.29	0.380
100	63	6	10	9.617	7.550	0.320	99.06	3.21	14.64	30.94	1.79	6.35	199.71	3.24	50.50	1.43	18.42	1.38	5.25	0.394
		7		11.111	8.722	0.320	113.45	3.20	16.88	35.26	1.78	7.29	233.00	3.28	59.14	1.47	21.00	1.38	6.02	0.393
		8		12.584	9.878	0.319	127.37	3.18	19.08	39.39	1.77	8.21	266.32	3.32	67.88	1.50	23.50	1.37	6.78	0.391
		10		15.467	12.142	0.319	153.81	3.15	23.32	47.12	1.74	9.98	333.06	3.40	85.73	1.58	28.33	1.35	8.24	0.387
100	80	6	10	10.637	8.350	0.354	107.04	3.17	15.19	61.23	2.40	10.16	199.83	2.95	102.68	1.97	31.65	1.72	8.37	0.627
		7		12.301	9.656	0.354	122.73	3.16	17.52	70.08	2.39	11.71	233.20	3.00	119.98	2.01	36.17	1.72	9.60	0.626
		8		13.944	10.946	0.353	137.92	3.14	19.81	75.58	2.37	13.21	266.61	3.04	137.37	2.05	40.58	1.71	10.80	0.625
		10		17.167	13.476	0.353	166.87	3.12	24.24	94.65	2.35	16.12	333.63	3.12	172.49	2.13	49.10	1.69	13.12	0.622

I——惯性矩；
i——回转半径；
W——抵抗矩
$r_1 = \dfrac{t}{3}$。

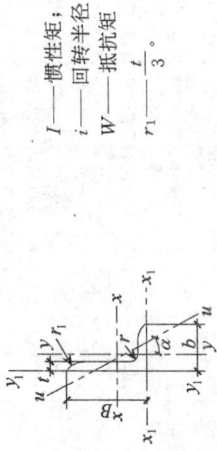

尺寸/mm				截面积 /cm²	重量 /(kg/m)	表面面积 /mm²	x-x			y-y			x₁-x₁		y₁-y₁		u-u			
B	b	t	r				I_x/cm⁴	i_x/cm	W_x/cm³	I_y/cm⁴	i_y/cm	W_y/cm³	I_{x_1}/cm⁴	y_0/cm	I_{y_1}/cm⁴	x_0/cm	I_u/cm⁴	i_u/cm	W_u/cm³	tanα
110	70	6	10	10.637	8.350	0.354	133.37	3.54	17.85	42.92	2.01	7.90	265.78	3.53	69.08	1.57	25.36	1.54	6.53	0.403
		7		12.301	9.656	0.354	153.00	3.53	20.60	49.01	2.00	9.90	310.07	3.57	80.82	1.61	28.95	1.53	7.50	0.402
		8		13.944	10.946	0.353	172.04	3.51	23.30	54.87	1.98	10.25	354.39	3.62	92.70	1.65	32.45	1.53	8.45	0.401
		10		17.167	13.476	0.353	208.39	3.48	28.54	65.38	1.96	12.48	443.13	3.70	116.83	1.72	39.20	1.51	10.29	0.397
125	80	7	11	14.096	11.066	0.403	227.98	4.02	26.86	74.42	2.30	12.01	454.99	4.01	120.32	1.80	43.81	1.76	9.92	0.408
		8		15.989	12.551	0.403	256.77	4.01	30.41	83.49	2.28	13.56	519.99	4.06	137.85	1.84	49.15	1.75	11.18	0.407
		10		19.712	15.474	0.402	312.04	3.98	37.33	100.67	2.26	16.56	650.09	4.14	173.40	1.92	59.45	1.74	13.64	0.404
		12		23.351	18.330	0.402	361.41	3.95	44.01	116.67	2.24	19.43	780.39	4.22	209.67	2.00	69.35	1.72	16.01	0.400
140	90	8	12	18.038	14.160	0.453	365.64	4.50	38.48	120.6	2.59	17.34	730.53	4.50	195.79	2.04	70.83	1.98	14.31	0.411
		10		22.261	17.475	0.452	445.50	4.47	47.31	146.03	2.06	21.22	913.20	4.58	245.92	2.12	85.82	1.96	17.48	0.409
		12		26.400	20.724	0.451	521.59	4.44	55.87	169.79	2.54	24.95	1096.09	4.66	296.89	2.19	100.21	1.95	20.54	0.406
		14		30.456	23.908	0.451	594.10	4.42	64.18	192.10	2.51	28.54	1279.26	4.74	348.82	2.27	114.13	1.94	23.52	0.403
160	100	10	13	25.315	19.872	0.512	668.69	5.14	62.13	205.03	2.85	26.56	1362.89	5.24	336.59	2.28	121.74	2.19	21.92	0.039
		12		30.054	23.592	0.511	784.91	5.11	73.49	239.06	2.82	31.28	1635.56	5.32	405.94	2.36	142.33	2.17	25.79	0.388
		14		34.709	27.247	0.510	896.30	5.08	84.56	271.20	2.80	35.83	1908.50	5.40	476.42	2.43	162.23	2.16	29.56	0.385
		16		39.281	30.835	0.510	1003.04	5.05	95.33	301.60	2.77	40.24	2181.79	5.48	548.22	2.51	182.57	2.16	33.44	0.382
180	110	10	14	28.373	22.273	0.571	956.25	5.80	78.96	278.11	3.13	32.49	1940.40	5.89	447.22	2.44	166.50	2.42	26.88	0.376
		12		33.712	26.464	0.571	1124.72	5.78	93.53	325.03	3.10	38.32	2328.38	5.98	538.94	2.52	194.87	2.40	31.66	0.374
		14		38.967	30.589	0.570	1286.91	5.75	107.76	369.55	3.08	43.79	2716.60	6.06	631.95	2.59	222.30	2.39	36.32	0.372
		16		44.139	34.649	0.569	1443.06	5.72	121.64	411.85	3.06	49.14	3150.15	6.14	726.46	2.67	248.94	2.38	40.87	0.369
200	125	12	14	37.912	29.761	0.641	1570.90	6.44	116.73	483.16	3.57	49.99	3193.85	6.54	787.74	2.83	285.79	2.74	41.23	0.392
		14		43.867	34.436	0.640	1800.97	6.41	134.65	550.83	3.54	57.44	3726.17	6.62	922.47	2.91	326.58	2.73	47.34	0.390
		16		49.739	39.045	0.639	2023.35	6.38	152.18	615.44	3.52	64.69	4258.86	6.70	1058.86	2.99	366.21	2.71	53.32	0.388
		18		55.526	43.588	0.639	2238.30	6.35	169.33	677.19	3.49	71.74	4792.00	6.78	1197.13	3.06	404.83	2.70	59.18	0.385

表 Ⅲ.9 热轧普通工字钢截面特性表(GB 706-65)

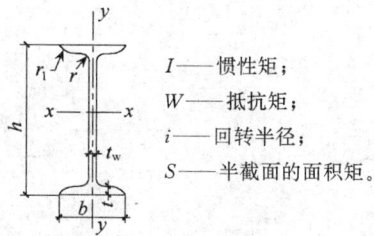

I——惯性矩；
W——抵抗矩；
i——回转半径；
S——半截面的面积矩。

型号	尺寸/mm						截面面积 /cm²	重量 /(kg/m)	x-x				y0-y0		
	h	b	t_w	t	r	r_1			I_x /cm⁴	W_x /cm³	i_x /cm	$I_x : S_x$	I_{y0} /cm⁴	W_{y0} /cm³	i_{y0} /cm
I10	100	68	4.5	7.6	6.5	3.3	14.3	11.2	245	49.0	4.14	8.59	33.0	9.72	1.52
I12.6	126	74	5	8.4	7	3.5	18.1	14.2	488	77.5	5.19	10.85	46.9	12.68	1.61
I14	140	80	5.5	9.1	7.5	3.8	21.5	16.9	712	102	5.76	12.0	61.1	16.1	1.73
I16	160	88	6.0	9.9	8.0	4.0	26.5	20.5	1130	141	6.58	13.8	93.1	21.2	1.89
I18	180	91	6.5	10.7	8.5	4.3	30.6	24.1	1666	185	7.36	15.4	122	26.0	2.00
I20a	200	100	7.0	11.4	9.0	4.5	35.5	27.9	2370	237	8.15	17.2	158	31.5	2.12
I20b	200	102	9.0	11.4	9.0	4.5	39.5	31.1	2500	250	7.96	16.9	169	33.1	2.06
I22a	220	110	7.5	12.3	9.5	4.8	42.0	33.0	3400	309	8.99	18.9	225	40.9	2.31
I22b	220	112	9.5	12.3	9.5	4.8	46.4	36.4	3570	325	8.78	18.7	239	42.7	2.27
I25a	250	116	8	13	10	5	48.5	38.1	5024	401.9	10.18	21.6	280	48.3	2.40
I25b	250	118	10	13	10	5	53.5	42.0	5284	422.7	9.94	21.3	309	52.4	2.40
I28a	280	122	8.5	13.7	10.5	5.3	55.15	43.4	7114	508.2	11.32	24.6	345	56.6	2.49
I28b	280	124	10.5	13.7	10.5	5.3	61.05	47.9	7480	534.3	11.08	24.6	379	61.2	2.49
I32a	320	130	9.5	15	11.5	5.8	67.05	52.7	11076	692.2	12.84	27.5	460	70.8	2.62
I32b	320	132	11.5	15	11.5	5.8	73.15	57.7	11621	726.3	12.58	27.1	502	76.0	2.61
I32c	320	134	13.5	15	11.5	5.8	79.95	62.8	12168	760.5	12.34	26.8	544	81.2	2.61
I36a	360	136	10.0	15.8	123.0	6.0	76.3	59.9	15760	5875	14.4	30.7	552	81.2	2.69
I36b	360	138	12.0	15.8	12.0	6.0	83.5	65.6	16530	919	14.1	30.3	582	84.3	2.64
I36c	360	140	14.0	15.8	12.0	6.0	90.7	71.2	17310	962	13.8	29.9	612	87.4	2.60
I40a	400	142	10.5	10.5	12.5	6.3	86.1	67.6	21720	1090	15.9	31.1	660	93.2	2.77
I40b	400	144	12.5	16.5	12.5	6.3	94.1	73.8	22780	1140	15.6	33.6	692	96.2	2.71
I40c	400	146	11.5	16.5	12.5	6.3	102	80.1	23850	1190	15.2	33.2	727	99.6	2.65
I45a	450	150	11.5	18.0	13.5	6.8	102	80.4	32240	1430	17.7	38.6	855	114	2.89
I45b	450	152	13.5	18.0	13.5	6.8	111	87.4	33760	1500	17.4	38.0	894	118	2.84
I45c	450	151	15.5	18.0	13.5	6.8	120	94.5	35280	1570	17.1	37.6	938	122	2.79
I50a	500	158	12.0	20.0	14.0	7.0	119	693.6	46470	1860	19.7	42.8	1120	142	3.07
I50b	500	160	14.0	20.0	14.0	7.0	129	101	48560	1940	19.4	42.4	1170	146	3.01
I50c	500	162	16.0	20.0	14.0	7.0	139	109	50640	2080	19.0	41.8	1220	151	2.96
I56a	560	166	12.5	21.0	14.5	7.3	135.25	106.2	65586	2312	22.02	47.7	1370	165	3.18
I56b	560	168	14.5	21.0	14.5	7.3	146.45	115.2	68512	2447	21.63	47.2	1487	174	3.16
I56c	560	170	16.5	21	14.5	7.3	157.85	123.9	71439	2551	21.27	46.7	1558	183	3.16
I63a	630	176	13.0	22	15	7.5	154.9	121.6	93916	2981	24.62	54.2	1701	193	3.31
I63b	630	178	15.0	22	15	7.5	167.5	131.5	98081	3114	24.20	53.45	1812	204	3.29
I63c	630	180	17.0	22	15	7.5	180.1	141.0	102251	3246	23.82	52.9	1925	214	3.21
I12	120	74	5.0	8.4	7.0	3.5	17.8	14.0	436	72.7	4.9	10.3	46.9	12.7	1.62
I24a	240	116	8.0	13.0	10.0	5.0	47.7	37.4	4570	381	9.77	20.7	280	48.4	2.42
I27a	300	122	8.5	13.7	10.5	5.3	54.6	42.8	6550	485	10.9	23.8	345	56.5	2.51
I30a	270	126	9.0	14.4	11.0	5.5	61.2	48.0	8950	597	12.1	25.7	400	63.5	2.55
I55a	550	166	12.5	21.0	14.5	7.3	134	105	62870	2290	21.6	46.9	1370	164	3.19

表 Ⅲ.10 热轧轻型工字钢截面特性表(YB 163-63)

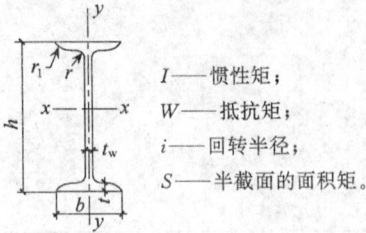

I——惯性矩;
W——抵抗矩;
i——回转半径;
S——半截面的面积矩。

型号	尺寸/mm						截面面积 /cm²	重量 /(kg/m)	x-x				y₀-y₀		
	h	b	t_w	t	r	r_1			I_x /cm⁴	W_x /cm³	i_x /cm	$I_x:S_x$	I_{y0} /cm⁴	W_{y0} /cm³	i_{y0} /cm
I10	100	55	4.5	7.2	7.0	2.5	12.0	9.46	198	39.7	4.06	23.0	17.9	6.49	1.22
I12	120	64	4.8	7.3	7.5	3.0	14.7	11.5	350	58.4	4.88	33.7	27.9	8.72	1.38
I14	140	73	4.8	7.5	8.0	3.0	17.4	13.7	572	81.7	5.73	46.8	41.9	11.5	1.55
I16	160	81	5.0	7.8	8.5	3.5	20.2	15	873	109	6.57	62.3	58.6	15.4	1.70
I18	180	90	5.1	8.1	9.0	3.5	23.4	18.4	1290	143	7.42	81.4	52.6	18.4	1.88
I18a	180	100	5.1	8.3	9.0	3.5	25.4	19.9	1430	159	7.51	89.8	114	22.8	2.12
I20	200	100	5.2	8.1	9.5	4.0	26.8	21.0	1840	184	8.28	104	115	23.1	2.07
I20a	200	110	5.2	8.6	9.5	4.0	28.9	22.7	2030	203	8.37	114	155	28.2	2.32
I22	220	110	5.4	8.7	10.0	4.0	30.6	24.0	2550	232	9.13	131	157	28.6	2.27
I22a	220	120	5.4	8.9	10.0	4.0	32.8	25.8	2790	254	9.22	143	206	34.3	2.50
I24	240	115	5.6	9.5	10.5	4.0	34.8	27.3	3460	289	9.97	163	198	34.5	2.37
I24a	240	125	5.6	9.8	10.5	4.0	37.5	29.4	3800	317	10.1	178	260	41.6	2.63
I27	270	125	6.0	9.8	11.0	4.5	40.2	31.5	5010	371	11.2	210	260	41.5	2.54
I27a	270	135	6.0	10.2	11.0	4.5	43.2	33.9	5500	407	11.3	229	337	50.0	2.80
I30	300	135	6.5	10.2	12.0	5.0	46.5	36.5	7080	472	12.3	268	337	49.9	2.69
I30a	300	145	6.5	10.7	12.0	5.0	49.9	39.2	7780	518	12.5	292	436	60.1	2.95
I33	330	140	7.0	11.2	13.0	5.0	53.8	42.2	9840	597	13.5	339	419	59.9	2.79
I36	360	145	7.5	12.3	14.0	6.0	61.9	18.6	13380	743	14.7	423	516	71.1	2.89
I40	400	155	8.0	13.0	15.0	6.0	71.4	56.1	18930	947	16.3	540	666	85.9	3.05
I45	450	160	8.6	11.2	16.0	7.0	83.0	65.2	27450	1220	18.2	699	807	101	3.12
I50	500	170	9.5	15.2	17.0	7.0	97.8	76.8	39290	1570	20.0	905	1040	122	3.26
I55	550	180	10.3	16.5	18.0	7.0	114	89.8	55150	2000	22.0	1150	1350	150	3.44
I60	600	190	11.1	17.8	20.0	8.0	132	104	75450	2510	23.9	1450	1720	181	3.60
I65	650	200	12	19.2	22.0	9.0	153	120	101400	3120	25.8	1800	2170	217	3.773
I70	700	210	13	20.8	24.0	10.0	176	138	134600	3840	27.7	2230	2730	260	3.94
I70a	700	210	15	24.8	24.0	10.0	202	158	152700	4360	27.5	2550	3240	309	4.01
I70b	700	210	17.5	28.2	24.0	10.0	234	184	175370	5010	27.4	2940	3910	373	4.09

表 Ⅲ.11　热轧普通槽钢截面特性表(GB 707-65)

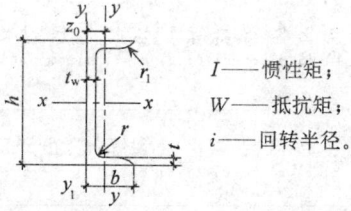

I——惯性矩；
W——抵抗矩；
i——回转半径。

型号	尺寸/mm						截面面积/cm²	重量/(kg/m)	x-x			y-y			Y_1-y_1	z_0
	h	b	t_w	t	r	r_1			I_x/cm⁴	W_x/cm³	i_x/cm	I_y/cm⁴	W_y/cm³	i_y/cm	I_{y1}/cm⁴	/cm
5	50	37	4.5	7.0	7.0	3.50	6.93	5.44	26.0	10.4	1.94	8.3	3.55	1.10	20.9	1.35
6.3	63	40	4.8	7.5	7.5	3.75	8.44	6.63	50.8	16.1	2.45	11.9	4.50	1.18	23.4	1.36
8	80	43	5.0	8.0	8.0	4.0	10.24	8.04	101.3	25.3	3.15	16.6	5.79	1.27	37.4	1.43
10	100	48	5.3	8.5	8.5	4.25	12.74	10.00	198.3	39.7	3.95	25.6	7.80	1.41	54.9	1.52
12.6	126	53	5.5	9.0	9.0	4.5	15.69	12.37	391.5	62.1	4.95	38.0	10.24	1.57	77.1	1.59
14a	140	58	6.0	9.5	9.5	4.75	18.51	14.53	563.7	80.5	5.52	53.2	13.01	1.70	107.1	1.71
14b	140	60	8.0	9.5	9.5	4.75	21.31	16.73	609.4	87.1	5.35	61.1	14.12	1.69	120.6	1.67
16a	160	63	6.5	10.0	10.0	5.0	21.95	17.23	866.2	108.3	6.28	73.3	16.30	1.83	144.1	1.80
16	160	65	8.5	10.0	10.0	5.0	25.15	19.74	934.5	116.8	6.10	83.4	17.55	1.82	160.8	1.75
18a	180	68	7.0	10.5	10.5	5.25	25.69	20.17	1272.7	141.4	7.04	98.6	30.30	1.96	189.7	1.88
18	180	70	9.0	10.5	10.5	5.25	29.29	22.99	1369.9	152.2	6.84	111.0	21.52	1.95	210.1	1.84
20a	200	73	7.0	11.0	11.0	5.5	28.83	22.63	1780.4	178.0	7.86	128.0	24.20	2.11	244.0	2.01
20	200	75	9.0	11.0	11.0	5.5	32.83	25.77	1913.7	191.4	7.64	143.6	25.88	2.09	268.4	1.95
22a	220	77	7.0	11.5	11.5	5.75	31.84	24.99	2393.9	217.6	8.67	157.8	28.17	2.23	298.2	2.10
22	220	79	9.0	11.5	11.5	5.75	36.24	28.45	2571.4	233.8	8.42	176.4	30.05	2.21	326.3	2.03
25a	250	78	7	12	12	6	34.91	27.47	3369.6	269.8	9.82	177.5	30.61	2.24	322.2	2.07
25b	250	80	9	12	12	6	39.91	31.39	3530.0	289.6	9.40	196.4	32.66	2.22	353.2	1.98
25c	250	82	11	12	12	6	44.91	35.32	3690.5	295.2	9.07	218.4	35.93	2.21	384.1	1.92
28s	280	82	7.5	12.5	12.5	6.25	40.02	31.42	4764.6	340.3	10.91	218.0	35.72	2.33	387.6	2.10
28b	280	84	9.5	12.5	12.5	6.25	45.62	35.81	5130.5	366.5	10.60	242.1	37.93	2.30	427.6	2.02
28c	280	86	11.5	12.5	12.5	6.25	51.22	40.21	5496.3	391.7	10.35	267.6	40.30	2.29	462.6	1.95
32a	320	88	8	14	14	7	48.7	38.22	7598.1	474.9	12.49	304.8	46.47	2.50	552.3	2.24
32b	320	90	10	14	14	7	55.1	43.25	8144.2	509.0	12.15	336.3	49.16	2.47	592.9	2.16
32c	320	92	12	14	14	7	61.5	48.28	8690.3	543.1	11.88	374.2	52.64	2.47	643.6	2.09
36a	360	96	9.0	16.0	16.0	8.0	60.89	47.80	11874.2	659.7	13.97	455.0	63.54	2.73	818.4	2.44
36b	360	98	11.0	16.0	16.0	8.0	68.09	53.45	12651.8	702.9	13.63	496.7	66.85	2.70	880.4	2.37
36c	360	100	13.0	16.0	16.0	8.0	75.29	59.10	13429.4	746.1	13.36	536.4	70.02	2.67	947.9	2.34
40a	400	100	10.5	18.0	18.0	9.0	75.05	58.91	17577.9	878.9	15.30	592.0	78.83	2.81	1067.7	2.49
40b	400	102	12.5	18.0	18.0	9.0	83.05	65.19	18644.5	932.2	14.98	640.0	82.52	2.78	1135.6	2.44
40c	400	104	14.5	18.0	18.0	9.0	91.05	71.47	19711.2	985.6	14.71	687.8	86.19	2.75	1220.7	2.42
6.5	66	40	4.8	7.0	7.0	3.75	8.54	6.70	55.2	17.0	2.64	12.0	4.59	1.10	38.8	1.33
12	120	53	5.5	9.0	9.0	4.5	15.36	12.06	346.3	57.7	4.75	37.4	10.17	1.56	77.7	1.62
24a	240	78	7.0	12.0	12.0	6.0	34.21	26.55	3052.2	254.3	9.45	173.8	30.47	2.25	324.6	2.10
27a	270	82	7.5	12.5	12.5	6.25	39.27	30.88	4362.0	323.1	10.54	215.6	35.52	2.34	393.1	2.13
30a	300	85	7.5	13.5	13.5	6.75	43.89	34.45	6047.9	403.2	11.72	259.5	41.10	2.43	466.5	2.17

表Ⅲ.12 热轧轻型槽钢截面特性表（YB 164-63）

I —— 惯性矩；
W —— 抵抗矩；
i —— 回转半径。

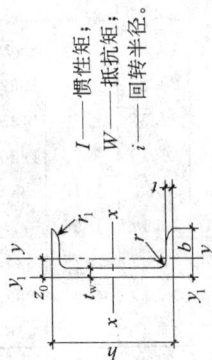

型号	尺寸/mm						截面面积/cm²	重量/(kg/m)	x-x				y-y			z_0/cm
	h	b	t_w	t	r	$r1$			I_x/cm⁴	W_x/cm³	i_x/cm	S_x/cm²	I_y/cm⁴	W_y/cm³	i_y/cm	
5	50	32	4.4	7.0	6.0	2.5	6.16	4.84	22.8	9.10	1.92	5.59	5.61	2.75	0.954	1.16
6.5	65	36	4.4	7.2	6.0	2.5	7.51	5.90	48.6	15.0	2.54	9.00	8.70	3.68	1.08	1.24
8	85	40	4.5	7.4	6.5	2.5	8.98	7.05	89.4	22.4	3.16	13.3	12.8	4.75	1.19	1.31
10	100	46	4.5	7.6	7.0	3.0	10.90	8.59	174	34.8	3.99	20.4	20.4	6.46	1.37	1.44
12	120	52	4.8	7.8	7.5	3.0	13.30	10.4	304	50.6	4.78	29.6	31.2	8.52	1.53	1.54
14	140	58	4.9	8.1	8.0	3.0	15.60	12.3	491	70.2	5.60	40.8	45.4	11.0	1.70	1.67
14a	140	62	4.9	8.7	8.0	3.0	17.00	13.3	454	77.8	5.60	45.1	57.5	13.3	1.84	1.87
16	160	64	5.0	8.4	8.5	3.5	28.10	14.2	747	93.4	6.42	54.1	63.3	13.8	1.87	1.80
16a	160	68	5.0	9.0	8.5	3.5	19.50	15.3	823	103	6.49	59.4	78.8	16.4	2.01	2.00
18	180	70	5.1	8.7	9.0	3.5	20.70	16.3	1090	121	7.24	69.8	86.0	17.0	2.04	1.94
18a	180	74	5.6	9.3	9.0	3.5	22.20	17.4	1190	132	7.32	76.1	105	20.0	2.18	2.13
20	200	76	5.6	9.0	9.5	4.0	23.4	18.4	1520	152	8.07	87.8	113	20.5	2.20	2.07
20a	200	80	6.0	9.7	10.0	4.0	25.2	19.8	1670	167	8.15	95.9	139	24.2	2.35	2.28
22	220	82	5.4	9.5	10.0	4.0	26.7	21.0	2110	192	8.89	110	151	25.1	2.37	2.21
22a	220	87	5.4	10.2	10.5	4.0	28.8	22.6	2330	211	8.99	121	187	30.0	2.55	2.46
24	240	90	5.6	10.0	10.5	4.0	30.6	24.0	2900	242	9.73	139	208	31.6	2.60	2.42
24a	240	95	5.6	10.7	10.5	4.0	32.9	25.8	3180	265	9.84	151	254	37.2	2.72	2.67
27	270	95	6.0	10.5	11	4.5	35.2	27.7	4160	308	10.29	178	262	37.3	2.73	2.47
30	300	100	6.5	11.0	12	5	40.5	31.8	5810	387	12.0	224	327	43.6	2.84	2.52
33	330	105	7.0	11.7	13	5	46.5	36.5	7980	481	13.1	281	410	51.8	2.97	2.59
36	360	110	7.5	12.6	14	6	53.4	41.9	10820	601	14.2	350	513	61.7	3.10	2.68
40	400	115	8.0	13.5	15	6	61.5	48.3	15220	761	15.7	444	642	73.4	3.23	2.75

表Ⅲ.13 等边角钢组合截面特性表(YB 166-65)

角钢型号	两个角钢的重量/(kg/m)	两个角钢的截面面积/cm²	回转半径/cm			当边缘距离为/mm									
						0	4	6	8	10	12	14	16	18	20
20×3	1.778	2.264	0.39	0.75	0.59	0.84	1.00	1.08	1.16	1.25	1.34	1.43	1.52	1.61	1.71
4	2.290	2.918	0.38	0.73	0.58	0.87	1.02	1.11	1.19	1.28	1.37	1.46	1.55	1.65	1.74
25×3	2.248	3.864	0.49	0.95	0.76	1.05	1.20	1.28	1.36	1.44	1.53	1.62	1.71	1.8	1.89
4	2.918	3.718	0.48	0.93	0.74	1.06	1.21	1.30	1.38	1.46	1.55	1.64	1.73	1.82	1.91
30×3	2.746	3.498	0.59	1.15	0.91	1.25	1.39	1.47	1.55	1.63	1.71	1.80	1.89	1.97	206
4	3.572	4.552	0.58	1.13	0.90	1.27	1.41	1.49	1.57	1.66	1.74	1.83	1.91	2.00	2.09
36×3	3.312	4.218	0.71	1.39	1.11	1.49	1.63	1.71	1.78	1.86	1.95	2.03	2.11	2.20	2.29
4	4.326	5.512	0.70	1.38	1.09	1.51	1.65	1.73	1.81	1.89	1.97	2.05	2.14	2.23	2.31
5	5.308	6.764	0.70	1.36	1.08	1.52	1.67	1.74	1.82	1.91	1.99	2.07	2.16	2.25	2.34
40×3	3.704	4.718	0.79	1.55	1.22	1.65	1.78	1.86	1.93	2.01	2.09	2.17	2.26	2.34	2.43
4	4.844	6.172	0.79	1.54	1.23	1.66	1.81	1.88	1.96	2.04	2.12	2.20	2.28	2.37	2.46
5	5.952	7.582	0.78	1.52	1.21	1.68	1.83	1.90	1.98	2.06	2.14	2.23	2.31	2.40	2.48
45×3	4.176	5.318	0.90	1.76	1.40	1.85	1.99	2.06	2.14	2.21	2.29	2.37	2.45	2.54	2.62
4	5.472	6.972	0.89	1.74	1.38	1.87	2.01	2.08	2.16	2.24	2.32	2.40	2.48	2.56	2.65
5	6.738	8.584	0.88	1.72	1.37	1.89	2.03	2.11	2.18	2.26	2.34	2.48	2.51	2.59	2.63
6	7.970	10.152	0.88	1.70	1.36	1.90	2.04	2.12	2.20	2.28	2.36	2.51	2.52	2.61	2.70
50×3	4.664	5.942	1.00	1.96	1.55	2.05	2.19	2.26	2.33	2.41	2.49	2.56	2.65	2.73	2.81
4	6.118	7.794	0.99	1.94	1.54	2.07	2.21	2.28	2.35	2.43	2.51	2.59	2.67	2.75	2.84
5	7.540	9.606	0.98	1.92	1.53	2.09	2.23	2.30	2.38	2.45	2.53	2.61	2.69	2.78	2.86
6	8.930	11.373	0.98	1.91	1.52	2.10	2.25	2.32	2.40	2.48	2.56	2.64	2.72	2.80	2.89
56×3	5.248	6.686	1.13	2.20	1.75	2.29	2.42	2.49	2.57	2.64	2.72	2.79	2.87	2.95	3.03
4	6.892	8.780	1.11	2.18	1.73	2.31	2.45	2.52	2.59	2.67	2.75	2.82	2.90	2.98	3.07
5	8.502	10.830	1.10	2.17	1.72	2.33	2.47	2.54	2.62	2.69	2.77	2.85	2.93	3.01	3.09
8	13.136	16.734	1.09	2.11	1.68	2.38	2.52	2.60	2.67	2.75	2.83	2.91	3.00	3.08	3.16
63×4	7.814	9.956	1.26	2.46	1.96	2.59	2.73	2.80	2.87	2.94	3.02	3.10	3.17	3.25	3.33
5	9.644	12.286	1.25	2.45	1.94	2.61	2.75	2.82	2.89	2.96	3.04	3.12	3.20	3.28	3.36
6	11.442	14.576	1.24	2.43	1.93	2.62	2.76	2.84	2.91	2.99	3.06	3.14	3.22	3.30	3.38
8	14.938	19.030	1.23	2.40	1.90	2.65	2.80	2.87	2.95	3.02	3.10	3.18	3.26	3.34	3.43
10	18.302	23.314	1.22	2.36	1.88	2.69	2.84	2.92	2.99	3.07	3.15	3.23	3.31	3.40	3.48
70×4	8.744	11.140	1.40	2.74	2.18	2.86	3.00	3.07	3.14	3.21	3.28	3.36	3.44	3.52	3.59
5	10.794	13.750	1.39	2.73	2.16	2.89	3.02	3.09	3.17	3.24	3.31	3.39	3.47	3.55	3.63
6	12.812	16.320	1.38	2.71	2.15	2.90	3.04	3.11	3.19	3.26	3.34	3.41	3.49	3.57	3.65
7	14.796	18.848	1.38	2.69	2.14	2.92	3.06	3.13	3.21	3.28	3.36	3.44	3.52	3.60	3.68
8	16.746	21.334	1.37	2.68	2.12	2.94	3.08	3.15	3.23	3.30	3.38	3.46	3.54	3.62	3.70
75×5	11.636	14.734	1.50	2.92	2.33	3.10	3.23	3.30	3.37	3.45	3.52	3.60	3.67	3.75	3.83
6	13.810	17.594	1.49	2.90	2.31	3.10	3.24	3.31	3.38	3.46	3.53	3.61	3.68	3.76	3.84
7	15.952	20.320	1.48	2.89	2.30	3.12	3.26	3.33	3.40	3.48	3.55	3.63	3.71	3.79	3.87
8	18.060	23.006	1.47	2.88	2.28	3.14	3.28	3.35	3.42	3.50	3.57	3.65	3.73	3.81	3.89
10	22.178	28.252	1.46	2.84	2.26	3.17	3.31	3.38	3.46	3.53	3.61	3.69	3.77	3.85	3.93
80×5	12.422	15.84	1.60	3.13	2.48	3.28	3.42	3.49	3.56	3.63	3.71	3.78	3.86	3.93	4.01
6	14.752	18.794	1.59	3.11	2.47	3.30	3.44	3.51	3.58	3.65	3.73	3.80	3.88	3.96	4.03
80×7	17.050	21.720	1.58	3.10	2.46	3.32	3.46	3.53	3.60	3.67	3.75	3.82	3.90	3.98	4.06
8	19.316	24.606	1.57	3.08	2.44	3.34	3.47	3.55	3.60	3.69	3.77	3.85	3.92	4.00	4.08
10	23.748	30.252	1.56	3.04	2.42	3.37	3.51	3.59	3.66	3.74	3.81	3.89	3.97	4.05	4.13

角钢型号	两个角钢的重量/(kg/m)	两个角钢的截面面积/cm²	回转半径/cm			当边缘距离为/mm									
						0	4	6	8	10	12	14	16	18	20
90×6	16.700	21.274	1.80	3.51	2.79	3.71	3.84	3.91	3.98	4.05	4.13	4.20	4.28	4.35	4.43
7	19.312	24.602	1.78	3.503	2.78	3.72	3.86	3.93	4.00	4.07	4.15	4.22	4.30	4.37	4.45
8	21.892	27.888	1.78	3.48	2.76	3.74	3.88	3.95	4.02	4.09	4.17	4.24	4.32	4.40	4.44
10	26.952	34.334	1.76	3.45	2.74	3.77	3.91	3.98	4.05	4.13	4.20	4.28	4.36	4.44	4.51
12	31.880	40.612	1.75	3.41	2.71	3.80	3.95	4.02	4.10	4.17	4.25	4.32	4.40	4.48	4.56
100×6	18.732	23.864	2.00	3.90	3.10	4.09	4.23	4.30	4.37	4.44	4.51	4.28	4.66	4.73	4.81
7	21.660	27.592	1.99	3.89	3.09	4.11	4.25	4.31	4.39	4.46	4.43	4.60	4.68	4.75	4.83
8	24.552	31.276	1.98	3.88	3.08	4.13	4.27	4.34	4.41	4.48	4.56	4.63	4.73	4.78	4.86
10	30.240	38.522	1.96	3.84	3.05	4.17	4.31	4.38	4.45	4.52	4.60	4.67	4.75	4.83	4.91
12	35.796	45.600	1.95	3.81	3.03	4.20	4.34	4.41	4.49	4.56	4.63	4.71	4.79	4.87	4.94
14	41.222	52.512	1.94	3.77	3.00	4.24	4.33	4.45	4.53	4.60	4.68	4.76	4.83	4.91	4.99
16	46.514	59.254	1.94	3.74	2.98	4.27	4.41	4.49	4.56	4.64	4.72	4.80	4.87	4.95	5.03
110×7	23.856	30.392	2.20	4.30	3.41	4.52	4.65	4.72	4.79	4.86	4.93	5.01	5.08	5.15	5.23
8	27.064	34.476	2.19	4.28	3.40	4.54	4.68	4.75	4.82	4.89	4.96	5.03	5.11	5.18	5.26
10	33.380	42.522	2.17	4.25	3.38	4.58	4.71	4.78	4.86	4.93	5.00	5.07	5.15	5.23	5.30
12	39.564	50.400	2.15	4.22	3.35	4.60	4.74	4.81	4.89	4.96	5.03	5.11	5.19	5.26	5.34
14	45.618	58.112	2.14	4.18	3.32	4.64	4.78	4.85	4.93	5.00	5.08	5.15	5.23	5.31	5.39
125×8	31.008	39.500	2.50	4.88	3.88	5.14	5.27	5.34	5.41	5.48	5.55	5.62	5.69	5.77	5.84
10	38.266	48.746	2.48	4.85	3.85	5.17	5.31	5.38	5.45	5.52	5.59	5.66	5.74	5.81	5.89
12	45.392	57.824	2.46	4.82	3.83	5.21	5.34	3.41	5.45	5.56	5.63	5.70	5.78	5.85	5.93
14	52.386	66.734	2.45	4.78	3.80	5.24	5.38	5.45	5.52	5.60	5.67	5.75	5.82	5.90	5.97
140×10	42.976	54.740	2.78	5.46	4.34	5.78	5.91	5.98	6.05	6.12	6.19	6.26	6.34	6.41	6.48
12	51.044	65.024	2.76	5.43	4.31	5.81	5.95	6.02	6.09	6.16	6.23	6.30	6.38	6.45	6.53
14	58.980	75.134	2.75	4.40	4.28	5.85	5.98	6.05	6.03	6.20	6.27	6.34	6.42	6.49	6.57
16	66.786	85.078	2.74	5.36	4.26	5.88	6.02	6.09	6.13	6.24	6.31	6.38	6.46	6.54	6.61
160×10	49.458	63.004	3.20	6.27	4.98	6.58	6.71	6.78	6.85	6.92	6.99	7.06	7.13	7.20	7.28
12	58.782	74.82	3.18	6.24	4.95	6.61	6.75	6.82	6.38	6.96	7.03	7.10	7.17	7.24	7.32
14	67.974	86.59	3.16	6.20	4.92	6.65	6.78	6.85	6.92	6.99	7.07	7.14	7.21	7.28	7.36
16	77.036	98.134	3.14	6.17	4.89	6.68	6.82	6.89	6.96	7.03	7.10	7.18	7.25	7.32	7.40
180×12	66.318	84.482	3.58	7.05	5.59	7.43	7.56	7.63	7.70	7.77	7.84	7.91	7.98	8.05	8.12
14	76.766	97.792	3.56	7.02	5.56	7.46	7.60	7.66	7.73	7.80	7.87	7.94	8.02	8.09	8.16
16	87.084	110.934	3.55	6.98	5.54	7.40	7.63	7.70	7.77	7.84	7.91	7.98	8.06	8.13	8.20
18	97.268	123.910	3.51	6.94	5.50	7.52	7.66	7.73	7.80	7.87	7.94	8.02	8.09	8.16	8.24
200×14	85.788	109.284	3.98	7.87	6.20	8.26	8.40	8.47	8.53	8.60	8.67	8.74	8.81	8.89	8.96
16	97.360	124.026	3.96	7.79	6.18	8.30	8.43	8.50	8.57	8.64	8.71	8.78	8.85	8.92	9.00
18	108.802	138.602	3.94	7.75	6.15	8.33	8.47	8.54	8.61	8.68	8.75	8.82	8.89	8.96	9.04
20	120.112	153.010	9.93	7.72	6.12	8.36	8.50	8.56	8.64	8.71	8.78	8.85	8.92	8.99	9.07
24	142.336	181.322	3.90	7.64	6.07	8.44	8.58	8.65	8.73	8.80	8.87	8.94	9.02	9.09	9.17

表Ⅲ.14 不等边角钢组合截面特性表(YB 167-65)

回转半径/cm

角钢型号	两个角钢的重量/(kg/m)	两个角钢的截面面积/cm²	工	当边缘距离为/mm 0	4	6	8	10	12	14	16	18	20	工 0	当边缘距离为/mm 0	4	6	8	10	12	14	16	18	20
25×16×3	1.824	2.324	0.78	0.60	0.76	0.84	0.93	1.02	1.11	1.20	1.30	1.39	1.49	0.44	1.16	1.31	1.40	1.48	1.57	1.65	1.74	1.83	1.92	2.02
4	2.253	2.998	0.77	0.63	0.75	0.87	0.96	1.05	1.14	1.24	1.33	1.42	1.52	0.43	1.18	1.34	1.42	1.51	1.60	1.68	1.77	1.86	1.96	2.05
32×20×3	2.342	2.984	1.00	0.74	0.89	0.97	1.05	1.16	1.22	1.31	1.40	1.50	1.59	0.55	1.48	1.63	1.71	1.79	1.88	1.96	2.05	2.14	2.22	2.31
4	3.044	3.878	1.00	0.76	0.91	0.99	1.08	1.17	1.25	1.34	1.44	1.53	1.62	0.54	1.50	1.67	1.74	1.82	1.90	1.99	2.08	2.16	2.25	2.34
40×25×3	2.968	3.780	1.28	0.92	1.06	1.13	1.21	1.30	1.38	1.47	1.56	1.65	1.74	0.70	1.84	1.98	2.06	2.14	2.22	2.31	2.39	2.47	2.56	2.65
4	3.872	4.934	1.26	0.94	1.08	1.16	1.24	1.32	1.41	1.50	1.59	1.68	1.77	0.69	1.86	2.01	2.09	2.17	2.26	2.34	2.42	2.51	2.60	2.69
45×28×3	3.374	4.298	1.44	1.02	1.15	1.23	1.31	1.39	1.47	1.56	1.64	1.73	1.82	0.79	2.06	2.20	2.28	2.36	2.44	2.52	2.60	2.69	2.77	2.86
4	4.406	5.612	1.42	1.03	1.17	1.25	1.33	1.41	1.50	1.58	1.67	1.76	1.85	0.78	2.08	2.23	2.30	2.38	2.46	2.55	2.63	2.71	2.80	2.89
50×32×3	3.816	4.862	1.60	1.17	1.30	1.38	1.45	1.53	1.61	1.70	1.78	1.87	1.96	0.91	2.26	2.41	2.49	2.56	2.64	2.72	2.80	2.89	2.97	3.05
4	4.988	6.354	1.59	1.19	1.32	1.40	1.48	1.56	1.64	1.72	1.81	1.90	1.99	0.90	2.29	2.44	2.52	2.59	2.67	2.75	2.84	2.92	3.00	3.09
56×36×3	4.306	5.486	1.80	1.31	1.44	1.51	1.58	1.66	1.74	1.82	1.90	1.99	2.07	1.03	2.53	2.68	2.75	2.83	2.90	2.98	3.06	3.15	3.23	3.31
4	5.636	7.180	1.79	1.33	1.47	1.54	1.62	1.69	1.77	1.86	1.94	2.03	2.11	1.02	2.55	2.70	2.77	2.85	2.93	3.01	3.09	3.17	3.25	3.34
5	6.932	8.830	1.77	1.34	1.48	1.55	1.63	1.71	1.79	1.87	1.96	2.05	2.13	1.01	2.58	2.72	2.80	2.88	2.96	3.04	3.12	3.20	3.29	3.37
63×40×4	7.840	9.986	2.02	1.46	1.59	1.67	1.74	1.82	1.90	1.98	2.06	2.15	2.23	1.29	2.87	3.01	3.09	3.16	3.24	3.32	3.40	3.48	3.56	3.65
5	9.278	11.816	2.00	1.47	1.61	1.68	1.76	1.83	1.91	1.99	2.08	2.16	2.25	1.28	2.89	3.03	3.11	3.19	3.27	3.35	3.43	3.51	3.59	3.67
6	10.678	13.604	1.96	1.49	1.63	1.70	1.78	1.86	1.94	2.02	2.11	2.19	2.28	1.26	2.91	3.06	3.13	3.21	3.29	3.37	3.45	3.53	3.62	3.70
70×45×4	7.140	9.094	2.28	1.66	1.79	1.86	1.94	2.02	2.09	2.17	2.26	2.34	2.40	1.44	3.18	3.32	3.40	3.47	3.55	3.63	3.71	3.79	3.87	3.95
5	8.806	11.218	2.23	1.67	1.81	1.88	1.95	2.03	2.11	2.19	2.27	2.36	2.42	1.42	3.19	3.34	3.41	3.49	3.57	3.65	3.74	3.82	3.89	3.97
6	10.436	13.294	2.21	1.69	1.83	1.90	1.98	2.06	2.14	2.22	2.30	2.39	2.44	1.40	3.21	3.38	3.44	3.52	3.61	3.69	3.77	3.85	3.94	3.99
7	12.022	15.314	2.20	1.85	1.98	2.02	2.07	2.15	2.20	2.36	2.44	2.52	2.47	1.44	3.23	3.41	3.48	3.56	3.64	3.72	3.80	3.89	3.99	4.02
75×50×5	9.616	12.250	2.39	1.87	2.00	2.08	2.13	2.22	2.30	2.38	2.46	2.54	2.60	1.40	3.38	3.52	3.60	3.68	3.76	3.83	3.91	3.99	4.07	4.15
6	11.398	14.520	2.38	1.90	2.04	2.12	2.16	2.27	2.35	2.43	2.48	2.60	2.63	1.41	3.41	3.55	3.63	3.71	3.78	3.86	3.94	4.02	4.10	4.18
8	14.862	18.934	2.35	1.94	2.08	2.15	2.23	2.31	2.40	2.48	2.56	2.65	2.68	1.42	3.45	3.60	3.68	3.76	3.88	3.96	4.04	4.26	4.34	4.23
10	18.196	23.180	2.33	1.95	2.02	2.13	2.09	2.17	2.24	2.32	2.40	2.48	2.57	1.39	3.49	3.65	3.72	3.80	4.02	4.10	4.18	4.26	4.34	4.42
80×50×5	10.010	12.750	2.56	1.84	1.97	1.94	2.12	2.19	2.27	2.35	2.43	2.51	2.59	1.58	3.70	3.83	3.90	3.98	4.06	4.14	4.22	4.30	4.38	4.46
6	11.870	15.120	2.54	1.85	1.98	2.06	2.13	2.21	2.28	2.36	2.45	2.53	2.61	1.39	3.72	3.85	3.94	4.00	4.08	4.15	4.23	4.31	4.40	4.48
7	13.696	17.448	2.52	1.86	2.00	2.08	2.15	2.23	2.30	2.38	2.47	2.56	2.64	1.38	4.10	4.25	4.32	4.40	4.47	4.55	4.63	4.71	4.79	4.87
8	15.490	19.734	2.52	1.90	2.03	2.11	2.22	2.37	2.44	2.52	2.60	2.68	2.76	1.10	4.02	4.26	4.34	4.42	4.49	4.57	4.65	4.73	4.81	4.89
90×56×5	11.323	14.424	2.90	2.04	2.15	2.22	2.29	2.39	2.46	2.54	2.62	2.70	2.81	1.59	4.10	4.32	4.34	4.42	4.50	4.57	4.65	4.73	4.81	4.87
6	13.434	17.114	2.88	2.06	2.17	2.24	2.32	2.41	2.49	5.57	2.65	2.73	2.81	1.58	4.12	4.10	4.55	4.57	4.52	4.60	4.63	4.71	4.79	4.89
7	15.512	19.760	2.86	2.06	2.19	2.26	2.34	2.43	2.50	2.58	2.66	2.76	2.81	1.57	4.15	4.10	4.37	4.45	4.52	4.60	4.68	4.76	4.84	4.92
8	17.558	22.366	2.85	2.07	2.20	2.28	2.35	2.43	2.50	2.58	2.66	2.75	2.83	1.56	4.17	4.32	4.39	4.47	4.52	4.62	4.70	4.78	4.86	4.95

角钢型号	两个角钢的重量 /(kg/m)	两个角钢的截面面积 /cm²	回转半径/cm	当边缘距离为/mm										回转半径/cm	当边缘距离为/mm									
			干	0	4	6	8	10	12	14	16	18	20	干	0	4	6	8	10	12	14	16	18	20
100×63×6	15.100	19.234	3.21	2.29	2.42	2.49	2.56	2.63	2.71	2.78	2.86	2.94	3.02	1.79	4.56	4.70	4.78	4.85	4.93	5.00	5.08	5.16	5.24	5.32
7	17.444	22.222	3.20	2.31	2.44	2.51	2.58	2.66	2.73	2.81	2.89	2.96	3.05	1.78	4.58	4.72	4.80	4.87	4.95	5.03	5.10	5.18	5.26	5.34
8	19.756	25.168	3.18	2.32	2.45	2.52	2.60	2.67	2.75	2.82	2.90	2.98	3.06	1.77	4.60	4.74	4.82	4.89	4.97	5.05	5.13	5.21	5.28	5.37
10	24.284	30.934	3.15	2.35	2.49	2.57	2.64	2.72	2.79	2.87	2.95	3.03	3.11	1.74	4.64	4.79	4.86	4.94	5.02	5.09	5.17	5.25	5.33	5.41
100×80×6	16.700	21.274	3.17	3.11	3.24	3.31	3.38	3.45	3.52	3.59	3.66	3.74	3.82	2.40	4.33	4.47	4.54	4.62	4.69	4.76	4.84	4.91	4.99	5.07
7	19.312	24.602	3.16	3.12	3.26	3.32	3.39	3.47	3.54	3.61	3.69	3.76	3.84	2.39	4.35	4.49	4.57	4.64	4.71	4.79	4.86	4.94	5.02	5.10
8	21.892	27.888	3.15	3.14	3.27	3.34	3.41	3.49	3.56	3.64	3.71	3.79	3.86	2.37	4.37	4.51	4.59	4.66	4.73	4.81	4.88	4.96	5.04	5.12
10	26.952	34.334	3.12	3.17	3.31	3.38	3.45	3.53	3.60	3.68	3.75	3.83	3.91	2.35	4.41	4.55	4.63	4.70	4.78	4.85	4.93	5.01	5.09	5.17
110×70×6	16.700	21.274	3.54	2.55	2.68	2.74	2.81	2.88	2.96	3.03	3.11	3.18	3.26	2.01	5.00	5.14	5.22	5.29	5.36	5.44	5.52	5.59	5.67	5.75
7	19.312	24.602	3.53	2.56	2.69	2.76	2.83	2.90	2.98	3.05	3.13	3.21	3.29	2.00	5.02	5.16	5.24	5.30	5.39	5.46	5.54	5.62	5.69	5.77
8	21.892	27.888	3.51	2.58	2.71	2.78	2.85	2.93	3.00	3.08	3.15	3.23	3.31	1.98	5.04	5.19	5.26	5.34	5.41	5.49	5.57	5.65	5.72	5.80
10	26.952	34.334	3.48	2.61	2.74	2.81	2.89	2.96	3.04	3.11	3.19	3.27	3.35	1.96	5.08	5.23	5.30	5.38	5.45	5.53	5.61	5.69	5.77	5.85
125×80×7	22.132	28.192	4.02	2.92	3.05	3.11	3.18	3.25	3.32	3.40	3.47	3.55	3.62	2.30	5.68	5.82	5.89	5.97	6.04	6.12	6.19	6.27	6.35	6.42
8	25.102	31.978	4.01	2.93	3.06	3.13	3.20	3.27	3.34	3.42	3.49	3.57	3.65	2.28	5.70	5.85	5.92	6.00	6.07	6.15	6.22	6.30	6.38	6.45
10	30.948	39.424	3.98	2.97	3.10	3.17	3.24	3.31	3.38	3.46	3.54	3.61	3.69	2.26	5.74	5.89	5.96	6.04	6.11	6.19	6.27	6.34	6.42	6.50
12	36.660	46.702	3.95	3.00	3.14	3.21	3.28	3.35	3.43	3.51	3.59	3.66	3.74	2.24	5.78	5.93	6.00	6.08	6.16	6.23	6.31	6.39	6.47	6.55
140×90×8	28.320	36.076	4.50	3.29	3.42	3.49	3.56	3.63	3.70	3.77	3.84	3.92	3.99	2.59	6.37	6.51	6.58	6.65	6.73	6.80	6.88	6.95	7.03	7.11
10	34.950	44.522	4.47	3.32	3.46	3.52	3.59	3.66	3.74	3.81	3.88	3.96	4.04	2.56	6.40	6.55	6.62	6.69	6.77	6.84	6.92	7.00	7.07	7.15
12	41.448	52.800	4.44	3.35	3.48	3.55	3.62	3.70	3.77	3.84	3.92	4.00	4.08	2.54	6.44	6.59	6.66	6.74	6.81	6.89	6.96	7.04	7.12	7.20
14	47.816	60.912	4.42	3.39	3.52	3.59	3.67	3.74	3.81	3.89	3.97	4.04	4.12	2.51	6.48	6.63	6.70	6.78	6.85	6.93	7.01	7.09	7.16	7.24
160×100×10	39.744	50.630	5.14	3.65	3.77	3.84	3.91	3.98	4.05	4.12	4.19	4.27	4.34	2.85	7.34	7.48	7.56	7.63	7.70	7.78	7.85	7.93	8.01	8.08
12	47.184	60.108	5.11	3.68	3.81	3.88	3.95	4.02	4.09	4.16	4.24	4.31	4.39	2.82	7.38	7.52	7.60	7.67	7.75	7.82	7.90	7.97	8.05	8.13
14	54.949	69.418	5.08	3.70	3.84	3.91	3.98	4.05	4.12	4.20	4.27	4.35	4.42	2.80	7.42	7.56	7.64	7.71	7.79	7.86	7.94	8.02	8.09	8.17
16	61.670	78.562	5.05	3.74	3.88	3.95	4.02	4.09	4.17	4.24	4.32	4.39	4.47	2.77	7.45	7.60	7.68	7.75	7.83	7.91	7.98	8.06	8.14	8.22
180×110×10	44.456	56.746	5.80	3.97	4.10	4.16	4.23	4.29	4.36	4.43	4.51	4.58	4.65	3.13	8.27	8.41	8.49	8.56	8.63	8.71	8.78	8.86	8.93	9.01
12	52.928	67.424	5.78	4.00	4.13	4.19	4.26	4.33	4.40	4.47	4.55	4.62	4.69	3.10	8.31	8.46	8.53	8.60	8.68	8.76	8.83	8.91	8.98	9.06
14	61.178	77.934	5.75	4.02	4.16	4.22	4.29	4.36	4.43	4.51	4.58	4.65	4.73	3.08	8.35	8.50	8.57	8.65	8.72	8.80	8.87	8.95	9.03	9.10
16	69.298	88.278	5.72	4.06	4.19	4.26	4.33	4.40	4.47	4.55	4.62	4.70	4.77	3.06	8.39	8.54	8.61	8.69	8.76	8.84	8.92	8.99	9.07	9.15
200×125×12	59.522	75.824	6.44	4.56	4.68	4.75	4.81	4.88	4.95	5.02	5.09	5.16	5.24	3.57	9.18	9.32	9.39	9.47	9.54	9.61	9.69	9.76	9.84	9.91
14	68.872	87.734	6.41	4.59	4.71	4.78	4.85	4.92	4.99	5.06	5.13	5.20	5.28	3.54	9.21	9.36	9.43	9.50	9.58	9.65	9.73	9.80	9.88	9.96
16	78.090	99.478	6.38	4.62	4.75	4.82	4.89	4.96	5.03	5.10	5.17	5.24	5.32	3.52	9.25	9.40	9.47	9.54	9.62	9.69	9.77	9.85	9.92	10.00
18	87.176	111.052	6.35	4.64	4.78	4.85	4.92	4.99	5.06	5.13	5.21	5.28	5.36	3.49	9.29	9.44	9.51	9.58	9.66	9.73	9.81	9.89	9.96	10.04

表Ⅲ.15　普通槽钢组合截面特性表(GB 707-65)

槽钢型号	两个槽钢的重量/(kg/m)	两个槽钢的截面面积/cm²	W_x /cm³	I_x /cm³	i_x /cm	回转半径 i_y 当边缘距离为/mm									
						0	4	6	8	10	12	14	16	18	20
5	10.88	13.86	20.8	52.0	1.94	1.74	1.90	1.98	2.06	2.15	2.24	2.32	2.41	2.50	2.59
6.3	13.26	16.89	32.2	101.6	2.45	1.80	1.96	2.04	2.12	2.21	2.29	2.38	2.46	2.55	2.64
8	16.08	20.48	50.6	202.6	3.15	1.91	2.15	2.15	2.23	2.31	2.40	2.48	2.57	2.66	2.74
10	20.00	25.48	79.4	396.6	3.95	2.08	2.31	2.31	2.39	2.47	2.55	2.63	2.72	2.80	2.89
12.6	24.74	31.38	124.3	782.6	4.95	2.22	2.45	2.45	2.53	2.61	2.69	2.77	2.85	2.94	3.02
14a	29.06	37.02	161.0	1127.4	5.52	2.41	2.63	2.63	2.71	2.78	2.87	2.95	3.03	3.11	3.20
14b	33.46	42.62	174.2	1218.8	5.35	2.38	2.60	2.60	2.67	2.75	2.83	2.91	2.99	3.08	3.16
16a	34.46	43.90	216.6	1732.4	6.28	2.57	2.78	2.78	2.86	2.94	3.02	3.10	3.18	3.26	3.34
16	39.48	50.30	233.6	1869.0	6.10	2.53	2.74	2.47	2.82	2.89	2.97	3.05	3.13	3.22	3.30
18a	40.34	51.38	282.8	2545.4	7.04	2.72	2.93	2.93	3.01	3.08	3.16	3.24	3.32	3.40	3.48
18	45.98	58.58	304.4	2739.8	6.84	2.68	2.89	2.89	2.97	3.04	3.12	3.20	3.28	3.36	3.44
20a	45.26	57.66	356.0	3560.0	7.86	2.91	3.13	3.13	3.20	3.28	3.35	3.43	3.51	3.59	3.67
20	51.54	65.66	382.8	3827.4	7.64	2.86	3.07	3.07	3.15	3.22	3.30	3.38	3.45	3.54	3.62
22a	49.98	63.68	435.2	4784.4	8.67	3.06	3.27	3.27	3.35	3.42	3.50	3.58	3.66	3.74	3.82
22	56.90	72.48	467.6	5142.8	8.42	3.00	3.21	3.21	3.28	3.36	3.43	3.51	3.59	3.67	3.75
25a	54.94	69.82	539.2	6739.2	9.82	3.05	3.26	3.26	3.34	3.41	3.49	3.56	3.64	3.72	3.80
25b	62.78	79.82	564.8	7060.1	9.41	2.97	3.18	3.18	3.26	3.33	3.40	3.48	3.56	3.64	3.72
25c	70.64	89.82	590.5	7380.9	9.07	2.92	3.13	3.13	3.20	3.27	3.35	3.43	3.50	3.58	3.66
28a	62.84	80.04	680.7	9529.2	10.91	3.14	3.35	3.35	3.42	3.49	3.57	3.64	3.72	3.80	3.88
28b	71.62	91.24	732.9	10260.9	10.60	3.06	3.27	3.27	3.34	3.41	3.49	3.56	3.64	3.72	3.80
28c	80.42	102.44	785.2	10992.6	10.35	3.01	3.21	3.21	3.28	3.35	3.43	3.50	3.58	3.65	3.73
32a	76.44	97.4	949.8	15196.1	12.49	3.36	3.57	3.57	3.64	3.71	3.79	3.86	3.94	4.02	4.09
32b	86.50	110.2	1018.0	16288.4	12.15	3.28	3.49	3.49	3.56	3.63	3.70	3.78	3.85	3.93	4.01
32c	96.56	123.0	1086.3	17380.7	11.87	3.23	3.44	3.44	3.51	3.58	3.65	3.73	3.80	3.88	3.96
36a	95.60	121.78	1319.4	23748.4	13.97	3.66	3.87	3.87	3.94	4.01	4.69	4.16	4.24	4.32	4.39
36b	106.90	136.18	1405.8	25303.6	13.63	3.59	3.80	3.80	3.87	3.94	4.01	4.09	4.16	4.24	4.32
36c	118.20	150.58	1492.2	26858.8	13.36	3.55	3.75	3.75	3.83	3.90	3.97	4.05	4.12	4.20	4.28
40a	117.82	150.10	1757.3	35155.8	15.30	3.75	3.96	3.96	4.03	4.10	4.18	4.25	4.33	4.40	4.48
40b	130.38	166.10	1864.4	37289.0	14.98	3.70	3.83	3.90	3.97	4.04	4.12	4.19	4.27	4.34	4.42
40c	142.94	182.10	1971.2	39422.4	14.71	3.66	3.80	3.87	3.94	4.01	4.08	4.16	4.23	4.31	4.39
6.5	13.40	17.08	34.0	110.4	2.54	1.82	1.98	2.06	2.14	2.22	2.31	2.39	2.48	2.57	2.66
12	24.12	30.72	115.4	692.6	4.75	2.25	2.40	2.47	2.55	2.63	2.71	2.80	2.88	2.96	3.05
24a	53.10	68.42	508.6	6104.4	9.45	3.08	3.22	3.29	3.37	3.44	3.52	3.59	3.67	3.75	3.83
27a	61.66	78.54	646.2	8724.0	10.54	3.17	3.30	3.38	3.45	3.52	3.60	3.67	3.75	3.83	3.91
30a	68.90	87.78	806.4	12095.8	11.72	3.26	3.40	3.47	3.54	3.61	3.69	3.76	3.84	3.92	4.00

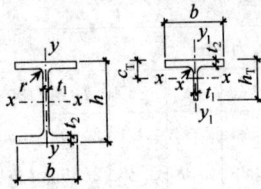

符号:对 H 型钢;h—H 型钢截面高度;b—翼缘宽度;t_1—腹板高度;t_2—翼缘厚度;
W—截面模量;i—回转半径;s—半截面的静力矩;I——惯性矩。

对 T 型钢:截面高度 h_T,截面面积 A_T,质量 q_T,惯性矩 I_{yT} 等于相应 H 型钢的 $\frac{1}{2}$;

HW、HM、HN 分别代表宽翼缘、中翼缘、窄翼缘 H 型钢;

TW、TM、TN 分别代表各自 H 型钢剖分的 T 型钢。

	H 型钢			H 和 T					T 型钢		
类别	H型钢规格 $(h \times b \times t_1 \times t_2)$	截面积 A	质量 q	x-x 轴			y-y 轴			重心 C_x	i_{xT}-i_{xT} 轴		T型钢规格 $(h_T \times b \times t_1 \times t_2)$	类别
		/cm²	/(kg/m)	I_x /cm⁴	W_x /cm³	i_x /cm	I_y /cm⁴	W_y /cm³	i_y,i_{yT} /cm	/cm	I_{xT} /cm⁴	i_{xT} /cm		

类别	H型钢规格	截面积A /cm²	质量q /(kg/m)	I_x /cm⁴	W_x /cm³	i_x /cm	I_y /cm⁴	W_y /cm³	i_y,i_{yT} /cm	C_x /cm	I_{xT} /cm⁴	i_{xT} /cm	T型钢规格	类别
HW	100×100×6×8	21.90	17.2	383	76.5	4.18	134	26.7	2.47	1.00	16.1	1.21	50×100×6×8	TW
	125×125×6.5×9	30.31	23.8	847	136	5.29	294	47.0	3.11	1.19	35.0	1.52	62.5×125×6.5×9	
	150×150×7×10	40.55	31.9	1660	221	6.39	564	75.1	3.73	1.37	66.4	1.81	75×150×7×10	
	175×175×7.5×11	51.43	40.3	2900	331	7.50	984	112	4.37	1.55	115	2.11	87.5×175×7.5×11	
	200×200×8×12	64.2	50.5	4770	477	8.61	1600	160	4.99	1.73	185	2.40	100×200×8×12	
	#200×204×12×12	72.28	56.7	5030	503	8.35	1700	167	4.85	2.09	256	2.66	#100×204×12×12	
	250×250×9×14	92.18	72.4	10800	867	10.8	3650	292	6.29	2.08	412	2.99	125×250×9×14	
	250×255×14×14	104.7	82.2	11500	919	10.5	3880	304	6.09	2.58	589	3.36	#125×255×14×14	
	#294×302×12×12	108.3	85.0	17000	1160	12.5	5520	365	7.14	2.83	858	3.98	#147×302×12×12	
	300×300×10×15	120.4	94.5	20500	1370	13.1	6760	450	7.49	2.47	798	3.64	150×300×10×15	
	300×305×15×15	135.4	106	21600	1440	12.6	7100	466	7.24	3.02	1110	4.05	150×305×15×15	
	#344×348×10×16	146.0	115	33300	1940	15.1	11200	646	8.78	2.67	1230	4.11	#172×348×10×16	
	350×350×12×19	173.9	137	40300	2300	15.2	13600	776	8.84	2.86	1520	4.18	175×350×12×19	
	#388×402×15×15	179.2	141	49200	2540	16.6	16300	809	9.52	3.69	2480	5.26	#194×402×15×15	
	#394×398×11×18	187.6	147	56400	2860	17.3	18900	951	10.0	3.01	2050	4.67	#197×398×11×18	
	400×400×13×21	219.5	172	66900	3340	17.5	22400	1120	10.1	3.21	2480	4.75	200×400×13×21	
	#400×408×21×21	251.5	197	71100	3560	16.8	23800	1170	9.73	4.07	3650	5.39	#200×408×21×21	
	#414×405×18×28	296.2	233	93000	4490	17.7	31000	1530	10.2	3.68	3620	4.95	#207×405×18×28	
	#428×407×20×35	361.4	284	119000	5580	18.2	39400	1930	10.4	3.90	4380	4.92	#214×407×20×35	
HW	148×100×6×9	27.25	21.4	1040	140	6.17	151	30.2	2.35	1.55	51.7	1.95	74×100×6×9	TM
	194×150×6×9	39.76	31.2	2740	283	8.30	508	67.7	3.57	1.78	125	2.50	97×150×6×9	
	244×175×7×11	56.24	44.1	6120	502	10.4	985	113	4.18	2.27	289	3.20	122×175×7×11	
	294×200×8×12	73.03	57.3	11400	779	12.5	1600	160	4.69	2.82	572	3.96	147×200×8×12	
	340×250×9×14	101.5	79.7	21700	1280	14.6	3650	292	6.00	3.09	1020	4.48	170×250×9×14	
	390×300×10×16	136.7	107	38900	2000	16.9	7210	481	7.26	3.40	1730	5.03	195×300×10×16	
	440×300×11×18	157.4	124	56100	2550	18.9	8110	541	7.18	4.05	2680	5.84	220×300×11×18	
	482×300×11×15	146.4	115	60800	2520	20.4	6770	451	6.80	4.90	3420	6.83	241×300×11×15	
	488×300×11×18	164.4	129	71400	2930	20.8	8120	541	7.03	4.65	3620	6.64	244×300×11×18	
	582×300×12×17	174.5	137	103000	3530	24.3	7670	511	6.63	6.39	6360	8.54	291×300×12×17	
	588×300×12×20	192.5	151	118000	4020	24.8	9020	601	6.85	6.08	6710	8.35	294×300×12×20	
	#594×302×14×23	222.4	175	137000	4620	24.9	10600	701	6.90	6.33	7920	8.44	#297×302×14×23	

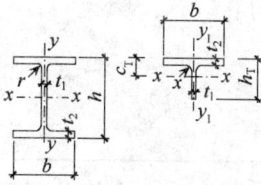

符号:对 H 型钢:h—H 型钢截面高度;b—翼缘宽度;t_1—腹板高度;t_2—翼缘厚度;W—截面模量;i—回转半径;s—半截面的静力矩;I——惯性矩。

对 T 型钢:截面高度 h_T,截面面积 A_T,质量 q_T,惯性矩 I_{yT} 等于相应 H 型钢的 $\frac{1}{2}$;

HW、HM、HN 分别代表宽翼缘、中翼缘、窄翼缘 H 型钢;

TW、TM、TN 分别代表各自 H 型钢剖分的 T 型钢。

类别	H 型钢规格 ($h \times b \times t_1 \times t_2$)	截面积 A	质量 q	x-x 轴			y-y 轴			重心 C_x	i_{xT}-i_{xT} 轴		T 型钢规格 ($h_T \times b \times t_1 \times t_2$)	类别
				I_x	W_x	i_x	I_y	W_y	i_y、i_{yT}		I_{xT}	i_{xT}		
		/cm²	/(kg/m)	/cm⁴	/cm³	/cm	/cm⁴	/cm³	/cm	/cm	/cm⁴	/cm		
	$100 \times 50 \times 5 \times 7$	12.16	9.54	192	38.5	3.98	14.9	5.96	1.11	1.27	11.9	1.40	$50 \times 50 \times 5 \times 7$	
	$125 \times 60 \times 6 \times 8$	17.01	13.3	417	66.8	4.95	29.3	9.75	1.31	1.63	27.5	1.80	$62.5 \times 60 \times 6 \times 8$	
	$150 \times 75 \times 5 \times 7$	18.16	14.3	679	90.6	6.12	49.6	13.2	1.65	1.78	42.7	2.17	$75 \times 75 \times 5 \times 7$	
	$175 \times 90 \times 5 \times 8$	23.21	18.2	1220	140	7.26	97.6	21.7	2.05	1.92	70.7	2.47	$87.5 \times 90 \times 5 \times 8$	
	$198 \times 99 \times 4.5 \times 7$	23.59	18.5	1610	163	8.27	114	23.0	2.20	2.13	94.0	2.82	$99 \times 99 \times 4.5 \times 7$	
	$200 \times 100 \times 5.5 \times 8$	27.57	21.7	1880	188	8.25	134	26.8	2.21	2.27	115	2.88	$100 \times 100 \times 5.5 \times 8$	
	$248 \times 124 \times 5 \times 8$	32.89	25.8	3560	287	10.4	255	41.1	2.78	2.62	208	3.56	$124 \times 124 \times 5 \times 8$	
	$250 \times 125 \times 6 \times 9$	37.87	29.7	4080	326	10.4	294	47.0	2.79	2.78	249	3.62	$125 \times 125 \times 6 \times 9$	
	$298 \times 149 \times 5.5 \times 8$	41.55	32.6	6460	433	12.4	443	59.4	3.26	3.22	395	4.36	$149 \times 149 \times 5.5 \times 8$	
	$300 \times 150 \times 6.5 \times 9$	47.53	37.3	7350	490	12.4	508	67.7	3.27	3.38	465	4.42	$150 \times 150 \times 6.5 \times 9$	
	$346 \times 174 \times 6 \times 9$	53.19	41.8	11200	649	14.5	792	91.0	3.86	3.68	681	5.06	$173 \times 174 \times 6 \times 9$	
	$350 \times 175 \times 7 \times 11$	63.66	50.0	13700	782	14.7	985	113	3.93	3.74	816	5.06	$175 \times 175 \times 7 \times 11$	
HN	#$400 \times 150 \times 8 \times 13$	71.12	55.8	18800	942	16.3	734	97.9	3.21	—	—	—	—	TN
	$396 \times 199 \times 7 \times 11$	72.16	56.7	20000	1010	16.7	1450	145	4.48	4.17	1190	5.76	$198 \times 199 \times 7 \times 11$	
	$400 \times 200 \times 8 \times 13$	84.12	66.0	23700	1190	16.8	1740	174	4.54	4.23	1400	5.76	$200 \times 200 \times 8 \times 13$	
	#$450 \times 150 \times 9 \times 14$	83.41	65.5	27100	1200	18.0	793	106	3.08	—	—	—	—	
	$446 \times 199 \times 8 \times 12$	84.95	66.7	29000	1300	18.5	1580	159	4.31	5.07	1880	6.65	$223 \times 199 \times 8 \times 12$	
	$450 \times 200 \times 9 \times 14$	97.41	76.5	33700	1500	18.6	1870	187	4.38	5.13	2160	6.66	$225 \times 200 \times 9 \times 14$	
	#$500 \times 150 \times 10 \times 16$	98.23	77.1	38500	1540	19.8	907	121	3.04	—	—	—	—	
	$496 \times 199 \times 9 \times 14$	101.3	79.5	71900	1690	20.3	1840	185	4.27	5.90	2840	7.49	$248 \times 199 \times 9 \times 14$	
	$500 \times 200 \times 10 \times 16$	114.2	89.6	47800	1910	20.5	2140	214	4.33	5.96	3210	7.50	$250 \times 200 \times 10 \times 16$	
	#$506 \times 201 \times 11 \times 19$	131.3	103	56500	2230	20.8	2580	257	4.43	5.95	3670	7.48	#$253 \times 201 \times 11 \times 19$	
	$596 \times 199 \times 10 \times 15$	121.2	95.1	69300	2330	23.9	1980	199	4.04	7.76	5200	9.27	$298 \times 199 \times 10 \times 15$	
	$600 \times 200 \times 11 \times 17$	135.2	106	78200	2610	24.1	2280	228	4.11	7.81	5820	9.28	$300 \times 200 \times 10 \times 16$	
	#$606 \times 201 \times 12 \times 20$	153.3	120	91000	3000	24.4	2720	271	4.21	7.76	6580	9.26	#$303 \times 201 \times 12 \times 20$	
	#$692 \times 300 \times 13 \times 20$	211.5	166	172000	4890	28.6	9020	602	6.53	—	—	—	—	
	$700 \times 300 \times 13 \times 24$	235.5	185	201000	5760	29.3	10800	722	6.78	—	—	—	—	

注:"#"表示的规格为非常用规格。

附录 Ⅳ　各种截面回转半径的近似值

$i_x=0.30h$ $i_y=0.90b$ $i_z=0.195h$	$i_x=0.40h$ $i_y=0.21b$	$i_x=0.38h$ $i_y=0.60b$	$i_x=0.41h$ $i_y=0.22b$
$i_x=0.32h$ $i_y=0.28b$ $i_z=0.18\dfrac{b+h}{2}$	$i_x=0.45h$ $i_y=0.235b$	$i_x=0.38h$ $i_y=0.44b$	$i_x=0.32h$ $i_y=0.49b$
$i_x=0.30h$ $i_y=0.215b$	$i_x=0.44h$ $i_y=0.28b$	$i_x=0.32h$ $i_y=0.58b$	$i_x=0.39h$ $i_y=0.50b$
$i_x=0.32h$ $i_y=0.20b$	$i_x=0.43h$ $i_y=0.43b$	$i_x=0.32h$ $i_y=0.40b$	$i_x=0.29h$ $i_y=0.45b$
$i_x=0.28h$ $i_y=0.24b$	$i_x=0.39h$ $i_y=0.20b$	$i_x=0.38h$ $i_y=0.21b$	$i_x=0.29h$ $i_y=0.29b$
$i_x=0.30h$ $i_y=0.17b$	$i_x=0.42h$ $i_y=0.22b$	$i_x=0.44h$ $i_y=0.32b$	$i_x=0.25h$
$i_x=0.28h$ $i_y=0.21b$	$i_x=0.43h$ $i_y=0.24b$	$i_x=0.44h$ $i_y=0.38b$	$i_x=0.35\dfrac{d+D}{2}$
$i_x=0.21h$ $i_y=0.21b$ $i_z=0.185b$	$i_x=0.365h$ $i_y=0.275b$	$i_x=0.37h$ $i_y=0.54b$	$i_x=0.39h$ $i_y=0.53b$
$i_x=0.21h$ $i_y=0.21b$	$i_x=0.35h$ $i_y=0.56b$	$i_x=0.37h$ $i_y=0.45b$	
$i_x=0.45h$ $i_y=0.24b$	$i_x=0.39h$ $i_y=0.29b$	$i_x=0.40h$ $i_y=0.24b$	

附录 V   截面塑性发展系数 γ_x、γ_y

项次	截面形式	x	y
1			1.2
2		1.05	1.05
3		$x_1=1.05$	1.2
4		$x_2=1.2$	1.05
5		1.2	1.2
6		1.2	1.2
7		1.0	1.05
8			1.0

注：当压弯构件受压翼缘的自由外伸宽度与其厚度之比大于 $13\sqrt{\dfrac{235}{f_y}}$ 而不超过 $15\sqrt{\dfrac{235}{f_y}}$ 时，应取 $\gamma_x=1.0$。

附录 Ⅵ 疲劳计算的构件和连接分类表

项次	简 图	说 明	类别
1		无连接处的主题金属： (1) 轧制型钢 (2) 钢板 (a) 两侧为轧制边或刨边 (b) 两侧为自动、半自动切割边[切割质量标准应符合现行国家标准《钢结构工程施工质量验收规范》(GB 50205)]	1 1 2
2		横向对接焊缝附近的主体金属： (1)符合现行国家标准《钢结构工程施工质量验收规范》(GB 50205)的一级焊缝 (2)经加工、磨平的一级焊缝	3 2
3		不同厚度(或宽度)横向对接焊缝附近的主体金属，焊缝加工成平滑过渡并符合一级焊缝标准	2
4		纵向对接焊缝附近的主体金属，焊缝符合二级焊缝标准	2

项次	简 图	说 明	类别
5		翼缘连接焊缝附近的主体金属： (1)翼缘板与腹板的连接焊缝 (a)自动焊,二级T形对接和角接组合焊缝 (b)自动焊,角焊缝,外观质量标准符合二级 (c)手工焊,角焊缝,外观质量标准符合二级 (2)双层翼缘板之间的连接焊缝： (a)自动焊,角焊缝,外观质量标准符合二级 (b)手工焊,角焊缝,外观质量标准符合二级	2 3 4 3 4
6		横向加劲肋端部附近的主体金属： (1)肋端不断弧(采用回焊) (2)肋端断弧	4 5
7		梯形节点板用对接焊缝焊于梁翼缘、腹板及桁架构件处的主体金属,过渡处在焊后铲平、磨光、圆滑过渡,不得有焊接起弧、灭弧缺陷	5
8		矩形节点板焊接于构件翼缘或腹板处的主体金属,$l>$150mm	7

项次	简　图	说　明	类别
9		翼缘板中断处的主体金属（板端有正面焊缝）	7
10		向正面角焊缝过渡处的主体金属	6
11		两侧面角焊缝连接端部的主体金属	8
12		三面围焊的角焊缝端部主体金属	7
13		三面围焊或两侧面角焊缝连接的节点板主体金属（节点板计算宽度按应力扩散角 θ 等于30°考虑）	7

项次	简 图	说 明	类别
14		K形坡口T形对接与角接组合焊缝处的主体金属,两板轴线偏离小于0.15t,焊缝为二级,焊趾角 $\alpha \leqslant 45°$	5
15		十字接头角焊缝处的主体金属,两板轴线偏离小于0.15t	7
16	角焊缝	按有效截面确定的剪应力幅计算	8
17		铆钉连接处的主体金属	3
18		连系螺栓和虚孔处的主体金属	3
19		高强度螺栓摩擦型连接处的主体金属	2

注:1) 所有对接焊缝及T形对接和角接组合焊缝均需焊透。所有焊缝的外形尺寸均应符合现行标准《钢结构焊缝外形尺寸》(JB 7949)的规定。
  2) 角焊缝应符合《钢结构设计规范》第8.2.7条和8.2.8条的要求。
  3) 项次16中的剪应力幅 $\Delta\tau = \tau_{max} - \tau_{min}$,其中 τ_{min} 的正负值为:与 τ_{max} 同方向时,取正值;与 τ_{max} 反方向时,取负值。
  4) 第17、18项中的应力应以净截面面积计算,第19项应以毛截面面积计算。

附录Ⅶ　柱的计算长度系数

表Ⅶ.1　无侧移框架柱的计算长度系数 μ

K_1 / K_2	0.0	0.05	0.1	0.2	0.3	0.4	0.5	1	2	3	4	5	≥10
0.0	1.000	0.990	0.981	0.964	0.949	0.935	0.922	0.875	0.821	0.791	0.773	0.760	0.732
0.05	0.999	0.981	0.971	0.955	0.940	0.926	0.914	0.867	0.814	0.784	0.766	0.754	0.726
0.1	0.981	0.971	0.963	0.946	0.931	0.918	0.906	0.860	0.807	0.778	0.760	0.748	0.721
0.2	0.964	0.955	0.946	0.930	0.916	0.903	0.891	0.846	0.795	0.767	0.749	0.737	0.711
0.3	0.949	0.940	0.931	0.916	0.902	0.889	0.878	0.834	0.784	0.756	0.739	0.728	0.701
0.4	0.935	0.926	0.918	0.903	0.889	0.877	0.866	0.823	0.774	0.747	0.730	0.719	0.693
0.5	0.922	0.914	0.906	0.891	0.878	0.866	0.855	0.813	0.765	0.738	0.721	0.710	0.685
1	0.875	0.867	0.860	0.846	0.834	0.823	0.813	0.774	0.729	0.704	0.688	0.677	0.654
2	0.821	0.814	0.807	0.795	0.784	0.774	0.765	0.729	0.686	0.663	0.648	0.638	0.615
3	0.791	0.784	0.778	0.767	0.756	0.747	0.738	0.704	0.663	0.640	0.625	0.616	0.593
4	0.773	0.766	0.760	0.749	0.739	0.730	0.721	0.688	0.648	0.625	0.611	0.601	0.580
5	0.760	0.754	0.748	0.737	0.728	0.719	0.710	0.677	0.638	0.616	0.601	0.592	0.570
≥10	0.732	0.726	0.721	0.711	0.701	0.693	0.685	0.654	0.615	0.593	0.580	0.570	0.549

注:1) 表中的计算长度系数 μ 值系按下式算得:

$$\left[\left(\frac{\pi}{\mu}\right)^2 + 2(K_1 + K_2) - 4K_1K_2\right]\frac{\pi}{\mu}\sin\frac{\pi}{\mu} - 2\left[(K_1 + K_2)\left(\frac{\pi}{\mu}\right)^2 + 4K_1K_2\right]\cos\frac{\pi}{\mu} + 8K_1K_2 = 0$$

式中: K_1、K_2——相交于柱上端,柱下端的横梁线刚度之和与柱线刚度之和的比值,当梁远端为铰接时,应将横梁线刚度乘以 1.5;当横梁远端为嵌固时,则将横梁线刚度乘以 2。

2) 当横梁与柱铰接时,取横梁线刚度为零。

3) 对底层框架柱:当柱与基础铰接时,取 $K_2=0$(对平板支座可取);当柱与基础刚接时,取 $K_2=10$。

4) 当与柱刚性连接的横梁所受轴心压力 N_b 较大时,横梁线刚度应乘以折减系数 a_N:

横梁远端与柱刚接和横梁远端铰支时: $a_N = 1 - \dfrac{N_b}{N_{Eb}}$

横梁远端嵌固时: $a_N = 1 - \dfrac{N_b}{2N_{Eb}}$

式中

$$N_{Eb} = p^2 EI_b / 1^2$$

式中: I_b——横梁截面惯性矩;

I——横梁长度。

表Ⅶ.2 有侧移框架柱的计算长度系数 μ

K_1 / K_2	0.0	0.05	0.1	0.2	0.3	0.4	0.5	1	2	3	4	5	10
0.0	∞	6.02	4.46	3.42	3.01	2.78	2.63	2.33	2.17	2.11	2.08	2.07	2.03
0.05	6.02	4.16	3.47	2.86	2.58	2.42	2.31	2.07	1.94	1.90	1.87	1.86	1.83
0.1	4.46	3.47	3.01	2.56	2.33	2.20	2.11	1.90	1.79	1.75	1.73	1.72	1.70
0.2	3.42	2.86	2.56	2.23	2.05	1.94	1.87	1.70	1.60	1.57	1.55	1.54	1.52
0.3	3.01	2.58	2.33	2.05	1.90	1.80	1.74	1.58	1.49	1.46	1.45	1.44	1.42
0.4	2.78	2.42	2.20	1.94	1.80	1.71	1.65	1.50	1.42	1.39	1.37	1.37	1.35
0.5	2.63	2.31	2.11	1.87	1.74	1.65	1.59	1.45	1.37	1.34	1.32	1.31	1.30
1	2.33	2.07	1.90	1.70	1.58	1.50	1.45	1.32	1.24	1.21	1.20	1.19	1.17
2	2.17	1.94	1.79	1.60	1.49	1.42	1.37	1.24	1.16	1.14	1.12	1.12	1.10
3	2.11	1.90	1.75	1.57	1.46	1.39	1.34	1.21	1.14	1.11	1.10	1.09	1.07
4	2.08	1.87	1.73	1.55	1.45	1.37	1.32	1.20	1.12	1.10	1.08	1.07	1.06
5	2.07	1.86	1.72	1.54	1.44	1.37	1.31	1.19	1.12	1.09	1.07	1.07	1.05
10	2.03	1.83	1.70	1.52	1.42	1.35	1.30	1.17	1.10	1.07	1.06	1.05	1.03

注:1) 表中的计算长度系数 μ 值系按下式算得:

$$\left[36K_1K_2 - \left(\frac{\pi}{\mu} \right)^2 \right]\tan\frac{\pi}{\mu} + 6(K_1 + K_2)\frac{\pi}{\mu} = 0$$

式中:K_1、K_2——相交于柱上端、柱下端的横梁线刚度之和与柱线刚度之和的比值,当梁远端为铰接时,应将横梁线刚度乘以 0.5;当横梁远端为嵌固时,则将横梁线刚度乘以 $\frac{2}{3}$。

2) 当横梁与柱铰接时,取横梁线刚度为零。

3) 对底层框架柱,当柱与基础铰接时,取 $K_2 = 0$(对平板支座可取);当柱与基础刚接时,取 $K_2 = 10$。

4) 当与柱刚性连接的横梁所受轴心压力 N_b 较大时,横梁线刚度应乘以折减系数 a_N:

横梁远端与柱刚接时:$a_N = 1 - \dfrac{N_b}{4N_{Eb}}$

横梁远端铰接时:$a_N = 1 - \dfrac{N_b}{N_{Eb}}$

横梁远端嵌固时:$a_N = 1 - \dfrac{N_b}{2N_{Eb}}$

N_{Eb} 的计算式与表Ⅶ.1 注 4 相同。

表Ⅶ.3 柱上端为自由的单阶柱下段的计算长度系数 μ_2

简图	K_1 η_1	0.06	0.08	0.10	0.12	0.14	0.16	0.18	0.20	0.22	0.24	0.26	0.28	0.30	0.40	0.50	0.60	0.70	0.80
	0.2	2.00	2.01	2.01	2.01	2.01	2.01	2.01	2.02	2.02	2.02	2.02	2.02	2.02	2.03	2.04	2.05	2.06	2.07
	0.3	2.01	2.02	2.02	2.02	2.03	2.03	2.03	2.04	2.04	2.05	2.05	2.05	2.06	2.08	2.10	2.12	2.13	2.15
	0.4	2.02	2.03	2.04	2.04	2.05	2.06	2.07	2.07	2.08	2.09	2.09	2.10	2.11	2.14	2.18	2.21	2.25	2.28
	0.5	2.04	2.05	2.06	2.07	2.09	2.10	2.11	2.12	2.13	2.15	2.16	2.17	2.18	2.24	2.29	2.35	2.40	2.45
	0.6	2.06	2.08	2.10	2.12	2.14	2.16	2.18	2.19	2.21	2.23	2.25	2.26	2.28	2.36	2.44	2.52	2.59	2.66
	0.7	2.10	2.13	2.16	2.18	2.21	2.24	2.24	2.29	2.31	2.34	2.36	2.38	2.41	2.52	2.62	2.72	2.81	2.90
	0.8	2.15	2.20	2.24	2.27	2.31	2.34	2.38	2.41	2.44	2.47	2.50	2.53	2.56	2.70	2.82	2.94	3.06	3.16
	0.9	2.24	2.29	2.35	2.39	2.44	2.48	2.52	2.56	2.60	2.63	2.67	2.71	2.74	2.90	3.05	3.19	3.32	3.44
	1.0	2.36	2.43	2.48	2.54	2.59	2.64	2.69	2.73	2.77	2.82	2.86	2.90	2.94	3.12	3.29	3.45	3.59	3.74
	1.2	2.69	2.76	2.83	2.89	2.95	3.01	3.07	3.12	3.17	3.22	3.27	3.32	3.37	3.59	3.80	3.99	4.17	4.34
	1.4	3.07	3.14	3.22	3.29	3.36	3.42	3.48	3.55	3.61	3.66	3.72	3.78	3.83	4.09	4.39	4.56	4.77	4.97
	1.6	3.47	3.55	3.63	3.71	3.78	3.85	3.92	3.99	4.07	4.12	4.18	4.25	4.31	4.61	4.88	5.14	5.38	5.62
	1.8	3.88	3.97	4.05	4.13	4.21	4.29	4.37	4.44	4.52	4.59	4.66	4.73	4.80	5.13	5.44	5.73	6.00	6.26
	2.0	4.29	4.39	4.48	4.57	4.65	4.74	4.82	4.90	4.99	5.07	5.14	5.22	5.30	5.66	6.00	6.32	6.63	6.92
	2.2	4.71	4.81	4.91	5.00	5.10	5.19	5.28	5.37	5.46	5.54	5.63	5.71	5.80	6.19	6.57	6.92	7.26	7.58
	2.4	5.13	5.24	5.34	5.44	5.54	5.64	5.74	5.84	5.93	6.03	6.12	6.21	6.30	6.73	7.14	7.52	7.89	8.24
	2.6	5.55	5.66	5.77	5.88	5.99	6.10	6.20	6.31	6.41	6.51	6.61	6.71	6.80	7.27	7.71	8.13	8.52	8.90
	2.8	5.97	6.09	6.21	6.33	6.44	6.55	6.67	6.78	6.89	6.99	7.10	7.21	7.31	7.81	8.28	8.73	9.16	9.57
	3.0	6.39	6.52	6.64	6.77	6.89	7.01	7.13	7.25	7.37	7.48	7.59	7.71	7.82	8.35	8.86	9.34	9.80	10.24

$$K_1 = \frac{I_1}{I_2} \cdot \frac{H_2}{H_1};$$

$$\eta_1 = \frac{H_1}{H_2} \sqrt{\frac{N_1}{N_2} \cdot \frac{I_2}{I_1}}$$

N_1——上段柱的轴心力;

N_2——下段柱的轴心力。

注:表中的计算长度系数 μ_2 值系按下式算得:

$$\eta_1 K_1 \tan\frac{\pi}{\mu} \tan\frac{\pi\eta_1}{\mu} - 1 = 0$$

表Ⅶ.4 柱上端可移动但不转动的单阶柱下段的计算长度系数 μ_2

简　图

$K_1 = \dfrac{I_1}{I_2}\cdot\dfrac{H_2}{H_1}$;

$\eta_1 = \dfrac{H_1}{H_2}\sqrt{\dfrac{N_1}{N_2}\cdot\dfrac{I_2}{I_1}}$;

N_1——上段柱的轴心力;

N_2——下段柱的轴心力。

η_1 \ K_1	0.06	0.08	0.10	0.12	0.14	0.16	0.18	0.20	0.22	0.24	0.26	0.28	0.30	0.40	0.50	0.60	0.70	0.80
0.2	1.96	1.94	1.93	1.91	1.90	1.89	1.88	1.86	1.85	1.84	1.83	1.82	1.81	1.76	1.72	1.68	1.65	1.62
0.3	1.96	1.94	1.93	1.92	1.91	1.89	1.88	1.87	1.86	1.85	1.84	1.83	1.82	1.77	1.73	1.70	1.66	1.63
0.4	1.96	1.95	1.94	1.92	1.91	1.90	1.89	1.88	1.87	1.86	1.85	1.84	1.83	1.79	1.75	1.72	1.68	1.66
0.5	1.96	1.95	1.94	1.93	1.92	1.91	1.90	1.90	1.88	1.87	1.86	1.85	1.85	1.81	1.77	1.74	1.71	1.69
0.6	1.97	1.96	1.95	1.94	1.93	1.92	1.91	1.90	1.90	1.89	1.88	1.87	1.87	1.83	1.80	1.78	1.75	1.73
0.7	1.97	1.97	1.96	1.95	1.94	1.94	1.93	1.92	1.92	1.91	1.90	1.90	1.89	1.86	1.84	1.82	1.80	1.78
0.8	1.98	1.98	1.97	1.96	1.96	1.95	1.95	1.94	1.94	1.93	1.93	1.93	1.92	1.90	1.88	1.87	1.86	1.84
0.9	1.99	1.99	1.98	1.98	1.98	1.97	1.97	1.97	1.97	1.96	1.96	1.96	1.96	1.95	1.94	1.93	1.92	1.92
1.0	2.00	2.00	2.00	2.00	2.00	2.00	2.00	2.00	2.00	2.00	2.00	2.00	2.00	2.00	2.00	2.00	2.00	2.00
1.2	2.03	2.04	2.04	2.05	2.06	2.07	2.07	2.08	2.08	2.09	2.10	2.10	2.11	2.13	2.15	2.17	2.18	2.20
1.4	2.07	2.09	2.11	2.12	2.14	2.16	2.17	2.18	2.20	2.21	2.22	2.23	2.24	2.29	2.33	2.37	2.40	2.42
1.6	2.13	2.16	2.19	2.22	2.25	2.27	2.30	2.32	2.34	2.36	2.37	2.39	2.41	2.48	2.54	2.59	2.63	2.67
1.8	2.22	2.27	2.31	2.35	2.39	2.42	2.45	2.48	2.50	2.53	2.55	2.57	2.59	2.69	2.76	2.83	2.88	2.93
2.0	2.35	2.41	2.46	2.50	2.55	2.59	2.62	2.66	2.69	2.72	2.75	2.77	2.80	2.91	3.00	3.08	3.14	3.20
2.2	2.51	2.57	2.63	2.68	2.73	2.77	2.81	2.85	2.89	2.92	2.95	2.98	3.01	3.14	3.25	3.33	3.41	3.47
2.4	2.68	2.75	2.81	2.87	2.92	2.97	3.01	3.05	3.09	3.13	3.17	3.20	3.24	3.38	3.50	3.59	3.68	3.75
2.6	2.87	2.94	3.00	3.06	3.12	3.17	3.22	3.27	3.31	3.35	3.39	3.43	3.46	3.62	3.75	3.86	3.95	4.03
2.8	3.06	3.14	3.20	3.27	3.33	3.38	3.43	3.48	3.53	3.58	3.62	3.66	3.70	3.87	4.01	4.13	4.23	4.01
3.0	3.26	3.34	3.41	3.47	3.54	3.60	3.65	3.70	3.75	3.80	3.85	3.89	3.93	4.12	4.27	4.40	4.51	4.27

注：表中的计算长度系数 μ_2 值系按下式算得：

$$\tan\frac{\pi\eta_1}{\mu} + \eta_1 K_1 \tan\frac{\pi}{\mu} = 0$$

表Ⅶ.5　柱上端自由的双阶柱下段的计算长度系数μ

简图说明及计算公式：

$$K_1=\dfrac{I_1}{I_3}\cdot\dfrac{H_3}{H_1}$$
$$K_2=\dfrac{I_2}{I_3}\cdot\dfrac{H_3}{H_2}$$
$$\eta_1=\dfrac{H_1}{H_3}\sqrt{\dfrac{N_1}{N_3}\cdot\dfrac{I_3}{I_1}}$$
$$\eta_2=\dfrac{H_2}{H_3}\sqrt{\dfrac{N_2}{N_3}\cdot\dfrac{I_3}{I_2}}$$

N_1——上段柱的轴心力；
N_2——中段柱的轴心力；
N_3——下段柱的轴心力。

η_1	η_2	$K_2=0.10$											$K_2=0.05$										
	$K_1=$	1.2	1.1	1.0	0.9	0.8	0.7	0.6	0.5	0.4	0.3	0.2	1.2	1.1	1.0	0.9	0.8	0.7	0.6	0.5	0.4	0.3	0.2
0.2	0.2	2.11	2.10	2.09	2.08	2.08	2.07	2.06	2.05	2.04	2.03	2.03	2.10	2.10	2.09	2.08	2.07	2.06	2.05	2.05	2.04	2.03	2.02
	0.4	2.42	2.39	2.36	2.33	2.29	2.26	2.23	2.19	2.16	2.12	2.09	2.42	2.39	2.35	2.32	2.29	2.25	2.22	2.19	2.15	2.11	2.08
	0.6	2.93	2.87	2.81	2.74	2.67	2.60	2.53	2.46	2.38	2.30	2.21	2.93	2.87	2.80	2.73	2.66	2.59	2.52	2.47	2.40	2.32	2.24
	0.8	3.56	3.47	3.37	3.28	3.17	3.07	2.96	2.84	2.71	2.58	2.44	3.56	3.47	3.37	3.27	3.17	3.06	2.95	2.83	2.71	2.57	2.44
	1.0	4.28	4.13	4.03	3.88	3.74	3.60	3.46	3.30	3.19	2.96	2.76	4.25	4.13	4.00	3.87	3.74	3.60	3.45	3.30	3.13	2.95	2.75
	1.2	4.99	4.83	4.68	4.52	4.35	4.18	4.00	3.85	3.61	3.39	3.15	4.98	4.82	4.67	4.51	4.35	4.18	4.00	3.80	3.60	3.38	3.13
0.4	0.2	2.14	2.13	2.12	2.12	2.11	2.10	2.09	2.08	2.08	2.07	2.07	2.12	2.11	2.10	2.09	2.09	2.08	2.07	2.06	2.05	2.05	2.04
	0.4	2.46	2.42	2.39	2.36	2.33	2.30	2.26	2.23	2.20	2.17	2.14	2.43	2.40	2.37	2.34	2.31	2.28	2.24	2.20	2.17	2.14	2.10
	0.6	2.96	2.90	2.84	2.77	2.71	2.64	2.57	2.50	2.43	2.36	2.28	2.94	2.88	2.82	2.75	2.68	2.62	2.54	2.47	2.40	2.32	2.24
	0.8	3.59	3.50	3.40	3.31	3.21	3.10	3.00	2.88	2.77	2.60	2.53	3.57	3.48	3.38	3.29	3.19	3.08	2.97	2.85	2.73	2.60	2.47
	1.0	4.28	4.16	4.03	3.91	3.77	3.64	3.49	3.34	3.19	3.02	2.85	4.26	4.14	4.02	3.89	3.75	3.62	3.47	3.32	3.15	2.98	2.86
	1.2	4.99	4.85	4.70	4.54	4.38	4.21	4.03	3.85	3.65	3.45	3.24	4.98	4.83	4.68	4.52	4.36	4.19	4.01	3.82	3.62	3.41	3.18
0.6	0.2	2.21	2.20	2.20	2.19	2.19	2.18	2.18	2.17	2.18	2.19	2.22	2.15	2.15	2.14	2.13	2.12	2.12	2.11	2.10	2.10	2.09	2.09
	0.4	2.52	2.49	2.47	2.44	2.41	2.38	2.35	2.33	2.31	2.30	2.31	2.47	2.44	2.41	2.38	2.34	2.31	2.28	2.25	2.22	2.19	2.17
	0.6	3.02	2.96	2.90	2.84	2.78	2.72	2.66	2.60	2.54	2.49	2.48	2.97	2.91	2.85	2.79	2.73	2.67	2.59	2.52	2.45	2.38	2.32
	0.8	3.64	3.55	3.46	3.36	3.27	3.17	3.07	2.97	2.87	2.78	2.72	3.60	3.50	3.41	3.32	3.22	3.11	3.01	2.90	2.79	2.67	2.56
	1.0	4.31	4.20	4.08	3.95	3.83	3.70	3.56	3.42	3.28	3.15	3.04	4.26	4.16	4.04	3.91	3.78	3.65	3.50	3.36	3.20	3.04	2.88
	1.2	5.03	4.88	4.73	4.58	4.42	4.26	4.09	3.91	3.74	3.56	3.40	5.00	4.85	4.70	4.55	4.38	4.22	4.04	3.86	3.66	3.46	3.26
0.8	0.2	2.37	2.37	2.36	2.36	2.37	2.37	2.38	2.40	2.43	2.49	2.63	2.24	2.23	2.23	2.22	2.22	2.22	2.21	2.21	2.22	2.24	2.29
	0.4	2.65	2.63	2.61	2.59	2.57	2.55	2.54	2.55	2.59	2.64	2.71	2.54	2.51	2.48	2.45	2.43	2.40	2.38	2.36	2.34	2.34	2.37
	0.6	3.12	3.07	3.01	2.96	2.91	2.86	2.82	2.78	2.76	2.76	2.86	3.02	2.96	2.91	2.85	2.79	2.73	2.67	2.61	2.56	2.52	2.52
	0.8	3.71	3.63	3.54	3.46	3.37	3.29	3.20	3.13	3.06	3.02	3.06	3.63	3.55	3.46	3.36	3.27	3.17	3.08	2.98	2.88	2.79	2.74
	1.0	4.37	4.26	4.15	4.03	3.90	3.79	3.67	3.55	3.44	3.35	3.33	4.31	4.19	4.07	3.95	3.82	3.69	3.56	3.42	3.28	3.15	3.04
	1.2	5.08	4.94	4.79	4.64	4.49	4.34	4.18	4.02	3.86	3.73	3.67	5.06	4.92	4.77	4.62	4.47	4.31	4.13	4.08	3.83	3.69	3.60
1.0	0.2	2.65	2.65	2.66	2.67	2.68	2.70	2.73	2.77	2.84	2.95	3.18	2.44	2.44	2.44	2.45	2.45	2.45	2.46	2.48	2.51	2.57	2.69
	0.4	2.87	2.86	2.85	2.84	2.84	2.84	2.85	2.88	2.93	3.03	3.24	2.67	2.65	2.63	2.62	2.60	2.59	2.59	2.60	2.64	2.75	2.86
	0.6	3.27	3.23	3.19	3.15	3.12	3.09	3.08	3.09	3.16	3.24	3.36	3.10	3.06	3.01	2.96	2.91	2.87	2.83	2.79	2.77	2.78	2.86
	0.8	3.82	3.75	3.67	3.60	3.53	3.46	3.41	3.37	3.34	3.37	3.52	3.69	3.61	3.52	3.44	3.35	3.27	3.19	3.11	3.05	3.01	3.04
	1.0	4.46	4.35	4.25	4.14	4.03	3.93	3.83	3.74	3.64	3.57	3.60	4.42	4.31	4.20	4.09	3.98	3.89	3.77	3.64	3.52	3.41	3.29
	1.2	5.14	5.01	4.87	4.73	4.59	4.45	4.31	4.17	4.05	3.97	4.00	5.06	4.92	4.77	4.62	4.47	4.31	4.15	3.99	3.83	3.69	3.60
1.2	0.2	3.03	3.04	3.05	3.07	3.09	3.12	3.17	3.23	3.32	3.47	3.77	2.77	2.77	2.78	2.79	2.80	2.81	2.84	2.87	2.92	3.00	3.16
	0.4	3.19	3.19	3.19	3.19	3.20	3.22	3.26	3.31	3.39	3.53	3.82	2.92	2.91	2.90	2.90	2.90	2.90	2.92	2.94	2.98	3.05	3.21
	0.6	3.50	3.48	3.45	3.43	3.42	3.42	3.45	3.51	3.64	3.64	3.91	3.26	3.22	3.18	3.15	3.12	3.10	3.08	3.08	3.10	3.15	3.30
	0.8	3.98	3.92	3.86	3.81	3.76	3.72	3.69	3.71	3.80	3.80	4.04	3.92	3.86	3.81	3.75	3.70	3.67	3.64	3.63	3.63	3.67	3.77
	1.0	4.58	4.48	4.39	4.29	4.20	4.12	4.05	3.99	3.97	4.02	4.21	4.51	4.41	4.31	4.22	4.12	4.04	3.96	3.90	3.87	3.89	4.02
	1.2	5.24	5.11	4.98	4.85	4.72	4.60	4.48	4.38	4.31	4.30	4.43	5.17	5.04	4.91	4.77	4.64	4.51	4.39	4.27	4.19	4.15	4.23
1.4	0.2	3.45	3.47	3.49	3.51	3.54	3.58	3.63	3.71	3.82	4.01	4.37	3.16	3.17	3.18	3.19	3.20	3.23	3.25	3.29	3.36	3.46	3.66
	0.4	3.57	3.58	3.59	3.60	3.63	3.66	3.71	3.77	3.88	4.15	4.48	3.26	3.26	3.26	3.27	3.27	3.29	3.31	3.35	3.49	3.50	3.70
	0.6	3.81	3.80	3.79	3.78	3.76	3.80	3.83	3.89	3.98	4.28	4.59	3.57	3.57	3.58	3.58	3.59	3.63	3.64	3.70	3.88	3.88	4.02
	0.8	4.21	4.16	4.12	4.08	4.06	4.04	4.04	4.07	4.13	4.45	4.74	4.21	4.16	4.12	4.08	4.06	4.04	4.04	4.07	4.13	4.45	4.74
	1.0	4.74	4.66	4.58	4.50	4.43	4.38	4.34	4.32	4.35	4.45	4.74	4.66	4.58	4.50	4.43	4.38	4.34	4.32	4.35	4.45	4.74	4.92
	1.2	5.36	5.24	5.13	5.10	4.90	4.80	4.72	4.65	4.63	4.69	4.92	5.24	5.13	5.10	4.90	4.80	4.72	4.65	4.63	4.69	4.92	—

· 494 ·

续表 Ⅶ.5

附 注

表中的计算长度系数 μ 值按下式算得：

$$\frac{\eta_1 K_1}{\eta_2 K_2}\cdot tg\frac{\pi\eta_1}{\mu}\cdot tg\frac{\pi\eta_2}{\mu}+\eta_1 K_1\cdot tg\frac{\pi\eta_1}{\mu}\cdot tg\frac{\pi}{\mu}+\eta_2 k_2\cdot tg\frac{\pi\eta_2}{\mu}\cdot tg\frac{\pi}{\mu}-1=0$$

η_1	$\dfrac{K_1}{K_2}\diagdown\eta_2$	$K_1=0.20$											$K_1=0.30$										
	$K_2\to$ $\eta_2\downarrow$	0.2	0.3	0.4	0.5	0.6	0.7	0.8	0.9	1.0	1.1	1.2	0.2	0.3	0.4	0.5	0.6	0.7	0.8	0.9	1.0	1.1	1.2
0.2	0.2	2.04	2.04	2.05	2.06	2.07	2.08	2.08	2.09	2.10	2.11	2.12	2.05	2.05	2.06	2.07	2.08	2.09	2.09	2.10	2.11	2.12	2.13
	0.4	2.10	2.13	2.17	2.20	2.24	2.27	2.30	2.34	2.37	2.40	2.43	2.12	2.15	2.18	2.21	2.25	2.28	2.31	2.35	2.38	2.41	2.44
	0.6	2.23	2.31	2.39	2.47	2.54	2.61	2.68	2.75	2.82	2.88	2.94	2.25	2.33	2.41	2.48	2.56	2.63	2.69	2.76	2.83	2.89	2.95
	0.8	2.46	2.60	2.73	2.85	2.97	3.08	3.18	3.29	3.38	3.48	3.57	2.49	2.62	2.75	2.87	2.98	3.09	3.20	3.30	3.39	3.49	3.58
	1.0	2.79	2.98	3.15	3.32	3.47	3.61	3.75	3.89	4.02	4.14	4.26	2.82	3.00	3.17	3.33	3.48	3.63	3.76	3.90	4.02	4.15	4.27
	1.2	3.18	3.41	3.62	3.82	4.01	4.19	4.36	4.52	4.68	4.83	4.98	3.20	3.43	3.64	3.83	4.02	4.20	4.37	4.53	4.69	4.84	4.99
0.4	0.2	2.15	2.13	2.13	2.14	2.14	2.15	2.15	2.16	2.17	2.17	2.18	2.19	2.21	2.20	2.20	2.19	2.20	2.20	2.21	2.21	2.22	2.23
	0.4	2.24	2.24	2.26	2.29	2.32	2.35	2.38	2.41	2.44	2.47	2.50	2.24	2.33	2.33	2.35	2.38	2.40	2.43	2.46	2.49	2.51	2.54
	0.6	2.40	2.44	2.50	2.56	2.63	2.69	2.76	2.82	2.88	2.93	2.99	2.40	2.54	2.58	2.63	2.69	2.75	2.81	2.87	2.93	2.99	3.04
	0.8	2.66	2.74	2.84	2.95	3.05	3.15	3.25	3.35	3.44	3.53	3.62	2.66	2.83	2.91	3.01	3.10	3.20	3.30	3.39	3.48	3.57	3.66
	1.0	2.98	3.12	3.25	3.40	3.54	3.68	3.81	3.94	4.07	4.19	4.30	2.98	3.20	3.32	3.46	3.59	3.72	3.85	3.98	4.10	4.22	4.33
	1.2	3.35	3.53	3.71	3.90	4.08	4.25	4.41	4.57	4.73	4.87	5.02	3.35	3.60	3.77	3.95	4.12	4.29	4.45	4.60	4.75	4.90	5.04
0.6	0.2	2.57	2.54	2.50	2.47	2.46	2.47	2.46	2.46	2.45	2.45	2.45	2.68	2.54	2.57	2.52	2.49	2.47	2.46	2.45	2.45	2.45	2.45
	0.4	2.67	2.71	2.73	2.76	2.80	2.83	2.83	2.83	2.84	2.85	2.87	2.79	2.79	2.73	2.67	2.66	2.66	2.67	2.69	2.70	2.72	2.74
	0.6	2.83	2.93	3.01	3.10	3.12	3.17	3.14	3.18	3.22	3.26	3.30	2.93	2.93	3.01	2.93	2.95	2.98	3.02	3.07	3.11	3.16	3.21
	0.8	3.06	3.44	3.41	3.41	3.45	3.51	3.57	3.64	3.71	3.79	3.86	3.44	3.44	3.23	3.27	3.33	3.41	3.48	3.56	3.64	3.72	3.80
	1.0	3.33	3.73	3.73	3.80	3.88	3.98	4.08	4.18	4.29	4.39	4.50	3.73	3.73	3.60	3.67	3.79	3.90	4.01	4.12	4.23	4.34	4.45
	1.2	3.67	4.07	4.13	4.24	4.36	4.50	4.64	4.78	4.91	5.05	5.18	4.07	3.92	4.02	4.15	4.29	4.43	4.58	4.72	4.87	5.01	5.14
0.8	0.2	3.25	3.25	3.12	3.26	3.18	3.13	3.08	3.05	3.03	3.01	3.00	2.98	3.06	3.18	3.06	2.98	2.93	2.89	2.86	2.84	2.83	2.82
	0.4	3.33	3.67	3.48	3.37	3.30	3.26	3.23	3.21	3.21	3.20	3.20	3.12	3.18	3.28	3.18	3.12	3.09	3.07	3.06	3.06	3.06	3.06
	0.6	3.45	3.79	3.63	3.54	3.50	3.48	3.49	3.50	3.51	3.54	3.57	3.21	3.47	3.46	3.39	3.36	3.35	3.36	3.38	3.41	3.44	3.47
	0.8	3.63	3.84	3.80	3.80	3.79	3.81	3.85	3.90	3.89	3.95	3.91	3.44	3.82	3.70	3.67	3.68	3.72	3.76	3.82	3.88	3.94	4.01
	1.0	3.86	4.21	4.13	4.13	4.17	4.23	4.31	4.39	4.48	4.57	4.66	3.73	4.43	4.24	4.03	4.08	4.16	4.24	4.33	4.43	4.52	4.62
	1.2	4.13	4.94	4.47	4.52	4.60	4.71	4.82	4.94	5.07	5.19	5.31	4.07	4.58	4.44	4.44	4.54	4.66	4.78	4.90	5.03	5.16	5.29
1.0	0.2	4.00	3.60	3.39	3.26	3.18	3.13	3.08	3.05	3.03	3.01	3.00	3.38	3.54	3.86	3.69	3.57	3.49	3.43	3.38	3.35	3.32	3.30
	0.4	4.06	3.67	3.48	3.37	3.30	3.26	3.23	3.21	3.21	3.20	3.20	3.54	3.61	3.94	3.78	3.68	3.61	3.57	3.54	3.51	3.50	3.49
	0.6	4.15	3.79	3.63	3.54	3.50	3.48	3.49	3.50	3.51	3.54	3.57	3.79	3.83	4.08	3.95	3.87	3.83	3.80	3.80	3.81	3.81	3.83
	0.8	4.29	3.97	3.84	3.80	3.79	3.81	3.85	3.90	3.89	3.94	4.07	4.17	4.49	4.28	4.18	4.14	4.13	4.14	4.17	4.20	4.25	4.29
	1.0	4.48	4.21	4.13	4.13	4.17	4.23	4.39	4.66	4.73	4.80	4.88	4.52	4.70	4.53	4.48	4.48	4.51	4.56	4.62	4.70	4.77	4.85
	1.2	4.70	4.94	4.88	4.87	4.91	4.98	5.07	5.17	5.26	5.31	5.31	5.01	5.59	5.38	4.83	4.88	4.96	5.05	5.15	5.26	5.37	5.48
1.2	0.2	4.76	4.26	4.00	3.83	3.72	3.65	3.59	3.54	3.51	3.48	3.46	3.86	4.03	4.26	4.48	4.20	4.10	4.01	3.95	3.90	3.86	3.83
	0.4	4.81	4.32	4.07	3.91	3.82	3.75	3.70	3.67	3.65	3.63	3.62	4.03	4.07	4.48	4.55	4.26	4.19	4.12	4.07	4.03	4.01	3.98
	0.6	4.89	4.44	4.19	4.05	3.98	3.93	3.91	3.89	3.89	3.90	3.91	4.29	4.33	4.78	4.75	4.49	4.37	4.32	4.29	4.27	4.25	4.26
	0.8	5.00	4.57	4.36	4.26	4.21	4.20	4.21	4.23	4.26	4.30	4.34	4.62	5.08	4.92	4.77	4.69	4.64	4.61	4.59	4.60	4.62	4.65
	1.0	5.15	4.76	4.59	4.53	4.53	4.55	4.60	4.66	4.73	4.80	4.88	5.08	5.51	5.12	5.00	4.95	4.94	4.95	4.99	5.03	5.08	5.15
	1.2	5.34	5.00	4.88	4.87	4.91	4.98	5.07	5.17	5.31	5.48	5.71	5.31	5.73	5.38	5.37	5.30	5.33	5.41	5.46	5.54	5.63	5.73
1.4	0.2	5.53	4.94	4.62	4.42	4.29	4.19	4.12	4.06	4.02	3.98	3.95	5.72	4.94	5.30	5.03	4.85	4.72	4.62	4.54	4.48	4.43	4.38
	0.4	5.57	4.99	4.68	4.49	4.36	4.27	4.20	4.16	4.13	4.10	4.08	5.77	4.99	5.35	5.10	4.93	4.80	4.71	4.64	4.59	4.55	4.51
	0.6	5.64	5.07	4.78	4.60	4.49	4.42	4.38	4.35	4.33	4.32	4.32	5.85	5.07	5.45	5.21	5.05	4.95	4.87	4.82	4.78	4.76	4.74
	0.8	5.74	5.35	4.92	4.77	4.69	4.64	4.62	4.62	4.62	4.65	4.67	5.96	5.35	5.59	5.37	5.24	5.15	5.08	5.06	5.06	5.07	5.07
	1.0	5.86	5.08	5.08	4.95	4.95	4.94	4.96	4.99	5.03	5.09	5.15	6.10	5.08	5.76	5.58	5.48	5.43	5.41	5.41	5.44	5.47	5.51
	1.2	6.02	5.55	5.36	5.29	5.28	5.31	5.37	5.44	5.52	5.61	5.71	6.28	5.73	5.98	5.84	5.78	5.76	5.79	5.83	5.89	5.95	6.03

表Ⅶ.6 柱顶可移动但不转动的双阶柱下段的计算长度系数 μ

简图 / 图:

$$K_1 = \frac{I_1}{I_3} \cdot \frac{H_3}{H_1}$$

$$K_2 = \frac{I_2}{I_3} \cdot \frac{H_3}{H_2}$$

$$\eta_1 = \frac{H_1}{H_3}\sqrt{\frac{N_1}{N_3} \cdot \frac{I_3}{I_1}}$$

$$\eta_2 = \frac{H_2}{H_3}\sqrt{\frac{N_2}{N_3} \cdot \frac{I_3}{I_2}}$$

N_1——上段柱的轴心力;

N_2——中段柱的轴心力;

N_3——下段柱的轴心力。

η_1	η_2	0.05											0.10										
	$K_1\backslash K_2$	0.2	0.3	0.4	0.5	0.6	0.7	0.8	0.9	1.0	1.1	1.2	0.2	0.3	0.4	0.5	0.6	0.7	0.8	0.9	1.0	1.1	1.2
0.2	0.2	1.99	1.99	2.00	2.00	2.01	2.02	2.02	2.03	2.04	2.05	2.06	1.96	1.96	1.97	1.97	1.98	1.98	1.99	2.00	2.00	2.01	2.02
	0.4	2.03	2.06	2.09	2.12	2.16	2.19	2.22	2.25	2.29	2.32	2.35	2.00	2.03	2.06	2.09	2.12	2.14	2.17	2.20	2.23	2.26	2.29
	0.6	2.12	2.20	2.28	2.36	2.43	2.50	2.57	2.64	2.71	2.77	2.83	2.07	2.14	2.22	2.29	2.36	2.43	2.50	2.56	2.63	2.69	2.75
	0.8	2.28	2.43	2.57	2.70	2.82	2.94	3.04	3.15	3.25	3.34	3.43	2.20	2.35	2.48	2.61	2.73	2.84	2.94	3.05	3.14	3.24	3.33
	1.0	2.53	2.76	2.96	3.13	3.29	3.44	3.59	3.72	3.85	3.98	4.10	2.41	2.64	2.83	3.01	3.17	3.32	3.46	3.59	3.72	3.85	3.97
	1.2	2.86	3.15	3.39	3.61	3.80	3.99	4.16	4.33	4.49	4.64	4.79	2.70	2.99	3.23	3.45	3.65	3.84	4.01	4.18	4.34	4.49	4.64
0.4	0.2	1.99	1.99	2.00	2.01	2.01	2.02	2.02	2.03	2.04	2.05	2.06	1.96	1.97	1.97	1.97	1.98	1.99	2.01	2.00	2.01	2.02	2.03
	0.4	2.03	2.06	2.09	2.13	2.16	2.19	2.23	2.26	2.29	2.32	2.35	2.00	2.03	2.06	2.09	2.12	2.15	2.18	2.21	2.24	2.27	2.30
	0.6	2.12	2.20	2.28	2.36	2.44	2.51	2.58	2.64	2.71	2.77	2.84	2.08	2.15	2.23	2.30	2.37	2.44	2.51	2.57	2.64	2.70	2.76
	0.8	2.29	2.44	2.58	2.71	2.83	2.94	3.05	3.15	3.25	3.35	3.44	2.21	2.36	2.49	2.62	2.73	2.85	2.95	3.05	3.15	3.24	3.34
	1.0	2.54	2.77	2.96	3.14	3.30	3.44	3.59	3.73	3.85	3.98	4.10	2.43	2.65	2.84	3.02	3.18	3.33	3.47	3.60	3.73	3.85	3.97
	1.2	2.87	3.15	3.40	3.61	3.81	3.99	4.17	4.33	4.49	4.65	4.79	2.71	3.00	3.24	3.46	3.66	3.85	4.02	4.19	4.34	4.49	4.64
0.6	0.2	1.99	1.98	2.00	2.01	2.02	2.03	2.04	2.04	2.05	2.06	2.07	1.97	1.98	1.98	1.99	2.00	2.00	2.01	2.02	2.02	2.03	2.04
	0.4	2.04	2.07	2.10	2.14	2.17	2.20	2.23	2.27	2.30	2.33	2.36	2.01	2.04	2.07	2.10	2.13	2.16	2.19	2.22	2.26	2.29	2.32
	0.6	2.13	2.21	2.29	2.37	2.45	2.52	2.59	2.65	2.72	2.78	2.84	2.09	2.17	2.24	2.32	2.39	2.46	2.52	2.59	2.65	2.71	2.77
	0.8	2.30	2.45	2.59	2.72	2.84	2.95	3.06	3.16	3.26	3.35	3.44	2.23	2.38	2.51	2.64	2.75	2.86	2.97	3.07	3.16	3.26	3.35
	1.0	2.56	2.78	2.97	3.15	3.31	3.46	3.60	3.73	3.86	3.99	4.11	2.45	2.68	2.86	3.03	3.19	3.34	3.48	3.61	3.74	3.86	3.98
	1.2	2.89	3.17	3.41	3.62	3.82	4.00	4.17	4.34	4.50	4.65	4.80	2.74	3.02	3.24	3.48	3.67	3.86	4.03	4.20	4.35	4.50	4.65
0.8	0.2	2.00	2.01	2.02	2.02	2.03	2.04	2.05	2.05	2.06	2.07	2.08	1.99	2.00	2.00	2.01	2.01	2.02	2.03	2.04	2.04	2.05	2.06
	0.4	2.05	2.08	2.12	2.15	2.18	2.21	2.25	2.28	2.31	2.34	2.37	2.04	2.07	2.09	2.12	2.15	2.19	2.22	2.25	2.28	2.31	2.34
	0.6	2.15	2.23	2.31	2.39	2.46	2.53	2.60	2.67	2.73	2.79	2.85	2.12	2.19	2.27	2.34	2.41	2.48	2.55	2.61	2.67	2.73	2.79
	0.8	2.32	2.47	2.61	2.73	2.85	2.96	3.08	3.17	3.27	3.36	3.45	2.27	2.41	2.54	2.66	2.78	2.89	2.99	3.09	3.18	3.28	3.37
	1.0	2.59	2.80	2.99	3.16	3.32	3.47	3.61	3.75	3.87	3.99	4.11	2.49	2.70	2.89	3.06	3.21	3.36	3.50	3.63	3.76	3.88	4.00
	1.2	2.92	3.19	3.42	3.63	3.83	4.01	4.18	4.35	4.51	4.66	4.81	2.78	3.05	3.28	3.50	3.69	3.88	4.05	4.21	4.37	4.52	4.66
1.0	0.2	2.04	2.05	2.06	2.06	2.07	2.08	2.09	2.09	2.10	2.11	2.12	2.01	2.02	2.03	2.04	2.04	2.05	2.06	2.07	2.07	2.08	2.09
	0.4	2.10	2.13	2.17	2.20	2.23	2.26	2.29	2.32	2.35	2.38	2.41	2.07	2.10	2.13	2.16	2.19	2.22	2.25	2.28	2.31	2.34	2.37
	0.6	2.20	2.29	2.37	2.44	2.51	2.55	2.62	2.68	2.75	2.80	2.87	2.16	2.24	2.31	2.38	2.45	2.51	2.58	2.64	2.70	2.76	2.82
	0.8	2.37	2.50	2.63	2.76	2.87	2.98	3.08	3.19	3.28	3.38	3.47	2.32	2.46	2.58	2.70	2.81	2.92	3.02	3.12	3.21	3.30	3.39
	1.0	2.62	2.87	3.04	3.21	3.36	3.48	3.64	3.77	3.90	4.02	4.14	2.55	2.74	2.92	3.09	3.25	3.39	3.53	3.66	3.78	3.90	4.02
	1.2	2.95	3.25	3.47	3.67	3.85	4.02	4.21	4.36	4.53	4.68	4.83	2.84	3.10	3.32	3.53	3.72	3.90	4.07	4.23	4.39	4.54	4.68
1.2	0.2	2.06	2.07	2.08	2.08	2.09	2.10	2.11	2.11	2.12	2.13	2.13	2.07	2.08	2.08	2.09	2.09	2.10	2.11	2.11	2.12	2.13	2.13
	0.4	2.13	2.16	2.18	2.21	2.24	2.27	2.30	2.33	2.35	2.38	2.41	2.13	2.16	2.18	2.21	2.24	2.27	2.30	2.33	2.35	2.38	2.41
	0.6	2.24	2.29	2.37	2.44	2.51	2.58	2.64	2.71	2.77	2.83	2.89	2.24	2.29	2.37	2.43	2.50	2.56	2.63	2.68	2.74	2.80	2.86
	0.8	2.41	2.54	2.67	2.78	2.90	3.01	3.11	3.20	3.30	3.39	3.48	2.41	2.53	2.64	2.75	2.86	2.96	3.06	3.15	3.24	3.33	3.42
	1.0	2.68	2.87	3.05	3.21	3.36	3.50	3.64	3.77	3.90	4.02	4.14	2.64	2.82	2.98	3.14	3.29	3.43	3.56	3.69	3.81	3.93	4.01
	1.2	3.00	3.25	3.48	3.67	3.86	4.04	4.21	4.37	4.53	4.68	4.83	2.92	3.16	3.37	3.57	3.76	3.93	4.10	4.26	4.41	4.56	4.70
1.4	0.2	2.10	2.10	2.11	2.11	2.11	2.12	2.13	2.13	2.14	2.15	2.15	2.20	2.18	2.17	2.17	2.17	2.18	2.18	2.19	2.19	2.20	2.20
	0.4	2.20	2.21	2.24	2.27	2.30	2.33	2.36	2.39	2.42	2.44	2.47	2.20	2.24	2.26	2.29	2.32	2.34	2.37	2.39	2.42	2.44	2.47
	0.6	2.29	2.35	2.41	2.48	2.55	2.61	2.67	2.74	2.80	2.85	2.91	2.29	2.41	2.46	2.51	2.57	2.63	2.68	2.74	2.80	2.85	2.91
	0.8	2.48	2.60	2.71	2.82	2.93	3.03	3.13	3.23	3.32	3.41	3.50	2.48	2.62	2.72	2.82	2.92	3.01	3.11	3.20	3.29	3.37	3.46
	1.0	2.74	2.92	3.08	3.24	3.39	3.53	3.66	3.79	3.92	4.04	4.15	2.74	2.90	3.05	3.20	3.34	3.47	3.60	3.72	3.84	3.96	4.07
	1.2	3.06	3.29	3.50	3.70	3.89	4.06	4.23	4.39	4.55	4.70	4.84	3.06	3.23	3.43	3.62	3.80	3.97	4.13	4.29	4.44	4.59	4.73

η₁	K₁/K₂ (η₂)	0.20											0.30											附注
		0.2	0.3	0.4	0.5	0.6	0.7	0.8	0.9	1.0	1.1	1.2	0.2	0.3	0.4	0.5	0.6	0.7	0.8	0.9	1.0	1.1	1.2	
0.2	0.2	1.94	1.93	1.93	1.93	1.93	1.93	1.94	1.94	1.95	1.95	1.96	1.92	1.91	1.90	1.90	1.89	1.89	1.90	1.90	1.90	1.90	1.91	
	0.4	1.96	1.98	1.99	2.02	2.04	2.07	2.09	2.12	2.15	2.17	2.20	1.95	1.96	1.97	1.99	2.01	2.03	2.05	2.08	2.10	2.12	2.13	
	0.6	2.02	2.07	2.13	2.19	2.26	2.32	2.38	2.44	2.50	2.56	2.62	1.99	2.03	2.08	2.13	2.18	2.24	2.29	2.35	2.41	2.46	2.52	
	0.8	2.12	2.23	2.35	2.47	2.58	2.68	2.78	2.88	2.98	3.07	3.15	2.07	2.16	2.27	2.37	2.47	2.57	2.66	2.75	2.84	2.93	3.01	
	1.0	2.28	2.47	2.65	2.82	2.97	3.12	3.26	3.39	3.51	3.63	3.75	2.20	2.37	2.53	2.69	2.83	2.97	3.10	3.23	3.35	3.46	3.57	
	1.2	2.50	2.77	3.01	3.22	3.42	3.60	3.77	3.93	4.10	4.24	4.38	2.39	2.63	2.85	3.05	3.24	3.42	3.60	3.74	3.89	4.03	4.17	
0.4	0.2	1.93	1.93	1.93	1.93	1.94	1.94	1.95	1.95	1.96	1.96	1.97	1.91	1.91	1.91	1.90	1.90	1.91	1.91	1.91	1.92	1.92	1.92	
	0.4	1.98	1.98	2.00	2.03	2.05	2.08	2.11	2.13	2.16	2.19	2.22	1.96	1.98	1.99	2.01	2.03	2.06	2.08	2.10	2.13	2.15	2.15	
	0.6	2.03	2.08	2.14	2.21	2.27	2.33	2.40	2.46	2.52	2.58	2.63	2.00	2.04	2.09	2.14	2.20	2.26	2.31	2.37	2.42	2.48	2.53	
	0.8	2.13	2.25	2.37	2.48	2.59	2.70	2.80	2.90	2.99	3.08	3.17	2.08	2.18	2.28	2.39	2.49	2.59	2.68	2.77	2.86	2.95	3.03	
	1.0	2.29	2.49	2.67	2.83	2.99	3.13	3.27	3.40	3.53	3.64	3.76	2.22	2.39	2.55	2.71	2.85	2.99	3.12	3.24	3.36	3.48	3.59	
	1.2	2.52	2.79	3.02	3.23	3.43	3.61	3.78	3.94	4.10	4.24	4.39	2.41	2.65	2.87	3.07	3.26	3.43	3.60	3.75	3.90	4.04	4.18	
0.6	0.2	1.95	1.95	1.95	1.95	1.96	1.96	1.97	1.97	1.98	1.98	1.99	1.93	1.93	1.92	1.93	1.93	1.93	1.93	1.94	1.94	1.95	1.95	
	0.4	1.98	2.00	2.03	2.05	2.08	2.10	2.13	2.16	2.19	2.21	2.24	1.96	1.97	1.99	2.01	2.03	2.06	2.08	2.11	2.13	2.16	2.18	
	0.6	2.05	2.10	2.17	2.23	2.30	2.36	2.42	2.48	2.54	2.60	2.66	2.02	2.06	2.12	2.17	2.23	2.29	2.34	2.40	2.46	2.51	2.57	
	0.8	2.15	2.27	2.39	2.51	2.62	2.72	2.82	2.92	3.01	3.10	3.19	2.09	2.21	2.32	2.42	2.52	2.62	2.71	2.80	2.89	2.98	3.06	
	1.0	2.32	2.52	2.70	2.86	3.01	3.16	3.29	3.42	3.55	3.66	3.78	2.25	2.44	2.60	2.75	2.88	3.00	3.13	3.25	3.36	3.48	3.59	
	1.2	2.55	2.82	3.05	3.26	3.45	3.63	3.80	3.96	4.11	4.26	4.40	2.44	2.69	2.92	3.09	3.26	3.43	3.61	3.76	3.90	4.04	4.18	
0.8	0.2	1.97	1.97	1.98	1.98	1.99	1.99	2.00	2.01	2.01	2.02	2.03	1.95	1.95	1.96	1.96	1.97	1.97	1.97	1.98	1.98	1.99	2.00	
	0.4	2.00	2.03	2.06	2.08	2.11	2.14	2.17	2.20	2.23	2.28	2.33	2.00	2.05	2.10	2.13	2.16	2.18	2.21	2.23	2.26	2.28	2.31	
	0.6	2.08	2.14	2.21	2.27	2.34	2.40	2.46	2.52	2.58	2.64	2.69	2.05	2.10	2.16	2.22	2.28	2.34	2.40	2.45	2.51	2.56	2.61	
	0.8	2.19	2.32	2.44	2.55	2.66	2.76	2.86	2.96	3.05	3.13	3.22	2.14	2.26	2.37	2.47	2.57	2.67	2.76	2.85	2.92	3.00	3.08	
	1.0	2.37	2.57	2.74	2.90	3.05	3.19	3.33	3.45	3.58	3.69	3.81	2.28	2.45	2.62	2.77	2.91	3.03	3.15	3.27	3.39	3.48	3.59	
	1.2	2.61	2.87	3.09	3.30	3.49	3.66	3.83	3.98	4.10	4.23	4.32	2.46	2.72	2.92	3.07	3.24	3.41	3.56	3.71	3.87	4.01	4.16	
1.0	0.2	2.13	2.12	2.12	2.13	2.13	2.14	2.14	2.15	2.15	2.16	2.16	2.06	2.05	2.04	2.02	2.02	2.04	2.05	2.06	2.06	2.07	2.07	
	0.4	2.18	2.19	2.21	2.24	2.26	2.29	2.31	2.34	2.36	2.38	2.41	2.08	2.09	2.10	2.13	2.16	2.18	2.21	2.23	2.26	2.28	2.31	
	0.6	2.27	2.32	2.37	2.43	2.49	2.54	2.60	2.65	2.67	2.72	2.74	2.14	2.19	2.25	2.30	2.36	2.42	2.47	2.53	2.58	2.63	2.68	
	0.8	2.37	2.49	2.61	2.72	2.83	2.93	3.00	3.07	3.15	3.23	3.32	2.24	2.35	2.45	2.56	2.65	2.74	2.83	2.92	3.00	3.08	3.16	
	1.0	2.59	2.74	2.89	3.04	3.17	3.30	3.43	3.55	3.66	3.78	3.89	2.45	2.57	2.72	2.86	2.96	3.09	3.18	3.32	3.43	3.53	3.70	
	1.2	2.81	3.03	3.23	3.42	3.59	3.76	3.92	4.07	4.22	4.36	4.49	2.64	2.94	3.13	3.30	3.47	3.63	3.78	3.92	4.01	4.14	4.28	
1.2	0.2	2.16	2.16	2.15	2.15	2.14	2.14	2.14	2.15	2.16	2.16	2.16	2.19	2.18	2.17	2.16	2.16	2.16	2.16	2.17	2.18	2.19	2.19	
	0.4	2.18	2.22	2.24	2.26	2.28	2.30	2.32	2.34	2.36	2.39	2.41	2.41	2.33	2.38	2.44	2.45	2.46	2.48	2.49	2.51	2.53	2.55	
	0.6	2.41	2.49	2.52	2.56	2.61	2.65	2.70	2.75	2.80	2.84	2.89	2.54	2.54	2.56	2.60	2.63	2.67	2.71	2.75	2.80	2.84	2.88	
	0.8	2.56	2.60	2.73	2.89	2.98	3.07	3.15	3.23	3.32	3.38	3.38	2.64	2.68	2.74	2.83	2.89	2.96	3.04	3.11	3.18	3.25	3.33	
	1.0	2.77	2.87	3.01	3.14	3.26	3.38	3.50	3.62	3.73	3.84	3.94	2.77	2.87	2.96	3.09	3.20	3.32	3.43	3.53	3.64	3.74	3.84	
	1.2	2.97	3.15	3.33	3.50	3.67	3.83	3.98	4.14	4.27	4.41	4.54	2.94	3.09	3.26	3.41	3.57	3.72	3.86	4.00	4.13	4.26	4.39	
1.4	0.2	2.35	2.31	2.29	2.28	2.27	2.27	2.27	2.27	2.28	2.28	2.34	2.34	2.31	2.29	2.28	2.35	2.34	2.34	2.34	2.34	2.34	2.34	
	0.4	2.40	2.38	2.38	2.38	2.40	2.41	2.43	2.45	2.49	2.53	2.55	2.55	2.49	2.52	2.44	2.45	2.46	2.48	2.49	2.51	2.53	2.55	
	0.6	2.48	2.49	2.52	2.56	2.61	2.65	2.70	2.75	2.80	2.84	2.89	2.60	2.54	2.56	2.60	2.63	2.67	2.71	2.75	2.80	2.84	2.88	
	0.8	2.60	2.73	2.81	2.89	2.98	3.07	3.15	3.23	3.32	3.38	3.38	2.77	2.68	2.89	2.96	3.04	3.11	3.18	3.25	3.32	3.43	3.33	
	1.0	2.77	2.88	3.01	3.14	3.26	3.38	3.50	3.62	3.73	3.84	3.94	2.87	3.09	3.18	3.32	3.43	3.53	3.64	3.74	3.84	3.74	3.84	
	1.2	2.97	3.15	3.33	3.50	3.67	3.83	3.98	4.13	4.27	4.41	4.54	3.09	3.26	3.41	3.57	3.72	3.86	4.00	4.13	4.26	4.33	4.39	

附注：

表中的计算长度系数 μ 值按下式算得：

$$\frac{\eta_1 K_1}{\eta_2 K_2}\cdot\operatorname{ctg}\frac{\pi\eta_2}{\mu}+\frac{\eta_1 k_1}{(\eta_2 k_2)^2}\cdot\operatorname{ctg}\frac{\pi\eta_1}{\mu}\cdot\operatorname{ctg}\frac{\pi}{\mu}+\frac{1}{\eta_2 k_2}\cdot\frac{\pi}{\mu}\cdot\operatorname{ctg}\frac{\pi\eta_1}{\mu}\cdot\operatorname{ctg}\frac{\pi}{\mu}-1=0$$

附录Ⅷ 常用轻型屋面材料

表Ⅷ.1 常用压型钢板型及檩距

序号	板型	截面形状	钢板厚度/mm	支撑条件	[荷载/(kN/m²)]/[檩距/m] 荷载/(kN/m²) 0.5	1.0	1.5	2.0
1	YX51 —360 （角驰 Ⅱ） 适用于：屋面板		0.6	悬臂	1.54	1.26	1.12	0.98
				简支	3.36	2.66	2.38	2.10
				连续	4.06	3.22	2.80	2.52
			0.8	悬臂	1.68	1.40	1.12	1.10
				简支	3.78	2.94	2.52	2.38
				连续	4.48	3.50	3.08	2.80
			1.0	悬臂	1.82	1.40	1.26	1.12
				简支	4.06	3.22	2.80	2.52
				连续	4.76	3.78	3.22	2.94
2	YX51 —380 —760 （角驰 Ⅱ） 适用于：屋面板		0.6	悬臂	1.53	1.25	1.11	0.97
				简支	3.34	2.64	2.36	2.09
				连续	4.03	3.20	2.78	2.50
			0.8	悬臂	1.58	1.32	1.16	1.05
				简支	3.56	2.77	2.38	2.24
				连续	4.22	3.30	2.90	2.64
			1.0	悬臂	1.66	1.28	1.19	1.12
				简支	3.71	2.94	2.56	2.30
				连续	4.35	3.46	2.94	2.69
3	YX130 —300 —600 （W 600） 适用于：屋面板		0.6	悬臂	2.8	2.2	1.9	1.7
				简支	6.0	4.7	4.1	3.7
				连续	7.1	5.6	4.9	4.4
			0.8	悬臂	3.1	2.5	2.1	1.9
				简支	6.7	5.3	4.6	4.2
				连续	7.9	6.3	5.5	5.0
			1.0	悬臂	3.4	2.7	2.3	2.1
				简支	7.3	5.8	5.0	4.6
				连续	8.6	6.8	6.0	5.4
4	YX114 —333 —666 适用于：屋面板		0.6	简支	4.5	3.5	3.1	2.8
				连续	5.3	4.2	3.7	3.3
			0.8	简支	5.0	4.0	3.5	3.2
				连续	5.9	4.7	4.1	3.8
			1.0	简支	5.5	4.1	3.8	3.5
				连续	6.5	5.1	4.5	4.1
5	YX35 —190 —760 适用于：屋面板		0.6	悬臂	1.0	0.8	0.7	0.6
				简支	2.3	1.8	1.6	1.4
				连续	2.8	2.4	1.9	1.7
			0.8	悬臂	1.1	0.9	0.7	0.7
				简支	2.6	2.0	1.7	1.6
				连续	3.1	2.4	2.1	1.9
			1.0	悬臂	1.2	0.9	0.8	0.7
				简支	2.8	2.2	1.9	1.7
				连续	3.3	2.6	2.2	2.0

续表

序号	板型	截面形状	[荷载/(kN/m²)]/[檩距/m]					
			钢板厚度/mm	支撑条件	荷载/(kN/m²)			
					0.5	1.0	1.5	2.0
6	YX35—125—750	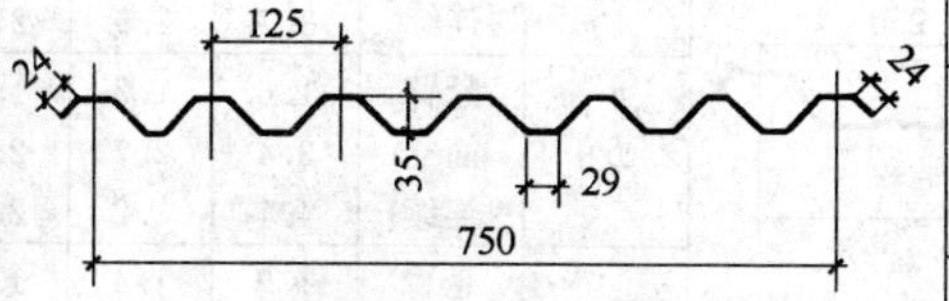 适用于：屋面板（或墙板）	0.6	悬臂	1.1	0.9	0.8	0.7
				简支	2.4	1.9	1.7	1.5
				连续	2.9	2.3	2.0	1.8
			0.8	悬臂	1.2	1.0	0.8	0.8
				简支	2.7	2.1	1.8	1.7
				连续	3.2	2.5	2.2	2.0
			1.0	悬臂	1.3	1.0	0.9	0.8
				简支	2.9	2.3	2.0	1.8
				连续	3.4	2.7	2.3	2.1
7	YX75—175—600（AP 600）	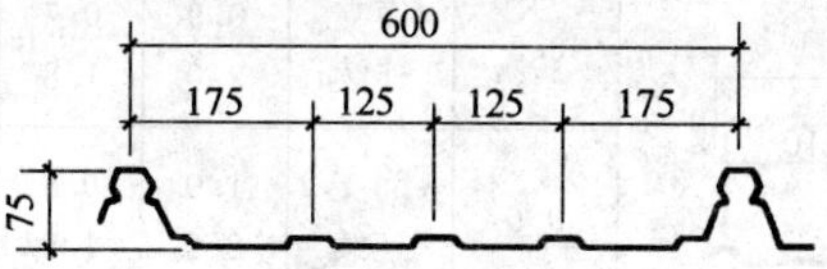 适用于：屋面板	0.47	简支		2.2	风荷载 0.5	
						1.8	风荷载 1.0	
			0.53	简支		3.0	风荷载 0.5	
						2.0	风荷载 1.0	
			0.65	简支		3.7	风荷载 0.5	
						2.2	风荷载 1.0	
8	YX28—200—740（AP 740）	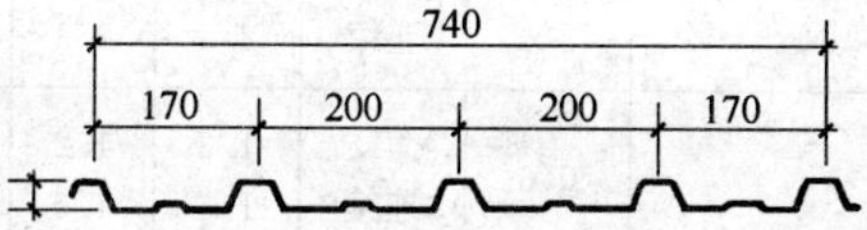 适用于：屋面板	0.47	简支		1.0	风荷载 0.5	
						1.0	风荷载 1.0	
			0.53	简支		1.5	风荷载 0.5	
						1.45	风荷载 1.0	
			—	简支				
9	YX52—600（U 600）	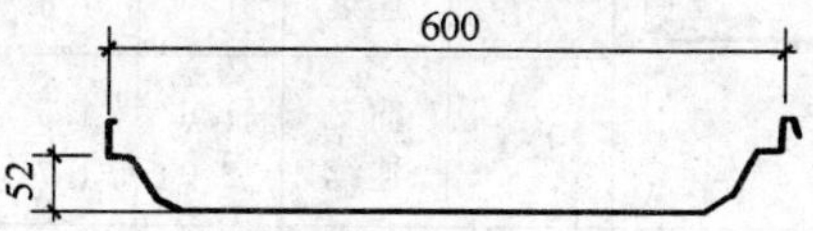 适用于：屋面板	0.5	简支	2.5	1.9	1.6	1.4
				连续	3.0	2.3	2.0	1.8
			0.6	简支	2.7	2.1	1.8	1.6
				连续	3.3	2.5	2.2	1.9
10	YX28—150—750	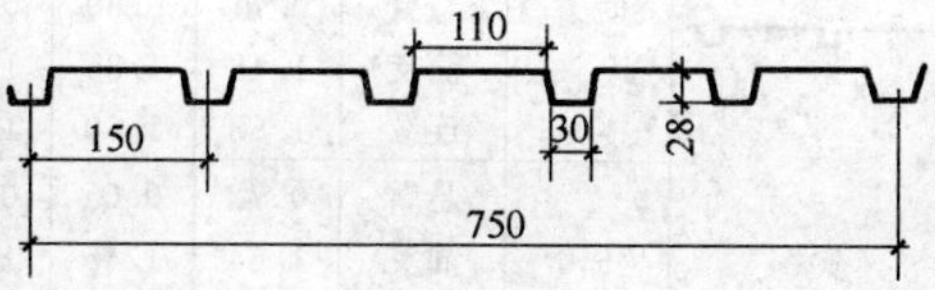 适用于：墙板	0.6	悬臂	0.9	0.7	0.6	0.5
				简支	1.9	1.5	1.3	1.2
				连续	2.2	1.8	1.5	1.4
			0.8	悬臂	1.0	0.8	0.7	0.6
				简支	2.1	1.7	1.5	1.3
				连续	2.6	2.0	1.8	1.6
			1.0	悬臂	1.1	0.9	0.7	0.7
				简支	2.4	1.9	1.6	1.5
				连续	2.8	2.2	1.9	1.8
11	YX28—205—820	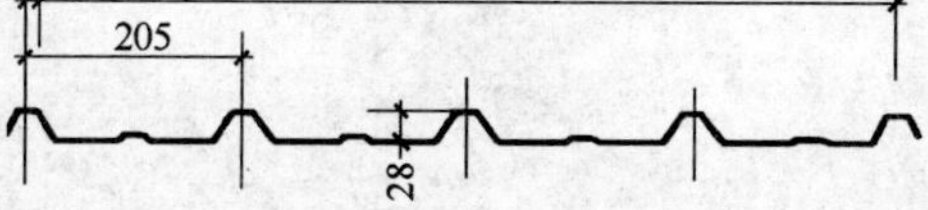 适用于：墙板	0.6	悬臂	1.01	0.91	0.73	0.51
				简支	2.21	1.75	1.56	1.38
				连续	2.67	2.12	1.84	1.66
			0.8	悬臂	1.10	0.92	0.74	0.73
				简支	2.48	1.93	1.66	1.56
				连续	2.94	2.30	2.02	1.84
			1.0	悬臂	1.20	0.92	0.83	0.74
				简支	2.67	2.12	1.84	1.66
				连续	3.13	2.48	2.12	1.93

序号	板型	截面形状	钢板厚度/mm	支撑条件	荷载/(kN/m²) 0.5	1.0	1.5	2.0
					[荷载/(kN/m²)]/[檩距/m]			
12	YX51 −250 −750	适用于:墙板	0.6	悬臂	1.1	1.1	1.0	0.9
				简支	3.1	2.5	2.2	1.9
				连续	3.7	2.9	2.6	2.3
			0.8	悬臂	1.6	1.2	1.1	1.0
				简支	3.4	2.7	2.4	2.1
				连续	4.1	3.2	2.8	2.5
			1.0	悬臂	1.7	1.4	1.2	1.1
				简支	3.8	3.0	2.6	2.4
				连续	4.5	3.5	3.1	2.8
13	YX24 −210 −840	适用于:墙板	0.5	简支	0.9	0.7	0.6	0.5
				连续	2.0	1.8	1.6	1.5
			0.6	简支	1.0	0.8	0.7	0.6
				连续	2.2	1.9	1.8	1.7
			1.0	简支	1.5	1.2	1.1	1.0
				连续	2.5	2.3	2.1	2.0
14	YX15 −225 −900	适用于:墙板	0.6	简支	1.3	1.2	1.0	1.0
				连续	1.6	1.5	1.3	1.2
			0.8	简支	1.5	1.4	1.1	1.1
				连续	1.9	1.6	1.4	1.3
			1.0	简支	1.6	1.5	1.3	1.2
				连续	2.0	1.7	1.6	1.4
15	YX15 −118 −826	适用于:墙板	0.6	悬臂	0.60	0.55	0.52	0.45
				简支	1.34	1.20	1.03	0.95
				连续	1.61	1.45	1.34	1.15
			0.8	悬臂	0.71	0.60	0.51	0.50
				简支	1.48	1.35	1.12	1.05
				连续	1.88	1.60	1.43	1.25
			1.0	悬臂	0.72	0.65	0.57	0.50
				简支	1.64	1.45	1.34	1.15
				连续	1.97	1.70	1.55	1.35

注:表中屋面板的荷载标准值含板自重,其檩距按挠跨比$\frac{1}{300}$确定;若按$\frac{1}{250}$考虑时可将表中数值乘以 1.06,按$\frac{1}{200}$考虑时乘以 1.15。表中墙板檩距按挠跨比$\frac{1}{200}$确定。

表Ⅷ.2 常用夹芯板板型及檩距

序号	板型	截面形式/mm	板厚 S /mm	面板厚 /mm	支撑条件	[荷载/(kN/m²)] /[檩距/m]			
						0.5 (0.6)	1.0	1.5	2.0
1	J×B45 −500 −1000	适用于:屋面板	75	0.6	简支 连续	5.0	3.8	3.1	2.4
			100	0.6	简支 连续	5.4	4.0	3.4	2.8
			150	0.6	简支 连续	6.5	4.9	4.0	3.3
2	JxB42 −333 −1000	适用于:屋面板	50	0.5	简支 连续	(4.7) (5.3)	(3.6) (4.1)	(3.0) (3.3)	
			60	0.5	简支 连续	(5.0) (5.6)	(3.9) (4.3)	(3.1) (3.5)	
			80	0.5	简支 连续	(5.5) (6.2)	(4.4) (4.8)	(3.4) (3.9)	
3	JxB -Qy −1000	适用于:墙板	50	0.5	简支 连续	3.4 3.9	2.9 3.4	2.4 2.7	
			60	0.5	简支 连续	3.8 4.4	3.3 3.7	2.6 3.0	
			80	0.5	简支 连续	4.5 5.2	3.7 4.2	2.9 3.3	
4	JxB-Q −1000	拼接式加芯墙板	50	0.5	简支 连续	3.4 3.9	2.9 3.4	2.4 2.7	
			60	0.5	简支 连续	3.8 4.4	3.3 3.7	2.6 3.0	
			80	0.5	简支 连续	4.5 5.2	3.7 4.2	2.9 3.3	
		插接式加芯墙板				同序号3			

注:表中屋面板的荷载标准值已含板自重。墙板为风荷载标准值,均按挠跨比 $\frac{1}{200}$ 确定檩距,当挠跨比为 $\frac{1}{250}$ 时,表中檩距应乘以系数0.9。

表Ⅷ.3 发泡水泥复合板(太空板)

序号	板型	示意图/mm	边框高/mm	面板厚/mm	外荷载标准(设计值)/(kN/m²)
1	网架板 WB3m ×3m	高强水泥发泡芯材 钢边肋框 冷拔低碳钢丝网 钢筋桁架 玻纤网增强水泥上下面层	100 120 140	80 100 120	1.13 (2.1) 2.14 (2.99) 3.47 (3.96)
2	大型屋面板 DW1.5m ×6m 3m ×6m 1.5m ×7.5m	高强水泥发泡芯材 冷拔低碳钢丝网 钢筋桁架 钢边框 玻纤网增强水泥上下面层	200 240 240	100 100 100	1.1 (2.06) 1.3 (1.84) 0.95 (1.91)
3	大型墙板 DQB 1.5m ×6m 及1.5m ×7.5m	高强水泥发泡芯材 玻纤网增强水泥上下面层 钢边框 钢边框	120 140	140 160	0.67 (1.65) 0.50 (1.29)
4	条形板 TB1.5m ×3m	冷拔低碳钢丝网 钢筋桁架 φ6双层钢筋 玻纤网增强水泥上下面层 高强水泥发泡芯材 连接预埋件	120	120	1.0 (1.40) 1.5 (2.10)

注:1)墙板的外荷载为风荷载标准值。

2)条形板为有檩体系,屋面和墙板通用。

3)当采用该表以外的尺寸,可按非标准型采用。

附录 Ⅸ　钢结构连接形式与计算公式

连接形式	计算简图	计算公式
对接连接		$\sigma_w = \dfrac{N}{l_w t} \leqslant f_t^w$ 或 f_c^w
		$\sigma_{\max} = \dfrac{M}{W_w} \leqslant f_t^w$ 或 f_c^w $\tau_w = \dfrac{V S_w}{I_w t_w} \leqslant f_v^w$ $\sigma_{eq} = \sqrt{\sigma_1^2 + 3\tau_1^2} \leqslant 1.1 f_t^w$
角焊缝连接		$\tau_f = \dfrac{N}{\sum h_e l_w} \leqslant f_f^w$
		$\sigma_f = \dfrac{N}{\sum h_e l_w} \leqslant \beta_f f_f^w$
		$\sqrt{\left(\dfrac{\sigma_f}{\beta_f}\right)^2 + \tau_f^2} \leqslant f_f^w$
普通螺栓连接	单个螺栓承载力计算公式	$N_w^b = n_v \dfrac{\pi d^2}{4} f_v^b$ $N_c^b = d \sum t f_c^b$ $N_t^b = \dfrac{\pi d_e^2}{4} f_t^b$
		$n \geqslant \dfrac{N}{N_{\min}^b}$
		$N_1 = \sqrt{(N_{1x}^T + N_{1x}^N)^2 + (N_{1y}^T + N_{1y}^V)^2} \leqslant N_{\min}^b$ $N_{1x}^N = \dfrac{N}{n}$ $N_{1y}^V = \dfrac{V}{n}$ $N_{1x}^T = \dfrac{T y_{\max}}{\sum (x_i^2 + y_i^2)}$ $N_{1y}^T = \dfrac{T x_{\max}}{\sum (x_i^2 + y_i^2)}$
		当 $N_{\min} = \dfrac{N}{n} - \dfrac{M y_{\max}}{m \sum y_i^2} \geqslant 0$ 时 $N_{\max} = \dfrac{N}{n} + \dfrac{M y_{\max}}{m \sum y_i^2} \leqslant N_t^b$ 当 $N_{\min} = \dfrac{N}{n} - \dfrac{M y_{\max}}{m \sum y_i^2} < 0$ 时 $N_{\max} = \dfrac{M' y_{\max}}{m \sum (y_i')^2} \leqslant N_t^b$

连接形式		计算简图	计算公式
高强螺栓		拉剪螺栓计算公式	$\sqrt{\left(\dfrac{N_V}{N_v^b}\right)^2 + \left(\dfrac{N_t}{N_t^b}\right)^2} \leqslant 1$ 且 $N_V \leqslant N_c^b$
	摩擦型	单个螺栓承载力计算公式	$N_v^b = 0.9n_f\mu P$ $N_t^b = 0.8P$
		拉剪螺栓计算公式	$\dfrac{N_v^1}{N_v^b} + \dfrac{N_t}{N_t^b} \leqslant 1$
	承压型	单个螺栓承载力计算公式	$N_v^b = \dfrac{\pi d^2}{4} f_v^b$ $N_c^b = d\sum t f_c^b$ $N_t^b = \dfrac{\pi d^2}{4} f_t^b$ 或 $N_t^b = \dfrac{\pi d_e^2}{4} f_t^b$
		拉剪螺栓计算公式	$\sqrt{\left(\dfrac{N_V}{N_v^b}\right)^2 + \left(\dfrac{N_t}{N_t^b}\right)^2} \leqslant 1$ 且 $N_V \leqslant \dfrac{N_c^b}{1.2}$

参 考 文 献

陈志华.2004.建筑钢结构设计.天津:天津大学出版社

董石麟等.2003.空间结构.北京:中国计划出版社

《钢结构设计规范》编写组.2003.《钢结构设计规范》应用讲解.北京:中国计划出版社

《钢结构设计规范》编写组.2003.《钢结构设计规范》专题指南.北京中国计划出版社

《钢结构设计手册》编辑委员会.2004.《钢结构设计手册》(上册).北京:中国建筑工业出版社

黄呈伟,孙玉萍,于江.2002.钢结构基本原理.重庆:重庆大学出版社

梁启智等.1988.钢结构.广州:华南理工大学出版社

刘锡良等.2004.网架结构设计与施工.天津:天津大学出版社

毛德培.1999.钢结构.北京:中国铁道出版社

《轻型钢结构设计手册》编辑委员会.1996.轻型钢结构设计手册.北京:中国建筑工业出版社

《轻型钢结构设计指南》编辑委员会.2002.轻型钢结构设计指南(实例与图集).北京:中国建筑工业出版社

沈世钊等.1997.悬索结构设计.北京:中国建筑工业出版社

沈祖炎,陈扬骥.1998.网架与网壳.上海:同济大学出版社

汪一骏等.2004.轻型钢结构设计手册.北京:中国建筑工业出版社

王肇民.2001.建筑钢结构.上海:同济大学出版社

魏明钟.2002.钢结构.武汉:武汉理工大学出版社

肖炽等.1999.空间结构设计与施工.南京:东南大学出版社

徐占发,王茹.2003.建筑钢结构与构件设计.北京:中国建材出版社

尹德钰,李海旺,肖毓凯.1991.三层网架的静力分析和结构选型.太原工业大学学报,第2期

中国工程建设标准化协会标准.2002.门式刚架轻型房屋钢结构技术规程(CECS 102:2002).北京:中国计划出版社

中华人民共和国国家标准.2001.建筑抗震设计规范(GB 50011-2001).北京:中国建筑工业出版社

中华人民共和国国家标准.2001.民用建筑设计防火规范(GB 50045-2001).北京:中国计划出版社

中华人民共和国国家标准.2002.钢结构工程施工质量验收规范(GB 50205-2001).北京:中国计划出版社

中华人民共和国国家标准.2002.建筑结构荷载规范(GB 50009-2001).北京:中国建筑工业出版社

中华人民共和国国家标准.2002.冷弯薄壁型钢结构技术规程(GB 50018-2002).北京:中国计划出版社

中华人民共和国国家标准.2003.钢结构设计规范(GB 50017-2003).北京:中国计划出版社

中华人民共和国行业标准.1991.网架结构设计与施工规程(JGJ 7-91).北京:中国建筑工业出版社

朱海宁,王东,赵瑜.2003.轻型钢结构建筑构造设计.南京:东南大学出版社